多元统计分析

(第三版)

郭满才　宋世德
袁志发　解小莉　刘建军　著
杜俊莉　董晓萌

科学出版社
北京

内 容 简 介

多元统计分析是关于多变量的综合统计分析方法,能够在多个统计总体间存在相依的情况下分析其统计规律,在农林科学、生物科学等领域的研究中有着重要的作用. 本书是针对高等农林院校研究生撰写的多元统计分析教材,书中引用了大量的农林科学实例,方便有关研究人员进行探讨和数据处理. 主要内容包括多元正态分布及其抽样分布、多元正态总体均值向量和协方差阵的假设检验、多元方差分析、直线回归与相关、多元线性回归与相关(一对多、多对多)、主成分分析与因子分析、判别分析与聚类分析、非线性回归与 Logistic 回归分析. 书中叙述了作者对一对多、多对多的相关及有关决策系数研究,进而叙述了作者在一对多和多对多线性回归、主成分分析、因子分析及判别分析方面的通径分析及其决策分析.

本书适合作为农、林、医等生物及相关专业的研究生教材,也可作为高等院校高年级本科生及研究生的教材或教学参考书,同时还可作为生物类等科技工作者的参考书.

图书在版编目(CIP)数据

多元统计分析/袁志发等著. —3 版. —北京:科学出版社,2018.12
(研究生数学教学系列)
ISBN 978-7-03-060256-5

Ⅰ.①多… Ⅱ.①袁… Ⅲ.①多元分析-统计分析-研究生-教材 Ⅳ.①O212.4

中国版本图书馆 CIP 数据核字(2017)第 290264 号

责任编辑:王丽平 / 责任校对:邹慧卿
责任印制:张 伟 / 封面设计:陈 敬

科学出版社 出版
北京东黄城根北街 16 号
邮政编码:100717
http://www.sciencep.com

北京虎彩文化传播有限公司 印刷
科学出版社发行 各地新华书店经销

*

2002 年 12 月第 一 版 开本:720×1000 B5
2009 年 7 月第 二 版 印张:23 1/4 插页:2
2018 年 12 月第 三 版 字数:451 000
2021 年 7 月第九次印刷

定价:98.00 元
(如有印装质量问题,我社负责调换)

2017年2月20日拍摄于武功镇教稼台后稷像前.
从左向右依次为解小莉、刘建军、郭满才、袁志发、宋世德、杜俊莉

第三版前言

多元统计分析 (multivariate statistical analysis) 是从多维随机向量总体数据中获取信息、发现总体分量间相依规律、指导决策的有关综合统计分析方法的科学. 根据农业科学主要研究多因素问题又受环境影响的特点, 自 "文化大革命" 后重招研究生起, 我就为农业科学研究生开设了多元统计分析等有关生物数学课程, 至今已 30 多年.

如何根据农业科学有关机理和实践来完善多元统计分析方法呢？我所开设的以多元统计分析为研究手段的数量遗传学为此提供了平台. 选择理论和方法是数量遗传学的中心研究内容, 亦是它指导育种实践的桥梁和手段. 其选择方法几乎包含了所有多元统计分析方法, 如综合选择指数、主成分性状选择、典范性状选择、判别函数选择等多性状选择方法. 作者等 (1987~1989) 将这些多性状选择发展为组合性状与组合性状对选择. 这些选择方法着重于选择效果, 并未涉及每一个选择性状在整体选择效果上的效应及决定作用层次上的大小和方向, 如果能回答这个问题, 则可使这些选择方法更具机理性和科学性. 显然, 这个问题的解决过程就是完善多元统计分析方法的过程. 韩愈在《师说》中指出, 师者, 所以传道授业解惑也. 作为善人之师, 应具有《易经》所指出的四德: 学以聚之、问以辩之、宽以居之、仁以行之, 必须在农业科学研究对象与其使用多元统计分析模型之间反复问辩中求真, 以解实践之惑, 才是为人师者应负起的责任.

根据统计学的发展知, 典范相关分析、主成分分析、因子分析和判别分析等, 均与线性回归分析有密切的关系, 即在一定意义下它们均可转化为线性回归分析. 因而, 可从线性回归分析的完善来解决上述统计分析方法的完善问题. 在回归分析中, 一般用 y 表示因变量, 用 x 表示自变量. 多元线性回归分为 y 关于 $\underset{m\times 1}{x}$ (一对多) 和 $\underset{p\times 1}{y}$ 关于 $\underset{m\times 1}{x}$ (多对多) 的线性回归. 为了比较任一自变量对 y 或 $\underset{p\times 1}{y}$ 在效应、决定作用两个层次上的主次和方向, 必须对自变量和因变量进行标准化, 即进行标准化的多元线性回归分析. S.Wright 于 1921 年将标准化多元线性回归分析发展为通径分析, 即自变量间的相关路、因变量间的相关路和自变量与因变量间的通径所形成的一对多或多对多的封闭线性有向网络系统的统计分析方法. 问辩起来, 有如下问题未曾解决.

(1) 一对多的通径分析中, $\underset{m\times 1}{x}$ 对 y 的决定系数 R^2 能决定回归的显著性, 且 $\sqrt{R^2}$ 为 $\underset{m\times 1}{x}$ 与 y 的复相关系数 $r_{y(x_1,x_2,\cdots,x_m)}$. Wright 的贡献有两个: 一是 x_j 对

y 的总作用由相关系数 r_{jy} 表示, 给出了 r_{jy} 的剖分及相应组分路径; 二是给出了 R^2 的剖分及相应组分的路径, 但未曾解决 x_j 对 y 的综合决定能力 (R^2 为所有 x 对 y 的决定能力) 及统计检验问题.

(2) 多对多的通径分析中, 未曾解决 $\underset{m\times 1}{x}$ 对 $\underset{p\times 1}{y}$ 的广义决定系数 R^2 及广义复相关系数 $\sqrt{R^2} = r_{(y_1,y_2,\cdots,y_p)(x_1,x_2,\cdots,x_m)}$, 也未解决任一自变量 x_j 对 $\underset{p\times 1}{y}$ 的综合决定能力及统计检验.

由于通径分析产生于农业科学, 且由此数量遗传学建立在线性模型之上, 因而我很感兴趣, 并学习写了两篇小论文:《通径分析方法简介》(袁志发, 1981) 和《通径分析一例》(袁志发等, 1983). 通径分析的深入和完善是我和学生们经常思考的问题, 陆续作了以下工作.

(1) 袁志发等 (2000, 2001) 据一对多通径分析中 R^2 的剖分及其路径, 提出了 x_j 对 y 的综合决定能力 —— 决策系数 $R_{(j)}$, 作为 x_j 对 y 重要性及作用方向的决策指标. 由此出现了通径分析的决策分析论文, 至今国内外被引用论文已有百余篇.

(2) 我的研究生发表了有关综合选择指数、主成分性状、典范性状和典范性状对的通径分析及其决策分析论文多篇 (2005~2009).

(3) 在《多元统计分析》(第二版)(袁志发等, 2009) 中, 建议用 $\underset{m\times 1}{x}$ 与 $\underset{p\times 1}{y}$ 独立的似然比统计量 ν 计算二者的广义决定系数 R^2 及复相关系数 $r_{(y_1,y_2,\cdots,y_p)(x_1,x_2,\cdots,x_m)}$.

(4) 袁志发, 解小莉 (2013) 发表了有关决策系数 $R_{(j)}$ 的统计检验文章 (事实上, 经我指导的 Mei 等 (2014) 的论文已引用该结果, 论文中有明确说明).

(5) 杜俊莉, 袁志发, 陈玉林等 (2014, 2016) 发表了 KEGG 通路的通径分析及其决策分析论文.

(6) 袁志发撰写的广义决定系数 R^2 和广义复相关系数 $\sqrt{R^2} = r_{xy}$ 论文, 由郭满才在中国人民大学召开的与统计有关的国际会议上宣读 (2016), 并由袁志发, 解小莉和杜俊莉等 (2017) 予以发表.

基于以上工作, 我们完成了《多元统计分析》(第三版) 的撰写. 由于本书着重于应用, 故仅考虑了满秩模型. 在内容上能反映新意的有以下三点.

(1) 在 y 关于 $\underset{m\times 1}{x}$ (一对多) 的通径分析及其决策分析中, 给出了 $x_j(j=1,2,\cdots,m)$ 对 y 的决策系数 $R_{(j)}$ 的定义、计算及其统计检验; 进行了 $R_{(j)}$ 取值正、负对 y 变化趋势影响的分析.

(2) 在 $\underset{p\times 1}{y}$ 关于 $\underset{m\times 1}{x}$ (多对多) 的通径分析及其决策分析中, 提出了广义决定系数 R^2 及广义复相关系数 $\sqrt{R^2} = r_{xy}$ 的定义、估计和检验; 在 R^2 剖分的基础上, 给出了 $x_j(j=1,2,\cdots,m)$ 对 $\underset{p\times 1}{y}$ 的广义决策系数 $R_{y(j)}$ 的定义、计算和检验, 实现了决策分析.

第三版前言

(3) 探讨了主成分分析、因子分析、判别分析等的通径分析及其决策分析.

本书内容的学习、研究已进行了三十多年. 一起研究的教授有周静芋、郭满才、陈玉林、孙世铎、常智杰、雷雪芹、徐延生、贾青、秦豪荣、吉俊玲、张恩平、翟永功、李湘运、张宏礼和郑惠玲; 参与研究的副教授有解小莉、刘璐、宋世德、刘建军和张军昌; 还有杜俊莉、胡小宁、邵建成、董晓萌、王丽波和陈小蕾等博士、硕士生等. 周静芋、宋世德等分别和我完成了本书的第一、二版. 本书是我们师生共同学习、研究和写作的结果.

流景一何速, 年华不可追, 不经意间, 我已年届八十. 在以往的风雨追梦历程中, 心中装满了感恩和牵挂. 1957~1962 年, 学习并毕业于兰州大学数学力学系, 它是我经风雨学科学的摇篮. 在黄河水利学校工作 11 年后, 于 1973 年初执教于圣祖后稷教稼圣地的西北农学院数学组. 在康迪院长、关联芳书记等校领导的启迪下, 得到了赵洪璋院士、邱怀教授、吴仲贤教授和马育华教授等校内外老一辈农业科学家的指导, 走上了自学农业科学并与数学相结合的道路, 坚信农业科学中存在鲜活的数学. 1992 年, 经国家学位管理部门批准成为动物遗传育种与繁殖专业的博士生导师, 这使我有缘和学生们一起从事与专业有关的统计学和数理遗传学的基础研究. 1987~1998 年, 我曾从事校基础课部的管理工作, 这使我有幸和郭蔼光教授、王国栋教授等同仁一起在校全局的视角下建设基础学科, 参与并见证了药用植物、生物技术、应用化学和信息与计算科学等专业及应用数学硕士点、生物学一级博士点的申请成功与发展. 2003 年退休后, 参与了校有关研究生重点课程的建设. 几十年来, 发表论文百余篇, 出版的专著、译著以及主编或参编的教材 30 余部, 尤其是科学出版社出版的专著《群体遗传学、进化与熵》(2011)、《数量性状遗传分析》(2015) 和即将出版的《多元统计分析》(第三版), 使我对遗传育种的基础研究有了阶段性的结果. 这些工作, 是在校领导和科学出版社、中国农业出版社等的全力支持下完成的.

世间万物皆天地化育之功, 正如贺知章《咏柳》诗中所喻: "不知细叶谁裁出, 二月春风似剪刀", 我近半个世纪的农业应用数学追梦, 皆为社会发展所造就. 感恩父母、师长和哥姐们的爱, 使我的身心和知识能在风雨中健康成长; 感恩老伴王惠英和子女们的爱, 对我不离不弃, 患难与共; 感恩学生们和我一起学习和研究的日日夜夜; 感恩圣祖后稷神农之光普照下的西北农林科技大学对我的支持和培养, 使我成为用数学追寻农业科学发展春天的 "教稼人". 春天在哪里? 对于教稼者而言, 正如辛弃疾词《鹧鸪天》中所云, "春在溪头荠菜花".

本书不足之处, 恳请批评斧正, 以便日后修改.

袁志发
2017 年初春于西北农林科技大学

第二版前言

自 2002 年我们编写的研究生数学教学系列 (农林类)《多元统计分析》出版以来，已过去了 6 年多的时间. 其间，该书被国家学位管理部门于 2003 年推荐为全国研究生用教材之一. 仔细斟酌，该书的内容从理论到应用各个角度，都还有值得进一步研究和深入分析的地方，因而，结合我们的最新研究，进行了本次修订并重新出版.

本次修订我们主要从以下几个方面来进行：首先，在保留了原有结构和体系的基础上，在多元线性回归的理论框架下，把多元线性回归、主成分分析和典范分析结合了起来，并阐明它们之间的关系，即主成分、典范变量均是在一定意义下的多元线性回归，因而它们均可进行通径分析，且可以用决策系数来度量某个变量对它们的综合决定能力. 其次，变量间的相关有线性的和非线性的，有一对一、一对多和多对多等，这次修订在这方面也做了一些进一步的研究和深入的分析. 另外，在判别分析和聚类分析中，一个分类变量的作用是重要的，在这次修订过程中也作了一定的说明.

在这次修订中，主编为袁志发和宋世德，副主编有郭满才、解小莉、杜俊莉、刘建军、张军昌，参编的有刘璐、王丽波、董小蒙和罗凤娟.

多元统计分析在理论和应用上是很丰富的，本书仅从应用角度进行了一些叙述和研究，期望能起到一些抛砖引玉的作用，同时望各位同仁和读者批评指正.

袁志发　宋世德
2008 年 11 月 17 日

第一版前言

作者从 20 世纪 80 年代末便从事有关生物数学、数量遗传学和群体遗传学等方面的研究生教学工作,后来又承担了遗传育种和繁殖专业的硕士生、博士生及应用数学硕士生的培养工作. 在长期的科研和教学中,作者思考着农业科学的发展和数学发展的关系问题,因为这个问题直接关系着解决农、林院校研究生数学教学的内容和体系问题.

农业科学是现代科学技术中应用最广阔、最活跃、最富挑战性的领域之一. 追根溯源,它与数学的发展,尤其与统计学的发展,具有同步性. 数学与农业、管理的关系是从人类计数开始的, 正如管仲所说"不明于计数,而欲举大事犹无舟楫而经于水险也". 近代农业应用数学是由生物、工程和经济等科学的进步而发展的. 19 世纪初近代生物学和经济统计学的进步,导致了 20 世纪初遗传学、经济学和数学的融合和交叉. 生物学家认为, 生物学 (biology) 这个词来源于希腊字 oiooto(生命), 这门学科由于应用了数学,获得了第二次生命. 列宁认为,统计学家和经济学家各走各的路,那么他们两者都不能获得满意的结果. 20 世纪初学科间的融合和以后的发展,使农业应用数学形成了与生物数学、经济数学、工业数学相平行而互相交融的发展局面. 从与农业科学交叉的意义上看,有数量分类学、群体遗传学、数量遗传学、数量生态学、数量生理学、数量经济学、生物信息学、农业系统工程学等. 从数学方法上讲,有统计学、信息论、系统论、控制论、生物方程、运筹学等. 概括起来,农业应用数学是农业领域中可应用的数学. 从含义上讲,有三个方面: 一是应用数学知识来解决农业中的实际问题,以求实效,它包括为此而建立的数学模型、计算机模拟法研制等; 二是与农业科学相交叉,形成新的学科. 如群体遗传学、生物信息学等; 三是从农业科学中提炼出数学问题进行研究,从而发展数学理论. 如基因如何从时间、空间上来精细地控制发育过程等.

从农业科学的研究特点上看,它是以实验和调查为前提的研究过程. 首先是根据研究目的进行周密而审慎的试验设计或抽样设计,通过实施而得到数据,如孟德尔的豌豆实验、摩尔根的果蝇实验、田间调查等. 然后通过试验设计和抽样设计的数学模型,进行分析而得到研究结论,其中包括了刻画指标之间关系的数学模型研究. 在研究过程中,数学方法起到了把实验数据转化为研究结论的作用,如试验设计的数学模型起到了把处理转化为输出指标的作用. 又如把样品的指标观察值转化为分类的结果等.

经过 20 余年的探索,并不断地总结经验和教训,根据农业科学发展的历史和现代农业科学的需要, 高等农、林院校开设研究生数学课程体系和内容已初步形成. 在统计学方面, 开设数理统计、试验设计与分析、多元统计等; 在生长分析方面, 讲授生物方程、室分析等动力学模型; 其他还有模糊数学方法、信息论方法和运筹学等有关内容. 生物信息论或计算生物学将成为研究生的一门新课程.

值得强调的是, 自 1978 年以来, 农林院校的同仁们在农业应用数学的研究上取得了很大进展, 并且出版了相当数量的著作. 在试验设计方面, 有赵仁镕、马育华、俞渭江、莫惠栋、徐中儒和袁志发与周静芋等人的著作. 在数理统计上有符伍儒、袁志发与顾天骥和朱军等人的著作; 在多元统计方面, 有裴鑫德、袁志发与孟德顺等人的著作; 在数量遗传方面, 有吴仲贤、马育华、吴常信、盛志廉、刘来福、裴新澍、高之仁、兰斌与袁志发、朱军、胡秉民和徐碧云等人的著作和译著; 在模糊数学方面, 有袁志发、杨崇瑞等人的著作. 另外, 1985 年《生物数学学报》的创刊、1987 年农学会农业应用数学分会的成立及农业应用数学硕士点的建立 (如西北农林科技大学) 等, 使农业应用数学的发展进入了一个新的阶段.

多元统计分析是从经典统计学中发展起来的一个分支. 多元统计分析是一种综合分析方法, 它能够在多个研究对象和多个指标互相关联的情况下分析出它们的统计规律, 很适合农业科学研究的特点. 另外, 多样性问题是农业科学中很重要的研究内容, 如生物多样性, 物质运动和形式的多样性等. 多样性的度量可以是统计学的, 亦可以是信息论的, 但从本质上讲应该由信息方法来度量. 因此, 在本教材中, 加入了 Shannon 信息量及其应用一章. 这样做的好处之一是统计分析和信息分析可以互为借鉴, 如统计学的关联分析 (回归、相关等) 与信息论中的互信息和离散增量分析等; 另外还可以与分子生物学分析相呼应, 开阔读者的视野.

本书由西北农林科技大学、南京农业大学和安徽农业大学联合完成. 主编为袁志发、周静芋; 副主编有周宏、卢恩双、吴坚、宋世德、郭满才; 参加编写的有汪小龙、孙世铎、雷雪芹、刘建军、张宏礼、解小莉、李相运、郑会玲、梅拥军; 郑瑶绘图.

编写一本好的研究生教材是很难的. 尽管作者是学习数学的, 并且从事农业科学研究 30 余年, 仍感力不从心. 本书难免有遗漏和不妥之处, 望同仁和读者批评指正.

袁志发　周静芋

2000 年 4 月于杨凌

目 录

第三版前言
第二版前言
第一版前言

第 1 章 多元正态分布及其抽样分布 ································· 1
  1.1 多元指标统计数据及其图示 ································· 1
    1.1.1 多元统计数据 ································· 1
    1.1.2 多元数据的图示 ································· 4
  1.2 多元正态分布 ································· 6
    1.2.1 多元正态分布的定义 ································· 7
    1.2.2 多元正态分布的性质 ································· 8
    1.2.3 多元正态分布的条件分布 ································· 10
  1.3 多元正态分布参数的估计 ································· 12
    1.3.1 样本 ································· 12
    1.3.2 样本的数字特征 ································· 13
    1.3.3 μ 与 Σ 的极大似然估计及其性质 ································· 15
  1.4 多元统计中常用的分布及抽样分布 ································· 17
    1.4.1 χ^2 分布与 Wishart 分布 ································· 18
    1.4.2 t 分布与 T^2 分布 ································· 19
    1.4.3 中心 F 分布与 Wilks 分布 ································· 20

第 2 章 多元正态总体均值向量和协方差阵的假设检验 ································· 22
  2.1 均值向量 $\mu = \mu_0$ 的假设检验与 μ 的置信域 ································· 22
    2.1.1 Σ 已知时 $\mu = \mu_0$ 的检验与 μ 的置信域 ································· 23
    2.1.2 Σ 未知时 $\mu = \mu_0$ 的检验与 μ 的置信域 ································· 25
  2.2 均值向量 $\mu_1 = \mu_2$ 的假设检验与 $\mu_1 - \mu_2$ 的置信域 ································· 29
    2.2.1 Σ 已知, 检验 $H_0 : \mu_1 = \mu_2$ 与 $\mu_1 - \mu_2$ 的置信域 ································· 30
    2.2.2 Σ 未知, 检验 $H_0 : \mu_1 = \mu_2$ 与估计 $\mu_1 - \mu_2$ 的置信域 ································· 31
    2.2.3 $\Sigma_1 \neq \Sigma_2$, 检验 $H_0 : \mu_1 = \mu_2$ ································· 35
  2.3 协方差阵与均值向量的检验 ································· 37
    2.3.1 似然比准则的一般原理 ································· 37
    2.3.2 协方阵 $\Sigma = \Sigma_0$ 的检验 ································· 38

2.3.3 检验假设 $H_0: \mu = \mu_0, \Sigma = \Sigma_0$ ···································· 41
2.3.4 多个协方差阵的相等性检验 ·· 41
2.3.5 多个协方差阵与均值向量的相等性检验 ···························· 43
2.4 独立性检验 ·· 46

第 3 章 多元方差分析 ·· 51
3.1 单因素多元方差分析 (完全随机试验) ·································· 51
3.1.1 模型 ·· 51
3.1.2 检验 $H_0: \alpha_1 = \alpha_2 = \cdots = \alpha_a = 0$ ································ 53
3.1.3 多重比较 ·· 58
3.2 两因素的多元方差分析 (完全随机试验) ·································· 59
3.2.1 没有重复的两因素多元方差分析 ···································· 59
3.2.2 等重复的两因素多元方差分析 (完全随机试验) ······················ 68
3.3 巢式设计试验的多元方差分析 ·· 77

第 4 章 直线回归与相关 ·· 81
4.1 回归分析的基本概念与统计思想 ·· 81
4.1.1 回归方程及其模型 ·· 81
4.1.2 回归参数 β 的估计 ·· 83
4.1.3 回归模型的有效性统计量 ·· 84
4.1.4 研究者在回归分析中所关心的问题 ································ 85
4.2 直线回归与相关分析 ·· 85
4.2.1 直线回归方程及其模型 ·· 85
4.2.2 β_0, β 的 LS 估计及统计性质 ······································ 87
4.2.3 回归模型有效性的方差分析及 σ^2 的无偏估计 ······················ 88
4.2.4 b_0 和 b 的假设检验与区间估计 ···································· 91
4.2.5 预测和控制 ·· 93
4.2.6 关于线性均方回归 ·· 95
4.3 直线回归与相关中的几个问题 ·· 96
4.3.1 重复试验与失拟性检验 ·· 96
4.3.2 通过原点的回归直线 ·· 101
4.3.3 k 条回归直线的比较 ·· 103
4.3.4 相关系数的进一步分析 ·· 109

第 5 章 多元线性回归与其通径、决策分析 ······································ 112
5.1 多元线性回归与相关分析 ·· 112
5.1.1 多元线性均方回归 ·· 112
5.1.2 一个因变量的多元线性回归分析 ·································· 114

	5.1.3 过原点的多元线性回归分析 · 123
5.2	通径分析及其决策分析 · 125
	5.2.1 标准化多元线性回归分析 · 125
	5.2.2 通径分析 · 127
	5.2.3 通径分析的决策分析 · 131
	5.2.4 综合选择指数的通径分析和决策分析 · · · · · · · · · · · · · · · · · · · 142
	5.2.5 偏相关分析 · 145
5.3	多项式回归与趋势面分析 · 147
	5.3.1 多项式回归 · 147
	5.3.2 趋势面分析 · 150

第 6 章 多对多的线性回归与其通径、决策分析 · · · · · · · · · · · · · 154

6.1 $\underset{p\times 1}{Y}$ 关于 $\underset{m\times 1}{X}$ 的线性回归分析 · 154

  6.1.1 多对多的线性均方回归 · 154

  6.1.2 β_0, β 的 LS 估计及其抽样分布 · 155

  6.1.3 L_{yy} 的分解和 Σ_e 的无偏估计 · 158

  6.1.4 多对多线性回归方程的有关假设检验 · 159

  6.1.5 多对多线性回归的逐步回归法 · 164

6.2 典范相关变量分析与广义相关系数 · 166

  6.2.1 典范相关变量分析 · 166

  6.2.2 典范变量的性质 · 168

  6.2.3 特征根 λ_t^2 的假设检验 · 169

  6.2.4 广义相关系数 ρ_{xy} · 171

6.3 广义复相关系数 $\rho_{(x_1x_2\cdots x_m)(y_1y_2\cdots y_p)}$ 及其应用 · · · · · · · · 172

  6.3.1 X 与 Y 间的相关信息分析 · 173

  6.3.2 广义决定系数 ρ^2、广义复相关系数 $\rho_{(x_1x_2\cdots x_m)(y_1y_2\cdots y_p)} = \rho_{xy}$ 的定义和估计 · 175

  6.3.3 广义相关系数 ρ_{xy} 的性质 · 176

  6.3.4 广义复相关系数 r_{xy} 的假设检验 · 177

6.4 多对多的通径分析及其决策分析（Ⅰ）· 179

  6.4.1 标准化多对多线性回归分析 · 179

  6.4.2 $y_\alpha = \beta_\alpha^{*\mathrm{T}} x + \varepsilon_\alpha (\alpha = 1, 2, \cdots, p)$ 的通径分析及其决策分析 · · · · · 185

  6.4.3 多对多通径分析的通径图及中心定理 · 186

6.5 多对多的通径分析及其决策分析（Ⅱ）· 198

  6.5.1 基于 $R^2 \approx tr(B)$ 的剖分及相应路径 · · · · · · · · · · · · · · · · · · · 199

6.5.2 基于 $R^2 \approx tr(B)$ 剖分的广义决策系数 $R_{y(j)}$ 的定义和特性 · · · · · · · · · · 206
6.5.3 $R_{y(j)}$ 的假设检验 · 210

第 7 章 主成分分析与因子分析 · 221
7.1 主成分分析及其通径分析与决策分析 · 221
7.1.1 主成分分析及其性质 · 221
7.1.2 主成分对 X 的作用 · 224
7.1.3 单个主成分的通径分析与决策分析 · 237
7.1.4 多对多的主成分通径分析及其决策分析 · 241
7.2 因子分析及其通径、决策分析 · 243
7.2.1 因子分析模型 · 243
7.2.2 因子分析模型的传统分析 · 245
7.2.3 因子分析的通径及其决策分析 · 245
7.2.4 因子分析模型建立的方法 · 258
7.2.5 因子旋转 · 259
7.3 对应分析 · 261

第 8 章 判别分析与聚类分析 · 268
8.1 距离判别分析 · 268
8.1.1 两总体距离判别及其判别函数 $Y(X)$ · 268
8.1.2 多总体距离判别 · 271
8.2 Fisher 线性判别分析及其距离综合决定率 · 273
8.2.1 Fisher 判别准则下的线性判别函数 · 273
8.2.2 判别规则 · 275
8.2.3 统计检验 · 276
8.2.4 X 中分量 x_t 对判别作用大小的指标 —— 距离综合决定率 w_t · · · 277
8.2.5 Fisher 线性判别函数与典范相关、线性回归的关系 · · · · · · · · · · · · · 288
8.3 Bayes 判别分析 · 289
8.4 逐步判别分析 · 295
8.4.1 紧凑变换与逐步线性回归 · 296
8.4.2 逐步判别分析简介 · 298
8.4.3 逐步判别举例 · 302
8.5 聚类分析 · 305
8.5.1 分类统计量 · 305
8.5.2 系统聚类法 · 308

第 9 章 非线性回归与 Logistic 回归分析 · 321
9.1 非线性回归分析 · 321

9.1.1　可以化为线性模型的情况 ·············· 321
　　9.1.2　不可以化为线性模型的情况 ············· 321
9.2　Logistic 加权回归 (因变量为 0-1 分布) ············· 332
　　9.2.1　线性概率模型 $y_i = \beta_0 + \beta x_i + \varepsilon_i$ ············· 332
　　9.2.2　Logistic 分布及转化为线性回归的讨论 ·············· 334
　　9.2.3　Logistic 加权回归模型及分析 ·············· 335
　　9.2.4　以 x 为因变量 z 为自变量的加权 Logistic 回归估计分析 ············ 339

参考文献 ··· 342
附表 ··· 345

第1章 多元正态分布及其抽样分布

1.1 多元指标统计数据及其图示

1.1.1 多元统计数据

统计学数据是通过实验或调查得到的. 统计学中把一个随机变量称为一维总体, 把多维随机变量称为多维总体, 相应的变量称为一维总体变量和多维总体变量. 总体是由若干个元素组成的集合, 每个元素称为个体, 每个个体的数量或非数量(质量)特性由总体变量来刻画. 总体中所含个体的数目称为总体容量, 用 N 表示. 当 N 有限时, 称为有限总体, 否则称为无限总体. 统计学中, 习惯上用随机变量 X, Y 等表示总体变量. 为了对总体 X 的分布规律及其特性进行研究, 最好的办法是把总体所有的个体都在同一条件下测定, 然后进行分析, 这往往是难以实现的, 因为对于无限总体办不到, 对有限总体的每个个体进行测定也要付出相当大的人力、物力, 何况有时不允许破坏性测定. 可行的办法是对总体进行抽样观测, 对总体的分布和特性进行估计. 从总体中随机抽取 n 个个体, 其总体变量分别为 $X_1, X_2, \cdots, X_n$, 称为总体 X 的容量为 n 的简单随机样本. "随机抽取" 是指总体中每个个体都有相同的机会进入样本, 这样的样本才能客观地反映总体, 同时保证了 $X_i(i=1,2,\cdots,n)$ 与 X 同分布且 X_i 间相互独立. 当样本被实际测定时, 所得的是 n 个实际的数据 $x_1, x_2, \cdots, x_n$, 称为样本点或样本值. 一般来讲, 同一个样本不同次的实际抽取观察测定得到的样本值是不同的. 样本的一次实际抽取测定称为样本在一次观测中的实现. 显然, 一个样本可有无限次的观测实现. 用样本资料推断总体规律的方法, 是数理统计分析的任务, 也是统计方法的特点.

总体变量可分为以下三种类型.

1. 名称属性

名称属性 (nominal attribute) 是用名称把总体中各个个体描述为若干个不同的状态, 每个个体具有一种状态, 各状态之间无一定顺序. 例如, 土壤的颜色可分为红、黑、黄等. 又如, 植被可分为森林、草原、灌丛、苔原等.

名称属性按其状态的多少又分为两类.

(1) 二元属性 (binary attribute). 二元名称属性只有对立的两种状态, 如昆虫有翼无翼、某植物有刺无刺等.

(2) 无序多状态属性 (disordered multistate attribute). 这种属性是指具有三

个或三个以上无序状态的名称属性. 具有 n 个状态的无序多状态属性可分解为 n 个二元属性. 例如, 土壤颜色具有红、黑、黄三个状态, 可转化为三个二元属性 (表 1.1.1).

表 1.1.1 土壤颜色的分解量化

多元属性	状态		
	红	黑	黄
1(红与非红)	1	0	0
2(黑与非黑)	0	1	0
3(黄与非黄)	0	0	1

2. 顺序属性

具有多种顺序状态的属性称为顺序属性 (ordinal attribute). 例如, 土壤酸碱度分为强酸性、弱酸性、中性、弱碱性和强碱性 5 个状态, 可用 1,2,3,4,5 表示各状态. 又如, 植物种子分为大、中、小三级, 可用 1,2,3 来表示. 由于顺序间的差距没有明确表示, 上述用 1,2,3, ⋯ 参加运算并不适宜. 如果顺序属性是用数量来划分的, 最好用数量来表示为宜. 此类数据的转化是较为麻烦的.

3. 数量属性

用数值来表示的属性称为数量属性 (quantitative attribute), 如质量、长度等.

数量属性可分为离散数量属性和连续数量属性两类. 例如, 一簇上开几朵花为离散数据, 只能取整数值 0,1,2, ⋯, 而重量、深度为连续性数量性状.

有的将数量属性分为比例量和区间量两种. 例如, 长度、轻重这类量, 0 是有明显的物理意义的. 可以说 10g 是 5g 的 2 倍, 故它们是比例量. 又如, 温度、时间等, 0 仅为计数标准, 这类量仅有等间隔性质, 无比例性质, 如 10~20℃ 与 0~10℃ 之差为间隔, 但不能说 20℃ 比 10℃ 热一倍, 故它们只能是区间变量.

为了便于分析, 要求将调查或测定的一组个体的若干个属性的原始数据排列成规定的形式. 一般情况下, 假定有 n 个个体, p 个属性的样本排成如表 1.1.2 所示的形式.

表 1.1.2 抽样数据

属性	个体			
	$X_{(1)}$	$X_{(2)}$	⋯	$X_{(n)}$
1	X_{11}	X_{12}	⋯	X_{1n}
2	X_{21}	X_{22}	⋯	X_{2n}
⋮	⋮	⋮		⋮
p	X_{p1}	X_{p2}	⋯	X_{pn}

1.1 多元指标统计数据及其图示

上述样本可表示成矩阵形式

$$\underset{p\times n}{X}=(X_{(1)},X_{(2)},\cdots,X_{(n)})=\begin{bmatrix} X_{11} & X_{12} & \cdots & X_{1n} \\ X_{21} & X_{22} & \cdots & X_{2n} \\ \vdots & \vdots & & \vdots \\ X_{p1} & X_{p2} & \cdots & X_{pn} \end{bmatrix}$$

其中, X_{ij} 为样本中第 j 个个体的总体变量 $X_{(j)}$ 的第 i 个分变量. 若为样本值, 将 X_{ij} 换成 x_{ij}. 显然, $X_{(j)}$ 是第 j 个个体的 p 维随机向量 (样本) 或 p 维统计数据向量 (实现值).

【例 1.1.1】 桔梗科 6 个种的性状原始数据如表 1.1.3 所示 ($\underset{p\times n}{X}{}^{\mathrm{T}}$).

表 1.1.3 桔梗科 6 个种的抽样数据

属性 名称	样品号	茎是否缠绕 1	株高/m 2	叶序 3	叶缘 4	花序 5	子房室数 6	果裂方式 7	种子是否具翼 8
党参	1	1	5.5	1	0	0	4	2	0
桔梗	2	0	0.6	0	1	0	5	1	0
轮叶沙参	3	0	0.5	2	1	2	3	0	0
荠苨	4	0	0.7	0	2	1	3	0	0
羊乳	5	1	2.5	1	0	0	4	2	1
石沙参	6	0	0.65	0	1	2	3	0	0

其矩阵形式为

$$\underset{8\times 6}{X}{}^{\mathrm{T}}=\begin{bmatrix} 1 & 5.5 & 1 & 0 & 0 & 4 & 2 & 0 \\ 0 & 0.6 & 0 & 1 & 0 & 5 & 1 & 0 \\ 0 & 0.5 & 2 & 1 & 2 & 3 & 0 & 0 \\ 0 & 0.7 & 0 & 2 & 1 & 3 & 0 & 0 \\ 1 & 2.5 & 1 & 0 & 0 & 4 & 2 & 1 \\ 0 & 0.65 & 0 & 1 & 2 & 3 & 0 & 0 \end{bmatrix}$$

【例 1.1.2】 两种肉鸡在 16 周龄时的脂肪细胞 (50 个)、胸肌纤维 (40 根) 和腿肌纤维 (40 根) 的直径平均数据如表 1.1.4 所示.

表 1.1.4 两个鸡种的脂肪和肌纤维直径数据 (单位: μm)

品种	性状		
	脂肪细胞直径	胸肌纤维直径	腿肌纤维直径
艾维茵	60.50	52.48	53.10
星杂 882	74.55	42.48	51.94

1.1.2 多元数据的图示

图形是直观而形象的,它可以帮助人们思考和判断. 当只有两个变量时,通常用直角坐标在平面上作图; 当有三个变量时,虽然可以在三维坐标里作图,但很不方便; 当变量多于三个变量时,用通常的方法已不能作图了. 多元数据的图表示在 20 世纪 70 年代有了突破,许多方法应运而生,这里介绍两种简单实用的方法.

1. 雷达图

雷达图也称星图或蜘蛛网图, 其作图步骤如下: 对每一个个体, 画一个圆, 当数据为 p 个时间的数据或一个时间断面上的 p 维数据时, 把圆周用 p 个点等分, 由圆心连接 p 个分点, 得到 p 个辐射状的半径, 将 p 个半径看成 p 个坐标轴, 各坐标轴各标一个性状或特性, 每个坐标轴的刻度可按各变量单位大小或标准化刻度而定. 将每个样品的变量值点刻在各自的坐标轴上, 依次连接成一个 p 边形, 这样就得到了这个样品的雷达图.

【例 1.1.1】的雷达图如图 1.1.1 所示, 具体作法如下:

(1) 对 p 个属性的每一个进行标准化, 把每个属性取值变到 [0,1] 区间内, 最简单的标准化方法是极差标准化法. 设第 i 个属性的数据为

$$x_{i1}, x_{i2}, \cdots, x_{in}, \quad i=1,2,\cdots,p$$

则极差标准化了的数据为

$$X'_{ij} = \frac{x_{ij} - \min\{x_{ij}\}}{\max\{x_{ij}\} - \min\{x_{ij}\}}, \quad i=1,2,\cdots,p \tag{1.1.1}$$

【例 1.1.1】的数据经极差标准化列在表 1.1.5 中.

表 1.1.5 【例 1.1.1】数据的极差标准化结果

属性 名称	样品号	茎是否缠绕 1	株高/m 2	叶序 3	叶缘 4	花序 5	子房室数 6	果裂方式 7	种子是否具翼 8
党参	1	1	1	0.5	0	0	0.5	1	0
桔梗	2	0	0.02	0	0.5	0	1	0.5	0
轮叶沙参	3	0	0	1	0.5	1	0	0	0
荠苨	4	0	0.04	0	1	0.5	0	0	0
羊乳	5	1	0.40	0.5	0	0	0.5	1	1
石沙参	6	0	0.03	0	0.5	1	0	0	0

(2) 作 6 个单位圆, 分 8 等份, 作雷达图 1.1.1.

【例 1.1.2】数据的雷达图如图 1.1.2 所示. 它是用原始数据作图. 首先将圆周三等分, 每个分点标所示属性的最大值, 然后按数据比例作图而成.

1.1 多元指标统计数据及其图示

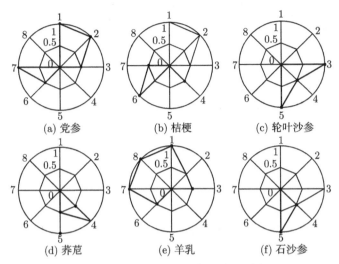

图 1.1.1 【例 1.1.1】数据的雷达图

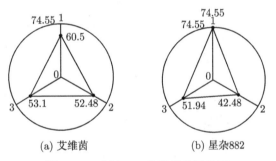

图 1.1.2 【例 1.1.2】数据的雷达图

一般来讲, n 个样品 n 个雷达图, 如果样品很少, 可以画在一个雷达图上, 如【例 1.1.2】的雷达图可以合并. 雷达图可以直观展示各样品的特征及差异.

2. 轮廓图

轮廓图是用 p 个平行的纵轴代表 p 个变量, 每个样品在图上有 p 个点, 将它们依次连接起来成一折线, 这个折线图称为样品的轮廓图. 【例 1.1.1】的轮廓图如图 1.1.3 所示, 【例 1.1.2】的轮廓图如图 1.1.4 所示.

除了上述两种图示法之外, 其他的多元数据图示还有塑像图、树形图、星座图、脸谱图和三角多项式图等. 上述这些多元数据图示法, 只适合于 p 个变量平等的情形, 不能表示出变量的相关关系, 要想表示出变量间的相关规律, 还要用其他的图示方法, 如连接向量图. 由于这些方法比较复杂, 这里就不介绍了.

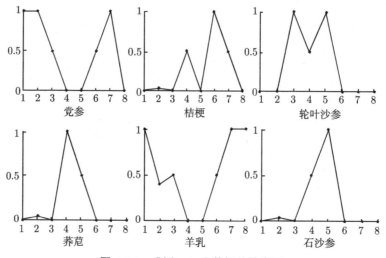

图 1.1.3 【例 1.1.1】数据的轮廓图

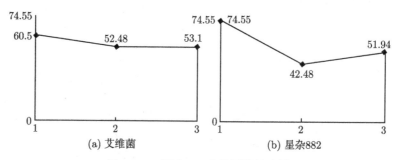

图 1.1.4 【例 1.1.2】数据的轮廓图

1.2 多元正态分布

在农业科学研究中,经常通过多元统计数据寻求多维随机向量的统计规律问题. 通俗地讲, 就是多指标统计问题. 例如, 自然因子对作物产量和品质的作用、育种中选择性状对目标的影响、疾病的多指标诊断、土壤成分分析、气象预报、样品的归属等都属于多指标统计问题. 这些指标交叉影响, 存在着极其复杂的统计规律. 在这种情况下, 用我们所熟知的一元统计知识去孤立地分析各个指标, 就难免顾此失彼, 使整体结论失真. 因而, 多指标、多因素问题只有选择相应的多元统计方法来处理, 才能使其规律得以正确地表达.

多元统计分析的主要理论都是建立在多元正态分布总体基础上的. 在实际问题中, 所遇到的多元总体多是多元正态分布总体或近似多元正态分布总体, 有时不是多元正态分布总体, 但当样本容量足够大时, 其平均值将近似服从多元正态分布.

1.2.1 多元正态分布的定义

设某品种小麦的产量 (X_1)、每亩穗数 (X_2)、每穗粒数 (X_3) 和千粒重 (X_4) 均服从正态分布

$$X_i \sim N(\mu_i, \sigma_i^2), \quad i = 1, 2, 3, 4 \tag{1.2.1}$$

其中，μ_i 与 σ_i^2 分别为 X_i 的均值和方差. 其密度函数为

$$\begin{aligned} f(x_i) &= \frac{1}{\sqrt{2\pi}\sigma_i} \exp\left\{-\frac{1}{2\sigma_i^2}(x_i - \mu_i)^2\right\} \\ &= (2\pi)^{-\frac{1}{2}}(\sigma_i^2)^{-\frac{1}{2}} \exp\left\{-\frac{1}{2}(x_i - \mu_i)(\sigma_i^2)^{-1}(x_i - \mu_i)\right\}, \quad -\infty < x_i < +\infty \end{aligned} \tag{1.2.2}$$

那么四个性状所组成的四维列向量 $X = (X_1, X_2, X_3, X_4)^{\mathrm{T}}$ 就服从四元正态分布.

一般地, 对于每一个分量都服从正态分布的 p 维随机列向量

$$X = (X_1, X_2, \cdots, X_p)^{\mathrm{T}} \tag{1.2.3}$$

具有和一元正态分布相似的联合概率密度函数

$$f(X) = (2\pi)^{-p/2} |\Sigma|^{-\frac{1}{2}} \exp\left\{-\frac{1}{2}(X - \mu)^{\mathrm{T}} \Sigma^{-1} (X - \mu)\right\} \tag{1.2.4}$$

其中,

$$X = (x_1, x_2, \cdots, x_p)^{\mathrm{T}}, \quad -\infty < x_i < +\infty, \quad i = 1, 2, \cdots, p$$

$$\mu = (\mu_1, \mu_2, \cdots, \mu_p)^{\mathrm{T}}$$

$$\Sigma = \begin{bmatrix} \sigma_1^2 & \sigma_{12} & \cdots & \sigma_{1p} \\ \sigma_{21} & \sigma_2^2 & \cdots & \sigma_{2p} \\ \vdots & \vdots & & \vdots \\ \sigma_{p1} & \sigma_{p2} & \cdots & \sigma_p^2 \end{bmatrix}, \quad \text{其行列式 } |\Sigma| > 0$$

这时称 X 服从 p 元正态分布, 记作 $X \sim N_p(\mu, \Sigma)$.

在式 (1.2.4) 中, μ 为 X 的数学期望向量, 即均值向量. E 为期望算子, 有 $E(X) = \mu$, μ 的分量 $\mu_i(i = 1, 2, \cdots, p)$ 为 X 的分量 X_i 的数学期望, 即 $E(X_i) = \mu_i$. Σ 称为 X 的协方差阵. V 为方差算子, 即 $V(X_i) = \sigma_i^2 = \sigma_{ii}$, 而 σ_{ij} 为 X_i 与 X_j 的协方差, 即 $Cov(X_i, X_j) = \sigma_{ij} = \sigma_{ji}$. 在式 (1.2.4) 中, 要求 $|\Sigma| > 0$, 即 Σ 不但对称而且正定, 这时 Σ 的逆 Σ^{-1} 一定存在, 并且 Σ 的特征根均大于 0. μ 为 $N_p(\mu, \Sigma)$ 的分布中心, Σ 中包含了 X 中各分量及分量间的所有变异信息.

一般来讲, 随机向量有连续型和离散型之分. 连续型各分量均为连续型随机变量, 离散型各分量均为离散型随机变量.

多元正态分布为连续型随机向量. 对于连续型随机向量 $X = (X_1, X_2, \cdots, X_p)^{\mathrm{T}}$, 要求它的联合概率密度函数 $f(x_1, x_2, \cdots, x_p) \geqslant 0$, 而且满足:

$$\int_{-\infty}^{+\infty} \cdots \int_{-\infty}^{+\infty} f(x_1, x_2, \cdots, x_p) \mathrm{d}x_1 \mathrm{d}x_2 \cdots \mathrm{d}x_p = 1 \tag{1.2.5}$$

随机向量所涉及的数字特征比一维随机变量要丰富得多, 以多元正态分布为例说明之. 在多元正态分布定义式 (1.2.4) 中, 涉及的数字特征有: 各分量的数学期望 $\mu_i = E(X_i)$ 和方差 $\sigma_i^2 = V(X_i)$; 不同分量间的协方差 $Cov(X_i, X_j) = \sigma_{ij}$ 和相关系数 $\rho_{ij} = \dfrac{\sigma_{ij}}{\sigma_i \sigma_j}$. 有关协方差、相关系数的定义和性质, 这里不再赘述. 下面仅结合多元正态分布的性质, 说明一些问题.

1.2.2 多元正态分布的性质

1. 若 $X \sim N_p(\mu, \Sigma)$, 则

$$d^2 = (X - \mu)^{\mathrm{T}} \Sigma^{-1} (X - \mu) \sim \chi^2(p) \tag{1.2.6}$$

d^2 若为定值, X 变化, 则它为一椭球, 是 X 密度函数的等高面; 若 X 给定, 则 d^2 为 X 到 μ 的马哈拉诺比斯 (Mahalanobis) 距离.

2. $N_p(\mu, \Sigma)$ 中各分量及子向量的分布

1) $N_p(\mu, \Sigma)$ 的边缘分布

$N_p(\mu, \Sigma)$ 中有 p 个分量 X_i, 其分布称为它的边缘分布, 分布的概率密度函数为

$$\begin{aligned}f_i(x_i) &= \int_{-\infty}^{+\infty} \cdots \int_{-\infty}^{+\infty} f(x_1, x_2, \cdots, x_p) \mathrm{d}x_1 \mathrm{d}x_2 \cdots \mathrm{d}x_{i-1} \mathrm{d}x_{i+1} \cdots \mathrm{d}x_p \\&= \frac{1}{\sqrt{2\pi}\sigma_i} \exp\left\{-\frac{1}{2\sigma_i^2}(x_i - \mu_i)^2\right\}, \quad i = 1, 2, \cdots, p\end{aligned} \tag{1.2.7}$$

即 $X_i \sim N_p(\mu_i, \sigma_i^2)$.

对比 $N_p(\mu, \Sigma)$ 的定义式 (1.2.4) 可知, 边缘分布并未涉及各分量间的协方差 σ_{ij} ($i \neq j$). 因而, 具有同样边缘分布的多元正态分布有很多个. 这个结果表明, 联合分布可以唯一决定边缘分布, 但反过来不能 (除非 σ_{ij} 均等于 0).

2) $N_p(\mu, \Sigma)$ 的 $q(q \leqslant p)$ 维子向量的分布

$N_p(\mu, \Sigma)$ 中任一 q 维子向量服从 q 维正态分布, 其均值向量和协方差阵由 μ, Σ 中与子向量有关的元素组成. 如式 (1.2.4) 中子向量 $(X_1, X_2)^{\mathrm{T}} \sim \mu_2(\mu^{(2)}, \Sigma^{(2)})$, $\mu^{(2)} = (\mu_1, \mu_2)^{\mathrm{T}}$, $\Sigma^{(2)} = \begin{bmatrix} \sigma_1^2 & \sigma_{12} \\ \sigma_{21} & \sigma_2^2 \end{bmatrix}$.

1.2 多元正态分布

3. 独立与相依

1) $N_p(\mu, \Sigma)$ 中各分量的相互独立与相依

$X = (X_1, X_2, \cdots, X_p)^T \sim N_p(\mu, \Sigma)$, 各分量间相互独立的充要条件为

$$f(x_1, x_2, \cdots, x_p) = f_1(x_1) f_2(x_2) \cdots f_p(x_p) = \prod_{i=1}^{p} f_i(x_i) \qquad (1.2.8)$$

具体讲, 该充要条件是所有 $\sigma_{ij} = 0$, $i \neq j$, $i, j = 1, 2, \cdots, p$. 如果不满足这个条件, 则称为相依的.

2) 将 $X = (X_1, X_2, \cdots, X_p)^T \sim N_P(\mu, \Sigma)$ 分解为两个子向量

$$X = \begin{bmatrix} X^{(1)} \\ X^{(2)} \end{bmatrix} \begin{matrix} q \\ p-q \end{matrix}, \quad \mu = \begin{bmatrix} \mu^{(1)} \\ \mu^{(2)} \end{bmatrix} \begin{matrix} q \\ p-q \end{matrix}, \quad \Sigma = \begin{bmatrix} \Sigma_{11} & \Sigma_{12} \\ \Sigma_{21} & \Sigma_{22} \end{bmatrix} \begin{matrix} q \\ p-q \end{matrix}$$

则 $X^{(1)} \sim N_q(\mu^{(1)}, \Sigma_{11})$, $X^{(2)} \sim N_{p-q}(\mu^{(2)}, \Sigma_{22})$, $X^{(1)}$ 与 $X^{(2)}$ 独立的充要条件为 $\Sigma_{12} = 0$. 若 $\Sigma_{12} \neq 0$, 则 $X^{(1)}$ 与 $X^{(2)}$ 是相依的.

从直观上讲, 随机向量各子向量 (或分量) 间相互独立, 是指任一子向量 (或分量) 的取值对其他子向量 (或分量) 毫无影响的现象, 而相依则是和独立相反的现象.

3) 独立与不相关是两个不同的概念

协方差 $Cov(X_i, X_j) = \sigma_{ij}(i \neq j)$ 和相关系数 $\rho_{ij} = \sigma_{ij}/\sigma_i \sigma_j$ 是随机向量中两个重要的数字特征, 二者定义中均要求 σ_i^2 和 σ_j^2 存在, 协方差的定义为

$$Cov(X_i, X_j) = E[(X_i - E(X_i))(X_j - E(X_j))] = \sigma_{ij}$$

若 X_i 和 X_j 独立, 则 $\sigma_{ij} = 0$. ρ_{ij} 定义为 $\dfrac{\sigma_{ij}}{\sigma_i \sigma_j}$. 显然 X_i 与 X_j 独立, 则导致 $\rho_{ij} = 0$, 即不相关. 然而, ρ_{ij} 由协方差性质 $\sigma_{ij}^2 \leqslant \sigma_i^2 \sigma_j^2$ 可推出 $-1 \leqslant \rho_{ij} \leqslant 1$. 而 $\rho_{ij} = \pm 1$ 的充要条件为 X_i 与 X_j 间几乎处处有线性关系. 这表明 ρ_{ij} 是描述 X_i 与 X_j 之间线性关系强弱的一个数字特征. 在统计学中, 不独立则相依, 而相依中既有线性相依, 亦有非线性相依. 独立表明 X_i 与 X_j 间既无线性相依亦无非线性相依关系. 因而, 不相关 ($\rho_{ij} = 0$) 仅意味着 X_i 与 X_j 间无线性相依关系, 未必没有非线性关系. 故不相关与独立是两个不同的概念. 例如: 设 $X_i \sim N(0,1)$, $X_j = X_i^2$, 显然, 二者不独立, 有非线性相依关系. 然而二者不相关:

$$E(X_i) = 0, \quad E(X_j) = E(X_i^2) = 1, \quad E(X_i X_j) = E(X_i^3) = 0$$

$$Cov(X_i, X_j) = E(X_i X_j) - E(X_i) E(X_j) = 0$$

两个随机变量间独立必导致不相关,反之则不然. 这种逻辑的一个例外是 $(X_1, X_2)^T \sim N_2(\mu, \Sigma)$, 其不相关与独立是等价的. 从定义式 (1.2.4) 可看出, 若 $\sigma_{12} = 0$, $\Sigma = \begin{bmatrix} \sigma_1^2 & 0 \\ 0 & \sigma_2^2 \end{bmatrix}$, 则 $f(x_1, x_2) = f_1(x_1)f_2(x_2)$, 即独立; 反之亦然.

4. 多元正态分布经过线性变换仍为正态分布

若 $X = (X_1, X_2, \cdots, X_p)^T \sim N_p(\mu, \Sigma)$, C 为 $q \times p$ 非零常数矩阵, b 为 q 维常数列向量, 则

$$y = CX + b \sim N_q(C\mu + b, C\Sigma C^T) \tag{1.2.9}$$

特别地, 当 $q = 1, b = 0$ 时, 有 $C = (c_1, c_2, \cdots, c_p)$, 则

$$y = CX = \sum_{i=1}^p c_i X_i \sim N\left(\sum_{i=1}^p c_i \mu_i, C\Sigma C^T\right) \tag{1.2.10}$$

即若干一维正态随机变量的线性组合仍服从一元正态分布.

5. 对 $X = (X_1, X_2, \cdots, X_p)^T \sim N_P(\mu, \Sigma)$ 各分量作标准变换

$$U_i = \frac{X_i - \mu_i}{\sigma_i}, \quad i = 1, 2, \cdots, p \tag{1.2.11}$$

则 $U = (u_1, u_2, \cdots, u_p)^T \sim N_p(0, \rho)$, $E(U) = 0, V(U) = \rho$ 为 X 的相关阵:

$$\rho = \begin{bmatrix} 1 & \rho_{12} & \cdots & \rho_{1p} \\ \rho_{21} & 1 & \cdots & \rho_{2p} \\ \vdots & \vdots & & \vdots \\ \rho_{p1} & \rho_{p2} & \cdots & 1 \end{bmatrix} \tag{1.2.12}$$

其中, ρ_{ij} 为 X_i 与 X_j 的相关系数. 若 X 的各分量间均独立 (所有 $\sigma_{ij} = 0$), 则有 $U \sim N_p(0, I_p)$, 称为 p 维标准正态分布. I_p 为 p 阶单位阵.

1.2.3 多元正态分布的条件分布

随机向量各分量之间的关系表现为独立与相依两类关系. 如果存在相依关系, 由于各分量均为随机变量, 故相依关系不会呈现出一种确定的函数关系, 而是在大量观测中带有随机性的一种统计关系的 "平均趋势". 随机向量的条件分布提供了给出这种 "平均趋势" 的方法和思想.

1.2 多元正态分布

设 $X=(X_1,X_2)^{\mathrm{T}}$ 为二维连续型随机变量, 其联合概率密度函数为 $f(x_1,x_2)$. 在给定 $X_1=x_1$ 条件下 X_2 的分布称为条件分布. 其条件概率密度函数为

$$f(x_2|x_1) = \frac{f(x_1,x_2)}{f_1(x_1)} \tag{1.2.13}$$

条件分布的条件期望为

$$E(X_2|X_1=x_1) = \int_{-\infty}^{+\infty} x_2 f(x_2|x_1)\mathrm{d}x_2 \tag{1.2.14}$$

显然, 条件期望的期望就是无条件的期望, 即

$$E[E(X_2|X_1=x_1)] = E(X_2) \tag{1.2.15}$$

事实上有

$$\begin{aligned} E(X_2) &= \int_{-\infty}^{+\infty}\int_{-\infty}^{+\infty} x_2 f(x_1,x_2)\mathrm{d}x_1\mathrm{d}x_2 \\ &= \int_{-\infty}^{+\infty}\int_{-\infty}^{+\infty} x_2 f(x_2|x_1) f_1(x_1)\mathrm{d}x_1\mathrm{d}x_2 \\ &= \int_{-\infty}^{+\infty}\left\{\int_{-\infty}^{+\infty} x_2 f(x_2|x_1)\mathrm{d}x_2\right\} f_1(x_1)\mathrm{d}x_1 \\ &= \int_{-\infty}^{+\infty} E(X_2|X_1=x_1) f_1(x_1)\mathrm{d}x_1 \\ &= E[E(X_2|X_1=x_1)] \end{aligned}$$

以二元正态分布 $N_2(\mu,\Sigma)$ 为例说明条件分布的求法. 由于 $\Sigma=\begin{bmatrix}\sigma_1^2 & \sigma_{12} \\ \sigma_{21} & \sigma_2^2\end{bmatrix}$, $|\Sigma|=\sigma_1^2\sigma_2^2(1-\rho_{12}^2)$, 则其联合密度函数为

$$\begin{aligned} f(x_1,x_2) &= \frac{1}{2\pi\sqrt{|\Sigma|}}\exp\left\{-\frac{1}{2}(x-\mu)^{\mathrm{T}}\Sigma^{-1}(x-\mu)\right\} \\ &= \frac{1}{2\pi\sigma_1\sigma_2\sqrt{1-\rho_{12}^2}}\exp\left\{-\frac{1}{2(1-\rho_{12}^2)}\left[\frac{(x_1-\mu_1)^2}{\sigma_1^2}\right.\right. \\ &\quad \left.\left. -\frac{2\rho_{12}(x_1-\mu_1)(x_2-\mu_2)}{\sigma_1\sigma_2} + \frac{(x_2-\mu_2)^2}{\sigma_2^2}\right]\right\} \end{aligned}$$

由于

$$X_1\sim N(\mu,\sigma_1^2), \quad f_1(x_1) = \frac{1}{\sqrt{2\pi}\sigma_1}\exp\left[-\frac{(x_1-\mu_1)^2}{2\sigma_1^2}\right]$$

故在 $X_1=x_1$ 条件下, X_2 的条件概率密度函数为

$$f(x_2|x_1) = f(x_1,x_2)/f_1(x_1)$$

$$= \frac{1}{2\pi\sigma_1\sigma_2\sqrt{1-\rho_{12}^2}} \exp\left\{-\frac{1}{2(1-\rho_{12}^2)}\left[\frac{(x_1-\mu_1)^2}{\sigma_1^2}\right.\right.$$
$$\left.\left.- \frac{2\rho_{12}(x_1-\mu_1)(x_2-\mu_2)}{\sigma_1\sigma_2} + \frac{(x_2-\mu_2)^2}{\sigma_2^2}\right]\right\} \Big/ \frac{1}{\sqrt{2\pi}\sigma_1}\exp\left[-\frac{(x_1-\mu_1)^2}{2\sigma_1^2}\right]$$
$$= \frac{1}{\sqrt{2\pi}\sigma_2\sqrt{1-\rho_{12}^2}}\exp\left\{-\frac{1}{2(1-\rho_{12}^2)}\left[\frac{\rho_{12}^2(x_1-\mu_1)^2}{\sigma_1^2}\right.\right.$$
$$\left.\left.- \frac{2\rho_{12}(x_1-\mu_1)(x_2-\mu_2)}{\sigma_1\sigma_2} + \frac{(x_2-\mu_2)^2}{\sigma_2^2}\right]\right\}$$
$$= \frac{1}{\sqrt{2\pi}\sigma_2\sqrt{1-\rho_{12}^2}}\exp\left\{-\frac{1}{2(1-\rho_{12}^2)\sigma_2^2}\left[x_2-\left(\mu_2+\rho_{12}\frac{\sigma_2}{\sigma_1}(x_1-\mu_1)\right)\right]^2\right\}$$
(1.2.16)

表明在 $X_1 = x_1$ 条件下,X_2 的条件分布为 $N\left[\mu_2+\rho_{12}\dfrac{\sigma_2}{\sigma_1}(x_1-\mu_1),(1-\rho_{12}^2)\sigma_2^2\right]$. 其条件期望和条件方差分别为

$$E(X_2|X_1=x_1) = \mu_2 + \rho_{12}\frac{\sigma_2}{\sigma_1}(x_1-\mu_1), \quad V(X_2|X_1=x_1) = (1-\rho_{12}^2)\sigma_2^2 \quad (1.2.17)$$

说明 $N_2(\mu,\Sigma)$ 的两个分量在 "平均" 意义上为线性相依.

多元正态分布的条件分布为多元统计分析中回归分析理论及其取得数据的试验设计的理论基础. 如通过试验要想获得 $(X_1,X_2)^\mathrm{T}$ 中 X_2 随 X_1 变化的 "平均趋势", 可在 X_1 的取值范围内, 由大到小取 n 个值 $x_{i1}, i=1,2,\cdots,n$. 在 x_{i1} 处重复观测 X_2 k 次, 其平均值为 $\bar{x}_{2i}|_{X_1=x_{i1}}$, 它是 $E(X_2|X_1=x_{i1})$ 的估计值, 则 $\bar{x}_{21},\bar{x}_{22},\cdots,\bar{x}_{2n}$ 在一定程度上反映了 X_2 随 X_1 取值变化的平均趋势.

1.3 多元正态分布参数的估计

由样本推断总体是统计学的基本特点与方法. 推断的主要内容之一是总体参数的估计.

1.3.1 样本

设从总体 $X \sim N_p(\mu,\Sigma)$ 中随机抽取容量为 n 的多元简单随机样本 $X_{(j)} = (X_{1j},X_{2j},\cdots,X_{pj})^\mathrm{T}, j=1,2,\cdots,n, n>p$, 由于是随机抽样, 故 $X_{(j)}$ 之间相互独立且均服从 $N_p(\mu,\Sigma)$, 样本用矩阵表示为

$$X = (X_{(1)}, X_{(2)}, \cdots, X_{(n)}) = \begin{bmatrix} X_{11} & X_{12} & \cdots & X_{1n} \\ X_{21} & X_{22} & \cdots & X_{2n} \\ \vdots & \vdots & & \vdots \\ X_{p1} & X_{p2} & \cdots & X_{pn} \end{bmatrix} \quad (1.3.1)$$

称为观察矩阵或样本资料阵. 在理论上观察矩阵 X 为随机矩阵, 第 j 列 $X_{(j)}$ 为第 j 个样品 p 个指标的 p 维向量. 当测定后为一数据阵时, X_{ij} 换为 x_{ij}. 观察矩阵中包含了样本对于总体的所有信息, 统计分析就要从中科学地提取这些信息, 达到认识总体的目的. 在后面的内容中, 样本均指简单随机样本.

1.3.2 样本的数字特征

由样本观察矩阵 (1.3.1), 通过计算可得样本的数字特征.

1. 样本均值向量

样本均值向量 $\overline{X}$ 是表示样本中心位置的, 其定义为

$$\overline{X} \triangleq \frac{1}{n}\sum_{j=1}^{n}X_{(j)} = \frac{1}{n}\begin{bmatrix} X_{11}+X_{12}+\cdots+X_{1n} \\ X_{21}+X_{22}+\cdots+X_{2n} \\ \vdots \\ X_{p1}+X_{p2}+\cdots+X_{pn} \end{bmatrix} = \begin{bmatrix} \overline{X}_1 \\ \overline{X}_2 \\ \vdots \\ \overline{X}_p \end{bmatrix} \quad (1.3.2)$$

2. 样本离差阵

样本离差阵 L 也称为样本信息阵, 因为它反映了样本中各指标及指标间的变异及相关信息. 令

$$\tilde{X}_{(j)} = X_{(j)} - \overline{X}$$

$$\tilde{X} = (\tilde{X}_{(1)}, \tilde{X}_{(2)}, \cdots, \tilde{X}_{(n)}) = \begin{bmatrix} X_{11}-\overline{X}_1 & X_{12}-\overline{X}_1 & \cdots & X_{1n}-\overline{X}_1 \\ X_{21}-\overline{X}_2 & X_{22}-\overline{X}_2 & \cdots & X_{2n}-\overline{X}_2 \\ \vdots & \vdots & & \vdots \\ X_{p1}-\overline{X}_p & X_{p2}-\overline{X}_p & \cdots & X_{pn}-\overline{X}_p \end{bmatrix}$$

样本的离差阵定义为

$$L \triangleq \tilde{X}\tilde{X}^{\mathrm{T}} = \sum_{j=1}^{n}(X_{(j)}-\overline{X})(X_{(j)}-\overline{X})^{\mathrm{T}}$$

$$= \sum_{j=1}^{n}X_{(j)}X_{(j)}^{\mathrm{T}} - \frac{1}{n}\left(\sum_{j=1}^{n}X_{(j)}\right)\left(\sum_{j=1}^{n}X_{(j)}\right)^{\mathrm{T}} = \sum_{j=1}^{n}X_{(j)}X_{(j)}^{\mathrm{T}} - n\overline{X}\,\overline{X}^{\mathrm{T}} \quad (1.3.3)$$

令

$$L = \begin{bmatrix} l_{11} & l_{12} & \cdots & l_{1p} \\ l_{21} & l_{22} & \cdots & l_{2p} \\ \vdots & \vdots & & \vdots \\ l_{p1} & l_{p2} & \cdots & l_{pp} \end{bmatrix}$$

其中,

$$\begin{cases} l_{ii} = \sum_{j=1}^{n}(X_{ij}-\overline{X}_i)^2 = \sum_{j=1}^{n}X_{ij}^2 - \frac{1}{n}\left(\sum_{j=1}^{n}X_{ij}\right)^2 \\ l_{ij} = \sum_{k=1}^{n}(X_{ik}-\overline{X}_i)(X_{jk}-\overline{X}_j) = \sum_{k=1}^{n}X_{ik}X_{jk} - \frac{1}{n}\left(\sum_{k=1}^{n}X_{ik}\right)\left(\sum_{k=1}^{n}X_{jk}\right) \end{cases}$$
(1.3.4)

l_{ii} 称为第 i 个分量 X_i 的样本偏差平方和, l_{ij} 称为 X_i 与 X_j 的偏差积和.

样本的均值向量和离差阵可直接根据观察矩阵计算, 令 $1_n = (1,1,\cdots,1)^{\mathrm{T}}$, I_n 为 n 阶单位阵, 则有

$$\begin{cases} \overline{X} = \frac{1}{N}X1_n \\ L = X\left(I_n - \frac{1}{n}1_n1_n^{\mathrm{T}}\right)X^{\mathrm{T}} \end{cases}$$
(1.3.5)

其中, L 的结果推导如下:

$$L = \sum_{j=1}^{n}X_{(j)}X_{(j)}^{\mathrm{T}} - n\overline{X}\,\overline{X}^{\mathrm{T}} = XX^{\mathrm{T}} - n\overline{X}\,\overline{X}^{\mathrm{T}}$$

$$= XX^{\mathrm{T}} - \frac{1}{n}X1_n1_n^{\mathrm{T}}X^{\mathrm{T}} = X\left(I_n - \frac{1}{n}1_n1_n^{\mathrm{T}}\right)X^{\mathrm{T}}$$

3. 样本协方差阵

样本的协方差阵定义为

$$S \triangleq \frac{L}{n-1} \tag{1.3.6}$$

4. 样本的相关阵

样本的相关阵定义为

$$R \triangleq \begin{bmatrix} 1 & r_{12} & \cdots & r_{1p} \\ r_{21} & 1 & \cdots & r_{2p} \\ \vdots & \vdots & & \vdots \\ r_{p1} & r_{p2} & \cdots & 1 \end{bmatrix} \tag{1.3.7}$$

$$r_{ij} = r_{ji} \triangleq \frac{l_{ij}}{\sqrt{l_{ii}l_{jj}}}, \quad i,j = 1,2,\cdots,p \tag{1.3.8}$$

其中, r_{ij} 为分量 X_i 与 X_j 的样本相关系数.

1.3.3 μ 与 Σ 的极大似然估计及其性质

通过样本估计总体的参数叫做参数估计. 如何利用样本 $X_{(1)}, X_{(2)}, \cdots, X_{(n)}$ 中的信息来估计总体 $N_P(\mu, \Sigma)$ 中的参数向量呢? 由于样本包含了 μ 与 Σ 的估计量 (即不含任何未知参数的样本的函数, 如 $\overline{X}, L$ 等) 以供选择, 其中有两个问题需要解决, 一是建立估计方法, 二是对估计的优劣评价. 参数估计的一般方法有极大似然法、矩法和最小二乘法. 对估计的优劣评价是从各个角度来讲的. 设 θ 为总体的待估参数, 通过一定的估计方法由样本得到的估计量为 $\hat\theta$. 对 $\hat\theta$ 的评价通常有下述的几个方面.

1. 无偏估计

若 $E(\hat\theta) = \theta$, 称 $\hat\theta$ 为 θ 的无偏估计. 由于 $\hat\theta$ 是随机变量, 在一次估计中其实现值与 θ 存在着偏差 $\hat\theta - \theta$, 这种偏差是随机的. 因此评价一个估计量是否合理, 不能根据一次估计实现的好坏, 而应根据多次反复实现的 "平均" 效果来评价. $E(\hat\theta) = \theta$ 反映了这种 "平均" 偏差为 0 的思想.

2. 优效估计

如果 $\hat\theta_1$ 和 $\hat\theta_2$ 都是 θ 的无偏估计, $\hat\theta_1$ 和 $\hat\theta_2$ 的方差分别为 $V(\hat\theta_1) = E(\hat\theta_1 - \theta)^2$, $V(\hat\theta_2) = E(\hat\theta_2 - \theta)^2$. 若 $V(\hat\theta_1) \leqslant V(\hat\theta_2)$, 则称 $\hat\theta_1$ 比 $\hat\theta_2$ 有效. 在 θ 的所有无偏估计中, 如果存在一个估计 $\hat\theta_0$, 对任一无偏估计 $\hat\theta$ 都有 $V(\hat\theta_0) \leqslant V(\hat\theta)$, 即 $V(\hat\theta_0)$ 是所有无偏估计量方差的下界, 则称 $\hat\theta_0$ 是 θ 的最小方差无偏估计或优效估计. 优效估计准则等价于方差越小越好的准则.

3. 一致估计 (相合估计)

由于 $\hat\theta$ 依赖于样本容量 n, 因而需考察 $n \to \infty$ 时 $\hat\theta$ 的状态. 如果 $n \to \infty$ 时, $\hat\theta$ 以概率 1 收敛到 θ, 即对于任意 $\varepsilon > 0$ 有 $\lim_{n\to\infty} P\{|\hat\theta - \theta| < \varepsilon\} = 1$, 则称 $\hat\theta$ 是 θ 的一致估计或相合估计. 相合估计是对一个估计的大样本性质的起码要求. 一个估计量如果不是相合的, 则它不是一个好的估计.

如果一个估计量 $\hat\theta$ 既是无偏差估计量又是优效估计, 则称 $\hat\theta$ 是 θ 的方差一致最小无偏估计, 简称 UMVU 估计.

如果 $\hat\theta$ 是 θ 的 UMVU 估计, 而且 $\hat\theta$ 是样本的线性函数, 则称 $\hat\theta$ 是 θ 的最小方差线性无偏估计量, 简称为最佳线性无偏估计, 即 BLUE 估计.

参数的估计方法一般有极大似然估计、矩估计和最小二乘法估计等, 下边采用极大似然估计且省去推导过程. 极大似然估计方法是根据各样品的密度函数 $f(x_{(j)})$

的连乘积组成似然函数求极值而获得 μ 和 Σ 的估计,估计的结果为

$$\begin{cases} \hat{\mu} = \overline{X} \\ \hat{\Sigma} = \dfrac{L}{n} \end{cases} \tag{1.3.9}$$

即 $\hat{\mu}$ 和 $\hat{\Sigma}$ 使似然函数 $f(x_{(1)})f(x_{(2)})\cdots f(x_{(n)})$ 最大. 极大似然估计简记为 MLE 估计. 极大似然估计 $\hat{\mu}$ 和 $\hat{\Sigma}$ 有如下性质:

(1) $\overline{X}$ 是 μ 的最佳线性无偏估计,即 BLUE 估计.

(2) $\dfrac{L}{n}$ 是 Σ 的一致估计,但不是无偏估计,

$$E\left(\hat{\Sigma}\right) = E\left(\dfrac{L}{n}\right) = \dfrac{n-1}{n}\Sigma$$

(3) Σ 的无偏估计、UMVU 估计和一致估计为

$$S = \hat{\Sigma} = \dfrac{L}{n-1}$$

样本相关阵 R 是 $N_P(\mu,\Sigma)$ 相关阵 ρ 的极大似然估计,即 $\hat{\rho} = R$. 另外,只有当 $n > p$ 时, S 才是正定的.

【例 1.3.1】 测定 13 块中籼南京 11 号高产田的每亩穗数 (X_1, 单位: 万)、每穗实粒数 (X_2) 和每亩稻谷产量 (X_3, 单位: 0.5kg),结果如表 1.3.1 所示. 设 $X = (X_1, X_2, X_3)^{\mathrm{T}} \sim N_3(\mu, \Sigma)$,试求 μ 与 Σ 的无偏估计与 ρ 的极大似然估计.

表 1.3.1 中籼南京 11 号高产田的 X_1, X_2, X_3 测定数据

每亩穗数 X_1	26.7	31.3	30.4	33.9	34.6	33.8	30.4
每穗实粒数 X_2	73.4	59.0	65.9	58.2	64.6	64.6	62.1
每穗稻谷产量 X_3	1008	959	1051	1022	1097	1103	992
每亩穗数 X_1	27.0	33.3	30.4	31.5	33.1	34.0	
每穗实粒数 X_2	71.4	64.5	64.1	61.1	56.0	59.8	
每穗稻谷产量 X_3	945	1074	1029	1004	995	1045	

解 经计算得 9 个一级数据:

$$\sum X_1 = 410.4, \qquad \sum X_2 = 824.7, \qquad \sum X_3 = 13324$$
$$\sum X_1^2 = 13035.62, \qquad \sum X_2^2 = 52613.61, \qquad \sum X_3^2 = 13684320$$
$$\sum X_1 X_2 = 25925.04, \qquad \sum X_1 X_3 = 421572.2, \qquad \sum X_2 X_3 = 845293$$

再由一级数据算出 9 个二级数据:

$$l_{11} = \sum X_1^2 - \dfrac{1}{13}\left(\sum X_1\right)^2 = 79.6077$$

$$l_{12} = \sum X_1 X_2 - \frac{1}{13}\left(\sum X_1\right)\left(\sum X_2\right) = -110.1046$$

$$l_{13} = \sum X_1 X_3 - \frac{1}{13}\left(\sum X_1\right)\left(\sum X_3\right) = 943.7692$$

$$\overline{X}_1 = \frac{1}{13}\left(\sum X_1\right) = 31.5692$$

$$l_{22} = \sum X_2^2 - \frac{1}{13}\left(\sum X_2\right)^2 = 295.9108$$

$$l_{23} = \sum X_2 X_3 - \frac{1}{13}\left(\sum X_2\right)\left(\sum X_3\right) = 38.9385$$

$$\overline{X}_2 = \frac{1}{13}\left(\sum X_2\right) = 63.4385$$

$$l_{33} = \sum X_3^2 - \frac{1}{13}\left(\sum X_3\right)^2 = 28244.9231$$

$$\overline{X}_3 = \frac{1}{13}\left(\sum X_3\right) = 1024.9231$$

故 μ 与 Σ 的无偏估计分别为 $\overline{X}$ 与 S, 即

$$\overline{X} = (31.5692, 63.4385, 1024.9231)^{\mathrm{T}}$$

$$L = \begin{bmatrix} 79.6077 & -110.1046 & 943.7692 \\ -110.1046 & 295.9108 & 38.9385 \\ 943.7692 & 38.9385 & 28244.9231 \end{bmatrix}$$

$$S = \frac{1}{n-1}L = \frac{1}{12}L = \begin{bmatrix} 6.6340 & -9.1754 & 78.6474 \\ -9.1754 & 24.6592 & 3.2449 \\ 78.6474 & 3.2449 & 2353.7436 \end{bmatrix}$$

由式 (1.3.7) 计算 r_{ij}, 得 ρ 的极大似然估计 R:

$$R = \begin{bmatrix} 1.0000 & -0.7174 & 0.6294 \\ -0.7174 & 1.0000 & 0.0135 \\ 0.6294 & 0.0135 & 1.0000 \end{bmatrix}$$

1.4 多元统计中常用的分布及抽样分布

统计分析的目的, 概括来讲, 是要了解总体分布的特性. 统计分析的出发点或依据就是样本, 因为信息是分散到样本的每个分量上的, 所以直接从样本出发推断总体是不方便的. 为此需根据要解决问题的实际对样本进行加工, 把所关心的总体问题的信息浓缩集中到一个不包括未知参数的样本函数中, 这个样本函数称为统计

量，如样本均值 $\overline{X}$、样本离差阵 L 等都是统计量. 统计量的分布称为抽样分布, 统计量浓缩集中关于总体分布的信息能力是通过它的分布来体现的.

在一元统计中, 常用的分布有 χ^2 分布、t 分布和 F 分布. 在多元统计中, 它们分别发展为 Wishart 分布、T^2 分布和 Wilks 分布.

1.4.1 χ^2 分布与 Wishart 分布

在一元统计中, 若 $u_1, u_2, \cdots, u_n$ 均服从标准正态分布 $N(0,1)$ 且相互独立, 则称

$$\chi^2 = \sum_{i=1}^{n} u_i^2 \tag{1.4.1}$$

所服从的分布为自由度是 n 的中心 χ^2 分布, 记为 $\chi^2 \sim \chi^2(n)$. $\chi^2(n)$ 的密度函数为

$$f(x) = \frac{1}{2^{n/2}\Gamma(n/2)} x^{n/2-1} e^{-x/2}, \quad x > 0 \tag{1.4.2}$$

其中, $\Gamma(n/2)$ 为 Γ 函数, $\chi^2(n)$ 的均值和方差分别为

$$E(\chi^2(n)) = n, \quad V(\chi^2(n)) = 2n \tag{1.4.3}$$

χ^2 分布是刻画正态变量二次型的一个重要分布, 它有如下两个重要且应用广泛的性质.

(1) 若 $\chi_i^2 \sim \chi^2(n_i), i = 1, 2, \cdots, k$ 且相互独立, 则

$$\sum_{i=1}^{k} \chi_i^2 \sim \chi^2 \left(\sum_{i=1}^{k} n_i \right) \tag{1.4.4}$$

即 χ^2 分布具有加法性质.

(2) 设 $X_1, X_2, \cdots, X_n$ 相互独立且均服从正态分布 $N(0,1)$, $Q = \sum_{i=1}^{n} X_i^2 \sim \chi^2(n)$. 若 $Q = Q_1 + Q_2 + \cdots + Q_k$, Q_j 为正态变量的平方和, 自由度为 f_j, 则 $Q_j (j = 1, 2, \cdots, k)$ 相互独立且服从 $\chi^2(f_j)$ 的充要条件为 $n = \sum_{j=1}^{n} f_j$. 这称为 Cochran 定理, 在方差分析和回归分析中都起着重要的作用.

从一元正态分布 $N(\mu, \sigma^2)$ 中抽取样本容量为 n 的随机样本 $X_1, X_2, \cdots, X_n$, 其均值 $\overline{X}$ 和样本方差 $S^2 = \dfrac{l_{xx}}{n-1} = \dfrac{1}{n-1} \sum_{i=1}^{k} (X_i - \overline{X})^2$ 的抽样分布有如下结果:

(1) $\overline{X}$ 与 S^2 相互独立;

(2) $\overline{X} \sim N\left(\mu, \dfrac{\sigma^2}{n}\right)$, $\dfrac{l_{xx}}{\sigma^2} = \dfrac{(n-1)S^2}{\sigma^2} \sim \chi^2(n-1)$.

在多元统计中,χ^2 分布发展为 Wishart 分布. Wishart 分布是 Wishart 为研究样本离差阵 L 的分布于 1928 年推导出来的.

若 $u_1, u_2, \cdots, u_n$ 独立且均服从 p 维中心化正态分布 $N_p(0, \Sigma), u = (u_1, u_2, \cdots, u_n)$,则随机矩阵

$$W = uu^\mathrm{T} = \sum_{i=1}^n u_i u_i^\mathrm{T} \tag{1.4.5}$$

所服从的分布称为自由度为 n 的 p 维中心 Wishart 分布,记为 $W \sim W_p(n, \Sigma)$,其中,$n \geqslant p, \Sigma > 0$.

显然,当 $p = 1, \Sigma = \sigma^2$ 时有 $W_1(n, \sigma^2) = \sigma^2 \chi^2(n)$.

中心 Wishart 分布像 χ^2 分布一样具有加法性质,即 $W_1, W_2, \cdots, W_k$ 相互独立,它们分别服从 $W_p(n_j, \Sigma), j = 1, 2, \cdots, k$,则 $W_1 + W_2 + \cdots + W_k \sim W_p\left(\sum_{j=1}^k n_j, \Sigma\right)$.

从 p 维多元正态总体 $N_p(\mu, \Sigma)$ 抽取容量为 n 的随机样本的均值向量 $\overline{X}$ 和离差阵 L 的抽样分布有如下结果:

(1) $\overline{X}$ 与 L 相互独立;

(2) $\overline{X} \sim N_p\left(\mu, \dfrac{1}{n}\Sigma\right), L \sim W_p(n-1, \Sigma)$.

1.4.2 t 分布与 T^2 分布

在一元统计中,若 $X \sim N(0,1), Y \sim \chi^2(n)$ 且 X 与 Y 独立,则称 $T = \dfrac{X}{\sqrt{Y/n}}$ 服从自由度为 n 的 t 分布,记为 $T \sim t(n)$. 如果将 T 平方,即

$$T^2 = n \cdot \frac{X^2}{Y} = nX^\mathrm{T}Y^{-1}X \tag{1.4.6}$$

则 $T^2 \sim F(1, n)$,即 $t(n)$ 分布的平方服从第一自由度为 1、第二自由度为 n 的中心 F 分布.

在多元统计中,可按照一元统计中 $t^2(n)$ 的形式来定义 T^2 分布. 若 $W \sim W_p(n, \Sigma), X \sim N_p(0, c\Sigma), c > 0, n \geqslant p, \Sigma > 0, W$ 与 X 独立,则称随机变量

$$T^2 = \frac{n}{c} X^\mathrm{T} W^{-1} X \tag{1.4.7}$$

所服从的分布为第一自由度为 p,第二自由度为 n 的中心 T^2 分布,记为 $T^2 \sim T^2(p, n)$.

中心 T^2 分布可化为中心 F 分布,其关系为

$$\frac{n-p+1}{pn} T^2(p, n) = F(p, n-p+1) \tag{1.4.8}$$

显然, 当 $p=1$ 时有 $T^2(1,n) = F(1,n)$.

T^2 分布首先由 Hotelling 从一元统计推广而来, 故 T^2 分布又称 Hotelling T^2 分布.

1.4.3 中心 F 分布与 Wilks 分布

在一元统计中, 若 $X \sim \chi^2(m), Y \sim \chi^2(n)$, X 与 Y 独立, 则称 $F = \dfrac{X/m}{Y/n}$ 所服从的分布为第一自由度为 m, 第二自由度为 n 的中心 F 分布, 记为 $F \sim F(m,n)$. F 分布事实上为从总体 $N_p(\mu, \Sigma)$ 随机抽取的两个样本方差的比, 这个思想已在我们所熟知的回归分析与方差分析中广泛使用.

在多元统计中, 总体 $N_p(\mu, \Sigma)$ 的变异度由协方阵 Σ 确定, 它不是一个数字, 这就产生了如何用与 Σ 有关的一个数字来描述总体 $N_p(\mu, \Sigma)$ 的变异程度问题. 只有解决了这个问题, 才能将 F 分布推广到多元情形.

描述 $N_p(\mu, \Sigma)$ 的变异度的统计参数称为它的广义方差, 其定义甚多, 归纳起来主要有以下七种.

(1) 广义方差 $\triangleq |\Sigma|$.

(2) 广义方差 $\triangleq tr(\Sigma) = \sigma_1^2 + \sigma_2^2 + \cdots + \sigma_p^2$, 其中, $tr(\Sigma)$ 为 Σ 的迹, 等于 Σ 主对角线元素之和.

(3) 广义方差 $\triangleq \prod_{i=1}^{p} \sigma_i^2 = \sigma_1^2 \sigma_2^2 \cdots \sigma_p^2$.

(4) 广义方差 $\triangleq |\Sigma|^{1/p}$.

(5) 广义方差 $\triangleq [tr(\Sigma)]^{1/2} = \sqrt{\sigma_1^2 + \sigma_2^2 + \cdots + \sigma_p^2}$.

(6) 广义方差 $\triangleq \max\{\lambda_i\}$, 其中, λ_i 为 Σ 的特征根, 即为方程 $|\Sigma - \lambda I_p| = 0$ 的根, I_p 为 p 阶单位阵.

(7) 广义方差 $\triangleq \min\{\lambda_i\}$.

在以上各种广义方差的定义中, 目前偏向于第一种, 它是由 T.W.Anderson 于 1958 年提出的.

有了广义方差就可以仿照 F 分布的定义来定义 Wilks 分布, 即 Λ 分布.

若 $W_1 \sim W_p(n_1, \Sigma)$, $W_2 \sim W_p(n_2, \Sigma)$, $\Sigma > 0, n_1 > p$ 且相互独立, 则称随机变量 $\Lambda = |W_1|/|W_1 + W_2|$ 所服从的分布是维数为 p, 第一自由度为 n_1, 第二自由度为 n_2 的 Wilks 分布, 记为 $\Lambda \sim \Lambda(p, n_1, n_2)$. 显然, Λ 分布为两个广义方差之比.

鉴于 Λ 分布的重要性, 关于它的近似分布和精确分布不断有人在研究, 当 p 和 n_2 中的一个比较小时, Λ 分布可化为 F 分布, 表 1.4.1 列举了常见的情况.

当 p, n_2 不属于表 1.4.1 的情况时, Bartlett 指出可用 χ^2 分布来近似表示, 即

$$V = -\left(n_1 + n_2 - \frac{p + n_2 + 1}{2}\right) \ln \Lambda(p, n_1, n_2) \tag{1.4.9}$$

近似服从 $\chi^2(pn_2)$.

表 1.4.1　$\Lambda(p, n_1, n_2)$ 与 F 分布的关系 $(n_1 > p)$

p	n_2	F	F 的自由度
任意	1	$\dfrac{n_1 - p + 1}{p} \cdot \dfrac{1 - \Lambda}{\Lambda}$	$p, n_1 - p + 1$
任意	2	$\dfrac{n_1 - p}{p} \cdot \dfrac{1 - \sqrt{\Lambda}}{\sqrt{\Lambda}}$	$2p, 2(n_1 - p)$
1	任意	$\dfrac{n_1}{n_2} \cdot \dfrac{1 - \Lambda}{\Lambda}$	n_2, n_1
2	任意	$\dfrac{n_1 - 1}{n_2} \cdot \dfrac{1 - \sqrt{\Lambda}}{\sqrt{\Lambda}}$	$2n_2, 2(n_1 - 1)$

Rao 指出可用 F 分布来近似表示, 即

$$R = \frac{1 - \Lambda^{1/s}}{\Lambda^{1/s}} \cdot \frac{ts - 2\lambda}{pn_2} \qquad (1.4.10)$$

近似服从 $F(pn_2, ts - 2\lambda)$, 其中,

$$\begin{cases} t = n_1 + n_2 - \dfrac{p + n_2 + 1}{2} \\ s = \sqrt{\dfrac{p^2 n_2^2 - 4}{p^2 + n_2^2 - 5}} \\ \lambda = \dfrac{pn_2 - 2}{4} \end{cases}$$

$ts - 2\lambda$ 不一定为整数, 用与它最近的整数来作为 F 的第二自由度.

有了上述分布就可以方便地进行诸如参数的区域估计、均值检验等内容了.

第 2 章 多元正态总体均值向量和协方差阵的假设检验

若总体分布由有限个参数决定,则称它为参数统计模型,否则称为非参数统计模型. 多元正态总体 $X \sim N_p(\mu, \Sigma)$ 只有两个参数向量 μ 和 Σ,因而它是参数统计模型. 对多元正态总体的研究,是通过简单随机样本 $X_{(1)}, X_{(2)}, \cdots, X_{(n)}$ 来进行的. 由样本推断总体的过程称为推断统计. 参数统计模型总体推断统计的内容大致分为两种,一是关于总体参数的估计问题,二是有关总体参数的假设检验问题. 第 1 章讲述了总体参数 μ 和 Σ 的点估计结果,即 $\hat{\mu} = \overline{X}$ 为最佳线性无偏估计 (BLVE 估计), $\hat{\Sigma} = \frac{1}{n-1} L = S$ 为方差一致最小无偏估计 (UMVU 估计),其中 $\overline{X}$ 和 L 分别为样本均值和离差阵. 在一元统计中,关于参数的区间估计、假设检验的思想、方法已作了讲解和学习,本章主要讲述多元正态总体参数的区域估计和有关的参数假设检验问题.

2.1 均值向量 $\mu = \mu_0$ 的假设检验与 μ 的置信域

设从总体 $X \sim N_p(\mu, \Sigma)$ 随机抽取了一个容量为 n 的样本 $X_{(1)}, X_{(2)}, \cdots, X_{(n)}$,得到 μ 与 Σ 的估计分别为

$$\overline{X} = \frac{1}{n}\sum_{\alpha=1}^{n} X_{(\alpha)}, \quad S = \frac{1}{n-1} L = \frac{1}{n-1}\sum_{\alpha=1}^{n}(X_{(\alpha)} - \overline{X})(X_{(\alpha)} - \overline{X})^{\mathrm{T}}$$

本节要解决的问题为:

(1) 检验 μ 是否等于预先指定的常数向量 μ_0,即无效假设与备择假设分别为

$$H_0 : \mu = \mu_0, \quad H_A : \mu \neq \mu_0$$

(2) 估计 μ 的置信区域.

上述问题分两种情况讨论,一是 Σ 已知,二是 Σ 未知.

关于参数的区域估计和假设检验的思想,一元统计中已作过讲述,这里再强调几点.

(1) 参数的点估计 $\hat{\mu} = \overline{X}$ 和 $\hat{\Sigma} = S$ 虽然有无偏性和优效性等优良性质,但它们的值会因样本值不同而有所波动,无法说明它的可靠性,因而产生了参数向量的区

域估计问题. 参数区域估计的思想是: 待估总体参数为 θ, 如果存在一个区域, 这个区域包含 θ 的概率为 $1-\alpha(0<\alpha<1)$, 则这个区域称为参数 θ 的置信水平为 $1-\alpha$ 的置信区域, $1-\alpha$ 称为置信区域的置信度. α 一般取 $10\%, 5\%$ 或 1%, 而 $1-\alpha$ 取 $90\%, 95\%$ 或 99%, 它分别表示了置信度的低、中、高三个档次. 为什么这样取呢? 这是由于估计精度与区域大小存在着彼长此消的矛盾. 置信区域越小, 估计精度越高, 置信度越小; 反之置信区域越大, 估计精度越低置信度越大. 统计学的决择原则是在保证置信度的前提下, 寻找最小估计区域.

(2) 参数假设检验中的假设由两个互斥的二者必居其一的无效假设 H_0 和备择假设 H_A 组成. 无效假设 H_0(又称为零假设或原假设), 往往是根据长期实践确认, 或有以往的理论根据, 或有规定要求 (如产品的质量标准) 而提出的, 是受保护的假设, 接受它的区域的概率为 $1-\alpha$. 在检验中, 若 H_0 被否定, 就只能接受备择假设 H_A. H_A 接受域的概率为 α(通常为 5% 或 1%), 是一个小概率事件. 接受 H_A 意味着某种不同寻常的事物或理论的产生, 没有充足的理由是不能轻率接受它的, 因而接受它的区域的概率只能是一个小概率 α.

(3) 给出接受 H_0 或接受 H_A 的统计推断过程称为假设检验. 这种决断临界点的确定由仅有的一个样本值来确定, 而且认为小概率事件在一次试验中是不会发生的. 因而假设检验是一种归纳思想, 检验所做出的判断是有犯错误的可能的, 所犯的错误有两类. 第一类错误是: H_0 正确, 而由样本值计算的判据恰恰落入 H_A 的接受域, 因而接受了 H_A 而拒绝了 H_0, 这种错误称为弃真, 犯这种错误的概率为 α. 第二类错误是: H_0 本来不真, 而由样本点所计算的判据碰巧落入 H_0 的接受域, 从而拒绝了本来正确的 H_A, 这种错误称为纳伪, 犯第二类错误的概率决定于 H_0 不真的程度, 一般来讲要想使假设检验犯错误的机会变小, 只有适当地增大样本容量, 认真作试验, 尽量控制试验中的误差才行.

2.1.1 Σ 已知时 $\mu = \mu_0$ 的检验与 μ 的置信域

当已知 Σ 时, 由第 1 章知

$$\overline{X} \sim N_p\left(\mu, \frac{1}{n}\Sigma\right), \quad \overline{X} - \mu \sim N_p\left(0, \frac{1}{n}\Sigma\right)$$

因而

$$\chi^2 = n(\overline{X} - \mu)^{\mathrm{T}} \Sigma^{-1}(\overline{X} - \mu) \sim \chi^2(p) \tag{2.1.1}$$

在 $H_0 : \mu = \mu_0$ 成立时, 有

$$\chi^2 = n(\overline{X} - \mu_0)^{\mathrm{T}} \Sigma^{-1}(\overline{X} - \mu_0) \sim \chi^2(p) \tag{2.1.2}$$

这样公式 (2.1.1) 可作为估计 μ 的置信域的依据, (2.1.2) 可作为检验 H_0 的依据.

1. $H_0: \mu = \mu_0$ 的检验

首先由样本计算出 $\overline{X}$, 代入 (2.1.2) 计算 $\chi_0^2 = n(\overline{X} - \mu_0)^T \Sigma^{-1}(\overline{X} - \mu_0)$, 再由自由度 p 查 χ^2 分布表 (见附表 1), 得出显著水平 α 的临界值 $\chi_\alpha^2(p)$, 则可作出判断:

若 $\chi_0^2 \leqslant \chi_\alpha^2(p)$, 接受 H_0, 拒绝 H_A;

若 $\chi_0^2 > \chi_\alpha^2(p)$, 接受 H_A, 拒绝 H_0.

2. μ 的估计

μ 的点估计为 $\overline{X}$.

μ 的 $(1 - \alpha) \times 100\%$ 的置信域为

$$n(\overline{X} - \mu)^T \Sigma^{-1}(\overline{X} - \mu) \leqslant \chi_\alpha^2(p) \tag{2.1.3}$$

式 (2.1.3) 是一个以 $\overline{X}$ 为中心的 p 维椭球.

下面讲述椭球 (2.1.3) 各半轴长的求法.

设 Σ 的特征根为 λ, 相应的单位特征向量为 u, 于是有

$$(\Sigma - \lambda I_p) u = 0 \tag{2.1.4}$$

为使 u 有非零解, 必须使

$$|\Sigma - \lambda I_p| = 0 \tag{2.1.5}$$

式 (2.1.5) 称为 Σ 的特征方程, I_p 为单位阵. 由于 Σ 对称且正定, 则由线性代数知, Σ 有实的特征根且均大于零. 设 p 个特征根为

$$\lambda_1 \geqslant \lambda_2 \geqslant \cdots \geqslant \lambda_p > 0 \tag{2.1.6}$$

其相应的单位特征向量为 $u_1, u_2, \cdots, u_p$, 它们均为 p 维列向量, 且 $u_i^T u_i = 1$, $u_i^T u_j = 0 (i \neq j)$. 这样有

$$\Sigma u_i = \lambda_i u_i \tag{2.1.7}$$

记 $U = (u_1, u_2, \cdots, u_p)^T$, 则 U 为正交阵, 即

$$UU^T = U^T U = I_p \tag{2.1.8}$$

即 U 与 U^T 互逆, 由式 (2.1.7) 易看出

$$\Sigma U^T = U^T \begin{bmatrix} \lambda_1 & & & 0 \\ & \lambda_2 & & \\ & & \ddots & \\ 0 & & & \lambda_p \end{bmatrix} \tag{2.1.9}$$

于是, 由式 (2.1.8) 有

$$\Sigma = U^{\mathrm{T}} \begin{bmatrix} \lambda_1 & & & 0 \\ & \lambda_2 & & \\ & & \ddots & \\ 0 & & & \lambda_p \end{bmatrix} U$$

由 $(AB)^{-1} = B^{-1}A^{-1}$ 有

$$\Sigma^{-1} = U^{\mathrm{T}} \begin{bmatrix} \lambda_1 & & & 0 \\ & \lambda_2 & & \\ & & \ddots & \\ 0 & & & \lambda_p \end{bmatrix}^{-1} U$$

$$= [u_1, u_2, \cdots, u_p] \begin{bmatrix} \lambda_1 & & & 0 \\ & \lambda_2 & & \\ & & \ddots & \\ 0 & & & \lambda_p \end{bmatrix}^{-1} \begin{pmatrix} u_1^{\mathrm{T}} \\ u_2^{\mathrm{T}} \\ \vdots \\ u_p^{\mathrm{T}} \end{pmatrix} = \sum_{i=1}^{p} \frac{u_i u_i^{\mathrm{T}}}{\lambda_i} \quad (2.1.10)$$

这样, 式 (2.1.3) 可改写成

$$(\overline{X} - \mu)^{\mathrm{T}} \sum_{i=1}^{p} \frac{u_i u_i^{\mathrm{T}}}{\lambda_i} (\overline{X} - \mu) \leqslant \frac{\chi_\alpha^2(p)}{n}$$

即

$$\sum_{i=1}^{p} \frac{(\overline{X} - \mu)^{\mathrm{T}} u_i u_i^{\mathrm{T}} (\overline{X} - \mu)}{\lambda_i} \leqslant \frac{\chi_\alpha^2(p)}{n} \quad (2.1.11)$$

这样, μ 的 $(1-\alpha) \times 100\%$ 的置信区域是中心为 $\overline{X}$、各半轴长分别为

$$\sqrt{\frac{\lambda_1 \chi_\alpha^2(p)}{n}}, \sqrt{\frac{\lambda_2 \chi_\alpha^2(p)}{n}}, \cdots, \sqrt{\frac{\lambda_p \chi_\alpha^2(p)}{n}}$$

各半轴的方向分别为 $u_1, u_2, \cdots, u_p$ 的 p 维椭球, 为一随机区域, 它包含 μ 的概率为 $1-\alpha$.

2.1.2 Σ 未知时 $\mu = \mu_0$ 的检验与 μ 的置信域

由于 Σ 未知, 从样本得到 $\overline{X}, L, S = \dfrac{1}{n-1}L$. 由于样本来自 $N_p(\mu, \Sigma)$, 则由抽样分布知: $\overline{X}$ 与 L 独立, 且

$$\overline{X} \sim N_p\left(\mu, \frac{1}{n}\Sigma\right), \quad \overline{X} - \mu \sim N_p\left(0, \frac{1}{n}\Sigma\right), \quad L \sim W_p(n-1, \Sigma)$$

故由 T^2 分布定义知

$$T^2 = n(n-1)(\overline{X}-\mu)^{\mathrm{T}} L^{-1}(\overline{X}-\mu)$$
$$= n(\overline{X}-\mu)^{\mathrm{T}} S^{-1}(\overline{X}-\mu) \sim T^2(p, n-1) \qquad (2.1.12)$$

它可化为

$$F = \frac{n-p}{p(n-1)} T^2(p, n-1) \sim F(p, n-p) \qquad (2.1.13)$$

当 $H_0 : \mu = \mu_0$ 成立时，式 (2.1.13) 变为

$$F_0 = \frac{n-p}{p(n-1)} T^2 = \frac{n(n-p)}{p(n-1)} (\overline{X}-\mu_0)^{\mathrm{T}} S^{-1}(\overline{X}-\mu_0) \sim F(p, n-p) \qquad (2.1.14)$$

式 (2.1.13) 为 μ 的置信域估计的根据，而式 (2.1.14) 为检验 $\mu = \mu_0$ 的依据.

1. $\mu = \mu_0$ 的检验

将样本均值及协方差阵代入式 (2.1.14) 计算后，由自由度 $p, n-p$ 查显著水平为 α 的 F 分布临界值 $F_\alpha(p, n-p)$，则可得出如下判断：

若 $F_0 \leqslant F_\alpha(p, n-p)$，接受 H_0，拒绝 H_A；

若 $F_0 > F_\alpha(p, n-p)$，拒绝 H_0，接受 H_A.

2. μ 的估计

μ 的点估计为 $\overline{X}$.

μ 的 $(1-\alpha) \times 100\%$ 的置信域为

$$\frac{n(n-p)}{p(n-1)} (\overline{X}-\mu)^{\mathrm{T}} S^{-1}(\overline{X}-\mu) \leqslant F_\alpha(p, n-p) \qquad (2.1.15)$$

它是以 $\overline{X}$ 为中心的 p 维椭球，它有 $(1-\alpha) \times 100\%$ 的可能性包含 μ. 依照式 (2.1.4)～式 (2.1.11) 的推导，置信域椭球的半轴长分别为

$$\sqrt{\frac{\lambda_1 p(n-1)}{n(n-p)} F_\alpha(p, n-p)}, \sqrt{\frac{\lambda_2 p(n-1)}{n(n-p)} F_\alpha(p, n-p)}, \cdots, \sqrt{\frac{\lambda_p p(n-1)}{n(n-p)} F_\alpha(p, n-p)}$$

其中 $\lambda_1 \geqslant \lambda_2 \geqslant \cdots \geqslant \lambda_p > 0$ 为 S 的特征根，各轴的方向为 λ_i 对应的特征向量 u_i，$i = 1, 2, \cdots, p$. 值得说明的是

(1) 在 Σ 已知时，

$$(\overline{X}-\mu)^{\mathrm{T}} \Sigma^{-1}(\overline{X}-\mu) \qquad (2.1.16)$$

称为样本均值与总体期望的 Mahalanobis 距离，因而 μ 的 $(1-\alpha) \times 100\%$ 的置信域 (2.1.3) 可说成样本均值与总体的 Mahalanobis 距离不超过 $\dfrac{\chi_\alpha^2(p)}{n}$.

2.1 均值向量 $\mu = \mu_0$ 的假设检验与 μ 的置信域

(2) 在 Σ 未知时，μ 的 $(1-\alpha) \times 100\%$ 的置信域可说成样本均值与总体均值的 Mahalanobis 距离不超过 $\dfrac{p(n-1)}{n(n-p)} F_\alpha(p, n-p)$.

【例 2.1.1】 某小麦良种的四个主要经济性状的理论值为 $\mu_0 = (22.75, 32.75, 51.50, 61.50)^{\mathrm{T}}$. 现从外地引入一新品种，在 21 个小区种植，取得如表 2.1.1 所示数据. 设新品种的四个性状 $X = (X_1, X_2, X_3, X_4)^{\mathrm{T}} \sim N_4(\mu, \Sigma)$，试检验假设 $H_0 : \mu = \mu_0(\alpha = 0.05)$.

表 2.1.1 某小麦良种的四个主要经济性状

性状	小区号						
	1	2	3	4	5	6	7
X_1	22.88	22.74	22.60	22.93	22.74	22.53	22.67
X_2	32.81	32.56	32.74	32.95	32.74	32.53	32.58
X_3	51.51	51.49	51.50	51.17	51.45	51.36	51.44
X_4	61.53	61.39	61.22	60.91	61.56	61.22	61.30

性状	小区号						
	8	9	10	11	12	13	14
X_1	22.74	22.62	22..67	22.82	22.67	22.81	22.67
X_2	32.67	32.57	32.67	32.80	32.67	32.67	32.67
X_3	51.44	51.23	51.64	51.32	51.21	51.43	51.43
X_4	60.30	61.39	61.50	60.97	61.49	61.15	61.15

性状	小区号						
	15	16	17	18	19	20	21
X_1	22.81	23.02	23.02	23.15	22.88	23.16	23.13
X_2	33.02	33.05	32.95	33.15	33.06	32.78	32.95
X_3	51.70	51.48	51.55	51.58	51.45	51.48	31.38
X_4	61.49	61.44	61.62	61.65	61.54	61.41	61.58

解 由样本计算得

$$\overline{X} = \begin{bmatrix} \overline{X}_1 \\ \overline{X}_2 \\ \overline{X}_3 \\ \overline{X}_4 \end{bmatrix} = \begin{bmatrix} 22.82 \\ 32.79 \\ 51.45 \\ 61.38 \end{bmatrix}, \quad \overline{X} - \mu_0 = \begin{bmatrix} 0.07 \\ 0.04 \\ -0.05 \\ -0.12 \end{bmatrix}$$

$$L = \begin{bmatrix} 0.702 & & & \\ 0.541 & 0.712 & & \\ 0.184 & 0.228 & 0.392 & \\ 0.253 & 0.258 & 0.346 & 0.806 \end{bmatrix}$$

$$S = \frac{1}{20}L = \begin{bmatrix} 0.0351 & & & \\ 0.0271 & 0.0356 & & \\ 0.0092 & 0.0114 & 0.0196 & \\ 0.0127 & 0.0129 & 0.0173 & 0.0403 \end{bmatrix}$$

$$S^{-1} = \begin{bmatrix} 70.3076 & & & \\ -52.1469 & 73.5511 & & \\ 3.4462 & -19.3637 & 90.4098 & \\ -6.9624 & 1.2022 & -33.6989 & 40.0895 \end{bmatrix}$$

$$T^2 = 21(\overline{X} - \mu_0)^{\mathrm{T}} S^{-1}(\overline{X} - \mu_0) = 15.2910$$

$$F_0 = \frac{n-p}{p(n-1)}T^2 = \frac{17}{4 \times 20}T^2 = 3.2493$$

查 F 分布表得 $F_{0.05}(p, n-p) = F_{0.05}(4, 17) = 2.96$，由于 $F_0 > F_{0.05}$，故拒绝 H_0，说明原优良品种与新引进的品种有显著差异.

对各性状进行 t 检验，在 $H_0: \mu_i = \mu_{0i}$ 之下

$$t_i = \frac{\overline{X}_i - \mu_{0i}}{\frac{S_i}{\sqrt{n}}} \sim t(n-1), \quad i = 1, 2, 3, 4$$

其中 S_i^2 为 S 阵对角线上各数据，经计算得

$$t_1 = \frac{0.07}{\sqrt{0.0351/21}} = 1.712, \quad t_2 = \frac{0.04}{\sqrt{0.0356/21}} = 0.972$$

$$t_3 = \frac{0.05}{\sqrt{0.0196/21}} = 1.637, \quad t_4 = \frac{0.12}{\sqrt{0.0403/21}} = 2.739$$

而 $t_{0.05}(20) = 2.09$，故除第四个性状外，都不显著. 进一步对 $(X_1, X_2, X_3)^{\mathrm{T}}$ 进行多元均值检验，不显著，说明 $\mu \neq \mu_0$ 是由第四个性状引起的. 当然这只能在 $H_0: \mu = \mu_0$ 被拒绝情况下，为了查明原因，才对各分量或子向量进行检验的.

【例 2.1.2】 假设某水稻品种的株高与穗长 $X = (X_1, X_2)^{\mathrm{T}} \sim N_2(\mu, \Sigma)$，试估计 μ 及其 95% 的置信域，测定的 11 株数据如表 2.1.2 所示.

表 2.1.2 某水稻品种的株高与穗长

株高/dm	8.0	8.2	8.5	7.3	7.6	7.0	6.7	6.8	8.9	9.2	9.0
穗长/cm	9.2	9.3	9.5	9.0	8.8	8.5	8.4	8.4	9.3	9.5	9.0

计算得

$$\hat{\mu} = \overline{X} = \begin{bmatrix} 7.927 \\ 9.009 \end{bmatrix}, \quad L = \begin{bmatrix} 8.2621 & 3.3077 \\ 3.3077 & 1.8887 \end{bmatrix}$$

$$S = \begin{bmatrix} 0.8262 & 0.3308 \\ 0.3308 & 0.1889 \end{bmatrix}, \quad S^{-1} = \begin{bmatrix} 4.0602 & -7.1178 \\ -7.1178 & 17.7772 \end{bmatrix}$$

$$\alpha = 0.05, \quad F_{0.05}(2,9) = 4.26$$

$$\begin{vmatrix} 0.8262 - \lambda & 0.3308 \\ 0.3308 & 0.1889 - \lambda \end{vmatrix} = \lambda^2 - 1.015\lambda + 0.04664 = 0$$

$$\lambda_1 = 0.9669, \quad \lambda_2 = 0.0482$$

μ 的 95% 的置信域为以 $\overline{X}$ 为中心的椭圆, 其半轴长分别为

$$长半轴 = \sqrt{\frac{\lambda_1 p(n-1)}{n(n-p)} F_\alpha(p, n-p)} = 0.9122$$

$$短半轴 = \sqrt{\frac{\lambda_2 p(n-1)}{n(n-p)} F_\alpha(p, n-p)} = 0.2037$$

相应的特征方向 (未归一化) 为

$$u_1 = \begin{bmatrix} 2.351 \\ 1 \end{bmatrix}, \quad u_2 = \begin{bmatrix} -0.4252 \\ 1 \end{bmatrix}$$

置信椭圆如图 2.1.1 所示.

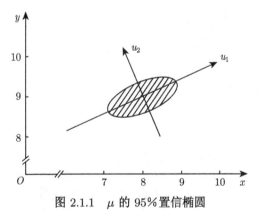

图 2.1.1 μ 的 95% 置信椭圆

2.2 均值向量 $\mu_1 = \mu_2$ 的假设检验与 $\mu_1 - \mu_2$ 的置信域

设从总体 $X \sim N_p(\mu_1, \Sigma_1)$ 中抽取容量为 n_1 的样本 $\underset{p \times n_1}{X} = (X_{(1)}, X_{(2)}, \cdots, X_{(n_1)})$, 计算 $\overline{X}$ 及 L_x; 从总体 $Y \sim N_p(\mu_2, \Sigma_2)$ 中抽取容量为 n_2 的样本 $\underset{p \times n_2}{Y} = (Y_{(1)}, Y_{(2)}, \cdots, Y_{(n_2)})$, 计算 $\overline{Y}$ 及 L_y.

本节要解决的问题为：

(1) 检验两个总体均值是否相等，即无效假设与备择假设分别为

$$H_0: \mu_1 = \mu_2, \quad H_A: \mu_1 \neq \mu_2$$

(2) 估计 $\mu_1 - \mu_2$ 的置信域.

解决这两个问题将分三种情况讨论，一是 $\Sigma_1 = \Sigma_2 = \Sigma$，$\Sigma$ 已知；二是 $\Sigma_1 = \Sigma_2 = \Sigma$，$\Sigma$ 未知；三是 $\Sigma_1 \neq \Sigma_2$.

2.2.1 Σ 已知，检验 $H_0: \mu_1 = \mu_2$ 与 $\mu_1 - \mu_2$ 的置信域

由于 $\overline{X} - \mu_1 \sim N_p\left(0, \dfrac{1}{n_1}\Sigma\right)$，$\overline{Y} - \mu_2 \sim N_p\left(0, \dfrac{1}{n_2}\Sigma\right)$，且它们相互独立，则

$$(\overline{X} - \overline{Y}) - (\mu_1 - \mu_2) \sim N_p\left[0, \left(\dfrac{1}{n_1} + \dfrac{1}{n_2}\right)\Sigma\right]$$

故

$$\chi^2 = [(\overline{X} - \overline{Y}) - (\mu_1 - \mu_2)]^{\mathrm{T}} \left[\left(\dfrac{1}{n_1} + \dfrac{1}{n_2}\right)\Sigma\right]^{-1} [(\overline{X} - \overline{Y}) - (\mu_1 - \mu_2)]$$

$$= \dfrac{n_1 n_2}{n_1 + n_2}[(\overline{X} - \overline{Y}) - (\mu_1 - \mu_2)]^{\mathrm{T}} \Sigma^{-1} [(\overline{X} - \overline{Y}) - (\mu_1 - \mu_2)] \sim \chi^2(p) \quad (2.2.1)$$

在 $H_0: \mu_1 = \mu_2$ 成立时，有

$$\chi^2 = \dfrac{n_1 n_2}{n_1 + n_2}(\overline{X} - \overline{Y})^{\mathrm{T}} \Sigma^{-1} (\overline{X} - \overline{Y}) \sim \chi^2(p) \quad (2.2.2)$$

式 (2.2.2) 可作为检验 $H_0: \mu_1 = \mu_2$ 的依据，而式 (2.2.1) 可作为估计 $\mu_1 - \mu_2$ 置信域的依据.

1. $H_0: \mu_1 = \mu_2$ 的检验

根据式 (2.2.2) 由样本均值 $\overline{X}$ 与 $\overline{Y}$ 计算

$$\chi_0^2 = \dfrac{n_1 n_2}{n_1 + n_2}(\overline{X} - \overline{Y})^{\mathrm{T}} \Sigma^{-1} (\overline{X} - \overline{Y})$$

再查 $\chi_\alpha^2(p)$，则在显著水平 α 之下可作出判断如下.

若 $\chi_0^2 \leqslant \chi_\alpha^2(p)$，接受 H_0，拒绝 H_A；若 $\chi_0^2 > \chi_\alpha^2(p)$，拒绝 H_0，接受 H_A.

2. $\mu_1 - \mu_2$ 的置信域

$\mu_1 - \mu_2$ 的 $(1-\alpha) \times 100\%$ 的置信区域为

$$\dfrac{n_1 n_2}{n_1 + n_2}[(\overline{X} - \overline{Y}) - (\mu_1 - \mu_2)]^{\mathrm{T}} \Sigma^{-1} [(\overline{X} - \overline{Y}) - (\mu_1 - \mu_2)] \leqslant \chi_\alpha^2(p) \quad (2.2.3)$$

2.2 均值向量 $\mu_1 = \mu_2$ 的假设检验与 $\mu_1 - \mu_2$ 的置信域

它是以 $(\overline{X}-\overline{Y})$ 为中心的 p 维椭球, 如果 Σ 的特征根分别为 $\lambda_1 \geqslant \lambda_2 \geqslant \cdots \geqslant \lambda_p > 0$, 相应的特征向量分别为 $u_1, u_2, \cdots, u_p$, 则椭球半轴的长分别为

$$\sqrt{\frac{\lambda_1(n_1+n_2)}{n_1 n_2}\chi_\alpha^2(p)}, \sqrt{\frac{\lambda_2(n_1+n_2)}{n_1 n_2}\chi_\alpha^2(p)}, \cdots, \sqrt{\frac{\lambda_p(n_1+n_2)}{n_1 n_2}\chi_\alpha^2(p)}$$

各轴的方向分别为 $u_1, u_2, \cdots, u_p$.

Mahalanobis 曾建议用

$$(\mu_1 - \mu_2)^{\mathrm{T}} \Sigma^{-1} (\mu_1 - \mu_2) \tag{2.2.4}$$

作为 $N_p(\mu_1, \Sigma)$ 与 $N_p(\mu_2, \Sigma)$ 之间的距离, 由式 (2.2.2) 计算得它的估计是 $\dfrac{n_1+n_2}{n_1 n_2}\chi_0^2$.

2.2.2 Σ 未知, 检验 $H_0 : \mu_1 = \mu_2$ 与估计 $\mu_1 - \mu_2$ 的置信域

由于 Σ 未知, $\overline{X}, L_x$ 来自 $N_p(\mu_1, \Sigma)$, 故

$$\overline{X} - \mu_1 \sim N_p\left(0, \frac{1}{n_1}\Sigma\right), \quad L_x \sim W_p(n_1 - 1, \Sigma)$$

又 $\overline{Y}, L_y$ 来自 $N_p(\mu_2, \Sigma)$, 故

$$\overline{Y} - \mu_2 \sim N_p\left(0, \frac{1}{n_2}\Sigma\right), \quad L_y \sim W_p(n_2 - 1, \Sigma)$$

又因两总体独立抽样, 故

$$(\overline{X} - \overline{Y}) - (\mu_1 - \mu_2) \sim N_p\left[0, \left(\frac{1}{n_1}+\frac{1}{n_2}\right)\Sigma\right], \quad L_x + L_y \sim W_p[n_1+n_2-2, \Sigma]$$

根据 T^2 分布定义有

$$T^2 = \frac{n_1+n_2-2}{\left(\dfrac{1}{n_1}+\dfrac{1}{n_2}\right)}[(\overline{X}-\overline{Y})-(\mu_1-\mu_2)]^{\mathrm{T}}(Lx+Ly)^{-1}[(\overline{X}-\overline{Y})-(\mu_1-\mu_2)]$$

$$\sim T^2(p, n_1+n_2-2) \tag{2.2.5}$$

由于 Σ 的无偏估计为

$$S = \frac{1}{n_1+n_2-2}(L_x + L_y) \tag{2.2.6}$$

故

$$T^2 = \frac{n_1 n_2}{n_1+n_2}[(\overline{X}-\overline{Y})-(\mu_1-\mu_2)]^{\mathrm{T}} S^{-1}[(\overline{X}-\overline{Y})-(\mu_1-\mu_2)]$$

$$\sim T^2(p, n_1+n_2-2) \tag{2.2.7}$$

根据 T^2 与 F 的关系有

$$F = \frac{n_1+n_2-p-1}{p(n_1+n_2-2)}T^2(p,n_1+n_2-2) \sim F(p,n_1+n_2-p-1) \qquad (2.2.8)$$

在 $H_0:\mu_1=\mu_2$ 成立时,有

$$F_0 = \frac{n_1+n_2(n_1+n_2-p-1)}{(n_1+n_2)p(n_1+n_2-2)}(\overline{X}-\overline{Y})^{\mathrm{T}}S^{-1}(\overline{X}-\overline{Y}) \sim F(p,n_1+n_2-p-1) \qquad (2.2.9)$$

式 (2.2.8) 可作为 $\mu_1-\mu_2$ 置信域估计的依据,式 (2.2.9) 则为检验 $H_0:\mu_1=\mu_2$ 的依据.

1. Σ 未知,检验 $H_0:\mu_1=\mu_2$

由显著水平 α,查 $F_\alpha(p,n_1+n_2-p-1)$,再由样本计算

$$F_0 = \frac{n_1n_2(n_1+n_2-p-1)}{(n_1+n_2)p(n_1+n_2-2)}(\overline{X}-\overline{Y})^{\mathrm{T}}S^{-1}(\overline{X}-\overline{Y}) \qquad (2.2.10)$$

则可作出如下判断:

若 $F_0 \leqslant F_\alpha(p,n_1+n_2-p-1)$,接受 H_0,拒绝 H_A;
若 $F_0 > F_\alpha(p,n_1+n_2-p-1)$,拒绝 H_0,接受 H_A.

2. $\mu_1-\mu_2$ 的估计

$\mu_1-\mu_2$ 的点估计为 $\overline{X}-\overline{Y}$.

$\mu_1-\mu_2$ 的 $(1-\alpha)\times 100\%$ 置信域为

$$\begin{aligned}&[(\overline{X}-\overline{Y})-(\mu_1-\mu_2)]^{\mathrm{T}}S^{-1}[(\overline{X}-\overline{Y})-(\mu_1-\mu_2)]\\ &\leqslant \frac{p(n_1+n_2)(n_1+n_2-2)}{n_1n_2(n_1+n_2-p-1)}F_\alpha(p,n_1+n_2-p-1)\end{aligned} \qquad (2.2.11)$$

它是以 $(\overline{X}-\overline{Y})$ 为中心的 p 维椭球. S 的特征根为

$$\lambda_1 \geqslant \lambda_2 \geqslant \cdots \geqslant \lambda_p > 0$$

相应的单位特征向量为 $u_1,u_2,\cdots,u_p$,则椭球各半轴长分别为

$$\sqrt{\lambda_1 d_\alpha}, \sqrt{\lambda_2 d_\alpha}, \cdots, \sqrt{\lambda_p d_\alpha}$$

其中

$$d_\alpha = \frac{p(n_1+n_2)(n_1+n_2-2)}{n_1n_2(n_1+n_2-p-1)}F_\alpha(p,n_1+n_2-p-1)$$

各轴的相应方向为 $u_1,u_2,\cdots,u_p$.

2.2 均值向量 $\mu_1 = \mu_2$ 的假设检验与 $\mu_1 - \mu_2$ 的置信域

在式 (2.2.10) 中

$$D^2 = (\overline{X} - \overline{Y})^{\mathrm{T}} S^{-1} (\overline{X} - \overline{Y}) \qquad (2.2.12)$$

为 $N_p(\mu_1, \Sigma)$ 与 $N_p(\mu_2, \Sigma)$ 间的 Mahalanobis 距离 (2.2.4) 的估计.

【例 2.2.1】 某品种小麦, 在甲、乙两地各布 30 个点作试验, 并取得了六个主要性状的数据. 假设两地数据分别服从 $N_6(\mu_1, \Sigma)$ 与 $N_6(\mu_2, \Sigma)$, 试检验假设 $H_0 : \mu_1 = \mu_2 (\alpha = 0.01)$.

解 由甲地计算得 $(n_1 = 30)$

$$\hat{\mu}_1 = \overline{X} = \begin{bmatrix} 401.4000 \\ 37.5667 \\ 27.6667 \\ 38.3000 \\ 32.8333 \\ 32.1000 \end{bmatrix}$$

$$L_x = \begin{bmatrix} 789477.201 & & & & & \\ 41178.201 & 13679.367 & & & & \\ 38490.000 & 2004.666 & 7004.667 & & & \\ -14429.601 & -836.100 & 308.001 & 2570.301 & & \\ -8606.001 & -6576.168 & -1115.667 & 1848.501 & 6394.167 & \\ 5252.799 & 5544.300 & 2780.001 & 32.100 & -2773.500 & 5700.699 \end{bmatrix}$$

由乙地计算得 $(n_2 = 30)$

$$\hat{\mu}_2 = \overline{Y} = \begin{bmatrix} 355.1667 \\ 62.7333 \\ 12.4667 \\ 21.1667 \\ 8.2667 \\ 22.3667 \end{bmatrix}$$

$$L_y = \begin{bmatrix} 437592.168 & & & & & \\ 20580.333 & 11665.866 & & & & \\ 7875.666 & -676.266 & 1213.467 & & & \\ -6410.832 & -133.668 & -100.332 & 414.168 & & \\ -637.332 & 183.132 & -47.733 & 33.666 & 45.867 & \\ -3087.834 & 1698.933 & 702.867 & 190.167 & 144.066 & 2638.968 \end{bmatrix}$$

由两地样本估算 Σ 的无偏估计为

$$S = \frac{L_x + L_y}{n_1 + n_2 - 2}$$

$$= \begin{bmatrix} 21156.3684 & & & & & \\ 1064.8023 & 436.9868 & & & & \\ 799.4080 & 22.9035 & 136.5196 & & & \\ -359.3178 & -16.7201 & 3.5805 & 51.4564 & & \\ -159.3678 & -110.2248 & -20.0586 & 32.4512 & 111.0351 & \\ 37.3270 & 124.8823 & 60.0495 & 3.8322 & -45.3351 & 143.7874 \end{bmatrix}$$

由式 (2.2.10) 计算得 ($n_1 = n_2 = 30, p = 6$)

$$F_0 = \frac{n_1 n_2 (n_1 + n_2 - p - 1)}{p(n_1 + n_2)(n_1 + n_2 - 2)} (\overline{X} - \overline{Y})^{\mathrm{T}} S^{-1} (\overline{X} - \overline{Y}) = 20.63$$

查 F 分布表得 $F_{0.01}(p, n_1 + n_2 - p - 1) = F_{0.01}(6, 53) = 3.17$. 由 $F_0 > F_{0.01}$ 应拒绝 H_0. 即同一品种的六个性状在两个地区总体上表现出极为显著的差异. 两个总体间的 Mahalanobis 距离为

$$D^2 = (\overline{X} - \overline{Y})^{\mathrm{T}} S^{-1} (\overline{X} - \overline{Y}) = 9.03$$

如果对六个性状分别作均值差 t 检验, 则 S 阵主对角线元素分别为各性状的由两地共同估计的样本方差, 则有 ($n_1 = n_2 = 30$)

$$t_1 = \frac{401.4000 - 355.1667}{\sqrt{\frac{2 \times 21156.3684}{30}}} = 1.2311, \quad t_2 = \frac{62.7333 - 37.5667}{\sqrt{\frac{2 \times 436.9868}{30}}} = 4.6627$$

$$t_3 = \frac{27.6667 - 12.4667}{\sqrt{\frac{2 \times 136.5196}{30}}} = 5.0384, \quad t_4 = \frac{38.3000 - 21.1667}{\sqrt{\frac{2 \times 51.4564}{30}}} = 9.2505$$

$$t_5 = \frac{32.8333 - 8.2667}{\sqrt{\frac{2 \times 111.0351}{30}}} = 9.0294, \quad t_6 = \frac{32.1000 - 22.3667}{\sqrt{\frac{2 \times 143.7874}{30}}} = 3.1437$$

由于 $t_{0.01}(n_1 + n_2 - 1) = t_{0.01}(58) = 2.66$, 故除第一个性状外, 其余五个性状两地都有极显著差异. 一般来讲, 当多元均值检验差异显著后才作出此类分析. 如果多元均值检验差异不显著, 即就是个别性状 t 检验显著, 也不能否定多元均值差异不显著的结论.

2.2.3 $\Sigma_1 \neq \Sigma_2$, 检验 $H_0 : \mu_1 = \mu_2$

协方差不等, 通过抽样进行 $N_p(\mu_1, \Sigma_1)$ 与 $N_p(\mu_2, \Sigma_2)$ 之间的均值差异检验, 在一元统计中未解决好, 在多元情况下也是这样. 因此, 下面介绍的方法并不是很理想.

1. $n_1 = n_2 = n$

在这种情况下, 我们可以采取配对设计的思想来进行检验 $H_0 : \mu_1 = \mu_2$.
由于 $X \sim N_p(\mu_1, \Sigma_1)$, $Y \sim N_p(\mu_2, \Sigma_2)$, 且二者独立, 则

$$Z = X - Y \sim N_p(\mu_1 - \mu_2, \Sigma_1 + \Sigma_2) \tag{2.2.13}$$

令 $\Sigma = \Sigma_1 + \Sigma_2$, $\mu = \mu_1 - \mu_2$, 则

$$Z \sim N_p(\mu, \Sigma) \tag{2.2.14}$$

这样, 检验 $H_0 : \mu_1 = \mu_2$ 就变为检验 $H_0 : \mu = 0$, 这在 2.1 节已经解决. 具体作法如下:

令

$$\underset{p \times n}{Z} = \underset{p \times n}{X} - \underset{p \times n}{Y} \tag{2.2.15}$$

由样本阵 Z 估计 $\bar{Z}$ 与 L_Z, $S = \dfrac{L_z}{n-1}$, 则由式 (2.1.14) 有

$$F_0 = \frac{n(n-p)}{p(n-1)} \bar{Z}^{\mathrm{T}} S^{-1} \bar{Z} \sim F(p, n-p) \tag{2.2.16}$$

这样, 查表得 $F_\alpha(p, n-p)$, 由样本计算 F_0, 则可作出如下判断:

若 $F_0 \leqslant F_\alpha(p, n-p)$, 接受 $H_0 : \mu = \mu_1 - \mu_2 = 0$;
若 $F_0 > F_\alpha(p, n-p)$, 拒绝 $H_0 : \mu = \mu_1 - \mu_2 = 0$.

2. $n_1 \neq n_2$

在这种情况下, 可以将 $\underset{p \times n_1}{X}$ 与 $\underset{p \times n_2}{Y}$ 进行适当的线性组合, 变成一个均值为 $\mu_1 - \mu_2 = \mu$ 的 p 维正态变量 Z. 假设 $n_1 < n_2$, 从 X 与 Y 两总体抽样得到的列向量点为

$$X_{(1)}, X_{(2)}, \cdots, X_{(n_1)}, \quad Y_{(1)}, Y_{(2)}, \cdots, Y_{(n_1)}, Y_{(n_1+1)}, \cdots, Y_{(n_2)}$$

由 Y 总体的点构成如下两个列向量

$$\sum_{k=1}^{n_1} Y_{(k)}, \quad \sum_{k=1}^{n_2} Y_{(k)}$$

则 p 维列向量

$$Z_{(\alpha)} = X_{(\alpha)} - \sqrt{\frac{n_1}{n_2}} Y_{(\alpha)} + \frac{1}{\sqrt{n_1 n_2}} \sum_{k=1}^{n_1} Y_{(k)} - \frac{1}{n_2} \sum_{k=1}^{n_2} Y_{(k)} \sim N_p\left(\mu, \Sigma_1 + \frac{n_1}{n_2}\Sigma_2\right) \tag{2.2.17}$$

其中, $\alpha = 1, 2, \cdots, n_1$. 事实上 $Z_{(\alpha)}$ 的数学期望值和方差分别为

$$E(Z_{(\alpha)}) = E(X_{(\alpha)}) - \sqrt{\frac{n_1}{n_2}} E(Y_{(\alpha)}) + \frac{1}{\sqrt{n_1 n_2}} \sum_{k=1}^{n_1} E(Y_{(k)}) - \frac{1}{n_2} \sum_{k=1}^{n_2} E(Y_{(k)})$$

$$= \mu_1 - \sqrt{\frac{n_1}{n_2}}\mu_2 + \frac{n_1}{\sqrt{n_1 n_2}}\mu_2 - \mu_2 = \mu_1 - \mu_2 = \mu \tag{2.2.18}$$

$$D(Z_{(\alpha)}) = D(X_{(\alpha)}) + D\left[\left(-\sqrt{\frac{n_1}{n_2}} + \frac{1}{\sqrt{n_1 n_2}} - \frac{1}{n_2}\right) Y_{(\alpha)}\right]$$

$$+ V\left[\left(\frac{1}{\sqrt{n_1 n_2}} - \frac{1}{n_2}\right) \sum_{k \neq \alpha}^{n_1} Y_{(k)}\right] + V\left(-\frac{1}{n_2} \sum_{k=n_1+1}^{n_2} Y_{(k)}\right)$$

$$= \Sigma_1 + \left(-\sqrt{\frac{n_1}{n_2}} + \frac{1}{\sqrt{n_1 n_2}} - \frac{1}{n_2}\right)^2 \Sigma_2$$

$$+ (n_1 - 1)\left(\frac{1}{\sqrt{n_1 n_2}} - \frac{1}{n_2}\right)^2 \Sigma_2 + \frac{n_2 - n_1}{n_2^2}\Sigma_2$$

$$= \Sigma_1 + \frac{n_1}{n_2}\Sigma_2 \tag{2.2.19}$$

据此, 可由 (2.2.17) 的 Z_α 组成新的样本阵 $\underset{p \times n_1}{Z} = (Z_{(1)}, Z_{(2)}, \cdots, Z_{(n_1)})$ 计算 $\bar{Z}$ 及 L_z, S, 则可用 (2.2.16) 所示 F 检验来检验假设 $H_0: \mu = \mu_1 - \mu_2 = 0$.

【例 2.2.2】 由试验所得甲、乙两品种如表 2.2.1 所示数据, $X \sim N_2(\mu_1, \Sigma_1)$, $Y \sim N_2(\mu_2, \Sigma_2)$, 已知 $\Sigma_1 \neq \Sigma_2$ (见【例 2.3.3】), 检验假设 $H_0: \mu_1 = \mu_2$, $\alpha = 0.05$.

表 2.2.1 试验所得甲、乙两品种数据

品种			观察值						
甲	$\underset{2\times 6}{X}$	X_1	300	232	217	100	286	320		
		X_2	23	5	25	43	10	17		
乙	$\underset{2\times 8}{Y}$	Y_1	200	150	333	150	283	383	350	300
		Y_2	50	43	83	41	73	80	86	100

$$n_1 = 6, \quad n_2 = 8, \quad \sum_{k=1}^{6} Y_{(k)} = \begin{bmatrix} 1499 \\ 370 \end{bmatrix}, \quad \frac{1}{n_2}\sum_{k=1}^{8} Y_{(k)} = \begin{bmatrix} 268.625 \\ 69.500 \end{bmatrix}$$

$$\sqrt{\frac{n_1}{n_2}} = 0.86603, \quad \frac{1}{\sqrt{n_1 n_2}} = 0.14434, \quad \frac{1}{\sqrt{n_1 n_2}} \sum_{k=1}^{6} Y_{(k)} = \begin{bmatrix} 216.366 \\ 13.406 \end{bmatrix}$$

由 $Z_{(\alpha)} = X_{(\alpha)} - \sqrt{\frac{n_1}{n_2}} Y_{(\alpha)} + \frac{1}{\sqrt{n_1 n_2}} \sum_{k=1}^{6} Y_{(k)} - \frac{1}{n_2} \sum_{k=1}^{8} Y_{(k)}$ 得新样本:

$$\underset{2 \times 6}{Z} = \begin{bmatrix} 74.53466 & 49.83616 & -123.64733 & -82.16384 & -11.34583 & -63.94883 \\ -36.39574 & -48.33349 & -62.97469 & -8.60143 & -69.31439 & -68.37666 \end{bmatrix}$$

$$\bar{Z} = \begin{bmatrix} -26.1225 \\ -48.9994 \end{bmatrix}, \quad L_z = \begin{bmatrix} 30202.4874 & 850.9961 \\ 850.9961 & 2774.7761 \end{bmatrix}$$

$$S = \frac{L_z}{5} = \begin{bmatrix} 6040.4975 & 170.1992 \\ 170.1992 & 554.9552 \end{bmatrix}, \quad S^{-1} = \begin{bmatrix} -0.00016699 & -0.00005121 \\ -0.00005121 & -0.00181765 \end{bmatrix}$$

$$F_0 = \frac{6(6-2)}{2(6-1)} \bar{Z}^{\mathrm{T}} S^{-1} \bar{Z} = 10.4327$$

$F_{0.05}(2, 4) = 6.94$, 由于 $F_0 > F_{0.05}$, 故应拒绝 $H_0 : \mu = \mu_1 - \mu_2 = 0$, 即甲、乙两品种两个性状均值向量有显著差异.

2.3 协方差阵与均值向量的检验

多元正态分布由均值向量 μ 及协方差阵 Σ 所刻画. 前两节已讨论了均值向量 μ 的有关检验, 本节将讨论协方差阵或均值与协方差阵的有关检验问题.

2.3.1 似然比准则的一般原理

多元统计分析中几乎所有的重要假设检验, 都是由似然比准则给出的, 如 T^2 统计量等. 本节所讨论的有关检验都要用到似然比准则. 为此先介绍似然比准则的一般原理.

设 p 元总体的分布密度函数为 $f(X; \theta)$, 其中 θ 为未知参数, 它取值于参数空间 Ω, 即 $\theta \in \Omega$. 又 ω 为 Ω 的一个子集, 并考虑对假设

$$H_0 : \theta \in \omega \tag{2.3.1}$$

的检验问题.

从该 p 元总体抽取容量为 n 的独立样本 $X_{(\alpha)}, \alpha = 1, 2, \cdots, n$, 则相应的联合密度 (似然函数) 为

$$L(\theta) = L(X; \theta) = f(X_{(1)}; \theta) f(X_{(2)}; \theta) \cdots f(X_{(n)}; \theta) \tag{2.3.2}$$

将此似然函数关于 θ 分别在 ω 和 Ω 上所求最大值之比记为

$$\lambda = \frac{\max\limits_{\theta \in \omega} L(\theta)}{\max\limits_{\theta \in \Omega} L(\theta)} \tag{2.3.3}$$

λ 称为检验假设 (2.3.1) 的似然比准则, λ 不依赖 θ 而仅依赖样本 $X_{(\alpha)}, \alpha = 1, 2, \cdots, n$, 所以它是统计量, 又因 ω 是 Ω 的子集, 故有

$$0 \leqslant \lambda \leqslant 1 \tag{2.3.4}$$

由此, 我们有理由作出这样的推断, 若样本 $\underset{p \times n}{X}$ 能使 $L(\theta)$ 在 $\theta \in \omega$ 情况下取得较大的值, 即 λ 接近于 1, 就应接受 H_0, 否则应拒绝 H_0.

综上所述, 要实现对 $H_0 : \theta \in \omega$ 的检验, 必须导出似然比准则统计量 λ 在 H_0 成立时的分布.

2.3.2 协方阵 $\Sigma = \Sigma_0$ 的检验

设样本 $\underset{p \times n}{X}$ 来自总体 $N_p(\mu, \Sigma)$, μ 与 Σ 未知, 我们要检验的假设是

$$H_0 : \Sigma = \Sigma_0 \tag{2.3.5}$$

其中 Σ_0 是给定的正定阵.

1. 关于检验假设 $H_0 : \Sigma = \Sigma_0$ 的似然比准则的推导

为了方便, 作如下线性变换: 由于 Σ_0 正定, 故存在非奇异阵 $C(|C| \neq 0)$ 使 $C\Sigma_0 C^T = I$, I 为 p 阶单位阵. 对 $N_p(\mu, \Sigma)$ 的样本 $\underset{p \times n}{X} = (X_{(1)}, X_{(2)}, \cdots, X_{(n)})$, 作变换

$$Y_{(\alpha)} = CX_{(\alpha)}, \quad \alpha = 1, 2, \cdots, n \tag{2.3.6}$$

则

$$Y_{(\alpha)} \sim N_p(v, \Sigma^*), \quad \alpha = 1, 2, \cdots, n \tag{2.3.7}$$

其中 $v = C\mu$, $\Sigma^* = C\Sigma C^T$. 这样, $H_0 : \Sigma = \Sigma_0$ 就变成了

$$H_0 : \Sigma^* = 1 \tag{2.3.8}$$

由样本 $\underset{p \times n}{Y} = (Y_{(1)}, Y_{(2)}, \cdots, Y_{(n)})$ 计算出 $\overline{Y}$ 及 $L_y = \sum\limits_{\alpha=1}^{n}(Y_{(\alpha)} - \overline{Y})(Y_{(\alpha)} - \overline{Y})^T$, 可以证明, 当 $\hat{v} = \bar{y}$, $\hat{\Sigma}^* = \dfrac{L_y}{n}$ 时, 其似然函数的最大值为

$$\max_{\Omega} L(v, \Sigma^*) = \left(\frac{2\pi}{n}\right)^{-np/2} |L_y|^{-n/2} e^{-np/2} \tag{2.3.9}$$

由于 H_0 中 I 已给定, 可证当 $\hat{v} = \bar{y}$ 时, 似然函数的值为

$$\max_{\omega} L(v, \Sigma^*) = L(v, I) = (2\pi)^{-np/2} |I|^{-n/2} \exp\left\{-\frac{1}{2}tr(I^{-1}L_y)\right\}$$
$$= (2\pi)^{-np/2} \exp\left\{-\frac{1}{2}trL_y\right\} \tag{2.3.10}$$

故, 所求似然比准则为

$$\lambda_1 = \frac{\max\limits_{\omega} L(v, \Sigma^*)}{\max\limits_{\Omega} L(v, \Sigma^*)} = \left(\frac{e}{n}\right)^{np/2} |L_y|^{n/2} e^{-\frac{1}{2}trL_y} \tag{2.3.11}$$

又因 $Y_{(\alpha)} = CX_{(\alpha)}$, $C\Sigma_0 C^T = I$, $C^T C = \Sigma_0^{-1}$, 故

$$L_y = \sum_{\alpha=1}^{n} (Y_{(\alpha)} - \overline{Y})(Y_{(\alpha)} - \overline{Y})^T$$
$$= C\left[\sum_{\alpha=1}^{n} (X_\alpha - \overline{X})(X_\alpha - \overline{X})^T\right] C^T = CL_x C^T$$

于是

$$|L_y| = |CL_x C^T| = |\Sigma_0^{-1} L_x|, \quad trL_y = tr(\Sigma_0^{-1} L_x)$$

从而式 (2.3.11) 可改写为

$$\lambda_1 = \left(\frac{e}{n}\right)^{np/2} |\Sigma_0^{-1}|^{n/2} |L_x|^{n/2} \exp\left\{-\frac{1}{2}tr(\Sigma_0^{-1} L_x)\right\} \tag{2.3.12}$$

2. 似然比准则 λ_1 的分布

利用似然比准则对假设 H_0 进行检验时, 需求出 λ_1 在 H_0 成立时的分布, 对此有以下研究结果.

(1) Anderson(1958) 指出, 当 $n \to \infty$ 时,

$$-2\ln\lambda_1 = -np + np\ln n - n\ln|L_x| + n\ln|\Sigma_0| + tr(\Sigma_0^{-1} L_x)$$
$$= np(\ln n - 1) + n(\ln|\Sigma_0| - \ln|L_x|) + tr(\Sigma_0^{-1} L_x) \tag{2.3.13}$$

渐近服从 $\chi^2(p(p+1)/2)$.

(2) Korin(1968) 指出:

$$K = -(n-1)p + (n-1)p\ln(n-1) - (n-1)\ln|L_x| + (n-1)\ln|\Sigma_0| + tr(\Sigma_0^{-1} L_x)$$
$$= (n-1)p(\ln(n-1) - 1) + (n-1)(\ln|\Sigma_0| - \ln|L_x|) + tr(\Sigma_0^{-1} L_x) \tag{2.3.14}$$

近似服从 $(1-D_1)\chi^2(p(p+1)/2)$,其中

$$D_1 = \left(2p+1-\frac{2}{p+1}\right)\bigg/(6(n-1)) \tag{2.3.15}$$

一般来讲,大样本用 (2.3.13),小样本用 (2.3.14). 检验时,首先由样本计算 $-2\ln\lambda_1$ 或 K,查表得 $\chi_\alpha^2(p(p+1)/2)$ 或 $(1-D_1)\chi^2(p(p+1)/2)$,若 $-2\ln\lambda_1$(或 K) 小于或等于表值,就接受 H_0,否则拒绝 H_0.

【例 2.3.1】 设由总体 $N_3(\mu,\Sigma)$ 抽取容量为 $n=15$ 的样本 $\underset{3\times 15}{X}$,算得离差阵为

$$L_x = \begin{bmatrix} 309.68 & & \\ 41.72 & 458.08 & \\ 6.44 & 425.46 & 713.72 \end{bmatrix}$$

试检验假设 $H_0:\Sigma = \Sigma_0$,其中

$$\Sigma_0 = \begin{bmatrix} 29.57 & & \\ 3.92 & 39.05 & \\ 1.76 & 39.15 & 63.07 \end{bmatrix}$$

经计算得

$$|\Sigma_0| = 21319.216, \quad \ln|\Sigma_0| = 9.967, \quad |L_x| = 44157298.640, \quad \ln|L_x| = 17.603$$

$$\Sigma_0^{-1} = \begin{bmatrix} 0.0435 & & \\ -0.0084 & 0.0696 & \\ 0.0040 & -0.01430 & 0.0425 \end{bmatrix}$$

$$\Sigma_0^{-1}L_x = \begin{bmatrix} 13.150 & -0.321 & -0.436 \\ 0.038 & 13.240 & -1.132 \\ -0.288 & -1.449 & 12.060 \end{bmatrix}$$

$$tr(\Sigma_0^{-1}L_x) = 13.150 + 13.240 + 12.060 = 38.45$$

$$K = 14\times 3\times \ln 14 - 14\times 3 - 14\times 17.603 + 14\times 9.967 + 38.45 = 0.3864$$

$$D_1 = \frac{1}{6\times(15-1)}\left(2\times 3+1-\frac{2}{3+1}\right) = 0.07738$$

$$\chi_{0.05}^2(3\times(3+1)/2) = \chi_{0.05}^2(6) = 12.59, \quad (1-D_1)\chi_{0.05}^2(6) = 11.62$$

由于 $K < 11.62$,故应接受 $H_0:\Sigma = \Sigma_0$,即 Σ 与 Σ_0 无显著差异.

2.3.3 检验假设 $H_0: \mu = \mu_0, \Sigma = \Sigma_0$

从总体 $N_p(\mu, \Sigma)$ 抽取容量为 n 的样本 $\underset{p \times n}{X}$,计算得均值向量 $\overline{X}$ 及离差阵 L_x. 检验 H_0 就是检验 $N_p(\mu, \Sigma)$ 与已知总体 $N_p(\mu_0, \Sigma_0)$ 是否相同的问题,其中,μ_0 与 Σ_0 已知.

由似然比准则的原理,得检验 H_0 的似然比准则统计量为

$$\lambda_2 = \left(\frac{e}{n}\right)^{np/2} |\Sigma^{-1} L_x|^{n/2} \times \exp\{-1/2[tr(\Sigma_0^{-1} L_x) + n(\overline{X} - \mu_0)^T \Sigma_0^{-1}(\overline{X} - \mu_0)]\} \tag{2.3.16}$$

关于 λ_2 的分布,有以下研究结果:Anderson(1958) 指出:在 H_0 成立时有

$$\begin{aligned} -2\ln \lambda_2 = &\, np(\ln n - 1) + n(\ln|\Sigma_0| - \ln|L_x|) \\ &+ tr(\Sigma_0^{-1} L_x) + n(\overline{X} - \mu_0)^T \Sigma_0^{-1}(\overline{X} - \mu_0) \end{aligned} \tag{2.3.17}$$

渐近服从 $\chi^2(p(p+1)/2 + p)$.

【例 2.3.2】 在例 2.3.1 中,样本均值向量 $\overline{X}$ 及 μ_0 分别为 $\overline{X} = (154.98, 83.39, 39.52)^T$,$\mu_0 = (154, 83, 39)^T$,试检验 $H_0: \mu = \mu_0, \Sigma = \Sigma_0$.

利用例 2.3.1 计算结果,再根据 (2.3.17) 算得

$$n(\overline{X} - \mu_0)^T \Sigma_0^{-1}(\overline{X} - \mu_0) = 0.6612$$

$$-2\ln \lambda_2 = 15 \times 3(\ln 15 - 1) + 15(9.967 - 17.603) + 38.45 + 0.6612 = 1.4334$$

$$\chi^2_{0.05}(p(p+1)/2 + p) = \chi^2_{0.05}(9) = 16.919$$

由于 $-2\ln \lambda_2 < 16.919$,故应接受 $H_0: \mu = \mu_0, \Sigma = \Sigma_0$,即总体 $N_3(\mu, \Sigma)$ 与 $N_3(\mu_0, \Sigma_0)$ 无显著差异.

2.3.4 多个协方差阵的相等性检验

设 $X_{(\alpha)}^{(k)}, \alpha = 1, 2, \cdots, n_k$ 为来自第 k 个正态总体 $N_p(\mu^{(k)}, \Sigma^{(k)})$ 的样本,$k = 1, 2, \cdots, g$. 设 $\sum_{k=1}^{g} n_k = n$,我们要检验的假设是各总体的协方差阵都相等,即

$$H_0: \Sigma^{(1)} = \Sigma^{(2)} = \cdots = \Sigma^{(g)} = \Sigma \tag{2.3.18}$$

检验 H_0 的似然比准则统计量为

$$\lambda_3 = \frac{\prod_{k=1}^{g} |L_k|^{n_k/2}}{|L|^{n/2}} \cdot \frac{n^{np/2}}{\prod_{k=1}^{g} n_k^{n_k p/2}} \tag{2.3.19}$$

其中，$L_1, L_2, \cdots, L_g$ 分别为 g 个总体的离差阵，$L = L_1 + L_2 + \cdots + L_g$.

按照 Bartlett 的建议，用下面的修正似然比准则 λ_3' 代替 λ_3：

$$\lambda_3' = \frac{\prod\limits_{k=1}^{g} |L_k|^{N_k/2}}{|L|^{N/2}} \cdot \frac{N^{Np/2}}{\prod\limits_{k=1}^{g} N_k^{N_k p/2}} \tag{2.3.20}$$

其中，$N_k = n_k - 1, N = n - g$.

在一般情况下，Box 给出了 $-2\ln\lambda_3'$ 的近似分布：

$$-2\ln\lambda_3' = N\ln|L| - Np\ln N + p\sum_{k=1}^{g} N_k \ln N_k - \sum_{k=1}^{g} N_k \ln|L_k| \tag{2.3.21}$$

近似服从 $\dfrac{1}{1-d_1}\chi^2(f)$，其中

$$f = \frac{1}{2}p(p+1)(g-1) \tag{2.3.22}$$

$$d_1 = \begin{cases} \dfrac{2p^2+3p-1}{6(p+1)(g-1)}\left[\sum\limits_{k=1}^{g}\dfrac{1}{N_k} - \dfrac{1}{N}\right], & \{N_k\} \text{ 不必相等} \\ \dfrac{(2p^2+3p-1)(g+1)}{6(p+1)N_g}, & \{N_k\} \text{ 相等} \end{cases} \tag{2.3.23}$$

【例 2.3.3】 由甲、乙两品种，取得如表 2.3.1 所示两个二元正态样本，试检验 $H_0: \Sigma_1 = \Sigma_2$.

表 2.3.1　甲、乙两品种的正态样本

	观察值							和	$\sum X_i^2$	$\sum X_1 X_2$
甲 ($\underset{2\times 6}{X}^{(1)}$)	300	232	217	100	286	320		1455	385109	26085
	23	5	25	43	10	17		123	3417	
乙 ($\underset{2\times 8}{X}^{(2)}$)	200	150	333	150	283	383	350	300	2149	635167	161638
	50	43	83	41	73	80	86	100	556	42044	

解　由表 2.3.1 所列一级数据 (后三栏) 计算得

$$L_1 = \begin{bmatrix} 32271.5 & -3742.5 \\ -3742.5 & 895.5 \end{bmatrix}, \quad L_2 = \begin{bmatrix} 57891.9 & 12282.5 \\ 12282.5 & 3402.0 \end{bmatrix}$$

$$L = \begin{bmatrix} 90163.4 & 8540.0 \\ 8540.0 & 4297.5 \end{bmatrix}$$

$$|L_1| = 1489282.2, \quad \ln|L_1| = 14.2138$$
$$|L_2| = 46088352.5, \quad \ln|L_2| = 17.6461$$
$$|L| = 314545504.1, \quad \ln|L| = 19.5666$$

由于 $p=2, g=2, n_1=6, n_2=8, N_1=5, N_2=7, N=12$, 故

$$-2\ln\lambda_3' = N(\ln|L| - p\ln N) + p\sum_{k=1}^{g} N_k \ln N_k - \sum_{k=1}^{g} N_k \ln|L_k|$$
$$= 175.1614 + 43.3371 - 206.0957 = 12.4028$$

$$d_1 = 0.1874$$
$$\chi_{0.05}^2(p(p+1)(g-1)/2) = \chi_{0.05}^2(3) = 7.815$$
$$\frac{1}{1-d_1}\chi_{0.05}^2(3) = 9.6176$$

由于 $-2\ln\lambda_3' > 9.6176$, 故应拒绝 $H_0: \Sigma_1 = \Sigma_2$, 即 Σ_1 与 Σ_2 有显著差异.

2.3.5 多个协方差阵与均值向量的相等性检验

设 $X_{(a)}^{(k)}, a=1,2,\cdots,n_k$ 为来自第 k 个正态总体 $N(\mu^{(k)}, \Sigma^{(k)})$ 的样本, $k=1,2,\cdots,g$. 由样本计算得 g 个总体的样本均值及离差阵分别为

$$\overline{X}^{(1)}, \overline{X}^{(2)}, \cdots, \overline{X}^{(g)}; \quad L_1, L_2, \cdots, L_g$$

要检验的假设为

$$H_0: \mu^{(1)} = \mu^{(2)} = \cdots = \mu^{(g)}(=\mu), \quad \Sigma^{(1)} = \Sigma^{(2)} = \cdots = \Sigma^{(g)}(=\Sigma) \qquad (2.3.24)$$

H_0 的实质是检验 g 个正态总体相等.

要检验 g 个总体是否相等, 除了要计算各总体内的变异即组内离差阵

$$L = L_1 + L_2 + \cdots + L_k \qquad (2.3.25)$$

外, 还需计算各总体的总变异, 即总离差阵 W. 令各总体的总样本均值向量为

$$\overline{X} = \frac{1}{n}\sum_{k=1}^{g}\sum_{a=1}^{n_k} X_a^{(k)} = \frac{1}{n}\sum_{k=1}^{g} n_k \overline{X}^{(k)}, \quad n = \sum_{k=1}^{g} n_k \qquad (2.3.26)$$

则总离差阵为

$$W = \sum_{k=1}^{g}\sum_{\alpha=1}^{n_k}(X_{(\alpha)}^{(k)} - \overline{X})(X_{(\alpha)}^{(k)} - \overline{X})^{\mathrm{T}}$$
$$= \sum_{k=1}^{g}\sum_{\alpha=1}^{n_k}\left[(X_{(\alpha)}^{(k)} - \overline{X}^{(k)}) + (\overline{X}^{(k)} - \overline{X})\right]\left[(X_{\alpha}^{(k)} - \overline{X}^{(k)}) + (\overline{X}^{(k)} - \overline{X})\right]^{\mathrm{T}}$$

$$= \sum_{k=1}^{g}\sum_{\alpha=1}^{n_k}(X_{(\alpha)}^{(k)} - \overline{X}_{(k)})(X_{(\alpha)}^{(k)} - \overline{X}^{(k)})^{\mathrm{T}} + \sum_{k=1}^{g} n_k(\overline{X}^{(k)} - \overline{X})(\overline{X}^{(k)} - \overline{X})^{\mathrm{T}}$$

$$= L + \sum_{k=1}^{g} n_k(\overline{X}^{(k)} - \overline{X})(\overline{X}^{(k)} - \overline{X})^{\mathrm{T}} = L + B \tag{2.3.27}$$

$B = \sum_{k=1}^{g} n_k(\overline{X}^{(k)} - \overline{X})(\overline{X}^{(k)} - \overline{X})^{\mathrm{T}}$ 称为组间离差阵. 式 (2.3.27) 说明 n 个观察点偏离 $\overline{X}$ 的情况, 即总离差阵 W 由组内离差阵 L 及组间离差阵 B 两个组分组成.

检验 H_0 的修正似然比准则统计量为

$$\lambda_4' = \frac{\prod_{k=1}^{g}|L_k|^{N_k/2}}{|W|^{N/2}} \cdot \frac{N^{Np/2}}{\prod_{k=1}^{g} N_k^{N_k p/2}} \tag{2.3.28}$$

其中, $N_k = n_k - 1, N = n - g$.

Box 证明, 当 H_0 成立时,

$$-2\rho \ln \lambda_4' = \rho \left[N(\ln|W| - p\ln N) + p\sum_{k=1}^{g} N_k \ln N_k - \sum_{k=1}^{g} N_k \ln|L_k| \right] \tag{2.3.29}$$

近似服从 $\chi^2(f) + \omega \left[\chi^2(f+4) - \chi^2(f)\right]$, 其中

$$f = \frac{1}{2}p(p+1)(g-1) \tag{2.3.30}$$

$$\rho = 1 - \left(\sum_{k=1}^{g}\frac{1}{N_k} - \frac{1}{N}\right)\frac{2p^2+3p+1}{6(g-1)(p+3)} - \frac{p-g+2}{N(p+3)} \tag{2.3.31}$$

$$\omega = \frac{p}{288\rho^2}\left[6\left(\sum_{k=1}^{g}\frac{1}{N_k^2} - \frac{1}{N^2}\right)(p+1)(p+2)(p-1)\right.$$
$$- \left(\sum_{k=1}^{g}\frac{1}{N_k} - \frac{1}{N}\right)^2\frac{(2p^2+3p-1)^2}{(p+3)(g-1)}$$
$$- 12\left(\sum_{k=1}^{g}\frac{1}{N_k} - \frac{1}{N}\right)\frac{(2p^2+3p-1)(p-g+2)}{N(p+3)} - 36\frac{(g-1)(p-g+2)^2}{N^2(p+3)}$$
$$\left. - \frac{12(g-1)}{N^2}(-2g^2+7g+3pg-2p^2-6p-4)\right] \tag{2.3.32}$$

2.3 协方差阵与均值向量的检验

在大样本时,$-2\rho\ln\lambda_4'$ 渐近服从 $\chi^2(f)$. 关于组间离差阵 B 的计算,可令

$$C = \begin{bmatrix} \sqrt{n_1}(\overline{X}_1^{(1)} - \overline{X}_1) & \sqrt{n_2}(\overline{X}_1^{(2)} - \overline{X}_1) & \cdots & \sqrt{n_g}(\overline{X}_1^{(g)} - \overline{X}_1) \\ \sqrt{n_1}(\overline{X}_2^{(1)} - \overline{X}_2) & \sqrt{n_2}(\overline{X}_2^{(2)} - \overline{X}_2) & \cdots & \sqrt{n_g}(\overline{X}_2^{(g)} - \overline{X}_2) \\ \vdots & \vdots & & \vdots \\ \sqrt{n_1}(\overline{X}_p^{(1)} - \overline{X}_p) & \sqrt{n_2}(\overline{X}_p^{(2)} - \overline{X}_p) & \cdots & \sqrt{n_g}(\overline{X}_p^{(g)} - \overline{X}_p) \end{bmatrix} \tag{2.3.33}$$

则

$$B = CC^{\mathrm{T}} \tag{2.3.34}$$

其中,$\overline{X} = (\overline{X}_1, \overline{X}_2, \cdots, \overline{X}_p)^{\mathrm{T}}, \overline{X}^{(k)} = (\overline{X}_1^{(k)}, \overline{X}_2^{(k)}, \cdots, \overline{X}_p^{(k)})^{\mathrm{T}}$.

【例 2.3.4】 表 2.3.2 为两个水稻品种的出穗天数 (X_1) 和总积温 (X_2) 的观察数据,试检验 (1) $H_0: \Sigma_1 = \Sigma_2$, (2) $H_0: \mu^{(1)} = \mu^{(2)}, \Sigma_1 = \Sigma_2$. 假设它们来自二元正态总体.

表 2.3.2 两个水稻品种的出穗天数和总积温的观察数据

品种		观察值							和	平均
甲 $\left(X_{2\times 7}^{(1)}\right)$	x_1	75	69	66	57	51	48	47	413	59.00
	x_2	1541	1474	1489	1329	1254	1247	1254	9588	1369.71
乙 $\left(X_{2\times 7}^{(2)}\right)$	x_1	87	78	74	67	62	55	53	476	68.00
	x_2	1872	1721	1721	1611	1555	1450	1430	11351	1621.57
		总和与总平均							889	63.50
									20939	1495.64

解 $L_1 = \begin{bmatrix} 738 & 8364 \\ 8364 & 97939.43 \end{bmatrix}$, $L_2 = \begin{bmatrix} 928 & 11809 \\ 11809 & 151457.71 \end{bmatrix}$

$$L = L_1 + L_2 = \begin{bmatrix} 1666 & 20173 \\ 20173 & 749397.14 \end{bmatrix}$$

$$C = \begin{bmatrix} \sqrt{7}(59.00 - 63.50) & \sqrt{7}(68.00 - 63.50) \\ \sqrt{7}(1369.71 - 1495.64) & \sqrt{7}(1621.57 - 1495.64) \end{bmatrix}$$

$$= \sqrt{7} \begin{bmatrix} -4.50 & 4.50 \\ -125.93 & 125.93 \end{bmatrix}$$

$$B = CC^{\mathrm{T}} = 7 \begin{bmatrix} 40.50 & 1133.37 \\ 1133.37 & 31716.73 \end{bmatrix}$$

$$W = B + L = \begin{bmatrix} 1949.50 & 28106.59 \\ 28106.59 & 471414.11 \end{bmatrix}$$

$$|L_1| = 2322803.34, \quad \ln|L_1| = 14.6583$$
$$|L_2| = 1100273.88, \quad \ln|L_2| = 13.9111$$
$$|L| = 8545706.24, \quad \ln|L| = 15.9609$$
$$|W| = 129041406, \quad \ln|W| = 18.6756$$
$$n_1 = n_2 = 7, \quad n = 14, \quad N_1 = N_2 = 6, \quad N = 12, \quad g = 2, \quad p = 2$$
$$-2\ln\lambda_3' = 12(\ln|L| - 2\ln 12) + 2(6\ln 6 + 6\ln 6) - (6\ln|L_1| + 6\ln|L_2|) = 3.4788$$
$$d_1 = \frac{(2p^2 + 3p - 1)(g+1)}{6(p+1)N_g} = 0.0903$$
$$\frac{1}{1-d_1}\chi_{0.05}^2\left(\frac{p(p+1)(g-1)}{2}\right) = \frac{1}{1-d_1}\chi^2(3)_{0.05} = \frac{1}{1-d_1}7.815 = 8.5907$$

由于 $-2\ln\lambda_3' < 8.5907$, 故 $H_0: \Sigma_1 = \Sigma_2$, 不应拒绝. 又

$$-2\ln\lambda_4' = N(\ln|W| - p\ln N) + \sum_{k=1}^{g} N_k \ln N_k - \sum_{k=1}^{g} N_k \ln|L_k| = 36.0552$$
$$\rho = 0.925, \quad f = 3, \quad f + 4 = 7, \quad \omega = 0.00314, \quad -2\rho\ln\lambda_4' = 33.3511$$
$$\chi_{0.05}^2(3) = 7.815, \quad \chi_{0.05}^2(7) = 14.067$$
$$\chi_{0.05}^2(3) + \omega\left[\chi_{0.05}^2(7) - \chi_{0.05}^2(3)\right] = 7.8347$$

由于 $-2\rho\ln\lambda_4' > 7.8347$, 故应拒绝, $H_0: \mu^{(1)} = \mu^{(2)}, \Sigma_1 = \Sigma_2$.

综合两个检验结果, 表明两总体的协方差阵是相同的, 但均值向量间存在显著差异.

2.4 独立性检验

设 $X \sim N_p(\mu, \Sigma)$, Σ 正定, 将 X 分割成 k 个子向量:

$$X = (X^{(1)}, X^{(2)}, \cdots, X^{(k)})^{\mathrm{T}} \tag{2.4.1}$$

其中 $X^{(i)}$ 的维数为 $p_i, i = 1, 2, \cdots, k, \sum_{i=1}^{k} p_i = p$, 将 μ 与 Σ 也作相应的剖分:

$$\mu = \begin{bmatrix} \mu^{(1)} \\ \mu^{(2)} \\ \vdots \\ \mu^{(k)} \end{bmatrix}, \quad \Sigma = \begin{bmatrix} \Sigma_{11} & \cdots & \Sigma_{1k} \\ \Sigma_{21} & \cdots & \Sigma_{2k} \\ \vdots & & \vdots \\ \Sigma_{k1} & \cdots & \Sigma_{kk} \end{bmatrix} \tag{2.4.2}$$

2.4 独立性检验

本节要讨论的问题是: 检验子向量 $X^{(1)}, \cdots, X^{(k)}$ 之间的相互独立的假设. 由于正态随机向量各分量的独立性与不相依性是等价的, 于是这一假设可写成

$$H_0 : \Sigma_{ij} = 0, \quad i \neq j, \quad i, j = 1, 2, \cdots, k \tag{2.4.3}$$

也就是说, 如果 H_0 成立, 则

$$\Sigma = \Sigma_0 = \begin{bmatrix} \Sigma_{11} & 0 & \cdots & 0 \\ 0 & \Sigma_{22} & \cdots & 0 \\ \vdots & \vdots & & \vdots \\ 0 & 0 & \cdots & \Sigma_{kk} \end{bmatrix} \tag{2.4.4}$$

现从总体 $X \sim N_p(\mu, \Sigma)$ 抽取容量为 n 的样本 $\underset{p \times n}{X} = (X_{(1)}, X_{(2)}, \cdots, X_{(n)})$, 计算离差阵

$$L = \sum_{\alpha=1}^{n} (X_{(\alpha)} - \overline{X})(X_{(\alpha)} - \overline{X})^{\mathrm{T}} = \begin{bmatrix} l_{11} & l_{12} & \cdots & l_{1p} \\ l_{21} & l_{22} & \cdots & l_{2p} \\ \vdots & \vdots & & \vdots \\ l_{p1} & l_{p2} & \cdots & l_{pp} \end{bmatrix}$$

其中 $\overline{X} = \dfrac{1}{n} \sum_{\alpha=1}^{n} X_{(\alpha)}$, 将 L 按各子向量作相应剖分:

$$L = \begin{bmatrix} L_{11} & \cdots & L_{1k} \\ L_{21} & \cdots & L_{2k} \\ \vdots & & \vdots \\ L_{k1} & \cdots & L_{kk} \end{bmatrix} \tag{2.4.5}$$

或由 L 阵计算样本相关阵并作相应剖分:

$$R = \begin{bmatrix} 1 & r_{12} & \cdots & r_{1p} \\ r_{21} & 1 & \cdots & r_{2p} \\ \vdots & \vdots & & \vdots \\ r_{p1} & r_{p2} & \cdots & 1 \end{bmatrix} = \begin{bmatrix} R_{11} & \cdots & R_{1k} \\ R_{21} & \cdots & R_{2k} \\ \vdots & & \vdots \\ R_{k1} & \cdots & R_{kk} \end{bmatrix} \tag{2.4.6}$$

其中 $r_{ij} = l_{ij}/\sqrt{l_{ii} l_{jj}}$.

由似然比准则的一般原理, 推导检验 H_0 的似然比准则为

$$\lambda = \frac{\max\limits_{\omega} L(\mu, \Sigma)}{\max\limits_{\Omega} L(\mu, \Sigma)} = \frac{\max\limits_{\omega} L(\mu, \Sigma_0)}{\max\limits_{\Omega} L(\mu, \Sigma)} = \left(\frac{|L|}{\prod\limits_{i=1}^{k} |L_{ii}|} \right)^{\frac{n}{2}} \qquad (2.4.7)$$

通常

$$\nu = \lambda^{\frac{2}{n}} = \frac{|L|}{\prod\limits_{i=1}^{k} |L_{ii}|} \qquad (2.4.8)$$

由于

$$|L| = |R| \prod_{i=1}^{p} l_{ii}, \quad |L_{ii}| = |R_{ii}| \prod_{j=p_1+p_2+\cdots+p_{i-1}+1}^{p_1+p_2+\cdots+p_i} l_{jj}$$

故也有

$$\nu = \frac{|R|}{\prod\limits_{i=1}^{k} |R_{ii}|} \qquad (2.4.9)$$

关于 ν 在 H_0 之下的分布, Box(1949) 指出

$$-a \ln \nu = a \left(\sum_{i=1}^{k} \ln |R_{ii}| - \ln |R| \right) \qquad (2.4.10)$$

近似服从 $\chi^2(f) + \dfrac{b}{a^2}[\chi^2(f+4) - \chi^2(f)]$, 其中

$$f = \frac{1}{2} \left[p(p+1) - \sum_{i=1}^{k} p_i(p_i+1) \right] \qquad (2.4.11)$$

$$\rho = 1 - \frac{2\left(p^3 - \sum\limits_{i=1}^{k} p_i^3\right) + 9\left(p^2 - \sum\limits_{i=1}^{k} p_i^2\right)}{6n\left(p^2 - \sum\limits_{i=1}^{k} p_i^2\right)} \qquad (2.4.12)$$

$$a = \rho n = n - \frac{3}{2} - \frac{p^3 - \sum\limits_{i=1}^{k} p_i^3}{3\left(p^2 - \sum\limits_{i=1}^{k} p_i^2\right)} \qquad (2.4.13)$$

2.4 独立性检验

$$b = \frac{p^4 - \sum_{i=1}^{k} p_i^4}{48} - \frac{5\left(p^2 - \sum_{i=1}^{k} p_i^2\right)}{96} - \frac{p^3 - \sum_{i=1}^{k} p_i^3}{72\left(p^2 - \sum_{i=1}^{k} p_i^2\right)} \quad (2.4.14)$$

当 n 较大时, 可认为 $-a\ln\nu$ 近似服从 $\chi^2(f)$.

综上所述, 可由样本计算 $-a\ln\nu$ 的值, 若它小于或等于 χ^2 分布的显著水平临界值 χ_α^2, 则接受 H_0, 否则应拒绝 H_0.

一种有用的特殊情况是 $k=2, p_1=1, p_2=p-1$, 这时分量 X_1 与 $(X_2, \cdots, X_p)$ 的复相关系数为

$$\rho_{x_1(x_2\cdots x_p)} = \sqrt{\frac{\Sigma_{12}\Sigma_{22}^{-1}\Sigma_{21}}{l_{11}}} \quad (2.4.15)$$

而相应的 ν 为

$$\nu = \frac{|L|}{\prod_{i=1}^{k}|L_{ii}|} = \frac{\begin{vmatrix} l_{11} & L_{12} \\ L_{21} & L_{22} \end{vmatrix}}{l_{11}|L_{22}|} = |L_{22}|\frac{|l_{11} - L_{12}L_{22}^{-1}L_{21}|}{l_{11}|L_{22}|}$$

$$= \frac{l_{11} - L_{12}L_{22}^{-1}L_{21}}{l_{11}} = 1 - R^2 \quad (2.4.16)$$

R^2 为 $\rho_{x_1(x_2\cdots x_p)}^2$ 的估计值, 是 $x_2\cdots x_p$ 对 x_1 的决定系数. 这时 X 的第一个分量与其他分量的独立性检验等价于检验 $\rho_{x_1(x_2\cdots x_p)}^2$ 等于 0, 可以证明在 (2.4.16) 中

$$\nu \sim \Lambda(1, n-p, p-1) \quad (2.4.17)$$

则由表 1.4.1 知

$$F = \frac{R^2}{1-R^2} \cdot \frac{n-p}{p-1} \sim F(p-1, n-p) \quad (2.4.18)$$

这便是检验复相关系数等于 0 的统计量的分布.

用 (2.4.18) 也可以检验任意两个变量的简单相关系数等于 0 的假设, 这时, $k=2, p=2, R=r_{ij}, F = \frac{r_{ij}^2}{1-r_{ij}^2} \cdot \frac{n-2}{1} \sim F(1, n-2)$.

【例 2.4.1】 据西北农业大学育种组 1981 年资料, 计算得旱肥组 9 个品种 4 个性状的相关阵为 ($n=27$)

$$R = \begin{array}{c} X_1 \\ X_2 \\ X_3 \\ X_4 \end{array} \begin{bmatrix} 1 & -0.4709 & -0.6883 & -0.4320 \\ -0.4709 & 1 & -0.1653 & 0.5148 \\ -0.6883 & -0.1653 & 1 & 0.3493 \\ -0.4320 & 0.5148 & 0.3493 & 1 \end{bmatrix}$$

其中, X_1 为每穗粒数, X_2 为千粒重 (单位: g), X_3 为抽穗期, X_4 为成熟期, 假定 $(X_1, X_2, X_3, X_4)^T$ 服从 $N_4(\mu, \Sigma)$, 试检验 $(X_1, X_2)^T$ 与 $(X_3, X_4)^T$ 独立.

解　设 $X^{(1)} = (X_1, X_2)^T$, $X^{(2)} = (X_3, X_4)^T$, 则

$$R = \begin{bmatrix} R_{11} & R_{12} \\ R_{21} & R_{22} \end{bmatrix}$$

要检验的假设为 $H_0 : R_{12} = 0$, 经计算

$$|R| = 0.06933$$

$$|R_{11}| = \begin{vmatrix} 1 & -0.4709 \\ -0.4709 & 1 \end{vmatrix} = 0.7783$$

$$|R_{22}| = \begin{vmatrix} 1 & 0.3493 \\ 0.3493 & 1 \end{vmatrix} = 0.8838$$

$$\nu = \frac{|R|}{|R_{11}||R_{22}|} = 0.1008$$

$$f = \frac{1}{2}(4 \times 5 - 2 \times 3 - 2 \times 3) = 4$$

$$\rho = 1 - \frac{2(4^3 - 2^3 - 2^3) + 9(4^2 - 2^2 - 2^2)}{6 \times 27(4^2 - 2^2 - 2^2)} = 0.8704$$

$$a = 0.8704 \times 27 = 23.5$$

$$b = \frac{4^4 - 2^4 - 2^4}{48} - \frac{5(4^2 - 2^2 - 2^2)}{96} - \frac{4^3 - 2^3 - 2^3}{72(4^2 - 2^2 - 2^2)} = 4.1666$$

$$-a \ln \nu = 53.9235$$

查表得

$$\chi^2_{0.05}(4) = 9.488, \quad \frac{b}{a^2}(\chi^2_{0.05}(8) - \chi^2_{0.05}(4)) = 0.0454$$

由式 (2.4.10) 有

$$-a \ln \nu = 53.9235 > \chi^2_{0.05}(4) + \frac{b}{a^2}(\chi^2_{0.05}(8) - \chi^2_{0.05}(4)) = 9.5334$$

计算表明, 应否定 H_0, 即 $X^{(1)}$ 与 $X^{(2)}$ 是相依的. 由于数量性状的分析是基于正态分布的, 因而, $(X_1, X_2)^T$ 和 $(X_3, X_4)^T$ 有很强的相关性 (本书第 6 章要叙述多对多的相关).

第3章 多元方差分析

按照随机排列、重复、局部控制、正交等原则设计一个试验,以期通过试验结果所提供的信息,对影响试验结果的各种因素所起的作用做出适宜的推断,这是生物科学中常用的一种科研方法. 作为影响试验的每一因素或因素的某一水平或某一处理,其结果都形成一个随机总体. 这样,比较各种因素对试验结果所起作用的问题就变成对各种因素的试验结果所形成总体的比较问题. 由于试验指标常为多个数量指标,故常设试验结果所形成的总体为多元正态总体. 多个多元正态总体的异同问题要同时检验它们的均值向量和协方差阵是否都相同,这在 2.3 节已讲过. 本章所考察的试验,除要考察的因素外,其他试验条件均要求一致,即要考察的试验因素的试验结果都是同协方差阵的且相互独立的多元正态总体. 因而,各因素对试验结果影响的比较,就变成了多个同协方差阵的多元正态总体均值向量的比较. 统计上解决两个以上同协方差阵多元正态总体均值向量比较的方法叫做多元方差分析.

3.1 单因素多元方差分析 (完全随机试验)

3.1.1 模型

设在试验中只考察一个可控因素 A 对试验指标的影响. 因素 A 在试验中取 a 种不同水平,即 $A_1, A_2, \cdots, A_a$. 水平 A_i 作为一个处理进行试验,独立观察 n_i 次, $i = 1, 2, \cdots, a$. 整个试验共作 $n_1 + n_2 + \cdots + n_a = n$ 次,即共需 n 个试验单元接受处理 $A_1, A_2, \cdots, A_a$,且每个处理安排到哪一个单元是完全随机的.

设 A_i 的第 j 次观察的试验指标为

$$X_{ij} = (x_{ij_1}, x_{ij_2}, \cdots, x_{ij_p})^{\mathrm{T}} \sim N_p(\mu_i, \Sigma), \quad i = 1, 2, \cdots, a; j = 1, 2, \cdots, n_i \quad (3.1.1)$$

假定

$$\mu = \frac{1}{a} \sum_{i=1}^{a} \mu_i, \quad \alpha_i = \mu_i - \mu$$

则

$$X_{ij} = \mu + \alpha_i + \varepsilon_{ij}, \quad i = 1, 2, \cdots, a; \quad j = 1, 2, \cdots, n_i \quad (3.1.2)$$

其中 μ 称为总体均值向量, α_i 为 A_i 的主效应向量, ε_{ij} 为 A_i 的第 j 次观察的随机误差向量. 假设 $\{\varepsilon_{ij}\}$ 相互独立且均服从 $N_p(0,\Sigma)$.

若 A 的参试各水平 $A_1, A_2, \cdots, A_a$ 是作为一个总体参试, 则称 (3.1.2) 为固定模型, 这时要求

$$\sum_{i=1}^{a} \alpha_i = 0 \qquad (3.1.3)$$

若 A 的参试各水平 $A_1, A_2, \cdots, A_a$ 是作为 A 总体的一个随机样本参试, 则 (3.1.2) 称为随机模型, 这时假定 $\{\alpha_i\}$ 相互独立且

$$\alpha_i \sim N_p(0, \Sigma_A) \qquad (3.1.4)$$

上述试验的假定, 归结为

(1) $X_1, X_2, \cdots, X_a$ 相互独立, 分别服从 $N_p(\mu_i, \Sigma), i=1,2,\cdots,a$.

(2) X_{ij} 是从 X_i 中抽取的随机样本, $i=1,2,\cdots,a; j=1,2,\cdots,n_i$, 即 $\underset{p\times n_i}{X_i} = (X_{i1}, X_{i2}, \cdots, X_{in_i})$. 对固定模型通过试验要检验的假设为

$$H_0: \alpha_1 = \alpha_2 = \cdots = \alpha_a = 0, \quad H_A: \alpha_1, \alpha_2, \cdots, \alpha_a \text{不全为 } 0 \qquad (3.1.5)$$

当 H_A 被接受, 需对各处理进行多重比较, 对于随机模型, $H_0: \Sigma_A = 0, H_A: \Sigma_A \neq 0$, 当 H_A 成立时, 估计 μ, Σ_A 与 Σ, 不需进行多重比较.

试验资料具有表 3.1.1 的形式.

表 3.1.1　单因素完全随机多指标试验资料表

A	重复				和 $T_{i\cdot k}$	平均 $\bar{x}_{i\cdot k}$	均值向量
	观察值						
A_1 (X_1) $p\times n_1$	x_{111} x_{112} $\vdots$ x_{11p}	x_{121} x_{122} $\vdots$ x_{12p}	$\cdots$ $\cdots$ $\cdots$	x_{1n_11} x_{1n_12} $\vdots$ x_{1n_1p}	$T_{1.1}$ $T_{1.2}$ $\vdots$ $T_{1.p}$	$\bar{x}_{1.1}$ $\bar{x}_{1.2}$ $\vdots$ $\bar{x}_{1.p}$	$\overline{X}_{1\cdot}$
A_2 (X_2) $p\times n_2$	x_{211} x_{212} $\vdots$ x_{21p}	x_{221} x_{222} $\vdots$ x_{22p}	$\cdots$ $\cdots$ $\cdots$	x_{2n_21} x_{2n_22} $\vdots$ x_{2n_2p}	$T_{2.1}$ $T_{2.2}$ $\vdots$ $T_{2.p}$	$\bar{x}_{2.1}$ $\bar{x}_{2.2}$ $\vdots$ $\bar{x}_{2.p}$	$\overline{X}_{2\cdot}$
$\vdots$	$\vdots$				$\vdots$	$\vdots$	$\vdots$

续表

A	重复				和 $T_{i\cdot k}$	平均 $\bar{x}_{i\cdot k}$	均值向量
	观察值						
A_a (X_a) $p\times n_a$	x_{a11}	x_{a21}	$\cdots$	x_{an_a1}	$T_{a\cdot 1}$	$\bar{x}_{a\cdot 1}$	
	x_{a12}	x_{a22}	$\cdots$	x_{an_a2}	$T_{a\cdot 2}$	$\bar{x}_{a\cdot 2}$	$\overline{X}_{a\cdot}$
	$\vdots$	$\vdots$		$\vdots$	$\vdots$	$\vdots$	
	x_{a1p}	x_{a2p}	$\cdots$	x_{an_ap}	$T_{a\cdot p}$	$\bar{x}_{a\cdot p}$	
					$T_{\cdot\cdot 1}$	$\bar{x}_{\cdot\cdot 1}$	
					$T_{\cdot\cdot 2}$	$\bar{x}_{\cdot\cdot 2}$	$\overline{X}_{\cdot\cdot}$
					$\vdots$	$\vdots$	
					$T_{\cdot\cdot p}$	$\bar{x}_{\cdot\cdot p}$	

3.1.2 检验 $H_0 : \alpha_1 = \alpha_2 = \cdots = \alpha_a = 0$

为了检验 H_0, 首先要弄清观察值向量 X_{ij} 不同的原因, X_{ij} 为 A_i 的第 j 次观察, 从实际试验资料可发现, 观察点 (j) 不同, X_{ij} 就不尽相同, 这当然应视为随机因素 (不可控制因素) 的影响, 另外, 如果 A_i 与 A_j 不同, 则其平均值向量 $\overline{X}_i$ 与 $\overline{X}_j$ 不同, 其原因主要归结为 A_i 与 A_j 的影响不同. 因而, 如果能把 A_i 不同所引起的 X_{ij} 的变化和随机因素影响而引起的 X_{ij} 间的误差分解开来, 那么 H_0 的检验就会明朗起来. 为此, 仿一元方差分析中平方和分解方法, 来进行总离差阵的分解.

令

$$T_{\cdot\cdot} = \sum_{i=1}^{a}\sum_{j=1}^{n_i} X_{ij} = (T_{\cdot\cdot 1}, T_{\cdot\cdot 2}, \cdots, T_{\cdot\cdot p})^{\mathrm{T}} \qquad (3.1.6)$$

$$\overline{X}_{\cdot\cdot} = \frac{1}{n}T_{\cdot\cdot} = (\bar{x}_{\cdot\cdot 1}, \bar{x}_{\cdot\cdot 2}, \cdots, \bar{x}_{\cdot\cdot p})^{\mathrm{T}} \qquad (3.1.7)$$

分别为总和向量和总平均向量.

$$T_{i\cdot} = \sum_{j=1}^{n_i} X_{ij} = (T_{i\cdot 1}, T_{i\cdot 2}, \cdots, T_{i\cdot p})^{\mathrm{T}} \qquad (3.1.8)$$

$$\overline{X}_{i\cdot} = \frac{1}{n_i}T_{i\cdot} = (\bar{x}_{i\cdot 1}, \bar{x}_{i\cdot 2}, \cdots, \bar{x}_{i\cdot p})^{\mathrm{T}} \qquad (3.1.9)$$

分别为 A_i 的和向量与平均向量, 则总离差阵为

$$\begin{aligned}W &= \sum_{i=1}^{a}\sum_{j=1}^{n_i}\left(X_{ij} - \overline{X}_{\cdot\cdot}\right)\left(X_{ij} - \overline{X}_{\cdot\cdot}\right)^{\mathrm{T}} \\ &= \sum_{i=1}^{a}\sum_{j=1}^{n_i}\left[(X_{ij} - \overline{X}_{i\cdot}) + (\overline{X}_{i\cdot} - \overline{X}_{\cdot\cdot})\right]\left[(X_{ij} - \overline{X}_{i\cdot}) + (\overline{X}_{i\cdot} - \overline{X}_{\cdot\cdot})\right]^{\mathrm{T}}\end{aligned}$$

$$= \sum_{i=1}^{a}\sum_{j=1}^{n_i} (X_{ij} - \overline{X}_{i.})(X_{ij} - \overline{X}_{i.})^{\mathrm{T}}$$

$$+ \sum_{i=1}^{a}\sum_{j=1}^{n_i} (X_{ij} - \overline{X}_{i.})(\overline{X}_{i.} - \overline{X}_{..})^{\mathrm{T}} + \sum_{i=1}^{a}\sum_{j=1}^{n_i} (\overline{X}_{i.} - \overline{X}_{..})(X_{ij} - \overline{X}_{i.})^{\mathrm{T}}$$

$$+ \sum_{i=1}^{a}\sum_{j=1}^{n_i} (\overline{X}_{i.} - \overline{X}_{..})(\overline{X}_{i.} - \overline{X}_{..})^{\mathrm{T}}$$

由于

$$\sum_{i=1}^{a}\sum_{j=1}^{n_i} (X_{ij} - \overline{X}_{i.})(\overline{X}_{i.} - \overline{X}_{..})^{\mathrm{T}} = \sum_{i=1}^{a}\left[\sum_{j=1}^{n_i}(X_{ij} - \overline{X}_{i.})\right](\overline{X}_{i.} - \overline{X}_{..})^{\mathrm{T}}$$

$$= \sum_{i=1}^{a} 0 \times (\overline{X}_{i.} - \overline{X}_{..})^{\mathrm{T}} = 0$$

$$\sum_{i=1}^{a}\sum_{j=1}^{n_i} (\overline{X}_{i.} - \overline{X}_{..})(X_{ij} - \overline{X}_{i.})^{\mathrm{T}} = \sum_{i=1}^{a}\left[(\overline{X}_{i.} - \overline{X}_{..})\sum_{j=1}^{n_i}(X_{ij} - \overline{X}_{i.})^{\mathrm{T}}\right]$$

$$= \sum_{i=1}^{a} (\overline{X}_{i.} - \overline{X}_{..}) \times 0 = 0$$

故

$$W = \sum_{i=1}^{a}\sum_{j=1}^{n_i} (X_{ij} - \overline{X}_{i.})(X_{ij} - \overline{X}_{i.})^{\mathrm{T}} + \sum_{i=1}^{a} n_i (\overline{X}_{i.} - \overline{X}_{..})(\overline{X}_{i.} - \overline{X}_{..})^{\mathrm{T}} \quad (3.1.10)$$

其中

$$L_A = \sum_{i=1}^{a} n_i (\overline{X}_{i.} - \overline{X}_{..})(\overline{X}_{i.} - \overline{X}_{..})^{\mathrm{T}} = \begin{bmatrix} l_{11}^A & l_{12}^A & \cdots & l_{1p}^A \\ l_{21}^A & l_{22}^A & \cdots & l_{2p}^A \\ \vdots & \vdots & & \vdots \\ l_{p1}^A & l_{p2}^A & \cdots & l_{pp}^A \end{bmatrix} \quad (3.1.11)$$

反映了 A_i 的不同对 p 个试验指标的影响, 称为 A 的离差阵或组间离差阵, 其中

$$l_{kk}^A = \frac{T_{1 \cdot k}^2}{n_1} + \frac{T_{2 \cdot k}^2}{n_2} + \cdots + \frac{T_{a \cdot k}^2}{n_a} - \frac{T_{..k}^2}{n} = \sum_{i=1}^{a} \frac{T_{i \cdot k}^2}{n_i} - \frac{T_{..k}^2}{n}$$

$$l_{kt}^A = l_{tk}^A = \frac{T_{1 \cdot k} T_{1 \cdot t}}{n_1} + \frac{T_{2 \cdot k} T_{2 \cdot t}}{n_2} + \cdots + \frac{T_{a \cdot k} T_{a \cdot t}}{n_a} - \frac{T_{..k} T_{..t}}{n}$$

$$= \sum_{i=1}^{a} \frac{T_{i \cdot k} T_{i \cdot t}}{n_i} - \frac{T_{..k} T_{..t}}{n} \quad (k, t = 1, 2, \cdots, p) \quad (3.1.12)$$

3.1 单因素多元方差分析 (完全随机试验)

而

$$L_e = \sum_{i=1}^{a}\sum_{j=1}^{n_i}(X_{ij}-\overline{X}_{i\cdot})(X_{ij}-\overline{X}_{i\cdot})^{\mathrm{T}} = \begin{bmatrix} l_{11}^e & l_{12}^e & \cdots & l_{1p}^e \\ l_{21}^e & l_{22}^e & \cdots & l_{2p}^A \\ \vdots & \vdots & & \vdots \\ l_{p1}^e & l_{p2}^e & \cdots & l_{pp}^e \end{bmatrix} \qquad (3.1.13)$$

称为误差或组内离差阵, 其中

$$l_{kk}^e = \sum_{i=1}^{a}\sum_{j=1}^{n_i} x_{ijk}^2 - \sum_{i=1}^{a} \frac{T_{i\cdot k}^2}{n_i}$$

$$l_{kt}^e = l_{tk}^e = \sum_{i=1}^{a}\sum_{j=1}^{n_i} x_{ijk}x_{ijt} - \sum_{i=1}^{a}\frac{T_{i\cdot k}T_{i\cdot t}}{n_i} \quad (k,t=1,2,\cdots,p) \qquad (3.1.14)$$

故总离差阵

$$W = L_A + L_e = \begin{bmatrix} l_{11} & l_{12} & \cdots & l_{1p} \\ l_{21} & l_{22} & \cdots & l_{2p} \\ \vdots & \vdots & & \vdots \\ l_{p1} & l_{p2} & \cdots & l_{pp} \end{bmatrix} \qquad (3.1.15)$$

其中

$$\begin{cases} l_{kk} = \displaystyle\sum_{i=1}^{a}\sum_{j=1}^{n_i} x_{ijk}^2 - \frac{T_{\cdot\cdot k}^2}{n} \\ l_{kt} = l_{tk} = \displaystyle\sum_{i=1}^{a}\sum_{j=1}^{n_i} x_{ijk}x_{ijt} - \frac{T_{\cdot\cdot k}T_{\cdot\cdot t}}{n} \quad (k,t=1,2,\cdots,p) \end{cases} \qquad (3.1.16)$$

式 (3.1.10) 或 (3.1.15) 实现了总离差阵的分解, 即将试验总变差的原因分解为 A 的离差阵和随机误差的离差阵, 关于这个分解有如下研究结果.

当 H_0 成立时, 有

$$W \sim W_p(n-1,\Sigma), \quad L_e \sim W_p(n-a,\Sigma), \quad L_A \sim W_p(a-1,\Sigma) \qquad (3.1.17)$$

且 L_e 与 L_A 独立. 该结果表明, W 的自由度为 $f_T = n-1$, L_A 的自由度为 $f_A = a-1$, L_e 的自由度为 $f_e = n-a$. 若 $n-a > p$, 则由第 1 章 Wilks 统计量知

$$\Lambda_A = \frac{|L_e|}{|L_e+L_A|} = \frac{|L_e|}{|W|} \sim \Lambda(p,f_e,f_A) \qquad (3.1.18)$$

按照 Bartlett 的研究结果

$$V_A = -[f_e+f_A-(p+f_A+1)/2]\ln\Lambda(p,f_e,f_A) \qquad (3.1.19)$$

近似服从 $\chi^2(pf_A)$.

由显著水平 α 及自由度 pf_A, 查表得 $\chi_\alpha^2(pf_A)$. 由样本计算 V_A 的值, 则可得出如下判断:

若 $V_A \leqslant \chi_\alpha^2(pf_A)$, 则接受 H_0, 拒绝 H_A;

若 $V_A > \chi_\alpha^2(pf_A)$, 则拒绝 H_0, 接受 H_A.

综上所述, 单因素完全随机试验的多元方差分析表如表 3.1.2 所示. 表中

$$V_A = -\left(f_e + f_A - \frac{p + f_A + 1}{2}\right) \ln \frac{|L_e|}{|W|}, \quad n_0 = \frac{n^2 - \sum_{i=1}^{a} n_i^2}{n(a-1)}$$

若 $n_1 = n_2 = \cdots = n_a = r$, 则 $n_0 = r$.

表 3.1.2 单因素完全随机试验的多元方差分析

变异来源	自由度 DF	离差阵 L	均方阵 S	V_A 值	期望均方阵 ES
A	$a-1$	L_A	S_A	V_A	$\Sigma + n_0 \Sigma_A$
误差	$n-a$	L_e	S_e		Σ
总和	$n-1$	W			

从表 3.1.2 中, 可估计 Σ 与 Σ_A (对随机模型):

$$\hat{\Sigma} = S_e = \frac{1}{n-a} L_e \tag{3.1.20}$$

$$\hat{\Sigma}_A = \frac{S_A - S_e}{n_0} = \frac{1}{n_0}\left(\frac{1}{a-1}L_A - \frac{1}{n-a}L_e\right) \tag{3.1.21}$$

【例 3.1.1】 表 3.1.3 为水稻分期播种的部分结果, 其中 x_1 为播种至出穗的天数, x_2 为播种至出穗的总积温 (单位: 日·℃), 参试品种为甲、乙、丙, 各种植 7 个小区, 完全随机排列, 试作二元方差分析.

解 由表 3.1.3 计算的一级数据列入表 3.1.4.

总离差阵 W 的计算:

$$l_{11} = 81425 - \frac{1287^2}{21} = 2550.29$$

$$l_{12} = l_{21} = 1952429 - \frac{1287 \times 31323}{21} = 32776.57$$

$$l_{22} = 47242707 - \frac{31323^2}{21} = 522215.14$$

3.1 单因素多元方差分析 (完全随机试验)

表 3.1.3

品种			重复 观察值							和 $T_{i\cdot k}$	平均 $\bar{x}_{i\cdot k}$
甲	x_1	x_1	75	69	66	57	51	48	47	413	59.00
	2×7	x_2	1541	1474	1489	1329	1254	1247	1254	9588	1369.70
乙	x_2	x_1	70	67	55	52	51	52	51	398	56.86
	2×7	x_2	1616	1611	1440	1401	1423	1471	1422	10384	1483.40
丙	x_3	x_1	87	78	74	67	62	55	53	476	68.00
	2×7	x_2	1872	1721	1712	1611	1555	1450	1430	11351	1621.60
			总和与总平均							1287	61.29
										31323	1491.60

表 3.1.4

品种		重复次数 n_i	和 $T_{i\cdot k}$	$\sum\sum x_{ijk}^2$	$\sum\sum x_{ij1}x_{ij2}$
甲	x_1	7	413	25105	574056
	2×7		9588	13230760	
乙	x_2	7	398	23024	594696
	2×7		10384	15454032	
丙	x_3	7	476	33296	783677
	2×7		11351	18557915	
总	x	21	1287	81425	1952429
	2×21		31323	47242707	

$$W = \begin{bmatrix} 2550.29 & 32776.57 \\ 32776.57 & 522215.14 \end{bmatrix}, \quad |W| = 257496508.4$$

误差离差阵的计算:

$$l_{11}^e = 81425 - \frac{413^2 + 398^2 + 476^2}{7} = 2060.86$$

$$l_{22}^e = 47242707 - \frac{9588^2 + 10384^2 + 11351^2}{7} = 299506.85$$

$$l_{12}^e = l_{21}^e = 1952429 - \frac{1}{7}(413 \times 9588 + 398 \times 10384 + 476 \times 11351) = 24464.43$$

$$L_e = \begin{bmatrix} 2060.86 & 24464.43 \\ 24464.43 & 299506.85 \end{bmatrix}, \quad |L_e| = 18733351.67$$

$$L_A = W - L_e = \begin{bmatrix} 489.43 & 8312.14 \\ 8312.14 & 222708.29 \end{bmatrix}$$

$$\Lambda_A = |L_e|/|W| = 0.07275, \quad f_e = 21 - 3 = 18$$

$$f_A = 3 - 1 = 2, \quad p = 2$$

$$V_A = -\left(f_e + f_A - \frac{p+f_A+1}{2}\right)\ln\Lambda_A(p,f_e,f_A)$$

$$= -\left(18 + 2 - \frac{2+2+1}{2}\right)\ln 0.07275 = 45.8627^{**}$$

由 χ^2 分布表得 $\chi^2_{0.05}(pf_A) = \chi^2_{0.05}(4) = 9.488$, $\chi^2_{0.01}(4) = 13.277$, 对照表值 V_A 是极显著的, 表明应拒绝 H_0 而接受 H_A, 即 μ_1, μ_2 和 μ_3 不全相等, 就是说三个品种的均值向量不是完全相等的.

如果要估计 Σ 与 Σ_A, 由上述计算知

$$\hat{\Sigma} = S_e = \frac{1}{n-a}L_e = \frac{L_e}{18} = \begin{bmatrix} 114.49 & 1359.14 \\ 1359.14 & 1663.27 \end{bmatrix}$$

$$\hat{\Sigma}_A = \frac{1}{n_0}(S_A - S_e) = \frac{1}{n_0}\left(\frac{L_A}{a-1} - \hat{\Sigma}\right) = \frac{1}{7}\left[\frac{1}{2}(W - L_e) - \hat{\Sigma}\right]$$

$$= \begin{bmatrix} 18.60 & 399.56 \\ 399.56 & 13530.70 \end{bmatrix}$$

3.1.3 多重比较

在 $H_0: \alpha_1 = \alpha_2 = \cdots = \alpha_a = 0$ 被拒绝后, 应进一步进行多重比较, 即应检验假设

$$H_{01}: \alpha_i = \alpha_j \quad (i,j = 1,2,\cdots,a; i \neq j) \tag{3.1.22}$$

这是等协方差阵 (Σ) 的两个正态均值向量的相等性检验, 由第 1 章、第 2 章有关 T^2 与 F 分布的关系知, 可用 F 检验来进行:

$$F_{Aij} = \frac{(n-a-p+1)n_i n_j}{(n-a)p(n_i+n_j)}\left(\overline{X}_{i\cdot} - \overline{X}_{j\cdot}\right)^T S_e^{-1}\left(\overline{X}_{i\cdot} - \overline{X}_{j\cdot}\right) \sim F(p, n-a-p+1) \tag{3.1.23}$$

其中 $S_e = \frac{1}{n-a}L_e$, $D^2_{Aij} = \left(\overline{X}_{i\cdot} - \overline{X}_{j\cdot}\right)^T S_e^{-1}\left(\overline{X}_{i\cdot} - \overline{X}_{j\cdot}\right)$ 为 A_i 与 A_j 的 Mahalanobis 距离.

在例 3.1.1 中,

$$S_e = \begin{bmatrix} 114.49 & 1359.14 \\ 1359.14 & 16639.27 \end{bmatrix}, \quad S_e^{-1} = \begin{bmatrix} 0.288.0337 & -0.0235274 \\ -0.0235274 & 0.0019819 \end{bmatrix}$$

$$\overline{X}_{1\cdot} - \overline{X}_{2\cdot} = \begin{bmatrix} 2.14 \\ -113.70 \end{bmatrix}, \quad \overline{X}_{1\cdot} - \overline{X}_{3\cdot} = \begin{bmatrix} -9.00 \\ -251.90 \end{bmatrix}, \quad \overline{X}_{2\cdot} - \overline{X}_{3\cdot} = \begin{bmatrix} -11.14 \\ -138.20 \end{bmatrix}$$

三个总体间的 Mahalanobis 距离分别为

$$D^2_{A12} = \left(\overline{X}_{1\cdot} - \overline{X}_{2\cdot}\right)^T S_e^{-1}\left(\overline{X}_{1\cdot} - \overline{X}_{2\cdot}\right) = 38.3889$$

$$D_{A13}^2 = \left(\overline{X}_{1\cdot} - \overline{X}_{3\cdot}\right)^T S_e^{-1} \left(\overline{X}_{1\cdot} - \overline{X}_{3\cdot}\right) = 42.4192$$
$$D_{A23}^2 = \left(\overline{X}_{2\cdot} - \overline{X}_{3\cdot}\right)^T S_e^{-1} \left(\overline{X}_{2\cdot} - \overline{X}_{3\cdot}\right) = 1.1550$$

由样本计算的 F 值分别为

$$F_{A12} = \frac{17 \times 7 \times 7}{18 \times 2 \times 14} D_{A12}^2 = 63.4483^{**}$$
$$F_{A13} = \frac{17 \times 7 \times 7}{18 \times 2 \times 14} D_{A13}^2 = 70.1095^{**}$$
$$F_{A23} = \frac{17 \times 7 \times 7}{18 \times 2 \times 14} D_{A23}^2 = 1.9090$$

查 F 分布表得 $F_{0.05}(2,17) = 3.59, F_{0.01}(2,17) = 6.11$. 由 F_{Aij} 的值可知, 品种甲与乙、甲与丙的均值向量间差异极显著, 而乙与丙差异不显著. 至于甲与乙、甲与丙间均值向量的差异是由哪个分量引起的, 可用各分量的一元方差分析解决.

3.2 两因素的多元方差分析 (完全随机试验)

本节分有重复和没有重复两种情况叙述.

3.2.1 没有重复的两因素多元方差分析

1. 模型

设要考察的因素为 A 和 B. A 为 a 水平, 即 $A_1, A_2, \cdots, A_a$. B 为 b 水平, 即 $B_1, B_2, \cdots, B_b$. 试验共有 ab 个处理 (水平组合 $A_i B_j$). 每一处理只作一次独立试验, 共需 ab 个试验单元安排 ab 个处理, 每个处理安排到哪一个试验单元是完全随机的.

设处理 $A_i B_j (i = 1, 2, \cdots, a; j = 1, 2, \cdots, b)$ 的 p 个试验指标为

$$X_{ij} = (x_{ij1}, x_{ij2}, \cdots, x_{ijp})^T \sim N_p(\mu_{ij}, \Sigma) \tag{3.2.1}$$

令

$$\mu = \frac{1}{ab} \sum_{i=1}^{a} \sum_{j=1}^{b} \mu_{ij}, \quad \mu_{ij} = \mu + \alpha_i + \beta_j$$

则 X_{ij} 可以表示为 X_{ij} 的均值向量与随机误差向量 ε_{ij} 之和, 即

$$X_{ij} = \mu + \alpha_i + \beta_j + \varepsilon_{ij} \tag{3.2.2}$$

其中, μ 为总体均值向量, $\alpha_i = \frac{1}{b} \sum_{j=1}^{b} \mu_{ij} - \mu$ 为 A_i 的主效应向量, $\beta_j = \frac{1}{a} \sum_{i=1}^{a} \mu_{ij} - \mu$

为 B_j 的主效应向量，$\{\varepsilon_{ij}\}$ 相互独立，均服从 $N_p(0,\Sigma)$. 由于处理 A_iB_j 只作一次试验，故只能认为 A 与 B 无交互作用.

若 A 与 B 的各个水平构成一个总体，则模型 (3.2.2) 称为固定模型，这时要求

$$\sum_{i=1}^{a}\alpha_i = 0, \quad \sum_{j=1}^{b}\beta_j = 0 \tag{3.2.3}$$

若 A 与 B 的各参试水平仅为 A 与 B 的一个随机样本，则称模型 (3.2.2) 为随机模型，这时要求

$$\alpha_i \sim N_p(0,\Sigma_A), \quad \beta_j \sim N_p(0,\Sigma_B) \tag{3.2.4}$$

其中，$i=1,2,\cdots,a; j=1,2,\cdots,b$.

固定模型试验的目的是检验假设：

$$H_{01}: \mu_{1A}=\mu_{2A}=\cdots=\mu_{aA}(=\mu_A) \tag{3.2.5}$$

$$H_{02}: \mu_{1B}=\mu_{2B}=\cdots=\mu_{bB}(=\mu_B) \tag{3.2.6}$$

其中，$\mu_{iA}=\mu+\alpha_i$ 为 A_i 的试验指标理论值向量，$\mu_{jB}=\mu+\beta_j$ 为 B_j 的试验指标理论值，上述假设等价于

$$H_{01}: \alpha_1=\alpha_2=\cdots=\alpha_a=0 \tag{3.2.7}$$

$$H_{02}: \beta_1=\beta_2=\cdots=\beta_b=0 \tag{3.2.8}$$

随机模型的 $H_{01}: \Sigma_A=0, H_{02}: \Sigma_B=0$. 目的是估计 μ, Σ_A, Σ_B 和 Σ，不需要进行多重比较.

完全随机无重复两因素试验的数据资料如表 3.2.1 所示.

在上述试验中，若 B 为区组因素，则称为单因素 A 的随机区组试验.

2. 检验 H_0

离差阵分解，令

$$T_{i.} = \sum_{j=1}^{b} X_{ij} = (T_{i.1}, T_{i.2}, \cdots, T_{i.p})^{\mathrm{T}} \tag{3.2.9}$$

$$\overline{X}_{i.} = \frac{1}{b}T_{i.} = (\bar{x}_{i.1}, \bar{x}_{i.2}, \cdots, \bar{x}_{i.p})^{\mathrm{T}} \tag{3.2.10}$$

$$T_{.j} = \sum_{i=1}^{a} X_{ij} = (T_{.j1}, T_{.j2}, \cdots, T_{.jp})^{\mathrm{T}} \tag{3.2.11}$$

$$\overline{X}_{.j} = \frac{1}{a}T_{.j} = (\bar{x}_{.j1}, \bar{x}_{.j2}, \cdots, \bar{x}_{.jp})^{\mathrm{T}} \tag{3.2.12}$$

3.2 两因素的多元方差分析 (完全随机试验)

$$T.. = \sum_{i=1}^{a}\sum_{j=1}^{b} X_{ij} = (T_{..1}, T_{..2}, \cdots, T_{..p})^{\mathrm{T}} \qquad (3.2.13)$$

$$\overline{X}.. = \frac{1}{ab} T.. = (\bar{x}_{..1}, \bar{x}_{..2}, \cdots, \bar{x}_{..p})^{\mathrm{T}} \qquad (3.2.14)$$

表 3.2.1　无重复两因素多指标试验资料表

A	B				和 $T_{i.k}$	平均 $\bar{x}_{i.k}$
	B_1	B_2	$\cdots$	B_b		
A_1 (X_{1j})	x_{111}	x_{121}	$\cdots$	x_{1b1}	$T_{1.1}$	$\bar{x}_{1.1}$
	x_{112}	x_{122}	$\cdots$	x_{1b2}	$T_{1.2}$	$\bar{x}_{1.2}$
	$\vdots$	$\vdots$		$\vdots$	$\vdots$	$\vdots$
	x_{11p}	x_{12p}	$\cdots$	x_{1bp}	$T_{1.p}$	$\bar{x}_{1.p}$
A_2 (X_{2j})	x_{211}	x_{221}	$\cdots$	x_{2b1}	$T_{2.1}$	$\bar{x}_{2.1}$
	x_{212}	x_{222}	$\cdots$	x_{2b2}	$T_{2.2}$	$\bar{x}_{2.2}$
	$\vdots$	$\vdots$		$\vdots$	$\vdots$	$\vdots$
	x_{21p}	x_{22p}	$\cdots$	x_{2bp}	$T_{2.p}$	$\bar{x}_{2.p}$
$\vdots$		$\vdots$	$\vdots$	$\vdots$	$\vdots$	$\vdots$
A_a (X_{aj})	x_{a11}	x_{a21}	$\cdots$	x_{ab1}	$T_{a.1}$	$\bar{x}_{a.1}$
	x_{a12}	x_{a22}	$\cdots$	x_{ab2}	$T_{a.2}$	$\bar{x}_{a.2}$
	$\vdots$	$\vdots$		$\vdots$	$\vdots$	$\vdots$
	x_{a1p}	x_{a2p}	$\cdots$	x_{abp}	$T_{a.p}$	$\bar{x}_{a.p}$
和 $T_{.jk}$	$T_{.11}$	$T_{.21}$	$\cdots$	$T_{.b1}$	$T_{..1}$	
	$T_{.12}$	$T_{.22}$	$\cdots$	$T_{.b2}$	$T_{..2}$	
	$\vdots$	$\vdots$		$\vdots$	$\vdots$	
	$T_{.1p}$	$T_{.2p}$	$\cdots$	$T_{.bp}$	$T_{..p}$	
平均 $\bar{x}_{.jk}$	$\bar{x}_{.11}$	$\bar{x}_{.21}$	$\cdots$	$\bar{x}_{.b1}$		$\bar{x}_{..1}$
	$\bar{x}_{.12}$	$\bar{x}_{.22}$	$\cdots$	$\bar{x}_{.b2}$		$\bar{x}_{..2}$
	$\vdots$	$\vdots$		$\vdots$		$\vdots$
	$\bar{x}_{.1p}$	$\bar{x}_{.2p}$	$\cdots$	$\bar{x}_{.bp}$		$\bar{x}_{..p}$

总离差阵 W 可作如下分解:

$$\begin{aligned}
W &= \sum_{i=1}^{a}\sum_{j=1}^{b} \left(X_{ij} - \overline{X}..\right)\left(X_{ij} - \overline{X}..\right)^{\mathrm{T}} \\
&= \sum_{i=1}^{a}\sum_{j=1}^{b} \left[\left(X_{ij} - \overline{X}_{i.} - \overline{X}_{.j} + \overline{X}..\right) + \left(\overline{X}_{i.} - \overline{X}..\right) + \left(\overline{X}_{.j} - \overline{X}..\right)\right] \\
&\quad \cdot \left[\left(X_{ij} - \overline{X}_{i.} - X_{.j} + \overline{X}..\right) + \left(\overline{X}_{i.} - \overline{X}..\right) + \left(\overline{X}_{.j} - \overline{X}..\right)\right]^{\mathrm{T}}
\end{aligned}$$

$$= \sum_{i=1}^{a} \sum_{j=1}^{b} \left(X_{ij} - \overline{X}_{i.} - \overline{X}_{.j} + \overline{X}_{..}\right) \left(X_{ij} - \overline{X}_{i.} - X_{.j} + \overline{X}_{..}\right)^{\mathrm{T}}$$

$$+ b \sum_{i=1}^{a} \left(\overline{X}_{i.} - \overline{X}_{..}\right) \left(\overline{X}_{i.} - \overline{X}_{..}\right)^{\mathrm{T}} + a \sum_{j=1}^{b} \left(\overline{X}_{.j} - \overline{X}_{..}\right) \left(\overline{X}_{.j} - \overline{X}_{..}\right)^{\mathrm{T}}$$

$$= L_e + L_A + L_B \tag{3.2.15}$$

其中

$$L_e = \sum_{i=1}^{a} \sum_{j=1}^{b} \left(X_{ij} - \overline{X}_{i.} - \overline{X}_{.j} + \overline{X}_{..}\right) \left(X_{ij} - \overline{X}_{i.} - \overline{X}_{.j} + \overline{X}_{..}\right)^{\mathrm{T}} \tag{3.2.16}$$

称为误差离差阵, 它反映了随机误差对试验的影响.

$$L_A = b \sum_{i=1}^{a} \left(\overline{X}_{i.} - \overline{X}_{..}\right) \left(\overline{X}_{i.} - \overline{X}_{..}\right)^{\mathrm{T}} \tag{3.2.17}$$

称为 A 的离差阵, 它主要反映了 A 的参试水平对试验的影响.

$$L_B = a \sum_{j=1}^{b} \left(\overline{X}_{.j} - \overline{X}_{..}\right) \left(\overline{X}_{.j} - \overline{X}_{..}\right)^{\mathrm{T}} \tag{3.2.18}$$

称为 B 的离差阵, 它反映了 B 的参试水平对试验的影响.

关于离差阵分解有如下研究结果: 在 H_0 之下, L_e, L_A 与 L_B 相互独立, 且

$$\begin{aligned} L_e &\sim W_p\left[(a-1)(b-1), \Sigma\right], \quad f_e = (a-1)(b-1) \\ L_A &\sim W_p(a-1, \Sigma), \quad f_A = a-1 \\ L_B &\sim W_p(b-1, \Sigma), \quad f_B = b-1 \end{aligned} \tag{3.2.19}$$

由上述结果, 且 $f_e > p$ 时, 检验 $H_{01}: \alpha_1 = \alpha_2 = \cdots = \alpha_a = 0$ 的 Wilks 统计量为

$$\Lambda_A = \frac{|L_e|}{|L_e + L_A|} \sim \Lambda(p, f_e, f_A) \tag{3.2.20}$$

而

$$V_A = -\left(f_e + f_A - \frac{p + f_A + 1}{2}\right) \ln \Lambda_A \text{ 近似服从 } \chi^2(p f_A) \tag{3.2.21}$$

检验 $H_{02}: \beta_1 = \beta_2 = \cdots = \beta_b = 0$ 的 Wilks 统计量为

$$\Lambda_B = \frac{|L_e|}{|L_e + L_B|} \sim \Lambda(p, f_e, f_B) \tag{3.2.22}$$

3.2 两因素的多元方差分析 (完全随机试验)

而

$$V_B = -\left(f_e + f_B - \frac{p + f_B + 1}{2}\right)\ln\Lambda_B \text{ 近似服从 } \chi^2(pf_B) \tag{3.2.23}$$

关于 W, L_e, l_A 与 L_B 的实际计算方法如下:

$$L_A = \begin{bmatrix} l_{11}^A & L_{12}^A & \cdots & L_{1p}^A \\ L_{21}^A & L_{22}^A & \cdots & L_{2p}^A \\ \vdots & \vdots & & \vdots \\ L_{p1}^A & L_{p2}^A & \cdots & L_{pp}^A \end{bmatrix} \tag{3.2.24}$$

其中

$$\begin{cases} l_{kk}^A = \dfrac{1}{b}\sum_{i=1}^{a}T_{i.k}^2 - \dfrac{T_{..k}^2}{ab} \\ l_{kt}^A = l_{tk}^A = \dfrac{1}{b}\sum_{i=1}^{a}T_{i.k}T_{i.t} - \dfrac{T_{..k}T_{..t}}{ab} \\ k, t = 1, 2, \cdots, p; k \neq t \end{cases} \tag{3.2.25}$$

$$L_B = \begin{bmatrix} l_{11}^B & l_{12}^B & \cdots & l_{1p}^B \\ l_{21}^B & l_{22}^B & \cdots & l_{2p}^B \\ \vdots & \vdots & & \vdots \\ l_{p1}^B & l_{p2}^B & \cdots & l_{pp}^B \end{bmatrix} \tag{3.2.26}$$

其中

$$\begin{cases} l_{kk}^B = \dfrac{1}{a}\sum_{j=1}^{b}T_{.jk}^2 - \dfrac{T_{..k}^2}{ab} \\ l_{kt}^B = l_{tk}^B = \dfrac{1}{a}\sum_{j=1}^{b}T_{.jk}T_{.jt} - \dfrac{T_{..k}T_{..t}}{ab} \\ k, t = 1, 2, \cdots, p; k \neq t \end{cases} \tag{3.2.27}$$

$$L_e = \begin{bmatrix} l_{11}^e & l_{12}^e & \cdots & l_{1p}^e \\ l_{21}^e & l_{22}^e & \cdots & l_{2p}^e \\ \vdots & \vdots & & \vdots \\ l_{p1}^e & l_{p2}^e & \cdots & l_{pp}^e \end{bmatrix} \tag{3.2.28}$$

其中

$$\begin{cases} l_{kk}^e = \sum_{i=1}^{a}\sum_{j=1}^{b} x_{ijk}^2 - \frac{1}{b}\sum_{i=1}^{a} T_{i.k}^2 - \frac{1}{a}\sum_{j=1}^{b} T_{.jk}^2 + \frac{T_{..k}^2}{ab} \\ l_{kt}^e = l_{tk}^e = \sum_{i=1}^{a}\sum_{j=1}^{b} x_{ijk}x_{ijt} - \frac{1}{b}\sum_{i=1}^{a} T_{i.k}T_{i.t} - \frac{1}{a}\sum_{j=1}^{b} T_{.jk}T_{.jt} + \frac{T_{..k}T_{..t}}{ab} \\ k,t = 1,2,\cdots,p; k \neq t \end{cases} \quad (3.2.29)$$

$$W = \begin{bmatrix} l_{11} & l_{12} & \cdots & l_{1p} \\ l_{21} & l_{22} & \cdots & l_{2p} \\ \vdots & \vdots & & \vdots \\ l_{p1} & l_{p2} & \cdots & l_{pp} \end{bmatrix} \quad (3.2.30)$$

其中

$$\begin{cases} l_{kk} = \sum_{i=1}^{a}\sum_{j=1}^{b} x_{ijk}^2 - \frac{T_{..k}^2}{ab} \\ l_{kt} = l_{tk} = \sum_{i=1}^{a}\sum_{j=1}^{b} x_{ijk}x_{ijt} - \frac{T_{..k}T_{..t}}{ab} \\ k,t = 1,2,\cdots,p; k \neq t \end{cases} \quad (3.2.31)$$

综合上述, 得两因素无重复试验的多元方差分析表 3.2.2.

表 3.2.2 两因素多元方差分析表 (无重复)

变异来源	自由度 DF	离差阵 L	均方离差阵 S	V 值	期望均方离差 ES
A	$a-1$	L_A	S_A	V_A	$\Sigma + b\Sigma_A$
B	$b-1$	L_B	S_B	V_B	$\Sigma + a\Sigma_B$
e	$(a-1)(b-1)$	L_e	S_e		Σ
总计	$ab-1$	W			

由表 3.2.2 可看出, 在随机模型下, Σ, Σ_A 与 Σ_B 的估计如下:

$$\hat{\Sigma} = S_e = \frac{1}{(a-1)(b-1)} L_e \quad (3.2.32)$$

$$\hat{\Sigma}_A = \frac{1}{b}(S_A - S_e) = \frac{1}{b}\left(\frac{1}{a-1}L_A - \frac{1}{(a-1)(b-1)}L_e\right) \quad (3.2.33)$$

$$\hat{\Sigma}_B = \frac{1}{a}(S_B - S_e) = \frac{1}{a}\left(\frac{1}{b-1}L_B - \frac{1}{(a-1)(b-1)}L_e\right) \quad (3.2.34)$$

3.2 两因素的多元方差分析 (完全随机试验)

在固定模型下, Σ_A 变为 $K_A = \dfrac{1}{a-1}\sum_{i=1}^{a}\alpha_i\alpha_i^{\mathrm{T}}$, $H_{01}: \alpha_1 = \alpha_2 = \cdots = \alpha_a = 0$ 等价于 $H_{01}: K_A = 0$; Σ_B 变为 $K_B = \dfrac{1}{b-1}\sum_{j=1}^{b}\beta_j\beta_j^{\mathrm{T}}$, $H_{02}: \beta_1 = \beta_2 = \cdots = \beta_b = 0$ 等价于 $H_{02}: K_B = 0$.

3. 多重比较

在固定模型下, 当 H_{01} 被拒绝后, 说明 $a_1, a_2, \cdots, a_a$ 不全为 0, 则要进行多重比较, 即要检验假设

$$H_{03}: \alpha_i = \alpha_j \quad (i,j = 1,2,\cdots,a; i \neq j) \tag{3.2.35}$$

A_i 与 A_j 的样本平均向量分别为 $\overline{X}_{i\cdot}, \overline{X}_{j\cdot}$, 由于它们同协方差阵, 故在 H_{03} 成立时, 有

$$F_{Aij} = \dfrac{b[f_e - p + 1]}{2pf_e}D_{Aij}^2 \sim F(p, f_e - p + 1) \tag{3.2.36}$$

这样由样本计算的 F_{Aij} 和 $F_\alpha(p, f_e - p + 1)$ 就可判断 H_{03} 接受与否, 其中 $D_{Aij}^2 = (\overline{X}_{i\cdot} - \overline{X}_{j\cdot})^{\mathrm{T}}S_e^{-1}(\overline{X}_{i\cdot} - \overline{X}_{j\cdot})$ 为 A_i 与 A_j 试验指标总体间 Mahalanobis 距离的估计值.

在固定模型下, 当 H_{02} 被拒绝后, 说明 $\beta_1, \beta_2, \cdots, \beta_b$ 不全为 0, 要进行多重比较, 即检验假设

$$H_{04}: \beta_i = \beta_j \quad (i,j = 1,2,\cdots,b; i \neq j) \tag{3.2.37}$$

B_i 与 B_j 的样本平均向量分别为 $\overline{X}_{\cdot i}, \overline{X}_{\cdot j}$. $D_{Bij}^2 = (\overline{X}_{\cdot i} - \overline{X}_{\cdot j})^{\mathrm{T}}S_e^{-1}(\overline{X}_{\cdot i} - \overline{X}_{\cdot j})$ 为其 Mahalanobis 距离的估计值, 则检验的统计量为

$$F_{Bij} = \dfrac{a(f_e - p + 1)}{2pf_e}D_{Bij}^2 \sim F(p, f_e - p + 1) \tag{3.2.38}$$

在无重复的两因素完全随机试验中, 令 A 或 B 为区组因素, 转变成 B 或 A 的单因素完全随机区组试验, 当 B 为区组时, 若 A 随机, 则 Σ 与 Σ_A 的估计可按式 (3.2.32) 和式 (3.2.33) 进行.

【例 3.2.1】 表 3.2.3 为大麦 4 种杂交方式 (B) 的随机区组 (A) 试验数据, 重复 3 次, 观察值有两个指标: x_1 为株高 (单位: cm), x_2 为穗重 (单位: g), 试进行多元方差分析.

表 3.2.3

A	B				$T_{i.k}$	$\bar{x}_{i.k}$	$\sum_j x_{ijk}^2$	$\sum_j x_{ij1}x_{ij2}$
	B_1	B_2	B_3	B_4				
A_1	126.60	133.04	113.90	121.52	495.06	123.7650	61467.5220	10800.7964
	18.03	23.08	28.56	18.06	87.73	21.9325	1999.6045	
A_2	129.26	126.36	115.82	125.10	496.44	124.1100	61714.0176	10801.1020
	18.87	22.33	27.70	18.66	87.56	21.8900	1979.1914	
A_3	138.76	128.54	107.28	132.56	507.14	126.7850	64858.0212	10970.3770
	18.21	24.85	28.16	16.81	88.03	22.0075	2024.6883	
$T_{.jk}$	394.62	387.84	337.00	379.18	1498.64			
	55.11	70.26	84.42	53.53	263.32			
$\bar{x}_{i.k}$	131.5533	129.2800	112.3333	126.3933		124.8867		
	18.3700	23.4200	28.1400	17.8433		21.9500		
$\sum_i x_{ijk}^2$	519990.0452	50163.7608	37896.4808	47989.2740			188039.5608	
	1012.7619	1648.3398	2375.9492	956.9353			5994.4842	
$\sum_i x_{ij1}x_{ij2}$	7248.5538	9084.1680	9482.2028	6757.3508				32572.2754

解 $l_{11}^A = \dfrac{1}{4}(495.06^2 + 496.44^2 + 507.14^2) - \dfrac{1498.64^2}{12} = 21.86007$

$l_{22}^A = \dfrac{1}{4}(87.73^2 + 87.56^2 + 88.03^2) - \dfrac{263.32^2}{12} = 0.02832$

$l_{12}^A = l_{21}^A = \dfrac{1}{4}(495.06 \times 87.73 + 496.44 \times 87.56 + 507.14 \times 88.03)$

$\qquad - \dfrac{1498.64 \times 263.32}{12} = 0.70153$

$L_A = \begin{bmatrix} 21.8601 & 0.7015 \\ 0.7015 & 0.0283 \end{bmatrix}$

$l_{11}^B = \dfrac{1}{3}(394.62^2 + 387.84^2 + 337.00^2 + 379.18^2) - \dfrac{1498.64^2}{12} = 670.2733$

$l_{22}^B = \dfrac{1}{3}(55.11^2 + 70.26^2 + 84.42^2 + 53.53^2) - \dfrac{263.32^2}{12} = 210.4738$

$l_{12}^B = l_{21}^B = \dfrac{1}{3}(394.42 \times 55.11 + 387.84 \times 70.26 + 337.00 \times 88.03 + 379.18 \times 53.53)$

$\qquad - \dfrac{1498.64 \times 263.32}{12} = -303.7597$

$L_B = \begin{bmatrix} 670.2733 & -303.7597 \\ -303.7957 & 210.4738 \end{bmatrix}$

$l_{11} = 188039.5608 - \dfrac{1498.64^2}{12} = 879.4067$

$l_{22} = 5994.4842 - \dfrac{263.32^2}{12} = 216.3657$

$l_{12} = l_{21} = 32572.2754 - \dfrac{1498.64 \times 263.32}{12} = -312.8817$

$$W = \begin{bmatrix} 879.4067 & -312.8817 \\ -312.8817 & 216.3657 \end{bmatrix}$$

$$L_e = W - L_A - L_B = \begin{bmatrix} 187.2733 & -9.8235 \\ -9.8235 & 5.8636 \end{bmatrix}$$

$$V_A = -\left(f_e + f_A - \frac{p + f_A + 1}{2}\right) \ln \frac{|L_e|}{|L_e + L_A|}$$

$$= -5.5 \ln \frac{1001.5946}{1148.9867} = 0.7551 \quad (\chi_{0.05}^2(pf_A) = \chi_{0.05}^2(4) = 9.448)$$

$$V_B = -\left(f_e + f_B - \frac{p + f_B + 1}{2}\right) \ln \frac{|L_e|}{|L_e + L_B|}$$

$$= -6 \ln \frac{1001.5946}{87184.9785} = 26.7986^{**} \quad (\chi_{0.01}^2(pf_B) = \chi_{0.01}^2(6) = 16.812)$$

上述结果表明, 区组 (A) 间差异不显著, 四种杂交方式 (B) 间差异极显著. B 的四个水平的多重比较如下:

$$\overline{X}_{.1} - \overline{X}_{.2} = \begin{bmatrix} 2.2733 \\ -5.0500 \end{bmatrix}, \quad \overline{X}_{.1} - \overline{X}_{.3} = \begin{bmatrix} 19.2200 \\ -9.7700 \end{bmatrix}$$

$$\overline{X}_{.1} - \overline{X}_{.4} = \begin{bmatrix} 5.1600 \\ 0.5257 \end{bmatrix}, \quad \overline{X}_{.2} - \overline{X}_{.3} = \begin{bmatrix} 16.9467 \\ -4.7200 \end{bmatrix}$$

$$\overline{X}_{.2} - \overline{X}_{.4} = \begin{bmatrix} 2.8867 \\ 5.5767 \end{bmatrix}, \quad \overline{X}_{.3} - \overline{X}_{.4} = \begin{bmatrix} -14.0603 \\ 10.2967 \end{bmatrix}$$

$$S_e = \frac{1}{6} L_e = \begin{bmatrix} 31.2122 & -1.6373 \\ -1.6373 & 0.9773 \end{bmatrix}, \quad S_e^{-1} = \begin{bmatrix} 0.0351275 & 0.0588472 \\ 0.0588472 & 1.1218169 \end{bmatrix}$$

$$D_{B12}^2 = (\overline{X}_{.1} - \overline{X}_{.2})^{\mathrm{T}} S_e^{-1} (\overline{X}_{.1} - \overline{X}_{.2}) = 27.4395$$

$$D_{B13}^2 = (\overline{X}_{.1} - \overline{X}_{.3})^{\mathrm{T}} S_e^{-1} (\overline{X}_{.1} - \overline{X}_{.3}) = 97.9558$$

$$D_{B14}^2 = (\overline{X}_{.1} - \overline{X}_{.4})^{\mathrm{T}} S_e^{-1} (\overline{X}_{.1} - \overline{X}_{.4}) = 1.5624$$

$$D_{B23}^2 = (\overline{X}_{.2} - \overline{X}_{.3})^{\mathrm{T}} S_e^{-1} (\overline{X}_{.2} - \overline{X}_{.3}) = 25.6260$$

$$D_{B24}^2 = (\overline{X}_{.2} - \overline{X}_{.4})^{\mathrm{T}} S_e^{-1} (\overline{X}_{.2} - \overline{X}_{.4}) = 37.0574$$

$$D_{B34}^2 = (\overline{X}_{.3} - \overline{X}_{.4})^{\mathrm{T}} S_e^{-1} (\overline{X}_{.3} - \overline{X}_{.4}) = 108.8422$$

$$F_{B12} = \frac{a(f_e - p + 1)}{2 f_e p} D_{B12}^2 = 0.625 D_{B12}^2 = 17.1497^{**}$$

$$F_{B13} = 0.625 D_{B13}^2 = 61.2224^{**}, \quad F_{B14} = 0.625 D_{B14}^2 = 0.9765$$

$$F_{B23} = 0.625 D_{B23}^2 = 16.0163^{**}, \quad F_{B24} = 0.625 D_{B24}^2 = 23.1609^{**}$$

$$F_{B34} = 0.625 D_{B34}^2 = 68.0264^{**}$$

$$F_{0.05}(p, f_e - p + 1) = F_{0.05}(2, 5) = 5.79, \quad F_{0.01}(2, 5) = 13.27$$

分析表明, 除 B_1 与 B_4 差异不显著外, 其他差异均极显著.

3.2.2 等重复的两因素多元方差分析 (完全随机试验)

A, B 两个因素之间可能存在着交互作用 $A \times B$ 对试验指标的影响, 为了考察交互作用, 对处理 $A_i B_j (i = 1, 2, \cdots, a; j = 1, 2, \cdots, b)$ 独立重复进行 r 次观察, 观察的 p 个试验指标及方差分析模型分别为

$$X_{ijt} = (x_{ijt_1}, x_{ijt_2}, \cdots, x_{ijt_p})^{\mathrm{T}} \sim N_p(\mu_{ij}, \Sigma) \tag{3.2.39}$$

$$X_{ijt} = \mu_{ij} + \varepsilon_{ijt} = \mu + \alpha_i + \beta_j + (\alpha\beta)_{ij} + \varepsilon_{ijt} \tag{3.2.40}$$

其中 μ 为总体平均值向量, α_i 为 A_i 的主效应向量. 若 A 为固定因素, α_i 满足 $\sum_{i=1}^{a} \alpha_i = 0$; 若 A 为随机因素, α_i 相互独立且均服从 $N_p(0, \Sigma_A)$. β_j 为 B_j 的主效应向量, 若 B 为固定因素, 则 B_j 满足 $\sum_{j=1}^{b} \beta_j = 0$; 若 B 为随机因素, 则 β_j 相互独立且均服从 $N_p(0, \Sigma_B)$. $(\alpha\beta)_{ij}$ 为 A_i 与 B_j 的交互效应向量, 若 A 与 B 均固定, $(\alpha\beta)_{ij}$ 应满足 $\sum_i \sum_j (\alpha\beta)_{ij} = \sum_i (\alpha\beta)_{ij} = \sum_j (\alpha\beta)_{ij} = 0$; 若 A 与 B 中至少有一个为随机因素, 则 $(\alpha\beta)_{ij}$ 相互独立且均服从 $N_p(0, \Sigma_{A \times B})$.

要检验的假设在固定模型下为

$$\begin{aligned} &H_{01}: \alpha_1 = \alpha_2 = \cdots = \alpha_a = 0 \\ &H_{02}: \beta_1 = \beta_2 = \cdots = \beta_b = 0 \\ &H_{03}: (\alpha\beta)_{11} = (\alpha\beta)_{12} = \cdots = (\alpha\beta)_{ab} = 0 \end{aligned} \tag{3.2.41}$$

在随机模型下 $H_{01}: \Sigma_A = 0, H_{02}: \Sigma_B = 0, H_{03}: \Sigma_{A \times B} = 0$.

上述试验的资料符号为表 3.2.4.

表 3.2.4 中的各个符号均为 p 维列向量:

$X_{ijt} = (x_{ijt1}, x_{ijt2}, \cdots, x_{ijtp})^{\mathrm{T}}$——观察值向量;

$T_{i..} = (T_{i..1}, T_{i..2}, \cdots, T_{i..p})^{\mathrm{T}}$——$A_i$ 的观察和向量;

$\overline{X}_{i..} = (x_{i..1}, x_{i..2}, \cdots, x_{i..p})^{\mathrm{T}}$——$A_i$ 的平均向量值;

$T_{.j.} = (T_{.j.1}, T_{.j.2}, \cdots, T_{.j.p})^{\mathrm{T}}$——$B_j$ 的观察和向量;

$\overline{X}_{.j.} = (\bar{x}_{.j.1}, \bar{x}_{.j.2}, \cdots, \bar{x}_{.j.p})^{\mathrm{T}}$——$B_j$ 的平均值向量;

$T_{ij.} = (T_{ij.1}, T_{ij.2}, \cdots, T_{ij.p})^{\mathrm{T}}$——$A_i B_j$ 的观察和向量;

$\overline{X}_{ij.} = (\bar{x}_{ij.1}, \bar{x}_{ij.2}, \cdots, \bar{x}_{ij.p})^{\mathrm{T}}$——$A_i B_j$ 的平均值向量;

3.2 两因素的多元方差分析 (完全随机试验)

$T_{...} = (T_{...1}, T_{...2}, \cdots, T_{...p})^{\mathrm{T}}$ ——观察总和向量;

$\overline{X}_{...} = (\bar{x}_{...1}, \bar{x}_{...2}, \cdots, \bar{x}_{...p})^{\mathrm{T}}$ ——总平均值向量.

表 3.2.4 重复 r 次的两因素完全随机试验多指标试验资料表

$(i = 1, 2, \cdots, a; j = 1, 2, \cdots, b; t = 1, 2, \cdots, r)$

A	B				和 $T_{i..}$	平均 $\overline{X}_{i..}$
	B_1	B_2	$\cdots$	B_b		
A_1 (X_{1j})	x_{111} x_{112} $\vdots$ x_{11r}	x_{121} x_{122} $\vdots$ x_{12r}	$\cdots$ $\cdots$ $\cdots$	x_{1b1} x_{1b2} $\vdots$ x_{1br}	$T_{1..}$	$\overline{X}_{1..}$
和 $T_{1j.}$	$T_{11.}$	$T_{12.}$	$\cdots$	$T_{1b.}$		
A_2 (X_{2j})	x_{211} x_{212} $\vdots$ x_{21r}	x_{221} x_{222} $\vdots$ x_{22r}	$\cdots$ $\cdots$ $\cdots$	x_{2b1} x_{2b2} $\vdots$ x_{2br}	$T_{2..}$	$\overline{X}_{2..}$
和 $T_{2j.}$	$T_{21.}$	$T_{22.}$	$\cdots$	$T_{2b.}$		
$\vdots$	$\vdots$				$\vdots$	$\vdots$
A_a (X_{aj})	x_{a11} x_{a12} $\vdots$ x_{a1r}	x_{a21} x_{a22} $\vdots$ x_{a2r}	$\cdots$ $\cdots$ $\cdots$	x_{ab1} x_{ab2} $\vdots$ x_{abr}	$T_{a..}$	$\overline{X}_{a..}$
和 $T_{aj.}$	$T_{a1.}$	$T_{a2.}$	$\cdots$	$T_{ab.}$		
和 $T_{.j.}$	$T_{.1.}$	$T_{.2.}$	$\cdots$	$T_{.b.}$	$T_{...}$	
平均 $\overline{X}_{.j.}$	$\overline{X}_{.1.}$	$\overline{X}_{.2.}$	$\cdots$	$\overline{X}_{.b.}$		$\overline{X}_{...}$

模型 (3.2.40) 中各参数的无偏估计为

$$\begin{cases} \hat{\mu} = \overline{X}_{...} \\ \hat{a}_i = \overline{X}_{i..} - \overline{X}_{...} \\ \hat{\beta}_j = \overline{X}_{.j.} - \overline{X}_{...} \\ (\widehat{\alpha\beta})_{ij} = \overline{X}_{ij.} - \overline{X}_{i..} - \overline{X}_{.j.} + \overline{X}_{...} \\ \hat{\varepsilon}_{ijt} = X_{ijt} - X_{ij.} \\ i = 1, 2, \cdots, a; j = 1, 2, \cdots, b; t = 1, 2, \cdots, r \end{cases} \quad (3.2.42)$$

设试验的总离差阵为 W, A 的离差阵为 L_A, B 的离差阵为 L_B, 交互作用 $A \times B$ 的离差阵为 $L_{A \times B}$, 随机误差阵为 L_e, 处理 $(A_i B_j)$ 的离差阵为 L_{AB}, 则有

$$W = L_A + L_B + L_{A \times B} + L_e \tag{3.2.43}$$

且有如下的研究结论:$L_A, L_B, L_{A \times B}, L_e$ 相互独立,且

$$\begin{aligned} L_A &\sim W_p(a-1, \Sigma), & 自由度 f_A &= a-1 \\ L_B &\sim W_p(b-1, \Sigma), & 自由度 f_B &= b-1 \\ L_{A \times B} &\sim W_p[(a-1)(b-1), \Sigma], & 自由度 f_{A \times B} &= (a-1)(b-1) \\ L_e &\sim W_p[ab(r-1), \Sigma], & 自由度 f_e &= ab(r-1) \end{aligned} \tag{3.2.44}$$

由上述结果,对于 A, B 均固定的情况下,检验 H_{01}, H_{02} 及 H_{03} 的 Wilks 统计量及 χ^2 近似分布分别为

$$\begin{cases} \Lambda_A = \dfrac{|L_e|}{|L_e + L_A|} \sim \Lambda(p, f_e, f_A) \quad (f_e > p) \\ V_A = -\left(f_e + f_A - \dfrac{p + f_A + 1}{2}\right) \ln \Lambda_A \text{ 近似服从 } \chi^2(pf_A) \end{cases} \tag{3.2.45}$$

$$\begin{cases} \Lambda_B = \dfrac{|L_e|}{|L_e + L_B|} \sim (p, f_e, f_B) \quad (f_e > p) \\ V_B = -\left(f_e + f_B - \dfrac{p + f_B + 1}{2}\right) \ln \Lambda_B \text{ 近似服从 } \chi^2(pf_B) \end{cases} \tag{3.2.46}$$

$$\begin{cases} \Lambda_{A \times B} = \dfrac{|L_e|}{|L_e + L_{A \times B}|} \sim \Lambda(p, f_e, f_{A \times B}) \quad (f_e > p) \\ V_{A \times B} = -\left(f_e + f_{A \times B} - \dfrac{p + f_{A \times B} + 1}{2}\right) \ln \Lambda_{A \times B} \text{ 近似服从 } \chi^2(pf_{A \times B}) \end{cases} \tag{3.2.47}$$

当 A, B 均为随机的情况下,检验 H_{01}, H_{02} 与 H_{03} 的 Wilks 统计量 χ^2 近似分布为

$$\begin{cases} \Lambda_A = \dfrac{|L_{A \times B}|}{|L_{A \times B} + L_A|} \sim \Lambda(p, f_{A \times B}, f_A) \quad (f_{A \times B} > P) \\ V_A = -\left(f_{A \times B} + f_A - \dfrac{p + f_A + 1}{2}\right) \ln \Lambda_A \text{ 近似服从 } \chi^2(pf_A) \end{cases} \tag{3.2.48}$$

$$\begin{cases} \Lambda_B = \dfrac{|L_{A \times B}|}{|L_{A \times B} + L_B|} \sim \Lambda(p, f_{A \times B}, f_B) \quad (f_{A \times B} > P) \\ V_B = -\left(f_{A \times B} + f_B - \dfrac{p + f_B + 1}{2}\right) \ln \Lambda_B \text{ 近似服从 } \chi^2(pf_B) \end{cases} \tag{3.2.49}$$

$$\begin{cases} \Lambda_{A \times B} = \dfrac{|L_{A \times B}|}{|L_{A \times B} + L_e|} \sim \Lambda(p, f_e, f_{A \times B}) \quad (f_{A \times B} > P) \\ V_{A \times B} = -\left(f_e + f_{A \times B} - \dfrac{p + f_{A \times B} + 1}{2}\right) \ln \Lambda_{A \times B} \text{ 近似服从 } \chi^2(pf_{A \times B}) \end{cases} \tag{3.2.50}$$

3.2 两因素的多元方差分析 (完全随机试验)

$A, B, A \times B$ 和随机误差的均方离差阵的估计分别为

$$\begin{cases} S_A = \dfrac{1}{a-1} L_A \\ S_B = \dfrac{1}{b-1} L_B \\ S_{A \times B} = \dfrac{1}{(a-1)(b-1)} L_{A \times B} \\ S_e = \dfrac{1}{ab(r-1)} L_e \end{cases} \quad (3.2.51)$$

在 A, B 均固定情况下，各均方的期望分别为

$$\begin{cases} ES_A = br\Sigma_A + \Sigma \\ ES_B = ar\Sigma_B + \Sigma \\ ES_{A \times B} = r\Sigma_{A \times B} + \Sigma \\ ES_e = \Sigma \end{cases} \quad (3.2.52)$$

在 A, B 均随机的情况下，各均方的期望值分别为

$$\begin{cases} ES_A = br\Sigma_A + r\Sigma_{A \times B} + \Sigma \\ ES_B = ar\Sigma_B + r\Sigma_{A \times B} + \Sigma \\ ES_{A \times B} = r\Sigma_{A \times B} + \Sigma \\ ES_e = \Sigma \end{cases} \quad (3.2.53)$$

在 A 随机 B 固定的混合模型下，各均方的期望值分别为

$$\begin{cases} ES_A = br\Sigma_A + \Sigma \\ ES_B = ar\Sigma_B + r\Sigma_{A \times B} + \Sigma \\ ES_{A \times B} = r\Sigma_{A \times B} + \Sigma \\ ES_e = \Sigma \end{cases} \quad (3.2.54)$$

根据对 A 和 B 的不同假设，可根据 (3.2.52)~(3.2.54) 来估计 $\Sigma, \Sigma_A, \Sigma_B$ 和 $\Sigma_{A \times B}$, 如对于 (3.2.54) 混合模型, 由公式 (3.2.54) 有如下估计:

$$\begin{cases} \hat{\Sigma} = S_e \\ \hat{\Sigma}_{A \times B} = \dfrac{1}{r}(S_{A \times B} - S_e) \\ \hat{\Sigma}_B = \dfrac{1}{ar}(S_B - S_{A \times B}) \\ \hat{\Sigma}_A = \dfrac{1}{br}(S_A - S_e) \end{cases} \quad (3.2.55)$$

根据 (3.2.54),在混合模型下,检验 H_{01}, H_{02}, H_{03} 的 Wilks 统计量及 χ^2 近似分布为

$$\begin{cases} \Lambda_A = \dfrac{|L_e|}{|L_e + L_A|} \sim \Lambda(p, f_e, f_A) \\ V_A = -\left(f_e + f_A - \dfrac{p + f_A + 1}{2}\right) \ln \Lambda_A \sim \text{近似服从 } \chi^2(pf_A) \end{cases} \quad (3.2.56)$$

$$\begin{cases} \Lambda_B = \dfrac{|L_{A \times B}|}{|L_{A \times B} + L_B|} \sim \Lambda(p, f_{A \times B}, f_B) \\ V_B = -\left(f_{A \times B} + f_B - \dfrac{p + f_B + 1}{2}\right) \ln \Lambda_B \sim \text{近似服从 } \chi^2(pf_B) \end{cases} \quad (3.2.57)$$

$$\begin{cases} \Lambda_{A \times B} = \dfrac{|L_e|}{|L_e + L_{A \times B}|} \sim \Lambda(p, f_e, f_{A \times B}) \\ V_{A \times B} = -\left(f_e + f_{A \times B} - \dfrac{p + f_{A \times B} + 1}{2}\right) \ln \Lambda_{A \times B} \sim \text{近似服从 } \chi^2(pf_{A \times B}) \end{cases} \quad (3.2.58)$$

在 A, B 均固定情况下, 当 H_{01}, H_{02}, H_{03} 被拒绝后, 要进行多重比较, 检验

$$H_{04}: \alpha_i = \alpha_j \quad (i, j = 1, 2, \cdots, a; i \neq j) \quad (3.2.59)$$

的 F 的统计量为

$$\begin{aligned} F_{Aij} &= \dfrac{br(f_e - p + 1)}{2pf_e}(\overline{X}_{i..} - \overline{X}_{j..})^{\mathrm{T}} S_e^{-1}(\overline{X}_{i..} - \overline{X}_{j..}) \\ &= \dfrac{br(f_e - p + 1)}{2pf_e} D_{Aij}^2 \sim F(p, f_e - p + 1) \end{aligned} \quad (3.2.60)$$

检验

$$H_{05}: \beta_i = \beta_j \quad (i, j = 1, 2, \cdots, b; i \neq j) \quad (3.2.61)$$

的统计量为

$$\begin{aligned} F_{Bij} &= \dfrac{ar(f_e - p + 1)}{2pf_e}(\overline{X}_{.i.} - \overline{X}_{.j.})^{\mathrm{T}} S_e^{-1}(\overline{X}_{.i.} - \overline{X}_{.j.}) \\ &= \dfrac{ar(f_e - p + 1)}{2pf_e} D_{Bij}^2 \sim F(p, f_e - p + 1) \end{aligned} \quad (3.2.62)$$

对于各处理 $A_i B_j$ 的多重比较要检验假设:

$$H_{06}: \mu_{kj} = \mu_{kl} \quad (i, k = 1, 2, \cdots, a; j, l = 1, 2, \cdots, b; (i, j) \neq (k, l)) \quad (3.2.63)$$

其统计量为

$$F_{ABij,kl} = \dfrac{r(f_e - p + 1)}{2pf_e}(\overline{X}_{ij.} - \overline{X}_{kl.})^{\mathrm{T}} S_e^{-1}(\overline{X}_{ij.} - \overline{X}_{kl.})$$

3.2 两因素的多元方差分析 (完全随机试验)

$$= \frac{r(f_e - p + 1)}{2pf_e} D^2_{ABij,kl} \sim F(p, f_e - p + 1) \quad (3.2.64)$$

上述 $D^2_{Aij}, D^2_{Bij}, D^2_{ABij,kl}$ 分别为 A_i 与 A_j, B_i 与 B_j, A_iB_j 与 A_kB_l 间 Mahalanobis 距离的估计.

下面叙述有关离差阵的计算:

$$W = \begin{bmatrix} l_{11} & l_{12} & \cdots & l_{1p} \\ l_{21} & l_{22} & \cdots & l_{2p} \\ \vdots & \vdots & & \vdots \\ l_{p1} & l_{p2} & \cdots & l_{pp} \end{bmatrix} \quad (3.2.65)$$

其中

$$l_{kk} = \sum_{i=1}^{a} \sum_{j=1}^{b} \sum_{t=1}^{r} x_{ijtk}^2 - \frac{T_{\ldots k}^2}{abr}$$

$$l_{km} = l_{mk} = \sum_{i=1}^{a} \sum_{j=1}^{b} \sum_{t=1}^{r} x_{ijtk} x_{ijtm} - \frac{T_{\ldots k} T_{\ldots m}}{abr} \quad (k, m = 1, 2, \cdots, p; k \neq m) \quad (3.2.66)$$

$$L_A = \begin{bmatrix} l_{11}^A & l_{12}^A & \cdots & l_{1p}^A \\ l_{21}^A & l_{22}^A & \cdots & l_{2p}^A \\ \vdots & \vdots & & \vdots \\ l_{p1}^A & l_{p2}^A & \cdots & l_{pp}^A \end{bmatrix} \quad (3.2.67)$$

其中

$$l_{kk}^A = \frac{1}{br} \sum_{i=1}^{a} T_{i..k}^2 - \frac{T_{\ldots k}^2}{abr}$$

$$l_{km}^A = l_{mk}^A = \frac{1}{br} \sum_{i=1}^{a} T_{i..k} T_{i..m} - \frac{T_{\ldots k} T_{\ldots m}}{abr} \quad (k, m = 1, 2, \cdots, p; k \neq m) \quad (3.2.68)$$

$$L_B = \begin{bmatrix} l_{11}^B & l_{12}^B & \cdots & l_{1p}^B \\ l_{21}^B & l_{22}^B & \cdots & l_{2p}^B \\ \vdots & \vdots & & \vdots \\ l_{p1}^B & l_{p2}^B & \cdots & l_{pp}^B \end{bmatrix} \quad (3.2.69)$$

其中

$$l_{kk}^B = \frac{1}{ar} \sum_{j=1}^{b} T_{.j.k}^2 - \frac{T_{\ldots k}^2}{abr}$$

$$l_{km}^B = l_{mk}^B = \frac{1}{ar}\sum_{j=1}^{b}T_{.j.k}T_{.j.m} - \frac{T_{...k}T_{...m}}{abr} \quad (k,m=1,2,\cdots,p; k\neq m) \quad (3.2.70)$$

$$L_{A\times B} = \begin{bmatrix} l_{11}^{A\times B} & \cdots & l_{1p}^{A\times B} \\ \vdots & & \vdots \\ l_{p1}^{A\times B} & \cdots & l_{pp}^{A\times B} \end{bmatrix} = L_{AB} - L_A - L_B \quad (3.2.71)$$

其中

$$l_{kk}^{A\times B} = \frac{1}{r}\sum_{i=1}^{a}\sum_{j=1}^{b}T_{ij.k}^2 - \frac{1}{br}\sum_{i=1}^{a}T_{i..k}^2 - \frac{1}{ar}\sum_{j=1}^{b}T_{.j.k}^2 + \frac{T_{...k}^2}{abr}$$

$$l_{km}^{A\times B} = l_{mk}^{A\times B} = \frac{1}{r}\sum_{i=1}^{a}\sum_{j=1}^{b}T_{ij.k}T_{ij.m} - \frac{1}{br}\sum_{i=1}^{a}T_{i..k}T_{i..m}$$

$$- \frac{1}{ar}\sum_{j=1}^{b}T_{.j.k}T_{.j.m} + \frac{T_{...k}T_{...m}}{abr}$$

$$(k,m=1,2,\cdots,p; k\neq m) \quad (3.2.72)$$

$$L_e = \begin{bmatrix} l_{11}^e & l_{12}^e & \cdots & l_{1p}^e \\ l_{21}^e & l_{22}^e & \cdots & l_{2p}^e \\ \vdots & \vdots & & \vdots \\ l_{p1}^e & l_{p2}^e & \cdots & l_{pp}^e \end{bmatrix} \quad (3.2.73)$$

其中

$$l_{kk}^e = \sum_{i=1}^{a}\sum_{j=1}^{b}\sum_{t=1}^{r}x_{ijtk}^2 - \frac{1}{r}\sum_{i=1}^{a}\sum_{j=1}^{b}T_{ij.k}^2$$

$$l_{km}^e = l_{mk}^e = \sum_{i=1}^{a}\sum_{j=1}^{b}\sum_{t=1}^{r}x_{ijtk}x_{ijtm}$$

$$- \frac{1}{r}\sum_{i=1}^{a}\sum_{j=1}^{b}T_{ij.k}T_{ij.m} \quad (k,m=1,2,\cdots,p; k\neq m) \quad (3.2.74)$$

【例 3.2.2】 表 3.2.5 的试验数据是为了比较不同营养水平对河南斗鸡杂交一代 (河南斗鸡为父本 (B_1), 艾维茵父母代肉鸡作母本 (B_2)) 发育的影响, A_1 水平是鸡从出生就喂高营养饲料, A_2 水平是鸡从出生就喂低营养饲料, 喂到 12 周龄时测的胸肌重 (x_1, 单位: g) 和腿肌重 (x_2, 单位: g), 试进行双因素方差分析. (数据取自西北农业大学博士研究生雷雪芹的硕士学位论文《河南斗鸡改良肉质效果的研究》)

3.2 两因素的多元方差分析 (完全随机试验)

表 3.2.5

	B_1(公)		B_2(母)			A 水平和	
	x_1	x_2	x_1	x_2			
	416.10	461.60	420.70	444.05			
	547.90	657.33	395.50	379.90			
A_1	505.00	575.00	380.50	408.50		x_1	4293.30
	425.00	500.00	425.00	441.00		x_2	4765.18
	410.80	522.20	356.80	375.60			
处理和	2314.80	2716.13	1978.50	2049.05			
	428.04	534.75	486.93	583.00			
	438.00	463.00	336.40	368.80			
A_2	453.10	552.60	374.20	407.10		x_1	4290.97
	499.00	530.00	410.00	422.40		x_2	4893.15
	480.00	620.00	385.30	411.50			
处理和	2298.14	2700.35	1992.83	2192.80			
B 水平和	4612.94	5416.48	3971.33	4241.85	总和	x_1	8584.27
						x_2	9658.33

解 对表 3.2.5 的数据进行双因素等重复方差分析,试验目的为了进行比较两因素对杂一代发育的影响. A, B 两因素都为固定因素, 根据式 (3.2.65)~(3.2.74) 对表 3.2.5 的数据进行计算可得

$$l_{11}^A = \frac{1}{10}(4293.3^2 + 4290.97^2) - \frac{1}{20} \times 8584.27^2 = 0.27145$$

$$l_{22}^A = \frac{1}{10}(4765.18^2 + 4893.15^2) - \frac{1}{20} \times 9658.33^2 = 818.81605$$

$$l_{12}^A = l_{21}^A = \frac{1}{10}(4293.3 \times 4765.18 + 4290.97 \times 4893.15) - \frac{1}{20}(8584.27 \times 9658.33)$$
$$= -14.90845$$

$$L_A = \begin{bmatrix} 0.27145 & -14.90845 \\ -14.90845 & 818.81605 \end{bmatrix}$$

$$l_{11}^B = \frac{1}{10}(4612.94^2 + 3970.33^2) - \frac{1}{20} \times 8584.27^2 = 20583.16961$$

$$l_{22}^B = \frac{1}{10}(5416.48^2 + 4241.85^2) - \frac{1}{20} \times 9658.33^2 = 68987.78185$$

$$l_{12}^B = l_{21}^B = \frac{1}{10}(4612.94 \times 5416.48 + 3971.33 \times 4241.85) - \frac{1}{20} \times 8584.27 \times 9658.33$$
$$= 37682.71772$$

$$L_B = \begin{bmatrix} 20583.16961 & 37682.71772 \\ 37682.71772 & 68987.78185 \end{bmatrix}$$

$$l_{11}^{A \times B} = \frac{1}{5}(2314.8^2 + 1978.5^2 + 2298.14^2 + 1992.83^2) - \frac{1}{10}(4293.3^2 + 4290.97^2)$$

$$-\frac{1}{10}\left(4612.94^2+3971.33^2\right)+\frac{1}{20}\times 8584.27^2=48.01964$$

$$l_{22}^{A\times B}=\frac{1}{5}\left(2726.13^2+2049.05^2+2700.35^2+2192.8^2\right)-\frac{1}{10}\left(4765.18^2+4893.15^2\right)$$

$$-\frac{1}{10}\left(5416.48^2+4241.85^2\right)+\frac{1}{20}\times 9658.33^2=1272.49044$$

$$l_{12}^{A\times B}=\frac{1}{5}(\ 2314.8\times 2716.13+1978.5\times 2049.05+2298.14\times 2700.35$$

$$+1992.83\times 2192.8)-\frac{1}{10}(4293.3\times 4765.18+4290.97\times 4893.15)$$

$$-\frac{1}{10}(4612.94\times 5416.48+3970.33\times 4241.85)$$

$$+\frac{1}{20}\times 8584.27\times 9658.33=247.19145$$

$$L_{A\times B}=\begin{bmatrix}48.01964 & 247.19145 \\ 247.19145 & 1272.49044\end{bmatrix}$$

$$l_{11}=\sum_{i=1}^{2}\sum_{j=1}^{2}\sum_{t=1}^{5}x_{ijt1}^2-\frac{T_{\cdots 1}^2}{abr}$$

$$=[416.1^2+547.9^2+\cdots+410^2+385.3^2]-\frac{1}{20}\times 8584.27^2$$

$$=3739070.857-\frac{8584.27^2}{20}=54586.28536$$

$$l_{22}=\left(461.6^2+657.33^2+\cdots+422.4^2+411.5^2\right)-\frac{1}{20}\times 9658.33^2$$

$$=4802788.334-\frac{9658.33^2}{20}=138621.41460$$

$$l_{12}=l_{21}=(416.1\times 461.6+547.9\times 657.33+\cdots$$

$$+410\times 422.4+385.3\times 411.5)-\frac{1}{20}\times 8584.27\times 9658.33$$

$$=4224710.972-\frac{1}{20}\times 8584.27\times 9658.33=79225.34855$$

$$W=\begin{bmatrix}54586.28536 & 79225.34855 \\ 79225.34885 & 138621.41460\end{bmatrix}$$

$$L_e=W-L_A-L_B-L_{A\times B}=\begin{bmatrix}33954.82466 & 41310.34783 \\ 41310.34783 & 67542.32626\end{bmatrix}$$

由式 (3.2.45)~(3.2.47) 得

$$V_A=-\left(f_e+f_A-\frac{p+f_A+1}{2}\right)\ln\frac{|L_e|}{|L_e+L_A|}$$

$$= -\left(17 - \frac{4}{2}\right)\ln\frac{5.868 \times 10^8}{6.159 \times 10^8} = -15 \times (-0.048) = 0.72$$

$$\chi^2(pf_A) = \chi^2(2) \longleftrightarrow \chi^2_{0.05}(2) = 5.99$$

$$V_B = -\left(f_e + f_B - \frac{p + f_B + 1}{2}\right)\ln\frac{|L_e|}{|L_e + L_B|}$$

$$= -\left(17 - \frac{4}{2}\right)\ln\frac{5.868 \times 10^8}{1.206 \times 10^9} = -15 \times (-0.72) = 10.8^{**}$$

$$\chi^2_{0.01}(pf_B) = \chi^2_{0.01}(2) = 9.21$$

$$V_{A\times B} = -\left(f_e + f_{A\times B} - \frac{p + f_{A\times B} + 1}{2}\right)\ln\frac{|L_e|}{|L_e + L_{A\times B}|}$$

$$= -\left(17 - \frac{4}{2}\right)\ln\frac{5.868 \times 10^8}{6.129 \times 10^8} = -15 \times (-0.044) = 0.66$$

$$\chi^2(pf_{A\times B}) = \chi^2(2), \chi^2_{0.05}(2) = 5.99$$

上面计算结果表明: 不同的营养饲料水平喂养的 12 周龄的河南杂交一代的胸肌和腿肌重之间无显著差异, 即表明本试验设置的低营养日粮已能满足杂交一代的生长发育需要, 而更高的营养水平对其影响作用不大, 性别之间有极显著差异, 公鸡的这两个指标明显高于母鸡.

3.3 巢式设计试验的多元方差分析

这里把单变量的系统分组设计 (也称作巢式设计) 试验的方差分析推广到多变量. 为了讨论方便, 设试验因素 A 的参试处理为 $A_1, A_2, \cdots, A_a$, 共 a 个, 先把试验空间分为 a 个组, 每组随机按排一个处理 A_i, 再把组分 m 个亚组 A_{ij}, 在每个亚组中设置 r 个试验单元, 即每个亚组内具有 r 个观察向量 (维数为 p), 这种巢式设计即二级系统分组设计, 试验设计的数据如表 3.3.1 所示.

数据的线性模型为

$$X_{ijk} = \mu + \alpha_i + \varepsilon_{ij} + \delta_{ijk}$$

$$i = 1, 2, \cdots, a; \quad j = 1, 2, \cdots, m; \quad k = 1, 2, \cdots, r$$

在这个模型中: μ 为总体平均向量, α_i 为 A_i 的主效应, ε_{ij} 是亚组 A_{ij} 的主效应, 是为了消除亚组效应对 A_i 效应的干扰而设置的, 具有随机误差向量的性质, 服从 $N_p(0, \Sigma_e)$. δ_{ijk} 为同一亚组 A_{ij} 的第 k 次观察的随机误差量, 不同次观察是相互独立的, 且均服从 $N_p(0, \Sigma)$.

各参数估计分别为 $\hat{\mu} = \overline{X}_{...}$, $\hat{\alpha}_i = \overline{X}_{i..} - \overline{X}_{...}$, $\hat{\varepsilon}_{ij} = \overline{X}_{ij.} - \overline{X}_{i..}$, $\hat{\delta}_{ijk} = X_{ijk} - \overline{X}_{ij.}$, 则有

观察向量

$$X_{ijk} = \overline{X}... + (\overline{X}_{i..} - \overline{X}...) + (X_{ij.} - \overline{X}_{i..}) + (X_{ijk} - \overline{X}_{ij.})$$

其中, $\overline{X}...$ 为总平均向量, $\overline{X}_{i..}$ 为第 i 组的平均向量, $\overline{X}_{ij.}$ 为第 i 组内第 j 个亚组的平均值向量.

表 3.3.1 试验设计的数据

组 (i)	亚组 (j)	观察向量				亚组平均	组平均	总平均
	1	x_{111}	x_{112}	$\cdots$	x_{11r}	$\bar{x}_{11.}$		
	2	x_{121}	x_{122}	$\cdots$	x_{12r}	$\bar{x}_{12.}$		
1	$\vdots$	$\vdots$	$\vdots$		$\vdots$	$\vdots$	$\bar{x}_{1..}$	
	m	x_{1m1}	x_{1m2}	$\cdots$	x_{1mr}	$\bar{x}_{1m.}$		
$\vdots$	$\vdots$			$\vdots$			$\vdots$	
	1	x_{a11}	x_{a12}	$\cdots$	x_{a1r}	$\bar{x}_{a1.}$		
	2	x_{a21}	x_{a22}	$\cdots$	x_{a2r}	$\bar{x}_{a2.}$		
a	$\vdots$	$\vdots$	$\vdots$		$\vdots$	$\vdots$	$\bar{x}_{a..}$	$\bar{x}...$
	m	x_{am1}	x_{am2}	$\cdots$	x_{amr}	$\bar{x}_{am.}$		

类似于单因素系统分组设计试验的方差分析, 试验的总变异离差阵也可以作如下分解:

$$\begin{aligned} SS_T &= \sum_{i=1}^{a}\sum_{j=1}^{m}\sum_{k=1}^{r}(X_{ijk} - \overline{X}...)(\overline{X}_{ijk} - \overline{X}...)^{\mathrm{T}} \\ &= mr\sum_{i=1}^{a}(\overline{X}_{i..} - \overline{X}...)(\overline{X}_{i..} - \overline{X}...)^{\mathrm{T}} + r\sum_{i=1}^{a}\sum_{j=1}^{m}(\overline{X}_{ij.} - \overline{X}_{i..})(\overline{X}_{ij.} - \overline{X}_{i..})^{\mathrm{T}} \\ &\quad + \sum_{i=1}^{a}\sum_{j=1}^{m}\sum_{k=1}^{r}(X_{ijk} - \overline{X}_{ij.})(X_{ijk} - \overline{X}_{ij.})^{\mathrm{T}} \\ &= L_A + L_{e_1} + L_{e_2} \end{aligned} \tag{3.3.1}$$

自由度也可作如下分解:

$$f_T = f_A + f_{e_1} + f_{e_2} \tag{3.3.2}$$

其中 $f_T = amr - 1, f_A = a - 1, f_{e_1} = a(m-1), f_{e_2} = am(r-1)$.

要检验的假设在 A 固定情况下 (为检测组间效应的显著性), 无效假设为

$$H_{01}: \alpha_1 = \alpha_2 = \cdots = \alpha_a = 0$$

要检验组内亚组间的变异是否存在, 其无效假设为

$$H_{02}: \Sigma_e = 0$$

关于离差阵分解有如下研究结果,在 H_{01}, H_{02} 成立的条件下, L_A, L_{e_1} 和 L_{e_2} 相互独立,且

$$L_A \sim W_p(a-1, \Sigma), \quad f_A = a-1$$
$$L_{e_1} \sim W_p(a(m-1), \Sigma), \quad f_{e_1} = a(m-1)$$
$$L_{e_2} \sim W_p(am(r-1), \Sigma), \quad f_{e_2} = am(r-1)$$

检验 H_{01}, H_{02} 的 Wilks 统计量及 χ^2 的近似分布分别为

$$\begin{cases} \Lambda_A = \dfrac{|L_{e_2}|}{|L_{e_2} + L_A|} \sim \Lambda(p, f_{e_2}, f_A) \quad (f_{e_2} > p) \\ V_A = -\left(f_{e_2} + f_A - \dfrac{p + f_A + 1}{2}\right) \ln \Lambda_A \text{ 近似服从 } \chi^2(pf_A) \end{cases} \tag{3.3.3}$$

$$\begin{cases} \Lambda_{e_1} = \dfrac{|L_{e_2}|}{|L_{e_2} + L_{e1}|} \sim \Lambda(p, f_{e_2}, f_{e_1}) \quad (f_{e_2} > p) \\ V_{e_1} = -\left(f_{e_2} + f_{e_1} - \dfrac{p + f_{e_2} + 1}{2}\right) \ln \Lambda_{e_1} \text{ 近似服从 } \chi^2(pf_{e_1}) \end{cases} \tag{3.3.4}$$

如果 H_{01} 被否定,须进行多重比较,检验

$$H_{03}: \alpha_i = \alpha_j \quad (i, j = 1, 2, \cdots, a; i \neq j)$$

的 F 统计量为

$$F_{Aij} = \frac{am(r-1) - p + 1}{p} \cdot \frac{mr}{2} (\overline{X}_{i..} - \overline{X}_{j..})^{\mathrm{T}} L_{e_2}^{-1} (\overline{X}_{i..} - \overline{X}_{j..}) \tag{3.3.5}$$

它服从 $F[p, am(r-1) - p + 1]$.

【例 3.3.1】 西南农业大学环境与资源学院农化研究室于 1993 年 6 月在四川省荣昌县调查了 3 种施肥措施处理对烟草生长的影响,每个处理随机抽 3 个田块,每个田块随机取 5 个样点测得烟草植株茎粗 (直径,单位: cm) 与最大叶叶面积 (单位: m²) 资料,如表 3.3.2 所示. 每单元第一数据为茎粗, 第二数据为最大叶叶面积 (原始数据取自张泽发表在《生物数学学报》, 1996 年第 4 期的论文《巢式设计的多元分析》) 试作多元方差分析.

解 在本例中: $p = 2, a = 3, m = 3, r = 5$. 由本节诸公式可得

$$L_T = \begin{bmatrix} 1.3259 & 1.0717 \\ 1.0717 & 2.0242 \end{bmatrix}, \quad L_{e_1} = \begin{bmatrix} 0.2886 & 0.3703 \\ 0.3703 & 0.5293 \end{bmatrix}$$

$$L_A = \begin{bmatrix} 0.4336 & 0.3611 \\ 0.3611 & 0.3221 \end{bmatrix}, \quad L_{e_2} = \begin{bmatrix} 0.6038 & 0.3402 \\ 0.3402 & 1.1728 \end{bmatrix}$$

表 3.3.2　烟草植株茎粗与最大叶叶面积测量值表

处理	田块	测量值				
I	1	1.980	2.100	2.090	1.830	2.060
		1.080	1.166	1.134	0.890	1.155
	2	2.150	1.840	1.980	2.200	2.160
		1.196	0.980	1.210	1.265	1.113
	3	2.260	2.200	2.050	2.100	2.200
		1.344	1.288	1.219	1.350	1.173
II	1	2.210	2.400	2.000	2.170	2.180
		1.144	1.155	1.276	1.344	1.265
	2	2.440	2.410	2.690	2.230	2.400
		1.392	1.325	2.346	1.320	1.560
	3	1.990	2.370	2.040	2.270	2.280
		1.239	1.357	1.344	1.144	1.232
III	1	1.940	2.070	1.910	2.000	2.100
		1.242	1.100	1.196	1.122	1.431
	2	2.160	1.900	1.980	1.920	2.200
		1.122	1.196	0.960	1.029	1.288
	3	2.100	2.080	2.000	2.200	2.200
		1.344	1.272	1.400	1.000	1.288

其中 $L_{e_2} = L_T - L_A - L_{e_1}$, $f_T = amr - 1 = 44$, $f_A = 2$, $f_{e_1} = 6$, $f_{e_2} = 36$.

$$V_A = -\left(f_{e_2} + f_A - \frac{p + f_A + 1}{2}\right) \ln \frac{|L_{e_2}|}{|L_{e_2} + L_A|} = 20.079$$

$$V_{e_1} = -\left(f_{e_2} + f_{e_1} - \frac{p + f_{e_1} + 1}{2}\right) \ln \frac{|L_{e_2}|}{|L_{e_2} + L_{e_1}|} = 20.175$$

查表得 $\chi^2_{0.01}(pf_A) = \chi^2_{0.01}(4) = 13.277$, $\chi^2_{0.05}(pf_{e_1}) = \chi^2_{0.05}(12) = 21.026$, $\chi^2_{0.10}(12) = 18.55$.

上面的计算结果表明：处理间效应有极显著差异, 处理内田块间有差异.

由式 (3.3.5) 可知, H_{03} 的 F 检验服从 $F(2,35)$, $F_{0.05}(2,35) = 3.27$, $F_{0.01}(2,35) = 5.27$. 而计算的 $F_{A12} = 8.95311$, $F_{A13} = 0.45787$, $F_{A23} = 10.85042$.

由此可知：处理 I 和处理 II, 处理 II 与处理 III 的茎粗和最大叶叶面积有极显著差异, 而处理 I 与处理 III 差异不显著.

其他试验设计的多元方差分析可按上述方法推广进行.

第 4 章 直线回归与相关

在农林科学等自然科学或社会经济等领域的研究中, 经常会遇到同一现象中随机变量间 (一维或多维) 相依关系的探讨. 随机变量间的相依关系, 一般不能由其中一个完全确定. 如作物产量和种植密度的研究中, 在一切可控因素 (如品种、播期、施肥管理等) 之下, 同一种植密度的作物产量仍为一个随机变量. 随机变量间的相依关系还有因果关系和互为因果或有共同原因的平行关系之分, 如种植密度是因, 产量是果; 又如玉米穗长和穗粗间是一种平行的协同变异关系. 在相依关系数据分析中, 因果关系的分析称为回归分析, 而平行关系的分析称为相关分析. 回归分析中一定伴随着相关分析的信息, 即有什么样的回归就有什么样的相关特征.

4.1 回归分析的基本概念与统计思想

18 世纪, 人们利用最小二乘法原理产生了回归分析, 由此回归分析成为经久不衰的应用最广泛的统计分析方法. 随后发展起来的判别分析、典范相关变量分析、主成分分析和因子分析等多元统计分析方法, 均和回归分析有着密切的关系, 可见回归分析在多元统计分析中的重要性.

回归分析是本书中第 4 章到第 6 章的内容, 将在正态分布之下展开讨论, 仅考虑满秩模型, 其原因有二: 首先, 实际应用中所遇到随机变量 (一维或多维) 多服从或近似服从正态分布, 一般是满秩的; 其次, 回归分析中参数估计量的统计性质及有关假设检验, 在正态分布下易于处理. 关于不满秩模型的回归分析可参阅《多元统计分析引论》(张尧庭和方开泰, 1982).

本节先叙述回归分析中的一些基本概念和统计思想.

4.1.1 回归方程及其模型

1.1 节在讲述多元正态分布的条件分布时讲到, 条件分布 $E(X_2|X_1 = x_{i1})$, $i = 1, 2, \cdots, n$, 在 x_{i1} 处重复观测 X_2 k 次, 可得到 X_2 随 x_{i1} 变化的平均变化趋势. 回归分析的理论和应用正基于此.

设随机变量 X 与 Y 间有因果相依关系, X 为因 (自变量), Y 为果 (因变量), 据条件分布 $E(Y|X = x)$, 可在 X 取值范围内取 n 个值: $x_1, x_2, \cdots, x_n$. 由 Y 的随机性, $Y|X = x_i$ 所取值在一定变异范围内形成一个总体 (图 4.1.1), 其期望值 $E(Y|X = x_i) = y_i$, $i = 1, 2, \cdots, n$, 则 x_i 与 y_i 形成一一对应. 若这种对应关系可

用函数
$$y = E(y|X=x) = f(x,\beta) \tag{4.1.1}$$
表示, 则称 $y = f(x,\beta)$ 为 Y 关于 X 的回归方程, β 为回归参数. 显然, 回归方程 $y = f(x,\beta)$ 描述了 Y 随 X 取值变化而变化的平均规律.

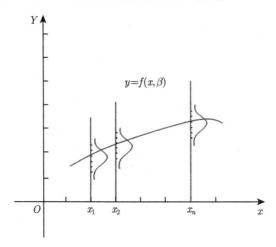

图 4.1.1 Y 关于 X 的回归方程

如何求出回归方程 (4.1.1) 呢? 统计学中只有通过样本来估计. 为此, 我们观测了 n 个点 (x_i, Y_i) 作为样本, 则它应满足:
$$Y_i = f(x_i,\beta) + \varepsilon_i = y_i + \varepsilon_i, \quad i = 1,2,\cdots,n \tag{4.1.2}$$
显然, $\varepsilon_i = Y_i - E(Y|_{X=x_i}) = Y_i - y_i$ 为回归残差, 是一个随机变量. 式 (4.1.2) 是样本和其总体 $(X,Y)^{\mathrm{T}}$ 中蕴含的回归方程 (4.1.1) 结合的结果, 称为回归方程的回归模型. 式 (4.1.2) 表明, 回归分析本质上是从 n 个观测点 (x_i, Y_i) 尽量拟合曲线 $y = f(x,\beta)$ 而使 ε_i 最小的一个统计过程. 这种统计过程在回归分析中称为回归参数 β 的估计理论. 为了保证回归分析不偏离条件分布理论, 对模型 (4.1.2) 有如下要求: ε_i 间相互独立, 且 $E(\varepsilon_i) = 0$, $V(\varepsilon_i) = \sigma^2$; 在任一 $X = x_i$ 处, $E(Y_i) = f(x_i,\beta)$, 而且 $V(Y_i) = V(\varepsilon_i) = \sigma^2$. 这些前提条件是 β 估计的无偏性和回归有关假设检验有效性的基本保证. 如果在任一 $X = x_i$ 处, $V(Y_i)$ 和 $V(\varepsilon_i)$ 方差不等, 则回归分析失效.

式 (4.1.2) 建模方法:
$$\text{观测值 } (Y_i) = \text{理论值 } (y_i = f(x_i,\beta)) + \text{残差误差 } (\varepsilon_i)$$
是一般科研中常用的建模方法.

4.1 回归分析的基本概念与统计思想

回归模型 (4.1.2) 中, 一般来讲, X, Y 可以是一维或多维, β 可以是一个或多个; $f(x,\beta)$ 若是 β 的线性函数, 则称 (4.1.2) 为线性回归模型, 否则称为非线性回归模型, 即回归模型的线性与否, 与自变量 X 无关. 例如:

$$Y_i = \beta_0 + \beta_1 x_i + \varepsilon_i, \quad Y_i = \beta_0 + \beta_1 x_{i1} + \beta_2 x_{i2} + \varepsilon_i, \quad Y_i = \beta_0 + \beta_1 x_{i1} + \beta_2 x_{i2}^2 + \varepsilon_i$$

等均为线性回归模型, 但第三个模型为自变量 x_1, x_2 的非线性函数. 又如:

$$Y_i = \frac{1}{\beta_0 + \beta x_i} + \varepsilon_i, \quad Y_i = \beta_0 \mathrm{e}^{\beta x_i} + \varepsilon_i, \quad Y_i = \frac{\beta}{1 + a \mathrm{e}^{-r x_i}} + \varepsilon_i$$

均为非线性回归模型, 也为自变量 x 的非线性函数.

4.1.2 回归参数 β 的估计

1. β 的最小二乘法估计

若式 (4.1.2) 中回归参数的估计为 b, 即 $\hat{\beta} = b$, 则回归方程的估计为 $\hat{y} = f(x, b)$, $\hat{\varepsilon}_i$ 的估计为 $Y_i - \hat{y}_i = Y_i - f(x_i, b)$. 若 b 满足残差或剩余平方和:

$$Q_e = \sum_{i=1}^{n} \hat{\varepsilon}_i^2 = \sum_{i=1}^{n} (Y_i - f(x_i, b))^2 = \min \quad (4.1.3)$$

则称 b 为 β 的最小二乘 (least squares, LS) 估计. 在 $\varepsilon \sim N(0, \sigma^2)$ 情况下, b 也是 β 的最大似然 (maximum likelihood, ML) 估计. 称

$$\frac{\partial Q_e}{\partial b} = -2 \sum_{i=1}^{n} \frac{\partial f(x_i, b)}{\partial b} [Y_i - f(x_i, b)] = 0 \quad (4.1.4)$$

为 LS 估计 b 的正则方程组. 当 $f(x,\beta)$ 为 β 的线性函数 (即线性回归模型) 时, 正则方程组为 β 的线性方程组, 可解出 b; 当 $f(x,\beta)$ 为 β 的非线性函数 (非线性回归模型) 时, 一般从正则方程组解出 b, 可采用非线性参数估计的 Gauss-Newton 法或 Marquardt 方法求出 b, 得到 $\hat{y} = f(x, b)$

2. LS 估计 $\hat{\beta} = b$ 的均方误差最小性质

由式 (4.1.3) 和 (4.1.4) 所得 β 的 LS 估计 b, 具有如下的均方误差最小性质: 对 x 和参数 θ 的任意函数 $\varphi(x,\theta)$ 有

$$V(\varepsilon) = E(\varepsilon^2) = E[Y - f(x,\beta)]^2 \leqslant E[Y - \varphi(x,\theta)]^2 \quad (4.1.5)$$

事实上, 对任一 $X = x$ 处有 $E(Y|X=x) = f(x,\beta)$, 故

$$E(\varepsilon^2) = E[Y - f(x,\beta)]^2 = E\{[Y - \varphi(x,\theta)] - [f(x,\beta) - \varphi(x,\theta)]\}^2$$

$$=E\left[Y-\varphi(x,\theta)\right]^2 - 2\left[f(x,\beta)-\varphi(x,\theta)\right]E\left[Y-\varphi(x,\theta)\right] + \left[f(x,\beta)-\varphi(x,\theta)\right]^2$$
$$=E\left[Y-\varphi(x,\theta)\right]^2 - \left[f(x,\beta)-\varphi(x,\theta)\right]^2 \geqslant 0$$

显然, $[f(x,\beta)-\varphi(x,\theta)]^2 \geqslant 0$, 仅当 $\varphi(x,\theta) = f(x,\beta)$ 时, 式 (4.1.5) 中等号才成立. 式 (4.1.5) 表明, LS 估计能使回归具有最小的均方误差, 其实质是模型 (4.1.2) 中的 $\varepsilon = Y - E(Y|X=x)$, 即 $V(\varepsilon) = E(\varepsilon^2)$ 是 $E(Y|X=x)$ 的方差.

3. b 的分布

b 是从 LS 正则方程组 (4.1.4) 中解出的, 是样本的函数 (统计量). 可据模型的假设前提推出它的分布, 以便对回归方程及有关 b 的分量进行假设检验, 提供回归方程及其有关项是否显著的统计学判据, 决定回归方程是否需要改进和投入实际应用.

4.1.3 回归模型的有效性统计量

当 β 的 LS 估计 b 给定后, 模型 (4.1.2) 变为

$$Y_i = f(x_i,b) + \hat{\varepsilon}_i = \hat{y}_i + \hat{\varepsilon}_i, \quad i=1,2,\cdots,n \tag{4.1.6}$$

即样本 $Y_1, Y_2, \cdots, Y_n$ 分解成 $\hat{y}_1, \hat{y}_2, \cdots, \hat{y}_n$ 和 $\hat{\varepsilon}_1, \hat{\varepsilon}_2, \cdots, \hat{\varepsilon}_n$. 人们自然要问 "从总体上看, x 会按模型 (4.1.2) 影响 Y 吗?", 即必须据 (4.1.6) 构造一个恰当的统计量来反映 x 对 Y 影响的大小. 下面我们用单因素 (在 $f(x_i,b)$ 控制下的处理 x_i) 完全随机试验的方差分析思想来解决这个问题.

设 x_i 为处理, Y_i 为处理 x_i 的观测值 ($f_Y = n-1$); $\hat{y}_i$ 为处理 x_i 的理论值估计 ($\hat{y}_i$ 在 $f(x_i,b)$ 控制下, 只有 m 个自由度, 即 $f_U = m$); $\hat{\varepsilon}_i$ 不受 x_i 的控制, 但 $\hat{\varepsilon}_i = Y_i - \hat{y}_i$, 故自由度为 $f_e = f_Y - f_U = n - m - 1$. 由正则方程组 (4.1.4) 可推出 $\overline{Y} = \frac{1}{n}\sum_{i=1}^n Y_i = \frac{1}{n}\sum_{i=1}^n \hat{y}_i$, 故按方差分析有:

$l_{yy} = \sum_{i=1}^n (Y_i - \overline{Y})^2$—— 观测值 Y_i 的总变差, $f_Y = n-1$;

$U = \sum_{i=1}^n (\hat{y}_i - \overline{Y})^2$—— 处理平方和 (回归分析称为回归平方和) $f_U = m$;

$Q_e = \sum_{i=1}^n \hat{\varepsilon}_i^2 = \sum_{i=1}^n (Y_i - \hat{y})^2$—— 误差平方和, $f_e = n - m - 1$;

且满足

$$l_{yy} = U + Q_e, \quad f_Y = f_U + f_e \tag{4.1.7}$$

由式 (4.1.7) 可定义两个相互等价的统计量, 来度量模型 (4.1.2) 的拟合优度.

首先, 我们定义
$$R^2 = \frac{U}{l_{yy}} \tag{4.1.8}$$

R^2 称为 X 对 Y 的决定系数, 当 $f(x,\beta)$ 为 x 的线性函数时, R^2 是 X 对 Y 的相关系数或复相关系数的平方; 当 $f(x_i,b)$ 为 x 的非线性函数时, R^2 是 X 对 Y 非线性相关密切程度——相关指数的平方. 在回归分析中, R^2 为 x 决定的回归值总变异 U 占 Y 总变异的百分之几. 显然, R^2 越大, 回归效果越好, $0 \leqslant R^2 \leqslant 1$; 其次, 若回归在正态分布下进行, 则由式 (4.1.7) 及 Cochran 定理有: 在 $H_0: \beta = 0$ 成立时, U 与 Q_e 独立且有

$$\frac{U}{\sigma^2} \sim \chi^2(m), \quad \frac{Q_e}{\sigma^2} \sim \chi^2(n-m-1) \tag{4.1.9}$$

由此可定义统计量

$$F = \frac{U/m}{Q_e/(n-m-1)} = \frac{R^2/m}{(1-R^2)/(n-m-1)} \sim F(m, n-m-1) \tag{4.1.10}$$

可见, R^2 与 F 相互唯一确定.

4.1.4 研究者在回归分析中所关心的问题

(1) 根据掌握的资料, 建立自变量对因变量之间有效的回归方程, 为进一步研究提供基础或线索.

(2) 变量选择: 在多个自变量中, 选择对因变量有实质性影响的自变量.

(3) 研究不同类型同一现象中回归方程的比较.

(4) 预测: 对观测数据范围内未经观测点的因变量值进行点预测或区间预测.

(5) 如果回归参数及其分量有专业性意义, 对其作出点预测和区间预测.

(6) 在线性回归中, 研究标准化多元线性回归的通径分析及其决策分析. 探讨各自变量对因变量总作用的剖分及其路径原理; 探讨一对多及多对多的决定系数、广义决定系数的剖分及路径原理; 探讨各个自变量对因变量的综合决定能力——决策系数, 以解决自变量对因变量重要性排序问题.

(7) 研究通径分析及其决策分析在判别分析、主成分分析和因子分析中的应用等.

回归分析的理论十分丰富, 应用极为广泛, 有待于我们深入探讨. 袁志发等自 2000 年起, 对通径分析的决策分析进行了有关研究.

4.2 直线回归与相关分析

4.2.1 直线回归方程及其模型

一般来讲, 若随机变量 Y 与 X 间存在因 (X 为自变量) 果 (Y 为因变量) 相

依关系, 准确找到上节式 (4.1.1) 所示回归方程 $y = f(x_i, \beta)$ 是不容易的, 应从样本 (x_i, Y_i) 的散点图中的散点趋势中大致确定, $i = 1, 2, \cdots, n$. 如果散点图如图 4.2.1 所示趋势, 则可选一元线性回归方程式 (直线回归方程) 及其模型

$$\begin{cases} y = E(Y|X = x) = \beta_0 + \beta x \\ Y_i = \beta_0 + \beta x_i + \varepsilon_i, \quad i = 1, 2, \cdots, n \end{cases} \tag{4.2.1}$$

进行直线回归分析. 其中, $Y \sim N(\mu_Y, \sigma_Y^2)$; $\varepsilon_i = Y_i - E(Y|X = x_i)$ 为回归残差, ε_i 间相互独立且均服从 $N(0, \sigma^2)$; 在任一 $X = x_i$ 处, $Y_i \sim N(\beta_0 + \beta x_i, \sigma^2)$. $\beta_0 = y|x=0$ 为回归直线截距, β 为 x 的回归系数.

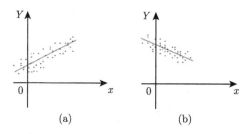

图 4.2.1 直线回归的样本散点图

假设 $(X, Y)^T \sim N_2\left(\begin{bmatrix} \mu_X \\ \mu_Y \end{bmatrix}, \begin{bmatrix} \sigma_X^2 & \sigma_{XY} \\ \sigma_{YX} & \sigma_Y^2 \end{bmatrix}\right) = N_2(\mu, \Sigma)$, 则据式 (1.2.17) 有

$$\begin{aligned} y &= E(Y|X = x) = \mu_Y + \frac{\sigma_{XY}}{\sigma_X^2}(x - \mu_X) = \mu_Y + \beta(x - \mu_X) \\ &= (\mu_Y - \beta\mu_X) + \beta X = \beta_0 + \beta x \end{aligned}$$

与式 (4.2.1) 比较, 称

$$\begin{cases} y = \mu_Y + \beta(x - \mu_X) \\ Y_i = \mu_Y + \beta(x_i - \mu_X) + \varepsilon_i, \quad i = 1, 2, \cdots, n \end{cases} \tag{4.2.2}$$

为 Y 关于 X 的中心化回归方程及其模型, 表明回归方程过点 (μ_x, μ_y). 其中, $\beta = Cov(X, Y)/V(X) = \frac{\sigma_{XY}}{\sigma_X^2}$.

对 X 与 Y 标准化, 有

$$\left[\frac{(X - \mu_X)}{\sigma_X}, \frac{(Y - \mu_Y)}{\sigma_Y}\right]^T \sim N_2\left(0, \begin{bmatrix} 1 & \rho_{XY} \\ \rho_{YX} & 1 \end{bmatrix}\right) = N_2(0, \rho),$$

则称

$$\begin{cases} \dfrac{y-\mu_Y}{\sigma_Y} = \dfrac{\sigma_X}{\sigma_Y}\beta\left(\dfrac{x-\mu_X}{\sigma_X}\right) = \beta^*\left(\dfrac{x-\mu_X}{\sigma_X}\right) = \rho_{XY}\left(\dfrac{x-\mu_X}{\sigma_X}\right) \\ \dfrac{Y_i-\mu_Y}{\sigma_Y} = \beta^*\left(\dfrac{x_i-\mu_X}{\sigma_X}\right) + \varepsilon_i = \rho_{XY}\left(\dfrac{x_i-\mu_X}{\sigma_X}\right) + \varepsilon_i, \quad i=1,2,\cdots,n \end{cases}$$
(4.2.3)

为 Y 关于 X 的标准化直线回归方程及其模型. 其中, $\left(\dfrac{Y-\mu_Y}{\sigma_Y}\right) \sim N(0,1)$; ε_i 间相互独立且均服从 $N(0,\sigma^2)$; 在任一 $\dfrac{x_i-\mu_X}{\sigma_X}$ 处, $\dfrac{y_i-\mu_Y}{\sigma_Y} \sim N(0,\sigma^2)$.

4.2.2 β_0, β 的 LS 估计及统计性质

首先, 由样本 $(x_i, Y_i)(i=1,2,\cdots,n)$ 得到的有关样本信息为

$$\begin{cases} \hat{\mu}_X = \overline{X} = \dfrac{1}{n}\sum_{i=1}^n x_i, \quad \hat{\mu}_Y = \overline{Y} = \dfrac{1}{n}\sum_{i=1}^n y_i \\ l_{xx} = \sum_{i=1}^n (x_i-\bar{x})^2 = \sum_{i=1}^n x_i^2 - \left(\dfrac{1}{n}\sum_{i=1}^n x_i\right)^2 \\ l_{yy} = \sum_{i=1}^n (Y_i-\bar{y})^2 = \sum_{i=1}^n y_i^2 - \left(\dfrac{1}{n}\sum_{i=1}^n y_i\right)^2 \\ l_{XY} = \sum_{i=1}^n (X_i-\bar{x})(Y_i-\bar{y}) = \sum_{i=1}^n x_i y_i - \dfrac{1}{n}\left(\sum_{i=1}^n x_i\right)\left(\sum_{i=1}^n y_i\right) \end{cases}$$
(4.2.4)

则式 (4.2.2) 按样本信息可改写为

$$\begin{cases} y = \overline{Y} + \beta(x-\bar{x}) \\ Y_i = \overline{Y} + \beta(x_i-\bar{x}) + \varepsilon_i \\ \beta_0 = \overline{Y} - \beta\bar{x} \end{cases}$$
(4.2.5)

设 β 的 LS 估计为 $\hat{\beta}=b$. 则 β_0 和回归方程的估计分别为

$$b_0 = \hat{\beta}_0 = \overline{Y} - b\bar{x}, \quad \hat{y} = b_0 + bx = \overline{Y} + b(x-\bar{x})$$
(4.2.6)

按 LS 估计要求, b 应使残差估计 $\hat{\varepsilon} = Y_i - \hat{y}_i$ 的平方和满足

$$\begin{aligned} Q_e &= \sum_{i=1}^n \hat{\varepsilon}_i^2 = \sum_{i=1}^n (Y_i-\hat{y}_i)^2 = \sum_{i=1}^n [(Y_i-\overline{Y}) - b(x_i-\bar{x})]^2 \\ &= \sum_i (Y_i-\overline{Y})^2 - 2b\sum_i (x_i-\bar{x})(Y_i-\overline{Y}) + b^2\sum_i (x_i-\bar{x})^2 \\ &= l_{yy} - 2bl_{XY} + b^2 l_{XX} = \min \end{aligned}$$
(4.2.7)

由于 Q_e 为 b 的二次函数且 $l_{XX}>0$, 故有最小值, 即 b 应使

$$\frac{dQ_e}{db} = 2bl_{XX} - 2l_{XY} = 0 \Rightarrow l_{XX}b = l_{XY} \tag{4.2.8}$$

式 (4.2.8) 称为 LS 估计 b 的正则方程组, 解之得

$$b = \frac{l_{XY}}{l_{XX}} \tag{4.2.9}$$

由于在任一 $X = x_i$ 处, $Y_i \sim N(\beta_0 + \beta x_i, \sigma^2)$, 故可证 b, b_0 和回归方程 $\hat{y} = b_0 + bx = \overline{Y} + b(x - \bar{x})$ 有如下的分布:

$$\begin{cases} b \sim N\left(\beta, \dfrac{\sigma^2}{l_{XX}}\right) \\ b_0 \sim N\left[\beta_0, \left(\dfrac{1}{n} + \dfrac{\bar{x}^2}{l_{XX}}\right)\sigma^2\right] \\ \hat{y} = b_0 + bx = \overline{Y} + b(x - \bar{x}) \sim N\left[\beta_0 + \beta x, \left(\dfrac{1}{n} + \dfrac{(x-\bar{x})^2}{l_{XX}}\right)\sigma^2\right] \end{cases} \tag{4.2.10}$$

下面仅证 b 的分布, 其他自证. 由于 $l_{XY} = \sum\limits_i (x_i - \bar{x})(Y_i - \overline{Y}) = \sum\limits_i (x_i - \bar{x})Y_i$, 在 x_i 处 $Y_i \sim N(\beta_0 + \beta x_i, \sigma^2)$, 而 $b = \dfrac{l_{XY}}{l_{XX}} = \sum\limits_i (X_i - \overline{X})\dfrac{Y_i}{l_{XX}}$ 为 Y_i 的线性组合, 故 b 亦服从正态分布. 其期望和方差分别为

$$\begin{aligned} E(b) &= E\left(\frac{l_{XY}}{l_{XX}}\right) = \frac{1}{l_{XX}} E\left(\sum_i (x_i - \bar{x})(Y_i - \overline{Y})\right) \\ &= \frac{1}{l_{XX}} E\left(\sum_i (x_i - \bar{x})Y_i\right) = \frac{1}{l_{XX}} \left(\sum_i (x_i - \bar{x})E(Y_i)\right) \\ &= \frac{1}{l_{XX}} \sum_i (x_i - \bar{x})(\beta_0 + \beta x_i) = \frac{1}{l_{XX}} \sum_i (x_i - \bar{x})[\beta_0 + \beta x_i + \beta \bar{x} - \beta \bar{x}] \\ &= \frac{1}{l_{XX}} \left[\beta_0 \sum_i (x_i - \bar{x}) + \beta \bar{x} \sum_i (x_i - \bar{x}) + \beta \sum_i (x_i - \bar{x})^2\right] \\ &= \frac{\beta}{l_{XX}} \sum_i (x_i - \bar{x})^2 = \beta \end{aligned}$$

$$V(b) = V\left[\frac{1}{l_{XX}} \sum_i (x_i - \bar{x})Y_i\right] = \frac{1}{l_{XX}^2} \sum_i (x_i - \bar{x})^2 V(Y_i) = \frac{1}{l_{XX}^2} l_{XX} \sigma^2 = \frac{\sigma^2}{l_{XX}}$$

故有 $b \sim N\left(\beta, \dfrac{\sigma^2}{l_{XX}}\right)$. 上述推导中, x_i, l_{XX} 为一般变量.

4.2.3 回归模型有效性的方差分析及 σ^2 的无偏估计

上述从样本到散点图、回归方程的估计建立均在回归方程存在的假设前提下进行, 然而当回归方程建立后, 第一个要考虑的问题是: 自变量 x 是否真的按模型

(4.2.1) 对 y 影响呢? 为此要构造一个恰当的统计量来反映 x 对 y 影响的大小, 下面用方差分析的思想来解决这个问题.

图 4.2.2 为 n 个观测点 (x_i, Y_i) 的散点图, 各点散布在回归直线 $\hat{y} = b_0 + bx$ 为长轴的扁圆范围内. 在任一 $X = x_i$ 处, Y_i 的变因有 $\hat{\varepsilon}_i$ 和 $\hat{y}_i = b_0 + bx_i$ 两个, 即 $Y_i = \hat{y}_i + \hat{\varepsilon}_i$. 其中, $\hat{y}_i$ 受 x_i 控制, $\hat{\varepsilon}_i$ 因 ε_i 间相互独立不受 x_i 控制. 由正则方程组 (4.2.8) 知, $\sum\limits_i \hat{\varepsilon}_i = 0$ 且 $\overline{Y} = \bar{\hat{y}}$.

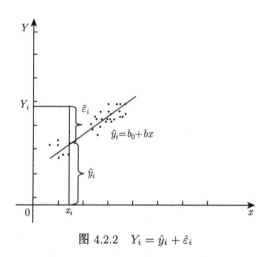

图 4.2.2 $Y_i = \hat{y}_i + \hat{\varepsilon}_i$

据 Y_i 的两个变因, Y_i 的总平方和 l_{yy} 可以分解为回归平方和 $U = \sum\limits_i (\hat{y}_i - \overline{Y})^2$ 和 $Q_e = \sum\limits_{i=1}^n \hat{\varepsilon}_i^2 = \sum\limits_{i=1}^n (Y_i - \hat{y}_i)^2$, l_{yy} 的自由度受 $\overline{Y}$ 约束, $f_Y = n - 1$; U 的自由度体现在 $y = \beta_0 + \beta x$ 中, 与 x 关联的项仅为 βx, 故 $f_U = 1$; Q_e 的自由度等于观测点数 n 减去 y 中两个参数 (β_0 和 β), 即 $f_e = n - 2$. 这样就有平方和及相应自由度的分解式:

$$\begin{cases} l_{yy} = U + Q_e \\ f_Y = f_U + f_e, \quad f_Y = n-1, \ f_U = 1, \ f_e = n-2 \end{cases} \qquad (4.2.11)$$

事实上,

$$U = \sum_i (\hat{y}_i - \overline{Y})^2 = \sum_i [b(x_i - \bar{x})]^2 = b^2 l_{XX} = b l_{XY}$$

$$Q_e = \sum_i (Y_i - \hat{y}_i)^2 = \sum_i \left[(Y_i - \overline{Y}) - b(x_i - \bar{x})\right]^2$$

$$= \sum_i (Y_i - \overline{Y})^2 + b^2 \sum_i (x_i - \bar{x})^2 - 2b \sum_i (Y_i - \overline{Y})(x_i - \bar{x})$$

$$=l_{yy} + b^2 l_{XX} - 2bl_{XY} = l_{yy} - b^2 l_{XX}$$
$$=l_{yy} - U$$

从理论上讲，f_Y, f_U 和 f_e 的自由度可由 $E(l_{yy})$, $E(U)$ 和 $E(Q_e)$ 中 σ^2 的系数确定. 由模型 (4.2.1) 有 $E(\overline{Y}) = \beta_0 + \beta \bar{x}$, $V(Y) = E(Y^2) - E^2(Y)$. 在 $X = x_i$ 处有: $V(Y_i) = \sigma^2$, 因而在 $X = x_i$ 处有

$$\begin{aligned} E(l_{yy}) &= \sum_i E(Y_i^2 - n\overline{Y}^2) \\ &= \sum_i \left[V(Y_i) + E^2(Y_i)\right] - n\left[V(\overline{Y}) + E^2(\overline{Y})\right] \\ &= \sum_i \left[\sigma^2 + (\beta_0 + \beta x_i)^2\right] - n\left[\frac{\sigma^2}{n} + (\beta_0 + \beta \bar{x})^2\right] \\ &= (n-1)\sigma^2 + \beta^2\left(\sum_i x_i^2 - n\bar{x}^2\right) = (n-1)\sigma^2 + \beta^2 l_{XX} \end{aligned}$$

$$\begin{aligned} E(U) &= E(b^2 l_{XX}) = l_{XX} E(b^2) = l_{XX}\left[V(b) - E^2(b)\right] \\ &= l_{XX}\left(\frac{\sigma^2}{l_{XX}} + \beta^2\right) = \sigma^2 + \beta^2 l_{XX} \end{aligned}$$

$$E(Q_e) = E(l_{yy}) - E(U) = (n-2)\sigma^2$$

上述表明, $f_Y = n - 1$, $f_U = 1$, $f_e = n - 2$.

式 (4.2.11) 在回归方程无效假设 $H_0 : \beta = 0$ 之下, 正如上节所述, 可定义两个相互等价的统计量 R^2 和 F 分布, 来度量线性模型 (4.2.1) 的拟合优度.

1. **决定系数 R^2**

$$0 \leqslant R^2 = \frac{U}{l_{yy}} = \frac{l_{XY}^2}{l_{XX} l_{YY}} = (r_{xy})^2 \leqslant 1 \tag{4.2.12}$$

R^2 称为 X 对 Y 的决定系数 (coefficient of determination), 直观意义为 x 所控制的回归平方和 U 占 Y 总变异 l_{yy} 的百分之几. r_{xy} 为 x 与 y 的相关系数, 表示 x 与 y 线性关系密切的程度. 当 $R^2 = 1$ 时, $r_{xy} = \pm 1$, 表示 x 与 y 完全相关; 当 $R = 0$ 时, $r_{xy} = 0$, 表示 x 与 y 间无线性关系且不相关.

式 (4.2.12) 告诉我们, 相关信息 R^2 在回归分析中含在 Q_e 中:

$$Q_e = l_{yy} - U = l_{yy}\left(1 - \frac{U}{l_{yy}}\right) = l_{yy}(1 - R^2) \tag{4.2.13}$$

这是所有回归分析的共性, 即自变量与因变量的相关特征在 Q_e 中的 R^2 中.

2. 回归模型无效假设 $H_0: \beta = 0$ 的 F 检验

由式 (4.2.11) 及 $E(l_{yy})$, $E(U)$ 和 $E(Q_e)$ 的结果知, 当 $H_0: \beta = 0$ 时, U 与 Q_e 相互独立且有

$$\frac{U}{\sigma^2} \sim \chi^2(1), \quad \frac{Q_e}{\sigma^2} \sim \chi^2(n-2) \tag{4.2.14}$$

故

$$F = \frac{U}{Q_e/(n-2)} = \frac{R^2}{(1-R^2)/(n-2)} \sim F(1, n-2) \tag{4.2.15}$$

显然, R^2 与 F 相互唯一决定.

对于直线回归来讲, $R^2 = r_{XY}^2 = r^2$, r 为 x 与 y 的相关系数. 由于在统计学上有 $F(1, n-2) = t^2(n-2)$, 故相关系数无效假设 $H_0: \rho = 0$ 的 t 检验为

$$t = \frac{r}{\sqrt{(1-r^2)/(n-2)}} \sim t(n-2) \tag{4.2.16}$$

即直线回归无效假设 $H_0: \beta = 0$ 的 F 检验 (式 (4.2.15)) 等价于相关系数的 t 检验 (式 (4.2.16)).

另外, 由于在 $X = x_i$ 处, Y_i 与 ε_i 的方差均为 σ^2. $\hat{\varepsilon}_i$ 有 n 个观测值, 其最大似然估计为 $\dfrac{Q_e}{n}$, 但它不是 σ^2 的无偏估计. 由式 (4.2.14) 知, 满足回归分析要求的 σ^2 的无偏估计为

$$\hat{\sigma}^2 = \frac{Q_e}{f_e} = \frac{Q_e}{n-2} \tag{4.2.17}$$

4.2.4 b_0 和 b 的假设检验与区间估计

回归分析在统计上应遵循科学性, 但在应用上应紧扣专业性. 统计上的科学性表现在: β_0, β 和 σ^2 估计的无偏性; b_0, b 和 R^2 的统计分布及由此所进行的有关假设检验和估计. 应用上的专业性系指回归参数 β_0 和 β 的数学意义和专业意义. β_0 在直线回归中为回归直线的截距, 即 $y|_{x=0} = \beta_0$; β 的数学意义为 $\dfrac{dy}{dx} = \beta$, 即 x 每变化一个单位时 y 的增量 (y 在 $X=x$ 处的速率, 或 $y|_{X=x}$ 的平均速率), 应用中应据数学意义赋予 β 的专业意义. 因而, b_0 和 b 虽是 β_0 和 β 的点估计, 还应对它们作出区间估计.

1. b 的假设检验与区间估计

由于 $b \sim N\left(\beta, \dfrac{\sigma^2}{l_{XX}}\right)$ (式 (4.2.10)), b 的方差估计为 $S_b^2 = \dfrac{\sigma^2}{l_{XX}} = \dfrac{Q_e}{(n-2)l_{XX}}$, 故 b 的无效假设 $H_0: \beta = 0$ 的 t 检验及显著时 β 的 $(1-\alpha) \times 100\%$ 的置信区间估计分别为

$$\begin{cases} t = \dfrac{b}{S_b} = \dfrac{b}{\sqrt{\dfrac{Q_e}{(n-2)l_{XX}}}} \sim t(n-2) \\ [b - t_\alpha(n-2)S_b, \, b + t_\alpha(n-2)S_b] \end{cases} \tag{4.2.18}$$

2. b_0 的假设检验与区间估计

据式 (4.2.10), b_0 的标准差 $S_{b_0} = \sqrt{\left(\dfrac{1}{n} + \dfrac{\bar{x}^2}{l_{XX}}\right)\dfrac{Q_e}{n-2}}$, 故 b_0 的无效假设 H_0: $\beta_0 = 0$ (回归直线过原点 (0,0)) 的 t 检验及显著时的 $(1-\alpha) \times 100\%$ 置信区间分别为

$$\begin{cases} t = \dfrac{b}{S_{b_0}} = \dfrac{b_0}{\sqrt{\left(\dfrac{1}{n} + \dfrac{\bar{x}^2}{l_{XX}}\right)\dfrac{Q_e}{(n-2)}}} \sim t(n-2) \\ [b_0 - t_\alpha(n-2)S_{b_0}, b_0 + t_\alpha(n-2)S_{b_0}] \end{cases} \quad (4.2.19)$$

这是不过原点回归直线的结果. 过原点回归直线在下一节讲.

【例 4.2.1】 测定某水稻品种在 5 月 5 日 ~ 8 月 5 日播种中 (每隔 10 天播一期), 播种至齐穗的天数 x 和播种至齐穗的总积温 Y (单位：日·℃) 的关系列于表 4.2.1. 试作回归分析.

表 4.2.1 x 与 Y 的关系

	观察值								和	平方和	交叉积和
x	70	67	55	52	51	52	51	60	64	522	30720	787733.4
Y	1616.3	1610.9	1440.0	1440.7	1423.3	1471.3	1421.8	1547.1	1533.0	13504.4	20312270.22	

$$\bar{x} = \dfrac{522}{9} = 58.0000, \quad \overline{Y} = \dfrac{13504.4}{9} = 1500.4889$$

$$l_{xx} = 30720 - \dfrac{522^2}{9} = 444.0000$$

$$l_{yy} = 20312270.22 - \dfrac{13504.4^2}{9} = 49068.0689$$

$$l_{xy} = 787733.4 - \dfrac{522 \times 13504.4}{9} = 4478.2000$$

$$r = \dfrac{4478.2000}{\sqrt{444.0000 \times 49068.0689}} = 0.9594^{**}$$

由自由度 $9 - 2 = 7$, 查附表 4 得 $r_{0.05} = 0.666$, $r_{0.01} = 0.798$, 故相关极显著, 说明回归直线及 X 对 Y 的影响也是极显著的. 决定系数 $r^2 = 0.9205$, 说明 x 一次项能控制 Y 的总变异的 92.05%, b_0 和 b 分别为

$$b = \dfrac{4478.2000}{444.0000} = 10.09^{**} \quad (\text{与 } r \text{ 同一统计量检验})$$

$$b_0 = 1500.4889 - 10.09 \times 58.0000 = 915.3$$

回归方程为 $\hat{y} = 915.3 + 10.09x$, Q_e 及 σ^2 的无偏估计分别为

$$Q = 49068.0689 - \dfrac{4478.2^2}{444} = 3900.7823$$

$$\hat{\sigma}^2 = \frac{Q}{n-2} = 557.2546$$

b_0 与 Y 的量纲相同 (均为日 · ℃), 生物学意义为有效积温. b_0 的标准差为

$$S_{b_0} = \sqrt{557.2546\left(\frac{1}{9} + \frac{58^2}{444}\right)} = 65.45$$

$$t = \frac{b_0}{S_{b_0}} = \frac{915.3}{65.45} = 13.985^{**}, \quad t_{0.01}(7) = 3.499$$

β_0 的 99% 的区间估计为

$$[b_0 - t_{0.01}S_{b_0}, b_0 + t_{0.01}S_{b_0}] = [686.29, 1144.31]$$

b 的生物学意义为发育起点温度 (单位: ℃), 其标准差为 $S_b = \sqrt{\frac{557.2546}{444}} = 1.12$, β 的 99% 置信区间为

$$[b - t_{0.01}S_b, b + t_{0.01}S_b] = [6.17, 14.01]$$

4.2.5 预测和控制

1. 预测

当直线回归方程显著时, 可利用它来预测 $X = x_0$ 处 Y_0 的情况 (x_0 必须在观察值 X 的范围内), 这里 $y_0 = E(Y|X = x_0)$.

由式 (4.2.10) 所示 $\hat{y} = b_0 + bx$ 的分布有:

(1) 平均值 y_0 的点预测:

$$\hat{y} = b_0 + bx_0 \tag{4.2.20}$$

(2) 平均值 y_0 的 $(1 - \alpha) \times 100\%$ 的预测区间为

$$[\hat{y}_0 - t_\alpha S_{\hat{y}_0}, \hat{y}_0 + t_\alpha S_{\hat{y}_0}] \tag{4.2.21}$$

其中,

$$S_{\hat{y}_0} = \sqrt{\hat{\sigma}^2\left(\frac{1}{n} + \frac{(x_0 + \bar{x})^2}{l_{xx}}\right)} \tag{4.2.22}$$

(3) 由于 $X = x_0$ 处, 个别值 Y_0 的分布为

$$Y_0 \sim N\left[\beta_0 + \beta x_0, \left(1 + \frac{1}{n} + \frac{(x_0 - \bar{x})^2}{l_{xx}}\right)\sigma^2\right] \tag{4.2.23}$$

故个别值 Y_0 的点预测为 $\hat{y}_0$，而 $(1-\alpha) \times 100\%$ 的预测区间为

$$[\hat{y}_0 - t_\alpha S_{Y_0}, \hat{y}_0 + t_\alpha S_{Y_0}] \tag{4.2.24}$$

其中，

$$S_{Y_0} = \sqrt{\hat{\sigma}^2 \left(1 + \frac{1}{n} + \frac{(x_0 - \bar{x})^2}{l_{xx}}\right)} \tag{4.2.25}$$

在【例 4.2.1】中，当 $x_0 = 65$ 时有

$$\hat{y}_0 = 1571.35, \quad S_{\hat{y}_0} = 11.11, \quad S_{Y_0} = 26.09$$

$t_{0.05}(n-2) = 2.365$，故 y_0 与 Y_0 的 95% 的预测区间分别为

$$[1571.35 - 2.365 \times 11.11, 1571.35 + 2.365 \times 11.11] = [1545.07, 1597.63]$$

$$[1571.35 - 2.365 \times 26.09, 1571.35 + 2.365 \times 26.09] = [1509.65, 1633.05]$$

结果表明：当 $x_0 = 65$ 天时，平均积温为 1571.35 日·℃. 有 95% 的可能，平均总积温落在 $[1545.07, 1597.63]$ 内，而个别值将落在 $[1509.65, 1633.05]$ 内.

2. 控制

控制问题是预测问题的反问题. 若要求 Y 值有 $(1-\alpha) \times 100\%$ 的可靠性在 $[Y_1, Y_2]$ 上取值，应把 x 控制在什么范围？由于 Y 的 $(1-\alpha) \times 100\%$ 的置信区间为 $\hat{y} \pm t_\alpha S_Y$，故上、下限间差 $2t_\alpha S_Y$. 当 n 与 l_{xx} 较大时，Y 在 x 处的方差 $S_Y^2 = \left(1 + \frac{1}{n} + \frac{(x-\bar{x})^2}{l_{xx}}\right)\hat{\sigma}^2$ 随着变小，回归的效果好. 在这种情况下，$S_Y \approx \hat{\sigma}$，因而 $\hat{y} \pm t_\alpha S_Y$ 近似为 $\hat{y} \pm t_\alpha \hat{\sigma}$，故应要求 $Y_1 - Y_2 \geqslant 2t_\alpha \hat{\sigma}$. 在这种情况下有

$$\begin{cases} Y_1 = b_0 + bx_1 - t_\alpha \hat{\sigma} \\ Y_2 = b_0 + bx_2 + t_\alpha \hat{\sigma} \end{cases} \tag{4.2.26}$$

解出 x_1 与 x_2，便得 x 的控制区间 $[x_1, x_2]$：

$$\begin{cases} x_1 = \frac{1}{b}(Y_1 + t_\alpha \hat{\sigma} - b_0) \\ x_2 = \frac{1}{b}(Y_2 - t_\alpha \hat{\sigma} - b_0) \end{cases} \tag{4.2.27}$$

对于【例 4.2.1】，当 Y 控制在 $[1450, 1600]$ 时，则

$$x_1 = \frac{1}{10.09}(1450 + 2.365\sqrt{557.2546} - 915.50) = 58.5$$

$$x_2 = \frac{1}{10.09}(1600 - 2.365\sqrt{557.2546} - 915.50) = 62.3$$

即要以 95% 的可靠性使 Y 控制在 $[1450, 1600]$ 内，则 x 应控制在 $[58.5, 62.3]$ 内.

4.2.6 关于线性均方回归

在 4.1 节, 我们曾讲到 LS 估计具有均方误差最小性质, 故此类回归称为均方回归. 本节所讲直线回归为线性均方回归 (linear mean square regession).

本节曾引用式 (1.2.17) 所示 $E(X_2|_{X_1=x_1})$ 结果. 下面, 我们用线性回归方式推导 $(X,Y)^T \sim N_2\left(\begin{bmatrix} \mu_X \\ \mu_Y \end{bmatrix}, \begin{bmatrix} \sigma_X^2 & \sigma_{XY} \\ \sigma_{YX} & \sigma_Y^2 \end{bmatrix}\right) = N_2(\mu, \Sigma)$ 的 $Y|_{X=x}$ 的分布.

由于 Y 关于 X 的回归是线性的, 在 $\varepsilon = Y - E(Y|_{X=x})$ 时, 可写成随机方式:

$$Y = \beta_0 + \beta X + \varepsilon, \quad \varepsilon = Y - E(Y|_{X=x}) \qquad (4.2.28)$$

其中, ε 为回归残差, 为一随机变量, 与 X 无关, 要求 $E(\varepsilon) = 0, V(\varepsilon) = V(Y|_{X=x})$.

对式 (4.2.28) 两边取期望得

$$\beta_0 = \mu_Y - \beta\mu_X \qquad (4.2.29)$$

对式 (4.2.28) 两边乘以 $(X - \mu_X)$ 得 $(X - \mu_X)(Y - \mu_Y) = \beta(X - \mu_X)(X - \mu_X) + (X - \mu_X)\varepsilon$, 两边取期望得

$$Cov(X,Y) = \beta V(X), \quad \beta = \frac{Cov(X,Y)}{V(X)} = \frac{\sigma_{XY}}{\sigma_X^2} \qquad (4.2.30)$$

故有

$$Y = \mu_Y + \beta(X - \mu_X) + \varepsilon = \mu_Y + \frac{\sigma_{XY}}{\sigma_X^2}(X - \mu_X) + \varepsilon$$

则

$$y = E(Y|_{X=x}) = \mu_Y + \beta(X - \mu_X) = \mu_Y + \frac{\sigma_{XY}}{\sigma_X^2}(X - \mu_X) \qquad (4.2.31)$$

由式 (4.2.28), $\varepsilon = Y - \beta_0 - \beta x$, 故

$$\begin{aligned} V(\varepsilon) &= E(\varepsilon^2) = Cov(Y - \beta_0 - \beta X, Y - \beta_0 - \beta X) \\ &= \sigma_Y^2 - 2\beta Cov(X,Y) + \beta^2 V(X) \\ &= \sigma_Y^2 - \beta\sigma_{XY} = \sigma_Y^2(1 - \rho_{XY}^2) \end{aligned} \qquad (4.2.32)$$

故 $Y|_{X=x} \sim N[E(Y|_{X=x}), V(\varepsilon)] = N\left[\mu_Y + \frac{\sigma_{XY}}{\sigma_X^2}(x - \mu_X), \sigma_Y^2(1 - \rho_{XY}^2)\right]$.

另外, 回归 (4.2.28) 具有最小均方误差 $E(\varepsilon^2)$:

$$\varepsilon = Y - \beta_0 - \beta X = (Y - \mu_Y) - \beta(X - \mu_X) + (\mu_Y - \beta_0 - \beta\mu_X)$$

自乘取期望得

$$E(\varepsilon^2) = \sigma_Y^2 - 2\beta Cov(X,Y) + \beta^2\sigma_X^2 + (\mu_Y - \beta_0 - \beta\mu_X)^2 \qquad (4.2.33)$$

即只有按式 (4.2.29) 和 (4.2.30), 取 $\beta_0 = \mu_Y - \beta\mu_X$ 和 $\beta = \sigma_{XY}/\sigma_X^2$ 时 $E(\varepsilon)$ 最小. 故式 (4.2.28) 称为均方线性回归. 由此可见最小二乘估计方法在回归分析中的重要性. 一般来讲, 若 Y 关于 X 的回归是非线性的, 则均方线性回归是它的最佳线性近似结果.

4.3 直线回归与相关中的几个问题

4.3.1 重复试验与失拟性检验

回归分析中, 如果在 n 个观察点处的前 k 个点重复观察 m 次, 其资料符号如表 4.3.1 所示, 则它为直线回归分析 (其他回归也如此) 带来了新信息: 在 $X = x_i$ 处, $\overline{Y}_i$ 是观察平均值, $\hat{y}_i = b_0 + bx_i$ 是预报平均值, 则 $(Y_{ij} - \overline{Y}_i)$ 为其真正的随机误差, 而且 $(\hat{y}_i - \overline{Y}_i)$ 过大就会产生失拟 (回归模型不当). 只有检验 $(Y_{ij} - \overline{Y}_i)$ 与 $(\hat{y}_i - \overline{Y}_i)$ 方差同质 (失拟性检验) 才能说所求回归直线是恰当的, 否则可得出直线回归模型对该资料是不当的. 这个现象告诉我们, 重大科研应在观测点上设置重复, 以解决失拟问题.

表 4.3.1

	x_1	x_2	$\cdots$	x_k	x_{k+1}	x_{k+2}	$\cdots$	x_n	总和	总平均
	Y_{11}	Y_{21}	$\cdots$	Y_{k1}	Y_{k+1}	Y_{k+2}	$\cdots$	Y_n		
	Y_{12}	Y_{22}	$\cdots$	Y_{k2}						
	$\vdots$	$\vdots$		$\vdots$						
	Y_{1m}	Y_{2m}	$\cdots$	Y_{km}						
列和	T_{Y1}	T_{Y2}	$\cdots$	T_{Yk}	Y_{k+1}	Y_{k+2}	$\cdots$	Y_n	T_Y	
列平均	$\overline{Y}_1$	$\overline{Y}_2$	$\cdots$	$\overline{Y}_k$	Y_{k+1}	Y_{k+2}	$\cdots$	Y_n		$\overline{Y}$

对于设置重复的表 4.3.1 数据, 直线回归的模型为

$$Y_{ij} = \beta_0 + \beta x_i + \varepsilon_{ij}, \quad i = 1, 2, \cdots, k; \quad Y_i = \beta_0 + \beta x_i + \varepsilon_i, \ i = k+1, \cdots, n \quad (4.3.1)$$

其回归分析较无重复观测多了 $k(m-1)$ 个点, 因而可按 $n + k(m-1)$ 个点用 4.1 节所示方法进行分析: β 和 β_0 的 LS 估计分别为 b 和 $b_0 = \bar{y} - b\bar{x}$, 回归方程为 $\hat{y} = b_0 + bx$, 其中

$$\bar{x} = \frac{m\sum_{i=1}^{k} x_i + \sum_{i=k+1}^{n} x_i}{n + k(m-1)}, \quad \overline{Y} = \frac{\sum_{i=1}^{k}\sum_{j=1}^{m} Y_{ij} + \sum_{i=k+1}^{n} Y_i}{n + k(m-1)} \quad (4.3.2)$$

而 b 应满足的条件为 $Q_e = \sum_{i=1}^{k}\sum_{j=1}^{m} \hat{\varepsilon}_{ij}^2 + \sum_{i=k+1}^{n} \hat{\varepsilon}_i^2 = \min$, 即

4.3 直线回归与相关中的几个问题

$$Q_e = \sum_{i=1}^{k}\sum_{j=1}^{m}\left[Y_{ij}-\overline{Y}-b(x_i-\bar{x})\right]^2 + \sum_{i=k+1}^{n}\left[Y_{ij}-\overline{Y}-b(x_i-\bar{x})\right]^2 = \min \quad (4.3.3)$$

其关于 b 的 LS 正则方程为

$$\frac{dQ_e}{db} = -2\bigg(\sum_{i=1}^{k}\sum_{j=1}^{m}\left[Y_{ij}-\overline{Y}-b(x_i-\bar{x})\right](x_i-\bar{x}) + \sum_{i=k+1}^{n}\left[Y_i-\overline{Y}-b(x_i-\bar{x})\right](x_i-\bar{x})\bigg) = 0$$

整理并求解：

$$mb\sum_{i=1}^{k}(x_i-\bar{x})^2 + b\sum_{i=k+1}^{n}(x_i-\bar{x})^2$$

$$=\sum_{i=1}^{k}\sum_{j=1}^{m}(Y_{ij}-\overline{Y})(x_i-\bar{x}) + \sum_{i=k+1}^{n}(Y_i-\overline{Y})(x_i-\bar{x})$$

$$=m\sum_{i=1}^{k}(\overline{Y}_i-\overline{Y})(x_i-\bar{x}) + \sum_{i=k+1}^{n}(Y_i-\overline{Y})(x_i-\bar{x}) \quad (4.3.4)$$

$$b = \frac{m\sum_{i=1}^{k}(\overline{Y}_i-\overline{Y})(x_i-\bar{x}) + \sum_{i=k+1}^{n}(Y_i-\overline{Y})(x_i-\bar{x})}{m\sum_{i=1}^{k}(x_i-\bar{x})^2 + \sum_{i=k+1}^{n}(x_i-\bar{x})^2} = \frac{l_{xy}}{l_{xx}} \quad (4.3.5)$$

而 $b_0 = \overline{Y} - b\bar{x}$. 这些都与 4.2 节所讲一样，只不过是通过 $n+k(m-1)$ 个点计算而已. 其中 l_{xx}, l_{xy} 和 l_{yy} 的计算如下：

$$\begin{cases} l_{xx} = m\sum_{i=1}^{k}(x_i-\bar{x})^2 + \sum_{i=k+1}^{n}(x_i-\bar{x})^2 = m\sum_{i=1}^{k}x_i^2 + \sum_{i=k+1}^{n}x_i^2 - \dfrac{\left(m\sum_{i=1}^{k}x_i + \sum_{i=k+1}^{n}x_i\right)^2}{n+k(m-1)} \\[2pt] l_{xy} = m\sum_{i=1}^{k}(\overline{Y}_i-\overline{Y})(x_i-\bar{x}) + \sum_{i=k+1}^{n}(Y_i-\overline{Y})(x_i-\bar{x}) \\[2pt] \quad = \sum_{i=1}^{k}\sum_{j=1}^{m}Y_{ij}x_i + \sum_{i=k+1}^{n}Y_ix_i - \dfrac{\left(\sum_{i=1}^{k}\sum_{j=1}^{m}Y_{ij} + \sum_{i=k+1}^{n}Y_i\right)\left(m\sum_{i=1}^{k}x_i + \sum_{i=k+1}^{n}x_i\right)}{n+k(m-1)} \\[2pt] l_{yy} = \sum_{i=1}^{k}\sum_{j=1}^{m}Y_{ij}^2 + \sum_{i=k+1}^{n}Y_i^2 - \dfrac{\left(\sum_{i=1}^{k}\sum_{j=1}^{m}Y_{ij} + \sum_{i=k+1}^{n}Y_i\right)^2}{n+k(m-1)} \end{cases}$$

$$(4.3.6)$$

b_0, b 和 $\hat{y} = b_0 + bx$ 的分布同式 (4.2.10), 只要将 n 改为 $n + k(m-1)$.

由于失拟问题是模型有效性的一个重要问题, 故必须从 l_{yy} 的分解做起:

$$\begin{cases} l_{yy} = \sum_{i=1}^{k}\sum_{j=1}^{m}(Y_{ij} - \overline{Y})^2 + \sum_{i=k+1}^{n}(Y_i - \overline{Y})^2 \\ = \sum_{i=1}^{k}\sum_{j=1}^{m}[(Y_{ij} - \overline{Y}_i) + (\overline{Y}_i - \hat{y}_i) + (\hat{y}_i - \overline{Y})]^2 + \sum_{i=k+1}^{n}[(Y_i - \hat{y}_i) + (\hat{y}_i - \overline{Y})]^2 \\ = \sum_{i=1}^{k}\sum_{j=1}^{m}(Y_{ij} - \overline{Y}_i)^2 + m\sum_{i=1}^{k}(\overline{Y}_i - \hat{y}_i)^2 + m\sum_{i=1}^{k}(\hat{y}_i - \overline{Y})^2 \\ \quad + \sum_{i=k+1}^{n}(Y_i - \hat{y}_i)^2 + \sum_{i=k+1}^{n}(\hat{y}_i - \overline{Y})^2 \\ = \sum_{i=1}^{k}\sum_{j=1}^{m}(Y_{ij} - \overline{Y}_i)^2 + \left[m\sum_{i=1}^{k}(\hat{y}_i - \overline{Y})^2 + \sum_{i=k+1}^{n}(\hat{y}_i - \overline{Y})^2\right] \\ \quad + \left[m\sum_{i=1}^{k}(\hat{y}_i - \overline{Y}_i)^2 + \sum_{i=k+1}^{n}(Y_i - \hat{y}_i)^2\right] \\ = Q_{误} + U + Q_{Lf} \\ f_y = n + k(m-1) - 1 \end{cases}$$
(4.3.7)

其中, 误差平方和为

$$Q_{误} = \sum_{i=1}^{k}\sum_{j=1}^{m}(Y_{ij} - \overline{Y}_i)^2, \quad f_{误} = k(m-1) \tag{4.3.8}$$

显然, $Q_{误} = \sum_{i=1}^{k}\sum_{j=1}^{m}\hat{\varepsilon}_{ij}^2$ 是真正随机误差 $\hat{\varepsilon}_{ij}$ 的总变异. 回归平方和为

$$\begin{cases} U = m\sum_{i=1}^{k}(\hat{y}_i - \overline{Y})^2 + \sum_{i=k+1}^{n}(\hat{y}_i - \overline{Y})^2 \\ = m\sum_{i=1}^{k}[b(x_i - \bar{x})]^2 + \sum_{i=k+1}^{n}[b(x_i - \bar{x})]^2 \\ = b^2\left[m\sum_{i=1}^{k}(x_i - \bar{x})^2 + \sum_{i=k+1}^{n}(x_i - \bar{x})^2\right] \\ = b^2 l_{xx} = bl_{xy} \\ = \dfrac{l_{xy}^2}{l_{xx}} \\ f_U = 1 \end{cases}$$
(4.3.9)

4.3 直线回归与相关中的几个问题

失拟平方和为

$$\begin{cases} Q_{Lf} = m\sum_{i=1}^{k}(\hat{y}_i - \overline{Y}_i)^2 + \sum_{i=k+1}^{n}(Y_i - \hat{y}_i)^2 \\ f_{Lf} = n - 2 \end{cases} \qquad (4.3.10)$$

综上所述有

$$l_{yy} = U + Q_{\text{误}} + Q_{Lf}, \quad f_y = f_U + f_{\text{误}} + f_{Lf} \qquad (4.3.11)$$

在 $H_0: \beta = 0$ 下有

$$\begin{cases} \dfrac{U}{\sigma^2} \sim \chi^2(1) \\ \dfrac{Q_{\text{误}}}{\sigma^2} \sim \chi^2(k(m-1)) \\ \dfrac{Q_{Lf}}{\sigma^2} \sim \chi^2(n-2) \end{cases}$$

在观测点有重复时, 有

$$Q_e = Q_{\text{误}} + Q_{Lf}, \quad f_e = n + k(m-1) - 2 \qquad (4.3.12)$$

若 $m = 1$ (无重复), 则 $Q_{\text{剩}}(Q_e) = Q_{Lf}$, 因而无法对失拟进行检验. 当有重复时, 首先对失拟性进行检验

$$F_1 = \frac{Q_{Lf}/f_{Lf}}{Q_{\text{误}}/f_{\text{误}}} \sim F(n-2, k(m-1)) \qquad (4.3.13)$$

然后对回归的有效性原假设 $H_0: \beta = 0$ 进行 F 检验

$$F_2 = \frac{U/f_U}{Q_e/f_e} \sim F(1, n + k(m-1) - 2) \qquad (4.3.14)$$

检验结果为: 若 F_1 不显著而 F_2 显著, 表明回归方程显著且无失拟问题 (模型恰当); 若 F_1 显著且 F_2 显著, 表明回归方程显著但模型存在失拟问题, 应选更合适的模型进行回归分析; 若 F_2 不显著, 表明直线回归不适合表 4.3.1 的资料.

关于 b_0, b 的检验和区间估计, 需要 σ^2 的估计. 当 F_1 不显著时,

$$\hat{\sigma}^2 = \frac{Q_{\text{误}} + Q_{Lf}}{f_{\text{误}} + f_{Lf}} = \frac{Q_e}{f_e} = \frac{Q_e}{n + k(m-1) - 2} \qquad (4.3.15)$$

当 F_1 显著时,

$$\hat{\sigma}^2 = \frac{Q_{\text{误}}}{f_{\text{误}}} = \frac{Q_{\text{误}}}{k(m-1)} \qquad (4.3.16)$$

【例 4.3.1】 对下列数据进行回归分析, 每个数据均重复两次 (表 4.3.2).

表 4.3.2

i	x_i	Y_{i1}	Y_{i2}	$\overline{Y}_i$
1	49.0	16.6	16.7	16.65
2	49.3	16.8	16.8	16.80
3	49.5	16.8	16.9	16.85
4	49.8	16.9	17.0	16.95
5	50.0	17.0	17.1	17.05
6	50.2	17.0	17.1	17.05

解 $n = k = 6$, $m = 2$. 由式 (4.3.6) 得

$$l_{xx} = m\sum_{i=1}^{n}(x_i - \bar{x})^2 = 2.0267, \quad \bar{x} = 49.6333$$

$$l_{yy} = \sum_{i=1}^{n}\sum_{j=1}^{m}(Y_{ij} - \overline{Y})^2 = 0.2692, \quad \overline{Y} = 16.8917, \quad f_y = mn - 1 = 11$$

$$l_{xy} = \sum_{i=1}^{n}\sum_{j=1}^{m}(Y_{ij} - \overline{Y})(x_i - \bar{x}) = m\sum_{i=1}^{n}(\overline{Y}_i - \overline{Y})(x_i - \bar{x}) = 0.6933$$

$$b = \frac{m\sum_{i=1}^{n}(\overline{Y}_i - \overline{Y})(x_i - \bar{x})}{m\sum_{i=1}^{n}(x_i - \bar{x})^2} = \frac{\sum_{i=1}^{n}(\overline{Y}_i - \overline{Y})(x_i - \bar{x})}{\sum_{i=1}^{n}(x_i - \bar{x})^2} = 0.3421$$

$$b_0 = \overline{Y} - b\bar{x} = -0.0884$$

$$\hat{y} = b_0 + bx = -0.0884 + 0.3421x$$

上式说明,在每一观察点重复 m 次,所求回归方程和 n 个点 $(x_i, \overline{Y}_i)$ 所求回归方程是一样的. 但是,回归分析中,用了 $2n$ 个点,精确度提高了.

由式 (4.3.9) 可知

$$U = m\sum_{i=1}^{n}(\hat{y}_i - \overline{Y})^2 = b^2 l_{xx} = (0.3421)^2 \times 2.0267 = 0.2372, \quad f_U = 1$$

由式 (4.3.10) 知

$$Q_{Lf} = m\sum_{i=1}^{n}(\hat{y}_i - \overline{Y}_i)^2 = m\sum_{i=1}^{n}[b(x_i - \bar{x}) - (\overline{Y}_i - \overline{Y})]^2$$

$$= m\sum_{i=1}^{n}(\overline{Y}_i - \overline{Y})^2 - b^2 l_{xx}$$

$$= 2 \times 0.1221 - U = 0.0070$$

4.3 直线回归与相关中的几个问题

$$f_{Lf} = n - 2 = 4$$

其中,
$$\sum_{i=1}^{n} (\overline{Y}_i - \overline{Y})^2 = 0.1221$$

$$Q_{\text{误}} = L_{yy} - U - Q_{Lf} = 0.0250, \quad f_{\text{误}} = n(m-1) = 6$$

$$F_1 = \frac{Q_{Lf}/f_{Lf}}{Q_{\text{误}}/f_{\text{误}}} = \frac{0.0070/4}{0.0250/6} = 0.4200 < F_{0.05}(4,6) = 4.53$$

说明 Q_{Lf} 是由随机误差引起的, 无失拟问题.

$$F_2 = \frac{U/f_U}{(Q_{Lf} + Q_{\text{误}})/(f_{Lf} + f_{\text{误}})} = \frac{0.2372/1}{(0.0070 + 0.0250)/(4+6)}$$
$$= 74.1250 > F_{0.01}(1,10) = 10.04$$

说明直线拟合得很好.
$$\hat{\sigma}^2 = \frac{Q_{Lf} + Q_{\text{误}}}{f_{Lf} + f_{\text{误}}} = 0.0032$$

有了 $\hat{\sigma}^2$, 据式 (4.2.10) 可以对 $b_0, b, \hat{y} = b_0 + bx$ 等进行检验和区间估计, 式 (4.2.10) 中的 n 改为 $n + n(m-1) = 2n$ (本例中 $m = 2$).

4.3.2 通过原点的回归直线

在许多情况下, $E(Y|X=0) = 0$, 即回归模型为

$$Y_i = \beta x_i + \varepsilon_i \tag{4.3.17}$$

或在 $Y_i = \beta_0 + \beta x_i + \varepsilon_i$ 时, $H_0: \beta_0 = 0$ 成立, 也要按式 (4.3.17) 进行分析. 对于 n 个观察点 (x_i, Y_i), β 的 LS 估计为

$$\hat{\beta} = b = \frac{\sum_{i=1}^{n} x_i Y_i}{\sum_{i=1}^{n} x_i^2} \tag{4.3.18}$$

且 $\hat{\beta} = b \sim N\left(\beta, \dfrac{\sigma^2}{\sum x_i^2}\right)$, 而

$$\hat{\sigma}^2 = \frac{1}{n-2}\left[\sum_{i=1}^{n} Y_i^2 - b^2 \sum_{i=1}^{n} x_i^2\right] \tag{4.3.19}$$

$H_0: \beta_0 = 0$ 由

$$t = \frac{b}{S_b} \sim t_\alpha(n-2) \tag{4.3.20}$$

检验. $S_b = \sqrt{\dfrac{\hat{\sigma}^2}{\sum\limits_{i=1}^{n} x_i^2}}$，$\beta$ 的 $(1-\alpha) \times 100\%$ 的置信区间为

$$[b - t_\alpha(n-2)S_b, b + t_\alpha(n-2)S_b] \tag{4.3.21}$$

在 $X = x_0$ 处平均预报 y_0 的 $(1-\alpha) \times 100\%$ 置信区间为

$$[\hat{y}_0 - t_\alpha(n-2)S_{\hat{y}_0}, \hat{y}_0 + t_\alpha(n-2)S_{\hat{y}_0}] \tag{4.3.22}$$

其中，$S_{\hat{y}_0}^2 = \hat{\sigma}^2 x_0^2 \Big/ \sum\limits_{i=1}^{n} x_i^2$. 在 $X = x_0$ 处个别预报 Y_0 的 $(1-\alpha) \times 100\%$ 置信区间为

$$[\hat{y}_0 - t_\alpha(n-2)S_{Y_0}, \hat{y}_0 + t_\alpha(n-2)S_{Y_0}] \tag{4.3.23}$$

其中，$S_{Y_0}^2 = \left(1 + x_0^2 \Big/ \sum\limits_{i=1}^{n} x_i^2\right)\hat{\sigma}^2$.

【例 4.3.1】的数据是用来制作实验室标准曲线的，按要求它应通过原点，因而需要检验 $H_0: \beta_0 = 0$，若 H_0 被拒绝，则说明试验中有系统误差，必须另作试验. 现对【例 4.3.1】检验 $H_0: \beta_0 = 0$,

$$S_{b_0} = \sqrt{\left(\dfrac{1}{n} + \dfrac{\overline{X}^2}{L_{xx}}\right)\hat{\sigma}^2} = \sqrt{\left(\dfrac{1}{12} + \dfrac{49.6333^2}{2.0267}\right)0.0032} = 1.9723$$

$$t = \dfrac{b_0}{S_{b_0}} = \dfrac{-0.0884}{1.9723} = -0.0448, \quad |t| < t_{0.05}(10) = 2.228$$

故 H_0 成立，说明回归方程 $\hat{y} = -0.088 + 0.34x$ 是过原点的，$b_0 = -0.088$ 是随机误差造成的，但不能用它作为标准曲线使用，需按模型 (4.3.18) 重新拟合. 由式 (4.3.18) 有

$$\hat{\beta} = b = \dfrac{\sum x_i y_i}{\sum x_i^2} = \dfrac{10061.37}{29563.64} = 0.3403$$

$$\hat{y} = 0.3403x$$

由式 (4.3.19)，σ^2 的估计为

$$\hat{\sigma}^2 = \dfrac{1}{10}\left[\sum_{i=1}^{n} Y_i^2 - b^2 \sum_{i=1}^{n} x_i^2\right] = \dfrac{1}{10}(3424.21 - 0.3403^2 \times 29563.64) = 0.0620$$

b 的检验结果为

$$S_b = \sqrt{\dfrac{\hat{\sigma}^2}{\sum x_i^2}} = 0.00145$$

4.3 直线回归与相关中的几个问题

$$t = \frac{b}{S_b} = \frac{0.3403}{0.00145} = 234.99 > t_{0.01}(10) = 3.169$$

检验表明, 标准曲线 $\hat{y} = 0.3403x$ 可以投入使用.

在实际应用中, 有时要检验回归直线过定点 (c, d) 的问题, 此时, 只要把观察点 (x, y) 变为 $(x - c, y - d)$ 就成为过原点的问题了.

4.3.3 k 条回归直线的比较

有 k 条回归直线, 其模型为

$$Y_{ij} = \beta_{0i} + \beta_i x_{ij} + \varepsilon_{ij}, \quad i = 1, 2, \cdots, k; j = 1, 2, \cdots, n_i \tag{4.3.24}$$

$n_1 + n_2 + \cdots + n_k = n$. 其中, ε_{ij} 相互独立且均服从 $N(0, \sigma^2)$. 分别用 n_i 个点拟合, 观察点计算结果为

$$\bar{x}_i, \bar{y}_i, l_{xx_i}, l_{xy_i}, l_{yy_i}, b_i = \frac{l_{xy_i}}{l_{xx_i}}, \quad b_{0i} = \bar{y}_i - b_i \bar{x}_i$$

回归平方和为

$$U_i = b_i^2 l_{xxi} = \frac{l_{xyi}^2}{l_{xxi}}$$

剩余平方和为

$$Q_{ei} = l_{yy_i} - U_i$$

经检验 k 条回归直线

$$\hat{y}_i = b_{0i} + b_i x = \bar{y}_i + b_i(x - \bar{x}_i), \quad i = 1, 2, \cdots, k$$

均显著. 下面比较它们的异同.

1. 重合性检验

要检验的无效假设为

$$H_0: \beta_{01} = \beta_{02} = \cdots = \beta_{0k} = \beta_0, \quad \beta_1 = \beta_2 = \cdots = \beta_k = \beta$$

把所有的样本合在一起拟合 $y = \beta_0 + \beta x, \beta_0$ 和 β 的最小二乘估计分别为 b_0, b, 则它们应使

$$Q_{e\text{重}} = \sum_{i=1}^{k} \sum_{j=1}^{n_i} (Y_{ij} - b_0 - bx_{ij})^2 = \min \tag{4.3.25}$$

对 $Q_{e\text{重}}$ 关于 b_0, b 求偏导并令其等于零得正则方程组, 解之得

$$\begin{cases} b = \dfrac{\sum\limits_{i=1}^{k}\sum\limits_{j=1}^{n_i}(Y_{ij}-\overline{Y})(x_{ij}-\bar{x})}{\sum\limits_{i=1}^{k}\sum\limits_{j=1}^{n_i}(x_{ij}-\bar{x})^2} = \dfrac{\sum\limits_{i=1}^{k} l_{xy_i}}{\sum\limits_{i=1}^{k} l_{xx_i}} \\ b_0 = \overline{Y} - b\bar{x} \\ \bar{x} = \dfrac{1}{n}\sum\limits_{i}\sum\limits_{j} x_{ij} \\ \overline{Y} = \dfrac{1}{n}\sum\limits_{i}\sum\limits_{j} Y_{ij} \end{cases} \tag{4.3.26}$$

代入 $Q_{e\text{重}}$ 得

$$\begin{cases} Q_{e\text{重}} = \sum\limits_{i}\sum\limits_{j}(Y_{ij}-\overline{Y})^2 - b^2\sum\limits_{i}\sum\limits_{j}(x_{ij}-\bar{x})^2 \\ f_{e\text{重}} = n - 2 \end{cases} \tag{4.3.27}$$

由于各样本的方差 σ^2 是一样的,k 条回归直线的剩余平方和为

$$\begin{cases} Q_{e\Sigma} = \sum\limits_{i=1}^{k} Q_{ei} = \sum\limits_{i=1}^{k} L_{yy_i} - \sum\limits_{i=1}^{k}\left(\dfrac{l_{xy_i}^2}{l_{xx_i}}\right) \\ f_{ei} = n_i - 2, \quad f_{e\Sigma} = n - 2k \end{cases} \tag{4.3.28}$$

差 $Q_{e\text{重}} - Q_{e\Sigma}$ 主要是由 k 条回归直线并成一条回归直线引起的,其中,少了 $k-1$ 个 b_{0i} 和 $k-1$ 个 b_i. 因而检验重合性的无效假设的统计量为

$$F_{\text{重}} = \dfrac{(Q_{e\text{重}} - Q_{e\Sigma})/2(k-1)}{Q_{e\Sigma}/(n-2k)} \sim F(2(k-1), n-2k) \tag{4.3.29}$$

如果 H_0 被接受,则 k 条直线重合. b_0, b 和 $\hat{y} = b_0 + bx$ 的分布可参阅式 (4.2.10),$n = \sum\limits_{i} n_i$. 当重合性被拒绝,可进行平行性或共截距性检验,两者是不相容的.

2. 平行性检验

要检验的无效假设为

$$H_0: \beta_1 = \beta_2 = \cdots = \beta_k = \beta, \quad \beta_{0i} \text{ 不全相等}$$

设 β_{0i} 与 β 的最小二乘估计为 b_{0i} 与 b,则它们应使

$$Q_{e\text{平}} = \sum\limits_{i=1}^{k}\sum\limits_{j=1}^{n_i}(Y_{ij} - b_{0i} - bx_{ij})^2 = \min \tag{4.3.30}$$

对 $Q_{e\text{平}}$ 求关于 b_{0i} 与 b 的偏导数,令其等于零得正则方程组,解之得

4.3 直线回归与相关中的几个问题

$$\begin{cases} b_{0i} = \overline{Y}_i - b\bar{x}_i, \quad i=1,2,\cdots,k \\ b = \sum_{i=1}^{k} l_{xy_i} \Big/ \sum_{i=1}^{k} l_{xx_i} \end{cases} \tag{4.3.31}$$

代入 $Q_{e\Psi}$ 得

$$\begin{cases} Q_{e\Psi} = \sum_{i=1}^{k} l_{yy_i} - b^2 \sum_{i=1}^{k} l_{xx_i} = \sum_{i=1}^{k} l_{yy_i} - \dfrac{\left(\sum\limits_{i=1}^{k} l_{xy_i}\right)^2}{\sum\limits_{i=1}^{k} l_{xx_i}} \\ f_{e\Psi} = n-k-1, \quad \hat{\sigma}^2 = Q_{e\Psi}/f_{e\Psi} \end{cases} \tag{4.3.32}$$

b 与 b_{0i} 的标准差分别为

$$S_b = \sqrt{\dfrac{\hat{\sigma}^2}{\sum\limits_{i=1}^{k} l_{xx_i}}}, \quad S_{b_{0i}} = \sqrt{\left(\dfrac{1}{n_i} + \bar{x}_i^2 \Big/ \sum_{i=1}^{k} l_{xx_i}\right)\hat{\sigma}^2} \tag{4.3.33}$$

差 $Q_{e\Psi} - Q_{e\Sigma}$ 是由于 k 条回归直线共有一个回归系数和不同的回归截距引起的,因此 $Q_{e\Psi} - Q_{e\Sigma}$ 的自由度为 $k-1$, 故检验平行性的统计量为

$$F_\Psi = \dfrac{(Q_{e\Psi} - Q_{e\Sigma})/(k-1)}{Q_{e\Sigma}/(n-2k)} \sim F(k-1, n-2k) \tag{4.3.34}$$

平行性假设被接受后, b 与 b_{0i} 的区间估计及检验可用 $t_\alpha(n-2k)$ 及式 (4.3.33) 等计算.

当 $k=2$, 即检验两条回归直线平行, 由于

$$Q_{e\Psi} - Q_{e\Sigma} = b_1^2 l_{xx_1} + b_2^2 l_{xx_2} - b^2(l_{xx_1} + l_{xx_2}) = (b_1 - b_2)^2 l_{xx_1} l_{xx_2}/(l_{xx_1} + l_{xx_2})$$

故检验 $H_0: \beta_1 = \beta_2$ 的统计量为

$$F = \dfrac{(b_1 - b_2)^2}{Q_{e\Sigma}\left(\dfrac{1}{l_{xx_1}} + \dfrac{1}{l_{xx_2}}\right)\Big/(n_1 + n_2 - 4)} \sim F(1, n_1 + n_2 - 4) \tag{4.3.35}$$

或

$$t = \dfrac{b_1 - b_2}{\sqrt{Q_{e\Sigma}\left(\dfrac{1}{l_{xx_1}} + \dfrac{1}{l_{xx_2}}\right)\Big/(n_1 + n_2 - 4)}} \sim t(n_1 + n_2 - 4) \tag{4.3.36}$$

即 $b_1 - b_2$ 的标准差为 $S_{b_1-b_2} = \sqrt{Q_{e\Sigma}\left(\dfrac{1}{l_{xx_1}} + \dfrac{1}{l_{xx_2}}\right) \Big/ (n_1 + n_2 - 4)}$

3. 共截距性检验

检验的无效假设为

$$H_0: \beta_{01} = \beta_{02} = \cdots = \beta_{0k} = \beta_0, \quad \beta_i \text{ 不全相等}$$

设 β_0 与 β_i 的 LS 估计为 b_0 与 b_i,则应使

$$Q_{e共} = \sum_{i=1}^{k}\sum_{j=1}^{n_i}(y_{ij} - b_0 - b_i x_{ij})^2 = \min$$

则 $Q_{e共}$ 关于 b_0 与 b_i 求偏导数,并令其等于零得正则方程组为

$$\begin{cases} \sum\limits_{i=1}^{k}\sum\limits_{j=1}^{n_i}(Y_{ij} - b_0 - b_i x_{ij}) = 0 \\ \sum\limits_{j=1}^{n_i}(Y_{ij} - b_0 - b_i x_{ij})x_{ij} = 0, \quad i = 1, 2, \cdots, k \end{cases} \tag{4.3.37}$$

结果为

$$\begin{cases} \left[n - \sum\limits_{i=1}^{k}\left(\dfrac{\left(\sum\limits_{j}x_{ij}\right)^2}{\sum\limits_{j}x_{ij}^2}\right)\right]b_0 = \sum\limits_{i}\sum\limits_{j}Y_{ij} - \sum\limits_{i=1}^{k}\left(\dfrac{\sum\limits_{j}x_{ij}\sum\limits_{j}Y_{ij}x_{ij}}{\sum\limits_{j}x_{ij}^2}\right) \\ b_i = \dfrac{\sum\limits_{j}(Y_{ij} - b_0)x_{ij}}{\sum\limits_{j}x_{ij}^2}, \quad i = 1, 2, \cdots, k \end{cases}$$

$$\tag{4.3.38}$$

共截距的剩余平方和及自由度为

$$Q_{e共} = \sum_{i=1}^{k}\sum_{j=1}^{n_i}(y_{ij} - b_0 - b_i x_{ij})^2, \quad f_{e共} = k - 1 \tag{4.3.39}$$

检验共截距的无效假设的统计量为

$$F_{共} = \dfrac{(Q_{e共} - Q_{e\Sigma})/(k-1)}{Q_{e\Sigma}/(n-2k)} \sim F(k-1, n-2k) \tag{4.3.40}$$

当 $k=2$ 时,$b_{01} - b_{02}$ 的标准差为

$$S_{b_{01}-b_{02}} = \sqrt{\dfrac{Q_{e\Sigma}}{n_1 + n_2 - 4}\left(\dfrac{1}{n_1} + \dfrac{1}{n_2} + \dfrac{\bar{x}_1^2 + \bar{x}_2^2}{l_{xx_1} + l_{xx_2}}\right)} \tag{4.3.41}$$

4.3 直线回归与相关中的几个问题

在 $H_0 : \beta_{01} = \beta_{02}$ 之下,

$$t = \frac{b_{01} - b_{02}}{S_{b_{01}-b_{02}}} \sim t(n_1 + n_2 - 4) \tag{4.3.42}$$

综上所述, 若重合性检验成立, 则平行性与共点性检验就无需再进行了; 若重合性检验显著, 要么平行, 要么共截距, 两者不能同时成立; 若平行性检验成立, 则按式 (4.3.31) 来求回归方程; 若共截距性检验成立, 则按式 (4.3.38) 来求回归方程.

在共截距性检验中, 若要检验它们都要交于直线 $x = c$ 上, 只需将 x_{ij} 换成 $x_{ij} - c$, 在 $x = c$ 上的交点的 y 坐标仍用式 (4.3.38) 中的 b_0 来估计.

在实际研究中, 可能重合、平行和共截距等假设都被拒绝, 这时可细致观察各回归直线的情况, 把它们分成几类, 如重合类、平行类、共截距类等.

k 个回归直线的比较, 事实上是单因素完全随机试验的协方差分析, 其中 y 为方差分析变量, x 为协变量. 这里一个处理就是一个回归方程. k 个处理就是 k 个回归方程. 因此, k 条回归直线的比较就是 k 个处理的比较. k 条回归直线的比较可进行如下面表 4.3.3 的分析, 它既是例子, 又把 k 条回归直线的比较方法进行了格式化.

【例 4.3.2】 测定玉米地方品种 "石榴子" 和 "七叶白" 的叶片长宽乘积 x(单位: cm^2) 和叶面积 Y(单位: cm^2) 的关系, 经计算得

石榴子

$$\bar{x}_1 = 319.83, \quad \overline{Y}_1 = 223.94, \quad n_1 = 18$$

$$l_{xx_1} = 1070822, \quad l_{yy_1} = 516863, \quad l_{xy_1} = 743652$$

回归方程为

$$\hat{y}_1 = 1.83 + 0.69447 x_1, \quad Q_{e1} = 420, \quad f_{e1} = 16$$

七叶白

$$\bar{x}_2 = 408.54, \quad \overline{Y}_2 = 284.63, \quad n_2 = 22$$

$$l_{xx_2} = 1351824, \quad l_{yy_2} = 658513, \quad l_{xy_2} = 942483$$

回归方程为

$$\hat{y}_2 = -0.20 + 0.69719 x_2, \quad Q_{e2} = 1420, \quad f_{e2} = 20$$

下面进行重合性检验. 把所有的样本合在一起计算, 由式 (4.3.26) 得

$$\bar{x} = 368.63, \quad l_{xx} = 2500557.375, \quad l_{yy} = 1211842.775, \quad \overline{Y} = 257.33$$

$$l_{xy} = 1739437.875, \quad b = \frac{l_{xy}}{l_{xx}} = 0.6956, \quad b_0 = \overline{Y} - b\bar{x} = 0.9036$$

$$r = \frac{l_{xy}}{\sqrt{l_{xx} l_{yy}}} = 0.9992^{**}$$

回归方程为
$$\hat{y} = 0.9036 + 0.6956x$$

因为
$$Q_{e\sum} = Q_{e1} + Q_{e2} = 1840$$

由式 (4.3.27),
$$Q_{e重} = L_{yy} - b^2 l_{xx} = 1211842.775 - 0.6956^2 \times 2500557.375 = 1924.6839$$

由式 (4.3.29),
$$F_{重} = \frac{(Q_{e重} - Q_{e\Sigma})/2(k-1)}{Q_{e\Sigma}/(n-2k)} = \frac{(1924.6839 - 1840)/2}{1840/(40-4)}$$
$$= 0.8284 < F_{0.05}(2, 40) = 3.23$$

因此，故接受重合性假设. 两品种的回归方程可用同一回归方程 $\hat{y} = 0.9036 + 0.6956x$ 表示.

【例 4.3.3】 为研究三个水稻品种从播种至出穗的总积温 Y (日·℃) 与天数 x 的关系，在同一管理条件下，分别观察了 7 个点，进行回归分析，试比较之.

有关平均值计算如下：

$$\bar{x}_1 = 59.00, \quad \overline{Y}_1 = 1399.7, \quad \bar{x}_2 = 56.86, \quad \overline{Y}_2 = 1483.4$$

$$\bar{x}_3 = 68, \quad \overline{Y}_3 = 1621.6, \quad \bar{x} = 61.29, \quad \overline{Y} = 1491.6$$

其他有关计算列于表 4.3.3 中.

表 4.3.3

	(1)	(2)	(3)	(4)	$(5)=\frac{(4)}{(2)}$	(6)	(7)=(1)−1	$(8)=(3)-\frac{(4)^2}{2}$	(9)
	DF	l_{xxi}	l_{yyi}	l_{xyi}	b_i	$b_{0i} = \overline{Y}_i - b_i \bar{x}_i$	DF	Q_{ei}	$Q_{e\Sigma}$
品种 1	6	738	97939.4	8364.0	11.33	701.23	5	3147.4	
品种 2	6	394.9	50109.7	4291.4	10.87	865.33	5	3474.8	7807.9
品种 3	6	928.0	151457.7	11809.0	12.72	756.64	5	1185.7	
品种内(平行性)	18	2060.9	299506.8	244644	11.87	用各自的 b_{0i}	17	9096.4	
(重合性)	20	2550.3	522215.0	32776.5	12.85	$b_0 = \overline{Y} - b\bar{x} = 704.02$	19	100970.9	

各品种的回归方程为

$$\hat{y}_1 = 701.23 + 11.33x, \quad Q_{e1} = 3147.4, \quad f_{e1} = 5, \quad r_1 = 0.9900^{**}$$
$$\hat{y}_2 = 865.33 + 10.87x, \quad Q_{e2} = 3474.8, \quad f_{e2} = 5, \quad r_2 = 1.00^{**}$$
$$\hat{y}_3 = 756.64 + 12.72x, \quad Q_{e3} = 1185.7, \quad f_{e3} = 5, \quad r_3 = 0.9961^{**}$$

4.3 直线回归与相关中的几个问题

首先进行重合性检验, 即检验

$$H_0: \beta_{01} = \beta_{02} = \beta_{03} = \beta_0, \quad \beta_1 = \beta_2 = \beta_3 = \beta$$

$$F = \frac{(Q_{e\text{重}} - Q_{e\Sigma})/2(k-1)}{Q_{e\Sigma}/(n-2k)} = \frac{(100970.9 - 7807.9)/4}{7807.9/15} = 44.74^{**}$$

即重合性不能成立 $(k=3, n=21, F_{0.01}[2(k-1), n-2k] = F_{0.01}(4,15) = 4.89)$.

平行性检验, 即检验

$$H_1: \beta_1 = \beta_2 = \beta_3 = \beta$$

$$F = \frac{(Q_{e\text{平}} - Q_{e\Sigma})/(k-1)}{Q_{e\Sigma}/(n-2k)} = \frac{(9096.4 - 7807.9)/2}{7807.9/15} = 1.24 < F_{0.05}(2,15) = 3.68$$

表明平行性成立. 故据式 (4.3.31) 得三个品种的回归方程应为

$$\hat{y}_1 = 639.37 + 11.87x$$
$$\hat{y}_2 = 709.57 + 11.87x$$
$$\hat{y}_3 = 814.44 + 11.87x$$

结果表明, 这三个品种的出穗起点温度是相同的, 但对有效积温要求不同.

4.3.4 相关系数的进一步分析

1. 相关系数等于一个常数的检验 $(H_0: \rho = c, c \neq 0)$

相关系数用式 (4.2.16) 仅能检验 $H_0: \rho = 0$, 若 H_0 被拒绝, 即 $H_A: \rho \neq 0$ 成立. 用 (4.2.16) 不能对 ρ 作出区间估计. 因为 r 的分布在 $|\rho|$ 很小时才接近正态分布; 当 $\rho = 0.5$ 时, 已有明显的偏态; 当 $|\rho| \geq 0.9$ 时, 即使样本容量 > 100, r 的分布也不近似正态, 因而不能用式 (4.2.16) 的检验进行 $H_0: \rho = c \ (c \neq 0)$ 的检验及对 ρ 进行区间估计. 但是如将 r 变换成 z,

$$z = \begin{cases} \frac{1}{2}\ln\left(\frac{1+r}{1-r}\right), & r > 0 \\ -\frac{1}{2}\ln\left(\frac{1+|r|}{1-|r|}\right), & r < 0 \end{cases} \quad (4.3.43)$$

则 z 近似服从正态分布 $N(\mu_z, \sigma_z^2)$, 其中,

$$\begin{cases} \mu_z = \begin{cases} \frac{1}{2}\ln\left(\frac{1+\rho}{1-\rho}\right), & \rho > 0 \\ -\frac{1}{2}\ln\left(\frac{1+|\rho|}{1-|\rho|}\right), & \rho < 0 \end{cases} \\ \sigma_z^2 = \frac{1}{\sqrt{n-3}} \end{cases} \quad (4.3.44)$$

因而,可用标准正态的 u 检验

$$u = \frac{z - \mu_z}{\sigma_z} \sim N(0,1) \tag{4.3.45}$$

来检验 $H_0: \rho = c$, $H_A: \rho \neq c$. 其中,常数 $c \neq 0$. 即当用式 (4.2.16) 检验 $H_0: \rho = 0$ 被拒绝后,可用 r 通过式 (4.3.43) 计算 z,用 $\rho = c$ 通过式 (4.3.44) 计算 μ_z, $\sigma_z = \dfrac{1}{\sqrt{n-3}}$,便可由式 (4.3.45) 计算 u. 当 $u \leqslant u_{0.05} = 1.96$ 或 $u \leqslant u_{0.01} = 2.576$, 便可接受 $H_0: \rho = c$. 当 u 检验显著时,μ_z 的 $(1-\alpha) \times 100\%$ 的置信区间为

$$\begin{cases} [z - u_\alpha \sigma_z, z + u_\alpha \sigma_z] = [\mu_1, \mu_2], & z > 0 \\ [z + u_\alpha \sigma_z, z - u_\alpha \sigma_z] = [\mu_1, \mu_2], & z < 0 \end{cases} \tag{4.3.46}$$

用式 (4.3.43) 的反变换可得 ρ 的 $(1-\alpha) \times 100\%$ 的置信区间:

$$\begin{cases} \left[\dfrac{e^{2\mu_1} - 1}{e^{2\mu_1} + 1}, \dfrac{e^{2\mu_2} - 1}{e^{2\mu_2} + 1} \right] = [r_1, r_2], & z > 0 \\ \left[-\dfrac{e^{-2\mu_1} - 1}{1 + e^{-2\mu_1}}, -\dfrac{e^{-2\mu_2} - 1}{1 + e^{-2\mu_2}} \right] = [r_1, r_2], & z < 0 \end{cases} \tag{4.3.47}$$

【例 4.3.4】 若 $n = 12$, $r = 0.9394^{**}$,试检验与 $\rho = 0.91$ 的差异显著性,并给出 95% 的置信区间.

$$z = \frac{1}{2} \ln\left(\frac{1+r}{1-r}\right) = \frac{1}{2} \ln\left(\frac{1+0.9394}{1-0.9394}\right) = \frac{1}{2} \ln 32.00 = 1.7329$$

$$\mu_z = \frac{1}{2} \ln\left(\frac{1+\rho}{1-\rho}\right) = \frac{1}{2} \ln\left(\frac{1+0.91}{1-0.91}\right) = \frac{1}{2} \ln 21.22 = 1.5275$$

$$\sigma_z = \frac{1}{\sqrt{n-3}} = \sqrt{\frac{1}{12-3}} = 0.3333$$

$$u = \frac{1.7329 - 1.5275}{0.3333} = 0.6163$$

已知 $\mu_{0.05} = 1.96$,应接受 $H_0: \rho = 0.91$,即 $r = 0.9394$ 可能来自 $\rho = 0.91$ 的总体.

由于 $z = 1.7329 > 0$,故 μ_z 的 95% 置信区间的下限 μ_1 与上限 μ_2 分别为

$$\mu_1 = 1.7329 - 1.96 \times 0.3333 = 1.0796$$
$$\mu_2 = 1.7329 + 1.96 \times 0.3333 = 2.3862$$

相关系数 ρ 的 95% 的置信区间的下限 r_1 与上限 r_2 分别为

$$r_1 = \frac{e^{2\mu_1} - 1}{e^{2\mu_1} + 1} = \frac{e^{2.1592} - 1}{e^{2.1592} + 1} = \frac{8.6642 - 1}{8.6642 + 1} = 0.7931$$

$$r_2 = \frac{e^{2\mu_2} - 1}{e^{2\mu_2} + 1} = \frac{e^{4.7725} - 1}{e^{4.7725} + 1} = \frac{118.2144 - 1}{118.2144 + 1} = 0.9832$$

结果表明,x 与 y 间的总体相关系数 ρ 被区间 $[0.7931, 0.9832]$ 包含的置信概率为 95%. 显然 $r = 0.9394$ 并不在置信区间的中心,即 r 的分布是偏态而不是正态.

2. 两个相关系数的比较

由两个样本估计两个相关系数 r_1, r_2, 各自的样本容量为 n_1, n_2. r_1 来自相关系数 ρ_1 的总体, r_2 来自相关系数 ρ_2 的总体. 检验 r_1 与 r_2 的差异显著性, 其无效假设为 $H_0: \rho_1 = \rho_2, H_A: \rho_1 \neq \rho_2$. 这一检验必须对 r 进行式 (4.3.43) 的 z 变换, 即把 r_1 变换成 z_1, 把 r_2 变换成 z_2, $z_1 - z_2$ 的标准差为

$$\sigma_{z_1-z_2} = \sqrt{\frac{1}{n_1 - 3} + \frac{1}{n_2 - 3}} \tag{4.3.48}$$

在 $H_0: \mu_{Z_1} = \mu_{Z_2}$(等价于 $H_0: \rho_1 = \rho_2$) 成立时用

$$u = \frac{z_1 - z_2}{\sigma_{z_1-z_2}} \sim N(0,1) \tag{4.3.49}$$

来检验 r_1 与 r_2 的差异显著性.

【例 4.3.5】 在研究贵阳水牛时, 用 39 头牛的实例测数据, 得体重与胸围间的相关系数为 $r_1 = 0.8256^{**}$, 体重与体斜长的相关系数为 $r_2 = 0.6678^{**}$. 试比较 r_1 与 r_2 的差异显著性.

$$z_1 = \frac{1}{2} \ln\left(\frac{1 + 0.8256}{1 - 0.8256}\right) = \frac{1}{2} \ln \frac{1.8256}{0.1744} = 1.1742$$

$$z_2 = \frac{1}{2} \ln\left(\frac{1 + 0.6678}{1 - 0.6678}\right) = \frac{1}{2} \ln \frac{1.6678}{0.3322} = 0.8068$$

$$\sigma_{z_1-z_2} = \sqrt{\frac{1}{39-3} + \frac{1}{39-3}} = 0.2357$$

$$u = \frac{z_1 - z_2}{\sigma_{z_1-z_2}} = \frac{1.1742 - 0.8068}{0.2357} = 1.56$$

$u_{0.05} = 1.96$, 说明体重与胸围、体重与体斜长间的相关本质上是相等的, 即应接受 $H_0: \rho_1 = \rho_2 = \rho, \rho$ 的估计为 $r_1 = \dfrac{l_{xy_1}}{\sqrt{l_{xx_1} l_{yy_1}}}$ 与 $r_2 = \dfrac{l_{xy_2}}{\sqrt{l_{xx_2} l_{yy_2}}}$ 的合并, 合并形式为

$$\hat{\rho} = r = \frac{l_{xy_1} + l_{xy_2}}{\sqrt{(l_{xx_1} + l_{xx_2})(l_{yy_1} + l_{yy_2})}} = 0.7496$$

该结果说明, 胸围与体斜长对体重来说是同等重要的因素. 如进一步要对 ρ 作出区间估计, 可按式 (4.3.46) 和式 (4.3.47) 进行.

第 5 章 多元线性回归与其通径、决策分析

本章在多元正态分布下, 讲述一个因变量的多元线性回归与相关、通径分析及其决策分析、多项式回归和趋势面分析.

5.1 多元线性回归与相关分析

5.1.1 多元线性均方回归

设 $(Y, X_1, X_2, \cdots, X_m)^\mathrm{T} \sim N_{m+1}(\mu, \Sigma)$, 其中

$$\mu = \begin{bmatrix} \mu_y \\ \mu_X \end{bmatrix}, \quad \mu_X = \begin{bmatrix} \mu_1 \\ \mu_2 \\ \vdots \\ \mu_m \end{bmatrix},$$

$$\Sigma = \begin{bmatrix} \sigma_Y^2 & \sigma_{Y1} & \cdots & \sigma_{Ym} \\ \sigma_{1Y} & \sigma_1^2 & \cdots & \sigma_{1m} \\ \vdots & \vdots & & \vdots \\ \sigma_{mY} & \sigma_{m1} & \cdots & \sigma_m^2 \end{bmatrix} = \begin{bmatrix} \sigma_Y^2 & \Sigma_{YX} \\ \Sigma_{XY} & \Sigma_X \end{bmatrix} \tag{5.1.1}$$

因变量 Y 与自变量 $X = (X_1, X_2, \cdots, X_m)^\mathrm{T}$ 间存在线性回归关系, 回归方程及其回归残留误差分别为

$$y = E(Y|X = x) = \beta_0 + \beta_1 x_1 + \beta_2 x_2 + \cdots + \beta_m x_m, \quad \varepsilon = Y - E(Y|X = x) \sim N(0, \sigma^2) \tag{5.1.2}$$

其中 $x = (x_1, x_2, \cdots, x_m)^\mathrm{T}$ 为 X 的一个给定点, ε 与 X 无关.

在式 (5.1.1) 和 (5.1.2) 的前提下, 我们可以把回归关系写成 Y 与 X 均为随机变量的形式

$$Y = \beta_0 + \beta_1 X_1 + \beta_2 X_2 + \cdots + \beta_m X_m = \beta_0 + \beta^\mathrm{T} X + \varepsilon \tag{5.1.3}$$

由式 (5.1.1) 和 (5.1.2) 可直接推导出 $\beta_0, \beta = (\beta_1, \beta_2, \cdots, \beta_m)^\mathrm{T}$ 和 ε 的方差 $V(\varepsilon)$.

5.1 多元线性回归与相关分析

对式 (5.1.3) 两边取期望得

$$\begin{cases} \beta_0 = \mu_y - \sum_{j=1}^{m} \beta_j \mu_j = \mu_y - \beta^{\mathrm{T}} \mu_X \\ Y = \mu_y + \beta_1 (X_1 - \mu_1) + \beta_2 (X_2 - \mu_2) + \cdots + \beta_m (X_m - \mu_m) + \varepsilon \end{cases} \quad (5.1.4)$$

将式 (5.1.4) 两边乘以 $(X_j - \mu_j)$，$j = 1, 2, \cdots, m$，取期望可得

$$\Sigma_X \beta = \Sigma_{XY}, \quad \beta = \Sigma_X^{-1} \Sigma_{XY} \quad (5.1.5)$$

在 β_0 和 β 已求出的情况下，由式 (5.1.3) 有 $\varepsilon = Y - \beta_0 - \beta^{\mathrm{T}} X$，则可求回归残留误差 ε 的方差

$$\begin{aligned} V(\varepsilon) &= E(\varepsilon^2) = V(Y - \beta_0 - \beta^{\mathrm{T}} X) = V(Y - \beta^{\mathrm{T}} X) \\ &= \mathrm{Cov}(Y - \beta^{\mathrm{T}} X, Y - \beta^{\mathrm{T}} X) = \sigma_Y^2 - 2\beta^{\mathrm{T}} \Sigma_{XY} + \beta^{\mathrm{T}} \Sigma_X \beta \\ &= \sigma_Y^2 - \beta^{\mathrm{T}} \Sigma_{XY} = \sigma_Y^2 - \Sigma_{YX} \Sigma_X^{-1} \Sigma_{XY} \\ &= \sigma_Y^2 \left(1 - \frac{\Sigma_{YX} \Sigma_X^{-1} \Sigma_{XY}}{\sigma_Y^2} \right) = \sigma_Y^2 (1 - \rho_{Y(x_1 x_2 \cdots x_m)}^2) \end{aligned} \quad (5.1.6)$$

其中，$\rho_{Y(x_1 x_2 \cdots x_m)}$ 称为 Y 与 X 的复相关系数，描述了 Y 与 $\beta_0 + \beta^{\mathrm{T}} X$ 的线性关系密切程度，简记为 $\rho_{Y(12\cdots m)}$。当 $m > 1$ 时，$\rho_{Y(12\cdots m)} > 0$。事实上

$$V(Y) = \sigma_Y^2, \quad V(\beta_0 + \beta^{\mathrm{T}} X) = \beta^{\mathrm{T}} \Sigma_X \beta$$

$$\mathrm{Cov}(Y, \beta_0 + \beta^{\mathrm{T}} X) = \beta^{\mathrm{T}} \Sigma_{XY} = \beta^{\mathrm{T}} \Sigma_X \beta$$

故

$$\rho_{Y(12\cdots m)}^2 = \frac{(\beta^{\mathrm{T}} \Sigma_X \beta)^2}{\sigma_Y^2 \cdot \beta^{\mathrm{T}} \Sigma_X \beta} = \frac{\beta^{\mathrm{T}} \Sigma_{XY}}{\sigma_Y^2} = \frac{\Sigma_{YX} \Sigma_X^{-1} \Sigma_{XY}}{\sigma_Y^2} \quad (5.1.7)$$

对式 (5.1.3) 在 $X = x$ 处取期望，结合式 (5.1.6) 则得式 (5.1.2) 的回归方程及回归残留误差的方差

$$\begin{cases} y = E(Y|_{X=x}) = \beta_0 + \sum_{j=1}^{m} \beta_j x_j = \mu_y + \sum_{j=1}^{m} \beta_j (x_j - \mu_j) \\ V(\varepsilon) = E(\varepsilon^2) = \sigma_Y^2 \left(1 - \rho_{Y(12\cdots m)}^2 \right) \end{cases} \quad (5.1.8)$$

式 (5.1.8) 称为一个因变量多个自变量的线性均方回归。

均方回归具有回归残差 ε 的方差最小性质，即均方误差 $V(\varepsilon) = E(\varepsilon^2)$ 最小性质。事实上，由式 (5.1.3) 令 $a = \mu_Y - \beta_0 - \beta^{\mathrm{T}} \mu_X$，则

$$\varepsilon = Y - \beta_0 - \beta_1 X_1 - \beta_2 X_2 - \cdots - \beta_m X_m$$

$$= (Y - \mu_Y) - \beta^{\mathrm{T}}(X - \mu_X) + a$$
$$\varepsilon^2 = (Y - \mu_Y)^2 + \beta^{\mathrm{T}}(X - \mu_X)(X - \mu_X)^{\mathrm{T}}\beta + a^2 - 2\beta^{\mathrm{T}}(X - \mu_X)(Y - \mu_Y)$$
$$+ 2a(Y - \mu_Y) - 2a\beta^{\mathrm{T}}(X - \mu_X)$$
$$E(\varepsilon^2) = \sigma_Y^2 + \beta^{\mathrm{T}}\Sigma_X\beta - 2\beta^{\mathrm{T}}\Sigma_{XY} + a^2 = \sigma_Y^2 - \beta^{\mathrm{T}}\Sigma_{XY} + a^2$$
$$= V(\varepsilon) + a^2 \tag{5.1.9}$$

显然, 当 a 满足式 (5.1.4) 时, 即 $a = 0$ 时 $E(\varepsilon^2) = V(\varepsilon) = \min$.

式 (5.1.8) 为我们提供了两种线性回归方程形式:

$$y = E(Y|X=x) = \beta_0 + \sum_{j=1}^{m}\beta_j x_j, \quad y = E(Y|X=x) = \mu_Y + \sum_{j=1}^{m}\beta_j(x_j - \mu_j)$$
$$\tag{5.1.10}$$

前者称为一般性回归方程; 后者称为中心化回归方程, 即回归方程 (5.1.2) 一定过平均值点 $(\mu_y, \mu_1, \mu_2, \cdots, \mu_m)$, 这是 "回归" 的真正含义. 显然, 一个因变量的多元线性回归是直线回归的扩展. 如果 Y 与 X 间为非线性关系, 则式 (5.1.8) 所示线性回归为其最佳的线性近似.

均方回归之所以在各个学科广泛应用, 是因为它具有均方误差最小性质, 拟合得最好. 均方回归是最小二乘估计的理论基础.

5.1.2 一个因变量的多元线性回归分析

在式 (5.1.1) 和 (5.1.2) 的前提下, 由 $n(n > m+1)$ 个观测点 $(Y_i, x_{i1}, x_{i2}, \cdots, x_{im})$ 实现式 (5.1.8) 所示回归方程的统计过程称为一个因变量的多元线性回归分析.

1. 回归方程及回归模型

如果 Y 与 X 间有式 (5.1.8) 所提供的回归方程

$$y = E(Y|_{X=x}) = \beta_0 + \beta_1 x_1 + \beta_2 x_2 + \cdots + \beta_m x_m$$
$$= \mu_y + \beta_1(x_1 - \mu_1) + \beta_2(x_2 - \mu_2) + \cdots + \beta_m(x_m - \mu_m) \tag{5.1.11}$$

则在点 $(Y_i, x_{i1}, x_{i2}, \cdots, x_{im})$ 处应满足如下回归模型

$$Y_i = y_i + \varepsilon_i = \beta_0 + \beta_1 x_{i1} + \beta_2 x_{i2} + \cdots + \beta_m x_{im} + \varepsilon_i$$
$$= \mu_y + \beta_1(x_{i1} - \mu_1) + \beta_2(x_{i2} - \mu_2) + \cdots + \beta_m(x_{im} - \mu_m) + \varepsilon_i$$
$$= \mu_y + \beta^{\mathrm{T}}(x_i - \mu_x) + \varepsilon_i \tag{5.1.12}$$

其中, $x_i = (x_{i1}, x_{i2}, \cdots, x_{im})^{\mathrm{T}}$, $\beta = (\beta_1, \beta_2, \cdots, \beta_m)^{\mathrm{T}}$. β_0, β 为回归参数. 误差 ε_i 间相互独立, 且均服从 $N(0, \sigma^2)$. 在 x_i 处, $Y_i \sim N\left(\beta_0 + \sum_{j=1}^{m}\beta_j x_{ij}, \sigma^2\right)$, 即 Y_i 与

ε_i 同方差, 这是保证回归分析必备的条件. 回归分析的任务是通过样本所提供的信息, 无偏估计回归参数及 σ^2, 并通过必要的假设检验, 判断回归方程显著存在、各自变量 x_j 对 y 有显著作用, 才能应用于实际, 否则不能投入应用.

2. 样本信息

由 n 个观测点 $(Y_i, x_{i1}, x_{i2}, \cdots, x_{im})$ 计算的均值及有关离差阵为

$$\begin{cases} L = \begin{bmatrix} l_{yy} & l_{y1} & l_{y2} & \cdots & l_{ym} \\ l_{1y} & l_{11} & l_{12} & \cdots & l_{1m} \\ \vdots & \vdots & \vdots & & \vdots \\ l_{my} & l_{m1} & l_{m2} & \cdots & l_{mm} \end{bmatrix} = \begin{bmatrix} l_{yy} & \Sigma_{YX} \\ L_{XY} & L_{XX} \end{bmatrix} \\ \overline{Y} = \dfrac{1}{n}\sum_{i=1}^{n} Y_i, \quad \bar{x}_j = \dfrac{1}{n}\sum_{i=1}^{n} x_{ij}, \quad j=1,2,\cdots,m \end{cases} \quad (5.1.13)$$

其中

$$\begin{cases} l_{yy} = \sum_{i=1}^{n}(Y_i - \overline{Y})^2 = \sum_{i=1}^{n} Y_i^2 - \left(\sum_{i=1}^{n} Y_i\right)^2 \Big/ n \\ l_{jj} = \sum_{i=1}^{n}(x_{ij} - \bar{x}_j)^2 = \sum_{i=1}^{n} x_{ij}^2 - \left(\sum_{i=1}^{n} x_{ij}\right)^2 \Big/ n \\ l_{jy} = l_{yj} = \sum_{i=1}^{n}(\hat{x}_{ij} - \bar{x}_j)(Y_i - \overline{Y}) = \sum_{i=1}^{n} x_{ij} Y_i - \left(\sum_{i=1}^{n} x_{ij}\right)\left(\sum_{i=1}^{n} Y_i\right) \Big/ n \\ l_{jk} = l_{kj} = \sum_{i=1}^{n}(x_{ij} - \bar{x}_j)(x_{ik} - \bar{x}_k) = \sum_{i=1}^{n} x_{ij} x_{ik} - \left(\sum_{i=1}^{n} x_{ij}\right)\left(\sum_{i=1}^{n} x_{ik}\right) \Big/ n \\ j,k = 1,2,\cdots,m \end{cases}$$

$$(5.1.14)$$

3. β_0, β 的 LS 估计

设模型 (5.1.12) 中参数 β_0, β 的 LS 估计为 $\hat{\beta}_0 = b_0$, $\hat{\beta} = b = (b_1, b_2, \cdots, b_m)^{\mathrm{T}}$, ε_i 的估计为 $\hat{\varepsilon}_i$, 则 b_0 和 b 应使误差平方和

$$Q_e = \sum_{i=1}^{n} \hat{\varepsilon}_i^2 = \sum_{i=1}^{n}(Y_i - b_0 - b_1 x_{i1} - \cdots - b_m x_{im})^2 = \min \quad (5.1.15)$$

对 $\dfrac{\partial Q_e}{\partial b_0} = 0$ 和 $\dfrac{\partial Q_e}{\partial b_j} = 0 (j=1,2,\cdots,m)$ 整理得 LS 正则方程组及解

$$\begin{cases} b_0 = \overline{Y} - \bar{x}^{\mathrm{T}} b \\ L_{XX} b = L_{XY}, \quad b = (b_1, b_2, \cdots, b_m)^{\mathrm{T}} = L_{XX}^{-1} L_{XY} \end{cases} \quad (5.1.16)$$

由于回归在正态分布 (5.1.1) 下进行,故 $L_{XX} > 0$. 又由于 ε_i 间相互独立,且 $\varepsilon_i \sim N(0,\sigma^2)$,LS 估计亦为最大似然 (ML) 估计,而且 b 为最佳线性无偏估计 (BLUE).

4. b 和 b_0 的分布

1) b 的分布

由于 $b = L_{XX}^{-1} L_{XY}$ 为 Y_i 的线性函数,Y_i 在 x_i 处服从正态分布且方差为 σ^2,故 b 服从 m 维正态分布. b 的分布推导如下: 由式 (5.1.16) 及 (5.1.12) 有

$$b = L_{XX}^{-1} L_{XY} = L_{XX}^{-1} \sum_i (x_i - \bar{x})(y_i - \bar{y}) = L_{XX}^{-1} \sum_i (x_i - \bar{x}) y_i$$

$$\begin{aligned}
E(b) &= L_{XX}^{-1} \sum_i (x_i - \bar{x}) E(y_i) \\
&= L_{XX}^{-1} \sum_i (x_i - \bar{x}) [\mu_y + \beta^{\mathrm{T}}(x_i - \mu_x)] \\
&= L_{XX}^{-1} \sum_i (x_i - \bar{x})(x_i - \mu_x)^{\mathrm{T}} \beta \\
&= L_{XX}^{-1} \sum_i (x_i - \bar{x}) x_i^{\mathrm{T}} \beta \\
&= L_{XX}^{-1} \sum_i (x_i - \bar{x})(x_i - \bar{x})^{\mathrm{T}} \beta \\
&= L_{XX}^{-1} L_{XX} \beta = \beta
\end{aligned}$$

及

$$\begin{aligned}
V(b) &= \left(L_{XX}^{-1}\right)^2 \sum_i (x_i - \bar{x})(x_i - \bar{x})^{\mathrm{T}} V(y_i) \\
&= \left(L_{XX}^{-1}\right)^2 L_{XX} \sigma^2 = \sigma^2 L_{XX}^{-1}
\end{aligned}$$

故

$$b \sim N_m\left(\beta, \sigma^2 L_{XX}^{-1}\right) \tag{5.1.17}$$

由于 $L_{XX}^{-1} = (c_{ij})_{m \times m}$,有

$$b_j \sim N\left(\beta_j, c_{jj}\sigma^2\right), \quad j = 1, 2, \cdots, m \tag{5.1.18}$$

2) b_0 的分布

由于 $\bar{x}$ 为 μ_X 的估计,故

$$E(b_0) = E\left(\overline{Y} - \bar{x}^{\mathrm{T}} b\right) = \mu_Y - \mu_X^{\mathrm{T}} \beta = \beta_0$$

$$V(b_0) = \frac{\sigma^2}{n} + \bar{x}^{\mathrm{T}} V(b) \bar{x} = \left(\frac{1}{n} + \bar{x}^{\mathrm{T}} L_{XX}^{-1} \bar{x}\right) \sigma^2$$

故
$$b_0 \sim N\left[\beta_0, \left(\frac{1}{n} + \bar{x}^{\mathrm{T}} L_{XX}^{-1} \bar{x}\right)\sigma^2\right] \tag{5.1.19}$$

5. 回归的有关统计检验

1) 回归效果的统计量

回归参数 β_0, β 的 LS 估计结果, 得到的回归方程及其模型为

$$y_i = \hat{y}_i + \hat{\varepsilon}_i = \bar{y} + b^{\mathrm{T}}(x_i - \bar{x}) + \hat{\varepsilon}_i \tag{5.1.20}$$

由于

$$\begin{aligned}
Q_e &= \sum_{i=1}^n \hat{\varepsilon}_i^2 = \sum_{i=1}^n (y_i - \hat{y}_i)^2 = \sum_{i=1}^n [(y_i - \bar{y}) - b^{\mathrm{T}}(x_i - \bar{x})]^2 \\
&= \sum_{i=1}^n (y_i - \bar{y})^2 + \sum_{i=1}^n b^{\mathrm{T}}(x_i - \bar{x})(x_i - \bar{x})^{\mathrm{T}} b - 2b^{\mathrm{T}} \sum_{i=1}^n (x_i - \bar{x})(y_i - \bar{y}) \\
&= l_{yy} + b^{\mathrm{T}} L_{XX} b - 2b^{\mathrm{T}} L_{XY} = l_{yy} - b^{\mathrm{T}} L_{XY}
\end{aligned} \tag{5.1.21}$$

而回归平方和为

$$\begin{aligned}
U &= \sum_{i=1}^n (\hat{y}_i - \bar{y})^2 = \sum_{i=1}^n (b^{\mathrm{T}}(x_i - \bar{x}))^2 = \sum_{i=1}^n b^{\mathrm{T}}(x_i - \bar{x})(x_i - \bar{x})^{\mathrm{T}} b \\
&= b^{\mathrm{T}} L_{XX} b = b^{\mathrm{T}} L_{XY}
\end{aligned} \tag{5.1.22}$$

l_{yy} 的自由度为 $f_y = n - 1$, U 的自由度为 $f_U = m$ (由 β 的 m 个分量约束), Q_e 的自由度 (受 β_0 和 β 或受 $\bar{y}$ 和 β 约束) 为 $f_e = n - m - 1$. 故有如下的分解式

$$\begin{cases} l_{yy} = U + Q_e \\ f_y = f_U + f_e \end{cases} \tag{5.1.23}$$

显然, U 越大, 回归效果越好.

2) 回归方程的假设检验及 σ^2 的无偏估计

检验的无效假设为 $H_{01}: \beta = 0$.

在 H_{01} 成立时, 由 Cochron 定理有: U 与 Q_e 相互独立, 且

$$U/\sigma^2 \sim \chi^2(m), \quad Q_e/\sigma^2 \sim \chi^2(n - m - 1) \tag{5.1.24}$$

因而, σ^2 的无偏估计及检验 $H_{01}: \beta = 0$ 的统计量分别为

$$\hat{\sigma}^2 = \frac{Q_e}{n - m - 1}, \quad F = \frac{U/m}{Q_e/(n - m - 1)} \sim F(m, n - m - 1) \tag{5.1.25}$$

3) 回归方程的复相关系数 $\sqrt{R^2}$ 检验

由式 (5.1.7) 知

$$Q_e = l_{yy} - U = l_{yy}\left(1 - \frac{U}{l_{yy}}\right) = l_{yy}\left(1 - R^2\right)$$

$$R^2 = \frac{U}{l_{yy}} = \frac{bL_{XY}}{l_{yy}} = \frac{L_{YX}L_{XX}^{-1}L_{XY}}{l_{yy}} = \hat{\rho}_{y(12\cdots m)}^2 = r_{y(12\cdots m)}^2 \quad (5.1.26)$$

即当 $m > 1$ 时, $\sqrt{R^2} = r_{y(12\cdots m)}$ 为 $\rho_{y(12\cdots m)}$ 的估计, 而 R^2 称为 X 对 Y 的决定系数, 即 Y 关于 X 的回归平方和 U 决定了 l_{yy} 的百分之几. 显然, R^2 越接近 1, 回归效果越好.

复相关系数的无效假设为 $H_{02}: \rho_{y(12\cdots m)} = 0$, 等价于回归方程无效假设 $H_{01}: \beta = 0$. 因为 $\rho_{y(12\cdots m)}$ 是 Y 与 $\beta_0 + \beta^T X$ 的相关. 将 $U = R^2 l_{yy}$ 和 $Q_e = (1 - R^2)l_{yy}$ 代入式 (5.1.25)

$$F = \frac{U/m}{Q_e/(n-m-1)} = \frac{R^2/m}{(1-R^2)/(n-m-1)} \sim F(m, n-m-1) \quad (5.1.27)$$

用式 (5.1.27) 可制定相关系数显著性临界值表, 可进行 $H_{01}: \beta = 0$ 的检验. 据 $f_e = n - m - 1$ 和变量个数 $(m+1)$ 查附表 4 可得 α 水平的临界值 R_α, 若 $R > R_\alpha$, 则复相关显著, 回归方程也显著, 否则接受 $H_{02}: \rho_{y(12\cdots m)} = 0$ 或 $H_{01}: \beta = 0$.

4) b_0 与 b_j 的检验

b_0 的无效假设为 $H_{02}: \beta_0 = 0$, b_j 的无效假设为 $H_{03}: \beta_j = 0, j = 1, 2, \cdots, m$.

由式 (5.1.18) 和 (5.1.19) 知, b_0 与 b_j 的标准差分别为

$$\begin{cases} S_{b_0} = \sqrt{\dfrac{Q_e}{n-m-1}\left(\dfrac{1}{n} + \bar{x}^T L_{XX}^{-1} \bar{x}\right)} \\ S_{b_j} = \sqrt{\dfrac{c_{jj}Q_e}{n-m-1}}, \quad j = 1, 2, \cdots, m \end{cases} \quad (5.1.28)$$

在 $H_{02}: \beta_0 = 0$ 和 $H_{03}: \beta_j = 0$ 之下有

$$\begin{cases} t_0 = \dfrac{b_0}{S_{b_0}} \sim t(n-m-1) \\ t_j = \dfrac{b_j}{S_{b_j}} \sim t(n-m-1), \quad j = 1, 2, \cdots, m \end{cases} \quad (5.1.29)$$

当 $|t_0| > t_\alpha(n-m-1)$ 时, b_0 显著, 否则接受 $H_{02}: \beta_0 = 0$; 当 $|t_j| > t_\alpha(n-m-1)$ 时, b_j 显著. 否则接受 $H_{03}: \beta_j = 0, j = 1, 2, \cdots, m$.

在应用中, b_0, b_j 显著时, 若有专业意义, 应进行 $(1-\alpha) \times 100\%$ 的置信区间估计

$$[b_0 - t_\alpha S_{b_0}, b_0 + t_\alpha S_{b_0}], \quad [b_j - t_\alpha S_{b_j}, b_j + t_\alpha S_{b_j}], \quad j = 1, 2, \cdots, m \quad (5.1.30)$$

5.1 多元线性回归与相关分析

$b^{\mathrm{T}} = (b_1, b_2, \cdots, b_m) = \left(\dfrac{\partial \hat{y}}{\partial x_1}, \dfrac{\partial \hat{y}}{\partial x_2}, \cdots, \dfrac{\partial \hat{y}}{\partial x_m} \right)$ 为 Y 在 $x = (x_1, x_2, \cdots, x_m)^{\mathrm{T}}$ 处的最速上升方向或梯度方向. 据此, 可给 b^{T} 赋以所应用专业上的含义.

6. x_j 对 Y 的方差贡献

式 (5.1.29) 的 t_j 检验, 等价于下面的 F_j 检验:

$$F_j = \dfrac{b_j^2/c_{jj}}{Q_e/(n-m-1)} \sim F(1, n-m-1) \tag{5.1.31}$$

其中, c_{jj} 为 L_{XX}^{-1} 中主对角线上第 j 个元素. 由此称

$$U_j = \dfrac{b_j^2}{c_{jj}}, \quad j = 1, 2, \cdots, m \tag{5.1.32}$$

为 x_j 对 Y 的方差贡献. 按 U_j 由大到小排序, 说明 x_j 对 Y 方差贡献的序次. 这个序次和 $|t_j|$ 或 F_j 排序一致, 它仅是 b_j 显著性尺度的序次, 不能笼统作为 x_j 对 Y 作用大小的排序, 因为不同 x_j 的 b_j 量纲不同且 x_j 间相互影响它们对 Y 的作用. 一般来讲, $U \neq \sum\limits_{j=1}^{m} U_j$, 只有 x_j 间相互独立时等号才成立. x_j 对 Y 作用的大小, 由通径分析及其决策分析解决.

7. 预测和控制

在样本范围内任一点 $x_0 = (x_{01}, x_{02}, \cdots, x_{0m})^{\mathrm{T}}$ 处预测平均值 $\hat{y}_0$ 及个别值 $\hat{Y}_0$, 需知 $\hat{y}_0$ 及 $\hat{Y}_0$ 的分布. 由 b_j 的分布可推知

$$\begin{cases} \hat{y}_0 = b_0 + b_1 x_{01} + \cdots + b_p x_{0m} \\ \quad \sim N \left(\beta_0 + \beta_1 x_{01} + \cdots + \beta_p x_{0m}, \left[\dfrac{1}{n} + (x_0 - \bar{x})^{\mathrm{T}} L_{XX}^{\mathrm{T}} (x_0 - \bar{x}) \right] \sigma^2 \right) \\ Y_0 - y_0 \sim N \left(0, \left[1 + \dfrac{1}{n} + (x_0 - \bar{x})^{\mathrm{T}} L_{XX}^{\mathrm{T}} (x_0 - \bar{x}) \right] \sigma^2 \right) \end{cases} \tag{5.1.33}$$

由 (5.1.33) 知

$$\begin{cases} S_{\hat{y}_0}^2 = \left[\dfrac{1}{n} + (X_0 - \overline{X})^{\mathrm{T}} L_{XX}^{\mathrm{T}} (X_0 - \overline{X}) \right] Q_e/(n-m-1) \\ S_{\hat{Y}_0}^2 = \left[1 + \dfrac{1}{n} + (X_0 - \overline{X})^{\mathrm{T}} L_{XX}^{\mathrm{T}} (X_0 - \overline{X}) \right] Q_e/(n-m-1) \end{cases} \tag{5.1.34}$$

这样, 在 x_0 处的预测如下:

(1) 平均值 y_0 与个别值 Y_0 的点预测均为

$$\hat{y}_0 = b_0 + b_1 x_{01} + b_2 x_{02} + \cdots + b_p x_{0m}$$

(2) $\hat{y}_0$ 的 $(1-\alpha)\times 100\%$ 的置信区间为 $\hat{y}_0 \pm t_\alpha S_{\hat{y}_0}$, 其意义为在 x_0 处 Y_0 的平均值有 $(1-\alpha)\times 100\%$ 的把握落在 $\hat{y}_0 \pm t_\alpha S_{\hat{y}_0}$ 内.

(3) 在 x_0 处, Y_0 的个别值有 $(1-\alpha)\times 100\%$ 的可能性落在 $\hat{y}_0 \pm t_\alpha S_{\hat{Y}_0}$ 之内.

当 n 较大时, 近似地有 $\hat{Y}_0 - \hat{y}_0 \sim N(0, \sigma^2)$, Y_0 的区间估计近似地为 $\hat{Y}_0 \pm \mu_\alpha \hat{\sigma}$. ($u_\alpha$ 为 u 检验的 α 水平临界值, 当 $\alpha = 0.05$ 时, $u_{0.05} = 1.96$; 当 $\alpha = 0.01$ 时, $u_{0.01} = 2.576$)

关于控制问题, 可仿照直线回归的控制问题讨论.

【例 5.1.1】 在林木生物量生产率研究中, 为了了解林地施肥量 x_1 (单位: kg)、灌水量 x_2 (单位: 10m^3) 与生物量 Y (单位: kg) 的关系, 在同一林区共进行了 20 次试验, 观察值如表 5.1.1 所示, 试建立 Y 关于 x_1, x_2 的线性回归方程并分析之.

表 5.1.1

	观察值																				和
n	1	2	3	4	5	6	7	8	9	10	11	12	13	14	15	16	17	18	19	20	
x_1	54	61	52	70	63	79	68	65	79	76	71	82	75	92	96	92	91	85	106	90	1547
x_2	29	39	26	48	42	64	45	30	51	44	36	50	39	60	62	61	50	47	72	52	947
Y	50	51	52	54	53	60	59	65	67	70	70	73	74	78	82	80	87	84	88	92	1389

回归分析如下:

1. 数据计算、参数和回归方程的 LS 估计

$$\sum x_1 x_2 = 76264, \quad \sum x_1 Y = 110803, \quad \sum x_2 Y = 67669$$

$$\sum x_1^2 = 123693, \quad \sum x_2^2 = 47743, \quad \sum Y^2 = 99971$$

由表 5.1.1 及上述数据计算得

$\bar{x}_1 = 77.35, \quad \bar{x}_2 = 47.35, \quad \bar{y} = 69.45$

$l_{11} = 123693 - 20 \times 77.35^2 = 4032.55$

$l_{22} = 47743 - 20 \times 47.35 = 2902.55$

$l_{12} = l_{21} = 76264 - 20 \times 77.35 \times 47.35 = 3013.55$

$l_{1y} = 110803 - 20 \times 77.35 \times 69.45 = 3363.85$

$l_{2y} = 67669 - 20 \times 47.35 \times 69.45 = 1899.85$

$l_{yy} = 99971 - 20 \times 69.45^2 = 3504.95$

根据式 (5.1.16) 正则方程组为

$$\begin{bmatrix} 4032.55 & 3013.55 \\ 3013.55 & 2902.55 \end{bmatrix} \begin{bmatrix} b_1 \\ b_2 \end{bmatrix} = \begin{bmatrix} 3363.85 \\ 1899.85 \end{bmatrix}$$

因为

$$\begin{bmatrix} 4032.55 & 3013.55 \\ 3013.55 & 2902.55 \end{bmatrix}^{-1} = \begin{bmatrix} 0.001106 & -0.001149 \\ -0.001149 & 0.001537 \end{bmatrix}$$

所以

$$\begin{bmatrix} b_1 \\ b_2 \end{bmatrix} = \begin{bmatrix} 0.001106 & -0.001149 \\ -0.001149 & 0.001537 \end{bmatrix} \begin{bmatrix} 3363.85 \\ 1899.85 \end{bmatrix} = \begin{bmatrix} 1.539516 \\ -0.943845 \end{bmatrix}$$

$$b_0 = \overline{Y} - b_1 \bar{x}_1 - b_2 \bar{x}_2 = 69.45 - 1.539516 \times 77.35 + 0.943845 \times 47.35 = -4.940484$$

故线性回归方程为

$$\hat{y} = -4.940484 + 1.539516 x_1 - 0.943845 x_2$$

其中, b_1 的意义为当 x_2 保持平均水平不变时, x_1 每增加一个单位, y 平均增加的量. 同理, b_2 的意义为当 x_1 保持平均水平不变时, x_2 每增加一个单位, y 平均增加的量.

2. 回归方程无效假设 $H_{01}: \beta = 0$ 的检验

1) F 检验

由 $l_{yy} = 3504.95$ 和 $f_y = 19$, 计算 U, f_U 和 Q_e, f_e, 进行 F 检验:

$$U = b_1 l_{1y} + b_2 l_{2y} = 3385.53628, \quad f_U = 2$$

$$Q_e = l_{yy} - U = 119.41372, \quad f_e = 17$$

$$F = \frac{U/2}{Q_e/17} = 240.986^{**} > F_{0.01}(2, 17) = 6.11$$

2) 复相关系数 $R = r_{y(12)}$ 的相关显著性临界表 (附表 4) 检验

$$R^2 = \frac{U}{l_{yy}} = 0.9659, \quad R = r_{y(12)} = 0.9828^{**} > R_{0.01} = 0.647$$

表明 x_1 和 x_2 共同决定 y 总变异的 96.59%; $r_{y(1,2)}$ 极显著, 回归方程极显著.

相关系数显著临界值查法: 由 $f_e = n - m - 1$、自变量和因变量总个数 M 和显著水平 α 查 R_α, 本例 $f_e = 17, M = 3, R_{0.01} = 0.647$.

随着自变量个数的增加, R^2 的值也在不断增加, 这是所有线性回归方程的共同规律. 但这并不意味着变量越多, 模型就越好. 这是因为随着自变量的增加, 有的变量回归系数不显著, 而且随着变量的增加, 估计的标准误差未必一定减少. 而且多余的自变量会给模型的解释造成困难. 一个包含多余自变量的模型不但不会改善预测值, 反而有可能增加标准误差 (因为自变量增多, f_U 增大, f_e 减少, U 增大, Q_e 减少, 这样 $\dfrac{Q_e}{f_e}$ 就不一定减少). 因此, 现在人们多用修正的 R^2, 记作 R_a^2,

$$R_a^2 = 1 - \frac{Q_e(n-1)}{l_{yy}(n-m-1)} \tag{5.1.35}$$

自变量数大于 1 时, $R_a^2 < R^2$. 当 m 越大, 两者差值越大. 它的目的就是期望用 $\dfrac{n-1}{n-m-1}$ 来补偿 Q_e 的减少.

对于【例 5.1.1】, $R_a^2 = 1 - \dfrac{119.41372}{3504.95} \cdot \dfrac{19}{17} = 0.9619$.

3. b_0, b_1 和 b_2 的 t 检验及区间估计

据式 (5.1.28) 和 (5.1.29) 有

$$\overline{X}^{\mathrm{T}} L_{XX}^{-1} \overline{X} = (\bar{x}_1, \bar{x}_2) L_{XX}^{-1} \begin{pmatrix} \bar{x}_1 \\ \bar{x}_2 \end{pmatrix} = 1.6467$$

$$S_{b_0} = 3.4573, \quad S_{b_1} = 0.0882, \quad S_{b_2} = 0.1039$$

$$t_0 = -1.429, \quad t_1 = 17.463^{**}, \quad t_2 = -9.083^{**}$$

$t_{0.05}(17) = 2.110, t_{0.01}(17) = 2.898$, 故应接受 $H_{02}: \beta_0 = 0$, 即回归平面是通过原点的 (应按 $\hat{y} = b_1 x_1 + b_2 x_2$ 重新进行回归, 下面予以说明).

b_0, b_1 和 b_2 的 99% 置信区间的估计按现有结果应分别为

$$b_0 \mp t_{0.01}(17) S_{b_0} = -4.9405 \mp 10.0193, \qquad b_1 \mp t_{0.01}(17) S_{b_1} = 1.5395 \mp 0.2556,$$

$$b_2 \mp t_{0.01}(17) S_{b_2} = -0.9438 \mp 0.3011$$

4. x_1 和 x_2 的方差贡献

按式 (5.1.32) 计算结果为

$$U_1 = \frac{b_1^2}{c_{11}} = 2142.956 > U_2 = \frac{b_2^2}{c_{22}} = 579.599$$

显然, 它和 $|t_1| = 17.463 > |t_2| = 9.083$ 的排序一致, 而且

$$U = 3385.536 > U_1 + U_2 = 2722.555$$

表明 x_1 与 x_2 间有较强的正相关: $r_{12} = 0.8808$.

5. 预测

由表 5.1.1 知, x_1 和 x_2 的取值范围为: $52 \leqslant x_1 \leqslant 106$, $26 \leqslant x_2 \leqslant 64$. 在这个范围内的任一点 (x_{01}, x_{02}), 可进行 $E(Y|X=x_0)$ 值的预测, 即 x_0 处 Y 的平均值预测. 利用式 (5.1.33) 和 (5.1.34) 对 x_0 处 Y 的平均值和个别值进行区间预测.

5.1.3 过原点的多元线性回归分析

在 $y = \beta_0 + \beta_1 x_1 + \beta_2 x_2 + \cdots + \beta_m x_m$ 的回归分析中,当 $H_0 : \beta_0 = 0$ 被接受(检验不显著)时,可进行如下的过原点的多元线性回归分析:

$$\begin{cases} y = E(Y|_{X=x}) = \beta_1 x_1 + \beta_2 x_2 + \cdots + \beta_m x_m = \beta^{\mathrm{T}} x \\ Y_i = \beta_1 x_{i1} + \beta_2 x_{i2} + \cdots + \beta_m x_{im} + \varepsilon_i = \beta^{\mathrm{T}} x_i + \varepsilon_i, \quad i = 1, 2, \cdots, n \end{cases} \tag{5.1.36}$$

其中,ε_i 间相互独立且均服从 $N(0, \sigma^2)$;在任一 x_i 处,$Y_i \sim N(\beta^{\mathrm{T}} x_i, \sigma^2)$.

1. β 的 LS 估计

设 β 的 LS 估计为 $b = (b_1, b_2, \cdots, b_m)^{\mathrm{T}}$,易证 b 的正则方程组及解为 $(A_{XX} > 0)$

$$A_{XX} b = A_{XY}, \quad b = A_{XX}^{-1} A_{XY} \tag{5.1.37}$$

其中

$$A_{XX} = \begin{bmatrix} \sum_i x_{i1}^2 & \sum_i x_{i1} x_{i2} & \cdots & \sum_i x_{i1} x_{im} \\ \sum_i x_{i2} x_{i1} & \sum_i x_{i2}^2 & \cdots & \sum_i x_{i2} x_{im} \\ \vdots & \vdots & & \vdots \\ \sum_i x_{im} x_{i1} & \sum_i x_{im} x_{i2} & \cdots & \sum_i x_{im}^2 \end{bmatrix}, \quad A_{XY} = \begin{bmatrix} \sum_i x_{i1} y_i \\ \sum_i x_{i2} y_i \\ \vdots \\ \sum_i x_{im} y_i \end{bmatrix}$$

2. b 和 b_j 的分布

易证

$$\begin{cases} b \sim N_m(\beta, \ \sigma^2 A_{XX}^{-1}) \\ b_j \sim N(\beta_j, \ c_{jj}\sigma^2), \quad j = 1, 2, \cdots, m \end{cases} \tag{5.1.38}$$

其中 c_{jj} 为 A_{XX}^{-1} 中主对角线上第 j 个元素.

3. 剩余平方和 Q_e 和 σ^2 的估计

由于回归方程的估计为 $\hat{y} = b^{\mathrm{T}} x$,故 $\hat{\varepsilon}_i = Y_i - \hat{y}_i = Y_i - b^{\mathrm{T}} x_i$,而且有 $\bar{y} = \bar{\hat{y}} = b^{\mathrm{T}} \bar{x}$. 这时,回归平方和 $U = \sum_{i=1}^n (\hat{y}_i - \bar{y})^2 = b^{\mathrm{T}} A_{XY} - n\bar{y}^2$,故有

$$\begin{aligned} Q_e &= l_{yy} - U \\ &= \sum_{i=1}^n Y_i^2 - n\bar{y}^2 - (b^{\mathrm{T}} A_{XY} - n\bar{y}^2) \\ &= \sum_{i=1}^n Y_i^2 - b^{\mathrm{T}} A_{XY} \end{aligned} \tag{5.1.39}$$

式 (5.1.39) 表明, σ^2 的无偏估计为

$$\hat{\sigma}^2 = \frac{Q_e}{n-m-1} \tag{5.1.40}$$

4. 回归的假设检验

1) 回归方程的假设检验

无效假设为 $H_0: \beta = 0$, 其 F 检验为

$$F = \frac{U/f_U}{Q_e/f_e} = \frac{U/m}{Q_e/(n-m-1)} \sim F(m, n-m-1) \tag{5.1.41}$$

亦可用附表 4 中 $R = \sqrt{\dfrac{U}{l_{yy}}} = r_{y(x_1 x_2 \cdots x_m)}$ 的相关系数临界值表检验替代.

2) b_j 的 t 检验

无效假设为 $H_0: \beta_j = 0$. 由式 (5.1.38) 及 (5.1.40) 有

$$t_j = \frac{b_j}{S_{b_j}} = \frac{b_j}{\sqrt{\dfrac{c_{jj} Q_e}{n-m-1}}} \sim t(n-m-1) \tag{5.1.42}$$

b_j 的 $(1-\alpha) \times 100\%$ 的置信区间估计为 $b_j \mp t_\alpha(n-m-1) S_{b_j}$.

对于【例 5.1.1】(分析检验中过原点) 有如下结果.

(1) 数据计算结果

$$l_{yy} = 3504.95, \quad A_{XX} = \begin{bmatrix} 123693 & 76264 \\ 76264 & 47743 \end{bmatrix}, \quad A_{XY} = \begin{bmatrix} 110803 \\ 67669 \end{bmatrix}$$

(2) b 及回归方程

$$A_{XX}^{-1} = \begin{bmatrix} 0.00053477 & -0.00085424 \\ -0.00085424 & 0.00138549 \end{bmatrix}, \quad b = A_{XX}^{-1} A_{XY} = (1.44855, -0.89763)^{\mathrm{T}}$$

$$\hat{y} = b_1 x_1 + b_2 x_2 = 1.4486 x_1 - 0.8976 x_2$$

(3) Q_e, U 的计算和 σ^2 的无偏估计

$$U = b^{\mathrm{T}} A_{XY} - n \bar{y}^2 = 3295.91$$
$$Q_e = l_{yy} - U = 209.04$$
$$\hat{\sigma}^2 = \frac{Q_e}{n-m-1} = \frac{209.04}{17} = 12.2965$$

(4) 决定系数 R^2

$$R^2 = \frac{U}{l_{yy}} = 0.9404, \quad R = r_{y(x_1 x_2)} = 0.9697^{**} > R_{0.01} = 0.647$$

(5) b_1, b_2 的检验与区间估计

$$S_{b_1} = \sqrt{\frac{0.00053477Q_e}{17}} = 0.0811, \quad S_{b_2} = \sqrt{\frac{0.001385Q_e}{17}} = 0.1306$$

$$t_1 = \frac{b_1}{S_{b_1}} = 17.840^{**}, \quad t_2 = \frac{b_2}{S_{b_2}} = -6.873^{**}$$

$$b_1 \mp t_{0.01}(17) S_{b_1} = [1.21, 1.68], \quad b_2 \mp t_{0.01}(17) S_{b_2} = [-1.28, -0.52]$$

(6) 在观测值范围内任一点 x_0 处, 可按如下分布进行预测

$$\begin{cases} \hat{y}_0 = \sum_{j=1}^{m} b_j x_{0j} \sim N\left(\sum_{j=1}^{m} \beta_j x_{0j}, x_0^{\mathrm{T}} A_{XX}^{-1} x_0 \sigma^2\right) \\ \hat{Y}_0 - \hat{y}_0 \sim N\left[0, \left(1 + x_0^{\mathrm{T}} A_{XX}^{-1} x_0\right) \sigma^2\right] \end{cases} \tag{5.1.43}$$

5.2 通径分析及其决策分析

在多元线性回归的应用中, 人们多关注在预测上. 莱特 (S·Wright) 为了把它应用在不同交配制度下数量性状效应的比较上, 把标准化多元线性回归和其模型的通径图相结合, 于 1921 年提出了通径分析, 成为群体遗传学和数量遗传学理论分析的一种新的统计分析方法. 通径分析的目的在于描述标准化多元线性回归分析中自变量对因变量在效应作用和决定作用上的机理及相应的作用路径, 其本质是由自变量间的双向相关路、因变量间的双向相关路和自变量对因变量间的单向因果路所组成的有向封闭网络在效应作用和决定作用上的数量机理和路径分析.

袁志发等 (2000~2013) 在应用通径分析的基础上, 提出了自变量对因变量的综合决定能力——决策系数的概念及其分析方法, 形成了通径分析的决策分析方法. 本节叙述通径分析及其决策分析的统计学原理及示例.

5.2.1 标准化多元线性回归分析

1. 标准化多元线性回归方程、模型及样本信息

设标准化随机向量 $(Y, X_1, X_2, \cdots, X_m)^{\mathrm{T}} \sim N_{m+1}(0, \rho)$, ρ 为相关阵

$$\rho = \begin{bmatrix} 1 & \rho_{Y1} & \rho_{Y2} & \cdots & \rho_{Ym} \\ \rho_{1Y} & 1 & \rho_{12} & \cdots & \rho_{1m} \\ \vdots & \vdots & \vdots & & \vdots \\ \rho_{mY} & \rho_{m1} & \rho_{m2} & \cdots & 1 \end{bmatrix} = \begin{bmatrix} 1 & \rho_{YX} \\ \rho_{XY} & \rho_{XX} \end{bmatrix} > 0 \tag{5.2.1}$$

Y 关于 X 的标准化多元线性回归方程及其回归残留误差分别为

$$\begin{cases} y = E(Y|X=x) = \beta_1^* x_1 + \beta_2^* x_2 + \cdots + \beta_m^* x_m = \beta^{*\mathrm{T}} x \\ \varepsilon = Y - E(Y|X=x) = Y - y \sim N(0, \sigma^2) \end{cases} \tag{5.2.2}$$

其中, $x = (x_1, x_2, \cdots, x_m)^T$, $\beta^* = (\beta_1^*, \beta_2^*, \cdots, \beta_m^*)^T$. ε 与 X 无关, 其方差 $V(\varepsilon) = V(Y|X=x)$.

对未经标准化的 (Y, X) 总体观测 n 个点 (y_i, x_i), 估计其相关阵 R

$$R = \hat{\rho} = \begin{bmatrix} 1 & r_{y1} & r_{y2} & \cdots & r_{ym} \\ r_{1y} & 1 & r_{12} & \cdots & r_{1m} \\ \vdots & \vdots & \vdots & & \vdots \\ r_{my} & r_{m1} & r_{m2} & \cdots & 1 \end{bmatrix} = \begin{bmatrix} 1 & R_{YX} \\ R_{XY} & R_{XX} \end{bmatrix} \quad (5.2.3)$$

作为总体 (5.2.1) 的样本信息, 便可进行标准化多元线性回归分析. 式 (5.2.2) 的模型为

$$Y_i = \beta_1^* x_{i1} + \beta_2^* x_2 + \cdots + \beta_m^* x_{im} + \varepsilon_i = \beta^{*T} x_i + \varepsilon_i, \quad i = 1, 2, \cdots, n \quad (5.2.4)$$

其中 ε_i 间相互独立且均服从 $N(0, \sigma^2)$, 在 $x_i = (x_{i1}, x_{i2}, \cdots, x_{im})^T$ 处, Y_i 与 ε_i 同方差, 而且 $Y_i \sim N(\beta^{*T} x_i, \sigma^2)$. 这里的 Y_i 为式 (5.2.1) 中 Y 的观测值.

2. β^* 的 LS 估计及分布

设 β^* 的 LS 估计为 $\hat{\beta}^* = b^* = (b_1^*, b_2^*, \cdots, b_m^*)^T$, 得到的标准化多元线性回归方程及 ε_i 的估计为

$$\begin{cases} \hat{y} = b_1^* x_1 + b_2^* x_2 + \cdots + b_m^* x_m = b^{*T} x \\ \hat{\varepsilon}_i = Y_i - \hat{y}_i = Y_i - b^{*T} x_i, \quad i = 1, 2, \cdots, n \end{cases} \quad (5.2.5)$$

则 b^* 应使 "误差平方和" Q_e 满足

$$Q_e = \sum_{i=1}^n \hat{\varepsilon}_i^2 = \sum_{i=1}^n \left(Y_i - b^{*T} x_i\right)^2 = \min \quad (5.2.6)$$

对 $\dfrac{dQ_e}{db^*} = 0$ 整理得 b^* 的 LS 正则方程组及解

$$\begin{bmatrix} 1 & r_{12} & \cdots & r_{1m} \\ r_{21} & 1 & \cdots & r_{2m} \\ \vdots & \vdots & & \vdots \\ r_{m1} & r_{m2} & \cdots & 1 \end{bmatrix} \begin{bmatrix} b_1^* \\ b_2^* \\ \vdots \\ b_m^* \end{bmatrix} = \begin{bmatrix} r_{1y} \\ r_{2y} \\ \vdots \\ r_{my} \end{bmatrix}, \quad R_{XX} b^* = R_{XY}, \quad b^* = R_{XX}^{-1} R_{XY}$$
$$(5.2.7)$$

可证 b^* 有如下的分布

$$\begin{cases} b^* = (b_1^*, b_2^*, \cdots, b_m^*)^T \sim N_m\left(\beta^*, R_{XX}^{-1} \sigma^2\right) \\ b_j \sim N\left(\beta_j^*, c_{jj} \sigma^2\right), \quad i = 1, 2, \cdots, m \end{cases} \quad (5.2.8)$$

其中 c_{jj} 为 R_{XX}^{-1} 中主对角线上第 j 个元素.

3. 回归效果指标 R^2 及 σ^2 的无偏估计

在标准化多元线性回归中，5.1 节式 (5.1.23) 的 $l_{yy} = U + Q_e$ 变为

$$l_{yy} = r_{yy} = 1, \quad U = R^2 (X \text{ 对 } Y \text{ 的决定系数}), \quad Q_e = 1 - R^2 \tag{5.2.9}$$

式 (5.1.24) 变为：R^2 与 $(1 - R^2)$ 相互独立，且

$$R^2/\sigma^2 \sim \chi^2(m), \quad (1 - R^2)/\sigma^2 \sim \chi^2(n - m - 1) \tag{5.2.10}$$

其中 $f_y = n - 1, f_U = m, f_e = n - m - 1$. σ^2 的无偏估计为

$$\hat{\sigma}^2 = \frac{1 - R^2}{n - m - 1} \tag{5.2.11}$$

4. 回归方程的有关假设检验

(1) 回归方程无效假设 $H_0 : \beta^* = 0$ 的 F 检验为

$$F = \frac{R^2/m}{(1 - R^2)/(n - m - 1)} \sim F(m, n - m - 1) \tag{5.2.12}$$

其中 $R^2 = r^2_{y(x_1 x_2 \cdots x_m)}$，可据变量个数 $M = m + 1, f_e = n - m - 1$ 及显著水平 α 查相关性显著临界值表得 R_α，若 $R \geqslant R_\alpha$，则在 α 水平上显著.

(2) b_j^* 无效假设 $H_0 : \beta_j^* = 0$ 的 t 检验为

由式 (5.2.8) 及 (5.2.11) 有

$$t_j = \frac{b_j^*}{S_{b_j^*}} = b_j^* \bigg/ \sqrt{\frac{c_{jj}(1 - R^2)}{n - m - 1}} \sim t(n - m - 1), \quad j = 1, 2, \cdots, m \tag{5.2.13}$$

其中 c_{jj} 为 R_{XX}^{-1} 主对角线上第 j 个元素. 若显著，则 b_j^* 的 $(1 - \alpha) \times 100\%$ 置信区间为 $b_j^* \mp t_\alpha(n - m - 1) S_{b_j^*}$.

5.2.2 通径分析

如果回归方程和 b_j^* 均显著，可进行通径分析.

1. 模型 (5.2.4) 结合 β^* 估计的通径图 (图 5.2.1)

(1) x_j 与 y 为因果关系，用单箭头通径 "$y \xleftarrow{b_j^*} x_j$" 表示，$b_j^* = \dfrac{\partial \hat{y}}{\partial x_j}$ 为通径系数，是标准化的 x_j 方向上的最大上升速率，$j = 1, 2, \cdots, m$.

(2) 任两个自变量 x_j 与 x_k 间为平行的相关关系，用双箭头的相关路 "$x_j \xleftrightarrow{r_{jk}} x_k$" 表示，路径系数为二者的相关系数 r_{jk}.

(3) 回归残差 ε 与 $X = (X_1, X_2, \cdots, X_m)^{\mathrm{T}}$ 无关，而与 y 为因果关系，用单箭头通径 "$y \xleftarrow{b_e^*} \varepsilon$" 表示. 由于 ε 和 X 共同决定了 y，故 $b_e^* = \sqrt{1 - R^2}$.

2. r_{jy} 剖分及其路径原理

式 (5.2.7) 所示 LS 正则方程组和通径图相结合, 形成了通径分析中 r_{jy} 剖分及其相应路径机理的理论基础 (图 5.2.1).

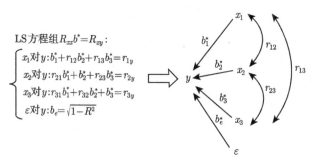

图 5.2.1 y 关于 x 的通径图 ($m = 3$) 与 LS 正则方程组

图 5.2.1 说明以下几点:

(1) x_1, x_2, x_3 和 y 形成了有向封闭网络, 而 ε 与 x 无关单独影响 y. 这是由式 (5.2.2) 决定的.

(2) 任一 r_{jy} 均可剖分为三部分, 这是按各部分形成或作用的方式进行剖分的. 这种剖分和通径图相对应可写成如下形式:

$$\begin{cases} b_1^* \quad + \quad r_{12}b_2^* \quad + \quad r_{13}b_3^* \quad = \quad r_{1y} \\ x_1 \xrightarrow{b_1^*} y \quad + \quad x_1 \xleftrightarrow{r_{12}} x_2 \xrightarrow{b_2^*} y + x_1 \xleftrightarrow{r_{13}} x_3 \xrightarrow{b_3^*} y = x_1 \xleftrightarrow{r_{1y}} y \end{cases}$$

$$\begin{cases} r_{21}b_1^* \quad + \quad b_2^* \quad + \quad r_{23}b_3^* \quad = \quad r_{2y} \\ x_2 \xleftrightarrow{r_{21}} x_1 \xrightarrow{b_1^*} y + \quad x_2 \xrightarrow{b_2^*} y \quad + x_2 \xleftrightarrow{r_{23}} x_3 \xrightarrow{b_3^*} y = x_2 \xleftrightarrow{r_{2y}} y \end{cases}$$

$$\begin{cases} r_{31}b_1^* \quad + \quad r_{32}b_2^* \quad + \quad b_3^* \quad = \quad r_{3y} \\ x_3 \xleftrightarrow{r_{31}} x_1 \xrightarrow{b_1^*} y + x_3 \xleftrightarrow{r_{32}} x_2 \xrightarrow{b_2^*} y + \quad x_3 \xrightarrow{b_3^*} y \quad = x_3 \xleftrightarrow{r_{3y}} y \end{cases}$$

这样的 r_{jy} 剖分, 对于一般的标准化多元线性回归正则方程组有普遍性,

$$\begin{cases} b_1^* + r_{12}b_2^* + \cdots + r_{1m}b_m^* = r_{1y} \\ r_{21}b_1^* + b_2^* + \cdots + r_{2m}b_m^* = r_{2y} \\ \quad \cdots\cdots \\ r_{m1}b_1^* + r_{m2}b_2^* + \cdots + b_m^* = r_{my} \end{cases} \tag{5.2.14}$$

即当 $Y_i = b_1^* x_{i1} + b_2^* x_{i2} + \cdots + b_m^* x_{im} + \hat{\varepsilon}_i$ 时, 任一 r_{jy} 可分解为 m 项, 这 m 项形成

的原因有两种: b_j^* 由通径 "$Y \xleftrightarrow{b_j^*} x_j$" 形成, 因而称 b_j^* 为 x_j 对 Y 的直接作用; 而 $r_{jk}b_k^*(k \neq j)$ 由 "$x_j \xleftrightarrow{r_{jk}} x_k \xrightarrow{b_k^*} Y$" 形成, 可解释为 x_j 通过与 x_k 的相关对 Y 的作用, 或称为 x_j 通过与 $x_k(k \neq j)$ 的相关对 Y 的间接作用. 这种间接作用有 $m-1$ 项, 其大小由两条路的路径系数相乘 ($r_{jk}b_k^*$). 而 r_{jy} 由 $Y \leftrightarrow x_j$ 形成, 称为 x_j 对 Y 的总作用. 由上述可知, 任一 r_{jy} 可分解为一个直接作用 b_j^* 和 $m-1$ 个间接作用 $r_{jk}b_k^*(k \neq j)$.

为什么 r_{jy} 称为 x_j 对 Y 的总作用呢? 因为 Y 对 x_j 标准化直线回归方程为

$$\hat{y} = b_j^* x_j = r_{jy} x_j \quad (j = 1, 2, \cdots, m) \tag{5.2.15}$$

其正则方程组为 $b_j^* = r_{jy}$. 当 Y 不变而自变量由一个 x_j 增加为 m 个 $(x_1, x_2, \cdots, x_m)$ 时, r_{jy} 不变, b_j^* 变为 $b_1^*, b_2^*, \cdots, b_m^*$, 从而有式 (5.2.14) 的 r_{jy} 剖分式, 因而称 r_{jy} 为 x_j 对 Y 的总作用.

根据以上说明和分析, 有如下所述关于 r_{jy} 剖分及其相应作用路径、调控的定理 5.2.1.

【定理 5.2.1】 在标准化多元线性回归分析中, 式 (5.2.7) 所示正则方程组的第 j 个方程为

$$b_j^* + \sum_{k \neq j} r_{jk} b_k^* = r_{jy}, \quad j = 1, 2, \cdots, m \tag{5.2.16}$$

表明 r_{jy} 可以剖分为一个直接作用 b_j^* 和 $m-1$ 个间接作用之和 $\sum_{k \neq j} r_{jk} b_k^*$, 与回归模型的通径图相结合, r_{jy} 剖分各部分的路径组成为

$$\underset{x_j \leftrightarrow y}{r_{jy}} = \underset{x_j \leftrightarrow y}{b_j^*} + \sum_{k \neq j} \underset{x_j \leftrightarrow x_k \to y}{r_{jk} b_k^*} = \underset{x_j \leftrightarrow y}{b_j^*} + \underset{\sum_{k \neq j} x_j \leftrightarrow x_k \to y}{\text{间}_j} \tag{5.2.17}$$

间$_j$ 取值受 x 与 y 的相关结构影响, 形成了对 b_j^* 的调控机制:

$$r_{jy} \begin{cases} < b_j^*, & \text{间}_j = \sum_{k \neq j} r_{jk} b_k^* < 0 \\ > b_j^*, & \text{间}_j > 0 \end{cases} \tag{5.2.18}$$

3. 决定系数 R^2 的剖分及其路径原理

由式 (5.2.1)~(5.2.13) 的标准化多元线性回归分析中, 式 (5.2.9) 所示的 X 对 Y 的决定系数 (coefficient of determination) 为 R^2, 而 $\sqrt{R^2}$ 是 X 与 Y 的复相关系数 (multiple correlation coefficient) $r_{y(x_1 x_2 \cdots x_m)}$. 如前所述, R^2 能决定多元线性回归的显著性, 也称它为拟合优度.

通径分析的第二个贡献 (第一个贡献为 r_{jy} 的剖分及相应路径) 是给出了 R^2 的剖分及其路径原理:

$$R^2 = \sum_{j=1}^{m} b_j^* r_{jy} = \sum_{j=1}^{m} b_j^* \left(b_j^* + \sum_{k \neq j} r_{jk} b_k^* \right)$$

$$= \sum_{j=1}^{m} b_j^{*2} + 2 \sum_{\substack{1 \leqslant j < m \\ k > j}} b_j^* r_{jk} b_k^* = \sum_{j=1}^{m} R_j^2 + \sum_{\substack{1 \leqslant j < m \\ k > j}} R_{jk} \quad (5.2.19)$$

其中:

$R_j^2 = b_j^{*2}$——作用路径为 "$y \xleftarrow{b_j^*} x_j \xrightarrow{b_j^*} y$", 称为 x_j 对 y 的直接决定系数, 其路径是封闭的;

$R_{jk} = R_{kj} = 2b_j^* r_{jk} b_k^* (k \neq j)$——作用路径为如下的封闭路径:

$$y \xrightarrow{b_j^*} x_j \xleftarrow{r_{jk}} x_k \xrightarrow{b_k^*} y \quad 或 \quad y \xleftarrow[b_k^*]{b_j^*} \begin{matrix} x_j \\ x_k \end{matrix} \updownarrow r_{jk}$$

称为 x_j 与 $x_k (k \neq j)$ 相关对 y 的相关决定系数. 由于 x_j 与 x_k 对等, 故 $R_{jk} = R_{kj} = 2b_j^* r_{jk} b_k^*$. R_{jk} 的路径亦是封闭的.

式 (5.2.19) 表明, x 对 y 的决定系数 R^2 可分解为 m 个直接决定系数 $R_j^2 = b_j^{*2}$ 和 $\dfrac{m(m-1)}{2}$ 个相关决定系数之和 $\sum_{\substack{j=1 \\ k>j}}^{m-1} R_{jk}$.

综上所述, 有如下的 R^2 剖分及其相应作用路径、调控的定理 5.2.2.

【定理 5.2.2】 在标准化回归 $\hat{y} = b_1^* x_1 + b_2^* x_2 + \cdots + b_m^* x_m$ 中, X 对 y 的决定系数 R^2 有如下的剖分及其路径原理

$$R^2_{y \leftrightarrow x} = \sum_{\substack{j=1 \\ y \leftarrow x_j \to y}}^{m} b_j^{*2} + \sum_{\substack{j=1 \\ k>j}}^{m-1} \underset{y \leftarrow x_j \leftrightarrow x_k \to y}{2 b_j^* r_{jk} b_k^*}$$

$$= \sum_{\substack{j=1 \\ y \leftarrow x_j \to y}}^{m} R_j^2 + \sum_{\substack{j=1 \\ k>j}}^{m-1} \underset{y \leftarrow x_j \leftrightarrow x_k \to y}{R_{jk}} \quad (5.2.20)$$

R^2 与 $\sum_{j=1}^{m} R_j^2$ 的关系受 $\sum_{\substack{j=1 \\ k>j}}^{m-1} R_{jk}$ 调控,

$$R^2 \begin{cases} < \sum_{j=1}^{m} R_j^2, & \sum_{\substack{j=1 \\ k>j}}^{m-1} R_{jk} < 0 \\ > \sum_{j=1}^{m} R_j^2, & \sum_{\substack{j=1 \\ k>j}}^{m-1} R_{jk} > 0 \end{cases} \quad (5.2.21)$$

只有当所有 $r_{jk} = 0$, 才有 $R^2 = \sum_{j=1}^{m} R_j^2$.

5.2.3 通径分析的决策分析

通径分析虽然给出了 r_{jk} 和 R^2 剖分的通径机理, 见式 (5.2.16) 和式 (5.2.19), 但未提出 $x_j (j = 1, 2, \cdots, m)$ 对 y 的综合决定能力的指标及其通径机理. 袁志发等 (2000~2013) 提出了 x_j 对 y 综合决定能力——决策系数 $R_{(j)}$ 的概念、算法和假设检验, 以决定 x_j 对 y 作用的重要性次序及其机理, 形成了通径分析的决策分析方法 (见相关参考文献).

1. **决策系数 $R_{(j)}$ 的定义**

如何利用 r_{jk} 和 R^2 的剖分及其路径结果, 刻画 x_j 对 y 的综合决定能力呢? 由式 (5.2.19) 知, $R^2 = \sum_{j=1}^{m} b_j^* r_{jy}$, x_j 对 R^2 的真正贡献为 $b_j^* r_{jy}$. 因而, x_j 对 y 的综合决定能力应由 $b_j^* r_{jy}$ 和 R^2 剖分相结合产生, 并能看到 $x_k (k \neq j)$ 对它的影响

$$b_j^* r_{jy} = b_j^* \left(b_j^* + \sum_{k \neq j} r_{jk} b_k^* \right) = b_j^{*2} + b_j^* \sum_{k \neq j} r_{jk} b_k^*$$

$$2 b_j^* r_{jy} = 2 b_j^{*2} + 2 b_j^* \sum_{k \neq j} r_{jk} b_k^* = 2 b_j^{*2} + \sum_{k \neq j} R_{jk}$$

故 x_j 对 y 的综合决定能力——决策系数 $R_{(j)}$ 及其各组分的路径应定义为

$$R_{(j)} \triangleq 2 b_j^* r_{jy} - b_j^{*2} = \underbrace{b_j^{*2}}_{y \leftarrow x_j \to y} + \sum_{k \neq j} \underbrace{2 b_j^* r_{ij} b_k^*}_{y \leftarrow x_j \leftrightarrow x_k \to y}$$

$$= \underbrace{R_j^2}_{y \leftarrow x_j \to y} + \sum_{k \neq j} \underbrace{R_{ij}}_{y \leftarrow x_j \leftrightarrow x_k \to y}, \quad j = 1, 2, \cdots, m \quad (5.2.22)$$

即 $R_{(j)}$ 等于 x_j 对 y 的直接决定系数 $R_j^2 = b_j^{*2}$ 及与 x_j 有关的对 y 相关决定系数 $R_{jk} = 2 b_j^* r_{ij} b_k^*$ 之和.

式 (5.2.22) 表明, 与 x_j 有关的相关决定系数 $2 b_j^* \sum_{k \neq j} r_{jk} b_k^*$ 的正或负由 X 与 Y

的相关结构所决定, 而且由式 (5.2.17) 有 $2b_j^* \sum_{k \neq j} r_{jk} b_k^* = 2直_j \times 间_j$, 因而有

$$R_{(j)} = \underset{y \leftarrow x_j \to y}{b_j^{*2}} + \sum_{k \neq j} \underset{y \leftarrow x_j \leftrightarrow x_k \to y}{2直_j \times 间_j}, \quad j = 1, 2, \cdots, m \quad (5.2.23)$$

另外, 由于 $2b_j^* r_{jy} - b_j^{*2} = b_j^* r_{jy} + b_j^* (r_{jy} - b_j^*)$, 故由式 (5.2.17) 有

$$R_{(j)} = b_j^* r_{jy} + b_j^* \sum_{k \neq j} r_{jk} b_k^* = b_j^* r_{jy} + 直_j \times 间_j \quad (5.2.24)$$

2. $R_{(j)}$ 的调控机理

式 (5.2.22)~(5.2.24) 中, $b_j^{*2} = R_j^2$ 和 $b_j^* r_{jy}$ 皆为正, 故 $R_{(j)}$ 受 X 与 Y 的相关结构所决定的 $直_j \times 间_j$ 取值正负所调控

$$R_{(j)} \begin{cases} < b_j^{*2} = R_j^2, & 2直_j \times 间_j < 0 \\ > b_j^{*2} = R_j^2, & 2直_j \times 间_j > 0 \end{cases} \quad (5.2.25)$$

或

$$R_{(j)} \begin{cases} < b_j^* r_{jy}, & 直_j \times 间_j < 0 \\ > b_j^* r_{jy}, & 直_j \times 间_j > 0 \end{cases} \quad (5.2.26)$$

式 (5.2.26) 表明, $R_{(j)}$ 作为 x_j 对 y 的综合决定能力与 x_j 对 R^2 的真正贡献 $b_j^* r_{jy}$ 受 $直_j \times 间_j$ 取值的正与负调控: 若 $直_j \times 间_j < 0$, 则 $k \neq j$ 的 r_{jk} 和 r_{ky} 结构使 $R_{(j)}$ 弱化了 $b_j^* r_{jy}$, 即 $R_{(j)} < b_j^* r_{jy}$. 当这种弱化达到一定程度时, 会导致 $R_{(j)} < 0$; 若 $直_j \times 间_j > 0$ 时, 则 $k \neq j$ 的 r_{jk} 和 r_{ky} 会使 $R_{(j)}$ 强化 $b_j^* r_{jy}$, 即 $R_{(j)} > b_j^* r_{jy} > 0$. 这个结果说明, $R_{(j)}$ 具有诊断 $k \neq j$ 的 r_{jk} 和 r_{ky} 结构是否有利于 x_j 对 y 的决定作用功能.

3. x_j 对 y 重要性主次排序和 $R_{(j)}$ 对 y 变化趋势的调控

1) x_j 对 y 重要性的 r_{jy} 和 b_j^* 排序法

通径分析尽管给出了效应层次上的 r_{jy} 和决定系数 R^2 的剖分, 但仅给出了 x_j 对 y 总作用 r_{jy} 和直接作用 b_j^* 的排序法, 以判定 x_j 对 y 的重要性. 由式 (5.2.18) 知

$$r_{jy} = b_j^* + \sum_{k \neq j} r_{jk} b_k^* = b_j^* + 间_j \begin{cases} < b_j^*, & 间_j < 0 \\ > b_j^*, & 间_j > 0 \end{cases}$$

显然, x_j 对 y 重要性的主次涉及所有 $k \neq j$ 的 x_k 对 y 的作用, 是全局性的比较, 这就是上式中 $间_j$ 调控的意义. 按 r_{jy} 和 b_j^* 从大到小排序, 二者的结果未必一致, 哪一个好呢? 由上式知, r_{jy} 由资料直接估计而得, 其排序结果符合总体的实际表现,

而 b_j^* 仅由通径分析模型估计而得, 且受间$_j$ 的调控, 故 r_{jy} 排序优于 b_j^* 排序, 但并不排斥二者排序可能是一致的.

2) x_j 对 y 重要性的 $R_{(j)}$ 排序法

$R_{(j)}$ 刻画了 x_j 对 y 的综合决定能力. R^2 能决定所有自变量 x 对 y 线性回归的显著, 故 $R_{(j)}$ 能决定 x_j 对 y 的重要性. 因此, $R_{(j)}$ 成为继 r_{jy} 排序和 b_j^* 排序后能在决定作用层次上决定 x_j 对 y 重要性的第三种排序方法. $R_{(j)}$ 排序较 r_{jy} 和 b_j^* 排序法更有机理性和决策性, 是决定 x_j 对 y 重要性的最终结果, 但不排除三种排序结果一致的可能. 下面就其内含信息的全面性、机理性和决策性予以说明.

(1) $R_{(j)}$ 中含有 r_{jy} 剖分和 R^2 剖分中的所有关于 x_j 的信息.

式 (5.2.24) 表明 $R_{(j)}$ 中含有 $r_{jy} = b_j^* +$ 间$_j$ 中的所有信息, 式 (5.2.22) 说明 $R_{(j)}$ 含有 R^2 分解中有关 x_j 的直接决定 $R_j^2 = b_j^{*2}$ 和相关决定信息 $\sum_{k \neq j} R_{jk}$.

(2) 间$_j$ 调控下 b_j^* 和 $R_{(j)}$ 的关系.

式 (5.2.26) 表明, $R_{(j)}$ 受直$_j$ × 间$_j$ 调控: 当直$_j$ × 间$_j$ < 0 时, $R_{(j)}$ 弱化了 x_j 对 R^2 的真正贡献 $b_j^* r_{jy}$, 即 $R_{(j)} < b_j^* r_{jy}$. 这种弱化到一定程度时, 会使 $R_{(j)} < 0$; 当直$_j$ × 间$_j$ > 0 时, $R_{(j)}$ 强化了 $b_j^* r_{jy}$, 使 $R_{(j)} > b_j^* r_{jy} > 0$.

由于 $R_{(j)} = b_j^{*2} + 2b_j^* \sum_{k \neq j} r_{jk} b_k^* = b_j^{*2} + 2$间$_j \times b_j^*$ 为 b_j^* 的二次函数, 故有

$$R_{(j)} = b_j^{*2} + 2\,\text{间}_j \times b_j^* = 0, \quad b_j^* = -\,\text{间}_j \pm |\,\text{间}_j\,| \quad (5.2.27)$$

结合式 (5.2.18), 在间$_j = \sum_{k \neq j} r_{jk} b_k^* < 0$ 和间$_j > 0$ 情况下, $R_{(j)}$ 取值正、负与 b_j^* 的关系如图 5.2.2 所示.

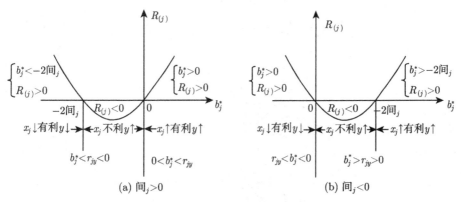

图 5.2.2 间$_j$ 调控下 b_j^* 和 $R_{(j)}$ 的关系

图 5.2.2 表明, $R_{(j)}$ 由直$_j$ × 间$_j$ 调控, 其实质是间$_j$ 调控了 b_j^*, 而 b_j^* 调控了

$R_{(j)}$. 这种调控的结果为

$$\begin{cases} 间_j > 0: 若\ b_j^* > 0\ 和\ b_j^* < -2\ 间_j, 则\ R_{(j)} > 0; 若\ -2\ 间_j < b_j^* < 0, 则\ R_{(j)} < 0 \\ 间_j < 0: 若\ b_j^* > -2\ 间_j\ 和\ b_j^* < 0, 则\ R_{(j)} > 0; 若\ 0 < b_j^* < -2\ 间_j, 则\ R_{(j)} < 0 \end{cases} \quad (5.2.28)$$

(3) $R_{(j)} < 0$ 或 $R_{(j)} > 0$ 下 y 的变化趋势.

① $R_{(j)} < 0$ 不利于 y 的正向增长.

图 5.2.2 或式 (5.2.28) 表明: 当间$_j > 0$ 时, 若 -2间$_j < b_j^* < 0$, 有 $R_{(j)} < 0$. 在这种情况下, 有 $b_j^* < r_{jy} < 0$. 因而 x_j 会以大于 $|r_{jy}|$ 的速率 $|b_j^*|$ 下降, 不利于 y 的正向增长; 当间$_j < 0$ 时, 若 $0 < b_j^* < -2$间$_j$, 有 $R_{(j)} < 0$. 在这种情况下, 有 $b_j^* > r_{jy} > 0$. 因而 x_j 会以大于 r_{jy} 的速度 b_j^* 疯长, 抑制了多数 $k \neq j$ 的 x 正向增长, 从而不利于 y 的正向增长.

② $R_{(j)} > 0$ 有利于 y 的正向增长或有利于 y 的反向减少.

图 5.2.2 或式 (5.2.28) 表明

当间$_j > 0$ 时, 若 $b_j^* < -2$间$_j(< 0)$ 或 $b_j^* > 0$ 均使 $R_{(j)} > 0$. 前者含因 $x_j \downarrow$ (下降) 而使 $y \downarrow$ (下降), 后者会因 $x_j \uparrow$ (增加) 而使 $y \uparrow$ (增加);

当间$_j < 0$ 时, 若 $b_j^* < 0$ 或 $b_j^* > -2$间$_j(> 0)$ 均使 $R_{(j)} > 0$. 前者会因 $x_j \downarrow$ (减少) 而使 $y \downarrow$ (减少), 后者会因 $x_j \uparrow$ (增加) 而使 $y \uparrow$ (增加).

综上所述, 说明了 $R_{(j)}$ 取正或负对 y 变化趋势的影响, 也说明 $R_{(j)}$ 排序法的全局性和科学性.

4. $R_{(j)}$ 的假设检验

由式 (5.2.8) 知, $b_j^* \sim N\left(\beta_j^*, c_{jj}\sigma^2\right)$. 欲求 $E[R_{(j)}]$ 和 $V[R_{(j)}]$, 可视 r_{jy} 为常数, 将 $R_{(j)} = 2b_j^* r_{jy} - b_j^{*2}$ 的 b_j^* 在 β_j^* 处泰勒展开

$$R_{(j)} = 2\beta_j^* r_{jy} - \beta_j^{*2} + 2\left(r_{jy} - \beta_j^*\right)\left(b_j^* - \beta_j^*\right) - \left(b_j^* - \beta_j^*\right)^2 \quad (5.2.29)$$

则有

$$\begin{cases} E[R_{(j)}] = 2\beta_j^* r_{jy} - \beta_j^{*2} - c_{jj}\sigma^2 \\ V[R_{(j)}] = 4\left(r_{jy} - \beta_j^*\right)^2 c_{jj}\sigma^2 \end{cases} \quad (5.2.30)$$

在求 $V[R_{(j)}]$ 时, 将式 (5.2.29) 中的平方项略去. 因而, 检验 $H_0 : E[R_{(j)}] = 0$ 的近似 t 检验为

$$t_j = \frac{R_{(j)}}{S_{R_{(j)}}} = \frac{R_{(j)}}{2\left|r_{jy} - b_j^*\right|\sqrt{\dfrac{c_{jj}\left(1 - R^2\right)}{n - m - 1}}} \sim t(n - m - 1), \quad i = 1, 2, \cdots, m \quad (5.2.31)$$

其中, c_{jj} 为 R_{XX}^{-1} 中主对角线上第 j 个元素.

5. $R_{(j)}$ 对 y 的决策作用

上述关于 $R_{(j)} < 0$ 不利于 y 的正向增加和 $R_{(j)} > 0$ 有利于 y 的正向增加或 y 的反向减少的结论,对于利用 $R_{(j)}$ 排序结果确定 x_j 如何变化才能使 Y 正向最优或反向最优具有决策意义.

如果在 $b_j^* > 0$ 情况下期望 y 值越大越好,则利用 $R_{(j)}$ 有以下关于 x_j 的决策:

(1) 若 $R_{(j)} > 0$ 且排在首位 (不排除 $b_j^* > 0$ 排在末位),则 $R_{(j)}$ 的显著水平越高 (α 越小), x_j 的正向增加越有利于 y 的正向增加. 这时称 x_j 为使 y 增加的首位决策因素.

(2) 若 $R_{(j)} < 0$ 且排在末位 (不排除 b_j^* 最大),则 $R_{(j)}$ 显著水平越高 (α 越小), x_j 的正向增长越不利于 y 的正向增长,因为它限制了其他自变量的增长. 这时称 x_j 为制约 y 正向增长的首要限制性因素. 只有对它反向选择才有利于 y 的增长.

(3) 介于首要决策因素和限制因素之间的因素,可据其决策系数的正与负,对它们进行适当的增加、减少或保持不变,以有利于 y 的增加.

对于期望 y 值越小越好的情况,可仿上用 $R_{(j)}$ 决策,以确定首要决策因素和首要限制因素,以改良原总体.

【例 5.2.1】 关于小麦单株产量 (y) 与其构成因素百粒重 (x_1)、每株穗数 (x_2)、每穗粒数 (x_3) 和每穗粒重 (x_4) 的通径分析及其决策分析

试验为单因素完全随机区组设计,参试品种 10 个,重复 3 次,误差自由度 $f_e = (10-1)(3-1) = 18$. 估计的遗传相关系数如表 5.2.1 所示.

表 5.2.1 遗传相关系数表

	x_1	x_2	x_3	x_4	y
x_1	1	0.274	−0.706	0.525	0.050
x_2		1	−0.300	0.474	0.477
x_3			1	−0.665	0.256
x_4				1	0.440

(I) 标准化回归方程及检验

标准化回归方程为:$\hat{y} = b_1^* x_1 + b_2^* x_2 + b_3^* x_3 + b_4^* x_4$. 正则方程 $R_{XX} b^* = R_{XY}$ 的解为 $b_1^* = 0.321$, $b_2^* = 0.313$, $b_3^* = 1.180$, $b_4^* = 0.908$. 其中,

$$R_{XX}^{-1} = \begin{bmatrix} 1 & r_{12} & r_{13} & r_{14} \\ r_{21} & 1 & r_{23} & r_{24} \\ r_{31} & r_{32} & 1 & r_{34} \\ r_{41} & r_{42} & r_{43} & 1 \end{bmatrix}^{-1}$$

$$= \begin{bmatrix} 2.0224 & -0.0910 & 1.2964 & -0.1565 \\ -0.0910 & 1.2964 & -0.0935 & -0.6280 \\ 1.2964 & -0.0935 & 2.6249 & 1.1093 \\ -0.1565 & -0.6280 & 1.1093 & 2.1175 \end{bmatrix} = (c_{jk})_{4\times 4}$$

回归方程的显著性检验由 R^2 给出

$$R^2 = \sum_{j=1}^{4} b_j^* r_{jy} = 0.867, \quad R = r_{y(1234)} = 0.931^{**} > R_{0.01}(18) = 0.710$$

回归方程极显著. x_1, x_2, x_3 和 x_4 共同决定了 y 总变异的 86.7%. 回归残差 ε 决定了 y 总变异的 $1 - R^2 = 0.133 = 13.3\%$. ε 的通径系数 $b_e^* = \sqrt{1 - R^2} = 0.365$.

$b_j^* (j = 1, 2, 3, 4)$ 的 t 检验

$$t_1 = \frac{b_1^*}{\sqrt{\dfrac{c_{11}^*(1-R^2)}{18}}} = \frac{0.321}{\sqrt{\dfrac{2.0224 \times 0.133}{18}}} = 2.6259^*$$

$$t_2 = \frac{b_2^*}{\sqrt{\dfrac{c_{22}^*(1-R^2)}{18}}} = \frac{0.313}{\sqrt{\dfrac{1.2946 \times 0.133}{18}}} = 3.2003^{**}$$

$$t_3 = \frac{b_3^*}{\sqrt{\dfrac{c_{33}^*(1-R^2)}{18}}} = \frac{1.180}{\sqrt{\dfrac{2.6249 \times 0.133}{18}}} = 8.4730^{**}$$

$$t_4 = \frac{b_4^*}{\sqrt{\dfrac{c_{44}^*(1-R^2)}{18}}} = \frac{0.908}{\sqrt{\dfrac{2.1175 \times 0.133}{18}}} = 7.2591^{**}$$

由自由度 $f_e = 18$ 查附表 2 得 $t_{0.05} = 2.101$, $t_{0.01} = 2.878$, 故 b_1 显著, 而 b_2, b_3 和 b_4 均极显著.

(II) 通径分析及其决策分析

1) r_{jy} 的剖分及通径图

由 $R_{XX} b^* = R_{XY}$ 所给出的 r_{jy} 剖分 $(j = 1, 2, 3, 4)$ 及对应的通径图为图 5.2.3.

$$\begin{cases} b_1^* + 0.274b_2^* - 0.706b_3^* + 0.525b_4^* = 0.050 \\ 0.274b_1^* + b_2^* - 0.300b_3^* + 0.474b_4^* = 0.477 \\ -0.706b_1^* - 0.300b_2^* + b_3^* - 0.665b_4^* = 0.256 \\ 0.525b_1^* + 0.474b_2^* - 0.655b_3^* + b_4^* = 0.440 \\ b_e^* = 0.365 \end{cases}$$

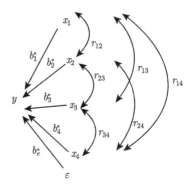

图 5.2.3 【例 5.2.1】的通径图

将 $b_j^*(j=1,2,3,4)$ 代入得 r_{jy} 的剖分结果, 如表 5.2.2 所示.

2) R^2 的剖分及相应组分路径

$$R^2 = R_1^2 + R_2^2 + R_3^2 + R_4^2 + R_{12} + R_{13} + R_{14} + R_{23} + R_{24} + R_{34}$$

R_j^2 的路径为 $y \leftarrow x_j \rightarrow y$, R_{jk} 的路径为 $y \leftarrow x_j \leftrightarrow x_k \rightarrow y$.

由 $R_j^2 = b_j^{*2}$ 计算

$$R_1^2 = 0.321^2 = 0.103, \quad R_2^2 = 0.098, \quad R_3^2 = 1.392, \quad R_4^2 = 0.824$$

由 $R_{jk} = 2b_j^* r_{jk} b_k^*$ 计算

$$R_{12} = 2b_1^* r_{12} b_2^* = 0.055, \quad R_{13} = -0.535, \quad R_{14} = 0.306, \quad R_{23} = -0.222$$
$$R_{24} = 0.269, \quad R_{34} = -1.425$$

3) 决策系数 $R_{(j)}$ 的计算及检验

(1) 据 $R_{(j)} = R_j^2 + \sum_{k \neq j} R_{jk} = 2b_j^* r_{jy} - b_j^{*2}$ 计算:

$$R_{(1)} = R_1^2 + R_{12} + R_{13} + R_{14} = 2b_1^* r_{1y} - b_1^{*2} = -0.071$$
$$R_{(2)} = 0.200, \quad R_{(3)} = -0.788, \quad R_{(4)} = -0.026$$

(2) $R_{(j)}$ 标准差 $S_{R_{(j)}} = 2|r_{jy} - b_j^*|\sqrt{c_{jj}(1-R^2)/f_e}$ 的计算, $f_e = 18$. c_{jj} 为 R_{XX}^{-1} 中主对角线上第 j 个元素. 计算结果为

$$S_{R_{(1)}} = 2|r_{1y} - b_1^*|\sqrt{c_{11}(1-R^2)/18} = 0.0641$$
$$S_{R_{(2)}} = 2|r_{2y} - b_2^*|\sqrt{c_{22}(1-R^2)/18} = 0.0321$$
$$S_{R_{(3)}} = 0.2574, \quad S_{R_{(4)}} = 0.1171$$

(3) $R_{(j)}$ 的 t 检验 ($t_{0.05}(18) = 2.101, t_{0.01}(18) = 2.878$).

$$t_1 = R_{(1)}/S_{R_{(1)}} = -1.108, \quad t_2 = R_{(2)}/S_{R_{(2)}} = 6.231^{**}$$
$$t_3 = R_{(3)}/S_{R_{(3)}} = -3.070^{**}, \quad t_4 = R_{(4)}/S_{R_{(4)}} = -0.222$$

4) x_j 对 y 作用重要性的排序

b_j^* 排序：$b_3^*(1.18) > b_4^*(0.908) > b_1^*(0.321) > b_2^*(0.313)$；

r_{jy} 排序：$r_{2y}(0.477) > r_{4y}(0.440) > r_{3y}(0.256) > r_{1y}(0.05)$；

$R_{(j)}$ 排序：$R_{(2)}(0.200) > R_{(4)}(-0.026) > R_{(1)}(-0.071) > R_{(3)}(-0.788)$.

将上述结果列表得【例 5.2.1】的通径分析及其决策分析表 5.2.2.

表 5.2.2 【例 5.2.1】的通径分析及其决策分析表

x_j 对 y	直接作用 b_j^*（序次）	间接作用 $x_j \leftrightarrow x_k \to y$	$r_{jk}b_k^*$	间$_j$ $\sum_{k \neq j} r_{jk}b_k^*$（序次）	$\sum_{j \neq k} r_{kj}b_j^*$（序次）	总作用 r_{jy}（序次）	决策系数 $R_{(j)}$（序次）
x_1 对 y	0.321(3)	$x_1 \leftrightarrow x_2 \to y$	0.086	−0.27(2)	0.03(3)	0.05(4)	−0.071(3)
		$x_1 \leftrightarrow x_3 \to y$	−0.833				
		$x_1 \leftrightarrow x_4 \to y$	0.477				
x_2 对 y	0.313(4)	$x_2 \leftrightarrow x_1 \to y$	0.088	0.164(1)	0.14(2)	0.477(1)	0.200(1)
		$x_2 \leftrightarrow x_3 \to y$	−0.354				
		$x_2 \leftrightarrow x_4 \to y$	0.430				
x_3 对 y	1.18(1)	$x_3 \leftrightarrow x_1 \to y$	−0.227	−0.925(4)	−1.972(4)	0.256(3)	−0.788(4)
		$x_3 \leftrightarrow x_2 \to y$	−0.094				
		$x_3 \leftrightarrow x_4 \to y$	−0.604				
x_4 对 y	0.908(2)	$x_4 \leftrightarrow x_1 \to y$	0.169	−0.468(3)	0.303(1)	0.440(2)	−0.026(2)
		$x_4 \leftrightarrow x_2 \to y$	0.148				
		$x_4 \leftrightarrow x_3 \to y$	−0.785				
ε 对 y	0.365					0.356	0.133

5) 结果的综合分析

(1) y（单株产量）与其构成因素百粒重 (x_1)、每株穗数 (x_2)、每穗粒数 (x_3) 和每穗粒重 (x_4) 之间，极显著地存在标准化线性回归关系

$$\hat{y} = 0.321x_1 + 0.313x_2 + 1.180x_3 + 0.908x_4$$

决定系数 $R^2 = 86.7\%$，$r_{y(1234)} = 0.931^{**}$，除 b_1^* 显著外其他 b_2^*，b_3^* 和 b_4^* 均极显著.

(2)【例 5.2.1】所示的育种后选群体形成的原因和后果.

育种群体形成原因：根据 b_j^* 排序 ($b_3^* > b_4^* > b_1^* > b_2^*$) 结果，群体是由过度强化增加每穗粒数 ($x_3$) 和每穗粒重 ($x_4$) 而造成的，后果是 x_3 与 x_1（百粒重）、x_2（每穗粒数）和 x_4（每穗粒重）负相关，导致群体中 r_{jy} 排序和 b_j^* 排序差异极大 ($r_{2y} > r_{4y} > r_{3y} > r_{1y}$). 事实上，按式 (5.2.18) 中间$_j$ 对 b_j^* 和 r_{jy} 相对大小的调控及表 5.2.2 所示间$_j$ 数据有

间$_1$ = −0.27(x_3 贡献 −0.833) $\Rightarrow b_1^* > r_{1y}$

5.2 通径分析及其决策分析

$$间_2 = 0.164(x_3 \text{ 贡献 } -0.354) \Rightarrow b_2^* < r_{2y}$$
$$间_3 = -0.925(x_1、x_2 \text{ 和 } x_4 \text{ 贡献})\Rightarrow b_3^* > r_{3y}$$
$$间_4 = -0.468(x_3 \text{ 贡献 } -0.785) \Rightarrow b_4^* > r_{4y}$$

显然, 过度增加 x_3 (每穗粒数) 不但伤及了 x_4 (每穗粒重, $r_{34} = -0.665$), 而且严重伤害了 x_1 (百粒重, $r_{13} = -0.706$). x_3 对其他 x 伤害的大小顺序按它对各间$_j$ 的贡献为 $x_1 (-0.833) > x_4 (-0.785) > x_2 (-0.354)$.

(3) $R_{(j)}$ 与 r_{jy} 排序最接近是线性回归理论的结果.

r_{jy} 直接由【例 5.2.1】资料给出, 是育种群体的客观表现. $R_{(j)}$ 由标准化多元线性回归模型分析给出, 为理论结果. 由于回归方程及其偏回归系数经检验除 b_1^* 显著外, 其余均极显著, 故回归中各 x 与 y 的关系是符合资料群体的. 由于 $R_{(j)}$ 包含了 r_{jy}、b_j^* 和间$_j$ 的全部信息, 故 $R_{(j)}$ 排序不但与 r_{jy} 最接近, 而且 $R_{(j)}$ 还具有识别各 x 关系是否协调的能力. 事实上, 比较二者排序结果

$$R_{(2)} > R_{(4)} > R_{(1)} > R_{(3)}, \quad r_{2y} > r_{4y} > r_{3y} > r_{1y}$$

$R_{(j)}$ 识别了 x_3 和其他 x 关系的不协调, 不利于 y 的增加, 故 $R_{(3)} < 0$ 为 $R_{(j)}$ 排序的末位.

(4) x_j 对 y 重要性的综合排序.

由表 5.2.2 知, 反映 x_j 对 y 重要性指标有五项: b_1^*, 间$_j$, $\sum_{j \neq k} r_{kj} b_j^*$ (x_j 对其他 x_k 在对 y 间接效应上的和, r_{jy} 和 $R_{(j)}$. 在 b_j^* 均大于 0 的情况下, 可用它们序次之和来综合评判 x_j 对 y 的重要性 (序次之和最小者对 y 最重要). 当 b_j^* 中有负值时, 可用除 b_j^* 之外的四项序次之和来综合评判 x_j 的重要性 (因为 $b_j^* + 间_j = r_{jy}$).

$$\begin{cases} & b_j^* & 间_j & \sum_{j \neq k} r_{ky} b_j^* & r_{jy} & R_{(j)} & \\ x_1 & 3 & +\ 2 & +\ 3 & +\ 4 & +\ 3 & =\ 15\,(3) \\ x_2 & 4 & +\ 1 & +\ 2 & +\ 1 & +\ 1 & =\ 9\,(1) \\ x_3 & 1 & +\ 4 & +\ 4 & +\ 3 & +\ 4 & =\ 16\,(4) \\ x_4 & 2 & +\ 3 & +\ 1 & +\ 2 & +\ 2 & =\ 10\,(2) \end{cases}$$

$$\Leftrightarrow R_{(2)} > R_{(4)} > R_{(1)} > R_{(3)}$$

即这种综合排序结果和 $R_{(j)}$ 排序一致, 表明 $R_{(j)}$ 是衡量 x_j 对 y 重要性上的全信息总指标.

(5) 从间$_j$, b_j^* 和 $R_{(j)}$ 的关系上看 x_j 变化对 y 变化的影响.

由表 5.2.2 有关间 j, b_j^* 和 $R_{(j)}$ 数据, 结合图 5.2.2, x_2 属于图 5.2.2(a) 中 $b_j^* > 0$ 的情况, x_2 增加有利于 y 的增加; x_1, x_3 和 x_4 属于图 5.2.2(b) 中间 $j < 0$ 和 $0 < b_j^* < -2$ 间 j 的情况, 它们的 $R_{(j)}$ 均为负值, 不利于 y 的增加.

(6) 使 y 增加的群体改良决策.

$R_{(j)}$ 的统计检验及排序结果为

$$R_{(2)}(0.200^{**}) > R_{(4)}(-0.026) > R_{(1)}(-0.071) > R_{(3)}(-0.788^{**})$$

则使 y 增加的群体改良决策为

(i) $R_{(2)} > 0$ 排在首位且极显著 (尽管 b_2^* 最小), 则 x_2 (每株穗数) 为进行正向选择 (增大) 使 y 增加的首要决策因素.

(ii) $R_{(3)} < 0$ 排在末位且极显著 (尽管 b_3^* 最大), 故 x_3 (每穗粒数) 为限制 y 增加的首位限制性因素, 应进行反向选择 (减小) 以利于 x_2 的增加而使 y 增加, 并适当改变 x_3 与 x_2, x_1, x_4 的不协调关系.

(iii) 由于 $R_{(1)} = -0.071$ 和 $R_{(4)} = -0.026$ 均不显著, 应保持 x_4 不变而适当限制 x_1, 以利于 y 的增加.

【例 5.2.2】 结合表 5.2.3, 进行牛泌乳过程通路 KEGG 中细胞生长与死亡通路 (CGD) 的动态影响值 y 与其四条子类通路 x_1, x_2, x_3 和 x_4 动态影响值的通径分析及其决策分析 (资料来自 M. Bionaz 等 (2012), 杜俊莉等 (2014)).

表 5.2.3　CGD 及其子类通路动态影响值 (相对于 −30 天) 及均值排序

	−15	1	15	30	60	120	240	300	均值 (序次)
y	21.2872	73.1462	81.7803	81.4157	135.3701	127.2243	40.2691	37.3084	
x_1	24.7849	56.6593	55.8005	65.0791	125.9283	112.5840	41.4236	32.9571	64.2571(4)
x_2	13.5036	86.7704	88.6280	88.3041	135.0274	126.0310	36.8813	37.6037	76.5938(2)
x_3	15.6111	93.3127	68.9021	91.5868	140.6267	112.6886	26.0484	26.9444	71.9651(3)
x_4	31.2494	69.8421	113.7907	80.6926	139.8981	157.5936	56.7237	50.7283	87.5625(1)

表中排序为 M. Bionaz 等给出的 x_j 对 y 重要性的排序. 动态影响值在每一观测时刻用 8 头牛给出.

【例 5.2.2】的通径分析及其决策分析表如表 5.2.4 所示.

结果的综合分析

(1) $\hat{y} = b_1^* x_1 + b_2^* x_2 + b_3^* x_3 + b_4^* x_4$ 极显著, $R^2 = 0.9991$, $r_{y(1234)} = 0.9995$.

(2) x_j 对 y 重要性排序.

(i) b_j^*, r_{jy} 和 $R_{(j)}$ 排序

$$b_4^* > b_3^* > b_2^* > b_1^*, \quad r_{2y} > r_{3y} > r_{1y} > r_{4y}, \quad R_{(3)} > R_{(2)} > R_{(4)} > R_{(1)}$$

表 5.2.4 【例 5.2.2】的通径分析及其决策分析表

x_j 对 y	直接作用 b_j^*	间接作用 $x_j \leftrightarrow x_k \to y$	$r_{jk}b_k^*$	间$_j$ $\sum_{k \neq j} r_{jk}b_k^*$ (序次)	$\sum_{j \neq k} r_{kj}b_j^*$	总作用 r_{jy} (序次)	决策系数 $R_{(j)}$ (序次)
x_1 对 y	0.2190(4)	$x_1 \leftrightarrow x_2 \to y$	0.2469	0.7555(1)	0.6619(4)	0.9745(3)	0.3789** (4)
		$x_1 \leftrightarrow x_3 \to y$	0.2579				
		$x_1 \leftrightarrow x_4 \to y$	0.2507				
x_2 对 y	0.2637(3)	$x_2 \leftrightarrow x_1 \to y$	0.2059	0.7248(3)	0.7506(2)	0.9885(1)	0.4518** (2)
		$x_2 \leftrightarrow x_3 \to y$	0.2658				
		$x_2 \leftrightarrow x_4 \to y$	0.2531				
x_3 对 y	0.2714(2)	$x_3 \leftrightarrow x_1 \to y$	0.2083	0.7401(2)	0.7607(1)	0.9754(2)	0.4558** (1)
		$x_3 \leftrightarrow x_2 \to y$	0.2583				
		$x_3 \leftrightarrow x_4 \to y$	0.2375				
x_4 对 y	0.2720(1)	$x_4 \leftrightarrow x_1 \to y$	0.2027	0.6851(4)	0.7408(3)	0.9571(4)	0.4467** (3)
		$x_4 \leftrightarrow x_2 \to y$	0.2454				
		$x_4 \leftrightarrow x_3 \to y$	0.2370				

(ii) b_j^*, 间$_j$, r_{jy}, $\sum_{j \neq k} r_{kj}b_j^*$ 和 $R_{(j)}$ 综合排序

$$\begin{cases} x_1: & 4+1+4+3+4 = 16 \\ x_2: & 3+3+2+1+2 = 11 \\ x_3: & 2+2+1+2+1 = 8 \\ x_4: & 1+4+3+4+3 = 15 \end{cases}$$
$$\Rightarrow x_3 > x_2 > x_4 > x_1$$

(iii) 表 5.2.3 $\bar{x}_j$ 的排序: $\bar{x}_4 > \bar{x}_2 > \bar{x}_3 > \bar{x}_1$.

(3) 关于 x_j 对 y 重要性的讨论与结论.

(i) 讨论.

(a) 由于本例中所有 b_j^*, r_{jy} 和间$_j$ 均大于 0, 故据式 (5.2.18) 会使所有 $b_j^* < r_{jy}$, 导致 b_j^* 与 r_{jy} 的排序结果差异最大: $b_4^* > b_3^* > b_2^* > b_1^*$, $r_{2y} > r_{3y} > r_{1y} > r_{4y}$; 亦会使 r_{jy} 因间$_j > 0$ 而偏大, 导致 b_j^* 排序与 $\bar{x}_j$ 排序相近: $b_4^* > b_3^* > b_2^* > b_1^*$, $\bar{x}_4 > \bar{x}_2 > \bar{x}_3 > \bar{x}_1$.

(b) $R_{(j)}$ 排序与 $\bar{x}_j$ 相近 ($R_{(3)} > R_{(2)} > R_{(4)} > R_{(1)}$, $\bar{x}_4 > \bar{x}_2 > \bar{x}_3 > \bar{x}_1$); 而与 b_j^* 排序较远 ($R_{(3)} > R_{(2)} > R_{(4)} > R_{(1)}$, $b_4^* > b_3^* > b_2^* > b_1^*$). 这是因为 b_j^* 受间$_j > 0$ 调控的结果, 即 b_j^* 始终受 $k \neq j$ 的 b_k^* 和 r_{jk} 的影响. 另外, 回归方程必然经过平均值点 ($\bar{y}, \bar{x}_1, \bar{x}_2, \bar{x}_3, \bar{x}_4$), 是回归的固有性质, 故应接受 $R_{(j)}$ 与 $\bar{x}_j$ 排序接近的事实.

(c) 由于 b_j^*, 间$_j$ 和 r_{jy} 均大于 0 且满足 $r_{jy} = b_j^* + $ 间$_j$, 而使 b_j^*, r_{jy} 排序陷入相互矛盾的困境, 不得不从 $R_{(j)}$ 和 $\bar{x}_j$ 中选择. 为了解决这个难题, 在表 5.2.2 中

用了 b_j^*, 间$_j$, $\sum_{j\neq k} r_{kj} b_j^*$ (度量 $j \neq k$ 时 x_k 对 x_j 的间接作用之和), r_{jy} 和 $R_{(j)}$ 五个指标的综合排序法, 使 x_j 对 y 的重要性判断更富于全局性. 这样作的结果为 $x_3 > x_2 > x_4 > x_1$, 它和 $R_{(3)} > R_{(2)} > R_{(4)} > R_{(1)}$ 是一致的.

(ii) 结论.

用 $R_{(j)}$ 排序决定 x_j 对 y 重要性序次是全局性的排序, 是科学的.【例 5.2.2】中 x_j 对 y 的重要性序次为 $x_3 > x_2 > x_4 > x_1$.

5.2.4 综合选择指数的通径分析和决策分析

在动植物育种中, 多性状选择是很重要的问题, Hazel 于 1943 年提出综合选择指数的概念, 用其解决对留种群体的多性状选择问题. 其原理如下: 选择性状为 $x_1, x_2, \cdots, x_m$, 记 $x = (x_1, x_2, \cdots, x_m)^T$, $x \sim N_m(\mu, \Sigma_p)$, $\Sigma_p = (\sigma_{pij})_{m \times n}$ 为 X 的表型协方差阵, $\sigma_{pii} = \sigma_{pi}^2$ 为 x_i 的表型方差. X 的育种值向量为 $g = (g_1, g_2, \cdots, g_m)^T \sim N_m(\mu, \Sigma_g)$, $\Sigma_g = (\sigma_{gij})_{m \times n}$ 为 X 的遗传协方差阵. X 的环境离差向量为 $e = (e_1, e_2, \cdots, e_m)^T \sim N_m(0, \Sigma_e)$, $\Sigma_e = (\sigma_{eij})_{m \times n}$ 为 X 的环境协方差阵. 设 g 和 e 相互独立, 则有 $\Sigma_p = \Sigma_g + \Sigma_e$.

设 $a = (a_1, a_2, \cdots, a_m)^T$, 多性状育种值已知的权重向量为 $\omega^T = (\omega_1, \omega_2, \cdots, \omega_m)$. Hazel 的综合选择指数 I 和它的复合育种值 H 分别为

$$I = a_1 x_1 + a_2 x_2 + \cdots + a_m x_m = a^T x$$
$$H = \omega_1 g_1 + \omega_2 g_2 + \cdots + \omega_m g_m = \omega^T g$$

它们的方差、协方差和相关系数分别为

$$\sigma_I^2 = a^T \Sigma_p a, \quad \sigma_H^2 = \omega^T \Sigma_g \omega, \quad Cov(I, H) = a^T \Sigma_g \omega$$

$$r_{IH} = \frac{a^T \Sigma_g \omega}{\sqrt{a^T \Sigma_p a \cdot \omega^T \Sigma_g \omega}}$$

由于 ω 已知, Hazel 求 a 的原则是 r_{IH} 最大, 即 a 是条件极值问题的解:

$$\begin{cases} a^T \Sigma_p a = 1 \\ a^T \Sigma_g \omega = \max \end{cases}$$

运用拉格朗日乘数法解之, a 应满足方程组

$$\Sigma_p a = \Sigma_g \omega = Cov(X, H) = (Cov(x_1, H), Cov(x_2, H), \cdots, Cov(x_m, H))^T$$

对上述方程分别除以 $\sigma_{pi} \sigma_H$, 并令 $b_i^* = \dfrac{\sigma_{pi} a_i}{\sigma_H}$, 则上述方程组变为

$$R_p b^* = R_{XH} = R_{gH}$$

5.2 通径分析及其决策分析

即 $\Sigma_p a = \Sigma_g \omega$ 是以 H 为因变量，以 $x_1, x_2, \cdots, x_m$ 为自变量的多元线性回归的正则方程组，$R_p b^* = R_{XH}$ 为其标准化的多元线性回归正则方程组，其中，R_p 为 x 的表型相关阵，而 $R_{XH} = R_{gH} = (r_{g_1H}, r_{g_2H}, \cdots, r_{g_mH})^T$，这样便可利用 $R_p b^* = R_{gH}$ 对选择指数 $I = a^T x$ 进行通径分析和决策分析了，由此可以知道 $I = a^T x$ 中各 x_i 对 H 的综合决定能力。

【例 5.2.3】 在鸡的选择育种中，Kemrthorne 等用 4 个性状制定了鸡的选择指数，其中，x_1 为成年体重，x_2 为卵重，x_3 为初产日龄，x_4 为至 72 周产卵数的 1/3，其中，表型协方差阵 Σ_p 和遗传协方差阵 Σ_g 分别为

$$\Sigma_p = \begin{bmatrix} 34 & 6.77504 & 0 & -2.19981 \\ 6.77504 & 21.6 & 0 & -1.75256 \\ 0 & 0 & 13 & 10.87709 \\ -2.19988 & -1.75256 & -10.87709 & 56.88 \end{bmatrix}$$

$$\Sigma_g = \begin{bmatrix} 15.30 & 3.855503 & 0 & 1.97825 \\ 3.85503 & 10.80 & 0 & 1.6626 \\ 0 & 0 & 5.20 & -3.84567 \\ 1.97825 & 1.66260 & -3.84567 & 11.376 \end{bmatrix}$$

各性状的权重 $\omega = (-2.50, 7.20, 0, 10.80)^T$。由 $\Sigma_p a = \Sigma_g \omega$ 求出

$$a = (-0.40, 4.28, -1.41, 2.13)^T$$

由 Σ_p 得表型相关阵为

$$R_p = \begin{bmatrix} 1 & 0.25 & 0 & -0.05 \\ 0.25 & 1 & 0 & -0.05 \\ 0 & 0 & 1 & -0.40 \\ -0.05 & -0.05 & -0.40 & 1 \end{bmatrix}$$

H 的方差为

$$\sigma_H^2 = \omega^T \Sigma_g \omega = 1995.3549, \quad \sigma_H = 44.6694$$

由 $b_i^* = \dfrac{\sigma_{pi} a_i}{\sigma_H}$ 得

$$b^* = (-0.0517, 0.4455, -0.1138, 0.3596)^T$$

$\Sigma_g \omega$ 为 $(10.8713, 86.0785, -41.5332, 129.8859)^T$，各分量分别除以 $\sigma_{pi}\sigma_H$ 得

$$R_{XH} = (0.0417, 0.4146, -0.2576, 0.3855)^T$$

由上述结果计算各 x_i 的决策系数

$$R(1) = 2b_1^* r_{x_1 H} - b_1^{*2} = -0.00698, \quad R(2) = 2b_2^* r_{x_2 H} - b_2^{*2} = 0.17094$$
$$R(3) = 2b_3^* r_{x_3 H} - b_3^{*2} = 0.04568, \quad R(4) = 2b_4^* r_{x_4 H} - b_4^{*2} = 0.14794$$

通径分析与决策分析如表 5.2.5 所示.

表 5.2.5　【例 5.2.3】的通径分析与决策分析

通径	直接作用 b_j^*	间接作用 $b_j^* r_{pij}$	总作用 r_{iH}	决策系数 $R(i)$
x_1 对 H	-0.0517	$b_2^* r_{p12} = 0.1114$ $b_3^* r_{p13} = 0$ $b_4^* r_{p14} = -0.0180$	0.0417	-0.00698
x_2 对 H	0.4455	$b_1^* r_{p21} = -0.0129$ $b_3^* r_{p23} = 0$ $b_4^* r_{p24} = -0.0180$	0.4146	0.17094
x_3 对 H	-0.1138	$b_1^* r_{p31} = 0$ $b_2^* r_{p32} = 0$ $b_4^* r_{p34} = -0.1438$	-0.2576	0.04568
x_4 对 H	0.3596	$b_1^* r_{p41} = 0.00259$ $b_2^* r_{p42} = -0.02228$ $b_3^* r_{p43} = 0.04552$	0.3855	0.14794

用综合选择指数 $I = a^T x$ 选择留种的目的是期望提高下一代群体的 H 值. 从通径分析来看: x_1 对 H 的直接作用为 -0.0517, 它通过其他 x 对 H 的间接影响, 只有 x_2 起到积极作用 (0.1114), x_4 限制了它 (-0.0180); x_2 的直接作用最大 (0.4455), 尽管 x_1 和 x_4 对其有所限制 ($-0.0129, -0.0180$), 但它对 H 的总作用最大 (0.4146); x_3 对 H 的直接作用为负 (-0.1138), x_4 也限制了它 (-0.1438), 它对 H 的总作用是负值 (-0.2576); x_4 对 H 的直接作用大小为第二 (0.3596), 然而 x_1 和 x_3 对它有所帮助 (0.00259, 0.04552), 只有 x_2 对它有所限制 (-0.022280), 但它的总作用还是相当大 (0.3855), 居第二位. 在这种复杂的直接作用、间接作用和总作用的分析中, 很难对各个 x 在选择中的作用作一个确定的答复. 例如, 按直接作用, 则有 $b_2^* > b_4^* > b_1^* > b_3^*$, 而按总作用有 $r_{x_2 H} > r_{x_4 H} > r_{x_1 H} > r_{x_3 H}$, 它们似乎是一致的, 然而在相互的间接作用上未必一致. 只有用各个 x 对 H 的综合决定能力来看各 x 对 H 的重要性, 其结果为 $R(2) > R(4) > R(3) > R(1)$, 因而在留种个体选择中, 必须重视 x_2 和 x_4 的正向选择, 而对 x_1 来讲必须进行逆向选择, 即必须选择蛋重、产卵数多、体重不能太重且初产日龄不能太早的个体, 这样才能在下一代提高 H 值.

5.2.5 偏相关分析

由式 (5.2.16) 知, 在标准化多元线性回归中有

$$r_{jy} = b_j^* + \sum_{k \neq j} r_{jk} b_k^*, \quad j = 1, 2, \cdots, m$$

即在 $(y, X_1, X_2, \cdots, X_m)^{\mathrm{T}} \sim N_{m+1}(0, \rho)$ 总体中, r_{jy} 一般不能表示 X_j 对 y 的本质关系, 而 $b_j^* = \dfrac{\partial y}{\partial x_j}$ 才能表示 x_j 与 y 的本质关系, 即 b_j^* 与其他 $X_k (k \neq j)$ 无关. 这就是说, r_{jy} 在资料中客观存在, 但在模型 (5.2.4) 之下含有其他 x 的贡献 (具体为式 (5.2.16)). 如何才能给出一个 x_j 与 y 的相关系数而不受其他 $X_k(k \neq j)$ 变化的影响呢? 这样的相关系数称为偏相关或净相关, 记为 $r_{jy\cdot}$. 显然, $r_{jy\cdot}$ 是其他 $(m-1)$ 个 X_k 保持常量的结果.

下面介绍偏相关的理论推导.

设 $(X_1, X_2, X_3)^{\mathrm{T}} \sim N_3(\mu, \Sigma)$. 观测了 n 个点得到的离差阵为

$$L = \begin{bmatrix} l_{11} & l_{12} & l_{13} \\ l_{21} & l_{22} & l_{23} \\ l_{31} & l_{32} & l_{33} \end{bmatrix}$$

如何求不受 x_1 影响的净相关 $r_{23\cdot}$ 呢? 为此建立两个回归方程, 看 r_{23} 与 a, b 的关系

$$\begin{cases} \hat{x}_2 = a_0 + a x_3 \\ \hat{x}_3 = b_0 + b x_2 \end{cases} \Rightarrow \begin{cases} a = \dfrac{l_{23}}{l_{33}} \\ b = \dfrac{l_{23}}{l_{22}} \end{cases} \Rightarrow r_{23}^2 = ab$$

由于 a, b 和 r_{23} 同号, 故 $r_{23} = \pm\sqrt{ab}$, 正负决定于 l_{23} 的正负. 这个事实说明, 用适当的回归系数构造 $(X_1, X_2, X_3)^{\mathrm{T}}$ 中任意两个变量的偏相关系数是一种规律, 如求 $r_{23\cdot}$. 就应用两个线性回归来构造:

$$\begin{cases} \hat{x}_2 = a_0 + a_1 x_1 + a_3 x_3 \\ \hat{x}_3 = b_0 + b_1 x_1 + b_2 x_2 \end{cases}$$

$$\Rightarrow \begin{bmatrix} l_{11} & l_{13} \\ l_{31} & l_{33} \end{bmatrix} \begin{bmatrix} a_1 \\ a_3 \end{bmatrix} = \begin{bmatrix} l_{12} \\ l_{32} \end{bmatrix}, \begin{bmatrix} l_{11} & l_{12} \\ l_{21} & l_{22} \end{bmatrix} \begin{bmatrix} b_1 \\ b_2 \end{bmatrix} = \begin{bmatrix} l_{13} \\ l_{23} \end{bmatrix}$$

即用 $x_2 = \left[X_2\big|_{(x_1,x_3)}\right]$ 和 $x_3 = \left[X_3\big|_{(x_1,x_2)}\right]$ 来构造 $r_{23\cdot}$.

为了获得 $r_{23\cdot}$ 的规律, 可写出 L 中有关 l_{22}, l_{33} 和 l_{23} 的代数余子式:

$$L_{22} = \begin{vmatrix} l_{11} & l_{13} \\ l_{31} & l_{33} \end{vmatrix}, \quad L_{33} = \begin{vmatrix} l_{11} & l_{12} \\ l_{21} & l_{22} \end{vmatrix}$$

$$L_{23} = -\begin{vmatrix} l_{11} & l_{12} \\ l_{31} & l_{32} \end{vmatrix}, \quad L_{32} = -\begin{vmatrix} l_{11} & l_{13} \\ l_{21} & l_{23} \end{vmatrix}$$

则上述正则方程中 a_3 和 b_2 的解为

$$a_3 = \begin{vmatrix} l_{11} & l_{12} \\ l_{31} & l_{32} \end{vmatrix} \bigg/ \begin{vmatrix} l_{11} & l_{13} \\ l_{31} & l_{33} \end{vmatrix} = -\frac{L_{23}}{L_{22}}, \quad b_2 = \begin{vmatrix} l_{11} & l_{13} \\ l_{21} & l_{23} \end{vmatrix} \bigg/ \begin{vmatrix} l_{11} & l_{12} \\ l_{21} & l_{22} \end{vmatrix} = -\frac{L_{32}}{L_{33}}$$

用 a_3 和 b_2 构造 $r_{23\cdot}$,其正负决定于 L_{23} 的正负. 其规律为:首先, a_3 和 b_2 应与 $r_{23\cdot}$ 同号. 若 $L_{23} > 0$,则 $a_3 < 0$ 且 $b_2 < 0$,故 $r_{23\cdot} < 0$;若 $L_{23} < 0$,则 $a_3 > 0$ 且 $b_2 > 0$,故 $r_{23\cdot} > 0$. 这个规律表明 $r_{23\cdot}$ 与 L_{23} 反号.

由矩阵求逆知: $L^{-1} = (c_{ij})$,则 $c_{ii} = L_{ii}/|L|$, $c_{ij} = L_{ij}/|L|$,其中 L_{ii} 和 L_{ij} 分别为 L 中 l_{ii} 和 l_{ij} 的代数余子式,由于 $r_{23\cdot}$ 与 L_{23} 反号,故

$$r_{23\cdot} = -\frac{c_{ij}}{\sqrt{c_{ii}c_{jj}}}$$

一般来讲,对于 $X = (X_1, X_2, \cdots, X_m)^{\mathrm{T}} \sim N_m(\mu, \Sigma)$ 来讲,由样本得到离差阵 L 或相关阵 R 的逆为

$$L^{-1} = \begin{bmatrix} c_{11} & c_{12} & \cdots & c_{1m} \\ c_{21} & c_{22} & \cdots & c_{2m} \\ \vdots & \vdots & & \vdots \\ c_{m1} & c_{m2} & \cdots & c_{mm} \end{bmatrix}, \quad R^{-1} = \begin{bmatrix} c_{11} & c_{12} & \cdots & c_{1m} \\ c_{21} & c_{22} & \cdots & c_{2m} \\ \vdots & \vdots & & \vdots \\ c_{m1} & c_{m2} & \cdots & c_{mm} \end{bmatrix} \quad (5.2.32)$$

则 X_i 与 X_j 的偏相关或净相关系数为

$$r_{ij\cdot} = -\frac{c_{ij}}{\sqrt{c_{ii}c_{jj}}}, \qquad i,j = 1,2,\cdots,m \quad (5.2.33)$$

显然, $r_{ii\cdot} = 1$, $i = 1, 2, \cdots, m$.

【例 5.2.4】 测定 13 块中籼南京 11 号高产田的每亩穗数 x_1 (单位:万), 每穗实粒数 x_2 和每亩稻谷产量 Y (单位:0.5kg),所得结果列于表 5.2.6 中,试求偏相关系数.

表 5.2.6

	观察值													和	平均
x_1	26.7	31.3	30.4	33.9	34.6	33.8	30.4	27.0	33.3	30.4	31.5	33.1	34.0	410.4	31.5692
x_2	73.4	59.0	65.9	58.2	64.6	64.6	71.4	64.5	64.1	64.1	61.1	56.0	59.8	824.7	63.4385
Y	1008	959	1051	1022	1097	1103	992	945	1074	1029	1004	995	1045	13324	1024.9231

x_1, x_2 和 y 的离差阵为

$$L = \begin{bmatrix} l_{11} & l_{12} & l_{1y} \\ l_{21} & l_{22} & l_{2y} \\ l_{y1} & l_{y2} & l_{yy} \end{bmatrix} = \begin{bmatrix} 79.6077 & -110.1046 & 943.7692 \\ -110.1046 & 295.9108 & 38.9385 \\ 943.7692 & 38.9385 & 28244.9231 \end{bmatrix}$$

L 的逆阵为

$$L^{-1} = \begin{bmatrix} 0.163325 & 0.061500 & -0.005542 \\ 0.061500 & 0.026538 & -0.002092 \\ -0.005542 & -0.002092 & 0.000223 \end{bmatrix}$$

则有

$$r_{12\cdot} = -\frac{c_{12}}{\sqrt{c_{11}c_{22}}} = -\frac{0.061500}{\sqrt{0.163325 \times 0.026538}} = -0.9341^{**}$$

$$r_{1y\cdot} = -\frac{c_{1y}}{\sqrt{c_{11}c_{yy}}} = -\frac{-0.005542}{\sqrt{0.163325 \times 0.000223}} = 0.9183^{**}$$

$$r_{2y\cdot} = -\frac{c_{2y}}{\sqrt{c_{22}c_{yy}}} = -\frac{-0.002092}{\sqrt{0.026538 \times 0.000223}} = 0.8600^{**}$$

而所计算得简单相关系数为

$$r_{12} = -\frac{l_{12}}{\sqrt{l_{11}l_{22}}} = -\frac{-110.1046}{\sqrt{79.6077 \times 295.9108}} = -0.7174^{**}$$

$$r_{1y} = -\frac{l_{1y}}{\sqrt{l_{11}l_{yy}}} = -\frac{943.7692}{\sqrt{79.6077 \times 28244.9231}} = 0.6294^{*}$$

$$r_{2y} = -\frac{l_{2y}}{\sqrt{l_{22}l_{yy}}} = -\frac{38.9385}{\sqrt{295.9108 \times 28244.9231}} = 0.0135$$

5.3 多项式回归与趋势面分析

5.3.1 多项式回归

在实际问题中,因变量与自变量间的关系并非都是线性的. 如前所述, 有什么样的回归, 就有什么样的相关特征. 在因变量与自变量为非线性关系的情况下, 多项式回归属线性回归模型, 下面予以说明.

1. 一元多项式回归的模型为

$$Y = \beta_0 + \beta_1 x + \beta_2 x^2 + \cdots + \beta_n x^n + \varepsilon \tag{5.3.1}$$

其中, $\varepsilon \sim N(0, \sigma^2)$. 令 $x_1 = x, x_2 = x^2, \cdots, x_n = x^n$, 则模型 (5.3.1) 就转化为一般的多元线性回归模型.

$$Y = \beta_0 + \beta_1 x_1 + \beta_2 x_2 + \cdots + \beta_n x_n + \varepsilon$$

2. 多元多项式回归模型

假设有两个自变量 Z_1 与 Z_2, 其模型为

$$Y = \beta_0 + \beta_1 z_1 + \beta_2 z_2 + \beta_3 z_1^2 + \beta_4 z_1 z_2 + \beta_5 z_2^2 + \cdots + \varepsilon \quad (5.3.2)$$

其中, $\varepsilon \sim N(0, \sigma^2)$. 令

$$x_1 = z_1, \quad x_2 = z_2, \quad x_3 = z_1^2, \quad x_4 = z_1 z_2, \quad \cdots$$

则模型 (5.3.2) 可化为多元线性回归模型

$$Y = \beta_0 + \beta_1 x_1 + \beta_2 x_2 + \beta_3 x_3 + \beta_4 x_4 + \cdots + \varepsilon$$

一般地, 若回归模型为

$$\begin{aligned} Y = & \beta_0 + \beta_1 f_1(z_1, z_2, \cdots, z_k) + \beta_2 f_2(z_1, z_2, \cdots, z_k) + \cdots \\ & + \beta_n f_n(z_1, z_2, \cdots, z_k) + \varepsilon \end{aligned} \quad (5.3.3)$$

其中, $\varepsilon \sim N(0, \sigma^2)$. 令

$$x_1 = f_1(z_1, z_2, \cdots, z_k), \quad x_2 = f_2(z_1, z_2, \cdots, z_k), \quad \cdots, \quad x_n = f_n(z_1, z_2, \cdots, z_k)$$

则式 (5.3.3) 就化为一般的多元线性回归模型

$$Y = \beta_0 + \beta_1 x_1 + \beta_2 x_2 + \cdots + \beta_n x_n + \varepsilon$$

这样, 多项式回归就可用 5.1 节所示的方法进行回归分析和相关分析, 显然这种相关为 y 与自变量间的非线性相关. 另外, 如果有需要, 可进一步进行通径分析及其决策分析.

【例 5.3.1】 已知某种半成品在生产过程中的废品率 Y 与它的某种化学成分 x 有关. 表 5.3.1 中的前两列记载了 Y 与 x 的相应实测值, 试进行回归分析.

表 5.3.1 废品率与化学成分的记录

$Y/\%$	$x_1 = x/(0.01\%)$	$x_2 = x^2$	$Y/\%$	$x_1 = x/(0.01\%)$	$x_2 = x^2$
1.30	34	1156	0.44	40	1600
1.00	36	1296	0.56	41	1681
0.73	37	1369	0.30	42	1764
0.90	38	1444	0.42	43	1849
0.81	39	1521	0.35	43	1849
0.70	39	1521	0.40	45	2025
0.60	39	1521	0.41	47	2209
0.50	40	1600	0.60	48	2304

5.3 多项式回归与趋势面分析

从表 5.3.1 所示形成的 (x,y) 的散点图 5.3.1 看, 可以考虑抛物线模型

$$y = \beta_0 + \beta_1 x + \beta_2 x^2 + \varepsilon$$

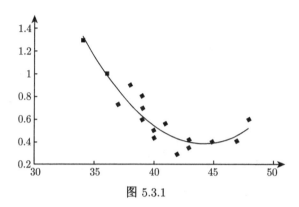

图 5.3.1

令 $x_1 = x, x_2 = x^2$, 则模型转化为

$$Y = \beta_0 + \beta_1 x_1 + \beta_2 x_2 + \varepsilon$$

按二元线性回归进行计算如下

$$\sum Y = 10.02, \quad \overline{Y} = \frac{10.02}{16} = 0.6263$$

$$\sum x_1 = 651, \quad \bar{x}_1 = \frac{651}{16} = 40.6875$$

$$\sum x_2 = 26709, \quad \bar{x}_2 = \frac{26709}{16} = 1669.3125$$

$$l_{11} = \sum x_1^2 - \frac{1}{n}\left(\sum x_1\right)^2 = 221.44$$

$$l_{22} = \sum x_2^2 - \frac{1}{n}\left(\sum x_2\right)^2 = 1513685$$

$$l_{12} = l_{21} = \sum x_1 x_2 - \frac{1}{n}\left(\sum x_1\right)\left(\sum x_2\right) = 18283$$

$$l_{1y} = \sum x_1 y - \frac{1}{n}\left(\sum x_1\right)\left(\sum y\right) = -11.649$$

$$l_{2y} = \sum x_2 y - \frac{1}{n}\left(\sum x_2\right)\left(\sum y\right) = -923.05$$

$$l_{yy} = \sum y^2 - \frac{1}{n}\left(\sum y\right)^2 = 1.4982$$

于是, 正则方程组为

$$\begin{cases} 221.44 b_1 + 18283 b_2 = -11.649 \\ 18283 b_1 + 1513685 b_2 = -923.05 \end{cases}$$

由此解出
$$b_1 = -0.8205, \quad b_2 = 0.009301$$
$$b_0 = y - b_1\bar{x}_1 - b_2\bar{x}_2 = 18.484$$

从而, 回归方程为
$$\hat{y} = 18.484 - 0.8205x + 0.009301x^2$$

回归平方和 U、剩余平方和 Q_e 计算和回归方程检验

$$U = (b_1, b_2)\begin{bmatrix} l_{1y} \\ l_{2y} \end{bmatrix} = 0.9644, \quad f_U = 2$$

$$Q_e = l_{yy} - U = 0.5338, \quad f_e = 16 - 2 - 1 = 13, \quad \hat{\sigma}^2 = 0.0411$$

$$F = \frac{U/2}{Q_e/14} = 12.650^{**} > F_{0.01}(2,13) = 6.70$$

x_1, x_2 对 y 的决定系数为 $R^2 = \dfrac{U}{l_{yy}} = 0.6437$. $R = r_{y(x_1,x_2)}$, 即 $R = r_{y(x,x^2)} = 0.8023$, 为 y 与 x 的非线性相关系数, 即相关指数.

我们知道, 对于二次曲线 $y = b_0 + b_1x + b_2x^2$, 当 $x_0 = -\dfrac{b_1}{2b_2}$ 时, $\hat{y}_0 = \dfrac{4b_0b_2 - b_1^2}{4b_2}$ 为最值. 当 $b_2 > 0$ 时, $\hat{y}_0$ 为最小值; 当 $b_2 < 0$ 时, $\hat{y}_0$ 为最大值. 对于本例, 在 $x_0 = -\dfrac{-0.8205}{2 \times 0.009301} = 44.11$ 处有最小值, 最小值为

$$\hat{y}_0 = \frac{4 \times 18.484 \times 0.009301 - (-0.8205)^2}{4 \times 0.009301} = 0.39$$

即当某化学成分含量在 0.44% 左右时, 平均废品率最小, 约为 0.39%.

进一步, 可按 $\hat{y} = b_0 + bx_1 + bx_2(x_1 = x, x_2 = x^2)$ 的标准化进行通径分析及其决策分析.

5.3.2 趋势面分析

在农业科研中, 目标往往受多因素制约, 而数量规律多是非线性的. 例如, 施肥量由少到适宜再到过多, 产量就会由低到高再到低. 令 W 表示产量, x, y 和 z 分别表示氮、磷、钾肥的施用量, 则 $W = f(x, y, z)$ 就表示了产量与各肥类施用量的关系, 在数学上它是一个曲面. 这个曲面描述了由 x, y 和 z 的变化而引起的产量变化的趋势, 显然可利用它找到高产的最佳施肥范围. 又如, 通过布点调查某微量元素在某地域的含量的分布趋势, 设含量 z 是地点坐标 x, y 的函数, 即 $z = f(x, y)$, 它描述了因自然或人为原因而造成的 z 的分布趋势, 如能找到它, 就可根据它来采取有效的环境保护措施.

5.3 多项式回归与趋势面分析

趋势面分析是拟合数学曲面的一种统计方法,然而要找到曲面的精确表达往往比较困难,实际的做法是用多项式去逼近它,这种做法的优点有三:一是有理论根据,即任一可微函数在一个适当的范围内,都可用多项式来逼近;二是可以调整多项式的项数和次数,使它满足实际问题的需要,即一次多项式不行用二次,二次多项式不行用三次等;三是拟合多项式可以化为多元线性回归来解决.

关于趋势面的具体分析法,举例说明之.

【例 5.3.2】 在小麦氮、磷配合试验中,每亩施纯氮量设置 0,5,10,15,20 和 25(单位: 0.5kg) 共 6 个水平,每亩施 P_2O_5 量为 0,5,10,15(单位: 0.5kg) 共 4 个水平,共 24 个处理组合,获得了产量数据. 令 z 表示产量,x 表示施氮量,y 表示施磷量,则 $z = f(x, y)$ 可分别用一次、二次、三次等多项式

$$\hat{z} = b_0 + b_1 x + b_2 y$$
$$\hat{z} = b_0 + b_1 x + b_2 x^2 + b_3 y + b_4 y^2 + b_5 xy$$
$$\hat{z} = b_0 + b_1 x + b_2 x^2 + b_3 x^3 + b_4 y + b_5 y^2 + b_6 y^3 + b_7 xy + b_8 x^2 y + b_9 x y^2$$

来逼近它. 把它们分别化为多元线性回归进行处理. 经检验一次和二次多项式均极显著,然而在三次多项式中,三次项系数不显著,故选用二次多项式,其回归结果为

$$\hat{z} = 161.26 + 6.434x - 0.284x^2 + 31.78y - 2.244y^2 + 0.964xy$$

上述回归方程的几何图形是抛物面、双曲型抛物面还是椭圆型抛物面,需经坐标平移、旋转后方知. 首先通过解方程组

$$\begin{cases} \dfrac{\partial \hat{z}}{\partial x} = 6.434 - 0.568x + 0.964y = 0 \\ \dfrac{\partial \hat{z}}{\partial y} = 31.78 - 4.488y + 0.964x = 0 \end{cases}$$

求其主径面上抛物线顶点的坐标为

$$\begin{cases} x_0 = 36.7381 \\ y_0 = 14.9723 \end{cases}$$

把坐标原点移到 (x_0, y_0),同时进行坐标正交旋转变换

$$\begin{cases} x = x_1 \cos\theta - y_1 \sin\theta + x_0 \\ y = x_1 \sin\theta + y_1 \cos\theta + y_0 \end{cases}$$

其中,θ 为旧坐标 (x, y) 与新坐标 (x_1, y_1) 间的夹角,它有公式

$$\tan 2\theta = \frac{b_5}{b_2 - b_4} = \frac{0.964}{-0.284 + 2.244} = 0.4918$$

利用三角公式得

$$\cos 2\theta = \frac{1}{\sqrt{1+(\tan 2\theta)^2}} = \frac{1}{\sqrt{1+0.4918^2}} = 0.8973$$

$$\sin\theta = \sqrt{\frac{1}{2}(1-\cos 2\theta)} = \sqrt{\frac{1}{2}(1-0.8973)} = 0.2266$$

$$\cos\theta = \sqrt{\frac{1}{2}(1+\cos 2\theta)} = \sqrt{\frac{1}{2}(1+0.8973)} = 0.9740$$

具体变换公式为

$$\begin{cases} x = 0.9740x_1 - 0.2266y_1 + 36.7381 \\ y = 0.2266x_1 + 0.9740y_1 + 14.9723 \end{cases}$$

将其代入原二次多项式得

$$\hat{z} = 517.3561 - 0.1696x_1^2 - 2.3391y_1^2$$

为一椭圆型抛物面.

下面用等值线图法找出满足 $350 \leqslant \hat{z} \leqslant 450$ (0.5kg) 的 x 与 y 的区域.

令 $\hat{z} = 350$ 得

$$350 = 517.3561 - 0.1696x_1^2 - 2.3391y_1^2$$

这是平面 $\hat{z} = 350$ 与所求椭圆型抛物面的交线在平面 $x_1 - y_1$ 上的投影, 它是一条椭圆线, 即

$$\frac{x_1^2}{(31.4129)^2} + \frac{y_1^2}{(8.4586)^2} = 1$$

又令 $\hat{z} = 450$ 得

$$450 = 517.3561 - 0.1696x_1^2 - 2.3391y_1^2$$

它是椭圆

$$\frac{x_1^2}{(19.9285)^2} + \frac{y_1^2}{(5.3662)^2} = 1$$

在坐标纸上面画出上述两个椭圆, 在它们之间, 就是满足 $350 \leqslant \hat{z} \leqslant 450$ 的 x 与 y 的区域 (图 5.3.2).

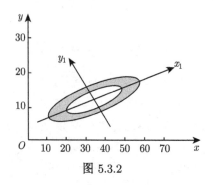

图 5.3.2

5.3 多项式回归与趋势面分析

在实际工作中, 可在试验因素水平范围内 $(0 \leqslant x \leqslant 25, 0 \leqslant y \leqslant 15)$ 以等间隔取点, 用原回归方程计算 $\hat{z}$ 值, 列成表 5.3.2, 把在 $350 \leqslant \hat{z} \leqslant 450$ 的值用黑体字填写, 就可以清楚地看出满足 $350 \leqslant \hat{z} \leqslant 450$ 的 x 与 y 的范围. 同时由表 5.3.2 还可看出, $\hat{z}$ 的等值线越靠近椭圆的心, $\hat{z}$ 值越高. 故该椭圆型抛物面有一极大值点, 该点为椭圆的心 (x_0, y_0), 即 $(36.7381, 14.9723)$, 在该处 $\hat{z}_{\max} = 517.36$.

表 5.3.2

Y	X												
	0	2	4	6	8	10	12	14	16	18	20	22	24
14	166.36	205.08	241.53	275.72	307.63	337.26	**364.62**	**389.71**	**412.54**	**433.09**	451.56	467.36	481.10
12	219.48	245.35	286.94	317.27	345.32	**371.10**	**396.61**	**415.84**	**434.81**	451.50	465.92	478.07	487.94
10	254.66	285.67	314.41	340.88	**365.08**	**387.00**	**406.65**	**424.03**	**439.14**	451.98	462.54	470.83	476.85
8	271.88	299.03	323.92	346.53	**366.88**	**384.94**	**400.73**	**414.26**	**425.51**	**434.50**	**441.24**	**445.63**	**447.80**
6	271.16	294.46	315.49	334.24	**350.73**	**364.94**	**376.90**	**386.55**	**393.94**	**399.07**	**401.92**	**402.50**	**400.81**
4	252.48	271.92	289.09	304.00	316.63	326.98	335.06	340.87	344.42	345.69	344.68	341.40	335.85
2	215.84	231.43	244.74	255.79	264.56	271.06	275.29	277.24	276.93	274.34	269.48	262.35	252.94
0	161.26	172.99	182.45	189.64	194.56	197.20	197.57	195.67	191.50	185.06	176.34	165.35	152.09

第6章 多对多的线性回归与其通径、决策分析

本章讲述 $\underset{p\times 1}{Y} \sim N_p(\mu_y, \Sigma_y)$ 关于 $\underset{m\times 1}{X} \sim N_m(\mu_x, \Sigma_x)$ 的线性回归分析、典范相关变量分析、$\underset{m\times 1}{X}$ 与 $\underset{p\times 1}{Y}$ 的广义决定系数和广义复相关系数、通径分析及其决策分析,是对第 5 章内容的深入和发展.

6.1 $\underset{p\times 1}{Y}$ 关于 $\underset{m\times 1}{X}$ 的线性回归分析

6.1.1 多对多的线性均方回归

假设 $\underset{m\times 1}{X}$ 与 $\underset{p\times 1}{Y}$ 的联合分布为

$$\begin{bmatrix} X \\ Y \end{bmatrix} \sim N_{m+p}\left(\begin{bmatrix} \mu_x \\ \mu_y \end{bmatrix}, \begin{bmatrix} \Sigma_x & \Sigma_{xy} \\ \Sigma_{yx} & \Sigma_y \end{bmatrix}\right) = N_{m+p}(\mu, \Sigma) \qquad (6.1.1)$$

$\Sigma_{xy} \neq 0$, 因变量 $Y = (Y_1, Y_2, \cdots, Y_p)^T$ 与自变量 $X = (X_1, X_2, \cdots, X_m)^T$ 间存在线性回归关系. 回归方程及其回归残差 ε 分别为

$$\begin{cases} y = (y_1, y_2, \cdots, y_p)^T = E(Y|_{X=x}) = \beta_0 + \beta^T x \\ \quad = \beta_0 + (\beta_1, \beta_2, \cdots, \beta_p)^T x \\ \varepsilon = Y - E(Y|_{X=x}) \sim N_p(0, \Sigma_e) \end{cases} \qquad (6.1.2)$$

其中 $x = (x_1, x_2, \cdots, x_m)^T$ 为 X 的任一给定点, 在 $X = x$ 处 Y 与 ε 同协方差 (Σ_e), 即 ε 与 X 取值无关. 回归参数为

$$\beta_0 = \begin{bmatrix} \beta_{01} \\ \beta_{02} \\ \vdots \\ \beta_{0p} \end{bmatrix}, \quad \beta = \begin{bmatrix} \beta_{11} & \beta_{12} & \cdots & \beta_{1p} \\ \beta_{21} & \beta_{22} & \cdots & \beta_{2p} \\ \vdots & \vdots & & \vdots \\ \beta_{m1} & \beta_{m2} & \cdots & \beta_{mp} \end{bmatrix} = (\beta_1, \beta_2, \cdots, \beta_p) = \begin{bmatrix} \beta_{1y}^T \\ \beta_{2y}^T \\ \vdots \\ \beta_{py}^T \end{bmatrix} \qquad (6.1.3)$$

回归方程的具体形式为

$$\begin{cases} y_1 = \beta_{01} + \beta_{11}x_1 + \beta_{21}x_2 + \cdots + \beta_{m1}x_m = \beta_1^T x \\ y_2 = \beta_{02} + \beta_{12}x_1 + \beta_{22}x_2 + \cdots + \beta_{m2}x_m = \beta_2^T x \\ \quad \cdots \cdots \\ y_p = \beta_{0p} + \beta_{1p}x_1 + \beta_{2p}x_2 + \cdots + \beta_{mp}x_m = \beta_p^T x \end{cases} \qquad (6.1.4)$$

6.1 $\underset{p\times 1}{Y}$ 关于 $\underset{m\times 1}{X}$ 的线性回归分析

按照均方线性回归的研究方法, 可把回归模型写成随机线性形式

$$Y = \beta_0 + (\beta_1, \beta_2, \cdots, \beta_p)^T X + \varepsilon = \beta_0 + \beta^T X + \varepsilon \tag{6.1.5}$$

通过对式 (6.1.5) 取期望、求协方差等, 可得 Y 关于 X 的均方线性回归的理论结果:

$$\begin{cases} \beta_0 = \mu_y - \beta^T \mu_x \\ \Sigma_x \beta = \Sigma_{xy}, \beta = \Sigma_x^{-1} \Sigma_{xy} \\ V(\varepsilon) = E(\varepsilon \varepsilon^T) = V(Y - \beta_0 - \beta^T X) \\ \quad = \Sigma_y - \Sigma_{yx}\beta = \Sigma_y - \Sigma_{yx}\Sigma_x^{-1}\Sigma_{xy} = \Sigma_y - U \\ \quad = \Sigma_y(I_p - \Sigma_y^{-1}\Sigma_{yx}\Sigma_x^{-1}\Sigma_{xy}) = \Sigma_y(I_p - B) \end{cases} \tag{6.1.6}$$

其中, $B = \Sigma_y^{-1}\Sigma_{yx}\Sigma_x^{-1}\Sigma_{xy}$ 为 X 与 Y 的线性关联阵, 均方线性回归的优良性质为: 按 (6.1.6) 给出的 β_0 和 β, 则使 $V(\varepsilon) = E(\varepsilon \varepsilon^T) = \min$ (参阅 $p = 1$ 而 m 任意时的式 (5.1.9) 的证明), 回归拟合得最好. β 的最小二乘 (LS) 估计是均方线性回归思想通过样本实现回归分析的具体体现.

6.1.2 β_0, β 的 LS 估计及其抽样分布

观测了 n 个点 $(x_i, Y_i), n > m + p + 1$, 得到样本的平均值估计和离差阵 L 为

$$\hat{\mu}_x = \bar{X} = (\bar{x}_1, \bar{x}_2, \cdots, \bar{x}_m)^T, \quad \hat{\mu}_y = \bar{Y} = (\bar{y}_1, \bar{y}_2, \cdots, \bar{y}_p)^T, \quad L = \begin{bmatrix} L_{xx} & L_{xy} \\ L_{yx} & L_{yy} \end{bmatrix} \tag{6.1.7}$$

回归方程的模型为

$$Y_i = \beta_0 + \beta^T x_i + \varepsilon_i, \quad i = 1, 2, \cdots, n \tag{6.1.8}$$

其中 $\varepsilon_i = (\varepsilon_{i1}, \varepsilon_{i2}, \cdots, \varepsilon_{ip})^T = Y_i - E(Y|_{X=x_i}) = Y_i - y_i$ 为回归残差, ε_i 间相互独立且均服从 $N_p(0, \Sigma_e)$, 在 $X = x_i = (x_{i1}, x_{i2}, \cdots, x_{im})^T$ 处, $Y_i \sim N_p(\beta_0 + \beta^T x_i, \Sigma_e)$.

将式 (6.1.6) 中 $\beta_0 = \mu_y - \beta^T \mu_x$ 用样本估计 $b_0 = \bar{Y} - \beta^T \bar{x}$ 替代, 则式 (6.1.8) 变为仅有待估参数 β 的中心化回归模型:

$$Y_i - \bar{Y} = \beta^T(x_i - \bar{x}) + \varepsilon_i, \quad i = 1, 2, \cdots, n \tag{6.1.9}$$

将样本 $\underset{n\times p}{Y}$ 和 $\underset{n\times m}{X}$ 结合式 (6.1.9) 写成

$$\underset{n\times p}{\tilde{Y}} = \begin{bmatrix} Y_{11} - \bar{Y}_1 & Y_{12} - \bar{Y}_2 & \cdots & Y_{1p} - \bar{Y}_p \\ Y_{21} - \bar{Y}_1 & Y_{22} - \bar{Y}_2 & \cdots & Y_{2p} - \bar{Y}_p \\ \vdots & \vdots & & \vdots \\ Y_{n1} - \bar{Y}_1 & Y_{n2} - \bar{Y}_2 & \cdots & Y_{np} - \bar{Y}_p \end{bmatrix}$$

$$= \begin{bmatrix} x_{11}-\bar{x}_1 & x_{12}-\bar{x}_2 & \cdots & x_{1m}-\bar{x}_m \\ x_{21}-\bar{x}_1 & x_{22}-\bar{x}_2 & \cdots & x_{2m}-\bar{x}_m \\ \vdots & \vdots & & \vdots \\ x_{n1}-\bar{x}_1 & x_{n2}-\bar{x}_2 & \cdots & x_{nm}-\bar{x}_m \end{bmatrix} \beta$$

$$+ \begin{bmatrix} \varepsilon_{11} & \varepsilon_{12} & \cdots & \varepsilon_{1p} \\ \varepsilon_{21} & \varepsilon_{22} & \cdots & \varepsilon_{2p} \\ \vdots & \vdots & & \vdots \\ \varepsilon_{n1} & \varepsilon_{n2} & \cdots & \varepsilon_{np} \end{bmatrix} = \underset{n\times m}{\tilde{X}} \underset{m\times p}{\beta} + \underset{n\times p}{\varepsilon} \tag{6.1.10}$$

式 (6.1.10) 表明，用样本实现回归分析是用样本拟合回归方程的过程，或者说是估计最佳 β 的过程，即估计的 β 应满足均方误差 $V(\varepsilon) = \min$. 最小二乘估计法正是在拟合最佳思想下产生的.

设 β 的 LS 估计为 $\hat{\beta} = b$，则 $\hat{\varepsilon} = \tilde{Y} - \tilde{X}b$, LS 估计要求 b 应使剩余平方和或残差平方和阵 Q_e 最小，即

$$\begin{aligned} Q_e &= \hat{\varepsilon}^{\mathrm{T}}\hat{\varepsilon} = (\tilde{Y} - \tilde{X}b)^{\mathrm{T}}(\tilde{Y} - \tilde{X}b) \\ &= \tilde{Y}^{\mathrm{T}}\tilde{Y} - 2b^{\mathrm{T}}\tilde{X}^{\mathrm{T}}\tilde{Y} + b^{\mathrm{T}}\tilde{X}^{\mathrm{T}}\tilde{X}b \\ &= L_{YY} - 2b^{\mathrm{T}}L_{XY} + b^{\mathrm{T}}L_{XX}b = \min \end{aligned} \tag{6.1.11}$$

由 $\dfrac{dQ_e}{db} = 0$ 得 LS 估计 b 的正规方程组、b 的解及 Q_e

$$\begin{cases} L_{xx}b = L_{xy},\, b = L_{xx}^{-1}L_{xy} \\ Q_e = L_{yy} - b^{\mathrm{T}}L_{xy} = L_{yy} - L_{yx}L_{xx}^{-1}L_{xy} = L_{yy} - U \\ = L_{yy}(I_p - L_{yy}^{-1}L_{yx}L_{xx}^{-1}L_{xy}) = L_{yy}(I_p - B) \end{cases} \tag{6.1.12}$$

其中，$U = b^{\mathrm{T}}L_{xy} = L_{yx}L_{xx}^{-1}L_{xy}$ 为回归平方和阵，$B = L_{yy}^{-1}L_{yx}L_{xx}^{-1}L_{xy}$ 为 X 与 Y 在样本时的线性关联阵，显然 b, Q_e, U 和 B 是式 (6.1.6) 在样本情况下的实现.

LS 估计 b 使 $Q_e = \hat{\varepsilon}^{\mathrm{T}}\hat{\varepsilon} = \min$. 什么是矩阵 Q_e 最小呢？通常有多种不同的考虑. 当样本给定后，式 (6.1.10) 中的 ε 随之给定，常用的矩阵 Q_e 最小有以下四种.

(1) 在非负定意义下最小：对一切 β, b 应使 $Q_e \leqslant \varepsilon^{\mathrm{T}}\varepsilon$;

(2) 在行列式意义下最小：对一切 β, b 应使 $|Q_e| \leqslant |\varepsilon^{\mathrm{T}}\varepsilon|$;

(3) 在迹意义下最小：对一切 β, b 应使 $t_r(Q_e) \leqslant t_r(\varepsilon^{\mathrm{T}}\varepsilon)$;

(4) b 使 Q_e 的最大特征根最小，或 b 使 $B = L_{yy}^{-1}L_{yx}L_{xx}^{-1}L_{xy}$ 的最大特征根最大.

6.1 $\underset{p\times 1}{Y}$ 关于 $\underset{m\times 1}{X}$ 的线性回归分析

以上四种意义下的 b 使 $Q_e = \min$ 是一致的,因而 β 的 LS 估计 b 是上述四种意义下估计的统称. 在 $\varepsilon \sim N_p(0, \Sigma_e)$, LS 估计 b 亦是 β 的极大似然估计,即 ML 估计.

根据 LS 估计 $\hat{\beta} = b$, 回归方程 (6.1.2) 的估计或拟合结果为

$$\hat{y} = (\hat{y}_1, \hat{y}_2, \cdots, \hat{y}_p)^T = b_0 + b^T x = \bar{y} + b^T(x - \bar{x}) \qquad (6.1.13)$$

前者为多对多的一般线性回归方程, 后者为多对多的中心化线性回归方程, 即

$$\begin{cases} \hat{y}_1 = b_{01} + b_{11}x_1 + b_{21}x_2 + \cdots + b_{m1}x_m \\ \hat{y}_2 = b_{02} + b_{12}x_1 + b_{22}x_2 + \cdots + b_{m2}x_m \\ \quad \cdots \cdots \\ \hat{y}_p = b_{0p} + b_{1p}x_1 + b_{2p}x_2 + \cdots + b_{mp}x_m \end{cases}$$

$$\begin{cases} \hat{y}_1 = \overline{Y}_1 + b_{11}(x_1 - \bar{x}_1) + \cdots + b_{m1}(x_m - \bar{x}_m) \\ \hat{y}_2 = \overline{Y}_2 + b_{12}(x_1 - \bar{x}_1) + \cdots + b_{m2}(x_m - \bar{x}_m) \\ \quad \cdots \cdots \\ \hat{y}_p = \overline{Y}_p + b_{1p}(x_1 - \bar{x}_1) + \cdots + b_{mp}(x_m - \bar{x}_m) \end{cases}$$

上述结果是在式 (6.1.1)~(6.1.4) 假定之下进行的. 回归分析的任务, 除了在样本信息 (6.1.7) 之下对 β 进行 LS 估计外, 还应据式 (6.1.1) 假设前提对回归无效假设 $H_0 : \beta = 0$; $H_{0\alpha} : \beta_\alpha = 0, \alpha = 1, 2, \cdots, p$; $H_{0j_\alpha} : \beta_{j_\alpha} = 0$ 和 $H_0 : \beta_{x_j y} = 0$ 进行统计检验. 只有这些无效假设 H_0 被拒绝, 回归方程才能投入应用. 为了实现这些统计检验, 必须知道 b_0 和 b 的抽样分布.

可以证明, LS 估计的回归参数及回归方程有以下的抽样分布结果.

(1) $\hat{\beta}_0 = b_0 = (b_{01}, b_{02}, \cdots, b_{0p})^T$ 的分布.

$$b_0 \sim N_p \left[\beta_0, \left(\frac{1}{n} + \bar{x}^T L_{xx}^{-1} \bar{x} \right) \Sigma_e \right] \qquad (6.1.14)$$

$$b_{0\alpha} \sim N_p \left[\beta_{0\alpha}, \left(\frac{1}{n} + \bar{x}^T L_{xx}^{-1} \bar{x} \right) \sigma_\alpha^2 \right], \quad \alpha = 1, 2, \cdots, p \qquad (6.1.15)$$

其中, σ_α^2 为 Σ_e 中主对角线上的第 α 个元素. 该结果表明 b_0 是无偏估计.

(2) $\hat{\beta} = b$ 中 b_α 和 b_{ja} 的分布.

$$b = \begin{bmatrix} b_{11} & b_{12} & \cdots & b_{1p} \\ b_{21} & b_{22} & \cdots & b_{2p} \\ \vdots & \vdots & & \vdots \\ b_{m1} & b_{m2} & \cdots & b_{mp} \end{bmatrix} = (b_1, b_2, \cdots, b_p) = \begin{bmatrix} b^T x_1 y \\ b^T x_2 y \\ \vdots \\ b^T x_m y \end{bmatrix}$$

其中, b_α 为 $\hat{y}_\alpha$ 的偏回归系数向量, $\hat{y}_\alpha = b_\alpha^T x \cdot b_\alpha$ 为 $\hat{y}_\alpha$ 在 $x = (x_1, x_2, \cdots, x_m)$ 点的最速上升方向, 即 $b_\alpha^T = \left(\dfrac{\partial \hat{y}_\alpha}{\partial x_1}, \dfrac{\partial \hat{y}_\alpha}{\partial x_2}, \cdots, \dfrac{\partial \hat{y}_\alpha}{\partial x_m} \right)$, 也称梯度方向. $b_{x_j y}^T$ 为 $\hat{y} = (\hat{y}_1, \hat{y}_2, \cdots, \hat{y}_p)^T$ 在 x_j 方向上的偏速率. b_α 的分布为

$$b_\alpha \sim N_m(\beta_\alpha, \sigma_\alpha^2 L_{xx}^{-1}), \quad \alpha = 1, 2, \cdots, p \tag{6.1.16}$$

b_α 中各分量的分布为

$$b_{j_\alpha} \sim N(\beta_{j_\alpha}, c_{jj}\sigma_\alpha^2), \quad j = 1, 2, \cdots, m; \quad \alpha = 1, 2, \cdots, p \tag{6.1.17}$$

其中, σ_α^2 为 Σ_e 主对角线上的第 α 个元素, c_{jj} 为 L_{xx}^{-1} 主对角线上的第 j 个元素.

(3) 在 $x = x_0 = (x_{01}, x_{02}, \cdots, x_{0m})^T$ 处回归预测值 (平均预测) 的分布为

$$\begin{aligned}\hat{y}_0 &= (\hat{y}_{01}, \hat{y}_{02}, \cdots, \hat{y}_{0p})^T \\ &\sim N_p\left(y_0 = \beta_0 + \beta^T x_0, \left[\dfrac{1}{n} + (x_0 - \bar{x})^T L_{xx}^{-1}(x_0 - \bar{x}) \right] \Sigma_e \right)\end{aligned} \tag{6.1.18}$$

而在 $x = x_0$ 处的个别预测值 Y_0 的分布为

$$\begin{aligned}Y_0 &= (y_{01}, y_{02}, \cdots, y_{0p})^T \\ &\sim N_p\left(y_0 = \beta_0 + \beta^T x_0, \left[1 + \dfrac{1}{n} + (x_0 - \bar{x})^T L_{xx}^{-1}(x_0 - \bar{x}) \right] \Sigma_e \right)\end{aligned} \tag{6.1.19}$$

由式 (6.1.14)~(6.1.19) 的抽样分布知, 它们均为无偏估计.

6.1.3 L_{yy} 的分解和 Σ_e 的无偏估计

由式 (6.1.12) 知, L_{yy} 可以分解为 U 和 Q_e, 其中 L_{yy} 的自由度为 $f_y = n - 1$; $U = b^T L_{xy}$ 为回归平方和阵, 它受 $x = (x_1, x_2, \cdots, x_m)^T$ 中 m 个分量控制, 故 $f_U = m$; Q_e 为剩余平方和阵, $f_e = n - m - 1$(可证 $E(Q_e) = (n - m - 1)\Sigma_e$). 故

$$\begin{cases} L_{yy} = U + Q_e \\ f_y = f_U + f_e \end{cases} \tag{6.1.20}$$

由于在回归无效假设 $H_0: \beta = 0$ 之下, $L_{yy} \sim W_p(n - 1, \Sigma_e)$, 故按式 (6.1.20) 可知, U 和 Q_e 相互独立, 有 U 与 Q_e 的分布及 Σ_e 的无偏估计

$$\begin{cases} U = b^T L_{xy} = L_{yx} L_{xx}^{-1} L_{xy} \sim W_p(m, \Sigma_e) \\ Q_e = L_{yy} - U = L_{yy}(I_p - L_{yy}^{-1} L_{yx} L_{xx}^{-1} L_{xy}) \\ \quad = L_{yy}(I_p - B) \sim W_p(n - m - 1, \Sigma_e) \\ \hat{\Sigma}_e = \dfrac{Q_e}{n - m - 1} \end{cases} \tag{6.1.21}$$

6.1 $\underset{p\times 1}{Y}$ 关于 $\underset{m\times 1}{X}$ 的线性回归分析

由上述知, 多对多回归分析中, $b_0, b, \hat{\Sigma}_e$ 及 $x = x_0$ 处的 $\hat{y}_0, Y_0$ 均为无偏估计, 这是式 (6.1.1) 和 (6.1.2) 中假定在任一 $X = x$ 处 Y 与 ε 同方差 (Σ_e) 的结果. 因为只有所有上述估计为无偏的情况下, 才能保证后续有关回归假设检验的有效性.

6.1.4 多对多线性回归方程的有关假设检验

如 6.1.2 小节中谈及 b_0, b 等的抽样分布时所述, 是为了对回归中有关的无效假设 ($H_0 : \beta = 0, H_{0\alpha} : \beta_\alpha = 0, H_{0j\alpha} : \beta_{j\alpha} = 0, H_0 : \beta_{x_j y} = 0$ 等) 进行检验, 只有经过检验才能对回归方程的客观性有所了解, 才能知道它在应用中的效果. 为了清晰起见, 回归的假设检验按下述方式予以叙述.

设 $x = (x_1, x_2, \cdots, x_{m_1}, x_{m_1+1}, \cdots, x_m)^T$ 中前 m_1 个分量对 $y = (y_1, y_2, \cdots, y_p)^T$ 有线性回归关系, 而后面 $m_2 = m - m_1$ 个分量对 $y = (y_1, y_2, \cdots, y_p)^T$ 无作用, 因而要检验的无效假设为

$$H_0 : \beta_{(2)} = 0 \tag{6.1.22}$$

$\beta_{(1)}$ 和 $\beta_{(2)}$ 的意义为

$$\beta = \begin{bmatrix} \beta_{11} & \beta_{12} & \cdots & \beta_{1p} \\ \beta_{21} & \beta_{22} & \cdots & \beta_{2p} \\ \vdots & \vdots & & \vdots \\ \beta_{m_1 1} & \beta_{m_1 2} & \cdots & \beta_{m_1 p} \\ \hline \beta_{m_1+1\, 1} & \beta_{m_1+1\, 2} & \cdots & \beta_{m_1+1\, p} \\ \vdots & \vdots & & \vdots \\ \beta_{m1} & \beta_{m2} & \cdots & \beta_{mp} \end{bmatrix} = \begin{bmatrix} \beta_{(1)} \\ --- \\ \beta_{(2)} \end{bmatrix}$$

对 L_{xx} 和 L_{xy} 作相应的划分: 令 $(x_1, x_2, \cdots, x_{m_1})^T$ 的离差阵为 $L_{xx}^{(1)}$, 而 $(x_{m_1+1}, x_{m_1+2}, \cdots, x_m)^T$ 的离差阵为 $L_{xx}^{(2)}$; $(x_1, x_2, \cdots, x_{m_1})^T$ 对 $y = (y_1, y_2, \cdots, y_p)^T$ 的偏差积阵为 $L_{xy}^{(1)}$, $(x_{m_1+1}, x_{m_1+2}, \cdots, x_m)^T$ 对 $y = (y_1, y_2, \cdots, y_p)^T$ 的偏差积阵为 $L_{xy}^{(2)}$, 即

$$L_{xx} = \begin{bmatrix} L_{xx}^{(1)} & \vdots & \\ \hdashline & \vdots & \\ & \vdots & L_{xx}^{(2)} \end{bmatrix}, \quad L_{xy} = \begin{bmatrix} L_{xy}^{(1)} \\ --- \\ L_{xy}^{(2)} \end{bmatrix}$$

在 $H_0 : \beta_{(2)} = 0$ 之下, $Y = (Y_1, Y_2, \cdots, Y_p)^T$ 关于 $(x_1, x_2, \cdots, x_{m_1})^T$ 线性回归的剩余平方和阵 $Q_{H_0 e}$ 的计算和分布为

$$Q_{H_0e} = L_{yy} - L_{yx}^{(1)}(L_{xx}^{(1)})^{-1}L_{xy}^{(1)} \sim W_p(n - m_1 - 1, \Sigma_e) \tag{6.1.23}$$

并且, Q_e 与 $(Q_{H_0e} - Q_e)$ 相互独立, 有

$$(Q_{H0e} - Q_e) \sim W_p(m_2, \Sigma_e) \tag{6.1.24}$$

故有

$$\Lambda_{H_0} = \frac{|Q_e|}{|Q_e + (Q_{H_0e} - Q_e)|} = \frac{|Q_e|}{|Q_{H_0e}|} \sim \Lambda_{(p,n-m-1,m_2)} = \Lambda_{(p,n_1,n_2)} \tag{6.1.25}$$

在 $n_1 = n - m - 1 > p$ 的前提下, 据 1.4 节表 1.4.1 所列 Wilks 分布与 F 分布的关系及式 (1.4.9), 有如下所述的一些有关多对多标准化线性回归的假设检验.

1. 回归方程 $\hat{y} = (\hat{y}_1, \hat{y}_2, \cdots, \hat{y}_p)^{\mathrm{T}} = b_0 + b^{\mathrm{T}}x$ 的显著性检验

无效假设为

$$H_0 : \beta = 0, \Lambda_{H_0} = \frac{|Q_e|}{|L_{yy}|} \sim \Lambda_{(p,n-m-1,m)} = \Lambda_{(p,n_1,n_2)}$$

据 1.4 节表 1.4.1, 有以下几种情况.

(1) $p > 2$ 且 $m > 2$ 之下的近似 χ^2 检验:

$$\chi^2 = -\left(n - 1 - \frac{p + m + 1}{2}\right)\ln\Lambda_{H_0} \sim \chi^2(pm) \tag{6.1.26}$$

(2) p 任意且 $m = 1$ 下的 F 检验.

$$F = \frac{n_1 - p + 1}{p} \cdot \frac{1 - \Lambda_{H_0}}{\Lambda_{H_0}} = \frac{n - p - 1}{p} \cdot \frac{1 - \Lambda_{H_0}}{\Lambda_{H_0}} \sim F(p, n - p - 1) \tag{6.1.27}$$

(3) p 任意且 $m = 2$ 下的 F 检验.

$$F = \frac{n_1 - p}{p} \cdot \frac{1 - \sqrt{\Lambda_{H_0}}}{\sqrt{\Lambda_{H_0}}} = \frac{n - p - 3}{p} \cdot \frac{1 - \sqrt{\Lambda_{H_0}}}{\sqrt{\Lambda_{H_0}}} \sim F[2p, 2(n - p - 3)] \tag{6.1.28}$$

(4) $p = 1$ 且 m 任意下 F 检验 (一个 Y 与 $\underset{m \times 1}{X}$ 的回归).

$$F = \frac{n_1}{n_2} \cdot \frac{1 - \Lambda_{H_0}}{\Lambda_{H_0}} = \frac{n - m - 1}{m} \cdot \frac{1 - \Lambda_{H_0}}{\Lambda_{H_0}} \sim F(m, n - m - 1) \tag{6.1.29}$$

(5) $p = 2$ 且 m 任意下 F 检验 (是 $\underset{2 \times 1}{Y}$ 与多个 $\underset{m \times 1}{X}$ 的回归).

$$F = \frac{n_1 - 1}{n_2} \cdot \frac{1 - \sqrt{\Lambda_{H_0}}}{\sqrt{\Lambda_{H_0}}} = \frac{n - m - 2}{m} \cdot \frac{1 - \sqrt{\Lambda_{H_0}}}{\sqrt{\Lambda_{H_0}}} \sim F[2m, 2(n - m - 2)] \tag{6.1.30}$$

(2)~(5) 中, n_1, n_2 分别为式 (6.1.21) 中 Q_e, U 所服从 Wishart 分布的自由度.

6.1 $\underset{p\times 1}{Y}$ 关于 $\underset{m\times 1}{X}$ 的线性回归分析

2. p 和 m 任意之下, $(x_1, x_2, \cdots, x_m)^T$ 中后面 m_2 个 x 对 y 无回归关系的检验 ($H_0 : \beta_{(2)} = 0$, 包括 $m_2 = 1$ 时的 $H_0 : \beta_{x_j y} = 0$, Λ_{H_0} 用式 (6.1.25))

(1) $p > 2$ 且 $m > 2$ 下的近似 χ^2 检验 (Λ_{H_0} 由式 (6.1.25) 确定, $n_1 = n - m - 1, n_2 = m_2$)

$$\chi^2 = -\left(n_1 + n_2 - \frac{p + n_2 + 1}{2}\right) ln \Lambda_{H_0} \sim \chi^2(pn_2) \quad (6.1.31)$$

(2) p 任意且 $1 \leqslant m_2 < m$ 下的 F 检验

$$F = \frac{n_1 - 1}{n_2} \cdot \frac{1 - \sqrt{\Lambda_{H_0}}}{\sqrt{\Lambda_{H_0}}} = \frac{n - m - 2}{m_2} \cdot \frac{1 - \sqrt{\Lambda_{H_0}}}{\sqrt{\Lambda_{H_0}}} \sim F[2m_2, 2(n - m - 2)] \quad (6.1.32)$$

其他还有据 $\hat{\Sigma}_e$ 的估计式 (6.1.21) 而进行的式 (6.1.14)~(6.1.17) 的有关检验.

【例 6.1.1】 为了探讨旱地小麦育种规律, 选用品种 35 个, 按完全随机区组 (重复 3) 进行试验, 得到 Y_1(单茎草重)、Y_2(经济系数)、x_1(每株穗数) 和 x_2(千粒重) 的均值和表型协方差阵 (每个性状的观察数 $n = 105$) 为

$$\overline{Y}_1 = 33.94, \quad \overline{Y}_2 = 20.03, \quad \bar{x}_1 = 20.62, \quad \bar{x}_2 = 19.19$$

$$L = \begin{array}{c} x_1 \\ x_2 \\ Y_1 \\ Y_2 \end{array} \left[\begin{array}{cccc} 19.874 & -6.504 & -22.402 & -1.188 \\ -6.504 & 14.510 & 9.551 & 6.034 \\ -22.402 & 9.551 & 110.986 & -21.333 \\ -1.188 & 6.034 & -21.333 & 23.468 \end{array}\right] = \left[\begin{array}{cc} L_{xx} & L_{xy} \\ L_{yx} & L_{yy} \end{array}\right]$$

试进行 $(Y_1, Y_2)^T$ 关于 $(x_1, x_2)^T$ 的线性回归分析.

(1) $b = \left[\begin{array}{cc} b_{11} & b_{12} \\ b_{21} & b_{22} \end{array}\right] = (b_1, b_2) = \left[\begin{array}{c} b^T x_1 y \\ b^T x_2 y \end{array}\right]$ 的 LS 估计.

$$L_{xx} = \left[\begin{array}{cc} 19.874 & -6.504 \\ -6.504 & 14.551 \end{array}\right], \quad L_{xx}^{-1} = \left[\begin{array}{cc} 0.05897 & 0.02643 \\ 0.2643 & 0.08077 \end{array}\right] = \left[\begin{array}{cc} c_{11} & c_{12} \\ c_{21} & c_{22} \end{array}\right]$$

$$b = \left[\begin{array}{cc} b_{11} & b_{12} \\ b_{21} & b_{22} \end{array}\right] = L_{xx}^{-1} L_{xy} = \left[\begin{array}{cc} -1.0686 & 0.0894 \\ 0.1794 & 0.4560 \end{array}\right]$$

$$b_{01} = \bar{y}_1 - (b_{11}\bar{x}_1 + b_{21}\bar{x}_2) = 52.133$$

$$b_{02} = \bar{y}_2 - (b_{12}\bar{x}_1 + b_{22}\bar{x}_2) = 9.436$$

所求回归方程为

$$\begin{cases} \hat{y}_1 = 52.133 - 1.0686 x_1 + 0.1794 x_2 \\ \hat{y}_2 = 9.436 + 0.0894 x_1 + 0.4560 x_2 \end{cases}$$

(2) 回归平方和阵 U、剩余平方和阵 Q_e 的计算和 Σ_e 的无偏估计.

$$U = b^T L_{xy} = \begin{bmatrix} 25.6520 & 2.3517 \\ 2.3517 & 2.6451 \end{bmatrix}, \quad f_U = 2$$

$$Q_e = L_{yy} - U = \begin{bmatrix} 85.3340 & -23.6847 \\ -23.6847 & 20.8229 \end{bmatrix}, \quad f_e = n - m - 1 = 102$$

$$\hat{\Sigma}_e = \frac{Q_e}{102} = \begin{bmatrix} 0.8366 & -0.2322 \\ -0.2322 & 0.2041 \end{bmatrix} = \begin{bmatrix} \hat{\sigma}_1^2 & \hat{\sigma}_{12} \\ \hat{\sigma}_{21} & \hat{\sigma}_2^2 \end{bmatrix}$$

(3) 回归方程的有关假设检验 ($n = 105, p = m = 2$).

① $\hat{y} = (\hat{y}_1, \hat{y}_2)^T$ 的假设检验.

无效假设为 $H_0 : \beta = \begin{pmatrix} \beta_{11} & \beta_{12} \\ \beta_{21} & \beta_{22} \end{pmatrix} = 0$. 据式 (6.1.25) 和 $m_2 = 2$ 有

$$\Lambda_{H_0} = \frac{|Q_e|}{|L_{yy}|} = \frac{1215.9363}{2149.5225} = 0.5657$$

据式 (6.1.28) 和 $n_1 = n - m - 1 = 102$ 有

$$F = \frac{n_1 - p}{p} \cdot \frac{1 - \sqrt{\Lambda_{H_0}}}{\sqrt{\Lambda_{H_0}}} = \frac{100}{2} \cdot \frac{1 - \sqrt{\Lambda_{H_0}}}{\sqrt{\Lambda_{H_0}}} \sim F(4, 200)$$

$F_{0.10}(4, 200) = 1.94, \quad F_{0.05}(4, 200) = 2.37, \quad F_{0.01}(4, 200) = 3.32$

$$F = \frac{100}{2} \cdot \frac{1 - \sqrt{\Lambda_{H_0}}}{\sqrt{\Lambda_{H_0}}} = 16.4785^{**}$$

② $\hat{y}_\alpha = b_{0\alpha} + b_\alpha^T x$ 的假设检验 ($\alpha = 1, 2$) 的 F 检验.

无效假设为 $H_{0\alpha} : \beta_\alpha = (\beta_{1\alpha}, \beta_{2\alpha})^T = 0$, 据式 (6.1.29), 对 $\hat{y}_\alpha = b_{0\alpha} + b_\alpha^T x$ 而言, $\Lambda_{H_{0\alpha}} = \frac{|Q_{e\alpha}|}{l_{y_\alpha y_\alpha}}$, 将其代入 (6.1.29) 可知 F 检验为

$$F_\alpha = \frac{n - m - 1}{m} \cdot \frac{1 - \Lambda_{H_{0\alpha}}}{\Lambda_{H_{0\alpha}}}$$

$$= \frac{(l_{y_\alpha y_\alpha} - Q_{e\alpha})/m}{Q_{e\alpha}/(n - m - 1)} = \frac{U_\alpha/m}{Q_{e\alpha}/(n - m - 1)} \sim F(m, n - m - 1) = F(2, 102)$$

$F_{0.10}(2, 102) = 2.363, \quad F_{0.05}(2, 102) = 3.095, \quad F_{0.01}(2, 102) = 4.83$

$$\begin{cases} U_1 = b_1^T L_{xy_1} = (-1.0686, 0.1794) \begin{pmatrix} -22.402 \\ 9.551 \end{pmatrix} = 25.6522 \\ F_1 = \dfrac{U_1/2}{(110.986 - U_1)/102} = \dfrac{12.8261}{0.8366} = 15.3312^{**} \end{cases}$$

6.1 $\underset{p\times 1}{Y}$ 关于 $\underset{m\times 1}{X}$ 的线性回归分析

$$\begin{cases} U_2 = b_2^T L_{xy_2} = (0.0894, 0.4560)\begin{pmatrix} -1.188 \\ 6.034 \end{pmatrix} = 2.6453 \\ F_2 = \dfrac{U_2/2}{(23.468 - U_2)/102} = \dfrac{1.3226}{0.2041} = 6.4082^{**} \end{cases}$$

③ 偏回归系数 $b_{j\alpha}$ 的假设检验.

无效假设为 $H_{0j_\alpha}: \beta_{j\alpha} = 0, j = \alpha = 1, 2$. 据式 (6.1.17), $b_{j\alpha}$ 的 t 检验为

$$t_{j\alpha} = \frac{b_{j\alpha}}{\sqrt{c_{jj}\sigma_\alpha^2}} \sim t(n - m - 1) = t(102)$$

$$t_{0.05}(102) = 1.986, \quad t_{0.01}(102) = 2.630$$

$$t_{11} = -\frac{1.0686}{\sqrt{0.05897 \times 0.8366}} = -4.8111^{**}, \quad t_{12} = \frac{0.0894}{\sqrt{0.05897 \times 0.2041}} = 0.8149$$

$$t_{21} = \frac{0.1794}{\sqrt{0.0808 \times 0.8366}} = 0.6900, \quad t_{22} = \frac{0.4560}{\sqrt{0.0808 \times 0.2041}} = 3.5509^{**}$$

④ $b^T x_j y = (b_{j1}, b_{j2})$ 的假设检验

无效假设为 $H_{0x_j}: (\beta_{j1}, \beta_{j2}) = 0, j = 1, 2$.

在 H_{0x_1} 之下, $y_1 = \beta_{01} + \beta_{21}x_2, y_2 = \beta_{02} + \beta_{22}x_2$, 在 LS 估计下有

$$\begin{aligned} Q_{H_{0x_1}e} &= L_{yy} - L_{yx_2}L_{x_2x_2}^{-1}L_{x_2y} \\ &= \begin{bmatrix} 110.986 & -21.333 \\ -21.333 & 23.468 \end{bmatrix} - \begin{bmatrix} 9.511 \\ 6.034 \end{bmatrix}\frac{1}{14.510}(9.511, 6.034) \\ &= \begin{bmatrix} 104.752 & -25.288 \\ -25.288 & 20.959 \end{bmatrix}, \quad |Q_{H_{0x_1}e}| = 1556.0142. \end{aligned}$$

据式 (6.1.32) 在 $m_2 = 1$ 下有

$$F = (n - m - 2)\frac{1 - \sqrt{\Lambda_{H_0}}}{\sqrt{\Lambda_{H_0}}} = 101 \cdot \frac{1 - \sqrt{\Lambda_{H_0}}}{\sqrt{\Lambda_{H_0}}} \sim F[2, 202]$$

$$F_{0.05}(2, 202) = 3.000, \quad F_{0.01}(2, 202) = 4.61.$$

$$\begin{cases} \Lambda_{H_{0x_1}} = \dfrac{|Q_e|}{|Q_{H_{0x_1}e}|} = \dfrac{1215.9363}{1556.0142} = 0.7814 \\ F = 101 \cdot \dfrac{1 - \sqrt{0.7814}}{\sqrt{0.7814}} = 13.257^{**} \end{cases}$$

在 H_{0x_2} 之下, y_1 和 y_2 仅为 x_1 的回归, 其剩余平方和阵为

$$Q_{H_{0x_2}e} = L_{yy} - L_{yx_1}L_{x_1x_1}^{-1}L_{x_1y}$$

$$= \begin{bmatrix} 110.986 & -21.333 \\ -21.333 & 23.468 \end{bmatrix} - \begin{bmatrix} -22.402 \\ -1.188 \end{bmatrix} \frac{1}{19.874}(-22.402, -1.188)$$

$$= \begin{bmatrix} 85.734 & -22.672 \\ -22.672 & 23.397 \end{bmatrix}, \quad |Q_{H_0 x_2 e}| = 1491.8988$$

$$\begin{cases} \Lambda_{H_0 x_2} = \dfrac{|Q_e|}{|Q_{H_0 x_2 e}|} = \dfrac{1215.9363}{1491.8988} = 0.8150 \\ F = 101 \cdot \dfrac{1 - \sqrt{0.8150}}{\sqrt{0.8150}} = 10.874^{**} \end{cases}$$

综上所述

① $\begin{cases} \hat{y}_1 = 52.533 - 1.0686x_1 + 0.1794x_2 \\ \hat{y}_2 = 9.436 + 0.0894x_1 + 0.4560x_2 \end{cases}$ 极显著.

② $\hat{y}_1 = 52.533 - 1.0686x_1 + 0.1794x_2$ 极显著，$b_{11} = 1.0686$ 极显著，$b_{21} = 0.1794$ 不显著.

③ $\hat{y}_2 = 9.436 + 0.0894x_1 + 0.4560x_2$ 极显著，$b_{12} = 0.0894$ 不显著，$b_{22} = 0.4530$ 极显著.

④ 对 $\hat{y} = (\hat{y}_1, \hat{y}_2)$，$x_1$ 和 x_2 均有极显著作用.

在小麦育种中，如何认识源流、库、株型和生育期这些性状团的关系是很重要的，因为它们对经济产量的形成和生态习性的表现，有着不同层次的决定作用. 单株生物学产量、单茎草重和经济系数是源流性状团的主要性状，单株经济产量、每株穗数和千粒重是库性状团的主要性状，【例 6.4.1】结果在一定程度上说明源流性状团 $(Y_1, Y_2)^{\mathrm{T}}$ 和库性状团 $(X_1, X_2)^{\mathrm{T}}$ 间的复杂关系，是值得深入研究的.

6.1.5 多对多线性回归的逐步回归法

6.1 节的建模特点是将所有 x 和 y 整体纳入回归模型，因而，【例 6.1.1】中四个方面的检验出现了以下情况：整个回归显著，未必每一个方程显著；同一个自变量未必对所有回归方程显著. 要想建立对 y_α 都有显著作用的自变量的方程，必须先进行 $b_{k\alpha}$ 的检验，然后分别建立对 y_α 有显著作用的自变量的回归方程. 显然，这是很麻烦的事. 今天，人们利用逐步回归方法及其软件很容易做到这一点. 逐步回归法的特点是：对逐一引入回归方程的自变量都要进行检验，显著者进入方程，不显著者不引入；每引入一个新自变量，要对方程中已有的所有自变量进行检验，显著者保留，否则剔除. 这样反复作下去，直到进入方程的自变量都显著，未进入方程的自变量都不显著为止. 下面仅举一例予以说明.

6.1 $\underset{p\times 1}{Y}$ 关于 $\underset{m\times 1}{X}$ 的线性回归分析

【例 6.1.2】 为了分析某地区自然经济条件对森林覆盖面积消长的影响, 抽取 12 个村作为样本, 共测了 12 个因子, 各因子数据列于表 6.1.1.

表 6.1.1 某地区自然经济条件对森林覆盖率的影响

序号	x_1	x_2	x_3	x_4	x_5	x_6	x_7	y_1	y_2	y_3	y_4	y_5
1	74.3	91.0	5.76	1.3	108	66	17.4	51.2	9.5	15.93	12.6	1
2	70.4	157.0	8.04	2.2	126	68	17.2	52.5	24.2	10.84	8.4	0
3	78.7	77.0	7.94	2.0	114	63	17.0	62.9	22.8	13.82	9.8	0
4	78.9	67.0	6.86	1.5	110	55	17.0	64.3	25.1	34.57	14.0	3
5	49.1	91.0	4.92	1.5	92	49	16.5	39.3	10.7	7.41	5.6	2
6	57.6	219.0	5.56	2.5	91	48	16.8	37.3	37.3	9.12	2.8	0
7	53.1	221.0	7.42	3.9	90	45	16.8	30.0	27.0	8.64	2.8	4
8	870.1	123.0	5.38	3.1	123	59	17.0	47.8	34.6	81.64	11.2	5
9	86.6	45.0	12.54	1.2	105	57	14.8	69.0	37.3	23.95	11.2	0
10	82.2	81.0	13.24	1.6	131	61	15.9	62.3	16.5	33.60	16.8	0
11	76.8	90.0	10.70	1.5	131	69	15.8	67.6	22.2	8.93	9.8	0
12	88.9	83.0	1.98	1.8	107	65	14.5	79.3	42.1	58.97	3.5	0

表 6.1.1 中, x_1 为山地比例 (单位: %), x_2 为人口密度 (单位: 人/千米^2), x_3 为人均收入增长率 (单位: 元/年), x_4 为公路密度 (单位: 100 米/公顷), x_5 为前汛期降水量 (单位: 厘米/年), x_6 为后汛期降水量 (单位: 厘米/年), x_7 为月平均最低温度 (单位: ℃), y_1 为森林覆盖率 (单位: %), y_2 为针叶林比例 (单位: %), y_3 为造林面积 (单位: 千亩/年), y_4 为年采伐面积 (单位: 千亩/年), y_5 为水灾频数 (单位: 次/年).

按双重筛选逐步回归计算程序, 分别按显著水平 α_0, α 取

$$\begin{cases} F_0 = F_{\alpha_0}\left(\dfrac{p}{2}, n - \dfrac{p+m}{2}\right) = 2.5 \\ F_1 = F_{\alpha}\left(\dfrac{m}{2}, n - \dfrac{p+m}{2}\right) = 2 \end{cases}$$

两个常数, 作为自变量、因变量能否进入回归方程的取舍标准. 逐步回归结果将 5 个因变量分成了三组:

第 1 组

$$y_1 = 52.91 + 0.820x_1 - 0.057x_2 - 0.425x_3 - 2.883x_7$$
$$y_4 = -47.79 + 0.130x_1 - 0.041x_2 + 0.623x_3 + 2.890x_7$$

第 2 组

$$y_2 = 72.68 + 0.435x_1 + 0.084x_2 + 5.444x_4 - 6.017x_7$$
$$y_5 = -2.05 - 0.067x_1 - 0.036x_2 + 2.659x_4 + 0.416x_7$$

第 3 组

$$y_3 = -38.99 + 0.928x_1 - 0.296x_2 - 2.865x_3 + 26.026x_4$$

由计算结果看出, 森林覆盖率 y_1 及年采伐面积 y_4 受相同自变量影响, 主要影响因素为山地比例 x_1, 人口密度 x_2, 人均收入增长率 x_3 及月平均最低气温 x_7 的影响; 针叶林比例 y_2 及水灾频数 y_5 主要受公路密度 x_4 及月平均气温 x_7 的影响; 造林面积 y_3 主要受公路密度 x_4, 人均收入增长率 x_3 及山地比例 x_1 的影响.

6.2 典范相关变量分析与广义相关系数

随机向量 $\underset{m\times 1}{X}$ 与 $\underset{p\times 1}{Y}$ 的相关问题, 是多元统计分析中的一个重要内容. 典范相关变量分析是研究多对多线性相关的一个重要思想和方法, 本节叙述之.

6.2.1 典范相关变量分析

设 $X = (X_1, X_2, \cdots, X_m)^{\mathrm{T}}$ 与 $Y = (Y_1, Y_2, \cdots, Y_p)^{\mathrm{T}}$ 的联合分布为

$$\begin{bmatrix} X \\ Y \end{bmatrix} \sim N_{m+p} \left(\begin{bmatrix} \mu_x \\ \mu_y \end{bmatrix}, \begin{bmatrix} \Sigma_x & \Sigma_{xy} \\ \Sigma_{yx} & \Sigma_y \end{bmatrix} \right) = N_{m+p}(u, \Sigma) \quad (6.2.1)$$

$\Sigma_{xy} \neq 0$, X 与 Y 间存在线性关系. 下面叙述 X 与 Y 线性相关的典范相关分析思想和方法.

设 $a = (a_1, a_2, \cdots, a_m)^{\mathrm{T}}$ 和 $b = (b_1, b_2, \cdots, b_p)^{\mathrm{T}}$ 为两个参数向量, 由此形成了 X 和 Y 的两个线性函数

$$\begin{cases} u = a_1 X_1 + a_2 X_2 + \cdots + a_m X_m = a^{\mathrm{T}} X \\ v = b_1 Y_1 + b_2 Y_2 + \cdots + b_p Y_p = b^{\mathrm{T}} Y \end{cases} \quad (6.2.2)$$

u 和 v 的方差、协方差和相关系数分别为

$$\begin{cases} V(u) = a^{\mathrm{T}} \Sigma_x a \\ V(v) = b^{\mathrm{T}} \Sigma_y b \\ \mathrm{Cov}(u, v) = a^{\mathrm{T}} \Sigma_{xy} b = b^{\mathrm{T}} \Sigma_{yx} a \\ \rho_{uv} = a^{\mathrm{T}} \Sigma_{xy} b / \sqrt{V(u)V(v)} = b^{\mathrm{T}} \Sigma_{yx} a / \sqrt{V(u)V(v)} \end{cases} \quad (6.2.3)$$

选择 a 和 b 使 $\rho_{uv} = \max$ 是典范相关分析的思想和方法. 为此, 令

$$V(u) = a^{\mathrm{T}} \Sigma_x a = 1, \quad V(v) = b^{\mathrm{T}} \Sigma_y b = 1 \quad (6.2.4)$$

它们不影响 a, b 中各分量的比例关系. 这样, $\rho_{uv} = \max$ 就变为一个条件极值问题

6.2 典范相关变量分析与广义相关系数

$$\begin{cases} a^{\mathrm{T}}\Sigma_x a = 1 \\ b^{\mathrm{T}}\Sigma_y b = 1 \\ \rho_{uv} = a^{\mathrm{T}}\Sigma_{xy}b = b^{\mathrm{T}}\Sigma_{yx}a = \max \end{cases} \tag{6.2.5}$$

为解决式 (6.2.5) 问题,引入拉格朗日乘数 λ_1, λ_2,构造极值目标和约束的拉格朗日函数

$$f(a,b) = a^{\mathrm{T}}\Sigma_{xy}b - \frac{\lambda_1}{2}\left(a^{\mathrm{T}}\Sigma_x a - 1\right) - \frac{\lambda_2}{2}\left(b^{\mathrm{T}}\Sigma_y b - 1\right) \tag{6.2.6}$$

则 a 和 b 应满足如下的正则方程组

$$\begin{cases} \dfrac{\partial f}{\partial a} = \Sigma_{xy}b - \lambda_1\Sigma_x a = 0 \\ \dfrac{\partial f}{\partial b} = \Sigma_{yx}a - \lambda_2\Sigma_y b = 0 \end{cases} \tag{6.2.7}$$

对上述各方程分别左乘 $a^{\mathrm{T}}, b^{\mathrm{T}}$ 则有

$$\lambda = \lambda_1 = \lambda_2 = \rho_{uv} \tag{6.2.8}$$

设 $P \geqslant m$,则由式 (6.2.7) 有

$$b = \frac{1}{\lambda}\Sigma_y^{-1}\Sigma_{yx}a \tag{6.2.9}$$

将其代入式 (6.2.7) 第一个方程并用 Σ_x^{-1} 左乘变为如下特征问题

$$\left(\Sigma_x^{-1}\Sigma_{xy}\Sigma_y^{-1}\Sigma_{yx} - \lambda^2 I_m\right)a = (A - \lambda^2 I_m)a = 0 \tag{6.2.10}$$

同理可得

$$\left(\Sigma_y^{-1}\Sigma_{yx}\Sigma_x^{-1}\Sigma_{xy} - \lambda^2 I_p\right)b = (B - \lambda^2 I_p)b = 0 \tag{6.2.11}$$

其中 I 为单位阵,$A = \Sigma_x^{-1}\Sigma_{xy}\Sigma_y^{-1}\Sigma_{yx}$ 和 $B = \Sigma_y^{-1}\Sigma_{yx}\Sigma_x^{-1}\Sigma_{xy}$ 均为 X 与 Y 的线性关联阵,不但二者的秩相等,即 $rk(A) = rk(B) = k(0 \leqslant k \leqslant m)$,且二者的非零特征根相同,$a$ 和 b 为对应于特征根 λ^2 的单位特征向量.

可证 A 或 B 的非零特征根 $0 < \lambda_k^2 \leqslant \lambda_{k-1}^2 \leqslant \cdots \leqslant \lambda_1^2 \leqslant 1$,$\lambda_t^2$ 对应的特征向量分别为 (据式 (6.2.9) 可互相产生):

$$a_t = (a_{t1}, a_{t2}, \cdots, a_{tm})^{\mathrm{T}}, \quad b_t = (b_{t1}, b_{t2}, \cdots, b_{tp})^{\mathrm{T}}, \quad t = 1, 2, \cdots, k \tag{6.2.12}$$

则称

$$\begin{cases} u_t = a_{t_1}X_1 + a_{t_2}X_2 + \cdots + a_{t_m}X_m = a_t^{\mathrm{T}}X, \\ v_t = b_{t_1}Y_1 + b_{t_2}Y_2 + \cdots + b_{t_p}Y_p = b_t^{\mathrm{T}}Y, \end{cases} \quad t = 1, 2, \cdots, k \tag{6.2.13}$$

为第 t 对典范变量,且其典范相关系数为 $r_{u_t v_t} = \lambda_t > 0$.

6.2.2 典范变量的性质

在应用上, 若 $p \geqslant m, A$ 满秩往往是成立的, 即 $rk(A) = m$, 其非零特征根为 $0 < \lambda_m^2 \leqslant \lambda_{m-1}^2 \leqslant \cdots \leqslant \lambda_1^2 \leqslant 1$. 下面按这个前提讲述典范相关变量的性质.

(1) 当 $k \neq t$ 时, u_k 与 u_t, v_k 与 v_t, u_k 与 v_t 间相互独立.

事实上, 当 $k \neq t$ 时, 据式 (6.2.7) 有

$$Cov(u_k, u_t) = a_k \Sigma_x a_t = a_k \Sigma_{xy} b_t / \lambda_t = Cov(u_k, v_t)/\lambda_t$$
$$Cov(v_k, v_t) = b_k \Sigma_y b_t = b_k \Sigma_{yx} a_t / \lambda_t = Cov(v_k, u_t)/\lambda_t$$
$$Cov(u_k, v_t) = a_k \Sigma_{xy} b_t = \lambda_t a_k \Sigma_x a_t = \lambda_t Cov(u_k, u_t)$$

由于 $\lambda_t > 0$, 而且 k, t 任意, 故上述协方差均等于 0 才成立, 即性质 (1) 成立.

(2) 令 $U = (a_1, a_2, \cdots, a_m)$, 则 U 为正交阵且 U 与 U^T 互逆, 并由式 (6.2.10) 有

$$U^T A U = \begin{bmatrix} \lambda_1^2 & & & 0 \\ & \lambda_2^2 & & \\ & & \ddots & \\ 0 & & & \lambda_m^2 \end{bmatrix} = \Lambda \qquad (6.2.14)$$

再由矩阵特征根与其行列式和迹的关系有

$$|A| = |B| = |\Lambda| = \lambda_1^2 \lambda_2^2 \cdots \lambda_m^2 = \prod_{t=1}^{m} \lambda_t^2 \qquad (6.2.15)$$

$$tr(A) = tr(B) = \lambda_1^2 + \lambda_2^2 + \cdots + \lambda_m^2 = \sum_{t=1}^{m} \lambda_t^2 \qquad (6.2.16)$$

并称

$$\eta_t = \frac{\lambda_t^2}{\sum_{t=1}^{m} \lambda_t^2} = \frac{\lambda_t^2}{tr(A)} = \frac{\lambda_t^2}{tr(B)} \qquad (6.2.17)$$

为典范变量对 $u_t = a_t^T x$ 与 $v_t = b_t^T Y$ 的决定系数 λ_t^2 占所有典范变量对决定系数之和 $t_r(B)$ 的百分之几.

显然, 上述性质在 $rk(A) = rk(B) = k \leqslant \min\{p, m\}$ 时也成立.

y 关于 $(x_1, x_2, \cdots, x_m)$ 的线性回归方程为 $\hat{y} = b_0 + b_1 x_1 + b_2 x_2 + \cdots + b_m x_m$. 若令 $u = y$, 其典范相关对为 v, 则可证 $v = b_1 x_1 + b_2 x_2 + \cdots + b_m x_m$, 即 $\hat{y} = b_0 + v$, 这便是二者的关系.

6.2.3 特征根 λ_t^2 的假设检验

假设 A 和 B 的秩 $rk(A) = rk(B) = k \leqslant \min\{p, m\}$.

首先检验假设 $H_{10}: \lambda_1 = \lambda_2 = \cdots = \lambda_k = 0$, 由于是正态总体, 它等价于检验 $\Sigma_{xy} = 0$, 即 X 与 Y 独立. 这个检验相当于说 λ_1^2 不显著 (从而其余也不显著). 在 H_{10} 之下, Bartlett 指出, 可用 χ^2 分布来近似

$$\begin{cases} V_0 = (1-\lambda_1^2)(1-\lambda_2^2)\cdots(1-\lambda_k^2) \\ Q_0 = -\left[n - 1 - \frac{1}{2}(p + m + 1)\right] \ln V_0 \sim \chi^2(pm) \end{cases} \tag{6.2.18}$$

若 $Q_0 \leqslant \chi_\alpha^2(pm)$, 说明 H_{10} 成立, 否则说明 λ_1 是显著的. 若 λ_1 显著, 再检验假设 $H_{20}: \lambda_2 = \lambda_3 = \cdots = \lambda_k = 0$, 作

$$\begin{cases} V_1 = (1-\lambda_2^2)(1-\lambda_3^2)\cdots(1-\lambda_k^2) \\ Q_1 = -\left[n - 2 - \frac{1}{2}(p + m + 1)\right] \ln V_1 \sim \chi^2((p-1)(m-1)) \end{cases} \tag{6.2.19}$$

若 $Q_1 \leqslant \chi_\alpha^2((p-1)(m-1))$, 说明 $\lambda_2 = 0$ 成立, 否则 λ_2 显著.

一般地, 对于任意的 $l \leqslant k$, 检验假设 $H_{l0}: \lambda_l = \lambda_{l+1} = \cdots = \lambda_k = 0$, 作

$$\begin{cases} V_{l-1} = (1-\lambda_l^2)(1-\lambda_{l+1}^2)\cdots(1-\lambda_k^2) \\ Q_{l-1} = -\left[n - l - \frac{1}{2}(p + m + 1)\right] \ln V_{l-1} \sim \chi^2((p-l+1)(m-l+1)) \end{cases}$$
(6.2.20)

若 $Q_{l-1} \leqslant \chi_\alpha^2((p-l+1)(m-l+1))$, 则停止下面的检验, 否则 λ_l 显著, 检验再继续下去.

【例 6.2.1】 用【例 6.1.1】所示数据, 对 $(X_1, X_2)^T$ 和 $(Y_1, Y_2)^T$ 进行典范相关变量分析.

由【例 6.1.1】中的结果得

$$L_{yy} = \begin{bmatrix} 110.986 & -21.333 \\ -21.333 & 23.486 \end{bmatrix}, \quad L_{yy}^{-1} = \begin{bmatrix} 0.01092 & 0.00992 \\ 0.00992 & 0.0516 \end{bmatrix}$$

$$B = L_{yy}^{-1} L_{yx} L_{xx}^{-1} L_{xy} = L_{yy}^{-1} U = L_{yy}^{-1} \begin{bmatrix} 25.6520 & 2.3517 \\ 2.3517 & 2.6451 \end{bmatrix}$$

$$= \begin{bmatrix} 0.3033 & 0.0519 \\ 0.3757 & 0.1598 \end{bmatrix}$$

$$|B - \lambda^2 I| = \begin{vmatrix} 0.3033 - \lambda^2 & 0.0519 \\ 0.3757 & 0.1598 - \lambda^2 \end{vmatrix} = (\lambda^2)^2 - 0.4631\lambda^2 + 0.0290 = 0$$

$$\lambda_1^2 = 0.3884, \quad \lambda_2^2 = 0.0747$$

λ_1^2, λ_2^2 的假设检验

$$V_0 = (1 - \lambda_1^2)(1 - \lambda_2^2) = 0.5659$$
$$Q_0 = -\left[68 - 1 - \frac{2+2+1}{2}\right]\ln V_0 = 36.721 > \chi_{0.01}^2(2 \times 2) = 13.277$$

表明 $\lambda_1^2 = 0.3884^{**}$.

$$V_1 = (1 - \lambda_2^2) = 0.9253$$
$$Q_1 = -\left[68 - 2 - \frac{2+2+1}{2}\right]\ln V_1 = 4.930 > \chi_{0.05}^2(1 \times 1)$$
$$= 3.841 < \chi_{0.01}^2(1) = 6.635$$

表明 $\lambda_2^2 = 0.0747^*$.

下面求 λ_1^2 所对应的特征向量及典范相关变量对.

设 $b_1 = (b_{11}, b_{12})^{\mathrm{T}}$, 则由式 (6.2.11) 有

$$\begin{bmatrix} 0.3033 - \lambda_1^2 & 0.0519 \\ 0.3757 & 0.1598 - \lambda_1^2 \end{bmatrix} \begin{bmatrix} b_{11} \\ b_{12} \end{bmatrix} = \begin{bmatrix} -0.0851 & 0.0519 \\ 0.3757 & -0.2286 \end{bmatrix} \begin{bmatrix} b_{11} \\ b_{12} \end{bmatrix} = 0$$

令 $b_{11} = 1$, 则 $b_{12} = 1.6397$. 按式 (6.2.5), b_1 应满足 $b_1^{\mathrm{T}} L_{yy} b_1 = 1$, 实际上为

$$(1, 1.6397) \begin{bmatrix} 110.986 & -21.333 \\ -21.333 & 23.468 \end{bmatrix} \begin{bmatrix} 1 \\ 1.6397 \end{bmatrix} = 104.1230$$

故满足 $b_1^{\mathrm{T}} L_{yy} b_1 = 1$ 的 b_1 应为

$$b_1^{\mathrm{T}} = (b_{11}, b_{12}) = \frac{1}{\sqrt{104.1230}}(1, 1.6397) = (0.0980, 0.1607)$$

按 (6.2.9) 的类似推导, 与 b_1 对应的 a_1 为

$$a_1 = \frac{1}{\sqrt{\lambda_1^2}} L_{xx}^{-1} L_{xy} b_1 = \frac{1}{0.6232} \begin{bmatrix} -1.0686 & 0.0894 \\ 0.1794 & 0.4560 \end{bmatrix} \begin{bmatrix} 0.0980 \\ 0.1607 \end{bmatrix}$$
$$= \frac{1}{0.6232} \begin{bmatrix} -0.0904 \\ 0.0909 \end{bmatrix} = \begin{bmatrix} -0.1451 \\ 0.1459 \end{bmatrix}$$

所以第一对典范相关变量为

$$\begin{cases} u_1 = -0.1451 x_1 + 0.1459 x_2 \\ v_1 = 0.0980 y_1 + 0.1607 y_2 \end{cases}$$

u_1 和 v_1 的相关系数为 $r_{u_1v_1} = \lambda_1 = 0.6232$, 决定系数 $\lambda_1^2 = 0.3884$, 占 $tr(B)$ 的 $83.9\%(\lambda_1^2/(\lambda_1^2+\lambda_2^2))$, 显然, 用 v_1 关于 u_1 作直线回归可反映 $(y_1, y_2)^T$ 与 $(x_1, x_2)^T$ 的关系, 因为 u_1 和 v_1 分别为各 x、各 y 的综合性状. 对于 λ_2^2 所对应的第二对典范相关变量对, 可仿第一对检验获得.

6.2.4 广义相关系数 ρ_{xy}

在式 (6.2.1) 的前提下, 如何用 $A = \Sigma_x^{-1}\Sigma_{xy}\Sigma_y^{-1}\Sigma_{yx}$ 或 $B = \Sigma_y^{-1}\Sigma_{yx}\Sigma_x^{-1}\Sigma_{xy}$ 来刻画 $\underset{m\times 1}{X} \sim N_m(u_x, \Sigma_x)$ 和 $\underset{p\times 1}{Y} \sim N_p(u_y, \Sigma_y)$ 间线性关系强弱的程度——广义相关系数 ρ_{xy} 呢?

在 $rk(A) = rk(B) = k \leqslant \min\{p, m\}$ 之下, 可证 A 和 B 的特征根 $0 \leqslant \lambda_k^2 \leqslant \lambda_{k-1}^2 \leqslant \cdots \leqslant \lambda_1^2 \leqslant 1$. 张尧庭 (1978) 提出了五种广义相关系数

$$\begin{cases} \rho_{xy}^{(1)} = \sqrt[k]{\lambda_1^2\lambda_2^2\cdots\lambda_k^2} \\ \rho_{xy}^{(2)} = \dfrac{1}{k}\sum_{t=1}^{k}\lambda_t^2 \\ \rho_{xy}^{(3)} = \max_{1\leqslant t\leqslant k}\lambda_t^2 = \lambda_1^2 \\ \rho_{xy}^{(4)} = \min_{1\leqslant t\leqslant k}\lambda_t^2 = \lambda_k^2 \\ \rho_{xy}^{(5)} = \left[\dfrac{1}{k}\sum_{t}^{k}\dfrac{1}{\lambda_t^2}\right]^{-1} \end{cases} \quad (6.2.21)$$

如果 $k = 0$, 就规定 $\rho_{xy}^{(i)} = 0$, $i = 1, 2, 3, 4, 5$. 上述五种 $\rho_{xy}^{(i)}$ 均记为 ρ_{xy}, 有如下四个性质.

(1) 对称性. $\rho_{xy} = \rho_{yx}$, 因为 A 和 B 的非零特征根均相同, 且秩相等.

(2) $0 \leqslant \rho_{xy} \leqslant 1$, 当 $rk(A) = 0$ 时 (即 $\Sigma_{xy} = 0$), $\rho_{xy} = 0$; 当 $\Sigma_x \neq 0$ 且 $X = CY$ 时, $\Sigma_x = C\Sigma_y C^T$, $\Sigma_{yx} = \Sigma_y C^T$, 则

$$\begin{aligned}A &= \Sigma_x^{-1}\Sigma_{xy}\Sigma_y^{-1}\Sigma_{yx} = (C\Sigma_y C^T)^{-1}C\Sigma_y \Sigma_y^{-1}\Sigma_y C^T \\ &= (C\Sigma_y C^T)^{-1}(C\Sigma_y C^T) = I_m \quad (\text{由于}\Sigma_x = C\Sigma_y C^T \neq 0)\end{aligned}$$

其非零特征根为 1, 即 $\rho_{xy} = 1$.

(3) $\rho_{xy} = 0 \Leftrightarrow \Sigma_{xy} = 0$. 由定义知, $\rho_{xy} = 0 \Rightarrow A$ 的全部特征根为 $0 \Rightarrow A = 0 \Rightarrow \Sigma_{xy} = 0$; $\Sigma xy = 0 \Rightarrow A = 0 \Rightarrow$ 全部特征根为 $0 \Rightarrow \rho_{xy} = 0$.

(4) 当 $m = p = 1$ 时, ρ_{xy} 为简单相关系数 $\dfrac{Cov(x,y)}{\sigma_x\sigma_y}$ 的平方

$$A = (\sigma_x^2)^{-1}\sigma_{xy}(\sigma_y^2)^{-1}\sigma_{xy} = \dfrac{\sigma_{xy}^2}{\sigma_x^2\sigma_y^2} = \left(\dfrac{Cov(x,y)}{\sigma_x\sigma_y}\right)^2$$

对于【例 6.2.1】, $X = (X_1, X_2)^{\mathrm{T}}$, $Y = (Y_1, Y_2)^{\mathrm{T}}$, $\lambda_1^2 = 0.3884$, $\lambda_2^2 = 0.0747$, 则其广义相关系数 $\hat{\rho}_{xy} = r_{xy}$

$$r_{xy}^{(1)} = \sqrt{\lambda_1^2 \lambda_2^2} = 0.1703, \quad r_{xy}^{(2)} = \frac{1}{2}(\lambda_1^2 + \lambda_2^2) = 0.2316$$

$$r_{xy}^{(3)} = \max(\lambda_1^2, \lambda_2^2) = \lambda_1^2 = 0.3884, \quad r_{xy}^{(4)} = \min(\lambda_1^2, \lambda_2^2) = \lambda_2^2 = 0.0747$$

$$r_{xy}^{(5)} = \left[\frac{1}{2} \left(\frac{1}{\lambda_1^2} + \frac{1}{\lambda_2^2} \right) \right]^{-1} = 0.1253,$$

作者通过学习, 认为张尧庭 (1978) 提出的五种广义相关系数, 除了 $\rho^{(3)}$ 和 $\rho^{(4)}$ 分别为第一对典范变量 u_1 与 v_1 间、最后一对典范变量 u_k 与 v_k 的决定系数外, 其他均为所有 k 对典范变量 u_k 和 v_k 间决定系数的几何、算术和调合平均值. 这种 "平均" 思想在理论上是无可置疑的. 从 $\underset{1\times 1}{Y}$ 关于 $\underset{1\times 1}{X}$ 的直线回归、$\underset{1\times 1}{Y}$ 关于 $\underset{m\times 1}{X}$ 的多元线性回归和 $\underset{p\times 1}{Y}$ 关于 $\underset{m\times 1}{X}$ 的线性回归来讲, 还有另一种统计思想值得思考:

(1) 直线回归的剩余平方和 Q_e:

$$\begin{aligned} Q_t &= L_{yy} - U = L_{yy}(1 - L_{yy}^{-1}U) \\ &= L_{yy}(1 - L_{yy}^{-1}L_{yx}L_{xx}^{-1}L_{xy}) = L_{yy}(1 - B) \\ &= L_{yy}(1 - R^2) = L_{yy}(1 - r_{xy}^2) \end{aligned}$$

(2) $\underset{1\times 1}{Y}$ 关于 $\underset{m\times 1}{X}$ 线性回归的剩余平方和 Q_e:

$$\begin{aligned} Q_e &= L_{yy} - U = L_{yy}(1 - L_{yy}^{-1}U) = L_{yy}(1 - L_{yy}^{-1}L_{yx}L_{xx}^{-1}L_{xy}) \\ &= L_{yy}(1 - B) = L_{yy}(1 - R^2) = L_{yy}(1 - r_{y(x_1x_2\cdots x_m)}^2) \end{aligned}$$

(3) $\underset{p\times 1}{Y}$ 关于 $\underset{m\times 1}{X}$ 线性回归的剩余平方和阵 Q_e:

$$Q_e = L_{yy} - U = L_{yy}(I_p - L_{yy}^{-1}L_{yx}L_{xx}^{-1}L_{xy}) = L_{yy}(I_p - B)$$

显然, 从直线回归的 Q_e 中可得出 $R^2 = r_{xy}^2$, 从一对多线性回归剩余 Q_e 中可得出 $r_{xy}^2 = r_{y(x_1x_2\cdots x_m)}^2$. 这个结果说明, 决定系数 R^2 和简单相关系数 r_{xy}、复相关系数 $r_{y(x_1x_2\cdots x_m)}$ 始终连在一起, 而 R^2 又始终和因变量相应的单位阵 I 及 B 连在一起. 对于多对多回归的决定系数 R^2 将如何与 $(I_p - B)$ 联系在一起呢? 以解决简单相关 r_{xy}、复相关 $r_{y(x_1x_2\cdots x_m)}$ 到广义复相关系数 $r_{(x_1x_2\cdots x_m)(y_1y_2\cdots y_p)}$ 的自然发展, 这将是下一节要讲的内容.

6.3　广义复相关系数 $\rho_{(x_1x_2\cdots x_m)(y_1y_2\cdots y_p)}$ 及其应用

如何描述两个正态随机向量 $\underset{m\times 1}{X}, \underset{p\times 1}{Y}$ 之间线性关系的密切程度呢? 众所周

6.3 广义复相关系数 $\rho_{(x_1x_2\cdots x_m)(y_1y_2\cdots y_p)}$ 及其应用

知, $\underset{1\times 1}{X}$ 与 $\underset{1\times 1}{Y}$ 的线性关系密切程度用简单相关系数

$$\rho_{xy} = \frac{Cov(x,y)}{\sigma_x \sigma_y}$$

表述, $\underset{m\times 1}{X}$ 与 $\underset{1\times 1}{Y}$ 的线性关系密切程度用复相关系数 $\rho_{y(x_1x_2\cdots x_m)}$ 表达. 本节讲述由袁志发等 (2017) 提出的描述 $\underset{m\times 1}{X}$ 与 $\underset{p\times 1}{Y}$ 线性关系密切程度的广义复相关系数 $\rho_{(x_1x_2\cdots x_m)(y_1y_2\cdots y_p)}$ 及应用.

6.3.1 X 与 Y 间的相关信息分析

假设, $X = (X_1, X_2, \cdots, X_m)^T \sim N_m(\mu_x, \Sigma_x)$, $Y = (Y_1, Y_2, \cdots, Y_p)^T \sim N_p(\mu_y, \Sigma_y)$, 二者的联合分布为

$$\begin{bmatrix} X \\ Y \end{bmatrix} \sim N_{m+p}\left(\begin{bmatrix} \mu_x \\ \mu_y \end{bmatrix}, \begin{bmatrix} \Sigma_x & \Sigma_{xy} \\ \Sigma_{yx} & \Sigma_y \end{bmatrix} \right) = N_{m+p}(\mu, \Sigma) \qquad (6.3.1)$$

从实际中观测了 $n(n > m + p + 1)$ 个点 (X_i, Y_i), 得到的样本离差阵 L 和相关阵 R 分别为

$$L = \begin{bmatrix} L_{xx} & L_{xy} \\ L_{yx} & L_{yx} \end{bmatrix}, \quad R = \begin{bmatrix} R_{xx} & R_{xy} \\ R_{yx} & R_{yx} \end{bmatrix} \qquad (6.3.2)$$

下面从已有的三个方面研究、分析 X 与 Y 间的相关信息.

1. X 与 Y 间的独立与相关

对于正态分布来讲, 不独立则相关. 相关的无效假设为 $H_0 : \Sigma_{xy} = 0$ (独立), 它等价于 $H_0 : \Sigma = \begin{bmatrix} \Sigma_x & 0 \\ 0 & \Sigma_y \end{bmatrix}$. T.W. Anderson(1958) 指出, 检验 H_0 的似然比统计量为

$$\begin{cases} v_{xy} = \dfrac{\max\limits_{w} L(\mu, \Sigma_0)}{\max\limits_{\Omega} L(\mu, \Sigma)} = \dfrac{|L|}{|L_{xx}||L_{yy}|} = \dfrac{|R|}{|R_{xx}||R_{yy}|} \sim \Lambda(p, n-m-1, m) \\ 0 \leqslant \nu_{xy} \leqslant 1 \end{cases} \qquad (6.3.3)$$

其中, $L(\mu, \Sigma)$ 为样本的似然函数, Ω 为 μ 和 Σ 的变化范围; $L(\mu, \Sigma_0)$ 为 H_0 成立时的似然函数, w 为 μ 和 Σ_0 的变化范围. w 为 Ω 的子集. $v_{xy} = 1$ 时, X 与 Y 独立; v_{xy} 越接近 0, X 与 Y 相关性越强; $v_{xy} = 0$, X 与 Y 完全相关.

由于 X 与 Y 均为正态分布, 故 $L_{xx} > 0, L_{yy} > 0, L > 0$. 此时有

$$\begin{cases} |L| = |L_{yy}| \, |L_{xx} - L_{xy} L_{yy}^{-1} L_{yx}| = |L_{yy}| \, |L_{xx}| \, |I_m - A| \\ |L| = |L_{xx}| \, |L_{yy} - L_{yx} L_{xx}^{-1} L_{xy}| = |L_{yy}| \, |L_{xx}| \, |I_p - B| \end{cases} \qquad (6.3.4)$$

其中 $A = L_{xx}^{-1}L_{xy}^{-1}L_{yy}^{-1}L_{yx}$ 和 $B = L_{yy}^{-1}L_{yx}^{-1}L_{xx}^{-1}L_{xy}$ 均为 X 与 Y 的线性关联阵, 具有相同的秩和大于零的特征根. 故有

$$v_{xy} = |I_p - B| = |I_m - A| \sim \Lambda(p, n-m-1, m) \tag{6.3.5}$$

2. X 与 Y 典范相关变量分析中的相关信息

在典范相关变量分析中, 典范变量 $u = a^T X$ 和 $v = b^T Y$ 在 $\rho_{uv} = \max$ 的思想下, 样本分析中转化为线性关联阵 A 或 B 的最大特征根及其特征向量问题. 假设 $p \leqslant m$, $rk(B) = rk(A) = p$(在应用中一般是成立的, 也不影响理论结果), 则可证 B 与 A 的非零特征根 $0 < \lambda_p^2 \leqslant \lambda_{p-1}^2 \leqslant \cdots \leqslant \lambda_1^2 \leqslant 1$, 相应的单位长特征向量为 $b_1, b_2, \cdots, b_p$. 令 $U = (b_1, b_2, \cdots, b_p)$, 则 U 为正交阵且 U 与 U^T 互逆. 故除 $|B| = |A| = \lambda_1^2 \lambda_2^2 \cdots \lambda_p^2$ 之外, 还有

$$U^T B U = \begin{bmatrix} \lambda_1^2 & & & 0 \\ & \lambda_2^2 & & \\ & & \ddots & \\ 0 & & & \lambda_p^2 \end{bmatrix} = \Lambda, \quad U^T(I_p - B)U = I_p - \Lambda,$$

$$|I_p - B| = |I_p - \Lambda| = \prod_{t=1}^{p}(1 - \lambda_t^2). \tag{6.3.6}$$

典范相关变量的无效假设为 $H_0 : \lambda_1^2 = \lambda_2^2 = \cdots = \lambda_p^2 = 0$ 的检验统计量为

$$V_0 = |I_p - B| = \prod_{t=1}^{p}(1 - \lambda_t^2) \sim \Lambda(p, n-m-1, m) \tag{6.3.7}$$

3. Y 关于 X 线性回归分析中的相关信息

在 $\Sigma_{xy} \neq 0$ 情况下, 若存在线性回归 $y = E(Y|X=x) = \beta^T x$, β 的最小二乘估计为 b, 则其 LS 正则方程组、回归平方和阵 U 和剩余平方和阵 Q_e, 分别为

$$\begin{cases} L_{xx}b = L_{xy}, b = L_{xx}^{-1}L_{xy} \\ U = b^T L_{xy} = L_{yx}L_{xx}^{-1}L_{xy} \\ Q_e = L_{yy} - U = L_{yy}(I_p - L_{yy}^{-1}L_{yx}L_{xx}^{-1}L_{xy}) = L_{yy}(I_p - B) \end{cases} \tag{6.3.8}$$

回归的无效假设为 $H_0 : \Sigma_{xy} = 0$, 其检验统计量为

$$\Lambda_{H_0} = \frac{|Q_e|}{|L_{yy}|} = |I_p - B| \sim \Lambda(p, n-m-1, m) \tag{6.3.9}$$

综合上述有

$$v_{xy} = V_0 = \Lambda_{H_0} = |I_p - B| = \prod_{t=1}^{p}(1 - \lambda_t^2) \sim \Lambda(p, n-m-1, m) \tag{6.3.10}$$

6.3 广义复相关系数 $\rho_{(x_1x_2\cdots x_m)(y_1y_2\cdots y_p)}$ 及其应用

6.3.2 广义决定系数 ρ^2、广义复相关系数 $\rho_{(x_1x_2\cdots x_m)(y_1y_2\cdots y_p)} = \rho_{xy}$ 的定义和估计

由上述知，v_{xy} 和 A, B 的关系是密切的. 由线性回归知，相关始终和 B 联系在一起，或者说相关和 X 对 Y 的决定系数 R^2 联系在一起.

下面分情况探讨 v_{xy}, B 和 R^2 的关系.

(1) 直线回归 ($p=1, m=1$):

$$\begin{cases} \underset{1\times 1}{B} = l_{yy}^{-1}l_{yx}l_{xx}^{-1}l_{xy} = l_{yy}^{-1}U = \left(\dfrac{l_{xy}}{\sqrt{l_{xx}l_{yy}}}\right)^2 = r_{xy}^2 = R^2 \\ v_{xy} = \dfrac{\begin{vmatrix} l_{xx} & l_{xy} \\ l_{yx} & l_{yy} \end{vmatrix}}{l_{xx}l_{yy}} = 1 - r_{xy}^2 = 1 - R^2 \\ 1 - v_{xy} = R^2 = 1 - (1-B) \end{cases} \qquad (6.3.11)$$

(2) $\underset{1\times 1}{Y}$ 关于 $\underset{m\times 1}{X}$ 的多元线性回归 ($p=1, m>1$):

$$\begin{cases} \underset{1\times 1}{B} = L_{yy}^{-1}L_{yx}L_{xx}^{-1}L_{xy} = U/l_{yy}^{-1} = R^2 = r_{y(x_1x_2\cdots x_m)}^2 = r_{yx}^2 \\ v_{xy} = \dfrac{\begin{vmatrix} L_{xx} & L_{xy} \\ L_{yx} & l_{yy} \end{vmatrix}}{|L_{xx}|l_{yy}} = 1 - \dfrac{U}{l_{yy}} = 1 - R^2 = 1 - B^2 \\ 1 - v_{xy} = R^2 = 1 - (1-B) \end{cases} \qquad (6.3.12)$$

(3) $\underset{p\times 1}{y}$ 关于 $\underset{m\times 1}{X}$ 的多元线性回归 ($p>1, m>1$):

$$\begin{cases} B = L_{yy}^{-1}L_{yx}L_{xx}^{-1}L_{xy} \\ v_{xy} = |I_p - B| = \prod_{t=1}^p (1-\lambda_t^2) \\ 1 - v_{xy} = 1 - |I_p - B| = 1 - \prod_{t=1}^p (1-\lambda_t^2) \end{cases} \qquad (6.3.13)$$

如何将已公认的式 (6.3.11) 和 (6.3.12) 中 v_{xy}, B 和 $R^2 = r_{xy}^2$ 的关系式推广到式 (6.3.13) 呢？为此，我们有以下的广义决定系数 ρ^2 和广义复相关系数 $\rho = \sqrt{\rho^2} = \rho_{(x_1x_2\cdots x_m)(y_1y_2\cdots y_p)} = \rho_{xy}$ 的定义和估计.

定义：若 $\underset{m\times 1}{X}$ 与 $\underset{p\times 1}{Y}$ 的联合分布为

$$\begin{bmatrix} X \\ Y \end{bmatrix} \sim N_{m+1}\left(\begin{bmatrix} \mu_x \\ \mu_y \end{bmatrix}, \begin{bmatrix} \Sigma_x & \Sigma_{xy} \\ \Sigma_{yx} & \Sigma_y \end{bmatrix}\right) = N_{m+p}(\mu, \Sigma) \qquad (6.3.14)$$

在 $\Sigma_{xy} \neq 0$ 的情况下, X 与 Y 间存在线性相依, 其线性关联阵 $B = \Sigma_y^{-1}\Sigma_{yx}\Sigma_x^{-1}\Sigma_{xy}$, $A = \Sigma_x^{-1}\Sigma_{xy}\Sigma_y^{-1}\Sigma_{yx}$, 而且 $p \leqslant m$, $rk(A) = rk(B) = k$, 则 X 对 Y 的广义决定系数 ρ^2 定义为

$$\rho^2 \stackrel{\triangle}{=} 1 - v_{xy} = 1 - \frac{|\Sigma|}{|\Sigma_x||\Sigma_y|} = 1 - |I - B| = 1 - \prod_{t=1}^{k}(1-\lambda_t^2) \approx tr(B) - \sum_{t \neq l}^{k}\lambda_t^2\lambda_l^2 \quad (6.3.15)$$

其中 λ_t^2 为 B 或 A 的非零特征根, 可证 $0 < \lambda_k^2 \leqslant \lambda_{k-1}^2 \leqslant \cdots \leqslant \lambda_1^2 \leqslant 1$. 称

$$\rho = \sqrt{\rho^2} = \rho_{xy} = \rho_{(x_1x_2\cdots x_m)(y_1y_2\cdots y_p)} = \sqrt{1-v_{xy}} \quad (6.3.16)$$

为 X 与 Y 的广义复相关系数, 以描述 $\underset{m \times 1}{X}$ 与 $\underset{m \times 1}{X}$ 线性关系密切的程度.

在样本所提供式 (6.3.2) 所示离差阵 L 或相关阵 R 情况下, ρ^2 和 ρ_{xy} 的最大似然估计为

$$\begin{cases} \hat{\rho}^2 = R^2 = 1 - v_{xy} = 1 - \dfrac{|L|}{|L_{xx}||L_{yy}|} = 1 - \dfrac{|R|}{|R_{xx}||R_{yy}|} = 1 - |I_p - B| \\ \quad = 1 - \prod_{t=1}^{k}(1-\lambda_t^2) \approx t_r(B) - \sum_{t \neq l}^{k}\lambda_t^2\lambda_l^2 \\ \hat{\rho}_{xy} = \sqrt{R^2} = r_{(x_1x_2\cdots x_m)(y_1y_2\cdots y_p)} = r_{xy} \end{cases} \quad (6.3.17)$$

其中 $|R|$ 中的 R 为 X 与 Y 的相关阵, $B = L_{yy}^{-1}L_{yx}L_{xx}^{-1}L_{xy}$.

注意到 v_{xy} 关于 X, Y 的对称性, 故 $v_{xy} \sim \Lambda(p, n-m-1, m)$, 也有 $v_{xy} \sim \Lambda(m, n-p-1, p)$.

6.3.3 广义相关系数 ρ_{xy} 的性质

(1) 对称性: $\rho_{xy} = \rho_{yx}$, 由 v_{xy} 的对称性决定.

(2) $0 \leqslant \rho_{xy}^2 \leqslant 1$, 由 $0 \leqslant v_{xy} \leqslant 1$ 决定.

(3) $\rho_{xy} = 0 \Leftrightarrow \Sigma_{xy} = 0$, 由 $v_{xy} = 1 \Leftrightarrow \Sigma_{xy} = 0$ 决定.

(4) 若 $\Sigma_y > 0$ 且 $Y = CX \Rightarrow \rho_{xy} = 1$, 事实上

$$\Sigma_y = C\Sigma_x C^{\mathrm{T}} > 0, \quad \Sigma_{xy} = \Sigma_x C^{\mathrm{T}}, \quad \Sigma_{yx} = C\Sigma_x$$

则

$$B = \Sigma_y^{-1}\Sigma_{yx}\Sigma_x^{-1}\Sigma_{xy} = \Sigma_y^{-1}C\Sigma_x\Sigma_x^{-1}\Sigma_x C^{\mathrm{T}} = I_p \Rightarrow v_{xy} = 0, \quad \rho_{xy} = 1$$

(5) $p = m = 1$ 时, $\rho_{xy}^2 = 1 - v_{xy} = 1 - \dfrac{\begin{vmatrix} \sigma_x^2 & \sigma_{xy} \\ \sigma_{yx} & \sigma_y^2 \end{vmatrix}}{\sigma_x^2\sigma_y^2} = \left(\dfrac{\sigma_{xy}}{\sigma_x\sigma_y}\right)^2$.

6.3.4 广义复相关系数 r_{xy} 的假设检验

r_{xy} 的无效假设为 $H_0: \Sigma_{xy} = 0$. 据 $v_{xy} \sim \Lambda(p, n-m-1, m)$ 与 F 分布的关系, 有以下的 F 检验和 χ^2 检验

(1) $p=1, m>1$ 时, 为复相关系数 $R = r_{y(x_1 x_2 \cdots x_m)}$ 的 F 检验:

$$F = \frac{R^2/m}{(1-R^2)(n-m-1)} \sim F(m, n-m-1) \quad (6.3.18)$$

(2) $p=2$ 且 $m>1$ 时, 为广义复相关系数 $r_{(y_1, y_2)(x_1 x_2 \cdots x_m)}$ 的 F 检验

$$F = \frac{n-m-2}{m} \cdot \frac{1-\sqrt{v_{xy}}}{\sqrt{v_{xy}}} \sim F(2m, 2(n-m-2)) \quad (6.3.19)$$

(3) $p>2$ 且 $m>2$, 可用 BartLett 的近似 χ^2 检验

$$V = -\left(n-1-\frac{p+m+1}{2}\right) \ln v_{xy} \sim \chi^2(pm) \quad (6.3.20)$$

【例 6.3.1】 西北农业大学小麦育种组于 1981 年对 9 个小麦品种按完全随机区组设计进行了试验, 重复 3, 观测了 6 个性状: x_1(冬季分蘖), x_2(株高), x_3(每穗粒数), x_4(千粒重), x_5(抽穗期) 和 x_6(成熟期). 用 27 个点估计的相关阵为

$$R = \begin{array}{c} x_1 \\ x_2 \\ x_3 \\ x_4 \\ x_5 \\ x_6 \end{array} \begin{bmatrix} 1 & & & & & \\ -0.4813 & 1 & & & & \\ -0.8875 & 0.4369 & 1 & & & \\ 0.1456 & -0.0853 & -0.4709 & 1 & & \\ 0.8123 & -0.2979 & -0.6883 & -0.1653 & 1 & \\ 0.4044 & -0.0508 & -0.4320 & 0.5148 & 0.3493 & 1 \end{bmatrix}$$

为了研究这些性状的相关关系, 按最大树法进行了系统聚类, 其结果如图 6.3.1 所示.

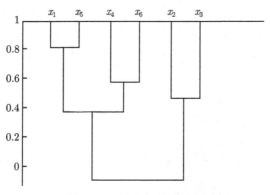

图 6.3.1 性状相关聚类图

图 6.3.1 表明, 按相关密切程度先后形成了四个性状团

$$\{x_1, x_5\}, \quad \{x_6, x_4\}, \quad \{x_2, x_3\} \quad 和 \quad \{x_1, x_5, x_6, x_4\}$$

下面用广义复相关系数描述这些性状团间的线性密切程度. 下面分析中, 用 R_{1564} 表示 x_1, x_5, x_6 和 x_4 的相关阵, 类推有 R_{15}, R_{64} 等.

(1) $\{x_1, x_5\}$ 与 $\{x_6, x_4\}$ 的广义复相关系数 $r_{(15)(64)}$:

$$v_{(15)(64)} = \frac{|R_{1564}|}{|R_{15}| |R_{64}|} = 0.5389^{**}, \quad r_{(15)(64)} = \sqrt{1 - v_{(15)(64)}} = 0.6790^{**}$$

用式 (6.3.19) 所示的 F 检验:

$$F = \frac{27-2-2}{2} \cdot \frac{1 - \sqrt{v_{(15)(64)}}}{\sqrt{v_{(15)(64)}}} = 4.165 > F_{0.01}(4, 46) = 3.776$$

(2) $\{x_1, x_5\}$ 与 $\{x_2, x_3\}$ 的广义复相关系数 $r_{(15)(23)}$:

$$v_{(15)(23)} = \frac{|R_{1523}|}{|R_{15}| |R_{23}|} = 0.1921^{**}, \quad r_{(15)(23)} = \sqrt{1 - v_{(15)(23)}} = 0.8988^{**}$$

仍用式 (6.3.19) 的 F 检验:

$$F = \frac{27-2-2}{2} \cdot \frac{1 - \sqrt{0.1921}}{\sqrt{0.1921}} = 14.738 > F_{0.01}(4, 46) = 3.776$$

(3) $\{x_6, x_4\}$ 与 $\{x_2, x_3\}$ 的广义复相关系数 $r_{(64)(23)}$:

$$v_{(64)(23)} = \frac{|R_{6423}|}{|R_{64}| |R_{23}|} = 0.6958, \quad r_{(64)(23)} = \sqrt{1 - v_{(64)(23)}} = 0.5515.$$

亦用式 (6.3.19) 的 F 检验

$$F = \frac{27-2-2}{2} \cdot \frac{1 - \sqrt{0.6958}}{\sqrt{0.6958}} = 2.28 < F_{0.05}(4, 46) = 2.586$$

(4) $\{x_1, x_5, x_6, x_4\}$ 与 $\{x_2, x_3\}$ 的广义复相关系数 $r_{(1564)(23)}$.

$$v_{(1564)(23)} = \frac{|R_{156423}|}{|R_{1564}| |R_{23}|} = 0.03407^{**}, \quad r_{(1564)(23)} = \sqrt{1 - 0.03407} = 0.9828^{**}$$

用式 (6.3.20) 所示 χ^2 检验

$$V = -\left(27 - 1 - \frac{4+2+1}{2}\right) \ln 0.03407 = 76.035 > \chi^2_{0.01}(8) = 20.090$$

上述性状团间相关情况如图 6.3.2 所示.

6.4 多对多的通径分析及其决策分析（Ⅰ）

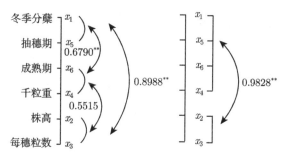

图 6.3.2 四个性状团间的广义相关

即除了 $\{x_4, x_6\}$ 与 $\{x_2, x_3\}$ 仅达到 $\alpha = 0.10$ 的显著外, 其他性状团间的相关均极显著.

6.4 多对多的通径分析及其决策分析（Ⅰ）

将 6.1 节所述多对多线性回归分析中有关因变量 $\underset{p\times 1}{Y}$ 和自变量 $\underset{m\times 1}{X}$ 均进行标准化, 就变为标准化的多对多线性回归分析, 将其与所对应的回归模型的通径图相结合, 就形成了多对多的通径分析及其决策分析, 这是对 Wright(1921) 所创立的通径分析和袁志发等 (2000,2001,2013) 所提出的通径分析的决策分析的补充或发展.

6.4.1 标准化多对多线性回归分析

1. 方程、模型及其均方线性回归结果

若 $\underset{m\times 1}{X}$ 和 $\underset{p\times 1}{Y}$ 均已标准化, 则式 (6.1.1) 所表示的联合分布变为

$$\begin{bmatrix} X \\ Y \end{bmatrix} \sim N_{m+p}\left(\begin{bmatrix} 0 \\ 0 \end{bmatrix}, \begin{bmatrix} \rho_x & \rho_{xy} \\ \rho_{yx} & \rho_y \end{bmatrix}\right) = N_{m+p}(0, \rho) \qquad (6.4.1)$$

其中, ρ_x, ρ_{xy} 和 ρ_y 分别为 X, X 与 Y 和 Y 的相关阵, ρ 为 $[X^{\mathrm{T}}, Y^{\mathrm{T}}]^{\mathrm{T}}$ 的相关阵. $\underset{p\times 1}{Y}$ 关于 $\underset{m\times 1}{X}$ 在 $\rho_{xy} \neq 0$ 下的标准化线性回归方程 y 及相应的回归残差为

$$\begin{cases} y = (y_1, y_2, \cdots, y_p)^{\mathrm{T}} = E(Y|X=x) = \beta^{*\mathrm{T}} x = (\beta_1^{*\mathrm{T}} x, \beta_2^{*\mathrm{T}} x, \cdots, \beta_p^{*\mathrm{T}} x) \\ \varepsilon = Y - E(Y|X=x) \sim N_p(0, \Sigma_e) \end{cases} \qquad (6.4.2)$$

其中 $x = (x_1, x_2, \cdots, x_m)^{\mathrm{T}}$ 为 X 的任一给定点; $y_\alpha = \beta_\alpha^{*\mathrm{T}} x$ 为第 α 个回归方程, $\alpha = 1, 2, \cdots, p; \varepsilon = Y - E(Y|X=x)$ 为回归残差, 与 X 取值无关, 即在任一 $X = x$

处, Y 与 ε 同协方差 (Σ_e); β^* 为回归参数阵：

$$\beta^* = \begin{bmatrix} \beta_{11}^* & \beta_{12}^* & \cdots & \beta_{1p}^* \\ \beta_{21}^* & \beta_{22}^* & \cdots & \beta_{2p}^* \\ \vdots & \vdots & & \vdots \\ \beta_{m1}^* & \beta_{m2}^* & \cdots & \beta_{mp}^* \end{bmatrix} = (\beta_1^*, \beta_2^*, \cdots, \beta_p^*) = \begin{bmatrix} \beta_{x_1y}^{*\mathrm{T}} \\ \beta_{x_2y}^{*\mathrm{T}} \\ \vdots \\ \beta_{x_my}^{*\mathrm{T}} \end{bmatrix} \quad (6.4.3)$$

其中, β_α^* 为第 α 个回归系数向量, $\beta_{x_jy}^*$ 为 $y_1, y_2, \cdots, y_p$ 中 x_j 的偏回归系数向量. 在上述假定下, 按均方回归研究方法, 回归可写成随机形式

$$Y = \beta^{*\mathrm{T}} X + \varepsilon \quad (6.4.4)$$

由于 X 与 Y 均已标准化, 而且 ε 与 X 无关, 因而有如下均方标准化线性回归结果

$$\begin{cases} \rho_x \beta^* = Cov(X, Y) = \rho_{xy}, \beta^* = \rho_x^{-1} \rho_{xy} \\ V(\varepsilon) = Cov(\varepsilon, \varepsilon) = Cov(Y - \beta^{*\mathrm{T}} X, Y - \beta^{*\mathrm{T}} X) \\ \quad = \rho_y - \beta^{*\mathrm{T}} \rho_x \beta^* \\ \quad = \rho_y (I_p - \rho_y^{-1} \rho_{yx} \rho_x^{-1} \rho_{xy}) = \rho_y (I_p - B) = \Sigma_e \end{cases} \quad (6.4.5)$$

其中, $B = \rho_y^{-1} \rho_{yx} \rho_x^{-1} \rho_{xy}$ 为 Y 与 X 的线性关联阵; 而

$$U = \beta^{*\mathrm{T}} \rho_{xy} = \beta^{*\mathrm{T}} \rho_x \beta^* = \rho_{yx} \rho_x^{-1} \rho_{xy} \quad (6.4.6)$$

为 "回归平方和" 阵, $\rho_y = Cov(Y, Y)$. 故据式 (6.4.5)~(6.4.6) 有

$$\rho_y = U + V(\varepsilon) = \beta^{*\mathrm{T}} \rho_x \beta^* + \Sigma_e \quad (6.4.7)$$

上述为式 (6.4.1)~(6.4.2) 前提下的均方标准化多对多线性回归的理论结果, 具有 $V(\varepsilon) = E(\varepsilon^\mathrm{T} \varepsilon) = \min$(均方误差最小) 性质, 即只有 $\beta^* = \rho_x^{-1} \rho_{xy}$ 时, 回归方程拟合最好.

2. β^* 的 LS 估计及其分布

为了进行回归分析, 必须根据观察资料对 β^* 做出 LS 估计, 并给出 Σ_e 的无偏估计. 为此, 对未经标准化的 $(X, Y)^\mathrm{T}$ 观察 $n(n > m + p + 1)$ 个点, 估计的相关阵为

$$\hat{\rho} = \begin{bmatrix} \hat{\rho}_x & \hat{\rho}_{xy} \\ \hat{\rho}_{yx} & \hat{\rho}_y \end{bmatrix} = \begin{bmatrix} R_{xx} & R_{xy} \\ R_{yx} & R_{yy} \end{bmatrix} = R \quad (6.4.8)$$

则回归方程 $y = \beta^{*\mathrm{T}} x$ 在标准化的观测点 (x_i, Y_i) 上的模型为

$$Y_i = \beta^{*\mathrm{T}} x_i + \varepsilon_i, \quad i = 1, 2, \cdots, n \quad (6.4.9)$$

6.4 多对多的通径分析及其决策分析（I）

假设，β^* 的 LS 估计为 $\hat{\beta}^* = b^*$，ε_i 的估计为 $\hat{\varepsilon}_i = Y_i - b^{*T}x_i, i = 1, 2, \cdots, n$. 则按 LS 估计，$b^*$ 应使剩余平方和阵 Q_e 最小，即

$$Q_e = \underset{p\times n}{\hat{\varepsilon}^T} \underset{n\times p}{\hat{\varepsilon}} = \sum_{i=1}^{n}(Y_i - b^{*T}x_i)^T(Y_i - b^{*T}x_i) = \min \quad (6.4.10)$$

这是均方线性回归在 β^* 估计上的体现，这时对应式 (6.4.5)~(6.4.7) 的结果为

$$\begin{cases} b^* \text{的 LS 正则方程组}: R_{xx}b^* = R_{xy}, \quad b^* = R_{xx}^{-1}R_{xy} \\ \text{回归平方和阵}: U = b^{*T}R_{xy} = b^{*T}R_{xx}b^* = R_{yx}R_{xx}^{-1}R_{xy} \\ \text{剩余平方和阵}: Q_e = R_{yy} - U = R_{yy}(I_p - B) \\ \text{回归方程}: \hat{y} = (\hat{y}_1, \hat{y}_2, \cdots, \hat{y}_p) = b^{*T}x, \hat{y}_\alpha = b_\alpha^{*T}x, \alpha = 1, 2, \cdots, p \end{cases} \quad (6.4.11)$$

其中，$B = R_{yy}^{-1}R_{yx}R_{xx}^{-1}R_{xy}$ 为 Y 与 X 的样本线性关联阵，而

$$b^* = \begin{bmatrix} b_{11}^* & b_{12}^* & \cdots & b_{1p}^* \\ b_{21}^* & b_{22}^* & \cdots & b_{2p}^* \\ \vdots & \vdots & & \vdots \\ b_{m1}^* & b_{m2}^* & \cdots & b_{mp}^* \end{bmatrix} = (b_1^*, b_2^*, \cdots, b_p^*) = \begin{bmatrix} b_{x_1y}^{*T} \\ b_{x_2y}^{*T} \\ \vdots \\ b_{x_my}^{*T} \end{bmatrix} \quad (6.4.12)$$

其中，b_α^* 为 β_α^* 的 LS 估计，$b_{x_jy}^*$ 为 $\beta_{x_jy}^*$ 的 LS 估计，$\alpha = 1, 2, \cdots, p, j = 1, 2, \cdots, m$. b_α^* 及其分量 $b_{j\alpha}^*$ 的分布为

$$\begin{cases} b_\alpha^* \sim N_m(\beta_\alpha^*, \sigma_\alpha^2 R_{xx}^{-1}), \quad \alpha = 1, 2, \cdots, p \\ b_{j\alpha}^* \sim N(\beta_{j\alpha}^*, c_{jj}\sigma_\alpha^2), \quad j = 1, 2, \cdots, m \end{cases} \quad (6.4.13)$$

其中，σ_α^2 为 Σ_e 主对角线上第 α 个元素，c_{jj} 为 R_{xx}^{-1} 主对角线上第 j 个元素.

3. R_{yy} 的分解、Σ_e 的无偏估计、广义决定系数 R^2 和广义复相关系数 r_{xy} 的计算

y 的总变异为 R_{yy}，自由度 $f_y = n - 1$; U 的自由度为 $f_U = m$; Q_e 的自由度为 $f_e = n - m - 1$. 据式 (6.4.11) 有 $R_{yy} = U + Q_e$ 和 $f_y = f_U + f_e$. 据 Wishart 分布性质，在回归无效假设 $H_0: \beta^* = 0$ 之下，U 与 Q_e 相互独立，二者的分布、Σ_e 的无偏估计，据式 (6.3.17) 所示广义决定系数 R^2 和广义复相关系数 r_{xy} 的计算分别为

$$\begin{cases} U = b^{*T}R_{xy} = b^{*T}R_{xx}b^* \sim W_p(m, \Sigma_e) \\ Q_e = R_{yy}(I_p - B) \sim W_p(n - m - 1, \Sigma_e) \\ \hat{\Sigma}_e = \dfrac{Q_e}{n - m - 1} \\ R^2 = 1 - v_{xy} = 1 - \dfrac{|R|}{|R_{xx}||R_{yy}|} = 1 - |I_p - B| \approx tr(B) - \prod_{t\neq l}\lambda_t^2\lambda_l^2 \\ \sqrt{R^2} = r_{xy} = r_{(x_1x_2\cdots x_m)(y_1y_2\cdots y_p)} \end{cases} \quad (6.4.14)$$

其中 λ_t^2 为 B 的非零特征根.

4. 回归的有关假设检验

可按式 (6.1.22)~(6.1.32) 对标准化多对多线性回归进行有关假设检验.

设 $x = (x_1, x_2, \cdots, x_m)^{\mathrm{T}}$ 中, 仅有前面 m_1 个自变量对 $Y = (Y_1, Y_2, \cdots, Y_p)^{\mathrm{T}}$ 有线性回归关系, 而后面的 $m_2 = m - m_1$ 个自变量无这种关系. 这种情况下的 β^* 可按 6.1 节式 (6.1.22) 一样, 剖分为 $\beta^* = \begin{pmatrix} \beta_{(1)}^* \\ \beta_{(2)}^* \end{pmatrix}$, 对 R_{xx} 和 R_{xy} 进行相应的剖分

$$R_{xx} = \begin{bmatrix} R_{xx}^{(1)} & \vdots & \\ \hdashline & \vdots & \\ & \vdots & R_{xx}^{(2)} \end{bmatrix}, R_{xy} = \begin{bmatrix} R_{xy}^{(1)} \\ \hdashline R_{xy}^{(2)} \end{bmatrix}$$

则在 $H_0 : \beta_{(2)}^* = 0$ 之下, Q_e 与 $(Q_{H_0 e} - Q_e)$ 相互独立且有

$$\begin{cases} Q_{H_0 e} = R_{yy} - R_{yx}^{(1)}(R_{xx}^{(1)})^{-1} R_{xy}^{(1)} \sim W_p(n - m_1 - 1, \Sigma_e) \\ Q_{H_0 e} - Q_e \sim W_p(m_2, \Sigma_e) \end{cases} \tag{6.4.15}$$

故有如下的 Wilks 分布

$$\Lambda_{H_0} = \frac{|Q_e|}{|Q_e + (Q_{H_0 e} - Q_e)|} = \frac{|Q_e|}{|Q_{H_0 e}|} \sim \Lambda(p, n - m - 1, m_2) = \Lambda(p, n_1, n_2) \tag{6.4.16}$$

根据 Λ_{H_0} 的各种情况, 可利用式 (6.1.26)~(6.1.32) 进行有关检验.

(1) 在式 (6.1.26)~(6.1.30) 的检验中, 其无效假设均为 $H_0 : \beta^* = 0$.

$$\Lambda_{H_0} = \frac{|Q_e|}{|R_{yy}|} \sim \Lambda(p, n - m - 1, m) = \Lambda(p, n_1, n_2)$$

其中 Q_e 和 R_{yy} 视式 (6.4.14) 中 p 和 m 的具体情况而定.

(2) p 和 m 任意情况下, X 中后面 m_2 个分量对 Y 无作用的假设为 $H_0 : \beta_{(2)}^* = 0$. 式 (6.1.31)~(6.1.32) 中的 Λ_{H_0} 按 (6.4.15)~(6.4.16) 式, 其中包括 $H_0 : \beta_{x_j y}^* = 0 (m_2 = 1)$.

(3) $b_\alpha^* = (b_{1\alpha}^*, b_{2\alpha}^*, \cdots, b_{m\alpha}^*)^{\mathrm{T}}$ 的 F 检验.

$H_{0\alpha} : \beta_\alpha^* = 0, \alpha = 1, 2, \cdots, p$. 这是 Y_α 关于 $x_1, x_2, \cdots, x_m$ 的线性回归的无效假设. 按式 (6.1.29) 进行 F 检验

$$F_\alpha = \frac{n - m - 1}{m} \cdot \frac{1 - \Lambda_{H_0}}{\Lambda_{H_0}} = \frac{U_\alpha / m}{Q_{e\alpha}/(n - m - 1)} \sim F(m, n - m - 1) \tag{6.4.17}$$

(4) b_α^* 中 $b_{j\alpha}^*$ 的 t 检验.

$$t_{j\alpha} = \frac{b_{j\alpha}^*}{\sqrt{c_{jj}\hat{\sigma}_\alpha^2}} \sim t(n-m-1), \quad j=1,2,\cdots,m; \alpha=1,2,\cdots,p \qquad (6.4.18)$$

其中 $\hat{\sigma}_\alpha^2$ 为 $\hat{\Sigma}_e$(参阅式 (6.4.14)) 主对角线上第 α 个元素, c_{jj} 为 R_{xx}^{-1} 主对角线上第 j 个元素.

【例 6.4.1】 本章 6.1 节【例 6.1.1】的标准化 $\underset{2\times 1}{Y}$ 与 $\underset{2\times 1}{X}$ 的线性回归分析. y_1(单茎草重), y_2(经济系数), x_1(每株穗数) 和 x_2(千粒重) 的表型相关阵为

$$R = \begin{array}{c} x_1 \\ x_2 \\ y_1 \\ y_2 \end{array} \begin{bmatrix} 1 & -0.383 & -0.477 & -0.055 \\ -0.383 & 1 & 0.238 & 0.327 \\ -0.477 & 0.238 & 1 & -0.418 \\ -0.055 & 0.327 & -0.418 & 1 \end{bmatrix} = \begin{bmatrix} R_{xx} & R_{xy} \\ R_{yx} & R_{yy} \end{bmatrix}$$

$n=105$. $(y_1, y_2)^T$ 关于 $(x_1, x_2)^T$ 的标准化回归分析如下

(1) $b^* = \begin{bmatrix} b_{11}^* & b_{12}^* \\ b_{21}^* & b_{22}^* \end{bmatrix} = (b_1^*, b_2^*) = \begin{bmatrix} b_{x_1y}^{*T} \\ b_{x_2y}^{*T} \end{bmatrix}$ 的 LS 估计.

$$R_{xx}^{-1} = \begin{bmatrix} 1.1719 & 0.4488 \\ 0.4488 & 1.1719 \end{bmatrix}, \quad R_{yy}^{-1} = \begin{bmatrix} 1.2117 & 0.5065 \\ 0.5065 & 1.2117 \end{bmatrix}$$

$$b^* = \begin{bmatrix} b_{11}^* & b_{12}^* \\ b_{21}^* & b_{22}^* \end{bmatrix} = R_{xx}^{-1} R_{xy} = \begin{bmatrix} 1.1719 & 0.4488 \\ 0.4488 & 1.1719 \end{bmatrix} \begin{bmatrix} -0.477 & -0.055 \\ 0.238 & 0.327 \end{bmatrix}$$

$$= \begin{bmatrix} -0.4522 & 0.0823 \\ 0.0648 & 0.3586 \end{bmatrix} = (b_1^*, b_2^*)$$

所得标准化线性回归方程为

$$\begin{cases} \hat{y}_1 = -0.4522 x_1 + 0.0648 x_2 \\ \hat{y}_2 = 0.0823 x_1 + 0.3586 x_2 \end{cases}$$

(2) 回归的有关假设检验.

检验和本章 6.1 节【例 6.1.1】相同, 其结果亦相同. 检验中只要把涉及的有关离差阵 L 换成相应的相关阵 R 就行. 例如, 把 L_{xx}, L_{xy} 等换成相应的 R_{xx}, R_{xy} 等.

(3) $X=(x_1,x_2)^T$ 与 $Y=(y_1,y_2)^T$ 的广义决定系数 R^2 的计算和检验.

R^2 的计算 据式 (6.4.14), R^2 有三种计算方法.

(i) $1-|I_p - B|$ 计算法.

回归平方和阵 U

$$U = b^{*\mathrm{T}} R_{xy} = \begin{bmatrix} -0.4522 & 0.0648 \\ 0.0823 & 0.3586 \end{bmatrix} \begin{bmatrix} -0.477 & -0.055 \\ 0.238 & 0.327 \end{bmatrix} = \begin{bmatrix} 0.2311 & 0.0461 \\ 0.0461 & 0.1127 \end{bmatrix}$$

$$B = L_{yy}^{-1} U = \begin{bmatrix} 1.2117 & 0.5065 \\ 0.5065 & 1.2117 \end{bmatrix} \begin{bmatrix} 0.2311 & 0.0461 \\ 0.0461 & 0.1127 \end{bmatrix} = \begin{bmatrix} 0.30337 & 0.11294 \\ 0.17291 & 0.15991 \end{bmatrix}$$

$$I_p - B = \begin{bmatrix} 0.6966 & -0.1129 \\ -0.1729 & 0.8401 \end{bmatrix}, \quad |I_p - B| = 0.5657$$

$$R^2 = 1 - |I_P - B| = 0.4343, \quad r_{xy} = r_{(x_1 x_2)(y_1 y_2)} = \sqrt{R^2} = 0.6590$$

(ii) $R^2 \approx tr(B) - \sum_{t \neq l} \lambda_t^2 \lambda_l^2$ 计算法.

B 的特征方程 (并据韦达定理) 为

$$|B - \lambda^2 I_p| = (\lambda^2)^2 - t_r(B) \lambda^2 + \lambda_1^2 \lambda_2^2$$
$$= (\lambda^2)^2 - 0.46328 \lambda^2 + 0.02898$$

近似计算式在 $rk(B) = 2$ 时是无误差的:

$$R^2 = tr(B) - 0.02898 = 0.4343, \quad r_{xy} = \sqrt{R^2} = 0.6590$$

(iii) R^2 的 v_{xy} 计算法及检验.

在【例 6.4.1】中, $n = 105, p = m = 2$. R^2 的似然比统计量可由式 (6.4.14) 计算得

$$\Lambda_{H_0} = \frac{|Q_e|}{|R_{yy}|} = v_{xy} = |I_p - B| = 0.5657, \quad R^2 = 1 - v_{xy} = 0.4343.$$

$H_0 : \beta^* = 0$, 等价于 $H_0 : \rho_{xy} = 0$. 据式 (6.1.28), 其 F 检验为

$$F = \frac{n - m - 2}{m} \cdot \frac{1 - \sqrt{v_{xy}}}{\sqrt{v_{xy}}} \sim F[2m, 2(n - m - 2)]$$

对于本例, $F \sim F(4, 202), F_{0.01}(4, 202) = 3.32$. F 的实际值为

$$F = \frac{101}{2} \cdot \frac{1 - \sqrt{0.5657}}{\sqrt{0.5657}} = 16.6426^{**}$$

因而, $R^2 = 1 - v_{xy} = 0.4343^{**}, r_{xy} = \sqrt{R^2} = 0.6590^{**}$.

应该指出, 有了广义决定系数 R^2 和广义复相关系数 $r_{xy} = \sqrt{R^2}$ 后, 直线回归、一对多的线性回归和多对多的线性回归的检验, 就和 R^2 或 $R = \sqrt{R^2}$ 的检验统一起来. 因而, 在相关系数显著临界值表的判定上, 应增加广义复相关系数的内容.

6.4.2 $y_\alpha = \beta_\alpha^{*\mathrm{T}}x + \varepsilon_\alpha(\alpha = 1,2,\cdots,p)$ 的通径分析及其决策分析

在标准化多对多的线性回归方程及其模型式 (6.4.2) 中有 p 个回归方程 $y_\alpha = \beta_\alpha^{*\mathrm{T}}x$ 及其模型 $Y_{i\alpha} = \beta_\alpha^{*\mathrm{T}}x_i + \varepsilon_{i\alpha}$, $\alpha = 1,2,\cdots,p; i = 1,2,\cdots,n$, 其中 $\varepsilon_i = (\varepsilon_{i1},\varepsilon_{i2},\cdots,\varepsilon_{ip})^\mathrm{T}$ 相互独立且均服从 $N_P(0,\Sigma_e)$, $\varepsilon_{i\alpha} \sim N(0,\sigma_\alpha^2)$.

如果 $\hat{y} = (\hat{y}_1,\hat{y}_2,\cdots,\hat{y}_p)^\mathrm{T} = (b_1^{*\mathrm{T}}x, b_2^{*\mathrm{T}}x,\cdots,b_p^{*\mathrm{T}}x)$ 及其每一个方程 $\hat{y}_\alpha = b_\alpha^* x$ 均显著, 就可和其模型的通径图结合起来, 进行通径分析及其决策分析. 然而, Wright(1921) 可创立的通径分析中, 只在一对多 ($p=1$) 的通径分析中, 建立了 r_{jy} 和决定系数 R^2 的剖分及其路径原理, 并未提出多对多的广义决定系数 R^2 及其广义复相关系数 $\sqrt{R^2} = r_{(x_1x_2\cdots x_m)(y_1y_2\cdots y_p)}$ 的概念和算法. 根据这个情况, 这里仅先解决 $y = (y_1,y_2,\cdots,y_p)^\mathrm{T}$ 中一个标准化回归方程的通径分析及其决策分析, 其方程及模型为

$$\begin{cases} \hat{y}_\alpha = b_{1\alpha}^* x_1 + b_{2\alpha}^* x_2 + \cdots + b_{m\alpha}^* x_m = b_\alpha^{*\mathrm{T}}x, & \alpha = 1,2,\cdots,p \\ Y_{i\alpha} = b_{1\alpha}^* x_{i1} + b_{2\alpha}^* x_{i2} + \cdots + b_{m\alpha}^* x_{im} + \hat{\varepsilon}_{i\alpha}, & i = 1,2,\cdots,n \end{cases} \quad (6.4.19)$$

由式 (6.4.11) 所示估计 β^* 的 LS 正规方程组 $R_{xx}b^* = R_{xy}$ 可改写为

$$R_{xx}(b_1^*, b_2^*, \cdots, b_p^*)^\mathrm{T} = (R_{xy_1}, R_{xy_2}, \cdots, R_{xy_p})^\mathrm{T} = R_{xy}$$

故

$$R_{xx}b_\alpha^* = R_{xy_\alpha}, \quad \alpha = 1,2,\cdots,p \quad (6.4.20)$$

表明多对多的估计结果 b_α^* 和一对多的估计结果 b_α^* 是相同的, 二者的区别为: $\varepsilon_{i\alpha}$ 相互独立均服从 $N(0,\sigma_\alpha^2)$, 而 $\varepsilon_i = (\varepsilon_{i1},\varepsilon_{i2},\cdots,\varepsilon_{ip})^\mathrm{T}$ 相互独立均服从 $N_p(0,\Sigma_e)$. 故可按 5.2 节结论对式 (6.4.19) 进行通径分析及其决策分析.

1. r_{jy_α} 的剖分及通径图

式 (5.2.17) 及图 5.2.1 得 r_{jy_α} 的剖分与路径图 6.4.1.

$R_{xx}b_\alpha^* = R_{xy_\alpha}$ （r_{jy_α} 剖分及路径）:

$$\underset{x_j \leftrightarrow y_\alpha}{r_{jy_\alpha}} = \underset{x_j \to y_\alpha}{b_{j\alpha}^*} + \sum_{k \neq j} \underset{x_j \leftrightarrow x_\alpha \to y_\alpha}{r_{jk}b_{x_\alpha}^*},$$

$j = 1,2,\cdots,m; \alpha = 1,2,\cdots,p;$

$\underset{\varepsilon_\alpha \to y_\alpha}{b_{e_\alpha}^*} = \sqrt{1 - R_{(\alpha)}^2}$ （式(6.4.21)）

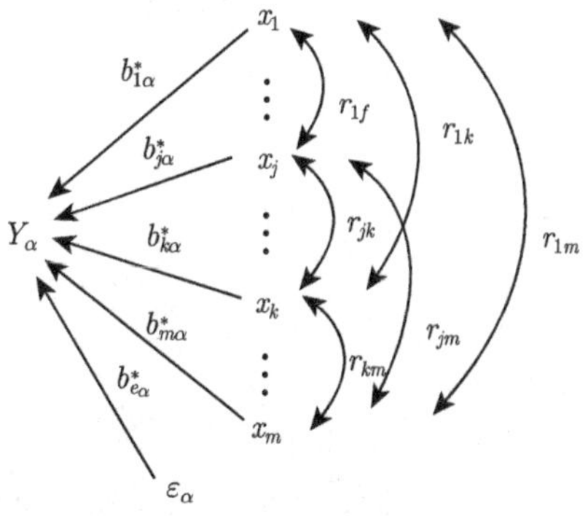

图 6.4.1 $Y_\alpha = \hat{y}_\alpha + \hat{\varepsilon}_\alpha$ 的通径图与 r_{jy_α} 的剖分与路径 ($\alpha = 1,2,\cdots,p$)

2. $R_{(\alpha)}^2$ 的剖分与路径

据式 (5.2.20), X_j 对 Y_α 决定系数 $R_{(\alpha)}^2 = b_\alpha^{*T} R_{xy_\alpha}$ 的剖分及相应路径

$$\underset{y_\alpha\leftarrow x\rightarrow y_\alpha}{R_{(\alpha)}^2} = b_\alpha^{*T} R_{xx} b_\alpha^* = \sum_{j=1}^m \underset{y_\alpha\leftarrow x_j\rightarrow y_\alpha}{b_{j\alpha}^{*2}} + \sum_{\substack{j=1\\k>j}}^{m-1} 2\underset{y_\alpha\leftarrow x_j\leftrightarrow x_k\rightarrow y_\alpha}{b_{j\alpha}^* r_{jk} b_{k\alpha}^*}$$

$$= \sum_{j=1}^m \underset{y_\alpha\leftarrow x_j\rightarrow y_\alpha}{R_{j(\alpha)}^2} + \sum_{\substack{j=1\\k>j}}^{m-1} \underset{y_\alpha\leftarrow x_j\leftrightarrow x_k\rightarrow y_\alpha}{R_{jk(\alpha)}} \tag{6.4.21}$$

3. x_j 对 y_α 的决策系数 $R_\alpha(j)$ 及其假设检验

$R_\alpha(j)$ 的定义及其假设检验由式 (5.2.22) 和式 (5.2.31) 确定

$$\begin{cases} R_\alpha(j) = 2b_{j\alpha}^* r_{jy_\alpha} - b_{j\alpha}^{*2} = \underset{y_\alpha\leftarrow x_j\rightarrow y_\alpha}{R_{j(\alpha)}^2} + \sum_{k\neq j} \underset{y_\alpha\leftarrow x_j\leftrightarrow x_k\rightarrow y_\alpha}{R_{jk(\alpha)}} \\ t_\alpha(j) = \dfrac{R_\alpha(j)}{S_{R_\alpha(j)}} = \dfrac{R_\alpha(j)}{2|r_{jy_\alpha} - b_{j\alpha}^*|\sqrt{\dfrac{c_{jj}(1-R_{(\alpha)}^2)}{n-m-1}}} \sim t(n-m-1) \\ j=1,2,\cdots,m; \alpha=1,2,\cdots,p \end{cases} \tag{6.4.22}$$

其中 c_{jj} 为 R_{xx}^{-1} 主对角线上第 j 个元素. 具体分析及有关表格按 5.2 节进行.

6.4.3 多对多通径分析的通径图及中心定理

1. 多对多的通径图

据式 (6.4.2), 标准化多对多的线性回归模型为

$$\begin{bmatrix} Y_{i1} \\ Y_{i2} \\ \vdots \\ Y_{ip} \end{bmatrix} = \begin{bmatrix} \beta_{11}^* & \beta_{12}^* & \cdots & \beta_{1p}^* \\ \beta_{21}^* & \beta_{22}^* & \cdots & \beta_{2p}^* \\ \vdots & \vdots & & \vdots \\ \beta_{m1}^* & \beta_{m2}^* & \cdots & \beta_{mp}^* \end{bmatrix}^T \begin{bmatrix} x_{i1} \\ x_{i2} \\ \vdots \\ x_{im} \end{bmatrix} + \begin{bmatrix} \varepsilon_{i1} \\ \varepsilon_{i2} \\ \vdots \\ \varepsilon_{ip} \end{bmatrix}$$

$$= \begin{bmatrix} \beta_1^{*T} x_i \\ \beta_2^{*T} x_i \\ \vdots \\ \beta_p^{*T} x_i \end{bmatrix} + \begin{bmatrix} \varepsilon_{i1} \\ \varepsilon_{i2} \\ \vdots \\ \varepsilon_{ip} \end{bmatrix} \tag{6.4.23}$$

和图 5.2.1 比较, 多对多通径分析模型的通径图多了 $Y=(Y_1,Y_2,\cdots,Y_p)^T$ 中各分量间的相关路. 具体如图 6.4.2($p=m=3$) 所示.

6.4 多对多的通径分析及其决策分析（Ⅰ）

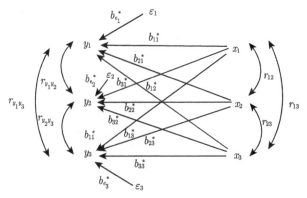

图 6.4.2　多对多通径图 $(p = m = 3)$

2. 多对多通径分析的中心定理

在模型 (6.4.23) 之下，对于两个不同的 Y_α 和 $Y_t (t \neq \alpha)$，其模型分别为

$$\begin{cases} Y_\alpha = \beta_\alpha^{*\mathrm{T}} x + \varepsilon_\alpha, \varepsilon_\alpha = Y_\alpha - E(Y_\alpha | X = x) \\ Y_t = \beta_t^{*\mathrm{T}} x + \varepsilon_t, \varepsilon_t = y_t - E(y_t | X = x) \\ \varepsilon_\alpha 和 \varepsilon_t 相互独立且与 X 取值无关 \end{cases} \quad (6.4.24)$$

由于 Y_α, Y_t 和 $\underset{m \times 1}{X}$ 均已标准化，按均方线性回归研究方法和传统的表述方式，Y_α 与 Y_t 的相关系数在理论上 $(\rho_{y_\alpha y_t})$ 的剖析及相应路径为

$$\begin{aligned}
\rho_{Y_\alpha Y_t} &= Cov(\beta_\alpha^{*\mathrm{T}} X + \varepsilon_\alpha, \beta_t^{*\mathrm{T}} X + \varepsilon_t) = \beta_\alpha^{*\mathrm{T}} Cov(X, X) \beta_t^* = \beta_\alpha^{*\mathrm{T}} \rho_x \beta_t^* \\
&= \sum_{j=1}^m \underset{y_\alpha \leftarrow x_j \rightarrow y_t}{\beta_{j\alpha}^* \beta_{jt}^*} + \sum_{k \neq j} \left(\underset{y_\alpha \leftarrow x_j \leftrightarrow x_k \rightarrow y_t}{\beta_{j\alpha}^* \rho_{jk} \beta_{kt}^*} + \underset{y_\alpha \leftarrow x_k \leftrightarrow x_j \rightarrow y_t}{\beta_{k\alpha}^* \rho_{kj} \beta_{jt}^*} \right) \\
&= \underset{y_\alpha(X) \leftrightarrow y_t(X)}{\rho_{y_{\alpha(X)} y_{t(X)}}}
\end{aligned} \quad (6.4.25)$$

基于样本情况下的式 (6.4.25) 为

$$\underset{y_\alpha \leftrightarrow y_t}{r_{y_\alpha y_t}} = b_\alpha^{*\mathrm{T}} R_{xx} b_t^* = \sum_{j=1}^m \underset{y_\alpha \leftarrow x_j \rightarrow y_t}{b_{j\alpha}^* b_{jt}^*} + \sum_{k \neq j} \left(\underset{y_\alpha \leftarrow x_j \leftrightarrow x_k \rightarrow y_t}{b_{j\alpha}^* r_{jk} b_{kt}^*} + \underset{y_\alpha \leftarrow x_k \leftrightarrow x_j \rightarrow y_t}{b_{k\alpha}^* r_{kj} b_{jt}^*} \right) \quad (6.4.26)$$

式 (6.4.25) 和 (6.4.26) 表明：$\rho_{y_\alpha y_t}, r_{y_\alpha y_t}$ 等于 m^2 个复合路径系数之和，其中直接复合路径 $y_\alpha \leftarrow x_j \rightarrow y_t$ 有 m 条；由 x 各分量间的每一种相关 $x_j \leftrightarrow x_k (k \neq j)$ 形成的复合路径有两条：

$$\begin{pmatrix} y_\alpha \rightarrow x_j \\ \updownarrow \\ y_t \leftarrow x_k \end{pmatrix}, \begin{pmatrix} y_\alpha \rightarrow x_k \\ \updownarrow \\ y_t \leftarrow x_j \end{pmatrix}$$

而 $x_j \leftrightarrow x_k$ 有 $C_m^2 = \frac{1}{2}m(m-1)$ 条, 故总复合路径有 m^2 条. 复合路径的路径系数等于各段路径系数之积, $y_\alpha \leftarrow x_j \to y_t, y_\alpha \leftarrow x_j \leftrightarrow x_k \to y_t$ 的路径系数分别为 $b_{j\alpha}^* b_{jt}, b_{j\alpha}^* r_{jk} b_{kt}^*$.

传统上将式 (6.4.25) 或 (6.4.26) 称为通径分析的中心定理.

3. 通径分析中心定理的正确理解与回归平方和阵 U

式 (6.4.25) 或 (6.4.26) 的统计学意义和正确表达形式是什么呢? 仅就 (6.4.26) 所示 $r_{y_\alpha y_t} \atop y_\alpha \leftrightarrow y_t = b_\alpha^{*T} R_{xx} b_t^*$ 予以分析.

所谓通径分析中心定理, 在理论上为多对多标准化线性回归中回归平方和阵 U 及其剖分. 事实上, 在 LS 估计下 U 的本质为

$$\mathop{U}\limits_{Y \leftarrow x \to Y} = \mathop{U}\limits_{\hat{y} \leftarrow x \to \hat{y}} = b^{*T} R_{xy} = b^{*T} R_{xx} b^*$$

$$= \begin{bmatrix} b_1^{*T} R_{xx} b_1^* & b_1^{*T} R_{xx} b_2^* & \cdots & b_1^{*T} R_{xx} b_p^* \\ b_2^{*T} R_{xx} b_1^* & b_2^{*T} R_{xx} b_2^* & \cdots & b_2^{*T} R_{xx} b_p^* \\ \vdots & \vdots & & \vdots \\ b_p^{*T} R_{xx} b_1^* & b_p^{*T} R_{xx} b_2^* & \cdots & b_p^{*T} R_{xx} b_p^* \end{bmatrix}$$

$$= \begin{bmatrix} \mathop{R_{(1)}^2}\limits_{\hat{y}_1 \leftarrow x \to \hat{y}_1} & \mathop{r_{y_1 y_2 (x)}}\limits_{\hat{y}_1 \leftarrow x \to \hat{y}_2} & \cdots & \mathop{r_{y_1 y_p (x)}}\limits_{\hat{y}_1 \leftarrow x \to \hat{y}_p} \\ \mathop{r_{y_2 y_1 (x)}}\limits_{\hat{y}_2 \leftarrow x \to \hat{y}_1} & \mathop{R_{(2)}^2}\limits_{\hat{y}_2 \leftarrow x \to \hat{y}_2} & \cdots & \mathop{r_{y_2 y_1 (x)}}\limits_{\hat{y}_2 \leftarrow x \to \hat{y}_p} \\ \vdots & \vdots & & \vdots \\ \mathop{r_{y_p y_1 (x)}}\limits_{\hat{y}_p \leftarrow x \to \hat{y}_1} & \mathop{r_{y_p y_2 (x)}}\limits_{\hat{y}_p \leftarrow x \to \hat{y}_2} & \cdots & \mathop{R_{(p)}^2}\limits_{\hat{y}_p \leftarrow x \to \hat{y}_p} \end{bmatrix} \quad (6.4.27)$$

其中, $R_{(\alpha)}^2 = r_{\hat{y}_\alpha \hat{y}_\alpha(x)}^2$ 为 $\hat{y}_\alpha = b_\alpha^{*T} x$ 中 X 对 Y_α 的决定系数, 其平方根为 X 对 Y_α 的复相关系数, 即 $\sqrt{R_{(\alpha)}^2} = r_{y_\alpha (x_1 x_2 \cdots x_m)} = r_{y_\alpha (x)}, \alpha = 1, 2, \cdots, p$.

$b_\alpha^{*T} R_{xx} b_t^* = r_{\hat{y}_\alpha \hat{y}_t(x)}$, 当 $\alpha \neq t$ 时, 为共同原因 $\mathop{X}\limits_{m \times 1}$ 引起的 $\hat{y}_\alpha$ 与 $\hat{y}_t$ 的相关系数. 在统计学中, $r_{Y_\alpha Y_t}$ 是 $Y_{i\alpha}$ 与 $Y_{it}(i = 1, 2, \cdots, n)$ 的相关系数, 计算时与 $\mathop{X_i}\limits_{m \times 1}$ 无关, 而 $r_{\hat{y}_\alpha \hat{y}_t(x)}$ 是 $\hat{y}_\alpha$ 与 $\hat{y}_t$ 由共同原因 $\mathop{X}\limits_{m \times 1}$ 对 $r_{Y_\alpha Y_t}$ 的决定部分.

基于上述原因, 式 (6.4.25) 和 (6.4.26) 的正确表达方式为

$$\mathop{\rho_{y_\alpha y_t(x)}}\limits_{\substack{Y_\alpha \leftarrow x \to Y_t \\ m \times 1}} = \beta_\alpha^{*T} \rho_x \beta_t^*$$

$$= \sum_{j=1}^m \mathop{\beta_{j\alpha}^* \beta_{jt}^*}\limits_{y_\alpha \leftarrow x_j \to y_t} + \sum_{k \neq j} \left(\mathop{\beta_{j\alpha}^* \rho_{jk} \beta_{kt}^*}\limits_{y_\alpha \leftarrow x_j \leftrightarrow x_k \to y_t} + \mathop{\beta_{k\alpha}^* \rho_{kj} \beta_{jt}^*}\limits_{y_\alpha \leftarrow x_k \leftrightarrow x_j \to y_t} \right) \quad (6.4.28)$$

$$r_{\substack{y_\alpha y_t(x) \\ \hat{y}_\alpha \leftarrow x \rightarrow \hat{y}_t \\ m \times 1}} = b_\alpha^{*T} R_{xx} b_t^*$$

$$= \sum_{j=1}^{m} \underset{y_\alpha \leftarrow x_j \rightarrow y_t}{b_{j\alpha}^* b_{jt}^*} + \sum_{k \neq j} \left(\underset{y_\alpha \leftarrow x_j \leftrightarrow x_k \rightarrow y_t}{b_{j\alpha}^* r_{jk} b_{kt}^*} + \underset{y_\alpha \leftarrow x_k \leftrightarrow x_j \rightarrow y_t}{b_{k\alpha}^* r_{kj} b_{jt}^*} \right) \quad (6.4.29)$$

吴仲贤 (1979) 认为: 通径方法的最大用途是, 当两个变数本身为某些共同变数的直线函数的时候, 它可以导出这两个变数之间的相关系数 (作者认为, 应是复相关系数 $r_{y_\alpha y_t(x)}$). 利用通径分析的中心定理, "我们可以作出任何封闭系统的通径分析". 显然, 要完成多对多的通径分析及其决策分析, 还要解决一系列的理论问题, 如广义决定系数 R^2 的剖分, $x_j(j = 1, 2, \cdots, m)$ 对 $\underset{p \times 1}{Y}$ 决策系数的定义、计算和检验等.

式 (6.4.27) 表明, $\underset{p \times 1}{Y}$ 关于 $\underset{m \times 1}{X}$ 的标准化线性回归的回归平方和阵 U 是 $\underset{m \times 1}{X}$ 对 $\underset{p \times 1}{Y}$ 的决定系数阵, 其迹为 $\underset{m \times 1}{X}$ 对 Y_α 决定系数 $R_{(\alpha)}^2$ 之和, 即 $tr(U) = \sum_{\alpha=1}^{p} R_{(\alpha)}^2$.

【例 6.4.2】 对【例 6.4.1】中 $\hat{y}_\alpha = b_\alpha^{*T} x (\alpha = 1, 2)$ 进行通径分析及其决策分析, 并比较 $r_{y_1 y_2}$ 和 $r_{y_1 y_2(x)}$.

【例 6.4.2】的通径分析及其决策分析为

(1) 据本章 6.1 节【例 6.1.1】对回归的检验结果: $\hat{y} = (\hat{y}_1, \hat{y}_2)^T, \hat{y}_1 = b_1^T x, \hat{y}_2 = b_2^T x$ 均极显著; x_2 对 $\hat{y}_1 = b_1^T x$ 不显著, x_1 对 $\hat{y}_2 = b_2^T x$ 不显著; x_1, x_2 分别对 $\hat{y} = (\hat{y}_1, \hat{y}_2)^T$ 均极显著. 结果表明 $\hat{y}_1 = b_1^T x$ 和 $\hat{y}_2 = b_2^T x$ 在理论上可以认为无共同原因.

(2) $\hat{y} = b_\alpha^{*T} x$ 的通径分析中, 由于 $m = 2$, $r_{j y_\alpha}$ 剖分中的间$_{j(\alpha)}$ 只有一项.

(3) $x_j(j = 1, 2)$ 对 $Y_\alpha(\alpha = 1, 2)$ 决策系数 $R_\alpha(j)$ 及其 t 检验.

据【例 6.4.1】分析中回归平方和阵 U 知, $(x_1, x_2)^T$ 对 $y_\alpha(\alpha = 1, 2)$ 的决定系数分别为 $R_{(1)}^2 = 0.2311, R_{(2)}^2 = 0.1127$. 由 R_{xx}^{-1} 知, $c_{11} = c_{22} = 1.7119$. 据式 (6.4.22) 关于 $R_\alpha(j)$ 的 $t_\alpha(j)$ 值分别为

$$t_{1(1)} = 38.8^{**}, \quad t_{1(2)} = 0.652, \quad t_{2(1)} = 0.455, \quad t_{2(2)} = 13.26^{**}$$

其中 $t_{\alpha(j)} \sim t(102), t_{0.01}(102) = 2.6299$.

上述通径分析、决策分析及有关检验结果, 均列入表 6.4.1 中.

表 6.4.1 表明, (x_1, x_2) 对 y_1, y_2 的直接作用、间接作用和总作用的排序上, 均为 $x_2 > x_1$, 这与 b_{11}^*, b_{22}^* 极显著而 b_{12}^*, b_{21}^* 不显著是矛盾的, 唯独 $R_\alpha(j)$ 排序与 b_{11}^*, b_{22}^* 极显著是一致的, 说明决策系数 $R_\alpha(j)$ 排序是科学的.

表 6.4.1 【例 6.4.2】中 $\hat{y}_\alpha = b_\alpha^{*T} x (\alpha = 1, 2)$ 的通径分析及其决策分析

x_j 对 y_α	直接作用 $b_{j\alpha}^*$ 序次	间接作用 $x_j \leftrightarrow x_k \to y_\alpha$ 间 $j(\alpha) = r_{jk} b_{k\alpha}^*$ 序次	总作用 r_{jy_α} 序次	决策系数 $R_\alpha(j) = 2b_{j\alpha}^* r_{jy_\alpha} - b_{j\alpha}^{*2}$ 序次
x_1 对 y_1	$-0.4522(2)$	$x_1 \leftrightarrow x_2 \to y_1$ $-0.0248(2)$	$-0.4770(2)$	$0.02269^{**}(1)$
x_2 对 y_1	$0.0648(1)$	$x_2 \leftrightarrow x_1 \to y_1$ $0.1732(1)$	$0.2280(1)$	$0.0226(2)$
x_1 对 y_2	$0.0823(2)$	$x_1 \leftrightarrow x_2 \to y_2$ $-0.1373(2)$	$-0.055(2)$	$-0.0158(2)$
x_2 对 y_2	$0.3586(1)$	$x_2 \leftrightarrow x_1 \to y_2$ $-0.0315(1)$	$0.3270(1)$	$0.1060^{**}(1)$

(4) 由【例 6.4.1】计算的回归平方和阵为

$$U = \begin{bmatrix} R_{(1)}^2 & r_{y_1 y_2(x)} \\ r_{y_2 y_1(x)} & R_{(2)}^2 \end{bmatrix} = \begin{bmatrix} 0.2311 & 0.0641 \\ 0.0641 & 0.1127 \end{bmatrix}$$

而由样本直接估计的 $r_{y_1 y_2} = -0.418$, 它与 $r_{y_1 y_2(x)} = 0.0641$ 之所以大相径庭, 是因为 $\hat{y}_1 = b_1^{*T} x$ 中只有 x_1 显著, 而 x_2 不显著; 而在 $\hat{y}_2 = b_2^{*T} x$ 中, 只有 x_2 显著而 x_1 不显著. 即 y_1 和 y_2 在 $(x_1, x_2)^T$ 上无共同原因.

为了进一步说明多对多通径分析及其决策分析的有关问题, 将【例 6.4.2】的表型相关阵扩大为下例的 $p = m = 3$.

【例 6.4.3】 在【例 6.4.1】观察资料中, 单株生物产量 (x_1)、单茎草重 (x_2)、经济系数 (x_3)、每株穗数 (y_1)、每穗粒数 (y_2) 和千粒重 (y_3) 的表型相关阵为 $(n = 105, p = m = 3)$ 为

$$R = \begin{array}{c} x_1 \\ x_2 \\ x_3 \\ y_1 \\ y_2 \\ y_3 \end{array} \begin{bmatrix} 1 & 0.711 & -0.367 & 0.013 & 0.225 & 0.028 \\ 0.711 & 1 & -0.418 & -0.477 & 0.259 & 0.238 \\ -0.367 & -0.418 & 1 & -0.055 & 0.173 & 0.327 \\ 0.013 & -0.477 & -0.055 & 1 & -0.255 & -0.383 \\ 0.253 & 0.259 & 0.173 & -0.255 & 1 & -0.058 \\ 0.028 & 0.238 & 0.327 & -0.383 & -0.058 & 1 \end{bmatrix}$$

$$= \begin{bmatrix} R_{xx} & R_{xy} \\ R_{yx} & R_{yy} \end{bmatrix}$$

试进行 $(y_1, y_2, y_3)^T$ 关于 $(x_1, x_2, x_3)^T$ 标准化线性回归分析及 $y_\alpha = \beta_\alpha^* x + \varepsilon_\alpha$ 的通径分析、决策分析和 $r_{y_\alpha y_t(x)}$ 分析, $\alpha = 1, 2, 3$.

1. 广义决定系数 $R^2 = r_{(x_1 x_2 x_3)(y_1 y_2 y_3)}^2 = r_{xy}^2$ 的估计和检验

检验的无效假设为 $H_0 : \rho_{xy} = 0$, 等价于回归方程 $H_0 : \beta^* = 0$, ρ_{xy} 为 X 与 Y

的广义复相关系数. X 与 Y 独立与相关的似然比统计量为

$$\nu_{xy} = \frac{|R|}{|R_{xx}|\,|R_{yy}|} = \frac{0.09317}{0.4032 \times 0.7736} = 0.2987^{**}$$

其卡方检验 (式 (6.3.20)) 为

$$\chi^2 = -\left(n-1-\frac{p+m+1}{2}\right)\ln\nu_{xy} = -100.5\ln 0.2987$$
$$= 121.4357^{**} > \chi^2_{0.01}(3\times 3) = 21.666$$

故广义决定系数 R^2 及广义复相关系数 $r_{(x_1 x_2 x_3)(y_1 y_2 y_3)} = r_{xy}$ 分别为

$$R^2 = 1 - \nu_{xy} = 0.7013, \quad r_{xy} = \sqrt{R^2} = 0.8374^{**}$$

表明 $(y_1, y_2, y_3)^{\mathrm{T}}$ 关于 $(x_1, x_2, x_3)^{\mathrm{T}}$ 的线性回归极显著.

2. 回归参数 β^* 的 LS 估计

$$\hat{\beta}^* = b^* = \begin{bmatrix} b_{11}^* & b_{12}^* & b_{13}^* \\ b_{21}^* & b_{22}^* & b_{23}^* \\ b_{31}^* & b_{32}^* & b_{33}^* \end{bmatrix} = (b_1^*, b_2^*, b_3^*) = \begin{bmatrix} b_{x_1 y}^{*\mathrm{T}} \\ b_{x_2 y}^{*\mathrm{T}} \\ b_{x_3 y}^{*\mathrm{T}} \end{bmatrix} = R_{xx}^{-1} R_{xy}$$

$$R_{xx}^{-1} = \begin{bmatrix} 2.0468 & -1.3829 & 0.1731 \\ -1.3829 & 2.1461 & 0.3895 \\ 0.1731 & 0.3895 & 1.2264 \end{bmatrix} \quad b^* = \begin{bmatrix} 0.6767 & 0.1323 & -0.2150 \\ -1.0631 & 0.3121 & 0.5994 \\ -0.2510 & 0.3520 & 0.4986 \end{bmatrix}$$

估计的回归方程为

$$\hat{y} = \begin{bmatrix} \hat{y}_1 \\ \hat{y}_2 \\ \hat{y}_3 \end{bmatrix} = b^{*\mathrm{T}} x = \begin{bmatrix} 0.6767 x_1 - 1.0631 x_2 - 0.2510 x_3 \\ 0.1323 x_1 + 0.3121 x_2 + 0.3520 x_3 \\ -0.2150 x_1 + 0.5994 x_2 + 0.4986 x_3 \end{bmatrix}$$

3. 回归平方和阵 U、剩余平方和阵 Q_e 及 Σ_e 的无偏估计

$$U = b^{*\mathrm{T}} R_{xy} = b^{*\mathrm{T}} R_{xx} b^* = R_{yx} R_{xx}^{-1} R_{xy}$$
$$= \begin{bmatrix} 0.5297 & -0.1665 & -0.3161 \\ -0.1665 & 0.1715 & 0.1931 \\ -0.3161 & 0.1931 & 0.2997 \end{bmatrix} = \begin{bmatrix} R_{(1)}^2 & r_{y_1 y_2 (x)} & r_{y_1 y_3 (x)} \\ r_{y_2 y_1 (x)} & R_{(2)}^2 & r_{y_2 y_3 (x)} \\ r_{y_3 y_1 (x)} & r_{y_3 y_2 (x)} & R_{(3)}^2 \end{bmatrix}$$

对比相关阵 R 中 R_{yy} 和 U 看出：$r_{y_1y_2} = -0.255$，而 $r_{y_1y_2(x)} = -0.1665$；$r_{y_1y_3} = -0.383$，而 $r_{y_1y_3(x)} = -0.3161$；$r_{y_2y_3} = -0.058$，而 $r_{y_2y_3(x)} = 0.1931$. 这些差异与 x_1, x_2, x_3 为 y_1, y_2, y_3 共同原因的程度有关.

Q_e 及 Σ_e 的无偏估计分别为

$$Q_e = R_{yy} - U = \begin{bmatrix} 0.4703 & -0.0885 & -0.0669 \\ -0.0885 & 0.8285 & -0.2511 \\ -0.0669 & -0.2511 & 0.7003 \end{bmatrix}$$

$$\hat{\Sigma}_e = \frac{1}{101} Q_e = \begin{bmatrix} 0.0047 & -0.0009 & -0.0007 \\ -0.0009 & 0.0082 & -0.0025 \\ -0.0007 & -0.0025 & 0.0069 \end{bmatrix}$$

4. 回归的有关假设检验

(1) 回归方程 $\hat{y} = (\hat{y}_1, \hat{y}_2, \hat{y}_3)^{\mathrm{T}}$ 的检验 其无效假设 $H_0 : \beta^* = 0$ 等价于 R^2 的无效假设 $H_0 : \rho_{xy} = 0$. 检验结果：$\chi^2 = 121.4357^{**} > \chi^2_{0.01}(9) = 21.666$. 表明回归极显著.

(2) 回归方程 $\hat{y}_\alpha = b_\alpha^{*\mathrm{T}} x (\alpha = 1, 2, 3)$ 的检验 无效假设为 $H_{0\alpha} : \beta_\alpha^* = 0$. 据式 (6.4.17), 其 F 检验为

$$F_\alpha = \frac{U_\alpha/m}{(1-U_\alpha)/(n-m-1)} = \frac{R_{(\alpha)}^2/3}{(1-R_{(\alpha)}^2)/101} \sim F(3, 101), \quad \alpha = 1, 2, 3$$

据本例 U 的计算结果，F_α 分别等于

$$F_1 = \frac{0.5297/3}{(1-0.5297)/101} = 37.9188^{**}, \quad F_2 = \frac{0.1715/3}{(1-0.1715)/101} = 6.969^{**}$$

$$F_3 = \frac{0.2997/3}{(1-0.2997)/101} = 14.408^{**}$$

其中，$F_{0.05}(3, 101) = 2.625$, $F_{0.01}(3, 101) = 4.007$.

(3) b_α^* 中各分量 $b_{j\alpha}^*$ 的假设检验 无效假设为 $H_{0j\alpha} : \beta_{j\alpha}^* = 0$, $j = 1, 2, 3$, $\alpha = 1, 2, 3$. 据式 (6.4.18) 的 t 检验为

$$t_{j\alpha} = \frac{b_{j\alpha}^*}{\sqrt{c_{jj}\hat{\sigma}_\alpha^2}} \sim t(n-m-1) = t(101)$$

其显著临界值为 $t_{0.10}(101) = 1.662$, $t_{0.05}(101) = 1.986$, $t_{0.01}(101) = 2.631$

x_1 对 y_1, y_2 和 y_3：

$$t_{11} = \frac{0.6767}{\sqrt{2.0468 \times 0.0047}} = 6.8994^{**}, \quad t_{12} = \frac{0.1323}{\sqrt{2.0468 \times 0.0082}} = 1.0212$$

6.4 多对多的通径分析及其决策分析 (Ⅰ)

$$t_{13} = -\frac{0.2150}{\sqrt{2.0468 \times 0.0069}} = -1.8092$$

x_2 对 y_1, y_2 和 y_3:

$$t_{21} = -\frac{1.0631}{\sqrt{2.1461 \times 0.0047}} = -10.5852^{**}, \quad t_{22} = \frac{0.3121}{\sqrt{2.1461 \times 0.0082}} = 2.3527^{*}$$

$$t_{23} = \frac{0.5994}{\sqrt{2.1461 \times 0.0069}} = 4.9257^{**}$$

x_3 对 y_1, y_2 和 y_3:

$$t_{31} = -\frac{0.2510}{\sqrt{1.2264 \times 0.0047}} = -3.3060^{**}, \quad t_{32} = \frac{0.3520}{\sqrt{1.2264 \times 0.0082}} = 3.5101^{**}$$

$$t_{33} = \frac{0.4986}{\sqrt{1.2264 \times 0.0069}} = 5.4202^{**}$$

(4) $b^*_{x_j y}$ 的假设检验 ($n=105, m=3, m_2=1$) 这是 x_j 对 $(y_1, y_2, y_3)^{\mathrm{T}}$ 的检验, 无效假设为 $H_{0j}: (\beta^*_{j1}, \beta^*_{j2}, \beta^*_{j3})^{\mathrm{T}} = 0, j=1,2,3.$ 据式 (6.1.32) 的 F 检验为

$$F = \frac{n-m-2}{m_2} \cdot \frac{1-\sqrt{\Lambda_{H_{0j}}}}{\sqrt{\Lambda_{H_{0j}}}} = 100 \frac{1-\sqrt{\Lambda_{H_{0j}}}}{\sqrt{\Lambda_{H_{0j}}}} \sim F(2, 200), \quad j=1,2,3$$

$$F_{0.1}(2,200) = 2.30, \quad F_{0.05}(2,200) = 3.00, \quad F_{0.01}(2,200) = 4.61$$

在 $H_{01}: (\beta^*_{11}, \beta^*_{12}, \beta^*_{13})^{\mathrm{T}} = 0$ 之下有

$$b^* = \begin{pmatrix} b^*_{21} & b^*_{22} & b^*_{23} \\ b^*_{31} & b^*_{32} & b^*_{33} \end{pmatrix} = \begin{pmatrix} 1 & r_{23} \\ r_{32} & 1 \end{pmatrix}^{-1} \begin{pmatrix} r_{2y_1} & r_{2y_2} & r_{2y_3} \\ r_{3y_1} & r_{3y_2} & r_{3y_3} \end{pmatrix}$$

$$= \begin{pmatrix} 1.2117 & 0.5065 \\ 0.5065 & 1.2117 \end{pmatrix} \begin{pmatrix} -0.477 & 0.259 & 0.238 \\ -0.055 & 0.173 & 0.327 \end{pmatrix}$$

$$= \begin{pmatrix} -0.6058 & 0.4015 & 0.4540 \\ -0.3082 & 0.3408 & 0.5168 \end{pmatrix}$$

$$Q_{H_{01}e} = R_{yy} - b^{*\mathrm{T}} \begin{pmatrix} 1 & r_{23} \\ r_{32} & 1 \end{pmatrix} b^* = R_{yy} - b^{*\mathrm{T}} \begin{pmatrix} 1 & -0.418 \\ -0.418 & 1 \end{pmatrix} b^*$$

$$= \begin{pmatrix} 0.6941 & -0.0448 & -0.1380 \\ -0.0448 & 0.8391 & -0.2650 \\ -0.1380 & -0.2650 & 0.7230 \end{pmatrix}$$

$$\Lambda_{H_{01}} = \frac{|Q_e|}{|Q_{H_{01}e}|} = \frac{0.2709}{0.3506} = 0.7727, \quad F_1 = 8.670^{**}$$

在 $H_{02}: (\beta_{21}^*, \beta_{22}^*, \beta_{23}^*)^{\mathrm{T}} = 0$ 之下有

$$b^* = \begin{pmatrix} 1 & r_{13} \\ r_{31} & 1 \end{pmatrix}^{-1} \begin{pmatrix} r_{1y_1} & r_{1y_2} & r_{1y_3} \\ r_{3y_1} & r_{3y_2} & r_{3y_3} \end{pmatrix}$$

$$= \begin{pmatrix} 1.1557 & 0.4241 \\ 0.4241 & 1.1557 \end{pmatrix} \begin{pmatrix} 0.013 & 0.225 & 0.028 \\ -0.055 & 0.173 & 0.327 \end{pmatrix}$$

$$= \begin{pmatrix} -0.0083 & 0.3334 & 0.1710 \\ -0.0581 & 0.2954 & 0.3898 \end{pmatrix}$$

$$Q_{H_{02}e} = R_{yy} - b^{*\mathrm{T}} \begin{pmatrix} 1 & -0.367 \\ -0.367 & 1 \end{pmatrix} b^*$$

$$= \begin{pmatrix} 0.9969 & -0.2431 & -0.3638 \\ -0.2431 & 0.8739 & -0.1639 \\ -0.3638 & -0.1639 & 0.8677 \end{pmatrix}$$

$$\Lambda_{H_{02}} = \frac{|Q_e|}{|Q_{H_{02}e}|} = \frac{0.2709}{0.5333} = 0.5080, \quad F_2 = 25.394^{**}$$

在 $H_{03}: (\beta_{31}^*, \beta_{32}^*, \beta_{33}^*)^{\mathrm{T}} = 0$ 之下有

$$b^* = \begin{pmatrix} 1 & r_{12} \\ r_{21} & 1 \end{pmatrix}^{-1} \begin{pmatrix} r_{1y_1} & r_{1y_2} & r_{1y_3} \\ r_{2y_1} & r_{2y_2} & r_{2y_3} \end{pmatrix}$$

$$= \begin{pmatrix} 2.0223 & -1.4379 \\ -1.4379 & 2.0223 \end{pmatrix} \begin{pmatrix} 0.013 & 0.225 & 0.028 \\ -0.477 & 0.259 & 0.238 \end{pmatrix}$$

$$= \begin{pmatrix} 0.7122 & 0.0826 & -0.2856 \\ -0.9833 & 0.2002 & 0.4410 \end{pmatrix}$$

$$Q_{H_{03}e} = R_{yy} - b^{*\mathrm{T}} \begin{pmatrix} 1 & 0.711 \\ 0.711 & 1 \end{pmatrix} b^*$$

$$= \begin{pmatrix} 0.5217 & -0.1606 & -0.16897 \\ -0.1606 & 0.9296 & -0.1080 \\ -0.1689 & -0.1080 & 0.9030 \end{pmatrix}$$

$$\Lambda_{H_{03}} = \frac{|Q_e|}{|Q_{H_{03}e}|} = \frac{0.2709}{0.3672} = 0.7377, \quad F_3 = 10.348^{**}$$

5. 线性关联阵 $B = R_{yy}^{-1} R_{yx} R_{xx}^{-1} R_{xy}$ 与广义决定系数 R^2

$$B = R_{yy}^{-1} U = \begin{bmatrix} 1.2883 & 0.3583 & 0.5142 \\ 0.3583 & 1.1030 & 0.2012 \\ 0.5142 & 0.2012 & 1.2086 \end{bmatrix} \begin{bmatrix} 0.5297 & -0.1665 & -0.3161 \\ -0.1665 & 0.1715 & 0.1931 \\ -0.3161 & 0.1931 & 0.2999 \end{bmatrix}$$

$$= \begin{bmatrix} 0.4602 & -0.0538 & -0.1840 \\ -0.0575 & 0.1684 & 0.1600 \\ -0.1432 & 0.1823 & 0.2385 \end{bmatrix}$$

$$R^2 = 1 - |I_p - B| = 1 - v_{xy} = 0.7013, \quad r_{(x_1,x_2,x_3)(y_1,y_2,y_3)} = \sqrt{R^2} = 0.8374$$

B 的特征根与 R^2.

特征方程为

$$|B - \lambda^2 I_p| = \begin{vmatrix} 0.4602 - \lambda^2 & -0.0538 & -0.1840 \\ -0.0575 & 0.1684 - \lambda^2 & 0.1600 \\ -0.1432 & 0.1823 & 0.2385 - \lambda^2 \end{vmatrix}$$

$$= (\lambda^2)^3 - 0.8671 (\lambda^2)^2 + 0.1688 \lambda^2 - 0.00305 = 0$$

设 B 的非零特征根为 λ_1^2, λ_2^2 和 λ_3^2，则由上述方程知

$$tr(B) = \lambda_1^2 + \lambda_2^2 + \lambda_3^2 = 0.8671, \quad \sum_{t \neq l} \lambda_t^2 \lambda_l^2 = 0.1688$$

据式 (6.3.17)：

$$\begin{cases} R^2 \approx tr(B) - \sum_{t \neq l} \lambda_t^2 \lambda_l^2 = 0.8671 - 0.1688 = 0.6983 \\ r_{(x_1 x_2 x_3)(y_1 y_2 y_3)} \approx \sqrt{R^2} = 0.8356 \end{cases}$$

显然，$R^2 = 0.6983$ 与【例 6.4.3】开始用 v_{xy} 计算的 $R^2 = 0.7013$ 差 0.00305.

6. $\hat{y}_\alpha = \beta_\alpha^{*T} x + \varepsilon_\alpha$ 的通径分析及决策分析

上述回归检验表明，$\hat{y} = (\hat{y}_1, \hat{y}_2, \hat{y}_3)$，$\hat{y}_1 = b_1^{*T} x$，$\hat{y}_2 = b_2^{*T} x$，$\hat{y}_3 = b_3^{*T} x$，$x_1$ 对 $\hat{y} = (\hat{y}_1, \hat{y}_2, \hat{y}_3)^T$，$x_2$ 对 $\hat{y} = (\hat{y}_1, \hat{y}_2, \hat{y}_3)^T$ 和 x_3 对 $\hat{y} = (\hat{y}_1, \hat{y}_2, \hat{y}_3)^T$ 均极显著. 另外，除 x_1 对 y_2, y_3 不显著外，其他均显著或极显著. 这些不足之处，已影响了 $r_{y_1 y_2 (x)}$ 和 $r_{y_2 y_3 (x)}$，使它们与 $r_{y_1 y_2}, r_{y_2 y_3}$ 有了较大的差异，尤其是 $r_{y_2 y_3 (x)}$. 尽管如此，我们仍然进行 $\hat{y}_\alpha = \beta_\alpha^{*T} x + \varepsilon_\alpha (\alpha = 1, 2, 3)$ 的通径分析及其决策分析，其中包括 $r_{j y_\alpha}$ 的剖分（据图 6.4.1）、X; 对 y_α 的决策系数 $R_{\alpha(j)}$ 的计算和检验（据式 (6.4.21)~(6.4.22)）. 分析结果如表 6.4.2 所示.

表 6.4.2　【例 6.4.3】中 $\hat{y}_\alpha = b_\alpha^{*\mathrm{T}} x$ 的通径分析及其决策分析

α	x_j对y_α	直接作用 $b_{j\alpha}^*$(序次)	间接作用 $x_j \leftrightarrow x_k \to y_\alpha$	$r_{jk}b_{k\alpha}^*$	间$j(\alpha)$ $\sum_{k \neq j} r_{jk}b_{k\alpha}^*$ (序次)	$\sum_{j \neq k} r_{jk}b_{k\alpha}^*$ (序次)	总作用 r_{jy_α} (序次)	决策系数 $R_\alpha(j)$ (序次)
1	x_1对y_1	0.6767**	$x_1 \leftrightarrow x_2 \to y_1$ $x_1 \leftrightarrow x_3 \to y_1$	−0.7559 0.0921	−0.6638(3)	0.2328(1)	0.013(1)	−0.4403**(3)
	x_2对y_1	−1.0631**	$x_2 \leftrightarrow x_1 \to y_1$ $x_2 \leftrightarrow x_3 \to y_1$	0.4811 0.1049	0.5860(1)	−0.3115(3)	−0.477(3)	−0.1160(2)
	x_3对y_1	−0.251**	$x_3 \leftrightarrow x_1 \to y_1$ $x_3 \leftrightarrow x_2 \to y_1$	−0.2483 0.4444	0.1960(2)	0.1970(2)	−0.055(2)	−0.0354(1)
2	x_1对y_2	0.1323(3)	$x_1 \leftrightarrow x_2 \to y_2$ $x_1 \leftrightarrow x_3 \to y_2$	0.2219 −0.1292	0.0927(1)	0.0455(2)	0.225(2)	0.0420(2)*
	x_2对y_2	0.3121(2)	$x_2 \leftrightarrow x_1 \to y_2$ $x_2 \leftrightarrow x_3 \to y_2$	0.0941 −0.1471	−0.0530(2)	0.0914(1)	0.259(1)	0.0643**(1)
	x_3对y_2	0.3520**(1)	$x_3 \leftrightarrow x_1 \to y_2$ $x_3 \leftrightarrow x_2 \to y_2$	−0.0486 −0.1305	−0.1791(3)	−0.2763(3)	0.173(3)	−0.0021(3)
3	x_1对y_3	−0.2150*	$x_1 \leftrightarrow x_2 \to y_3$ $x_1 \leftrightarrow x_3 \to y_3$	0.4262 −0.1830	0.2432(1)	−0.074(2)	0.028(3)	−0.0583(2)
	x_2对y_3	0.5994**	$x_2 \leftrightarrow x_1 \to y_3$ $x_2 \leftrightarrow x_3 \to y_3$	−0.1529 −0.2084	−0.3613(3)	0.1757(1)	0.238(1)	−0.0740(3)
	x_3对y_3	0.4986**	$x_3 \leftrightarrow x_1 \to y_3$ $x_3 \leftrightarrow x_2 \to y_3$	0.0789 −0.2505	−0.1716(2)	−0.3914(3)	0.327(1)	0.0775*(1)

值的注意的是, 表 6.4.2 和表 5.2.4 是同一格式. 这是因为 $\hat{y}_\alpha = \beta_\alpha^{*\mathrm{T}}x + \varepsilon_\alpha (\alpha = 1,2,3)$ 的通径分析及其决策分析, 仍是表 5.2.4 的方法, 未涉及 x_j 对 $\underset{p \times 1}{Y}$ 的决策系数 (下一节内容). 在表 5.2.4 中, 关于 x_j 对 y_α 重要性排序, 我们用了五个指标的综合排序法, 这是在所有 $b_{j\alpha}^* > 0$ 下用的. 表 6.4.2 中 $b_{j\alpha}^*$ 不满足这个条件, 可用除 $b_{j\alpha}^*$ 之外的四个指标进行综合排序, 其结果和 $R_{\alpha(j)}$ 排序一致.

表中 $R_\alpha(j)$ 的 t 检验, 据式 (6.4.22), 由 $n = 105$ 和 $m = 3$ 有

$$t_{\alpha(j)} = \frac{R_\alpha(j)}{2|r_{jy_\alpha} - b_{j\alpha}^*|\sqrt{\dfrac{c_{jj}(1-R_{(\alpha)}^2)}{n-m-1}}} \sim t(n-m-1) = t(101)$$

$$t_{0.01}(101) = 1.662, \quad t_{0.05}(101) = 1.986, \quad t_{0.01}(101) = 2.627$$

由表 6.4.2 及【例 6.4.3】中 $R_{xx}^{-1} = (c_{jj})_{3 \times 3}$ 得:

(1) $R_1(j)$ 的 t 检验, $j = 1,2,3$

6.4 多对多的通径分析及其决策分析（I）

$$t_{1(1)} = \frac{-0.4403}{2\,|0.013 - 0.6767|\,\sqrt{\dfrac{2.0468(1-0.5297)}{101}}} = -3.3977^{**}$$

$$t_{1(2)} = \frac{-0.1160}{2\,|-0.477 + 1.0631|\,\sqrt{\dfrac{2.1461(1-0.1715)}{101}}} = -0.7458$$

$$t_{1(3)} = \frac{-0.0354}{2\,|-0.055 + 0.251|\,\sqrt{\dfrac{1.2264(1-0.2997)}{101}}} = -0.9793$$

(2) $R_2(j)$ 的 t 检验, $j = 1, 2, 3$

$$t_{2(1)} = \frac{0.0420}{2\,|0.225 - 0.1323|\,\sqrt{\dfrac{2.0468(1-0.5297)}{101}}} = 2.3205^{*}$$

$$t_{2(2)} = \frac{0.0643}{2\,|0.259 - 0.3121|\,\sqrt{\dfrac{2.1461(1-0.1715)}{101}}} = 4.5633^{**}$$

$$t_{2(3)} = \frac{-0.0021}{2\,|0.173 - 0.3520|\,\sqrt{\dfrac{1.2264(1-0.2997)}{101}}} = -0.0636$$

(3) $R_3(j)$ 的 t 检验, $j = 1, 2, 3$

$$t_{3(1)} = \frac{-0.0583}{2\,|0.028 + 0.2150|\,\sqrt{\dfrac{2.0468(1-0.5297)}{101}}} = -1.2288$$

$$t_{3(2)} = \frac{-0.0740}{2\,|0.238 - 0.5994|\,\sqrt{\dfrac{2.1461(1-0.1715)}{101}}} = -0.7716$$

$$t_{3(3)} = \frac{0.0775}{2\,|0.327 - 0.4986|\,\sqrt{\dfrac{1.2264(1-0.2997)}{101}}} = 2.4488^{*}$$

【例 6.4.3】的通径分析及其决策分析表 6.4.2, 可和图 5.2.2 及 $R_\alpha(j)$ 正或负与 y_α 变化趋势分析结合起来, 给出 x_j 取值与 y_α 增加 (↑) 或下降 (↓) 的对应关系结论. 具体如表 6.4.3 所示.

表 6.4.3 【例 6.4.3】中 $R(j)$ 取值与 y_α 变化趋势的关系

α	x_j 对 y_α	间 j	-2 间 j_α	$b^*_{j\alpha}$ 区间	$R_\alpha(j)$	图 5.2.2 (a)	(b)	x_j 与 y_α 升降
1	x_1 对 y_1	-0.6638	1.3276	$0 < 0.6767^{**} < 1.3276$	$-0.4403^{**} < 0$		(b)	x_1 不利 $y_1(\uparrow)$
	x_2 对 y_1	0.5860	-1.1720	$-1.1720 < -1.0631^{**} < 0$	$-0.1160 < 0$	(a)		x_2 不利 $y_1(\uparrow)$
	x_3 对 y_1	0.1960	-0.392	$-0.392 < -0.251^{**} < 0$	$-0.0354 < 0$	(a)		x_3 不利 $y_1(\uparrow)$
2	x_1 对 y_2	0.0927	-0.1854	$0.1323 > 0$	$0.0420^* > 0$	(a)		$x_1(\uparrow)$ 有利 $y_2(\uparrow)$
	x_2 对 y_2	-0.0530	0.1060	$0.3121 > 0.1060$	$0.0643^{**} > 0$		(b)	$x_2(\uparrow)$ 有利 $y_2(\uparrow)$
	x_3 对 y_2	-0.1791	0.3582	$0 < 0.3520^{**} < 0.3582$	$-0.0021 < 0$		(b)	x_3 不利 $y_2(\uparrow)$
3	x_1 对 y_3	0.2432	-0.4864	$-0.4864 < -0.2150^{**} < 0$	$-0.0583 < 0$	(a)		x_1 不利 $y_3(\uparrow)$
	x_2 对 y_3	-0.3613	0.7226	$0 < 0.5994^{**} < 0.7226$	$-0.0740 < 0$		(b)	x_2 不利 $y_3(\uparrow)$
	x_3 对 y_3	-0.1716	0.3432	$0.4986^{**} > 0.3432$	$0.0775^* > 0$		(b)	$x_3(\uparrow)$ 有利 $y_3(\uparrow)$

表 6.4.3 中,$R_\alpha(j)$ 中极显著者为 $R_1(1) = -0.4403$ 和 $R_{2(2)} = 0.0643$, 具有 0.05 水平的显著者为 $R_{2(1)} = 0.0420$ 和 $R_{3(3)} = 0.0775$. 由此可知, x_1, x_2 和 x_3 对 y_1 中, x_1 取值成为 $y_1(\uparrow)$ 的首要限制性因素, 而 x_2 和 x_3 的变化在一定程度上也不利于 $y_1(\uparrow)$; 在 x_1, x_2 和 x_3 对 y_2 中, x_2 和 x_1 的增加有利于 $y_2(\uparrow)$, x_3 不利于 $y_2(\uparrow)$; 在 x_1, x_2 和 x_3 对 y_3 中, $x_3(\uparrow)$ 有利于 $y_3(\uparrow)$, x_1 和 x_2 在一定程度上限制了 $y_3(\uparrow)$. 这些理论是 1939~1980 年选育推广而参试的 35 个品种的共性.

【例 6.4.1】~【例 6.4.3】的资料来自《小麦生态育种》(张正斌, 王德轩, 陕西人民教育出版社, 1992) 一书. 该书关于上述性状有以下两点结论:

(1) 在库与源流性状团的典范分析中认为, 第一对典范变量中, 主要是单茎草重 (x_2)、单株经济产量 (x_1)、每穗小穗数、每穗粒数 (y_2) 和千粒重 (y_3) 相关联.

(2) 在旱薄型–旱肥型育种模式中认为, "应不改进" 单株经济产量 (x_1), 应使每株穗数 (y_1) 减小, 应提高千粒重 (y_3)、经济系数 (x_3) 和单茎草重 (x_2). 这些结论和表 6.4.3 的分析是一致的.

6.5 多对多的通径分析及其决策分析 (II)

6.4 节在正态分布的假设前提下, 讲述了 $\underset{p \times 1}{Y} = (y_1, y_2, \cdots, y_p)^T$ 关于 $\underset{m \times 1}{X} = (X_1, X_2, \cdots, X_m)^T$ 的多对多标准化线性回归模型 $\underset{p \times 1}{Y} = \beta^{*T} \underset{m \times 1}{x} + \underset{p \times 1}{\varepsilon}$ 的分析, 讲述了 $Y_\alpha = \beta_\alpha^{*T} \underset{m \times 1}{x} + \varepsilon$ 的通径分析及其决策分析. 对于【例 6.4.3】的分析结果见表 6.4.2 和表 6.4.3.

6.5 多对多的通径分析及其决策分析 (II)

对于多对多通径分析的决策分析,还需要从理论上给出 x_j 对 $\underset{p\times 1}{Y}$ 的广义决策系数 $R_{y(j)}$ 的定义、算法和检验,用于分析 x_j 对 $\underset{p\times 1}{Y}$ 的综合决定能力,分清 x_j 对 $\underset{p\times 1}{Y}$ 作用的主次,其中 $j=1,2,\cdots,m$. 为此,必须对 $\underset{p\times 1}{Y}$ 与 $\underset{m\times 1}{X}$ 的广义决定系数

$$R^2 = 1 - v_{xy} = 1 - \frac{|R|}{|R_{xx}||R_{yy}|} = 1 - |I_p - B| \approx tr(B) - \sum_{t\neq l} \lambda_t^2 \lambda_l^2$$

进行剖分,并给出表征 x_j 对 $\underset{p\times 1}{Y}$ 综合决定能力——广义决策系数 $R_{y(j)}$ 的定义、算法和分析方法,是本节要叙述的内容. 这些论述是袁志发在本书中首次给出的.

6.5.1 基于 $R^2 \approx tr(B)$ 的剖分及相应路径

1. 基于 $R^2 \approx tr(B)$ 的剖分及相应路径

6.4 节讲述了 $\underset{p\times 1}{Y}$ 关于 $\underset{m\times 1}{X}$ 的标准化线性回归分析,给出了回归平方和阵 U, $\underset{m\times 1}{X}$ 与 $\underset{p\times 1}{Y}$ 的线性关联阵 B 和 R_{yy}^{-1}(对称阵) 的关系及有关元素的路径为

$$R_{yy}^{-1} = \begin{bmatrix} \theta_{11} & \theta_{12} & \cdots & \theta_{1p} \\ \theta_{21} & \theta_{22} & \cdots & \theta_{2p} \\ \vdots & \vdots & & \vdots \\ \theta_{p1} & \theta_{p2} & \cdots & \theta_{pp} \end{bmatrix} = (\theta_1, \theta_2, \cdots, \theta_p) = \begin{bmatrix} \theta_1^{\mathrm{T}} \\ \theta_2^{\mathrm{T}} \\ \vdots \\ \theta_p^{\mathrm{T}} \end{bmatrix} \tag{6.5.1}$$

$$B = R_{yy}^{-1} U = \begin{bmatrix} \theta_1^{\mathrm{T}} \\ \theta_2^{\mathrm{T}} \\ \vdots \\ \theta_p^{\mathrm{T}} \end{bmatrix} \begin{bmatrix} b_1^{*\mathrm{T}} R_{xx} b_1^* & b_1^{*\mathrm{T}} R_{xx} b_2^* & \cdots & b_1^{*\mathrm{T}} R_{xx} b_p^* \\ b_2^{*\mathrm{T}} R_{xx} b_1^* & b_2^{*\mathrm{T}} R_{xx} b_2^* & \cdots & b_2^{*\mathrm{T}} R_{xx} b_p^* \\ \vdots & \vdots & & \vdots \\ b_p^{*\mathrm{T}} R_{xx} b_1^* & b_p^{*\mathrm{T}} R_{xx} b_2^* & \cdots & b_p^{*\mathrm{T}} R_{xx} b_p^* \end{bmatrix}$$

$$= \begin{bmatrix} \theta_1^{\mathrm{T}} \\ \theta_2^{\mathrm{T}} \\ \vdots \\ \theta_p^{\mathrm{T}} \end{bmatrix} \begin{bmatrix} R_{(1)}^2 \\ y_1 \leftarrow x \rightarrow y_1 & \underset{y_1 \leftarrow x \rightarrow y_2}{r_{y_1 y_2}(x)} & \cdots & \underset{y_1 \leftarrow x \rightarrow y_p}{r_{y_1 y_p}(x)} \\ \underset{y_2 \leftarrow x \rightarrow y_1}{r_{y_2 y_1}(x)} & \underset{y_2 \leftarrow x \rightarrow y_2}{R_{(2)}^2} & \cdots & \underset{y_2 \leftarrow x \rightarrow y_p}{r_{y_2 y_p}(x)} \\ \vdots & \vdots & & \vdots \\ \underset{y_p \leftarrow x \rightarrow y_1}{r_{y_p y_1}(x)} & \underset{y_p \leftarrow x \rightarrow y_2}{r_{y_p y_2}(x)} & \cdots & \underset{y_p \leftarrow x \rightarrow y_p}{R_{(p)}^2} \end{bmatrix} \tag{6.5.2}$$

如果将 $tr(B)$ 作为广义决定系数 R^2 的偏大估计,即 $R^2 \approx tr(B)$,则据式 (6.4.21) 和 (6.4.29) 所示 $R^2_{(\alpha)}, r_{y_\alpha y_t(x)}$ 的剖分及路径有

$$R^2_{\substack{y \leftrightarrow x \\ p\times 1 \quad m\times 1}} \approx tr(B)$$

$$= \sum_{\alpha=1}^{p} (\theta_{\alpha 1}, \theta_{\alpha 2}, \cdots, \theta_{\alpha p}) \begin{bmatrix} r_{y_1 y_\alpha(x)} \\ {\scriptstyle y_1 \leftarrow \underset{m\times 1}{x} \rightarrow y_\alpha} \\ r_{y_2 y_\alpha(x)} \\ {\scriptstyle y_2 \leftarrow \underset{m\times 1}{x} \rightarrow y_\alpha} \\ \vdots \\ r_{y_p y_\alpha(x)} \\ {\scriptstyle y_p \leftarrow \underset{m\times 1}{x} \rightarrow y_\alpha} \end{bmatrix}$$

$$= \sum_{\alpha=1}^{p} \theta_{\alpha\alpha} \underset{y_\alpha \leftarrow \underset{m\times 1}{x} \rightarrow y_\alpha}{R^2_{(\alpha)}} + 2\sum_{t>\alpha} \theta_{\alpha t} \underset{y_\alpha \leftarrow \underset{m\times 1}{x} \rightarrow y_t}{r_{y_\alpha y_t(x)}}$$

$$= \sum_{\alpha=1}^{p} \theta_{\alpha\alpha} \left(\sum_{j=1}^{m} \underset{y_\alpha \leftarrow x_j \rightarrow y_\alpha}{b^{*2}_{j\alpha}} + 2\sum_{\substack{j=1 \\ k>j}}^{m-1} \underset{y_\alpha \leftarrow x_j \leftrightarrow x_k \rightarrow y_\alpha}{b^*_{j\alpha} r_{jk} b^*_{k\alpha}} \right)$$

$$+ \sum_{t>\alpha} \theta_{\alpha t} \left[\sum_{j=1}^{m} 2 \underset{y_\alpha \leftarrow x_j \rightarrow y_t}{b^*_{j\alpha} b^*_{jt}} + \sum_{k\neq j} (2 \underset{y_\alpha \leftarrow x_j \leftrightarrow x_k \rightarrow y_t}{b^*_{j\alpha} r_{jk} b^*_{kt}} + 2 \underset{y_\alpha \leftarrow x_k \leftrightarrow x_j \rightarrow y_t}{b^*_{k\alpha} r_{kj} b^*_{jt}}) \right]$$

$$= \sum_{j=1}^{m} \sum_{\alpha=1}^{p} \theta_{\alpha\alpha} \underset{y_\alpha \leftarrow x_j \rightarrow y_\alpha}{R^2_{j(\alpha)}} + \sum_{k>j} \sum_{\alpha=1}^{p} \theta_{\alpha\alpha} \underset{y_\alpha \leftarrow x_j \leftrightarrow x_k \rightarrow y_\alpha}{R_{jk(\alpha)}}$$

$$+ \sum_{\alpha<t} \theta_{\alpha t} \left[\sum_{j=1}^{m} \underset{y_\alpha \leftarrow x_j \rightarrow y_t}{R_{j(\alpha t)}} + \sum_{k\neq j} (\underset{y_\alpha \leftarrow x_j \leftrightarrow x_k \rightarrow y_t}{R_{jk(\alpha t)}} + \underset{y_\alpha \leftarrow x_k \leftrightarrow x_j \rightarrow y_t}{R_{kj(\alpha t)}}) \right] \quad (6.5.3)$$

其中,

$R^2_{j(\alpha)} = b^{*2}_{j\alpha}$ x_j 对 y_α 的直接决定系数,作用路径为 $y_\alpha \leftarrow x_j \rightarrow y_\alpha, j=1,2,\cdots,m; \alpha=1,2,\cdots,p$;

$R_{jk(\alpha)} = 2b^{*2}_{j\alpha} r_{jk} b^*_{k\alpha}$ x_j 与 x_k 相关对 y_α 的相关决定系数,作用路径为 $y_\alpha \leftarrow x_j \leftrightarrow x_k \rightarrow y_\alpha, jk$ 有 $\frac{1}{2}m(m-1)$ 项;

$R_{j(\alpha t)} = 2b_{j\alpha}^* b_{jt}^*$ 　x_j 对 y_α 与 $y_t(\alpha < t)$ 的直接决定系数, 是由共同原因 x_j 所引起的 y_α 与 y_t 相关引起的, 作用路径为 $y_\alpha \leftarrow x_j \rightarrow y_t, j = 1, 2, \cdots, m$, αt 有 $\frac{1}{2}p(p-1)$ 对;

$R_{jk(\alpha t)} = 2b_{j\alpha}^* r_{jk} b_{kt}^*$ 　x_j 与 x_k 相关对 y_α 与 $y_t(\alpha < t)$ 的相关决定系数, 作用路径为 $y_\alpha \leftarrow x_j \leftrightarrow x_k \rightarrow y_\alpha$. $\alpha < t$ 时, y_α 与 y_t 有 $\frac{1}{2}p(p-1)$ 对; $j \neq k$ 时, jk 有 $\frac{1}{2}m(m-1)$ 项;

$R_{kj(\alpha t)} = 2b_{k\alpha}^* r_{kj} b_{jt}^*$ 　x_j 与 x_k 相关对 y_t 与 y_α 的相关决定系数, 作用路径为 $y_\alpha \leftarrow x_k \leftrightarrow x_j \rightarrow y_t$. $\alpha < t, y_\alpha$ 与 y_t 有 $\frac{1}{2}p(p-1)$ 对; kj 有 $\frac{1}{2}m(m-1)$ 项.

式 (6.5.3) 中, 对固定的 α, $R_{j(\alpha)}^2$ 有 m 项, $R_{jk(\alpha)}$ 有 $\frac{1}{2}m(m-1)$ 项; 对固定的 $\alpha t(\alpha < t)$, $R_{j(\alpha t)}$ 有 m 项, $(R_{jk(\alpha t)} + R_{kj(\alpha t)})$ 有 $\frac{1}{2}m(m-1)$ 项. $\alpha, t = 1, 2, \cdots, p$. 当 $\alpha < t$ 时, αt 有 $\frac{1}{2}p(p-1)$ 项. 因而, $R^2 \approx tr(B)$ 剖分的总项数为

$$p\left[m + \frac{1}{2}m(m-1)\right] + \frac{1}{2}p(p-1)\left[m + \frac{1}{2}m(m-1)\right]$$
$$= \frac{pm}{4}(m+1)(p+1) \tag{6.5.4}$$

2. 基于 $R^2 = tr(B)$ 剖分的路径向量结构式

据式 (6.5.3) 及其相应组分的路径, 可将其写成路径向量结构式

$$\underset{\substack{y \leftrightarrow x \\ p\times 1 \; m\times 1}}{R^2} \approx tr(B) = \underset{(1\times p)}{(\theta_{11}, \theta_{22}, \cdots, \theta_{pp})} \left(\sum_{j=1}^{m} \underset{\substack{y \leftarrow x_j \rightarrow y \\ p\times 1 \quad\quad p\times 1}}{\begin{bmatrix} b_{j1}^2 \\ b_{j2}^2 \\ \vdots \\ b_{jp}^2 \end{bmatrix}} + \sum_{\substack{j=1 \\ k>j}}^{m-1} \underset{\substack{y \leftarrow x_j \leftrightarrow x_k \rightarrow y \\ p\times 1 \quad\quad\quad\quad p\times 1}}{\begin{bmatrix} 2b_{j1}^* r_{jk} b_{k1}^* \\ 2b_{j2}^* r_{jk} b_{k2}^* \\ \vdots \\ 2b_{jp}^* r_{jk} b_{kp}^* \end{bmatrix}} \right)$$

$$
\begin{aligned}
&+ (\theta_{12}, \theta_{13}, \cdots, \theta_{(p-1)p}) \left(\sum_{j=1}^{m} \begin{bmatrix} 2b_{j1}^* b_{j2}^* \\ 2b_{j1}^* b_{j3}^* \\ \vdots \\ 2b_{j(p-1)}^* b_{jp}^* \end{bmatrix}_{\sum\limits_{\alpha<t} y_\alpha \leftarrow x_j \rightarrow y_t} \right. \\
&\quad \left. + \sum_{\substack{j=1 \\ k>j}}^{m-1} \begin{bmatrix} 2b_{j1}^* r_{jk} b_{k2}^* + 2b_{k1}^* r_{kj} b_{j2}^* \\ 2b_{j1}^* r_{jk} b_{k3}^* + 2b_{k1}^* r_{kj} b_{j3}^* \\ \vdots \\ 2b_{(p-1)}^* r_{jk} b_{kp}^* + 2b_{k(p-1)}^* r_{kj} b_{jp}^* \end{bmatrix}_{\sum\limits_{\alpha<t} y_\alpha \leftarrow \left(\begin{smallmatrix} x_j \leftrightarrow x_k \\ x_k \leftrightarrow x_j \end{smallmatrix} \right) \rightarrow y_t} \right) \\
&= (\theta_{11}, \theta_{22}, \cdots, \theta_{pp}) \left(\sum_{j=1}^{m} \begin{bmatrix} R_{j(1)}^2 \\ R_{j(2)}^2 \\ \vdots \\ R_{j(p)}^2 \end{bmatrix}_{\substack{y \\ p\times 1} \leftarrow x_j \rightarrow \substack{y \\ p\times 1}} + \sum_{\substack{j=1 \\ k>j}}^{m-1} \begin{bmatrix} R_{jk(1)} \\ R_{jk(2)} \\ \vdots \\ R_{jk(p)} \end{bmatrix}_{\substack{k>j \\ p\times 1} \leftarrow x_j \leftrightarrow x_k \rightarrow \substack{y \\ p\times 1}} \right) \\
&\quad + (\theta_{12}, \theta_{13}, \cdots, \theta_{(p-1)p}) \left(\sum_{j=1}^{m} \begin{bmatrix} R_{j(12)} \\ R_{j(13)} \\ \vdots \\ R_{j((p-1)p)} \end{bmatrix}_{\sum\limits_{\alpha<t} y_\alpha \leftarrow x_j \rightarrow y_t} \right. \\
&\quad \left. + \sum_{\substack{j=1 \\ k>j}}^{m-1} \begin{bmatrix} R_{jk(12)} + R_{kj(12)} \\ R_{jk(13)} + R_{kj(13)} \\ \vdots \\ R_{jk((p-1)p)} + R_{kj((p-1)p)} \end{bmatrix}_{\sum\limits_{\alpha<t} y_\alpha \leftarrow \left(\begin{smallmatrix} x_j \leftrightarrow x_k \\ x_k \leftrightarrow x_j \end{smallmatrix} \right) \rightarrow y_t} \right)
\end{aligned}
\tag{6.5.5}
$$

6.5 多对多的通径分析及其决策分析（II）

【例 6.5.1】 上节的【例 6.4.3】对 $\underset{3\times 1}{Y}$ 和 $\underset{3\times 1}{X}$ 进行了标准化线性回归分析及 $Y_\alpha = b_\alpha^{*\mathrm{T}} \underset{3\times 1}{x} + \hat{\varepsilon}(\alpha=1,2,3)$ 的通径分析及其决策分析. 分析中给出的回归平方和阵 $U, R_{yy}^{-1}, R_{xx}, B = R_{yy}^{-1}U = R_{yy}^{-1}R_{yx}R_{xx}^{-1}R_{xy}$ 和 b^* 分别为

$$U = \begin{bmatrix} R^2_{(1) \atop y_1 \leftarrow x \to y_1} & r_{y_1y_2(x) \atop y_1 \leftarrow x \to y_2} & r_{y_1y_3(x) \atop y_1 \leftarrow x \to y_3} \\ r_{y_2y_1(x) \atop y_2 \leftarrow x \to y_1} & R^2_{(2) \atop y_2 \leftarrow x \to y_2} & r_{y_2y_3(x) \atop y_2 \leftarrow x \to y_3} \\ r_{y_3y_1(x) \atop y_3 \leftarrow x \to y_1} & r_{y_3y_2(x) \atop y_3 \leftarrow x \to y_2} & R^2_{(3) \atop y_3 \leftarrow x \to y_3} \end{bmatrix} = \begin{bmatrix} 0.5297 & -0.1665 & -0.3161 \\ -0.1665 & 0.1715 & 0.1931 \\ -0.3161 & 0.1931 & 0.2997 \end{bmatrix}$$

$$R_{yy}^{-1} = \begin{bmatrix} 1.2883 & 0.3583 & 0.5142 \\ 0.3583 & 1.1030 & 0.2012 \\ 0.5142 & 0.2012 & 1.2086 \end{bmatrix}, \quad R_{xx} = \begin{bmatrix} 1 & 0.711 & -0.367 \\ 0.711 & 1 & -0.418 \\ -0.367 & -0.418 & 1 \end{bmatrix}$$

$$B = R_{yy}^{-1}U = \begin{bmatrix} 0.4602 & -0.538 & -0.1840 \\ -0.0575 & 0.1684 & 0.1600 \\ -0.1432 & 0.1823 & 0.2385 \end{bmatrix}$$

$$b^* = \begin{bmatrix} b_{11}^* & b_{12}^* & b_{13}^* \\ b_{21}^* & b_{22}^* & b_{23}^* \\ b_{31}^* & b_{32}^* & b_{33}^* \end{bmatrix} = (b_1^*, b_2^*, b_3^*) = \begin{bmatrix} 0.6767 & 0.1323 & -0.2150 \\ -1.0631 & 0.3121 & 0.5994 \\ -0.2510 & 0.3520 & 0.4986 \end{bmatrix}$$

试给出基于 $R^2 \approx tr(B)$ 的剖分式 (6.5.3) 及相应的路径向量结构式 (6.5.5).

解 按下述几点进行叙述.

(1) $tr(B)$ 是 R^2 的偏大估计.

$$R^2 = 1 - |I_p - B| = 0.7013 < tr(B) = 0.4602 + 0.1684 + 0.2385 = 0.8671$$

(2) 由于【例 6.5.1】中 $p = m = 3$, 故 $R^2 \approx tr(B)$ 按式 (6.5.4) 可剖分的总项数为 $pm(p+1)(m+1) = 36$. 式 (6.5.3) 在【例 6.5.1】中为

$$\underset{\underset{3\times 1}{y} \leftrightarrow \underset{3\times 1}{x}}{R^2} \approx tr(B) = \sum_{\alpha=1}^{3} \theta_{\alpha\alpha} R^2_{(\alpha)} + 2\sum_{\alpha<t} \theta_{\alpha t} r_{y_\alpha y_t(x)}$$

其中 $R^2_{(\alpha)}(\alpha=1,2,3)$ 和 $r_{y_\alpha y_t(x)}(\alpha t=12,13,23)$ 的每一项均可剖分为 $m + \frac{1}{2}m(m-$

$1) = 6$ 项

$R_{(1)}^2 : R_{1(1)}^2, R_{2(1)}^2, R_{3(1)}^2; R_{12(1)}, R_{13(1)}, R_{23(1)}$

$R_{(2)}^2 : R_{1(2)}^2, R_{2(2)}^2, R_{3(2)}^2; R_{12(2)}, R_{13(2)}, R_{23(2)}$

$R_{(3)}^2 : R_{1(3)}^2, R_{2(3)}^2, R_{3(3)}^2; R_{12(3)}, R_{13(3)}, R_{23(3)}$

$r_{y_1 y_2 (x)} : R_{1(12)}, R_{2(12)}, R_{3(12)}; R_{12(12)} + R_{21(12)}, R_{13(12)} + R_{31(12)}, R_{23(12)} + R_{32(12)}$

$r_{y_1 y_3 (x)} : R_{1(13)}, R_{2(13)}, R_{3(13)}; R_{12(13)} + R_{21(13)}, R_{13(13)} + R_{31(13)}, R_{23(13)} + R_{32(13)}$

$r_{y_2 y_3 (x)} : R_{1(23)}, R_{2(23)}, R_{3(23)}; R_{12(23)} + R_{21(23)}, R_{13(23)} + R_{31(23)}, R_{23(23)} + R_{32(23)}$

共 $\dfrac{pm}{4}(m+1)(p+1) = 36$ 项.

(3) 据式 (6.5.5),【例 6.5.1】中 $R^2 \approx tr(B)$ 剖分的路径向量结构式为

$$\underset{\underset{3\times1}{y}\leftrightarrow\underset{3\times1}{x}}{R^2}$$

$$=(\theta_{11},\theta_{22},\theta_{33})\left(\underset{\underset{3\times1}{y}\leftarrow x_1\rightarrow\underset{3\times1}{y}}{\begin{bmatrix}R_{1(1)}^2\\R_{1(2)}^2\\R_{1(3)}^2\end{bmatrix}}+\underset{\underset{3\times1}{y}\leftarrow x_2\rightarrow\underset{3\times1}{y}}{\begin{bmatrix}R_{2(1)}^2\\R_{2(2)}^2\\R_{2(3)}^2\end{bmatrix}}+\underset{\underset{3\times1}{y}\leftarrow x_3\rightarrow\underset{3\times1}{y}}{\begin{bmatrix}R_{3(1)}^2\\R_{3(2)}^2\\R_{3(3)}^2\end{bmatrix}}\right.$$

$$+\underset{\underset{3\times1}{y}\leftarrow x_1\leftrightarrow x_2\rightarrow\underset{3\times1}{y}}{\begin{bmatrix}R_{12(1)}\\R_{12(2)}\\R_{12(3)}\end{bmatrix}}+\underset{\underset{3\times1}{y}\leftarrow x_1\leftrightarrow x_3\rightarrow\underset{3\times1}{y}}{\begin{bmatrix}R_{13(1)}\\R_{13(2)}\\R_{13(3)}\end{bmatrix}}+\underset{\underset{3\times1}{y}\leftarrow x_2\leftrightarrow x_3\rightarrow\underset{3\times1}{y}}{\begin{bmatrix}R_{23(1)}\\R_{23(2)}\\R_{23(3)}\end{bmatrix}}\right)$$

$$+(\theta_{12},\theta_{13},\theta_{23})\left(\underset{\substack{y_\alpha\leftarrow x_1\rightarrow y_t\\(\alpha<t)}}{\begin{bmatrix}R_{1(12)}\\R_{1(13)}\\R_{1(23)}\end{bmatrix}}+\underset{\substack{y_\alpha\leftarrow x_2\rightarrow y_t\\(\alpha<t)}}{\begin{bmatrix}R_{2(12)}\\R_{2(13)}\\R_{2(23)}\end{bmatrix}}+\underset{\substack{y_\alpha\leftarrow x_3\rightarrow y_t\\(\alpha<t)}}{\begin{bmatrix}R_{3(12)}\\R_{3(13)}\\R_{3(23)}\end{bmatrix}}\right.$$

$$+\underset{y_\alpha\leftarrow\binom{x_1\leftrightarrow x_2}{x_2\leftrightarrow x_1}\rightarrow y_t}{\begin{bmatrix}R_{12(12)}+R_{21(12)}\\R_{12(13)}+R_{21(13)}\\R_{12(23)}+R_{21(23)}\end{bmatrix}}+\underset{y_\alpha\leftarrow\binom{x_1\leftrightarrow x_3}{x_3\leftrightarrow x_1}\rightarrow y_t}{\begin{bmatrix}R_{13(12)}+R_{31(12)}\\R_{13(13)}+R_{31(13)}\\R_{13(23)}+R_{31(23)}\end{bmatrix}}+\underset{y_\alpha\leftarrow\binom{x_2\leftrightarrow x_3}{x_3\leftrightarrow x_2}\rightarrow y_t}{\begin{bmatrix}R_{23(12)}+R_{32(12)}\\R_{23(13)}+R_{32(13)}\\R_{23(23)}+R_{32(23)}\end{bmatrix}}\right)$$

6.5 多对多的通径分析及其决策分析 (II)

上述各项的具体计算为

由 $R_{j(\alpha)}^2 = b_{j\alpha}^{*2}$ 计算得

$$\begin{bmatrix} R_{1(1)}^2 \\ R_{1(2)}^2 \\ R_{1(3)}^2 \end{bmatrix} = \begin{bmatrix} 0.4579 \\ 0.0175 \\ 0.0462 \end{bmatrix}, \quad \begin{bmatrix} R_{2(1)}^2 \\ R_{2(2)}^2 \\ R_{2(3)}^2 \end{bmatrix} = \begin{bmatrix} 1.1302 \\ 0.0974 \\ 0.3593 \end{bmatrix}, \quad \begin{bmatrix} R_{3(1)}^2 \\ R_{3(2)}^2 \\ R_{3(3)}^2 \end{bmatrix} = \begin{bmatrix} 0.0630 \\ 0.1239 \\ 0.2486 \end{bmatrix}$$

由 $R_{jk(\alpha)} = 2b_{j\alpha}^* r_{jk} b_{k\alpha}^*$ 计算得

$$\begin{bmatrix} R_{12(1)} \\ R_{12(2)} \\ R_{12(3)} \end{bmatrix} = \begin{bmatrix} -1.0230 \\ 0.0587 \\ -0.1833 \end{bmatrix}$$

$$\begin{bmatrix} R_{13(1)} \\ R_{13(2)} \\ R_{13(3)} \end{bmatrix} = \begin{bmatrix} 0.1247 \\ -0.0342 \\ 0.0787 \end{bmatrix}, \quad \begin{bmatrix} R_{23(1)} \\ R_{23(2)} \\ R_{23(3)} \end{bmatrix} = \begin{bmatrix} -0.2231 \\ -0.0918 \\ -0.2498 \end{bmatrix}$$

由 $R_{j(\alpha t)} = 2b_{j\alpha}^* b_{jt}^*$ 计算得

$$\begin{bmatrix} R_{1(12)} \\ R_{1(13)} \\ R_{1(23)} \end{bmatrix} = \begin{bmatrix} 0.1791 \\ -0.2910 \\ -0.0569 \end{bmatrix}$$

$$\begin{bmatrix} R_{2(12)} \\ R_{2(13)} \\ R_{2(23)} \end{bmatrix} = \begin{bmatrix} -0.6636 \\ -1.2744 \\ 0.3741 \end{bmatrix}, \quad \begin{bmatrix} R_{3(12)} \\ R_{3(13)} \\ R_{3(23)} \end{bmatrix} = \begin{bmatrix} -0.1767 \\ -0.2503 \\ 0.3510 \end{bmatrix}$$

由 $(R_{jk(\alpha t)} + R_{kj(\alpha t)}) = 2r_{jk}(b_{j\alpha}^* b_{kt}^* + b_{k\alpha}^* b_{jt}^*)$ 计算得

$$\begin{bmatrix} R_{12(12)} + R_{21(12)} \\ R_{12(13)} + R_{21(13)} \\ R_{12(23)} + R_{21(23)} \end{bmatrix} = \begin{bmatrix} 0.1003 \\ 0.9018 \\ 0.0173 \end{bmatrix}$$

$$\begin{bmatrix} R_{13(12)} + R_{31(12)} \\ R_{13(13)} + R_{31(13)} \\ R_{13(23)} + R_{31(23)} \end{bmatrix} = \begin{bmatrix} -0.1505 \\ -0.2873 \\ 0.0071 \end{bmatrix}$$

$$\begin{bmatrix} R_{23(12)} + R_{32(12)} \\ R_{23(13)} + R_{32(13)} \\ R_{23(23)} + R_{32(23)} \end{bmatrix} = \begin{bmatrix} 0.3873 \\ 0.5689 \\ -0.3065 \end{bmatrix}$$

上述计算的验证：由已给 $R_{yy}^{-1} = (\theta_{\alpha t})_{3\times 3}$ 有

$$R^2 \approx tr(B) = (1.2883, 1.1030, 1.2086)$$

$$\cdot \begin{bmatrix} 0.4579 + 1.1302 + 0.0630 - 1.0230 + 0.1247 - 0.2231 \\ 0.0175 + 0.0974 + 0.1239 + 0.0587 - 0.0342 - 0.0918 \\ 0.0462 + 0.3593 + 0.2486 - 0.1833 + 0.0787 - 0.2498 \end{bmatrix}$$

$$+ (0.3583, 0.5142, 0.2012)$$

$$\cdot \begin{bmatrix} 0.1791 - 0.6636 - 0.1767 + 0.1003 - 0.1505 + 0.3783 \\ -0.2910 - 1.2744 - 0.2503 + 0.9018 - 0.2873 + 0.5689 \\ -0.0569 + 0.3741 + 0.3510 + 0.0173 + 0.0071 - 0.3065 \end{bmatrix}$$

$$= (1.2883, 1.1030, 1.2086) \begin{bmatrix} 0.5297 \\ 0.1715 \\ 0.2997 \end{bmatrix}$$

$$+ (0.3583, 0.5142, 0.2012) \begin{bmatrix} -0.3331 \\ -0.6323 \\ 0.3861 \end{bmatrix} = 0.8670$$

由【例 6.5.1】或【例 6.4.3】可知, $tr(B) = 0.8671$, 故上述分解是正确的.

6.5.2 基于 $R^2 \approx tr(B)$ 剖分的广义决策系数 $R_{y(j)}$ 的定义和特性

1. $R_{y(j)}$ 的定义

$x_j (j = 1, 2, \cdots, m)$ 对 $\underset{p\times 1}{Y}$ 的广义决策系数, 是描述 x_j 对 $\underset{p\times 1}{Y}$ 综合决定能力的指标, 记为 $R_{y(j)}$. $R_{y(j)}$ 等于式 (6.5.3) 或 (6.5.5) 关于 $R^2 \approx tr(B)$ 剖分中与 x_j 有关的 $R_{j(\alpha)}^2, R_{jk(\alpha)}, R_{j(\alpha t)}$ 和 $R_{jk(\alpha t)} + R_{kj(\alpha t)}$ 与其相应的 $R_{yy}^{-1} = (\theta_{\alpha t})_{p\times p}$ 中元素乘积之和. 定义用式 (6.5.5) 所示 R^2 剖分的路径向量结构式实现, 其意义和路径更为明确, 计算亦很有规律.

【例 6.5.1】的 $R_{y(j)}$, 可按其 $R^2 \approx tr(B)$ 剖分的路径向量结构式予以计算.

$$R_{y(1)} = (\theta_{11}, \theta_{22}, \theta_{33}) \left(\begin{bmatrix} R_{1(1)}^2 \\ R_{1(2)}^2 \\ R_{1(3)}^2 \end{bmatrix} + \begin{bmatrix} R_{12(1)} \\ R_{12(2)} \\ R_{12(3)} \end{bmatrix} + \begin{bmatrix} R_{13(1)} \\ R_{13(2)} \\ R_{13(3)} \end{bmatrix} \right)$$

6.5 多对多的通径分析及其决策分析 (Ⅱ)

$$+(\theta_{12},\theta_{13},\theta_{23})\left(\begin{bmatrix} R_{1(12)} \\ R_{1(13)} \\ R_{1(23)} \end{bmatrix}+\begin{bmatrix} R_{12(12)}+R_{21(12)} \\ R_{12(13)}+R_{21(13)} \\ R_{12(23)}+R_{21(23)} \end{bmatrix}+\begin{bmatrix} R_{13(12)}+R_{31(12)} \\ R_{13(13)}+R_{31(13)} \\ R_{13(23)}+R_{31(23)} \end{bmatrix}\right)$$

$$=(1.2883,1.1030,1.2086)\left(\begin{bmatrix} 0.4579 \\ 0.0175 \\ 0.0462 \end{bmatrix}+\begin{bmatrix} -1.0230 \\ 0.0587 \\ -0.1823 \end{bmatrix}+\begin{bmatrix} 0.1247 \\ -0.0342 \\ 0.0387 \end{bmatrix}\right)$$

$$+(0.3583,0.5142,0.2012)\left(\begin{bmatrix} 0.1791 \\ -0.2910 \\ -0.0569 \end{bmatrix}+\begin{bmatrix} 0.1003 \\ 0.9018 \\ 0.0173 \end{bmatrix}+\begin{bmatrix} -0.1505 \\ -0.2873 \\ 0.0071 \end{bmatrix}\right)$$

$$=(1.2883,1.1030,1.2086)\begin{bmatrix} -0.4403 \\ 0.0420 \\ -0.0583 \end{bmatrix}+(0.3583,0.5142,0.2012)\begin{bmatrix} 0.1289 \\ 0.3235 \\ -0.0325 \end{bmatrix}$$

$$=-0.5916+0.2060=-0.3856$$

其中, -0.5916 为 x_1 对 $y_\alpha\,(\alpha=1,2,3)$ 决策系数与 $\theta_{\alpha\alpha}$ 乘积之和, 即

$$(\theta_{11},\theta_{22},\theta_{33})\begin{bmatrix} -0.4403 \\ 0.0420 \\ -0.0583 \end{bmatrix}=(1.2883,1.1030,1.2086)\begin{bmatrix} R_{1(1)} \\ R_{2(1)} \\ R_{3(1)} \end{bmatrix}=-0.5916$$

而 0.2060 则与 $(\theta_{12},\theta_{13},\theta_{23})$ 有关. 类似可得

$$R_{y(2)}=(\theta_{11},\theta_{22},\theta_{33})$$

$$\times\left(\begin{bmatrix} R_{2(1)}^2 \\ R_{2(2)}^2 \\ R_{2(3)}^2 \end{bmatrix}+\begin{bmatrix} R_{12(1)} \\ R_{12(2)} \\ R_{12(3)} \end{bmatrix}+\begin{bmatrix} R_{23(1)} \\ R_{23(2)} \\ R_{23(3)} \end{bmatrix}\right)$$

$$+(\theta_{12},\theta_{13},\theta_{23})\left(\begin{bmatrix} R_{2(12)} \\ R_{2(13)} \\ R_{2(23)} \end{bmatrix}+\begin{bmatrix} R_{12(12)}+R_{21(12)} \\ R_{12(13)}+R_{21(13)} \\ R_{12(23)}+R_{21(23)} \end{bmatrix}+\begin{bmatrix} R_{23(12)}+R_{32(12)} \\ R_{23(13)}+R_{32(13)} \\ R_{23(23)}+R_{32(23)} \end{bmatrix}\right)$$

$$=(\theta_{11},\theta_{22},\theta_{33})\begin{bmatrix} R_{1(2)} \\ R_{2(2)} \\ R_{3(2)} \end{bmatrix}+0.0517=-0.1674+0.0517=-0.1157$$

$$R_{y(3)} = (\theta_{11}, \theta_{22}, \theta_{33})$$

$$= \left(\begin{bmatrix} R_{3(1)}^2 \\ R_{3(2)}^2 \\ R_{3(3)}^2 \end{bmatrix} + \begin{bmatrix} R_{13(1)} \\ R_{13(2)} \\ R_{13(3)} \end{bmatrix} + \begin{bmatrix} R_{23(1)} \\ R_{23(2)} \\ R_{23(3)} \end{bmatrix} \right)$$

$$+ (\theta_{12}, \theta_{13}, \theta_{23}) \left(\begin{bmatrix} R_{3(12)} \\ R_{3(13)} \\ R_{3(23)} \end{bmatrix} + \begin{bmatrix} R_{13(12)} + R_{31(12)} \\ R_{13(13)} + R_{31(13)} \\ R_{13(23)} + R_{31(23)} \end{bmatrix} + \begin{bmatrix} R_{23(12)} + R_{32(12)} \\ R_{23(13)} + R_{32(13)} \\ R_{23(23)} + R_{32(23)} \end{bmatrix} \right)$$

$$= (\theta_{11}, \theta_{22}, \theta_{33}) \begin{bmatrix} R_{1(3)} \\ R_{2(3)} \\ R_{3(3)} \end{bmatrix} + 0.1165 = 0.0457 + 0.1165 = 0.1622$$

2. $R_{y(j)}$ 的结构特点与性质

上面据 $R^2 \approx tr(B)$ 剖分的路径向量剖分结构式 (6.5.5) 和 x_j 对 $\underset{p \times 1}{y}$ 的广义决策系数 $R_{y(j)}$ 的定义, 给出了【例 6.5.1】的广义决策系数 $R_{y(1)}$, $R_{y(2)}$ 和 $R_{y(3)}$. $R_{y(j)}$ 具有如下所述的特点和性质.

1) $R_{y(j)}$ 的结构特点和内涵

由式 (6.5.5) 和 $R_{y(j)}$ 的定义, $R_{y(j)}$ 由两部分组成

$$R_{y(j)} = (\theta_{11}, \theta_{22}, \cdots, \theta_{pp}) \left(\underset{\underset{p \times 1}{y} \leftarrow x_j \rightarrow \underset{p \times 1}{y}}{\begin{bmatrix} R_{j(1)}^2 \\ R_{j(2)}^2 \\ \vdots \\ R_{j(p)}^2 \end{bmatrix}} + \sum_{k \neq j} \underset{\underset{p \times 1}{y} \leftarrow x_j \leftrightarrow x_k \rightarrow \underset{p \times 1}{y}}{\begin{bmatrix} R_{jk(1)} \\ R_{jk(2)} \\ \vdots \\ R_{jk(p)} \end{bmatrix}} \right)$$

$$+ (\theta_{12}, \theta_{13}, \cdots, \theta_{(p-1)p}) \left(\underset{\sum_{\alpha<t} y_\alpha \leftarrow x_j \rightarrow y_t}{\begin{bmatrix} R_{j(12)} \\ R_{j(13)} \\ \vdots \\ R_{j(p-1)p} \end{bmatrix}} + \sum_{k \neq j} \underset{\sum_{\alpha<t} y_\alpha \leftarrow \begin{pmatrix} x_j \leftrightarrow x_k \\ x_k \leftrightarrow x_j \end{pmatrix} \rightarrow y_t}{\begin{bmatrix} R_{jk(12)} + R_{kj(12)} \\ R_{jk(13)} + R_{kj(13)} \\ \vdots \\ R_{jk((p-1)p)} + R_{kj((p-1)p)} \end{bmatrix}} \right)$$

$$= R_{y(j)\text{I}} + R_{y(j)\text{II}}, \quad j = 1, 2, \cdots, m \tag{6.5.6}$$

6.5 多对多的通径分析及其决策分析 (II)

式 (6.5.6) 表明, $R_{y(j)}$ 由 $R_{y(j)\mathrm{I}}$ 和 $R_{y(j)\mathrm{II}}$ 两部分组成, 其内容如下.

(1) $R_{y(j)\mathrm{I}}$ **的内涵** 由式 (6.4.22) 知, $R_\alpha(j)$ 为 x_j 对 y_α 的决策系数, 故

$$R_{y(j)\mathrm{I}} = (\theta_{11}, \theta_{22}, \cdots, \theta_{pp}) \begin{bmatrix} R_{1(j)} \\ R_{2(j)} \\ \vdots \\ R_{p(j)} \end{bmatrix} = \sum_{\alpha=1}^{p} \theta_{\alpha\alpha} R_{\alpha(j)} \tag{6.5.7}$$

其内含有二: 首先, 它是 $p=1$ 时 x_j 对 y 决策系数 $R_{(j)}$ 的自然发展. 这是因为 $p=1$ 时, $R_{yy}^{-1}=1$ (即 $\theta_{11}=1$), 故有 $R_{y(j)\mathrm{I}} = R_{(j)}$; 其次, 当 $\underset{p\times 1}{y}$ 中存在相关时, $R_{y(j)\mathrm{I}}$ 是 x_j 对各回归方程决策系数 $R_\alpha(j)$ 由 $\theta_{\alpha\alpha}$ 的综合. 显然, 当 $\underset{p\times 1}{y}$ 中各分量相互独立时 $(\theta_{\alpha\alpha}=1)$, $R_{y(j)} = \sum_{\alpha=1}^{p} R_\alpha(j)$. 因而, $R_{y(j)\mathrm{I}}$ 是 x_i 对 $\underset{p\times 1}{Y}$ 的直接决定部分.

(2) $R_{y(j)\mathrm{II}}$ 为 $2\sum_{\alpha<t}\theta_{\alpha t}r_{y_\alpha y_t(x)}$ 剖分中有关 x_j 和 $x_j \leftrightarrow x_k$ 的部分, 反映了由共同原因 $\underset{m\times 1}{X}$ 形成 $y_\alpha = b_\alpha^* \underset{m\times 1}{x}$ 与 $y_t = b_t^* \underset{m\times 1}{x}$ 的相关, $r_{y_\alpha y_t(x)}$ 是对 $r_{y_\alpha y_t}$ (计算时与 $\underset{m\times 1}{X}$ 无关) 的决定部分. 因而, $R_{y(j)\mathrm{II}}$ 是 $R_{y(j)}$ 中 $r_{y_\alpha y_t(x)}$ 对 $r_{y_\alpha y_t}$ 决定中有关 x_j 的部分, 其大小决定于 $y_\alpha = b_\alpha^{*\mathrm{T}} \underset{m\times 1}{x}$ 和 $y_t = b_t^{*\mathrm{T}} \underset{m\times 1}{x}$ 的显著程度. 也可以认为, $R_{y(j)\mathrm{II}}$ 是 x_j 对 $\underset{p\times 1}{y}$ 中两两组合 y_α 与 $y_t(\alpha \neq t)$ 因共同原因 $\underset{m\times 1}{X}$ 而导致相关的决定部分. 简言之, $R_{y(j)\mathrm{II}}$ 是 x_j 对 $\underset{p\times 1}{Y}$ 的相关决定部分.

2) $R_{y(j)}$ 取值对 $\underset{p\times 1}{Y}$ 的决策作用及变化趋势的影响

多对多通径分析的广义决策系数 $R_{y(j)}$ 和一对多的决策系数一样, 对 $\underset{p\times 1}{Y}$ 有综合决策作用, 其取值对 $\underset{p\times 1}{Y}$ 的综合变化趋势有影响. 下面以【例 6.5.1】中 $R_{y(1)}$ 为例说明之.

对于【例 6.5.1】所示 $R_{\alpha(j)}, R_{y(j)}$ 取值情况, Y_α 和 $\underset{p\times 1}{Y}$ 的变化趋势, 据图 5.2.2 有以下的分析结果

$$R_{y(1)} = R_{y(1)\mathrm{I}} + R_{y(1)\mathrm{II}} = (\theta_{11}, \theta_{22}, \theta_{33}) \begin{bmatrix} -0.4403 \\ 0.0420 \\ -0.0583 \end{bmatrix} \begin{matrix} x_1 \\ x_2 \\ x_3 \end{matrix} \begin{matrix} 不利 y_1 \uparrow \\ \uparrow 有利 y_2 \uparrow \\ 不利 y_3 \uparrow \end{matrix}$$

$$+ (\theta_{12}, \theta_{13}, \theta_{23}) \begin{bmatrix} 0.1289 \\ 0.3235 \\ -0.0325 \end{bmatrix} = -0.9516 + 0.2060 = -0.3856$$

其中, x_1 对 y_1, y_2 和 y_3 的决策系数分别为 $-0.4403^{**}, 0.0420^*$ 和 -0.0583, 表明 x_1

不利于 y_1 和 y_3 增加,仅有利于 y_2 增加;然而在 R_{yy}^{-1} 中的 θ_{11},θ_{22} 和 θ_{33} 的综合下,$R_{y(1)\text{I}} = -0.9516$,表明 x_1 对 $\underset{3\times 1}{y}$ 增长很不利,这是对 $R_{y(1)\text{I}}$ 的分析. 对 $R_{y(1)\text{II}}$ 来讲,由于 $\underset{3\times 1}{y}$ 对 $\underset{3\times 1}{X}$ 的回归,使回归值 $\hat{y}_1,\hat{y}_2$ 和 $\hat{y}_3$ 的相关有所协调(见【例 6.4.3】的回归平方和阵 U),故使 $R_{y(1)\text{II}}=0.2060$. 这个结果使 $R_{y(1)} = -0.9516+0.2060=-0.3856$,即 $R_{y(1)\text{II}}$ 弱化了 $R_{y(1)\text{I}}$ 对 $\underset{3\times 1}{y}$ 增长的不利. 尽管如此,$R_{y(1)} < 0$ 表明,x_1 对 $\underset{3\times 1}{y}$ 的增加是不利的. 仿此,可对

$$R_{y(2)} = R_{y(2)\text{I}} + R_{y(2)\text{II}} = -0.1674 + 0.0517 = -0.1157$$

$$R_{y(3)} = R_{y(3)\text{I}} + R_{y(3)\text{II}} = 0.0457 + 0.1165 = 0.1622$$

进行分析. 这些分析还有待于对 $R_{y(j)}$ 进行假设检验的结果.

上述分析表明,【例 6.5.1】中的 $R_{y(j)\text{II}}$ 均为正,它弱化了 x_1 和 x_2 增加对 $\underset{3\times 1}{Y}\uparrow$ 的不利影响,强化了 $x_3\uparrow$ 有利 $\underset{3\times 1}{Y}\uparrow$.

如前所述,【例 6.5.1】是【例 6.4.3】在多对多决策分析中的继续,其资料来自《小麦生态育种》(张正斌,王德轩,1992). 上述 $R_{y(j)}$ 分析表明研究者在源流性状与库性状团上的认识是正确的,即 $\underset{3\times 1}{x}$ 与 $\underset{3\times 1}{y}$ 有较强的相关 $(r_{(x_1x_2x_3)(r_1r_2r_3)} = 0.8374^{**})$,已认识到在 $\underset{3\times 1}{y}\uparrow$ 上,x_1 是限制性性状,x_3 是主要决策性状. 正如该书在旱薄型-旱肥型育种模式中所说,不改进单株经济产量 (x_1),应使每穗粒数 (y_1) 减少,应提高千粒重 (y_3)、经济系数 (x_3) 和单茎草重 (x_2).

6.5.3 $R_{y(j)}$ 的假设检验

由于多对多的通径分析及其决策分析均在正态分布前提下进行,故对无效假设 $H_0: E(R_{y(j)}) = 0$ 可近似按 t 检验进行检验. 为此,必须求 $R_{y(j)}$ 的期望 $E(R_{y(j)})$ 和方差 $S^2_{R_{y(j)}}$.

1. $E(R_{y(j)})$ 和 $S^2_{R_{y(j)}}$ 的 Taylor 展式近似求法

假设 r_{jy_α},r_{jk} 和 $\theta_{\alpha t}$ 均为常量,则式 (6.5.6) 所示 $R_{y(j)}$ 为 $b^*_{j\alpha}$ 的函数. 按上节式 (6.4.22) 所示 x_j 对 y_α 的决策系数

$$R_{\alpha(j)} = R^2_{j(\alpha)} + \sum_{k\neq j} R_{jk(\alpha)} = 2r_{jy_\alpha}b^*_{j\alpha} - b^{*2}_{j\alpha}$$

则 $R_{y(j)}$ 的表示式可写成

6.5 多对多的通径分析及其决策分析 (II)

$$\begin{cases} R_{y(j)} = R_{y(j)\mathrm{I}} + R_{y(j)\mathrm{II}} \\[4pt] R_{y(j)\mathrm{I}} = (\theta_{11}, \theta_{22}, \cdots, \theta_{pp}) \begin{bmatrix} 2r_{jy_1}b_{j1}^* - b_{j1}^{*2} \\ 2r_{jy_2}b_{j2}^* - b_{j2}^{*2} \\ \vdots \\ 2r_{jy_p}b_{jp}^* - b_{jp}^{*2} \end{bmatrix} \\[4pt] R_{y(j)\mathrm{II}} = (\theta_{12}, \theta_{13}, \cdots, \theta_{(p-1)p}) \left(\begin{bmatrix} 2b_{j1}^* b_{j2}^* \\ 2b_{j1}^* b_{j3}^* \\ \vdots \\ 2b_{j(p-1)}^* b_{jp}^* \end{bmatrix} \right. \\[4pt] \left. + \sum_{k \ne j} 2r_{jk} \begin{bmatrix} b_{j1}^* b_{k2}^* + b_{k1}^* b_{j2}^* \\ b_{j1}^* b_{k3}^* + b_{k1}^* b_{j3}^* \\ \vdots \\ b_{j(p-1)}^* b_{kp}^* + b_{k(p-1)}^* b_{jp}^* \end{bmatrix} \right) \end{cases} \quad (6.5.8)$$

将其在 $b_{j\alpha}^* = \beta_{j\alpha}^*\ (\alpha = 1, 2, \cdots, p)$ 处 Taylor 展开, 则

$$\begin{aligned} R_{y(j)} =& R_{y(j)}\big|_{b_{j\alpha}^* = \beta_{j\alpha}^*} + \sum_{\alpha=1}^{p} \frac{\partial R_{y(j)}}{\partial b_{j\alpha}^*}\bigg|_{b_{j\alpha}^* = \beta_{j\alpha}^*} (b_{j\alpha}^* - \beta_{j\alpha}^*) + \cdots \\ =& R_{y(j)0} + R'_{y(j)1}(b_{j1}^* - \beta_{j1}^*) + R'_{y(j)2}(b_{j2}^* - \beta_{j2}^*) \\ & + \cdots + R'_{y(j)p}(b_{jp}^* - \beta_{jp}^*) + \cdots \end{aligned} \quad (6.5.9)$$

则 $E(R_{y(j)})$ 与 $R_{y(j)0}$ 和展开式中二次项及高次项的方差有关, 如果略去二次项及高次项, 则据式 (6.4.13) 所示 $b_{j\alpha}^* \sim N(\beta_{j\alpha}^*, c_{ij}\sigma_\alpha^2)$, $R_{y(j)}$ 的方差近似为

$$S^2_{R_{y(j)}} = (R'_{y(j)1})^2 c_{jj} \hat{\sigma}_1^2 + (R'_{y(j)2})^2 c_{jj} \hat{\sigma}_2^2 + \cdots + (R'_{y(j)p})^2 c_{jj} \hat{\sigma}_p^2 \quad (6.5.10)$$

其中, σ_α^2 为 Σ_e 中主对角线上第 α 个元素, c_{jj} 为 R_{xx}^{-1} 主对角线上第 j 个元素, Σ_e 的估计为 $Q_e/(n-m-1)$. 由于广义决定系数 R^2 已在 6.3 节从理论上给出, 故 $\sigma_1^2, \sigma_2^2, \cdots, \sigma_p^2$ 均可用 $(1-R^2)/(n-m-1)$ 的综合平均来替代. 本节从 $R^2 \approx tr(B)$ 上分解, 故式 (6.5.10) 可近似改写成

$$S^2_{R_{y(j)}} = \frac{c_{jj}(1-R^2)}{n-m-1} \sum_{\alpha=1}^{p} (R'_{y(j)\alpha})^2 \approx \frac{c_{jj}(1-tr(B))}{n-m-1} \sum_{\alpha=1}^{p} \left(R'_{y(j)\alpha}\right)^2 \quad (6.5.11)$$

2. $R'_{y(j)\alpha} = \dfrac{\partial R_{y(j)}}{\partial b^*_{j\alpha}}$ 的计算

由于 $R_{y(j)} = R_{y(j)\mathrm{I}} + R_{y(j)\mathrm{II}}$(式 (6.5.8)), 故

$$R'_{y(j)\alpha} = \frac{\partial R_{y(j)\mathrm{I}}}{\partial b^*_{j\alpha}} + \frac{\partial R_{y(j)\mathrm{II}}}{\partial b^*_{j\alpha}} = R'_{y(j)\alpha\mathrm{I}} + R'_{y(j)\alpha\mathrm{II}} \qquad (6.5.12)$$

1) $R'_{y(j)\alpha\mathrm{I}}$ 的计算 ($\beta_{j\alpha}$ 用 $b_{j\alpha}$ 替代)

由式 (6.5.8) 知

$$R'_{y(j)\alpha\mathrm{I}} = \frac{\partial R_{y(j)\mathrm{I}}}{\partial b^*_{j\alpha}} = 2\theta_{\alpha\alpha}(r_{jy\alpha} - b^*_{j\alpha}), \quad \alpha = 1, 2, \cdots, p, j = 1, 2, \cdots, m \qquad (6.5.13)$$

2) $R'_{y(j)\alpha\mathrm{II}} = \dfrac{\partial R_{y(j)\mathrm{II}}}{\partial b^*_{j\alpha}}$ 计算的规律性

由式 (6.5.8) 知, $R_{y(j)}$ 是 $1 \times \dfrac{1}{2}p(p-1)$ 的行向量 $(\theta_{12}, \theta_{13}, \cdots, \theta_{(p-1)p})$ 与由 $b^*_{j\alpha}$, r_{jk} 等组成的 $\dfrac{1}{2}p(p-1) \times 1$ 的列向量的乘积. 用 $p = 4, m = 3$ 的例子, 说明 $R'_{y(j)\alpha\mathrm{II}}$ 计算的规律性

当 $p = 4, m = 3$ 时, R^{-1}_{yy}, b^* 和 R_{xx} 分别为

$$R^{-1}_{yy} = \begin{bmatrix} \theta_{11} & \theta_{12} & \theta_{13} & \theta_{14} \\ \theta_{21} & \theta_{22} & \theta_{23} & \theta_{24} \\ \theta_{31} & \theta_{32} & \theta_{33} & \theta_{34} \\ \theta_{41} & \theta_{42} & \theta_{43} & \theta_{44} \end{bmatrix}, \quad b^{*\mathrm{T}} = \begin{bmatrix} b^*_{11} & b^*_{12} & b^*_{13} & b^*_{14} \\ b^*_{21} & b^*_{22} & b^*_{23} & b^*_{24} \\ b^*_{31} & b^*_{32} & b^*_{33} & b^*_{34} \end{bmatrix}^{\mathrm{T}} = \begin{bmatrix} b^*_{11} & b^*_{21} & b^*_{31} \\ b^*_{12} & b^*_{22} & b^*_{32} \\ b^*_{13} & b^*_{23} & b^*_{33} \\ b^*_{14} & b^*_{24} & b^*_{34} \end{bmatrix}$$

$$R_{xx} = \begin{bmatrix} 1 & r_{12} & r_{13} \\ r_{21} & 1 & r_{23} \\ r_{31} & r_{32} & 1 \end{bmatrix}$$

则由式 (6.5.8) 有

$$R_{y(j)\mathrm{II}} = 2(\theta_{12}, \theta_{13}, \theta_{14}, \theta_{23}, \theta_{24}, \theta_{34}) \left(\begin{bmatrix} b^*_{j1} b^*_{j2} \\ b^*_{j1} b^*_{j3} \\ b^*_{j1} b^*_{j4} \\ b^*_{j2} b^*_{j3} \\ b^*_{j2} b^*_{j4} \\ b^*_{j3} b^*_{j4} \end{bmatrix} + \sum_{k \neq j} r_{jk} \begin{bmatrix} b^*_{j1} b^*_{k2} + b^*_{k1} b^*_{j2} \\ b^*_{j1} b^*_{k3} + b^*_{k1} b^*_{j3} \\ b^*_{j1} b^*_{k4} + b^*_{k1} b^*_{j4} \\ b^*_{j2} b^*_{k3} + b^*_{k2} b^*_{j3} \\ b^*_{j2} b^*_{k4} + b^*_{k2} b^*_{j4} \\ b^*_{j3} b^*_{k4} + b^*_{k3} b^*_{j4} \end{bmatrix} \right)$$

则由式 (6.5.8), $R'_{y(j)\alpha\mathrm{II}}$ ($\alpha = 1, 2, 3, 4$) 有如下的具体结果

6.5 多对多的通径分析及其决策分析 (Ⅱ)

$$R'_{y(j)1\text{II}} = \frac{\partial R_{y(j)\text{II}}}{\partial b^*_{j1}} = 2(\theta_{12}, \theta_{13}, \theta_{14}, \theta_{23}, \theta_{24}, \theta_{34}) \left(\begin{bmatrix} b^*_{j2} \\ b^*_{j3} \\ b^*_{j4} \\ 0 \\ 0 \\ 0 \end{bmatrix} + \sum_{k \neq j} r_{jk} \begin{bmatrix} b^*_{k2} \\ b^*_{k3} \\ b^*_{k4} \\ 0 \\ 0 \\ 0 \end{bmatrix} \right)$$

$$= 2(\theta_{12}, \theta_{13}, \theta_{14}, 0, 0, 0) \left(\begin{bmatrix} b^*_{j2} \\ b^*_{j3} \\ b^*_{j4} \\ 0 \\ 0 \\ 0 \end{bmatrix} + \sum_{k \neq j} r_{jk} \begin{bmatrix} b^*_{k2} \\ b^*_{k3} \\ b^*_{k4} \\ 0 \\ 0 \\ 0 \end{bmatrix} \right)$$

在上式中，$(\theta_{12}, \theta_{13}, \theta_{14})$ 是 $(\theta_{12}, \theta_{13}, \theta_{14}, \theta_{23}, \theta_{24}, \theta_{34})$ 对应于 $\alpha = 1$ 的元素，在 $R'_{y(j)1\text{II}}$ 中是确定不变的. 而当 x_j 确定后，$k \neq j$，故有：

当 $j = 1$ 时, $k = 2, 3$, 有

$$R'_{y(1)1\text{II}} = 2(\theta_{12}, \theta_{13}, \theta_{14}) \left(\begin{bmatrix} b^*_{12} \\ b^*_{13} \\ b^*_{14} \end{bmatrix} + r_{12} \begin{bmatrix} b^*_{22} \\ b^*_{23} \\ b^*_{24} \end{bmatrix} + r_{13} \begin{bmatrix} b^*_{32} \\ b^*_{33} \\ b^*_{34} \end{bmatrix} \right)$$

$$= 2(\theta_{12}, \theta_{13}, \theta_{14}) \begin{bmatrix} b^*_{12} & b^*_{22} & b^*_{32} \\ b^*_{13} & b^*_{23} & b^*_{33} \\ b^*_{14} & b^*_{24} & b^*_{34} \end{bmatrix} \begin{bmatrix} 1 \\ r_{12} \\ r_{13} \end{bmatrix}$$

$$= 2(\theta_{12}, \theta_{13}, \theta_{14}) \begin{bmatrix} b^*_{12} + r_{12} b^*_{22} + r_{13} b^*_{32} \\ b^*_{13} + r_{12} b^*_{23} + r_{13} b^*_{33} \\ b^*_{14} + r_{12} b^*_{24} + r_{13} b^*_{34} \end{bmatrix}$$

当 $j = 2$ 时, $k = 1, 3$, 有

$$R'_{y(2)1\text{II}} = 2(\theta_{12}, \theta_{13}, \theta_{14}) \left(r_{12} \begin{bmatrix} b^*_{12} \\ b^*_{13} \\ b^*_{14} \end{bmatrix} + \begin{bmatrix} b^*_{22} \\ b^*_{23} \\ b^*_{24} \end{bmatrix} + r_{23} \begin{bmatrix} b^*_{32} \\ b^*_{33} \\ b^*_{34} \end{bmatrix} \right)$$

$$= 2(\theta_{12}, \theta_{13}, \theta_{14}) \begin{bmatrix} b_{12}^* & b_{22}^* & b_{32}^* \\ b_{13}^* & b_{23}^* & b_{33}^* \\ b_{14}^* & b_{24}^* & b_{34}^* \end{bmatrix} \begin{bmatrix} r_{12} \\ 1 \\ r_{23} \end{bmatrix}$$

$$= 2(\theta_{12}, \theta_{13}, \theta_{14}) \begin{bmatrix} r_{12}b_{12}^* + b_{22}^* + r_{23}b_{32}^* \\ r_{12}b_{13}^* + b_{23}^* + r_{23}b_{33}^* \\ r_{12}b_{14}^* + b_{24}^* + r_{13}b_{34}^* \end{bmatrix}$$

当 $j=3, k=1,2$, 有

$$R'_{y(3)1\mathrm{II}} = 2(\theta_{12}, \theta_{13}, \theta_{14}) \left(r_{13} \begin{bmatrix} b_{12}^* \\ b_{13}^* \\ b_{14}^* \end{bmatrix} + r_{23} \begin{bmatrix} b_{22}^* \\ b_{23}^* \\ b_{24}^* \end{bmatrix} + r_{23} \begin{bmatrix} b_{32}^* \\ b_{33}^* \\ b_{34}^* \end{bmatrix} \right)$$

$$= 2(\theta_{12}, \theta_{13}, \theta_{14}) \begin{bmatrix} b_{12}^* & b_{22}^* & b_{32}^* \\ b_{13}^* & b_{23}^* & b_{33}^* \\ b_{14}^* & b_{24}^* & b_{34}^* \end{bmatrix} \begin{bmatrix} r_{13} \\ r_{23} \\ 1 \end{bmatrix}$$

$$= 2(\theta_{12}, \theta_{13}, \theta_{14}) \begin{bmatrix} r_{13}b_{12}^* + r_{23}b_{22}^* + b_{32}^* \\ r_{13}b_{13}^* + r_{23}b_{23}^* + b_{33}^* \\ r_{13}b_{14}^* + r_{23}b_{24}^* + b_{34}^* \end{bmatrix}$$

以上, 把 $R'_{y(j)1\mathrm{II}}$ 中, $j=1,2,3$ 的计算全写出来了, 其规律有以下三条.

第一, 当 $R'_{y(j)\alpha\mathrm{II}}$ 中 $\alpha=1$ 时, 对所有 $j=1,2,3$, 其计算式中的公共因子为

$$2(\theta_{12}, \theta_{13}, \theta_{14}) \begin{bmatrix} b_{12} & b_{22}^* & b_{32}^* \\ b_{13} & b_{23}^* & b_{33} \\ b_{14} & b_{24}^* & b_{24}^* \end{bmatrix} \tag{6.5.14}$$

由式 (6.5.6) 知, $R_{y(j)\mathrm{II}}$ 的计算中的一个因子是 $(\theta_{12}, \theta_{13}, \cdots, \theta_{(p-1)p})$, 当 $p=4$ 时, 为 $(\theta_{12}, \theta_{13}, \theta_{14}, \theta_{23}, \theta_{24}, \theta_{34})$, $(\theta_{12}, \theta_{13}, \theta_{14})$ 是它的子向量, 由 $\alpha=1$ 确定, 即 $\theta_{\alpha t}$ 双足码中均有 $\alpha=1$.

第二, $\begin{bmatrix} b_{12}^* & b_{22}^* & b_{32}^* \\ b_{13}^* & b_{23}^* & b_{33}^* \\ b_{14}^* & b_{24}^* & b_{34}^* \end{bmatrix}$ 是 $b^{*\mathrm{T}}$ 阵去掉第 1 行生成的.

第三, 当 $m=3$ 时, $R_{xx} = \begin{bmatrix} 1 & r_{12} & r_{13} \\ r_{21} & 1 & r_{23} \\ r_{31} & r_{23} & 1 \end{bmatrix}$ 由第 1、第 2 和第 3 列向量组成,

则有如下计算结果:

$$(R'_{y(1)1\mathrm{II}}, R'_{y(2)1\mathrm{II}}, R'_{y(3)1\mathrm{II}})$$

6.5 多对多的通径分析及其决策分析 (II)

$$=2(\theta_{12},\theta_{13},\theta_{14})\begin{bmatrix} b_{12}^* & b_{22}^* & b_{32} \\ b_{13}^* & b_{23}^* & b_{33}^* \\ b_{14}^* & b_{24}^* & b_{34}^* \end{bmatrix}\left[\begin{bmatrix} 1 \\ r_{21} \\ r_{31} \end{bmatrix},\begin{bmatrix} r_{12} \\ 1 \\ r_{23} \end{bmatrix},\begin{bmatrix} r_{13} \\ r_{23} \\ 1 \end{bmatrix}\right] \quad (6.5.15)$$

这个结果易推广到 $\alpha=2,3,4$:

$$(R'_{y(1)2\text{II}},R'_{y(2)2\text{II}},R'_{y(3)2\text{II}})$$
$$=2(\theta_{12},\theta_{23},\theta_{24})\begin{bmatrix} b_{11}^* & b_{21}^* & b_{31}^* \\ b_{13}^* & b_{23}^* & b_{33}^* \\ b_{14}^* & b_{24}^* & b_{34}^* \end{bmatrix}\left[\begin{bmatrix} 1 \\ r_{21} \\ r_{31} \end{bmatrix},\begin{bmatrix} r_{12} \\ 1 \\ r_{23} \end{bmatrix},\begin{bmatrix} r_{13} \\ r_{23} \\ 1 \end{bmatrix}\right]$$
$$(b^{*\text{T}}去掉第\ 2\ 行)$$

$$(R'_{y(1)3\text{II}},R'_{y(2)3\text{II}},R'_{y(3)3\text{II}})$$
$$=2(\theta_{13},\theta_{23},\theta_{34})\begin{bmatrix} b_{11}^* & b_{21}^* & b_{31}^* \\ b_{12}^* & b_{22}^* & b_{32}^* \\ b_{14}^* & b_{24}^* & b_{34}^* \end{bmatrix}\left[\begin{bmatrix} 1 \\ r_{21} \\ r_{23} \end{bmatrix},\begin{bmatrix} r_{12} \\ 1 \\ r_{23} \end{bmatrix},\begin{bmatrix} r_{13} \\ r_{23} \\ 1 \end{bmatrix}\right]$$
$$(去掉\ b^{*\text{T}}第\ 3\ 行)$$

$$(R'_{y(1)4\text{II}},R'_{y(2)4\text{II}},R'_{y(3)4\text{II}})$$
$$=2(\theta_{14},\theta_{24},\theta_{34})\begin{bmatrix} b_{11}^* & b_{21}^* & b_{31}^* \\ b_{12}^* & b_{22}^* & b_{32}^* \\ b_{13}^* & b_{23}^* & b_{33}^* \end{bmatrix}\left[\begin{bmatrix} 1 \\ r_{21} \\ r_{31} \end{bmatrix},\begin{bmatrix} r_{12} \\ 1 \\ r_{32} \end{bmatrix},\begin{bmatrix} r_{13} \\ r_{23} \\ 1 \end{bmatrix}\right]$$
$$(去掉\ b^{*\text{T}}第\ 4\ 行)$$

上述 $R'_{y(j)\alpha\text{II}}$ 的计算规律由三个因子相乘而得: 第一个因子是由 $2(\theta_{12},\theta_{13},\cdots,\theta_{(p-1)p})$ 中 $\theta_{\alpha t}(\alpha<t)$ 的元素组成的 $1\times m$ 行向量; 第二个因子是由 $\underset{m\times p}{b^{*\text{T}}}$ 去掉第 α 行的 $(p-1)\times m$ 矩阵; 第三个因子是由 R_{xx} m 个列形成的 (第 1 列向量, 第 2 列向量, $\cdots$, 第 m 列向量).

3. $H_0:E(R_{y(j)})=0$ 的 t 检验

由式 (6.5.11) 和式 (6.5.15), $H_0:E(R_{y(j)})=0$ 的 t 检验为

$$t_j=\frac{R_{y(j)}}{\sqrt{\sum_{\alpha-1}^{p}(R'_{y(j)\alpha})^2\frac{c_{jj}(1-tr(B))}{n-m-1}}}\sim t(n-m-1),\quad j=1,2,\cdots,m \quad (6.5.16)$$

【例 6.5.1】中 $R_{y(j)}$ 的 t 检验.

由【例 6.4.3】及前面分析中已知：$p = m = 3, n = 105; R^2 \approx tr(B) = 0.8670; c_{11} = 2.0468, c_{22} = 2.1461, c_{33} = 1.2264$ 及

$$R_{yy}^{-1} = \begin{bmatrix} \theta_{11} & \theta_{12} & \theta_{13} \\ \theta_{21} & \theta_{22} & \theta_{23} \\ \theta_{31} & \theta_{32} & \theta_{33} \end{bmatrix} = \begin{bmatrix} 1.2883 & 0.3583 & 0.5142 \\ 0.3583 & 1.1030 & 0.2012 \\ 0.5142 & 0.2012 & 1.2086 \end{bmatrix}$$

$$R_{xx} = \begin{bmatrix} 1 & r_{12} & r_{13} \\ r_{21} & 1 & r_{23} \\ r_{31} & r_{32} & 1 \end{bmatrix} = \begin{bmatrix} 1 & 0.711 & -0.367 \\ 0.711 & 1 & -0.418 \\ -0.367 & -0.418 & 1 \end{bmatrix}$$

$$b^* = \begin{bmatrix} b^*_{11} & b^*_{12} & b^*_{13} \\ b^*_{21} & b^*_{22} & b^*_{23} \\ b^*_{31} & b^*_{32} & b^*_{33} \end{bmatrix} = \begin{bmatrix} 0.6767 & 0.1323 & -0.2510 \\ -1.0631 & 0.3121 & 0.5994 \\ -0.2510 & 0.3520 & 0.4986 \end{bmatrix}$$

$$b^{*\mathrm{T}} = \begin{bmatrix} b^*_{11} & b^*_{21} & b^*_{31} \\ b^*_{12} & b^*_{22} & b^*_{32} \\ b^*_{13} & b^*_{23} & b^*_{33} \end{bmatrix} = \begin{bmatrix} 0.6767 & -1.0631 & -0.2510 \\ 0.1323 & 0.3121 & 0.3520 \\ -0.2510 & 0.5994 & 0.4986 \end{bmatrix}$$

(1) $R'_{y(j)\alpha\mathrm{I}}$ 的计算　由式 (6.5.13) 所示 $R'_{y(j)\alpha\mathrm{I}} = 2\theta_{\alpha\alpha}(r_{jy\alpha} - b^*_{j\alpha})$ 计算得

$$\begin{cases} R'_{y(1)1\mathrm{I}} = 2\theta_{11}(r_{1y_1} - b^*_{11}) = -1.7101 \\ R'_{y(1)2\mathrm{I}} = 2\theta_{22}(r_{1y_2} - b^*_{12}) = 0.2045 \\ R'_{y(1)3\mathrm{I}} = 2\theta_{33}(r_{1y_3} - b^*_{13}) = 0.6744 \end{cases}$$

$$\begin{cases} R'_{y(2)1\mathrm{I}} = 2\theta_{11}(r_{2y_1} - b^*_{21}) = 1.5101 \\ R'_{y(2)2\mathrm{I}} = 2\theta_{22}(r_{2y_2} - b^*_{22}) = -0.1171 \\ R'_{y(2)3\mathrm{I}} = 2\theta_{33}(r_{2y_3} - b^*_{23}) = -0.8736 \end{cases}$$

$$\begin{cases} R'_{y(3)1\mathrm{I}} = 2\theta_{11}(r_{3y_1} - b^*_{31}) = 0.5050 \\ R'_{y(3)2\mathrm{I}} = 2\theta_{22}(r_{3y_2} - b^*_{32}) = -0.3949 \\ R'_{y(3)3\mathrm{I}} = 2\theta_{33}(r_{3y_3} - b^*_{33}) = -0.4148 \end{cases}$$

(2) $R'_{y(j)\alpha\mathrm{II}}$ **的计算**　由 $R'_{y(j)\alpha\mathrm{II}}$ 的计算规律有

i) $R'_{y(j)1\mathrm{II}}$ 的计算

6.5 多对多的通径分析及其决策分析 (Ⅱ)

$R'_{y(j)1\Pi}$ 的公共因子为 $\theta_{\alpha t}$ 中 $\alpha = 1$ 的元素形成行向量,它与 b^{*T} 中去掉第 1 行所得矩阵的乘积:

$$2(\theta_{12}, \theta_{13}) \begin{bmatrix} b^*_{12} & b^*_{22} & b^*_{32} \\ b^*_{13} & b^*_{23} & b^*_{33} \end{bmatrix}$$

$$= 2(0.3583, 0.5142) \begin{bmatrix} 0.1332 & 0.3121 & 0.3520 \\ -0.2510 & 0.5994 & 0.4986 \end{bmatrix}$$

$$= (0.7166, 1.0284) \begin{bmatrix} 0.1332 & 0.3121 & 0.3520 \\ -0.2510 & 0.5994 & 0.4986 \end{bmatrix}$$

$$= (-0.1627, 0.8401, 0.7650)$$

用它分别乘以 R_{xx} 第 1、第 2 和第 3 列,得

$$R'_{y(1)1\Pi} = (-0.1627, 0.8401, 0.7650) \begin{bmatrix} 1 \\ 0.711 \\ -0.367 \end{bmatrix} = 0.1538$$

$$R'_{y(2)1\Pi} = (-0.1627, 0.8401, 0.7650) \begin{bmatrix} 0.711 \\ 1 \\ -0.418 \end{bmatrix} = 0.4070$$

$$R'_{y(3)1\Pi} = (-0.1627, 0.8401, 0.7650) \begin{bmatrix} -0.367 \\ -0.418 \\ 1 \end{bmatrix} = 0.4735$$

ii) $R'_{y(j)2\Pi}$ 的计算

其公共因子涉及 $\alpha = 2$ 的 θ_{2t} 及 b^{*T} 取掉第 2 行的矩阵:

$$2(\theta_{12}, \theta_{23}) \begin{bmatrix} b^*_{11} & b^*_{21} & b^*_{31} \\ b^*_{13} & b^*_{23} & b^*_{33} \end{bmatrix}$$

$$= 2(0.3583, 0.2012) \begin{bmatrix} 0.6767 & -1.0631 & -0.2510 \\ -0.2510 & 0.5994 & 0.4986 \end{bmatrix}$$

$$= (0.7166, 0.4024) \begin{bmatrix} 0.6767 & -1.0631 & -0.2510 \\ -0.2510 & 0.5994 & 0.4986 \end{bmatrix}$$

$$= (0.3839, -0.5206, 0.02077)$$

用它分别乘以 R_{xx} 第 1、第 2 和第 3 列得

$$R'_{y(1)2\Pi} = (0.3839, -0.5206, 0.02077) \begin{bmatrix} 1 \\ 0.711 \\ -0.367 \end{bmatrix} = 0.0061$$

$$R'_{y(2)2\Pi} = (0.3839, -0.5206, 0.02077) \begin{bmatrix} 0.711 \\ 1 \\ -0.418 \end{bmatrix} = -0.2563$$

$$R'_{y(3)2\Pi} = (0.3839, -0.5206, 0.02077) \begin{bmatrix} -0.367 \\ -0.418 \\ 1 \end{bmatrix} = 0.0975$$

iii) $R'_{y(j)3\Pi}$ 的计算

$R'_{y(j)3\Pi}$ 的公共因子涉及 $\alpha = 3$ 的 $\theta_{\alpha 3}$ 和 $b^{*\mathrm{T}}$ 去掉第 3 行的矩阵：

$$2(\theta_{13}, \theta_{23}) \begin{bmatrix} b^*_{11} & b^*_{21} & b^*_{31} \\ b^*_{12} & b^*_{22} & b^*_{32} \end{bmatrix}$$

$$= 2(0.5142, 0.2012) \begin{bmatrix} 0.6767 & -1.0631 & -0.2510 \\ 0.1323 & 0.3121 & 0.5994 \end{bmatrix}$$

$$= (1.0284, 0.4024) \begin{bmatrix} 0.6767 & -1.0631 & -0.2510 \\ 0.1323 & 0.3121 & 0.5994 \end{bmatrix}$$

$$= (0.7492, -0.9677, -0.0169)$$

用它分别乘 R_{xx} 第 1、第 2 和第 3 列得

$$R'_{y(1)3\Pi} = (0.7492, -09677, -0.0169) \begin{bmatrix} 1 \\ 0.711 \\ -0.367 \end{bmatrix} = 0.0674$$

$$R'_{y(2)3\Pi} = (0.7492, -0.9677, -0.0169) \begin{bmatrix} 0.711 \\ 1 \\ -0.418 \end{bmatrix} = -0.4280$$

$$R'_{y(3)3\Pi} = (0.7492, -0.9677, -0.0169) \begin{bmatrix} -0.367 \\ -0.418 \\ 1 \end{bmatrix} = 0.1126$$

(3) $R'_{y(j)\alpha}$, $\sum\limits_{\alpha=1}^{p}(R'_{y(j)\alpha})^2$ 的计算 据 $R'_{y(j)\alpha} = R'_{y(j)\alpha\mathrm{I}} + R'_{y(j)\alpha\mathrm{II}}$ 得

6.5 多对多的通径分析及其决策分析 (II)

$$\begin{cases} R'_{y(1)1} = -1.7103 + 0.1539 = -1.5564, \\ R'_{y(1)2} = 0.2045 + 0.0061 = 0.2105, \\ R'_{y(1)3} = 0.6744 + 0.0674 = 0.7418, \end{cases} \sum_{\alpha=1}^{3}(R'_{y(1)\alpha})^2 = 3.0170$$

$$\begin{cases} R'_{y(2)1} = 1.5101 + 0.4070 = 1.9171, \\ R'_{y(2)2} = -0.1171 - 0.2563 = -0.3734, \\ R'_{y(2)3} = -0.8736 - 0.4280 = -1.3016, \end{cases} \sum_{\alpha=1}^{3}(R'_{y(2)\alpha})^2 = 5.5089$$

$$\begin{cases} R'_{y(3)1} = 0.5050 + 0.0674 = 0.5724, \\ R'_{y(3)2} = -0.3949 + 0.0975 = -0.2974, \\ R'_{y(3)3} = -0.4148 + 0.1126 = -0.3022, \end{cases} \sum_{\alpha=1}^{3}(R'_{y(3)\alpha})^2 = 0.5074$$

(4) $S^2_{R_{y(j)}}$ **的计算** 由式 (6.5.11) 及【例 6.5.1】的已知结果得

$$S^2_{R_{y(1)}} = \frac{2.0468(1 - 0.8670)}{105 - 3 - 1} \times 3.0170 = 0.0081$$

$$S^2_{R_{y(2)}} = \frac{2.1461(1 - 0.8670)}{105 - 3 - 1} \times 5.5089 = 0.0156$$

$$S^2_{R_{y(3)}} = \frac{1.2264(1 - 0.8670)}{105 - 3 - 1} \times 0.5074 = 0.0008$$

(5) $R_{y(j)}$ **的 t 检验** 已计算出的广义决策系数为

$$R_{y(1)} = -0.3856, \quad R_{y(2)} = -0.1157, \quad R_{y(3)} = 0.1622$$

则据式 (6.5.16) 进行的 t 检验结果为

$$t_1 = \frac{-0.3856}{\sqrt{0.0081}} = -4.2844^{**}, \quad t_2 = \frac{-0.1157}{\sqrt{0.0156}} = -0.9263, \quad t_3 = \frac{0.1622}{\sqrt{0.0011}} = 5.6662^{**}$$

其中 $t_{0.05}(101) = 1.986, t_{0.01}(101) = 2.631$.

结果表明,【例 6.5.1】(即【例 6.4.3】) 中, x_1(单株生物产量) 是影响 y_1(每株穗数)、y_2(每穗粒数) 和 y_3(千粒重) 增加的限制性因素, 即 x_1 不利 $\underset{3 \times 1}{Y} \uparrow$ 是极显著的; x_3(经济系数) 是 $\underset{3 \times 1}{Y} \uparrow$ 增长的决策因素, 其决定作用极显著; x_2(单茎草重) 不利 $\underset{3 \times 1}{Y} \uparrow$ 不显著, 在育种中应适当减少或保持不变即可. 这样, 对著作《小麦生态育种》中关于旱薄型 – 旱肥型育种模式结论的正确性, 就提供了统计学和数量遗传学的理论基础.

本章将一对多的通径分析及其决策分析发展为多 $\underset{p\times 1}{Y}$ 对多 $\underset{m\times 1}{X}$ 的通径分析及广义决策分析，提出了 $\underset{m\times 1}{X}$ 与 $\underset{p\times 1}{Y}$ 的广义决定系数 $R^2 = r_{xy}^2$ 及广义复相关系数 r_{xy}、广义决策系数 $R_{y(j)}$ 的定义. 计算和统计检验，并利用 $R_{y(j)}$ 取值对 x_j 是否有利于 $\underset{p\times 1}{Y}\uparrow$ 进行了统计推断，完成了多对多封闭系统的通径分析及其决策分析.

第 7 章 主成分分析与因子分析

本章讲解主成分分析、因子分析和对应分析及有关的通径、决策分析,并举例说明它们的应用.

7.1 主成分分析及其通径分析与决策分析

7.1.1 主成分分析及其性质

多指标问题的麻烦一是指标多, 二是多指标间的相关性. 这样会使提供的整体信息发生重叠, 不易得出本质性的规律. 主成分分析是研究如何将多指标问题化为较少的综合指标问题. 综合指标是原来多个指标的线性组合, 虽然这些线性综合指标是不能直接观测到的, 但这些综合指标间互不相关, 又能反映原来多指标的信息.

设 $X = (x_1, x_2, \cdots, x_m)^{\mathrm{T}} \sim N_m(\mu, \Sigma_x)$, 不妨设 $\mu = 0$(若不等于 0, 可中心化成 0) 且 Σ_x 满秩, 即 $X \sim N(0, \Sigma_x)$. 现要将 X 变为新的随机向量 $F = (F_1, F_2, \cdots, F_m)^{\mathrm{T}}$ 又不损失 X 的变异信息, 这就相当于求一个线性变换

$$\begin{cases} F_1 = u_{11}x_1 + u_{12}x_2 + \cdots + u_{1m}x_m, \\ F_2 = u_{21}x_1 + u_{22}x_2 + \cdots + u_{2m}x_m, \\ \qquad \cdots\cdots \\ F_m = u_{m1}x_1 + u_{m2}x_2 + \cdots + u_{mm}x_m, \end{cases} \quad \text{或} F = U^{\mathrm{T}}X \tag{7.1.1}$$

其中

$$U = \begin{bmatrix} u_{11} & u_{21} & \cdots & u_{m1} \\ u_{12} & u_{22} & \cdots & u_{m2} \\ \vdots & \vdots & & \vdots \\ u_{1m} & u_{2m} & \cdots & u_{mm} \end{bmatrix} = (U_1, U_2, \cdots, U_m), \quad F_i = U_i^{\mathrm{T}}X$$

各 x_i 的变异信息由方差 $\sigma_{ii} = \sigma_i^2$ 表示. 要想使少数几个 F_i 能反映 X 的绝大部分变异信息, 又要求各 F_i 间信息不重叠 (即不相关), 则 F 的各分量应满足如下要求

(1) F_i 在 $U_i^{\mathrm{T}}U_i = 1$ 之下方差最大, 即

$$V(F_i) = U_i^{\mathrm{T}} \sum_x U_i = \max \quad (i = 1, 2, \cdots, m) \tag{7.1.2}$$

$$(2)\ Cov(F_i, F_j) = U_i^T \Sigma_x U_j = 0 (i \neq j) \qquad (7.1.3)$$

上述表明 (7.1.1) 变换应要求 U 为正交阵, 而 (7.1.2) 为一条件极值问题. 运用拉格朗日乘数法构造函数

$$f(U_i) = U_i^T \Sigma_x U_i - \lambda_i (U_i^T U_i - 1) \qquad (7.1.4)$$

则 U_i 应使

$$\frac{df}{dU_i} = 2\Sigma_x U_i - 2\lambda_i U_i = 0 \qquad (7.1.5)$$

即

$$\Sigma_x U_i = \lambda_i U_i \quad \text{或} \quad (\Sigma_x - \lambda_i I_m) U_i = 0 \qquad (7.1.6)$$

即使 $V(F_i) = U_i^T \Sigma_x U_i = \max$ 的向量 U_i 应为 Σ_x 的非零特征根 λ_i 所对应的单位特征向量. 设 Σ_x 的非零特征根为 $\lambda_1 \geqslant \lambda_2 \geqslant \cdots \geqslant \lambda_m > 0$, 它们所对应的单位特征向量分别为 $U_1, U_2, \cdots, U_m$, 则 $F_1 = U_1^T X, F_2 = U_2^T X, \cdots, F_m = U_m^T X$ 分别称为随机向量 X 的第一主成分, 第二主成分, $\cdots$, 第 m 主成分, 这些主成分就是我们所求的综合指标, 且具有以下性质.

(1) F_i 的方差为 λ_i.

由于 $F_i = U_i^T X$, 而式 (7.1.6) 指出 $\Sigma_x U_i = \lambda_i U_i$, 故 $V(F_i) = U_i^T \Sigma_x U_i = \lambda_i U_i^T U_i = \lambda_i$. 这说明第 i 主成分是具有方差 λ_i 的 X 分量的正规化线性组合.

(2) F_i 与 $F_j (i \neq j, \lambda_i \neq \lambda_j)$ 不相关.

由于 λ_i 与 λ_j 为实对称阵 Σ_x 的两个不同的特征根, U_i 与 U_j 为对应的单位化特征向量, 且 $\Sigma_x U_i = \lambda_i U_i, \Sigma_x U_j = \lambda_j U_j$. 因此 $\lambda_i U_i^T U_j = U_i^T \Sigma_x U_j = \lambda_j U_i^T U_j$, $(\lambda_i - \lambda_j) U_i^T U_j = 0$, 但 $\lambda_i \neq \lambda_j$, 故必有 $U_i^T U_j = 0$. 这样有

$$Cov(F_i, F_j) = Cov(U_i^T X, U_j^T X) = U_i^T Cov(X, X) U_j = U_i^T \Sigma_x U_j = \lambda_j U_i^T U_j = 0,$$

故 F_i 与 F_j 不相关.

综合上述, 由 Σ_x 的单位特征向量所组成的矩阵 U 为正交阵, 即 $UU^T = U^T U = I_m$, 它表明:

$$U_i^T U_j = \begin{cases} 1, & i = j \\ 0, & i \neq j \end{cases} \qquad (7.1.7)$$

且 U 与 U^T 互逆.

(3) F 的均值与方差.

F 的均值 $E(F) = E(U^T X) = U^T E(X) = 0$, F 的协方差阵为 $V(F) = V(U^T X) =$

7.1 主成分分析及其通径分析与决策分析

$U^T \Sigma_x U = \Lambda$:

$$\Lambda = \begin{bmatrix} \lambda_1 & & & 0 \\ & \lambda_2 & & \\ & & \ddots & \\ 0 & & & \lambda_m \end{bmatrix} \tag{7.1.8}$$

即在 $X \sim N_m(0, \Sigma_x)$ 之下，$F \sim N_m(0, \Lambda)$. 同时

$$\Sigma_x = U\Lambda U^T = \sum_{i=1}^{m} \lambda_i U_i U_i^T \tag{7.1.9}$$

表明 Λ 是 Σ_x 在正交变换下的一个标准型，而 $U_1, U_2, \cdots, U_m$ 是 m 维欧氏空间的一组标准正交基.

(4) $\sum_{i=1}^{m} \sigma_{ii} = \sum_{i=1}^{m} \sigma_i^2 = \sum_{i=1}^{m} \lambda_i$.

$\sum_{i=1}^{m} \sigma_{ii} = \sum_{i=1}^{m} \sigma_i^2$ 是 Σ 主对角线元素之和，即 Σ_x 的迹 $tr(\Sigma_x)$，$\sum_{i=1}^{m} \lambda_i$ 是 Λ 的迹 $tr(\Lambda)$. 由迹的性质知

$$\sum_{i=1}^{m} \sigma_i^2 = tr(\Sigma_x) = tr(U\Lambda U^T) = tr(\Lambda U U^T) = tr(\Lambda) = \sum_{i=1}^{m} \lambda_i$$

该性质表明，主成分分析是在迹不变的意义下，将 X 各分量的方差全部保留下来，由此定义

$$\eta_i = \lambda_i / tr(\Sigma_x) = \lambda_i / tr(\Lambda) \tag{7.1.10}$$

为 F_i 对 X 各分量方差总和的贡献率，简称 F_i 的方差贡献率，其值越大，表明 F_i 综合 X 的能力越强. 称

$$\eta(l) = \sum_{i=1}^{l} \eta_i = \sum_{i=1}^{l} \lambda_i \bigg/ \sum_{i=1}^{m} \lambda_i \tag{7.1.11}$$

为 $F_1, F_2, \cdots, F_l (l \leqslant m)$ 的累加方差贡献率，在实用上取 $\eta(l) \geqslant 85\%$ 就够了. 当取 $l < m$ 时，既用 $F_1, F_2, \cdots, F_l$ 简化了原指标系统 $x_1, x_2, \cdots, x_m$ (降维且 F_i 间相互独立)，又能反映 X 各分量方差总和的 85% 以上.

(5) 如果用 X 的相关阵 R 进行主成分分析，R 的特征根为 $\lambda_1' \geqslant \lambda_2' \geqslant \cdots \geqslant \lambda_m' > 0$，对应的单位特征向量为 $V_1, V_2, \cdots, V_m$，则所求的主成分分别为 $H_i = V_i^T X'$，

$i=1,2,\cdots,m$. X' 为 X 的标准化变量. λ_i', R 和 V_i 满足 $RV_i = \lambda_i' V_i$. 令

$$\sigma = \begin{bmatrix} \sigma_1 & & & O \\ & \sigma_2 & & \\ & & \ddots & \\ O & & & \sigma_m \end{bmatrix} \tag{7.1.12}$$

其中 σ_i 为 x_i 的标准差. 值得强调的是 $V_i \neq U_i$. 由于 $\Sigma_x U_i = \lambda_i U_i$, $\sigma R \sigma = \Sigma_x$, 则 $\sigma R \sigma U_i = \lambda_i U_i$, 故

$$R\sigma U_i = \lambda_i \sigma^{-2} \sigma U_i \tag{7.1.13}$$

即 λ_i 为 R 关于 σ^{-2} 的特征值, σU_i 为 R 关于 σ^{-2} 的特征向量, 因而 $V_i \neq \sigma U_i$. 因而, 用 X 的协方差阵和相关阵分别进行主成分分析是不同的.

7.1.2 主成分对 X 的作用

下面讨论主成分对 X 的作用. 由于 U 为正交阵, 故由 $F = U^{\mathrm{T}} X$ 有 $X = UF$, 即

$$\begin{bmatrix} x_1 \\ x_2 \\ \vdots \\ x_m \end{bmatrix} = \begin{bmatrix} u_{11} & u_{21} & \cdots & u_{m1} \\ u_{12} & u_{22} & \cdots & u_{m2} \\ \vdots & \vdots & & \vdots \\ u_{1m} & u_{2m} & \cdots & u_{mm} \end{bmatrix} \begin{bmatrix} F_1 \\ F_2 \\ \vdots \\ F_m \end{bmatrix} = U_1 F_1 + U_2 F_2 + \cdots + U_m F_m \tag{7.1.14}$$

(7.1.14) 表明 x_i 是 $F_1, F_2, \cdots, F_m$ 的线性组合, U_i 反映了 F_i 对 X 的作用. 如果 U_i 中只有 u_{ij} 不等于 0, 说明 F_i 只对 x_j 起作用, 这时称 F_i 为 x_j 的特殊主成分; 如果 U_i 中每个分量均不等于 0, 说明 F_i 对 X 的各分量都起作用, 这时称 F_i 为公共主成分. 由 (7.1.14) 有 $x_i = u_{1i} F_1 + u_{2i} F_2 + \cdots + u_{mi} F_m$, 则由 $V(x_i) = \sigma_{ii} = \sigma_i^2$ 得

$$\sigma_i^2 = u_{1i}^2 \lambda_1 + u_{2i}^2 \lambda_2 + \cdots + u_{mi}^2 \lambda_m \tag{7.1.15}$$

注意到 u_{ji} 为 U 中第 j 列第 i 行元素, 由此分别称

$$\begin{cases} v_{ij} = \dfrac{u_{ji}^2 \lambda_j}{\sigma_i^2} \\ v_i(l) = \dfrac{\sum\limits_{j=1}^{l} u_{ji}^2 \lambda_j}{\sigma_i^2} \end{cases} \tag{7.1.16}$$

为 F_j 对 x_i 和前 l 个主成分对 x_i 的方差贡献率. 显然, v_{ij} 越大, x_i 的方差在 F_j 上的承载越大, 为此称

$$a_{ji} = u_{ji} \sqrt{\lambda_j} \quad (i,j = 1, 2, \cdots, m) \tag{7.1.17}$$

为 x_i 在 F_j 的载荷, 即 F_j 上承载了 x_i 标准差的多少, 显然有 $v_{ij} = a_{ji}^2/\sigma_i^2$. 将 (7.1.14) 改写为

$$X = \begin{bmatrix} u_{11} & u_{21} & \cdots & u_{m1} \\ u_{12} & u_{22} & \cdots & u_{m2} \\ \vdots & \vdots & & \vdots \\ u_{1m} & u_{2m} & \cdots & u_{mm} \end{bmatrix} \begin{bmatrix} \sqrt{\lambda_1} & & & 0 \\ & \sqrt{\lambda_2} & & \\ & & \ddots & \\ 0 & & & \sqrt{\lambda_m} \end{bmatrix} \begin{bmatrix} F_1/\sqrt{\lambda_1} \\ F_2/\sqrt{\lambda_2} \\ \vdots \\ F_m/\sqrt{\lambda_m} \end{bmatrix}$$

即

$$X = \begin{bmatrix} a_{11} & a_{21} & \cdots & a_{m1} \\ a_{12} & a_{22} & \cdots & a_{m2} \\ \vdots & \vdots & & \vdots \\ a_{1m} & a_{2m} & \cdots & a_{mm} \end{bmatrix} \begin{bmatrix} f_1 \\ f_2 \\ \vdots \\ f_m \end{bmatrix} = Af \quad (7.1.18)$$

其中 $A = U\Lambda^{\frac{1}{2}} = (a_1, a_2, \cdots, a_m) = (\sqrt{\lambda_1}U_1, \sqrt{\lambda_2}U_2, \cdots, \sqrt{\lambda_m}U_m)$ 为 X 在 F 上的载荷阵, f 为 F 的标准差标准化变量, 即

$$f_i = F_i/\sqrt{\lambda_i}, \quad V(f_i) = 1, \quad V(f) = I_m$$

若称 F_j 对 x_i 的相关系数的平方 $r_{x_iF_j}^2$ 为 F_j 对 x_i 决定系数, 则有

$$r_{x_iF_j}^2 = \frac{Cov^2(x_i, F_j)}{V(F_j)V(x_i)} = \frac{Cov^2(u_{1i}F_1 + u_{2i}F_2 + \cdots + u_{mi}F_m, F_j)}{\lambda_j \sigma_i^2}$$

$$= \frac{u_{ji}^2 \lambda_j^2}{\lambda_j \sigma_i^2} = \frac{u_{ji}^2 \lambda_j}{\sigma_i^2} = \frac{a_{ji}^2}{\sigma_i^2} = v_{ij} \quad (7.1.19)$$

即 F_j 对 x_i 方差贡献率就是 F_j 对 x_i 的决定关系. 由此还可以看出

$$a_{ji} = \sigma_i r_{x_iF_j} \quad (7.1.20)$$

由上述知 v_{ij} 有如下性质:

(1) $\sum\limits_{j=1}^{m} v_{ij} = \sum\limits_{j=1}^{m} \frac{u_{ji}^2 \lambda_j}{\sigma_i^2} = \sum\limits_{j=1}^{m} r_{x_iF_j}^2 = \sum\limits_{j=1}^{m} \frac{a_{ji}^2}{\sigma_i^2} = 1$, 即 F 完全决定了 X, 并表明载荷阵 A 第 i 行的平方和等于 σ_i^2.

(2) $\sum\limits_{i=1}^{m} \sigma_i^2 v_{ij} = \sum\limits_{i=1}^{m} u_{ji}^2 \lambda_j = \sum\limits_{i=1}^{m} a_{ji}^2 = \lambda_j$, 即载荷阵 A 的第 j 列的平方和等于 λ_j.

在应用上是用样本进行主成分分析, 首先由 N 个观察点 $X_\alpha = (x_{1\alpha}, x_{2\alpha}, \cdots, x_{m\alpha})(\alpha = 1, 2, \cdots, n)$ 计算样本偏差平方和阵 L 和样本协方差阵 $S = L/(n-1)$ 或

相关阵 R. 用 S 和 R 都可进行主成分分析,用 R 进行主成分分析可克服量纲不同对分析的影响,二者的关系见 (7.1.13),其中 $\hat{\Sigma}_x = S, \sigma$ 阵由 S 主对角线上元素开平方组成,两种分析步骤一样,求出 S(或 R) 特征根及其单位化特征向量,就可求出各主成分,再根据研究目的选取和解释主成分.

【例 7.1.1】 设 $X = (x_1, x_2, x_3)^{\mathrm{T}}$,其协方差阵为

$$\Sigma = \begin{bmatrix} 2 & 0 & -2 \\ 0 & 4 & 0 \\ -2 & 0 & 5 \end{bmatrix}$$

则

$$|\Sigma_x - \lambda I| = (\lambda - 6)(\lambda - 4)(\lambda - 1) = 0$$

解之,特征根依次为 $\lambda_1 = 6, \lambda_2 = 4, \lambda_3 = 1$,相应的特征向量为

$$y_1 = \begin{bmatrix} 1 \\ 0 \\ -2 \end{bmatrix}, \quad y_2 = \begin{bmatrix} 0 \\ 1 \\ 0 \end{bmatrix}, \quad y_3 = \begin{bmatrix} 2 \\ 0 \\ 1 \end{bmatrix}$$

其长度分别为

$$y_1^{\mathrm{T}} y_1 = 5, \quad y_2^{\mathrm{T}} y_2 = 1, \quad y_3^{\mathrm{T}} y_3 = 5$$

故单位化的特征向量分别为

$$U_1 = \frac{1}{\sqrt{5}} y_1 = \begin{bmatrix} \frac{1}{\sqrt{5}} \\ 0 \\ \frac{-2}{\sqrt{5}} \end{bmatrix}, \quad U_2 = y_2 = \begin{bmatrix} 0 \\ 1 \\ 0 \end{bmatrix}, \quad U_3 = \frac{1}{\sqrt{5}} y_3 = \begin{bmatrix} \frac{2}{\sqrt{5}} \\ 0 \\ \frac{1}{\sqrt{5}} \end{bmatrix}$$

由于 $tr(\Sigma) = 2 + 4 + 5 = 11$,故 $\eta_1 = \dfrac{6}{11}, \eta_2 = \dfrac{4}{11}, \eta_3 = \dfrac{1}{11}$. 前两个主成分的累加贡献率 $\eta(2) = \dfrac{10}{11} = 90.91\%$,故取前两个成分

$$F_1 = U_1^{\mathrm{T}} X = \frac{1}{\sqrt{5}} x_1 - \frac{2}{\sqrt{5}} x_3, \quad F_2 = U_2^{\mathrm{T}} X = x_2$$

就可简化原观察系统,且能够保留原观察系统变异信息的 90.91%,从 F_1, F_2 看,F_2 为特殊主成分,它全面地反映了 x_2;F_1 包含了 x_1 和 x_3 变异信息的大部分,损失部分为 $F_3 = U_3^{\mathrm{T}} X$ 所反映.

下面通过例【例 7.1.2】说明主成分分析的概况.

【例 7.1.2】 用表 7.1.1 所给资料的相关阵 R_{xx},进行主成分分析.

7.1 主成分分析及其通径分析与决策分析

表 7.1.1 小麦区试资料表 (西北农业大学育种组, 1981)

性状	品种								
	7014-R0	7576/3矮7	68G1278	70190-1	9615-11	9615-13	73(36)	丰3	矮3
冬季分蘖	11.5	9.0	7.5	9.1	11.6	13.0	11.6	10.7	11.1
株高	95.3	97.7	110.7	89.0	88.0	87.7	79.7	119.3	87.7
每穗粒数	26.4	30.8	39.7	35.4	29.3	24.6	25.6	29.9	32.2
千粒重	39.2	46.8	39.1	35.3	37.0	44.8	43.7	38.8	35.6
抽穗期 (月/日)	4/19	4/17	4/17	4/18	4/20	4/19	4/19	4/19	4/18
成熟期 (月/日)	6/2	6/6	6/3	6/2	6/7	6/7	6/5	6/5	6/3

(1) 用 $\eta(l) \geqslant 85\%$(式 (7.1.11)) 可将 $x_1, x_2, \cdots, x_m$ 降为 $F_1, F_2, \cdots, F_l (l \leqslant m)$ 维. $X = (x_1, x_2, x_3, x_4, x_6)^{\mathrm{T}}$, 对各分量进行标准化

$$x_i' = \frac{x_i - \bar{x}_i}{\sqrt{l_{ii}/(n-1)}} \quad (i = 1, 2, \cdots, 6)$$

求得相关阵为

$$R_{xx} = \begin{bmatrix} 1.0000 & & & & & \\ -0.4813 & 1.0000 & & & & \\ -0.8875 & 0.4369 & 1.0000 & & & \\ 0.1456 & -0.0853 & -0.4709 & 1.0000 & & \\ 0.8123 & -0.2979 & -0.6883 & -0.1653 & 1.0000 & \\ 0.4044 & -0.0518 & -0.4320 & 0.5148 & 0.3493 & 1.0000 \end{bmatrix}$$

R 的特征值及相应的单位特征向量组成的矩阵 U 为

特征值 λ_i: 3.2439   1.3916   0.8156   0.4359   0.0974   0.0156

$$U = \begin{bmatrix} 0.5182 & -0.2006 & 0.0516 & -0.2003 & 0.6815 & -0.4246 \\ -0.3021 & 0.2102 & 0.8437 & -0.3720 & 0.1193 & -0.0031 \\ -0.5239 & -0.0442 & 0.0178 & 0.4746 & 0.0867 & -0.7004 \\ 0.2145 & 0.7443 & -0.1986 & -0.2309 & -0.2811 & -0.4440 \\ 0.4343 & -0.3962 & 0.3899 & 0.1066 & -0.6349 & -0.2964 \\ 0.3619 & 0.4460 & 0.3061 & 0.7075 & 0.1779 & 0.2103 \end{bmatrix}$$

由于前三个主成分的累计贡献率

$$\eta_{(3)} = \frac{3.2439 + 1.3916 + 0.8156}{6} = 90.85\% > 85\%$$

故取前三个主成分 F_1, F_2 和 F_3 描述 $\underset{6\times 1}{X}$ (降维), 损失变异信息 9.15%:

$$F_1 = 0.5182x_1' - 0.3021x_2' - 0.5239x_3' + 0.2145x_4' + 0.4343x_5' + 0.3619x_6'$$

$$F_2 = -0.2006x'_1 + 0.2102x'_2 - 0.0442x'_3 + 0.7443x'_4 - 0.3962x'_5 + 0.4460x'_6$$

$$F_3 = 0.0516x'_1 + 0.8437x'_2 + 0.0178x'_3 - 0.1986x'_4 + 0.3889x'_5 + 0.3061x'_6$$

F_1 主要综合了 x'_1(分蘖)、x'_3(粒数) 和 x'_5(抽穗期) 的变异信息, 它们的系数分别为 0.5182, −0.5329 和 0.4343, 它们代表了 x'_1, x'_3, x'_5 对 F_1 作用的权数; F_2 主要综合了 x'_4(粒重), x'_5(抽穗期) 和 x'_6(成熟期) 的变异信息; F_3 主要反映了 x'_2(株高), x'_5(抽穗期) 和 x'_6(成熟期) 的信息.

(2) 用 $\eta(l) \geqslant 85\%$ 把 $\underset{m\times 1}{X}$ 降为 $\underset{l\times 1}{F}$ 后, 可用载荷阵 A 第 i 行前 l 个元素平方和 $v_{i(l)} = \sum_{j=1}^{l} \dfrac{a_{ji}^2}{\sigma_i^2}$ 给出 $\underset{l\times 1}{F}$ 对 x_i 的决定系数.

【例 7.1.2】 从相关阵求主成分, 故各 x'_i 的方差 σ_i^2 均为 1. 由 U 阵各列乘以相应的 $\sqrt{\lambda_i}$ 得因子载荷阵 A, 以阐明各 x'_j 的方差在各主成分上的载荷.

列平方和	3.2439	1.3916	0.8165	0.4359	0.0974	0.0156	行平方和

$$A = U\Lambda^{\frac{1}{2}} = \begin{bmatrix} 0.9333 & -0.2473 & 0.0466 & 0.1323 & 0.2121 & -0.0530 \\ -0.5442 & 0.2480 & 0.7620 & -0.2456 & 0.0372 & -0.0004 \\ -0.9436 & -0.0521 & 0.0161 & 0.3133 & 0.0270 & -0.0875 \\ 0.3864 & 0.8781 & -0.1793 & -0.1917 & -0.0877 & -0.0555 \\ 0.7823 & -0.4673 & 0.3522 & 0.0704 & -0.1981 & -0.0370 \\ 0.6518 & 0.5261 & 0.2764 & 0.4671 & 0.0555 & 0.0263 \end{bmatrix} \begin{matrix} 1.000 \\ 1.000 \\ 1.000 \\ 1.000 \\ 1.000 \\ 1.000 \end{matrix}$$

显然, 由上述 v_{ij} 的性质知, 在 $\sigma_i^2 = 1$ 情况下, 载荷阵中各行元素的平方和为 1, 各列的元素平方和为 λ_i.

由式 (7.1.17) 知载荷阵第 i 列第 j 个元素 a_{ji} 的平方

$$a_{ji}^2 = u_{ji}^2 \lambda_j$$

反映了 F_j 所承载的 x_i 的方差 σ_i^2 的部分, 其承载比例 (方差贡献率用) $v_{ij} = a_{ji}^2/\sigma_i^2$ (式 (7.1.16)) 表示. 由于本例中 $\sigma_i^2 = 1$, 故可由 A 计算 F_1, F_2 和 F_3 所承载的各 x'_i 的方差:

$$v_{11} = 0.9333^2 = 87.10\%, \quad v_{12} = (-0.2473)^2 = 6.12\%, \quad v_{13} = 0.0466^2 = 0.22\%$$

F_1, F_2 和 F_3 共同承载了 x_1 方差的 $v_{1(3)} = 93.44\%$. 同理可计算

$$v_{2(3)} = 93.83\%, \quad v_{3(3)} = 89.35\%, \quad v_{4(3)} = 95.25\%$$

$$v_{5(3)} = 95.46\%, \quad v_{6(3)} = 77.80\%$$

这说明用 F_1, F_2 和 F_3 不但能反映 X 变异信息的 90.85%，而且 x_i' 的方差在 F_1, F_2 和 F_3 上的载荷除 x_6' 外均很高，从而用 F_1, F_2 和 F_3 简化原观察系统是可以的.

(3) 由于 $\underset{m\times 1}{X}$ 间相关，故由它计算的样品间有关距离有信息重叠，而用各样品的主成分值计算的样品间欧氏距离为 Mahalanobis 距离 (马氏距离)，无信息重叠，进行聚类能得到真实的结果.

用主成分可计算各样品的主成分值，下面给出 9 个样品的主成分得分值 (用 MATLAB 软件计算)

$$\begin{bmatrix} 0.4655 & -0.9839 & -0.0862 & -1.2567 & -0.2038 & 0.0196 \\ -0.5670 & 2.3646 & -0.5099 & 0.0611 & -0.0128 & 0.1941 \\ -3.2353 & 0.6299 & 0.2608 & 0.2065 & -0.0723 & -0.2039 \\ -1.7144 & -1.1881 & -0.7448 & 0.2593 & -0.1707 & 0.0341 \\ 1.5741 & -0.8208 & 0.6916 & 1.2528 & -0.2145 & 0.0470 \\ 2.4905 & 0.8421 & -0.0632 & -0.0156 & 0.3537 & -0.1712 \\ 1.7311 & 0.2289 & -0.8897 & -0.1449 & -0.3664 & -0.0558 \\ -0.2103 & 0.0777 & 1.9863 & -0.4493 & 0.0590 & 0.0661 \\ -0.5343 & -1.1504 & -0.6449 & 0.0816 & 0.6278 & 0.0698 \end{bmatrix}$$

例如：第一个样品的第一主成分值为 $0.1582\times 0.5476-0.3021\times 0.02293+0.5239\times 0.82977-0.2145\times 0.20189+0.4344\times 0.54800-0.3619\times 1.21800=0.4655$(注意：样品的指标是标准化后的值).

分别以样品的第一和第二主成分得分值为 x 轴和 y 轴，画出的 9 个样品数据点标记如图 7.1.1 所示.

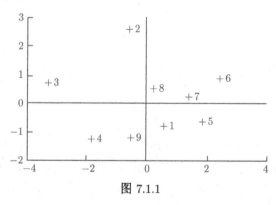

图 7.1.1

用主成分值可计算各样品间的距离 (马氏距离) 进行样品的聚类. 主成分还可以用来筛选变量，建立好的回归模型，如在上例中第 6 个特征根 $\lambda_6 = 0.0156 \approx 0$，说明 F_6 近似具有多重共线性，由于 F_6 中 x_3' 权重最大 (-0.7004)，故应予以删除，

这样用 $x'_1, x'_2, x'_4, x'_5, x'_6$ 要比原来的六个变量进行主成分或回归分析效果要好.

(4) $F_j = u_{j1}x_1 + u_{j2}x_2 + \cdots + u_{jm}x_m (j = 1, 2, \cdots, p)$，则

$$\left(\frac{\partial F_j}{\partial x_1}, \frac{\partial F_j}{\partial x_2}, \cdots, \frac{\partial F_j}{\partial x_m}\right) = (u_{j1}, u_{j2}, \cdots, u_{jm}) = U_j^{\mathrm{T}} \quad (U \text{的第} j \text{列转置})$$

为 F_j 在 $(x_1, x_2, \cdots, x_m)$ 处的最速上升方向，或称为梯度方向. 由于 F_j 之间相互独立，主成分分析亦是方差极大化的一种梯度分析 (gradient analysis). 梯度是随各 X 之间相关结构变化而使主成分 F_1 到 F_m 的方差贡献由大到小的变化. 每一个主成分均为一种梯度.

$x_1, x_2, \cdots, x_m$ 之间的相关结构可用其系统聚类形成的性状团表示，这种性状团会随 F_j 的变化而共升降. 下面用【例 7.1.2】予以说明. 第 6 章 6.3 节用【例 7.1.2】的相关阵 R_{xx} 系统聚类，聚类的性状团动态过程为

$$\{x_1, x_5\} \to \{x_6, x_4\} \to \{x_2, x_3\} \to \{x_1, x_5, x_6, x_4\} \to \{x_1, x_5, x_6, x_4, x_2, x_3\},$$

按 6.3 节广义复相关系数计算的前三个性状团间的相关结构为

$$r_{(15)(64)} = 0.6790^{**}, \quad r_{(15)(23)} = 0.8988^{*}, \quad r_{(23)(64)} = 0.5515$$

$$r_{(1564)(23)} = 0.9828^{**}$$

在 X 的相关结构基础上，按相关性状团形成的顺序将 F_1, F_2, F_3 改写成

$$F_1 = 0.5182x'_1 + 0.4343x'_5 + 0.3619x'_6 + 0.2145x'_4 - 0.3021x'_2 - 0.5239x'_3$$

$$F_2 = -0.2096x'_1 - 0.3962x'_5 + 0.4460x'_6 + 0.7443x'_4 + 0.2102x'_2 - 0.0442x'_3$$

$$F_3 = 0.0516x'_1 + 0.3889x'_5 + 0.3061x'_6 - 0.1986x'_4 + 0.8437x'_2 + 0.0178x'_3$$

比较 F_1, F_2, F_3 可看出各性状团间的系数存在有规律的同升同降的梯度现象

性状团	$(x_1, x_5)^{\mathrm{T}}$	$(x_6, x_4)^{\mathrm{T}}$	$(x_2, x_3)^{\mathrm{T}}$
$F_1 \to F_2$	降	升	升
$F_2 \to F_3$	升	降	升

为什么会有这种现象呢？这是因为表 7.1.1 所示参试的 9 个品种育种年代不同，测试的 6 个性状表现了不同的选育思想所致. 对于主成分分析而言，F_1 一般反映了参试品种在各观测性状上的共性，其中包括了它们之间的协调程度与差异，因而它的方差贡献 λ_i 最大 $\left(\dfrac{\lambda_1}{6} = 54.1\%\right)$. F_2, F_3 等则反映了不同年代、不同育种思想所育成的参试品种的表现. 这些差异主要表现在 F_j 在各 x_i 方向上的速度上，即梯度方向. 对本例而言，F_1, F_2 和 F_3 在 $(x'_1, x'_5, x'_6, x'_4, x'_2, x'_3)$ 处的梯度分别为

$$\begin{array}{cccccccc}
 & x'_1 & x'_5 & x'_6 & x'_4 & x'_2 & x'_3 \\
F_1: (& 0.5182 & 0.4343 & 0.3619 & 0.2145 & -0.3021 & -0.5239) \\
F_2: (& -0.2069 & -0.3962 & 0.4460 & 0.7443 & 0.2102 & -0.0443) \\
F_3: (& 0.0516 & 0.3889 & 0.3061 & -0.1986 & 0.8437 & 0.0178)
\end{array}$$

显然, 在保证抽穗期 (x'_5) 与成熟期 (x'_6) 基本稳定前提下, F_2 代表了提高 x'_4(千粒重) 而对 x'_1(冬季分蘖) 和 x'_3(每穗粒数) 反向选择的育种思想; F_3 代表了对株高 (x'_2) 进行正向选择、协调 x'_1 和 x'_3 以弱化二者的负相关并有利于保持中等粒重的育种思想.

(5) x'_i 在 $F = (F_1, F_2, F_3, F_4, F_5, F_6)^{\mathrm{T}}$ 处的梯度为 U 的第 i 行

$$\left(\frac{\partial x'_i}{\partial F_1}, \frac{\partial x'_i}{\partial F_2}, \cdots, \frac{\partial x'_i}{\partial F_m} \right) = (u_{1i}, u_{2i}, \cdots, u_{mi}), \quad i = 1, 2, \cdots, m$$

在育种上, F_j 可作为表型方差或表型相关最大的多性状综合选择函数. 在 x'_i 的梯度方向上, 若 $\dfrac{\partial x'_i}{\partial F_j} > 0$, 则在 F_j 中 x'_i 为正向选择, 否则为负向选择. 因而, x'_i 梯度方向各分量之和 $\sum\limits_{j=1}^{m} u_{ji} > 0$, 表明在 F 处 x'_i 取正向选择占优势, 否则取负向选择占优势, 前者称为 x'_i 在 F 处上调, 记为 $x'_i \left(+, \sum\limits_{j=1}^{m} u_{ji} > 0 \right)$, 后者称为 x'_i 在 F 处下调, 记为 $x'_i \left(-, \sum\limits_{j=1}^{m} u_{ji} < 0 \right)$.

对于本例, 在 F_1, F_2, F_3 共占方差贡献 90.85% 的意义下, $(F_1, F_2, F_3)^{\mathrm{T}}$ 的 x'_i 上调为 $x'_i \left(+, \sum\limits_{j=1}^{3} u_{ji} > 0 \right)$, x'_i 下调为 $x'_i \left(-, \sum\limits_{j=1}^{3} u_{ji} < 0 \right)$. 具体结果为

$x'_1(+, 0.3692), x'_2(+, 0.7518), x'_3(-, -0.5503), x'_4(+, 0.7602), x'_5(+, 0.4280), x'_6(+, 1.114)$

表明 F_1、F_2 和 F_3 中, x'_3 为负向选择占优势 (F_1 和 F_2).

【例 7.1.3】 为了确定对河南斗鸡与肉鸡的杂交一代产肉性能影响的主要指标, 对 20 只 8 周龄杂交一代鸡的 18 个指标 $x_1 \sim x_{18}$(依次为: 活重、血重、屠体重、心重、肝重、肌胃重、腹脂重、头重、脚重、颈重、胸肌重、腿肌重、半净重、全净重、小胸肌重、胫骨长、胸骨长、胸腿肌重) 进行了观测 (实测数据来自西北农林科技大学博士雷雪芹女士的硕士论文, 略), 对所得数据进行主成分分析结果如表 7.1.2 所示.

表 7.1.2

	第一主成分	第二主成分	第三主成分	第四主成分
特征根	12.40421	1.40031	1.06246	0.90661
贡献率	68.912	7.78	5.902	5.037
累计贡献率	68.912	76.692	82.594	87.631

由上结果可知, 前 4 个主成分的累计贡献率为 87.63%, 基本上反映了原指标的信息, 从而可用四个彼此不相关的综合指标分别综合存在于原有的 18 个肉用性能指标的各类信息, 且各综合指标代表的信息不重叠.

杂一代产肉性能的前 4 个主成分的特征向量、因子载荷如表 7.1.3 所示.

表 7.1.3

主成分	第一	第二	第三	第四	因子载荷			
活重 x_1	0.282	0.038	0.018	0.003	0.9939	0.0452	0.0189	0.0025
血重 x_2	0.228	−0.108	0.138	−0.324	0.8018	−0.1272	0.1420	−0.3083
屠体重 x_3	0.283	0.034	−0.009	0.026	0.9961	0.0397	−0.0091	0.0246
心重 x_4	0.180	−0.387	0.520	−0.049	0.6349	−0.4567	0.5361	−0.0463
肝重 x_5	0.203	−0.205	0.402	0.034	0.7141	−0.2423	0.4147	0.0320
肌胃重 x_6	0.220	−0.087	0.066	0.193	0.7756	−0.1030	−0.0679	0.1837
腹脂重 x_7	0.020	0.543	0.419	0.618	0.0718	0.6423	0.4315	0.5887
头重 x_8	0.077	−0.605	−0.197	0.554	0.2703	−0.7158	−0.2031	0.5279
脚重 x_9	0.258	−0.167	−0.149	0.063	0.9081	−0.1981	−0.1533	0.0604
颈重 x_{10}	0.233	0.120	0.095	0.028	0.8207	0.1421	0.0981	0.0271
胸肌重 x_{11}	0.261	0.187	−0.131	−0.118	0.9206	0.2213	−0.1348	−0.1127
腿肌重 x_{12}	0.278	0.078	−0.013	−0.059	0.9775	0.0922	−0.0138	−0.0558
半净膛重 x_{13}	0.281	0.034	−0.014	−0.001	0.9906	0.0405	−0.0147	−0.0014
全净膛重 x_{14}	0.277	0.038	−0.042	−0.097	0.9773	0.0448	−0.0438	−0.0926
小胸肌重 x_{15}	0.248	0.093	−0.076	−0.184	0.8715	0.1105	−0.0785	−0.1748
胫骨长 x_{16}	0.239	0.055	0.103	0.159	0.8428	0.0654	0.1064	0.1513
胸骨长 x_{17}	0.207	0.103	−0.508	0.257	0.7280	0.1217	−0.5237	0.2444
胸腿肌重 x_{18}	0.276	0.134	−0.069	−0.086	0.9718	0.1580	−0.0716	−0.0823

由上表数据可看出: 第一主成分均匀地综合了除 x_4(心重)、x_7(腹脂重)、x_8(头重) 外的其他 15 个因子的变异信息, 这 15 个变量的方差在第一主成分上的载荷 (各数值因子载荷阵上对应元素的平方) 依次为 0.9878, 0.6429, 0.5099, 0.6016, 0.8246, 0.6735, 0.8475, 0.9555, 0.9813, 0.9551, 0.7658, 0.7103, 0.5230, 0.9444, 都超过了百分之五十以上. 第二个主成分主要综合了 x_7(腹脂重) 和 x_8(头重) 两个因子的变异信息, 这两个变量的方差在其上的载荷依次为 0.4125 和 0.5124. 第三个主成分主要综合了 x_4(心重) 和 x_{17}(胸骨长) 两个因子的变异信息, 它们在其上的载荷分别为

0.2874 和 0.2743. 第四个主成分主要综合了 x_7 和 x_8 两个因子的变异信息, 它们的方差在其载荷上分别为 0.3466,0.2788. 由上面的分析看出, 前 4 个主成分反映了 18 个指标变量信息的 0.8763, 各个变量的信息在 4 个主成分上的载荷都较高, 因此可用

$$F_1 = 0.282x_1' + 0.228x_2' + \cdots + 0.276x_{18}'$$
$$F_2 = 0.038x_1' - 0.108x_2' + \cdots + 0.134x_{18}'$$
$$F_3 = 0.018x_1' + 0.138x_2' + \cdots - 0.069x_{18}'$$
$$F_4 = 0.003x_1' - 0.324x_2' + \cdots - 0.086x_{18}'$$

四个新的综合指标来代替原来的 18 个指标.

在对 12 周龄的 20 只杂交一代鸡的同上的 18 个指标的实测进行主成分分析得到十分类似的结果, 如第一主成分的贡献率为 73.683%, 主要综合了除 x_2(血重)、x_4(心重)、x_7(腹脂重)、x_{10}(颈重) 外的其他 14 个因子的变异信息, 前 4 个主成分的累积贡献率为 88.648%, 因此也可以用前 4 个主成分来代替原来的 18 个指标, 因为不论 8 周龄和 12 周龄实测数据的主成分分析中, 第一主成分的贡献率都很大 (68.912%, 73.683%), 因此在今后的选种、选配、配合力测定和饲料管理过程中可将第一主成分 F_1 定个限值, 在限值以上的可认为其产肉性能相对较好.

【例 7.1.4】 对金翅夜蛾亚科的 18 个属, 选用 4 方面的形态特征共 20 个性状指标, 进行主成分分析, 以讨论各变量对分类作用的大小和性状变异方向 (周静芋, 宋世德:《金翅夜蛾亚科数值分类研究》, 西北农林大学学报, 1995 年, No.6; 周静芋, 宋世德, 袁志发:《用主成分分析法分析金翅蛾亚科各性状对分类的重要性和性状变异方向》; 生物数学学报, 1996 年, NO.4). 金翅夜蛾亚科的 18 个属和 20 个性状的具体名称和编号如表 7.1.4 和表 7.1.5 所示.

表 7.1.4 18 个金翅夜蛾亚科的名称和编号

编号	名称	编号	名称
1	隐金夜蛾属	10	粉纹夜蛾属
2	异纹夜蛾属	11	隐纹夜蛾属
3	弧铜夜蛾属	12	银纹夜蛾属
4	印铜夜蛾属	13	淡银纹夜蛾属
5	葫芦夜蛾属	14	珠纹夜蛾属
6	金弧夜蛾属	15	金斑夜蛾属
7	金翅夜蛾属	16	丫纹夜蛾属
8	富丽夜蛾属	17	黑银纹夜蛾属
9	银辉夜蛾属	18	银锭夜蛾属

所选 20 个性状里有 12 个二元性状和 8 个多元性状. 对二元性状, 视其全无,

全有, 不全有, 量化为 0, 1 和 0, 5, 8 个多元性状, 都不是严格的有序或无序, 如基腹弧性状, 其发展过程可用 5 种不同形式表示. 在主成分分析中把这 8 个性状分别按有序和无序 (即将其分解为相互独立的二元性状) 处理. 因性状指标皆是定性指标, 无理纲的不同, 故采用协方差矩阵进行分析, 分析计算结果如表 7.1.6~ 表 7.1.8 所示.

表 7.1.5 20 个性状指标与编号

编号	名称	编号	名称	编号	名称	编号	名称
1	毛刷 (雄)	6	角状器 (雄)	11	腹足 (幼)	16	皮肤突起 (幼)
2	抱器 (雄)	7	中室下纹 (成)	12	A_1 节 SV 毛 (幼)	17	前翅竖立鳞 (成)
3	腹突 (雄)	8	金银斑 (成)	13	A_2 节 SV 毛 (幼)	18	下唇须 (成)
4	内突 (雄)	9	前翅臀齿栉 (成)	14	A_{3-4} 节 SV 毛 (幼)	19	囊导管 (雌)
5	基腹弧 (雄)	10	雄尾毛簇 (成)	15	$A_{9(2)}$ 节 SD 毛 (幼)	20	导精管 (雌)

表 7.1.6 特征值与累计贡献率 (前 10 个)   (单位: %)

特征值	1.96	1.78	0.63	0.51	0.35	0.29	0.25	0.17	0.11	0.09
累计贡献率	30.80	58.87	68.85	76.87	87.40	87.03	90.99	93.72	95.56	97.08

表 7.1.7 前 5 个主成分对各指标变量方差的总贡献率   (单位: %)

变量	1	2	3	4	5	6	7	8	9	10
贡献率	0.58	0.97	0.79	0.52	0.49	0.13	0.60	0.88	0.81	0.71
变量	11	12	13	14	15	16	17	18	19	20
贡献率	0.83	0.64	0.59	0.74	0.50	0.94	0.83	0.61	0.77	0.95

表 7.1.8 规格化后的载荷阵 (前 2 个主成分)

变量	1	2	3	4	5	6	7	8	9	10
第一主成分	0.37	0.72	0.54	−0.28	0.46	−0.14	0.16	−0.11	0.75	0.35
第二主成分	0.32	0.62	0.44	0.40	0.19	−0.13	0.00	0.48	0.28	−0.71
变量	11	12	13	14	15	16	17	18	19	20
第一主成分	−0.21	−0.01	0.21	0.00	−0.06	−0.59	−0.21	−0.59	0.51	0.80
第二主成分	−0.57	0.68	−0.57	−0.72	0.37	0.72	−0.57	−0.01	0.10	−0.24

首先根据前 5 个主成分对各变量方差的总贡献率大小作指标来衡量变量对分类的重要性. 由计算结果可看出: 作用最大的前 4 个变量依次为: 抱器 (2 号)、导精管 (20 号)、皮肤突起 (16 号)、金银斑 (8 号). 作用最小的 6 个变量是: 角状器 (6 号)、基腹弧 (5 号)、$A_{9(2)}$ 节 SD 毛 (15 号)、内突 (4 号)、毛刷 (1 号) 和 A_2 节能 SV 毛 (13 号). 在昆虫分类学教授周尧的论文 (周尧, 卢等) 中对细胞、导精管、

皮肤突起和金银斑这四个指标变量(分别是幼虫、成虫、雄性生殖器和雌性生殖器四方面的形态特征之一)的重要性都有详细的叙述. 关于抱器: 在论文中说, 生殖隔离是物种成立的必要条件, 因此对很多昆虫来说, 生殖器的差别是属、种划分的最后诉庭. 我们也特别重视这个特征 …… 关于导精管, 文中说, 囊导管与导精管在交配囊上着生的位置, 在金翅夜蛾亚科的各属中变化很大. 关于皮肤突起, 文中说, 毛列和皮肤突起是分类中的一些重要特征, 关于金翅斑, 文中叙述为, 金斑和银斑的存在, 是金翅蛾亚科显著特征之一, 我们认为这种特殊的金属鳞片的存在是进化(特化)的标志. 金斑与银斑的发展趋势是从无到有, 从分类到集中. 由此看出由主成分分析得到的重要的分类指标是和形态分类专家的意见基本一致, 具有明显的生物学内涵, 当去掉 6 个对分类影响不大的指标后, 进行聚类和用 20 个变量进行聚类, 结果十分相似, 当选定某个距离进行分类, 结果是一致的.

下面根据各主成分的贡献率来分析性状变异的方向.

第一个主成分的贡献率高达 30.89%, 在全部主成分中处于最重要的位置. 由载荷阵可以看出, 各个性状的分量按绝对值由小到大排列, 排在前 5 个的变量依次为导精管 (20 号,0.80)、前翅臀齿栉 (9 号, 0.75)、抱器 (2 号, 0.72)、皮肤突起 (16 号, −0.59)、下唇须 (18 号, −0.59). 前 3 个性状在第一主成分以较突出的正值出现, 后两个性状比较突出的负值出现. 由此可以看出性状的变化出现两个不同倾向, 一个变化方向表现为导精管位于交配囊的前端、有前翅臀齿栉、抱器比较发达、皮肤突起微小、无下唇须, 富丽夜蛾属、银辉夜蛾属、隐纹夜蛾属、银纹夜蛾属和珠纹夜蛾属就属于这一类. 另一个变化方向就是: 导精管位于交配囊的后端、无隧翅臀齿栉、抱器比较原始、皮肤有刺状突起、有下唇须, 弧铜夜蛾属, 印铜夜蛾属就属于这一类.

第二个主成分的贡献率为 27.98%, 它所代表的生物学意义不如第一主成分重要, 但与其他主成分相比较, 仍然占较重要的地位. 按绝对值由大到小排列, 排在前 5 个的变量依次为皮肤突起 (16 号,0.72)、A_{3-4} 节 SV 毛 (14 号, −0.72)、雄尾毛簇 (10 号, −0.71)、A_1 节 SV 毛 (12 号, 0.68) 和抱器 (2 号, 0.62), 由此看出性状毛簇的另一个变化方向. 一个方向表现为有较大的皮肤突起, A_1 节 SV 毛多、抱器比较发达, A_{3-4} 节 SV 毛少、无雄尾毛簇, 金斑夜蛾属、丫纹夜蛾属、黑银纹夜蛾属、银锭夜蛾属就属于这一类. 另一尖变化方向就是: 皮肤突起微小, A_1 节 SV 毛少, 抱器比较原始, A_{3-4} 节 SV 毛多, 有雄尾毛簇, 异纹夜蛾属、弧铜夜蛾属和印铜夜蛾属就属于这一类. 以后各主成分的贡献率都较小, 所反映的规律不明显不再作分析. 由上分析可看出金翅夜蛾亚科的变异具有多向性.

表 7.1.9 中的数据是样品的前 5 个主成分得分值 (用 SPSS 软件按协方差矩阵计算).

分别以样品的第一、二主成分得分为横、纵坐标, 得到 18 个样品的散点图 7.1.2

及分类结果.

表 7.1.9

−0.87105	−2.28523	1.88237	1.96475	−0.15320
−1.48451	−0.26020	−1.33217	1.11959	0.43936
−1.73907	0.04684	−0.85945	−0.98611	0.41662
−1.50527	−0.10800	−0.71338	−0.84570	1.09238
0.10595	−0.76096	−1.78172	0.77623	−2.43770
−0.26707	0.30814	1.36274	−1.42333	−1.62879
−0.90980	0.45578	0.61523	−1.20091	−0.52700
1.17889	−0.85853	−0.36100	−0.02900	0.50237
0.64442	−1.33450	−0.31820	−0.82609	−0.02678
0.42306	−0.21393	1.37254	−0.00339	1.04792
0.83883	−0.65109	−0.70299	−0.83716	1.07459
1.33304	−0.53270	0.08326	−0.66694	0.87233
1.00520	1.10583	−1.00963	0.67789	0.43957
1.36823	0.13046	0.09613	−0.34627	−1.04896
−0.53087	1.10000	0.98143	−0.54063	−0.48563
−0.16573	1.01509	0.01209	0.87016	0.17694
0.37332	1.31828	0.02854	1.04188	−0.79506
0.20234	1.52474	0.64423	1.25803	1.04105

以上所述,是求变量的主成分,这种主成分称为 R 型,用同样的数据亦可求样品的主成分,这种主成分叫做 Q 型主成分.

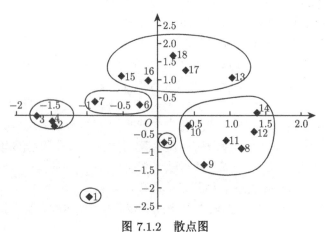

图 7.1.2　散点图

7.1.3 单个主成分的通径分析与决策分析

由前述知,当 $X \sim N_m(0, \Sigma_x)$ 时,x 的第 i 个主成分为

$$F_i = u_{i1}x_1 + u_{i2}x_2 + \cdots + u_{im}x_m = U_i^{\mathrm{T}} X \tag{7.1.21}$$

其中,$U_i = (u_{i1}, u_{i2}, \cdots, u_{im})^{\mathrm{T}}$ 为 Σ_x 的第 i 个特征值 λ_i 所对应的单位特征向量,$V(F_i) = \lambda_i, i = 1, 2, \cdots, m$. 这是从 Σ_x 进行的主成分分析.

下面叙述主成分的通径分析及其决策分析. 为此, 必须把 F_i 变为 X 的标准化多元线性回归方程.

(1) $\omega_i = \dfrac{F_i}{\sqrt{\lambda_i}\sigma_j} = \dfrac{1}{\sqrt{\lambda_i}\sigma_j} U_i^{\mathrm{T}} X$ 为 X 的标准化多元线性回归方程.

由式 (7.1.6) 知 F_i 满足方程组 $\Sigma_x U_i = \lambda_i U_i$, 即

$$\begin{bmatrix} \sigma_1^2 & \sigma_{12} & \cdots & \sigma_{1m} \\ \sigma_{21} & \sigma_2^2 & \cdots & \sigma_{2m} \\ \vdots & \vdots & & \vdots \\ \sigma_{m1} & \sigma_{m2} & \cdots & \sigma_m^2 \end{bmatrix} \begin{bmatrix} u_{i1} \\ u_{i2} \\ \vdots \\ u_{im} \end{bmatrix} = \begin{bmatrix} \lambda_i u_{i1} \\ \lambda_i u_{i2} \\ \vdots \\ \lambda_i u_{im} \end{bmatrix} \tag{7.1.22}$$

在 (7.1.22) 中第 j 个方程为

$$\sigma_{j1}u_{i1} + \sigma_{j2}u_{i2} + \cdots + \sigma_{jm}u_{im} = \lambda_i u_{ij}$$

两边同除以 $\sigma_j \sqrt{\lambda_i}$, 并令 $b_{ik} = \dfrac{\sigma_k u_{ik}}{\sqrt{\lambda_i}}$, 则由式 (7.1.16) 和 (7.1.19) 有

$$r_{j1}b_{i1} + r_{j2}b_{i2} + \cdots + r_{jm}b_{im} = \dfrac{\sqrt{\lambda_i} u_{ij}}{\sigma_j} = r_{x_j F_i} \tag{7.1.23}$$

因而式 (7.1.22) 变为

$$\begin{bmatrix} 1 & r_{12} & \cdots & r_{1m} \\ r_{21} & 1 & \cdots & r_{2m} \\ \vdots & \vdots & & \vdots \\ r_{m1} & r_{m2} & \cdots & 1 \end{bmatrix} \begin{bmatrix} b_{i1} \\ b_{i2} \\ \vdots \\ b_{im} \end{bmatrix} = \begin{bmatrix} r_{x_1 F_i} \\ r_{x_2 F_i} \\ \vdots \\ r_{x_m F_i} \end{bmatrix} \text{ 或 } R_{xx}b = R_{XF_i} \tag{7.1.24}$$

即 $\omega_i = \dfrac{F_i}{\sqrt{\lambda_i}\sigma_j} = \dfrac{1}{\sqrt{\lambda_i}\sigma_j} U_i^{\mathrm{T}} X$ 是以 X 为自变量的标准化多元线性回归方程.

(2) F_i 的通径分析及其决策分析.

由式 (7.1.24) 知, x_j 对 F_i 的总作用为 $r_{x_j F_i}$, 直接作用为 b_{ij}、通过相关 $x_j \leftrightarrow x_k (k \neq j)$ 对 F_i 的间接影响为 $r_{jk} b_{ik}$, 即有

$$b_{ij} + \sum_{k \neq j} r_{jk} b_{ik} = r_{x_j F_i}, \quad i = 1, 2, \cdots, m \tag{7.1.25}$$

x_j 对 F_i 的直接决定系数 $R_j^2 = b_{ij}^2$, 相关路 $x_j \leftrightarrow x_k(k \neq j)$ 对 F_i 的相关决定系数为 $R_{jk} = 2b_{ij}r_{jk}b_{ik}$. 显然各 $x_1, x_2, \cdots, x_m$ 完全决定了 F_i:

$$R_{xF_i}^2 = \sum_{j=1}^{m} b_{ij}^2 + 2 \sum_{k \neq j} b_{ij}r_{jk}b_{ik} = \sum_{j=1}^{m} b_{ij}r_{x_jF_i}$$
$$= \sum_{j=1}^{m} \left(\frac{\sigma_j u_{ij}}{\sqrt{\lambda_i}}\right)\left(\frac{\sqrt{\lambda_i}u_{ij}}{\sigma_j}\right) = \sum_{j=1}^{m} u_{ij}^2 = 1 \tag{7.1.26}$$

(3) x_j 对主成分 F_i 的决策系数及其检验.

据袁志发等 (2001) 提出的通径分析中的决策系数概念, x_j 对 F_i 的决策系数为 $(j = 1, 2, \cdots, m)$

$$R_{i(j)} = R_j^2 + \sum_{k \neq j} R_{jk} = 2b_{ij}r_{x_jF_i} - b_{ij}^2$$
$$= \frac{2\sigma_j u_{ij}}{\sqrt{\lambda_i}} \cdot \frac{\sqrt{\lambda_i}u_{ij}}{\sigma_j} - \frac{\sigma_j^2 u_{ij}^2}{\lambda_i} = u_{ij}^2 \left(2 - \frac{\sigma_j^2}{\lambda_i}\right) \tag{7.1.27}$$

$R_{i(j)}$ 表示 x_j 对 F_i 的综合决定能力, 将其由大到小的排序可判断 x_j 对 F_i 的综合决定大小和方向.

据袁志发等 (2013) 提出的 $R(j)$ 的 t 检验 (式 (5.2.31)), $R(j)$ 的方差与因子 $(1-R^2)$ 有关, 主成分的通径分析及其决策分析中, $R^2 = R_{xF_i}^2 = 1$, 故主成分的决策系数均极其显著, 是不需要进行检验的, 这是主成分决策分析中的统计学特性.

【例 7.1.5】 【例 7.1.2】中 F_1, F_2 和 F_3 的通径分析及其决策分析.

【例 7.1.2】的主成分分析是以相关阵 R_{xx} 进行的, 故所有 $\sigma_j^2 = 1$. F_1, F_2 和 F_3 的 λ_i 分别为 3.2439, 1.3916 和 0.8156, 对应的 F_i 分别为

$$F_1 = \sum_{j=1}^{6} u_{1j}x_j' = 0.5182x_1' - 0.3021x_2' - 0.5239x_3' + 0.2145x_4' + 0.4343x_5' + 0.3619x_6'$$

$$F_2 = \sum_{j=1}^{6} u_{2j}x_j' = -0.2096x_1' + 0.2102x_2' - 0.0442x_3' + 0.7443x_4' - 0.3962x_5' + 0.4460x_6'$$

$$F_3 = \sum_{j=1}^{6} u_{3j}x_j' = 0.0516x_1' + 0.8437x_2' + 0.0178x_3' - 0.1986x_4' + 0.3889x_5' + 0.3061x_6'$$

【例 7.1.2】的小麦区试 (1981) 正处于小麦由高杆向中、矮杆转型期, 也对千粒重 (x_4) 进行了较强的选择. 据式 (7.1.22)~(7.1.24), $\omega_i = \sum_{j=1}^{6} b_{ij}x_j'$ 的偏回归系数

7.1 主成分分析及其通径分析与决策分析

b_{ij} 和 $r_{x_j F_i}$ 的计算公式分别为 $(\sigma_j = 1)$: $b_{ij} = u_{ij}/\sqrt{\lambda_i}$ 和 $r_{x_j F_i} = \sqrt{\lambda_i} u_{ij}$. 经计算 $\omega_i = \sum b_{ij} x'_j$ 分别为

$$\omega_1 = 0.2877 x'_1 - 0.1677 x'_2 - 0.2909 x'_3 + 0.1191 x'_4 + 0.2411 x'_5 + 0.2009 x'_6$$

$$\omega_2 = -0.1777 x'_1 + 0.1782 x'_2 - 0.0375 x'_3 + 0.6309 x'_4 - 0.3359 x'_5 + 0.3781 x'_6$$

$$\omega_3 = 0.0571 x'_1 + 0.9342 x'_2 + 0.0197 x'_3 - 0.2199 x'_4 + 0.4306 x'_5 + 0.3389 x'_6$$

ω_1 中的 $r_{x_j F_1}$

$r_{x_1 F_1} = 0.9333, \quad r_{x_2 F_1} = -0.5441, \quad r_{x_3 F_1} = -0.9436, \quad r_{x_4 F_1} = 0.3863,$

$r_{x_5 F_1} = 0.7822, \quad r_{x_6 F_1} = 0.6518.$

ω_2 中的 $r_{x_j F_2}$

$r_{x_1 F_2} = -0.2473, \quad r_{x_2 F_2} = 0.2480, \quad r_{x_3 F_2} = -0.052, \quad r_{x_4 F_2} = 0.8780,$

$r_{x_5 F_2} = -0.4674, \quad r_{x_6 F_2} = 0.5261.$

ω_3 中的 $r_{x_j F_3}$

$r_{x_1 F_3} = 0.0466, \quad r_{x_2 F_3} = 0.7619, \quad r_{x_3 F_3} = 0.0161, \quad r_{x_4 F_3} = -0.1794,$

$r_{x_5 F_3} = 0.3512, \quad r_{x_6 F_3} = 0.2764.$

有了上述计算, 就可以对 F_1, F_2 和 F_3 分别进行通径分析及其决策分析.

(1) F_i 的通径图 $(i = 1, 2, 3)$ 如图 7.1.3 所示. 图中 b_{ij} 为 ω_i 中 x'_j 的系数, $j = 1, 2, 3, 4, 5, 6$. 由式 (7.1.26) 知 $b_{ie} = \sqrt{1 - R^2_{xF_i}} = 0$. r_{jk} 为 x'_j 与 $x'_k (k \neq j)$ 的相关系数, 具体见【例 7.1.2】中的 R_{XX}.

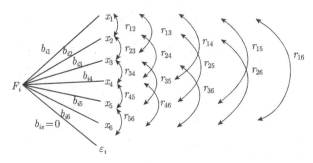

图 7.1.3

(2) $r_{x_j F_i}$ 的剖分, $i = 1, 2, 3, j = 1, 2, 3, 4, 5, 6$. 其剖分为

$$r_{j1} b_{j1} + r_{j2} b_{j2} + \cdots + r_{j6} b_{j6} = r_{x_j F_i}$$

例如，F_1 中 $r_{x_jF_1}$ 的剖分为

$$b_{11} + r_{12}b_{12} + r_{13}b_{13} + r_{14}b_{14} + r_{15}b_{15} + r_{16}b_{16} = 0.9333$$

$$r_{21}b_{11} + b_{12} + r_{23}b_{13} + r_{24}b_{14} + r_{25}b_{15} + r_{26}b_{16} = -0.5441$$

$$r_{31}b_{11} + r_{32}b_{12} + b_{13} + r_{34}b_{14} + r_{35}b_{15} + r_{36}b_{16} = -0.9436$$

$$r_{41}b_{11} + r_{42}b_{12} + r_{43}b_{13} + b_{14} + r_{45}b_{15} + r_{46}b_{16} = 0.3863$$

$$r_{51}b_{11} + r_{52}b_{12} + r_{53}b_{13} + r_{54}b_{14} + b_{15} + r_{56}b_{16} = 0.7822$$

$$r_{61}b_{11} + r_{62}b_{12} + r_{63}b_{13} + r_{64}b_{14} + r_{65}b_{15} + b_{16} = 0.6518$$

(3) $x_1, x_2, \cdots, x_m$ 对 F_i 决定系数 $R_{xF_i}^2 = 1$ 的剖分见式 (7.1.26).

(4) F_i 的决策分析.

F_1 的决策分析 由式 (7.1.27) 及 $\sigma_j^2 = 1, \lambda_1 = 3.2439$ 有

$$R_{1(1)} = u_{11}^2\left(2 - \frac{1}{\lambda_1}\right) = 1.69173u_{11}^2 = 0.4543, \quad R_{1(2)} = 1.69173u_{12}^2 = 0.1544$$

$$R_{1(3)} = 1.69173u_{13}^2 = 0.4643, \quad R_{1(4)} = 1.69173u_{14}^2 = 0.0778$$

$$R_{1(5)} = 1.69173u_{15}^2 = 0.3191, \quad R_{1(6)} = 1.69173u_{16}^2 = 0.2216$$

排序结果为 $R_{1(3)} > R_{1(1)} > R_{1(5)} > R_{1(6)} > R_{1(2)} > R_{1(4)}$，即各性状对 F_1 的综合决定能力顺序为每穗粒数 > 冬季分蘖 > 抽穗期 > 成熟期 > 株高 > 千粒重. 从主成分分析来讲，第一主成分 F_1 反映了参试品种的共性，即参试品种以多粒、冬季分蘖强、抽穗期和成熟期稳定为特点. 然而，这种群体特点，包含不同年代育成品种间复杂的品种演变的内在矛盾，这种矛盾从 F_1 上看，有

$$U_1 = (u_{11}, u_{12}, u_{13}, u_{14}, u_{15}, u_{16})^{\mathrm{T}}$$
$$= (0.5182, -0.3021, -0.5239, 0.2145, 0.4343, 0.3619)^{\mathrm{T}}$$

即 U_1 反映了 R_{xx} 中除 x_3(每穗粒数) 与 x_2(株高) 正相关外，二者与其他性状均为负相关的现实. 为了改变参试品种，必须对 x_3 和 x_2 进行负向选择，以提高千粒重 (x_4)，这是 $R_{1(j)}$ 排序和 $F_1 = U_1^{\mathrm{T}} X$ 共同告诉我们的群体演变内涵.

F_2 的决策分析 ($\lambda_2 = 1.3916$) 其决策系数分别为

$$R_{2(1)} = u_{21}^2\left(2 - \frac{1}{\lambda_2}\right) = 1.2814u_{21}^2 = 0.0563, \quad R_{2(2)} = 1.28143u_{22}^2 = 0.0566$$

$$R_{2(3)} = 1.2814u_{23}^2 = 0.0025, \quad R_{2(4)} = 1.2814u_{24}^2 = 0.7099$$

$$R_{2(5)} = 1.2814u_{25}^2 = 0.2011, \quad R_{2(6)} = 1.2814u_{26}^2 = 0.2549$$

$$R_{2(4)} > R_{2(6)} > R_{2(5)} > R_{2(2)} > R_{2(1)} > R_{2(3)}$$

千粒重 > 成熟期 > 抽穗期 > 株高 > 冬季分蘖 > 每穗粒数.

F_2 反映了参试品种的育种措施, 即保持抽穗期和成熟期的稳定, 对冬季分蘖和每穗粒数进行反向选择, 以保证千粒重的提高.

F_3 的决策分析 $(\lambda_3 = 0.8156)$ 其决策系数分别为

$$R_{3(1)} = u_{31}^2\left(2 - \frac{1}{\lambda_3}\right) = 0.7739u_{31}^2 = 0.0021, \quad R_{3(2)} = 0.7739u_{32}^2 = 0.5509$$

$$R_{3(3)} = 0.7739u_{33}^2 = 0.0002, \quad R_{3(4)} = 0.7739u_{34}^2 = 0.0305$$

$$R_{3(5)} = 0.7739u_{35}^2 = 0.1170, \quad R_{3(6)} = 0.7739u_{36}^2 = 0.0725$$

$$R_{3(2)} > R_{3(5)} > R_{3(6)} > R_{3(4)} > R_{3(1)} > R_{3(3)}$$

株高 > 抽穗期 > 成熟期 > 千粒重 > 冬季分蘖 > 每穗粒数.

F_3 也反映了参试的一些品种 (中高杆) 的育种措施, 即保持抽穗期和成熟期的稳定, 协调 x_1'(冬季分蘖) 和 x_3'(每穗粒数) 关系, 弱化 x_1' 与 x_3'、x_2'(株高) 的负相关, 适当放松 x_4'(千粒重) 选择, 弱化它 x_3'、x_5' 和 x_6' 的负相关, 以利于 x_4' 保持适中水平.

7.1.4 多对多的主成分通径分析及其决策分析

由于 F_i 间相互独立, 通径分析与 7.1.3 节中同, 下面叙述 $\underset{3\times 1}{F} = (F_1, F_2, F_3)^{\mathrm{T}}$ 关于 $\underset{6\times 1}{X'}$ 的决策分析.

【例 7.1.5】 中 $\underset{3\times 1}{F} = (F_1, F_2, F_3)^{\mathrm{T}}$ 关于 $(x_1', x_2', \cdots, x_6')^{\mathrm{T}}$ 的决策分析.

由于【例 7.1.2】的主成分分析是在相关阵 R_{xx} 之下进行的, 故 $\sigma_j^2 = 1, j = 1, 2, 3, 4, 5, 6$. R_{xx} 的特征根 λ_i 分别为 3.2439, 1.3916 和 0.8156 $(i = 1, 2, 3)$. 故在 $\eta_{(3)} = 90.85\%$ 之下有如下的多对多的通径分析及其决策分析

$$\begin{cases} F_1 = \sum_{j=1}^{6} u_{1j}x_j' \\ F_2 = \sum_{j=1}^{6} u_{2j}x_j' \\ F_3 = \sum_{j=1}^{6} u_{3j}x_j' \end{cases} \Rightarrow \begin{cases} \omega_1 = \sum_{j=1}^{6} b_{1j}x_j' \\ \omega_2 = \sum_{j=1}^{6} b_{2j}x_j' \\ \omega_3 = \sum_{j=1}^{6} b_{3j}x_j' \end{cases}$$

由于 F_1, F_2 和 F_3 间相互独立, 且 ω_1, ω_2 和 ω_3 不但相互独立而且已标准化. 故 $R_{\omega\omega}$ 为单位阵, 其逆也为单位阵 $(\theta_{11} = \theta_{22} = \theta_{33} = 1, \theta_{\alpha t}(\alpha \neq t) = 0$. 据上章式 (6.5.6)~(6.5.7), x_j' 对 $F = (F_1, F_2, F_3)^{\mathrm{T}}$ 的广义决策系数 $R_{F(j)} = \sum_{j=1}^{6} R_{i(j)}, i = 1, 2, 3$.

由【例 7.1.5】的 $R_{i(j)}$ 计算有

$$R_{F(1)} = R_{1(1)} + R_{2(1)} + R_{3(1)} = 0.4543 + 0.0563 + 0.0021 = 0.5127$$

$$R_{F(2)} = R_{1(2)} + R_{2(2)} + R_{3(2)} = 0.1544 + 0.0566 + 0.5509 = 0.7619$$

$$R_{F(3)} = R_{1(3)} + R_{2(3)} + R_{3(3)} = 0.4643 + 0.0025 + 0.0002 = 0.4670$$

$$R_{F(4)} = R_{1(4)} + R_{2(4)} + R_{3(4)} = 0.0778 + 0.7099 + 0.0305 = 0.8182$$

$$R_{F(5)} = R_{1(5)} + R_{2(5)} + R_{3(5)} = 0.3191 + 0.2011 + 0.1170 = 0.6372$$

$$R_{F(6)} = R_{1(6)} + R_{2(6)} + R_{3(6)} = 0.2216 + 0.2549 + 0.0725 = 0.5490$$

$$R_{F(4)} > R_{F(2)} > R_{F(5)} > R_{F(6)} > R_{F(1)} > R_{F(3)}$$

上述排序表明：$F = (F_1, F_2, F_3)^{\mathrm{T}}$ 的方差贡献率为 90.85%，而且 $R_{F_{(j)}}$ 均为正，是有利于 $\underset{3\times 1}{Y} \uparrow$ 的，但应在保持抽穗期 (x_5) 和成熟期 (x_6) 的前提下，适当提高千粒重 (x_4)、降低株高 (x_2)，改善每穗粒数 (x_3) 与其他性状的负相关关系，如对 x_2 和 x_3 进行负向选择. 这便是参试品种演变的基本思想和选育手段.

上面将【例 7.1.5】深化为多个主成分的多对多的通径分析及其决策分析，其具体模型为

$$\begin{bmatrix} \omega_1 \\ \omega_2 \\ \omega_3 \end{bmatrix} = \begin{bmatrix} b_{11} & b_{12} & \cdots & b_{16} \\ b_{21} & b_{22} & \cdots & b_{26} \\ b_{31} & b_{32} & \cdots & b_{36} \end{bmatrix} \begin{bmatrix} x_1' \\ \vdots \\ x_6' \end{bmatrix} + \begin{bmatrix} 0 \\ 0 \\ 0 \end{bmatrix}$$

其中，$\varepsilon = (0, 0, 0)^{\mathrm{T}}$，这是因为 $(x_1', x_2', \cdots, x_6')^{\mathrm{T}}$ 对 f_i 的完全决定 (式 (7.1.26)).

由【例 7.1.5】可以看出：在单个 $F_i(i=1,2,3)$ 的通径分析及其决策分析中，F_1 刻画了参试品种的共性(其方差贡献为 $\dfrac{3.2439}{6} = 54.1\%$)；而 F_2 能反映出一些参试品种是千粒重 (x_4) 正向选择、每穗粒数 (x_3) 负向选择的结果 (方差贡献为 $\dfrac{1.3916}{6}=23.2\%$)；F_3 则反映了参试品种在弱化冬季分蘖 (x_1) 与每穗粒数 (x_3) 负相关之下而放宽 x_2(千粒重) 的结果 (方差贡献为 $\dfrac{0.8156}{6} = 14\%$). 多对多的 $(f_1, f_2, f_3)^{\mathrm{T}}$ 关于 $(x_1', x_2', \cdots, x_6')^{\mathrm{T}}$ 的通径分析及其决策分析中，可以直接给出参试品种的演化选育思想.

显然，主成分的通径分析及其决策分析是对主成分机理的进一步挖掘和发展.

7.2 因子分析及其通径、决策分析

对于 $X=(x_1,x_2,\cdots,x_m)^{\mathrm{T}}\sim N_m(0,\Sigma_x)$ 的主成分分析, 并不构成数学模型, 因为每一个主成分 $F_i(i=1,2,\cdots,m)$ 均由 X 完全决定 (式 (7.1.26)), 理论上无误差, 它仅是由 X 到 $F=(F_1,F_2,\cdots,F_m)^{\mathrm{T}}$ 的一个线性正交变换. 反过来有 $X=U_1F_1+U_2F_2+\cdots+U_mF_m$, 表明 $F_i=U_i^{\mathrm{T}}X$ 可以是 X_j 的公共因子 (F_i 上载荷了多个权重较大的 X 分量) 或特定因子 (F_i 上仅载荷了个别 X 分量的因子), 由此形成了由各因子 F_i 解释 X 的统计机理, 这种解释是没有误差的. 然而, 用较少个数的公共因子的线性组合来解释所有 X, 既能降维又能解释 X 的相关结构, 但会因降维而产生误差, 这就产生了因子分析模型. 显然, 因子分析模型是用 X 的一些主成分作为原因来解释 X 中每一个分量及各分量间相关的一种线性模型. 例如学生的学习成绩是由反应能力、理解能力等指标团 (公共因子、特殊因子) 所决定; 小麦的产量主要由源、流、库等性状团所决定. 本节介绍因子分析在实际应用中的一些概念和方法, 并将它发展为多对多的通径及其决策分析.

7.2.1 因子分析模型

若式 (7.1.18)(f_i是F_i的标准化) 所示的前 $l(l<m)$ 个主成分的方差贡献率 $\eta_{(l)}\geqslant 85\%$, 在应用上就可建立如下的因子分析模型, 把 $\underset{m\times 1}{X}$ 降维为 $\underset{l\times 1}{f}$, 用 f 来刻画 X, 损失的变异信息 $<15\%$, 即

$$X=\begin{bmatrix}x_1\\x_2\\\vdots\\x_m\end{bmatrix}=\begin{bmatrix}a_{11}&a_{21}&\cdots&a_{l1}\\a_{12}&a_{22}&\cdots&a_{l2}\\\vdots&\vdots&&\vdots\\a_{1m}&a_{2m}&\cdots&a_{lm}\end{bmatrix}\begin{bmatrix}f_1\\f_2\\\vdots\\f_l\end{bmatrix}+\begin{bmatrix}\varepsilon_1\\\varepsilon_2\\\vdots\\\varepsilon_m\end{bmatrix}\text{ 或 }X=Af+\varepsilon\quad(7.2.1)$$

其中 $f_1,f_2,\cdots,f_l(l\leqslant m)$ 为 X 各分量的公共因子, f 与 ε 相互独立, $f\sim N_l(0,I_l)$; ε_j 为 x_j 在模型下的随机误差, ε_j 相互独立, 服从 $N(0,b_j^2)$. 式中 $X\sim N(0,\Sigma_x)$(未标准化), $\Sigma_x=(\sigma_{ij})_{m\times m}$; 矩阵 $\underset{m\times l}{A}$ 为 X 在 $\underset{l\times 1}{f}$ 上的载荷矩阵. 在实际应用中, 可先据样本 (容量 $n>m+1$) 先估计出样本离差阵 L_{xx} 或样本相关阵 R_{xx}, 进行主成分分析后据实际问题需要建立因子分析模型. 下面据 7.1 节讲述因子分析模型中的一些概念.

1. A 中元素的统计学的意义

式 (7.2.1) 中, x_j 有如下的表达式及与 f_i 的关系

$$\begin{cases} x_j = a_{1j}f_1 + a_{2j}f_2 + \cdots + a_{lj}f_l + \varepsilon_j \\ Cov(f_i, x_j) = Cov(f_i, a_{1j}f_1 + a_{2j}f_2 + \cdots + a_{lj}f_l + \varepsilon_j) = a_{ij} \\ r_{f_i x_j} = \dfrac{a_{ij}}{\sigma_j}, \quad i=1,2,\cdots,l; j=1,2,\cdots,m \end{cases} \quad (7.2.2)$$

其中, σ_j^2 为 x_j 的方差; a_{ij} 为 A 中第 i 列第 j 个元素, 称为 x_j 在 $f_i = F_i/\sqrt{\lambda_i}$ 上的载荷; ε_j 相互独立, ε 与 f 无关, 在 $(f_1, f_2, \cdots, f_l)$ 处, x_j 与 ε_j 同方差 (按线性回归要求建立的因子分析模型).

2. x_j 的共同度 h_j^2

由于 $x_j = \sum\limits_{i=1}^{l} a_{ij}f_i + \varepsilon_j$, 故 x_j 的方差为

$$V(x_j) = a_{1j}^2 + a_{2j}^2 + \cdots + a_{lj}^2 + b_j^2 = v_{j(l)} + b_j^2 = \sigma_j^2 \quad (7.2.3)$$

其中 $v_{j(l)}$ 为 A 中第 j 行各元素平方和, 是 l 个公共因子对 x_j 的方差贡献, b_j^2 为 x_j 的特定因子 ε_j 对 x_j 的方差贡献 (剩余方差). 令

$$h_j^2 = \dfrac{v_{j(l)}}{\sigma_j^2}, \quad e_j^2 = \dfrac{b_j^2}{\sigma_j^2}, \quad j=1,2,\cdots,m \quad (7.2.4)$$

则 $h_j^2 + e_j^2 = 1$. 由式 (7.2.3) 知, h_j^2 是 l 个公共因子对 x_j 的决定系数, 称为 x_j 的共同度, e_j^2 是 ε_j 对 x_j 的决定系数. 显然 h_j^2 越大, x_j 与 l 个公共因子的关系越密切.

3. f_i 对 $X = (x_1, x_2, \cdots, x_m)^T$ 的方差贡献

A 的第 i 列各元素的平方和

$$g_i^2 = a_{i1}^2 + a_{i2}^2 + \cdots + a_{im}^2 = \lambda_i, \quad i=1,2,\cdots,l \quad (7.2.5)$$

为 f_i 对 X 的方差贡献. 主成分分析有迹不变性质, 即

$$\eta_i = \dfrac{g_i^2}{tr(\Sigma_x)} = \dfrac{\lambda_i}{\sigma_1^2 + \sigma_2^2 + \cdots + \sigma_m^2} \quad (7.2.6)$$

为 $f_i = \dfrac{F_i}{\sqrt{\lambda_i}}$ 对 $\underset{m \times 1}{X}$ 的方差贡献率, 是衡量 f_i 相对重要性的指标.

7.2.2 因子分析模型的传统分析

如式 (7.2.1) 所述, 一般进行因子分析要损失 $\underset{m\times 1}{X}$ 变异信息的 15% 以下. 式 (7.2.4) 中 x_j 的共同度 h_j^2、公共因子 f_i 和特定因子 ε_j 成为因子分析的传统内容. 通过下面例子予以说明.

【例 7.2.1】 由【例 7.1.2】知, $X \sim N_6(0, \Sigma_x)$, 由其样本相关阵 R_{xx} 的主成分分析知, $\eta_{(3)} = 90.85\%$, 用 f_1, f_2, f_3 建立因子分析模型为

$$\begin{bmatrix} x_1 \\ x_2 \\ x_3 \\ x_4 \\ x_5 \\ x_6 \end{bmatrix} = \begin{bmatrix} 0.9333 & -0.2473 & 0.0466 \\ -0.5442 & 0.2480 & 0.7620 \\ -0.9436 & -0.0521 & 0.0161 \\ 0.3864 & 0.8781 & -0.1793 \\ 0.7823 & -0.4674 & 0.3522 \\ 0.6518 & 0.5261 & 0.2764 \end{bmatrix} \begin{bmatrix} f_1 \\ f_2 \\ f_3 \end{bmatrix} + \begin{bmatrix} \sqrt{0.0656}\varepsilon_1 \\ \sqrt{0.0617}\varepsilon_2 \\ \sqrt{0.1065}\varepsilon_3 \\ \sqrt{0.0475}\varepsilon_4 \\ \sqrt{0.0455}\varepsilon_5 \\ \sqrt{0.2220}\varepsilon_6 \end{bmatrix}$$

损失了 $tr(R_{xx})$ 的 $(1 - 0.9085) = 9.15\%$ (参阅式 (7.1.9)~(7.1.11)). 在这种情况下, f_1, f_2, f_3 对 $\underset{6\times 1}{X}$ 的描述情况为

x_j 的共同度 (f_1, f_2, f_3 对 x_j 的决定系数)h_j^2 分别为 A 中第 j 行元素的平方和, 计算结果为

$$h_1^2 = 0.9333^2 + (-0.2473)^2 + 0.0166^2 = 93.44\%, \quad h_2^2 = 93.83\%,$$

$$h_3^2 = 89.35\%, \quad h_4^2 = 95.25\%, \quad h_5^2 = 95.45\%, \quad h_6^2 = 77.80\%$$

结果表明, $f = (f_1, f_2, f_3)^T$ 对 x_5(抽穗期) 的变异能决定 95.45%, 对 x_4(千粒重) 的决定系数为 95.25%, 对 x_1(冬季分蘖)、x_2(株高) 分别决定了 93.44% 和 93.83%, 对 x_3(每穗粒数) 决定了 89.35%, 对 x_6(成熟期) 决定了 77.80%. 如果用 $f = (f_1, f_2, f_3, f_4, f_5, f_6)^T$, 则可对 $x_1 \sim x_6$ 进行完全 (100%) 决定. 上述 h_j^2 与 1 的差是由 f_4, f_5, f_6 引起的.

【例 7.2.1】中无特殊因子, f_1, f_2, f_3 均为公共因子. 因为 F_1, F_2 和 F_3 已决定了 90.85%, F_1, F_2, F_3 和 F_4 已决定了 $\dfrac{\lambda_1 + \lambda_2 + \lambda_3 + \lambda_4}{6} = 98.12\%$.

7.2.3 因子分析的通径及其决策分析

1. 模型 (7.2.1) 为标准化线性回归模型才能进行通径分析及其决策分析

由于模型 (7.2.1) 中, $\underset{2\times 1}{f}$ 已标准化, 而 $X \sim N_m(0, \Sigma_X)$ 未标准化, 将式 (7.2.1) 标准化需一些推导才行. 在实用上, 假设模型 (7.2.1) 是用 $\underset{m\times 1}{X}$ 的相关阵 R_{XX} 进

行主成分分析得到的, 则它已是标准化的线性回归模型, 可直接进行通径分析及其决策分析. 这时, 式 (7.2.1) 作为标准化线性回归分析, 有如下结果:

(1) f 的相关阵 $R_{ff} = I_l$ (l 阶单位阵),

(2) 由式 (7.2.2) 知, $r_{f_i x_j} = a_{ij}$ (因 $\sigma_j = 1$), 故 (7.2.1) 中 f 与 X 的相关阵为

$$R_{fX} = A^{\mathrm{T}} \ (l \times m \text{阶})$$

(3) 模型 (7.2.1) 为 $\underset{m \times 1}{X}$ 与 $\underset{l \times 1}{f}$ 的标准化线性回归, 故作为最小二乘估计的 A, 应满足最小二乘正则方程组

$$R_{ff} A^{\mathrm{T}} = R_{fX} \Rightarrow A = R_{Xf} \tag{7.2.7}$$

(4) 回归平方和阵 U, X 与 f 的线性关联阵 B 分别为

$$U = A \cdot R_{fx} = A A^{\mathrm{T}} \quad B = R_{XX}^{-1} A A^{\mathrm{T}} = R_{XX}^{-1} U \tag{7.2.8}$$

2. 因子分析中 $(f_1, f_2, \cdots, f_l)^{\mathrm{T}} \to x_j$ 的通径分析及其决策分析 (一对多)

(1) $r_{f_i x_j}$ 的剖分及相应路径

由于【例 7.2.1】中 f_1, f_2, f_3 间相互独立不相关, 故据式 (7.2.2), $r_{f_i x_j} = a_{ij}(\sigma_j = 1)$ 为 f_i 对 x_j 的直接作用而无间接作用

$$\underset{x_j \leftarrow f_i}{r_{f_i x_j}} = \underset{x_j \leftarrow f_i}{a_{ij}}, \quad i = 1, 2, \cdots, l; j = 1, 2, \cdots, m \tag{7.2.9}$$

其中 a_{ij} 为 A 中第 i 列的第 j 个元素. 对于固定的 x_j 来讲, 由式 (7.2.3)($\sigma_j = 1$) 和 (7.2.4) 有

$$\sum_{i=1}^{l} a_{ij}^2 = v_{j(l)} = h_j^2 \Rightarrow b_j = \sqrt{1 - h_j^2}, \quad j = 1, 2, \cdots, m \tag{7.2.10}$$

故对 $j \neq k$ 的 x_j 和 x_k 来讲, f_i 与它们的通径图为图 7.2.1 所示 ($\underset{m \times 1}{X}$ 内有相关, f_i 间独立).

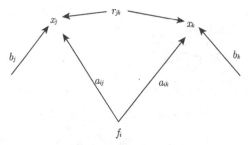

图 7.2.1 模型 7.2.1(X 和 f 已标准化) 的通径图, $i = 1, 2, \cdots, l, j \neq k$

7.2 因子分析及其通径、决策分析

(2) f_i 对 x_j 的决策系数 $R_{j(i)}$ 由第 5 章式 (5.2.22) 及本节式 (7.2.9) 有

$$R_{j(i)} = 2r_{f_i x_j} a_{ij} - a_{ij}^2 = a_{ij}^2, \quad i = 1, 2, \cdots, l; j = 1, 2, \cdots, m \tag{7.2.11}$$

用 $R_{j(i)}$ 由大到小排序, 可以分辨出 f_i 对 x_j 的综合决定能力.

(3) 利用因子分析模型传统分析的【例 7.2.1】中 h_j^2 计算结果, 由式 (7.2.10) 计算 b_j^2

$$b_1^2 = 0.0656, \quad b_2^2 = 0.0617, \quad b_3^2 = 0.1065$$
$$b_4^2 = 0.0475, \quad b_5^2 = 0.0455, \quad b_6^2 = 0.2220$$

(4) 利用式 (7.2.8)~(7.2.10) 对【例 7.2.1】进行通径分析及其决策分析, 具体如表 7.2.1 所示.

表 7.2.1 【例 7.2.1】的通径分析及其决策分析

x_j	f_i对x_j	直接作用 a_{ij} (序次)		总作用 a_{ij} (序次)		决策系数 $R_{j(i)}=a_{ij}^2$ (序次)	
	$f_1 \to x_1$	0.9333	(1)	0.9333	(1)	0.8710	(1)
x_1	$f_2 \to x_1$	−0.2473	(3)	−0.2473	(3)	0.0612	(2)
	$f_3 \to x_1$	0.0466	(2)	0.0466	(2)	0.0022	(3)
	$f_1 \to x_2$	−0.5442	(3)	−0.5442	(3)	0.2962	(2)
x_2	$f_2 \to x_2$	0.2480	(2)	0.2480	(2)	0.0615	(3)
	$f_3 \to x_2$	0.7620	(1)	0.7620	(1)	0.5806	(1)
	$f_1 \to x_3$	−0.9436	(3)	−0.9436	(3)	0.8904	(1)
x_3	$f_2 \to x_3$	−0.0521	(2)	−0.0521	(2)	0.0027	(2)
	$f_3 \to x_3$	0.0161	(1)	0.0161	(1)	0.0003	(3)
	$f_1 \to x_4$	0.3864	(2)	0.3864	(2)	0.1493	(2)
x_4	$f_2 \to x_4$	0.8781	(1)	0.8781	(1)	0.7711	(1)
	$f_3 \to x_4$	−0.1793	(3)	−0.1793	(3)	0.0321	(3)
	$f_1 \to x_5$	0.7823	(1)	0.7823	(1)	0.6120	(1)
x_5	$f_2 \to x_5$	−0.4674	(3)	−0.4674	(3)	0.2185	(2)
	$f_3 \to x_5$	0.3522	(2)	0.3522	(2)	0.1240	(3)
	$f_1 \to x_6$	0.6518	(1)	0.6518	(1)	0.4248	(1)
x_6	$f_2 \to x_6$	0.5261	(2)	0.5261	(2)	0.2768	(2)
	$f_3 \to x_6$	0.2764	(3)	0.2764	(3)	0.0764	(3)

表 7.2.1 对【例 7.2.1】关于 x_j 对 f 的通径分析及其决策分析表明:

(1) 在 $X \sim N_m(0, \Sigma_x)$ 下, 用样本相关阵进行的主成分分析, 并非是一个线性模型 (仅是一线性变换, 无误差), 而用前 l 个标准化主成分 f_i 所建立的因子分析模型 (7.2.1) 则是一个标准化线性回归模型;

(2) 在 $\hat{x} = Af + \varepsilon$ 中, A 中第 i 列第 j 个元素 a_{ij}, 构成了 $x_j \leftrightarrow x_k (k \neq j)$ 与 f_i 间的封闭通径图 7.2.1: $r_{f_i x_j} = a_{ij}(f_i \to x_j)$, f_i 对 x_j 的综合决定能力 (决策系数) 为 $R_{j(i)} = a_{ij}^2 = r_{f_i x_j}^2$ (相互决定系数), 给标准化的因子分析模型 (7.2.1) 以新的内容;

(3) 当 X 标准化后, x_j 的共同度为 $h_j^2 = \sum_{i=1}^{l} a_{ij}^2$, 在【例 7.2.1】中, 关于 $(f_1, f_2, f_3) \to x_j$ 的 $R_{j(i)}$ 的排序中, 是按 f_i 对 h_j^2 的贡献大小排序的, 例如, $(f_1, f_2, f_3) \to x_1$ 的 $R_{1(i)}$ 排序为 $a_{11}^2 > a_{21}^2 > a_{31}^2$, 又如 $R_{2(i)}$ 排序为 $a_{32}^2 > a_{12}^2 > a_{22}^2$;

(4) 表 7.2.1 中 $R_{j(i)}(f_i \to X_j)$ 的 f_i 位次统计结果见表 7.2.2.

表 7.2.2 $R_{j(i)}(x_j \leftarrow f_i)$ 位次统计

$x_j \leftarrow f_1$位次			$x_j \leftarrow f_2$位次			$x_j \leftarrow f_3$位次		
1	2	3	1	2	3	1	2	3
x_1, x_3, x_5, x_6	x_2, x_4	0	x_4	x_1, x_3, x_5, x_6	x_2	x_2	0	x_1, x_3, x_4, x_5, x_6

结果表明以下几点:

(1) F_1 为共性, $x_1 \sim x_6$ 的 $R_j(1)$ 居于各 f_i 中的第一、二位;

(2) x_5, x_6 均在 $f_1 \sim f_3$ 的 1~3 位;

(3) x_4 和 x_2 是品种演变的主要手段.

3. $(f_1, f_2, \cdots, f_l)^{\mathrm{T}} \to (x_1, x_2, \cdots, x_m)^{\mathrm{T}}$ 的决策分析 (多对多)

式 (7.2.7) 表明, $\underset{m \times 1}{X}$ 关于 $\underset{l \times 1}{f}$ 的因子分析模型为线性回归模型, 其回归平方和为 $U = AA^{\mathrm{T}}$, 下面将其用 A 的元素具体化, 并阐明其统计学意义.

1) 模型 (7.2.1) 对 x_j 与 $x_k (k \neq j)$ 相关的决定部分

由于 X 和 F 均已标准化, 故在模型 (7.2.1) 之下有

$$r_{jk} = Cov(x_j, x_k) = Cov\left(\sum_{i=1}^{l} a_{ij} f_i, \sum_{i=1}^{l} a_{ik} f_i\right) = \sum_{i=1}^{l} a_{ij} a_{ik} = r_{jk(f)} \quad (7.2.12)$$

其中 $\sum_{i=1}^{l} a_{ij} a_{ik} = r_{jk(f)}$ 为 (7.2.1) 之下 $(f_1, f_2, \cdots, f_l)^{\mathrm{T}}$ 对 x_j 与 x_k 相关 r_{jk} 的决定部分.

2) $U = AA^{\mathrm{T}}$ 的内涵为 $\underset{l \times 1}{f}$ 对 $\underset{m \times 1}{X}$ 的决定系数阵

$$U = AA^{\mathrm{T}} = \begin{bmatrix} a_{11} & a_{21} & \cdots & a_{l1} \\ a_{12} & a_{22} & \cdots & a_{l2} \\ \vdots & \vdots & & \vdots \\ a_{1m} & a_{2m} & \cdots & a_{lm} \end{bmatrix} \begin{bmatrix} a_{11} & a_{12} & \cdots & a_{1m} \\ a_{21} & a_{22} & \cdots & a_{2m} \\ \vdots & \vdots & & \vdots \\ a_{l1} & a_{l2} & \cdots & a_{lm} \end{bmatrix}$$

7.2 因子分析及其通径、决策分析

$$= \begin{bmatrix} \sum_{i=1}^{l} a_{i1}^2 & \sum_{i=1}^{l} a_{i1}a_{i2} & \cdots & \sum_{i=1}^{l} a_{i1}a_{im} \\ \sum_{i=1}^{l} a_{i2}a_{i1} & \sum_{i=1}^{l} a_{i2}^2 & \cdots & \sum_{i=1}^{l} a_{i2}a_{im} \\ \vdots & \vdots & & \vdots \\ \sum_{i=1}^{l} a_{im}a_{i1} & \sum_{i=1}^{l} a_{im}a_{i2} & \cdots & \sum_{i=1}^{l} a_{im}^2 \end{bmatrix}$$

$$= \begin{bmatrix} h_1^2 & r_{x_1x_2(f)} & \cdots & r_{x_1x_m(f)} \\ r_{x_2x_1(f)} & h_2^2 & \cdots & r_{x_2x_m(f)} \\ \vdots & \vdots & & \vdots \\ r_{x_mx_1(f)} & r_{x_mx_2(f)} & \cdots & h_m^2 \end{bmatrix} \quad (7.2.13)$$

3) $\underset{m\times 1}{X}$ 与 $\underset{l\times 1}{f}$ 的线性关联阵 $B = R_{xx}^{-1}U$

4) 广义 $\underset{l\times 1}{f}$ 对 $\underset{m\times 1}{X}$ 的决定系数 $R^2 \approx tr(B)$ 的剖分与路径

令

$$R_{xx}^{-1} = \begin{bmatrix} \theta_{11} & \theta_{12} & \cdots & \theta_{1m} \\ \theta_{21} & \theta_{22} & \cdots & \theta_{2m} \\ \vdots & \vdots & & \vdots \\ \theta_{m1} & \theta_{m2} & \cdots & \theta_{mm} \end{bmatrix}, \quad \theta_{jk} = \theta_{kj}$$

则据式 (6.5.3)、(7.2.8) 及式 (7.2.13) 有

$$R^2_{\underset{m\times 1}{X}\leftrightarrow \underset{l\times 1}{f}} \approx tr(B) = tr(R_{xx}^{-1}U) = \sum_{\substack{j=1\\ x_j\leftarrow f\to x_j}}^{m}\theta_{jj}h_j^2 + 2\sum_{k>j}\theta_{jk}\sum_{\substack{i=1\\ x_j\leftarrow f_i\to x_k}}^{l}a_{ij}a_{ik}$$

将其写成式 (6.5.5) 的向量结构式

$$R^2_{\underset{m\times 1}{X}\leftrightarrow \underset{l\times 1}{f}} \approx (\theta_{11}, \theta_{22}, \cdots, \theta_{mm}) \left(\sum_{i=1}^{l} \begin{bmatrix} a_{i1}^2 \\ a_{i2}^2 \\ \vdots \\ a_{im}^2 \end{bmatrix}_{\underset{m\times 1}{X}\leftarrow f_i \to \underset{m\times 1}{X}} \right)$$

$$+ 2(\theta_{12}, \theta_{13}, \cdots, \theta_{(m-1)m}) \begin{pmatrix} \sum_{i=1}^{l} \begin{bmatrix} a_{i1}a_{i2} \\ a_{i1}a_{i3} \\ \vdots \\ a_{i(m-1)}a_{im} \end{bmatrix} \\ \sum_{k>j} x_j \leftarrow f_i \rightarrow x_k \end{pmatrix} \quad (7.2.14)$$

5) f_i 对 $\underset{m \times 1}{X}$ 的广义决策系数 $R_{X(i)}$ 和计算

据 6.5 节广义决策系数定义, f_i 对 $\underset{m \times 1}{X}$ 的广义决策系数 $R_{X(i)}$, 由式 (6.5.8) 及 (7.2.14) 为

$$R_{X(i)} = (\theta_{11}, \theta_{22}, \cdots, \theta_{mm}) \begin{bmatrix} a_{i1}^2 \\ a_{i2}^2 \\ \vdots \\ a_{im}^2 \end{bmatrix} + 2(\theta_{12}, \theta_{13}, \cdots, \theta_{(m-1)m}) \begin{bmatrix} a_{i1}a_{i2} \\ a_{i1}a_{i3} \\ \vdots \\ a_{i(m-1)}a_{im} \end{bmatrix}$$

$$= R_{X(i)\mathrm{I}} + R_{X(i)\mathrm{II}}, \quad i = 1, 2, \cdots, l \quad (7.2.15)$$

这是式 (6.5.6) 和 (6.5.8) 关于 $R_{X(i)}$ 在 $f_1, f_2, \cdots, f_l$ 间不相关之下的结果. 下面叙述 $R_{X(i)\mathrm{I}}$ 和 $R_{X(i)\mathrm{II}}$ 的计算.

进一步考虑式 (7.2.15) 与因子分析模型式 (7.2.1) 的关系, $R_{X(i)\mathrm{I}}$ 和 $R_{X(i)\mathrm{II}}$ 的计算, 可写成矩阵式.

$R_{X(i)\mathrm{I}}(i = 1, 2, \cdots, l)$ 的计算矩阵式

$$R_{X(\cdot)\mathrm{I}} = (\theta_{11}, \theta_{22}, \cdots, \theta_{mm}) \left(\begin{bmatrix} a_{11}^2 \\ a_{12}^2 \\ \vdots \\ a_{1m}^2 \end{bmatrix}, \begin{bmatrix} a_{21}^2 \\ a_{22}^2 \\ \vdots \\ a_{2m}^2 \end{bmatrix}, \cdots, \begin{bmatrix} a_{l1}^2 \\ a_{l2}^2 \\ \vdots \\ a_{lm}^2 \end{bmatrix} \right)$$

$$= (R_{X(1)\mathrm{I}}, R_{X(2)\mathrm{I}}, \cdots, R_{X(l)\mathrm{I}}) \quad (7.2.16)$$

$R_{X(i)\mathrm{II}}(i = 1, 2, \cdots, l)$ 的计算矩阵式

观察 $R_{X(i)\mathrm{II}}$ 在式 (7.2.15) 中的特点, $R_{X(i)\mathrm{II}}$ 中的 "i" 是指 f_i. $\theta_{jk}(k > j)$ 与 $a_{ij}a_{ik}$ 相对应, 即与 $x_j \leftarrow f_i \rightarrow x_k$ 相对应. 当 $j = 1$ 时, $a_{i1}a_{ik}(k = 2, 3, \cdots, m)$ 有 $(m-1)$ 项, 与 $(\theta_{12}, \theta_{13}, \cdots, \theta_{1m})$ 相对应; 当 $j = 2$ 时, $a_{i2}a_{ik}(k = 3, 4, \cdots, m)$ 有 $m - 2$ 项, 与 $(\theta_{23}, \theta_{24}, \cdots, \theta_{2m})$ 相对应; 当 $j = m - 1$ 时, $a_{i(m-1)}a_{ik}(k = m)$ 与 $\theta_{(m-1)m}$ 相对应. 因而, 式 (7.2.15) 中的 $R_{X(i)\mathrm{I}}$ 仅由 A 中第 i 列元素计算, 其计算

式为

$$R_{X(i)\mathrm{II}} = 2a_{i1}(\theta_{12}, \theta_{13}, \cdots, \theta_{1m}) \begin{bmatrix} a_{i2} \\ a_{i3} \\ \vdots \\ a_{im} \end{bmatrix} + 2a_{i2}(\theta_{23}, \theta_{24}, \cdots, \theta_{2m}) \begin{bmatrix} a_{i3} \\ a_{i4} \\ \vdots \\ a_{im} \end{bmatrix}$$

$$+ \cdots + 2a_{i(m-1)}\theta_{(m-1)m}a_{im}, \quad i = 1, 2, \cdots, l \tag{7.2.17}$$

式 (7.2.17) 可由模型 (7.2.1) 中 $R_{XX}^{-1} = (\theta_{jk})_{m \times m}$ 及 $A_{m \times l}$ 中很有规律的得到. 以【例 7.2.1】$(m = 6, l = 3)$ 为例说明之. 分别由 $R_{XX}^{-1} = (\theta_{jk})_{6 \times 6}$ 及 $A_{m \times 3}$ 分别定义式 (7.2.17) 中有关 $\theta_{\alpha t}$ 的行向量及有关 a_{ij} 的列向量, 便可实现 $R_{X(i)\mathrm{II}}$ 的矩阵计算. 例如, 对于 $p = 6$ 和 $m = 3$ 来讲, 先用如下所示 R_{XX}^{-1} 主对角线上三角定义 $\theta_1 \sim \theta_5$ 行向量:

$$\begin{bmatrix} \theta_{12} & \theta_{13} & \theta_{14} & \theta_{15} & \theta_{16} \\ & \theta_{23} & \theta_{24} & \theta_{25} & \theta_{26} \\ & & \theta_{34} & \theta_{35} & \theta_{36} \\ & & & \theta_{45} & \theta_{46} \\ & & & & \theta_{56} \end{bmatrix}_{6 \times 6}$$

$$\begin{aligned}
\theta_1 &= (\theta_{12}, \theta_{13}, \theta_{14}, \theta_{15}, \theta_{16}) & (1 \times 5) \\
\theta_2 &= (\theta_{23}, \theta_{24}, \theta_{25}, \theta_{26}) & (1 \times 4) \\
\theta_3 &= (\theta_{34}, \theta_{35}, \theta_{36}) & (1 \times 3) \\
\theta_4 &= (\theta_{45}, \theta_{46}) & (1 \times 2) \\
\theta_5 &= (\theta_{56}) & (1 \times 1)
\end{aligned}$$

再用 A 的第 i 列为 $(a_{i1}, a_{i2}, a_{i3}, a_{i4}, a_{i5}, a_{i6})^{\mathrm{T}}$ 定义 $a_{1(i)} \sim a_{5(i)}$ 列向量:

$$a_{1(i)} = \begin{bmatrix} a_{i2} \\ a_{i3} \\ a_{i4} \\ a_{i5} \\ a_{i6} \end{bmatrix}, \quad a_{2(i)} = \begin{bmatrix} a_{i3} \\ a_{i4} \\ a_{i5} \\ a_{i6} \end{bmatrix}, \quad a_{3(i)} = \begin{bmatrix} a_{i4} \\ a_{i5} \\ a_{i6} \end{bmatrix}, \quad a_{4(i)} = \begin{bmatrix} a_{i5} \\ a_{i6} \end{bmatrix}, \quad a_{5(i)} = a_{i6}$$

则式 (7.2.17) 可表示为

$$R_{X(i)\mathrm{II}} = 2 \sum_{j=1}^{m-1} a_{ij} \theta_j a_{j(i)} \quad i = 1, 2, \cdots, l \tag{7.2.18}$$

上述有关 $\theta_1 \sim \theta_5$ 行向量及 $a_{1(i)} \sim a_{5(i)}$ 列向量均用【例 7.2.1】中的 R_{XX}^{-1} 和 A, 其构成规律是明显的.

【例 7.2.1】中 $R_{X(i)}$ 的计算，其 $R_{XX}^{-1} = (\theta_{jk})_{6\times 6}$ 为

$$R_{XX}^{-1} = \begin{bmatrix} 11.7189 & 0.9559 & 12.3116 & 5.7798 & 1.1564 & -2.7499 \\ 0.9559 & 1.3899 & -0.1298 & -0.0294 & -0.3787 & -0.2232 \\ 12.3116 & -0.1298 & 21.5054 & 12.3277 & 8.5578 & -5.0307 \\ 5.7798 & -0.0294 & 12.3277 & 9.1768 & 6.7260 & -4.0869 \\ 1.1564 & -0.3787 & 8.5578 & 6.7260 & 8.0164 & -3.0529 \\ -2.7499 & -0.2232 & -5.0307 & -4.0869 & -3.0529 & 3.0975 \end{bmatrix}$$

$R_{X(i)\mathrm{I}}$ 的计算：由【例 7.2.1】中的 R_{XX} 及 A，按式 (7.2.16) 有

$(\theta_{11}, \theta_{22}, \theta_{33}, \theta_{44}, \theta_{55}, \theta_{66}) = (11.7178, 1.3899, 21.5054, 9.1768, 8.0164, 3.0975)$

$$\cdot \left(\begin{bmatrix} a_{11}^2 \\ a_{12}^2 \\ a_{13}^2 \\ a_{14}^2 \\ a_{15}^2 \\ a_{16}^2 \end{bmatrix}, \begin{bmatrix} a_{21}^2 \\ a_{22}^2 \\ a_{23}^2 \\ a_{24}^2 \\ a_{25}^2 \\ a_{26}^2 \end{bmatrix}, \begin{bmatrix} a_{31}^2 \\ a_{32}^2 \\ a_{33}^2 \\ a_{34}^2 \\ a_{35}^2 \\ a_{36}^2 \end{bmatrix} \right)$$

$$= \left(\begin{bmatrix} 0.9333^2 \\ (-0.5442)^2 \\ (-0.9436)^2 \\ 0.3864^2 \\ 0.7823^2 \\ 0.6518^2 \end{bmatrix}, \begin{bmatrix} (-0.2473)^2 \\ 0.2480^2 \\ (-0.0521)^2 \\ 0.8781^2 \\ (-0.4674)^2 \\ 0.5261^2 \end{bmatrix}, \begin{bmatrix} 0.0466^2 \\ 0.7620^2 \\ 0.0161^2 \\ (-0.1793)^2 \\ 0.3522^2 \\ 0.2764^2 \end{bmatrix} \right)$$

$R_{X(\cdot)\mathrm{I}} = (R_{X(1)\mathrm{I}}, R_{X(2)\mathrm{I}}, R_{X(3)\mathrm{I}}) = (37.3584, 10.5450, 2.3641)$

$R_{X(i)\mathrm{II}}$ 的计算. 由式 (7.2.18) 有

$$\begin{aligned} R_{X(1)\mathrm{II}} =& 2a_{11}(\theta_{12}, \theta_{13}, \theta_{14}, \theta_{15}, \theta_{16})(a_{12}, a_{13}, a_{14}, a_{15}, a_{16})^{\mathrm{T}} \\ &+ 2a_{12}(\theta_{23}, \theta_{24}, \theta_{25}, \theta_{26})(a_{13}, a_{14}, a_{15}, a_{16})^{\mathrm{T}} \\ &+ 2a_{13}(\theta_{34}, \theta_{35}, \theta_{36})(a_{14}, a_{15}, a_{16})^{\mathrm{T}} \\ &+ 2a_{14}(\theta_{45}, \theta_{46})(a_{15}, a_{16})^{\mathrm{T}} \\ &+ 2a_{15}\theta_{56}a_{16} \\ =& -36.3257 \end{aligned}$$

$R_{X(2)\mathrm{II}} = 2a_{21}(\theta_{12}, \theta_{13}, \theta_{14}, \theta_{15}, \theta_{16})(a_{22}, a_{23}, a_{24}, a_{25}, a_{26})^{\mathrm{T}}$

$$+ 2a_{22}(\theta_{23}, \theta_{24}, \theta_{25}, \theta_{26})(a_{23}, a_{24}, a_{25}, a_{26})^{\mathrm{T}}$$
$$+ 2a_{23}(\theta_{34}, \theta_{35}, \theta_{36})(a_{24}, a_{25}, a_{26})^{\mathrm{T}}$$
$$+ 2a_{24}(\theta_{45}, \theta_{46})(a_{25}, a_{26})^{\mathrm{T}}$$
$$+ 2a_{25}\theta_{56}a_{26}$$
$$= -4.9233$$
$$R_{X(3)\mathrm{II}} = 2a_{31}(\theta_{12}, \theta_{13}, \theta_{14}, \theta_{15}, \theta_{16})(a_{32}, a_{33}, a_{34}, a_{35}, a_{36})^{\mathrm{T}}$$
$$+ 2a_{32}(\theta_{23}, \theta_{24}, \theta_{25}, \theta_{26})(a_{33}, a_{34}, a_{35}, a_{36})^{\mathrm{T}}$$
$$+ 2a_{33}(\theta_{34}, \theta_{35}, \theta_{36})(a_{34}, a_{35}, a_{36})^{\mathrm{T}}$$
$$+ 2a_{34}(\theta_{45}, \theta_{46})(a_{35}, a_{36})^{\mathrm{T}}$$
$$+ 2a_{35}\theta_{56}a_{36}$$
$$= -1.3922$$

则有
$$R_{X(1)} = R_{X(1)\mathrm{I}} + R_{X(1)\mathrm{II}} = 37.3584 - 36.3257 = 1.0327$$
$$R_{X(2)} = R_{X(2)\mathrm{I}} + R_{X(2)\mathrm{II}} = 10.5450 - 4.9233 = 5.6217$$
$$R_{X(3)} = R_{X(3)\mathrm{I}} + R_{X(3)\mathrm{II}} = 2.3641 - 1.3922 = 0.9719$$

6) 广义决策系数 $R_{X(i)}$ 的方差 $S^2_{R_{X(i)}}$

由上述 (7.2.7) 知, 因子分析模型 (7.2.1) 为标准化线性回归模型 $\underset{m \times 1}{X} = \beta^{\mathrm{T}} \underset{l \times 1}{f} + \varepsilon$, A 是 β 的 LS 估计. 其中 $\hat{\beta}_{ij} = a_{ij}$, 由于 $\underset{l \times 1}{f} \sim N(0, I_l)$, 故 $a_{ij} \sim N(\beta_{ij}, \sigma_j^2)$, $\hat{\sigma}_j^2 = b_j^2$. $R_{X(i)}$ 的方差 $S^2_{R_{X(i)}}$ 可用 $R_{X(i)}$ 中的 a_{ij} 在 β_{ij} 处的 Taylor 展式近似求出, 其结果仿式 (6.5.11) 为

$$R_{X(i)} = R_{X(i)}|_{a_{ij}=\beta_{ij}} + \sum_{j=1}^{m} \frac{\partial R_{X(i)}}{\partial a_{ij}}\bigg|_{a_{ij}=\beta_{ij}} (a_{ij} - \beta_{ij}) + \cdots$$
$$\approx R_{X(i)}|_{a_{ij}=\beta_{ij}} + R'_{X(i)1}(a_{i1} - \beta_{i1}) + R'_{X(i)2}(a_{i2} - \beta_{i2})$$
$$+ \cdots + R'_{X(i)m}(a_{im} - \beta_{im})$$

故 $S^2_{R_{X(i)}}$ 的估计为

$$S^2_{R_{X(i)}} = (R'_{X(i)1})^2 b_1^2 + (R'_{X(i)2})^2 b_2^2 + \cdots + (R'_{X(i)m})^2 b_m^2 \tag{7.2.19}$$

如果 $b_1^2, b_2^2, \cdots, b_m^2$ 均可用其平均值 $\overline{b^2} = \dfrac{1}{m}\sum_{j=1}^{m} b_j^2$ 代替, 则式 (7.2.19) 可近似为

$$S^2_{R_{X(i)}} = \frac{b_1^2 + b_2^2 + \cdots + b_m^2}{m(n-l-1)} \sum_{j=1}^{m} (R'_{X(i)j})^2, \quad i = 1, 2, \cdots, l \tag{7.2.20}$$

$S_{R_{X(i)}}^2$ 计算必须求得 $R'_{X(i)j}$, 而 $R_{X(i)} = R_{X(i)\mathrm{I}} + R_{X(i)\mathrm{II}}$, 下面予以叙述.

(i) $\dfrac{\partial R_{X(i)\mathrm{I}}}{\partial a_{ij}} = R'_{X(i)\mathrm{I}_j}$ **的计算**

式 (7.2.11) 表明, f_i 对 x_j 的决策系数 $R_{j(i)} = 2r_{f_i x_j} a_{ij} - a_{ij}^2$, 式 (7.2.9) 指出, $r_{f_i x_j} = a_{ij}$, 故有

$$\frac{\partial R_{j(i)}}{\partial a_{ij}} = 2r_{f_i x_j} - 2a_{ij} = 0, \quad i = 1,2,\cdots,l; j = 1,2,\cdots,m \tag{7.2.21}$$

而 $R_{X(i)\mathrm{I}} = \sum_{j=1}^{m} \theta_{jj} R_{j(i)}$, 故

$$\frac{\partial R_{X(i)\mathrm{I}_j}}{\partial a_{ij}} = 0 \tag{7.2.22}$$

(ii) $R'_{X(i)\mathrm{II}_j}$ **的计算**

在因子分析模型 (7.2.1) 中, $x = (x_1, x_2, \cdots, x_m)$ 中的 x_j 为因变量, $f = (f_1, f_2, \cdots, f_l)^\mathrm{T}$ 中的 f_i 为自变量. 因而 $\dfrac{\partial R_{X(i)\mathrm{II}_i}}{\partial a_{ij}} = R'_{X(i)\mathrm{II}_j}$. 在 $R_{X(i)\mathrm{II}}$ 计算式 (7.2.17) 或 (7.2.18) 中, 当 a_{ij} 在 $j \geqslant 2$ 时, a_{ij} 在式中相邻项重复出现, 因而不能用它简单求 $R'_{X(i)\mathrm{II}_j}$, 只能直接从 $R_{X(i)\mathrm{II}}$ 中推导出来.

【例 7.2.1】中, $m = 6, i = 3$. 据式 (7.2.15) 有

$$R_{X(i)\mathrm{II}} = (\theta_{12}, \theta_{13}, \theta_{14}, \theta_{15}, \theta_{16}) \begin{bmatrix} a_{i1}a_{i2} \\ a_{i1}a_{i3} \\ a_{i1}a_{i4} \\ a_{i1}a_{i5} \\ a_{i1}a_{i6} \end{bmatrix} + (\theta_{23}, \theta_{24}, \theta_{25}, \theta_{26}) \begin{bmatrix} a_{i2}a_{i3} \\ a_{i2}a_{i4} \\ a_{i2}a_{i5} \\ a_{i2}a_{i6} \end{bmatrix}$$

$$+ (\theta_{34}, \theta_{35}, \theta_{36}) \begin{bmatrix} a_{i3}a_{i4} \\ a_{i3}a_{i5} \\ a_{i3}a_{i6} \end{bmatrix} + (\theta_{45}, \theta_{46}) \begin{bmatrix} a_{i4}a_{i5} \\ a_{i4}a_{i6} \end{bmatrix} + \theta_{56}, \theta_{i5}, \theta_{i6}$$

用【例 7.2.1】中 $R_{XX}^{-1} = (\theta_{jk})_{6\times 6}$ 上三角元素构建矩阵 $\theta_{X(i)}$ 并赋以相应数据:

7.2 因子分析及其通径、决策分析

$$\theta_{X(i) \atop 6\times 5} = \begin{bmatrix} \theta_{12} & \theta_{13} & \theta_{14} & \theta_{15} & \theta_{16} \\ \theta_{12} & \theta_{23} & \theta_{24} & \theta_{25} & \theta_{26} \\ \theta_{13} & \theta_{23} & \theta_{34} & \theta_{35} & \theta_{36} \\ \theta_{14} & \theta_{24} & \theta_{34} & \theta_{45} & \theta_{46} \\ \theta_{15} & \theta_{25} & \theta_{35} & \theta_{45} & \theta_{56} \\ \theta_{16} & \theta_{26} & \theta_{36} & \theta_{46} & \theta_{56} \end{bmatrix}$$

$$= \begin{bmatrix} 0.9559 & 12.3116 & 5.7798 & 1.1564 & -2.7499 \\ 0.9559 & -0.1298 & -0.0294 & 0.3787 & -0.2232 \\ 12.3116 & -0.1298 & 12.3277 & 8.5578 & -5.0307 \\ 5.7798 & -0.0294 & 12.3277 & 6.7260 & -4.0869 \\ 1.1564 & 0.3787 & 8.5578 & 6.7260 & -3.0529 \\ -2.7499 & -0.2232 & -5.0307 & -4.0869 & -3.0529 \end{bmatrix} \quad (7.2.23)$$

$\theta_{X(i)}$ 构建特点：第一行为 $(\theta_{12}, \theta_{13}, \theta_{14}, \theta_{15}, \theta_{16})$；第二行在 $(\theta_{23}, \theta_{24}, \theta_{25}, \theta_{26})$ 前加一个元素 θ_{12}；第三行在 $(\theta_{34}, \theta_{35}, \theta_{36})$ 前加两个元素 θ_{13} 和 θ_{23}；第四行在 $(\theta_{45}, \theta_{46})$ 前加三个元素 θ_{14}, θ_{24} 和 θ_{34}；第五行在 θ_{56} 前加 $\theta_{15}, \theta_{25}, \theta_{35}$ 和 θ_{45}；第六行为 $(\theta_{16}, \theta_{26}, \theta_{36}, \theta_{46}, \theta_{56})$。

【例 7.2.1】中 A 及数据为

$$A \atop 6\times 3 = \begin{bmatrix} a_{11} & a_{21} & a_{31} \\ a_{12} & a_{22} & a_{32} \\ a_{13} & a_{23} & a_{33} \\ a_{14} & a_{24} & a_{34} \\ a_{15} & a_{25} & a_{35} \\ a_{16} & a_{26} & a_{36} \end{bmatrix} = \begin{bmatrix} 0.9333 & -0.2473 & 0.0466 \\ -0.5442 & 0.2480 & 0.7620 \\ -0.9430 & -0.0521 & 0.0161 \\ 0.3864 & 0.8781 & -0.1793 \\ 0.7823 & -0.4674 & 0.3522 \\ 0.6518 & 0.5261 & 0.2761 \end{bmatrix}$$

用 A 第 i 列数构建矩阵 $A_{X(i)}$

$$A_{X(i)} = \begin{bmatrix} a_{i2} & a_{i1} & a_{i1} & a_{i1} & a_{i1} & a_{i1} \\ a_{i3} & a_{i3} & a_{i2} & a_{i2} & a_{i2} & a_{i2} \\ a_{i4} & a_{i4} & a_{i4} & a_{i3} & a_{i3} & a_{i3} \\ a_{i5} & a_{i5} & a_{i5} & a_{i5} & a_{i4} & a_{i4} \\ a_{i6} & a_{i6} & a_{i6} & a_{i6} & a_{i6} & a_{i5} \end{bmatrix} \quad (7.2.24)$$

A 第 i 列为 $(a_{i1}, a_{i2}, a_{i3}, a_{i4}, a_{i5}, a_{i6})^{\mathrm{T}}$，分别去掉 a_{i1}、a_{i2}、a_{i3}、a_{i4}、a_{i5} 和 a_{i6} 便成为 $A_{X(i)}$ 的第 1、第 2、第 3、第 4、第 5 和第 6 列.

由上述【例 7.2.1】的 $R_{X(i)\text{II}}$ 表示式可验证

$$R'_{X(i)\text{II}_1} = \frac{\partial R_{X(i)\text{II}}}{\partial a_{i1}} = (\theta_{12}, \theta_{13}, \theta_{14}, \theta_{15}, \theta_{14}) \begin{bmatrix} a_{i2} \\ a_{i3} \\ a_{i4} \\ a_{i5} \\ a_{i6} \end{bmatrix} = \theta_{x(i)}\text{第 1 行} \times A_{X(i)}\text{第 1 列}$$

$$R'_{X(i)\text{II}_2} = \frac{\partial R_{X(i)\text{II}}}{\partial a_{i2}} = \theta_{x(i)}\text{第 2 行} \times A_{X(i)}\text{第 2 列}$$

一般有

$$R'_{X(i)\text{II}_j} = \frac{\partial R_{X(i)\text{II}}}{\partial a_{ij}} = \theta_{x(i)}\text{第 } j \text{ 行} \times A_{X(i)}\text{第 } j \text{ 列} \tag{7.2.25}$$

上述 $R'_{X(i)\text{II}_j}$ 算法, 可扩展到 $i=1,2,\cdots,l; j=1,2,\cdots,m$, 即因子分析模型 (7.2.1).

【例 7.2.1】$R'_{X(i)\text{II}_j}$ 的计算结果, 如下所述.

$i=1$ 时有

$$A_{X(1) \atop 5\times 6} = \begin{bmatrix} a_{12} & a_{11} & a_{11} & a_{11} & a_{11} & a_{11} \\ a_{13} & a_{13} & a_{12} & a_{12} & a_{12} & a_{12} \\ a_{14} & a_{14} & a_{14} & a_{13} & a_{13} & a_{13} \\ a_{15} & a_{15} & a_{15} & a_{15} & a_{14} & a_{14} \\ a_{16} & a_{16} & a_{16} & a_{16} & a_{16} & a_{15} \end{bmatrix}$$

$$= \begin{bmatrix} -0.5442 & 0.9333 & 0.9333 & 0.9333 & 0.9333 & 0.9333 \\ -0.9436 & -0.9436 & -0.5442 & -0.5442 & -0.5442 & -0.5442 \\ 0.3684 & 0.3684 & 0.3684 & -0.9436 & -0.9436 & -0.9436 \\ 0.7823 & 0.7823 & 0.7823 & 0.7823 & 0.3864 & 0.3864 \\ 0.6518 & 0.6518 & 0.6518 & 0.6518 & 0.6518 & 0.7823 \end{bmatrix}$$

由式 (7.2.25) 有

$$R'_{X(1)\text{II}} = (R'_{X(1)\text{II}1}, R'_{X(1)\text{II}2}, \cdots, R'_{X(1)\text{II}6})$$
$$= (-21.7918, 1.1230, 39.4807, -16.9482, -12.3614, -3.3310)$$

$$\sum_{j=1}^{6} (R'_{X(1)\text{II}_j})^2 = 2486.0106$$

7.2 因子分析及其通径、决策分析

同理

$$A_{X(2)} = \begin{bmatrix} 0.2480 & -0.2473 & -0.2473 & -0.2473 & -0.2473 & -0.2473 \\ -0.0521 & -0.0521 & -0.2480 & 0.2480 & 0.2480 & 0.2480 \\ 0.8781 & 0.8781 & 0.8781 & -0.0521 & -0.0521 & -0.0521 \\ -0.4674 & -0.4674 & -0.4674 & -0.4674 & 0.8781 & 0.8781 \\ 0.5261 & 0.5261 & 0.5261 & 0.5261 & 0.5261 & -0.4674 \end{bmatrix}$$

$$R'_{X(2)\text{II}} = (2.6836, -0.5499, 1.1659, -7.3662, 3.6620, -1.2750)$$

$$\sum_{j=1}^{6}(R'_{X(2)\text{II}_j})^2 = 78.1602$$

$$A_{X(3)} = \begin{bmatrix} 0.7260 & 0.0466 & 0.0466 & 0.0466 & 0.0466 & 0.0466 \\ 0.0161 & 0.0161 & 0.7620 & 0.7620 & 0.7620 & 0.7620 \\ -0.1793 & -0.1793 & -0.1793 & 0.0161 & 0.0161 & 0.0161 \\ 0.3522 & 0.3522 & 0.3522 & 0.3522 & -0.1793 & -0.1793 \\ 0.2764 & 0.2764 & 0.2764 & 0.2764 & 0.2764 & 0.3522 \end{bmatrix}$$

$$R'_{X(3)\text{II}} = (-0.9250, -0.2947, -0.2239, 3.3694, -4.2934, -1.4571)$$

$$\sum_{j=1}^{6}(R'_{X(3)\text{II}_j})^2 = 32.9019$$

(iii) $S^2_{RX(i)}$ 计算结果

【例 7.2.1】中 R_{xx} 由 $n=27$ 个点估计. 因子分析模型中,

$$m = 6, \quad l = 3, \quad b_1^2 = 0.0656, \quad b_2^2 = 0.0617, \quad b_3^2 = 0.1066$$

$$b_4^2 = 0.0475, \quad b_5^2 = 0.0455, \quad b_6^2 = 0.2220 \quad \sum_{j=1}^{6} b_j^2 = 0.5489$$

则由式 (7.2.20) 有

$$S^2_{RX(1)} = \frac{0.5489}{6(27-3-1)} \times 2486.0106 = 0.003978 \times 2486.0106 = 9.8882$$

$$S^2_{RX(2)} = 0.003978 \times 78.1602 = 0.3109$$

$$S^2_{RX(3)} = 0.003978 \times 32.9019 = 0.1309$$

7) $R_{X(i)}$ 的 t 检验 $(H_0 : E(R_{X(i)}) = 0)$

$$t_i = \frac{R_{X(i)}}{S_{R_{X(i)}}} \sim t(n-l-1) = t(23) \qquad (7.2.26)$$

t 检验的显著临界值为 $t_{0.05}(23) = 2.069, t_{0.01}(23) = 2.807$. 据前面计算, $R_{X(1)} = 1.0327, R_{X(2)} = 5.6217, R_{X(3)} = 0.9719$. 各自的 t 值分别为

$$t_1 = \frac{1.0327}{\sqrt{9.8882}} = 0.3284, \quad t_2 = \frac{5.6217}{\sqrt{0.3109}} = 10.0822^{**}, t_3 = \frac{0.9719}{\sqrt{0.1309}} = 2.6863^*$$

广义决策分析表明:

(i) f_1 代表参试品种群体的共性, 对 $\underset{6\times 1}{X}$ 的方差贡献为 54.1%, x_1(冬季分蘖) 与 x_2(株高)、x_3(每穗粒数) 的负相关及 x_2, x_3 与 x_4(千粒重)、x_5(抽穗期)、x_6(成熟期) 的负相关是其主要特点, 或者说是群体需要改良的, x_2 和 x_4 权重绝对值最小, 为改良指明了方向. x_5 和 x_6 的正相关表明二者是稳定的.

f_1 对 $\underset{6\times 1}{X}$ 的广义决策系数 $R_{X(1)}$ 表明, 其直接决定为 $R_{X(1)\mathrm{I}} = 37.3584$, 其相关的直接决定为 $R_{X(1)\mathrm{II}} = -36.3257$. 造成 $R_{X(1)} = 1.0327$, 反映了 $\underset{6\times 1}{X}$ 间相关的不和谐性.

(ii) f_2 反映的是参试品种选育中由于 x_4(千粒重) 增加而使 x_1, x_3 和 x_5 的权重有所下降, 其方差贡献为 23.2%.

f_2 对 $\underset{6\times 1}{X}$ 的广义决策系数 $R_{X(2)} = R_{X(2)\mathrm{I}} + R_{X(2)\mathrm{II}} = 10.5450 - 4.9233$, 表明了 x_4(千粒重) 的正向选择使其相关直接决定作用仅为 -4.9233, 这种变革是一大进步, 但它使 x_5 和 x_6 的权重相反, 有一定程度的失去平衡.

(iii) f_3 反映了参试品种在 x_2(株高) 改变上的作用, 使 x_5 和 x_6 恢复了平衡, 其方差贡献为 13.6%. f_3 对 $\underset{6\times 1}{X}$ 的广义决策系数 $R_{X(3)} = R_{X(3)\mathrm{I}} + R_{X(3)\mathrm{II}} = 2.3641 - 1.3922 = 0.9719$.

(iv) $R_{X(i)}$ 的排序为 $R_{X(2)} > R_{X(1)} > R_{X(3)} > 0$, 表明选育过程是在改良 f_1 之下进行的, 千粒重 (x_4) 的选择决定作用大于株高的选择决定作用.

7.2.4 因子分析模型建立的方法

主成分分析是利用 $X \sim N_m(0, \Sigma_x)$ 的样本离差阵 L 或样本相关阵 R 进行的. 主成分分析后, 如何建立因子分析模型 (7.2.1) 呢? 常用的有两种方法.

1. 约协方差阵法

由式 (7.2.1) 所示因子分析模型 $X = A^\mathrm{T} f + \varepsilon$ 的假设前提知, 若主成分是从 L 出发进行的, 则 l 满足

$$\Sigma_x = V(X) = V(A^\mathrm{T} f) + V(\varepsilon) = A^\mathrm{T} V(f) A + \psi = A^\mathrm{T} A + \psi \qquad (7.2.27)$$

其中

$$\psi = \begin{bmatrix} b_1^2 & & & 0 \\ & b_2^2 & & \\ & & \ddots & \\ 0 & & & b_m^2 \end{bmatrix} \quad (7.2.28)$$

令 $\Sigma^* = A^T A = \Sigma_x - \psi$, 称 Σ^* 为约协方差阵. 用样本来分析 $\hat{\Sigma} = S, \hat{\Sigma}^* = S^*$, 其中对角阵 $\psi = \Sigma_x - \Sigma^*$ 是未知的. 实际求法如下: 利用 S 对 X 进行主成分分析. S 的特征根为 $\lambda_1 \geqslant \lambda_2 \geqslant \cdots \geqslant \lambda_m > 0$, 相应的正交特征向量为 $U_1, U_2, \cdots, U_m$. 令 $a_1 = \sqrt{\lambda_1}U_1, a_2 = \sqrt{\lambda_2}U_2, \cdots, a_m = \sqrt{\lambda_m}U_m$, 则有

$$\begin{cases} x_1 = a_{11}f_1 + a_{21}f_2 + \cdots + a_{m1}f_m \\ x_2 = a_{12}f_1 + a_{22}f_2 + \cdots + a_{m2}f_m \\ \cdots\cdots \\ x_m = a_{1m}f_1 + a_{2m}f_2 + \cdots + a_{mm}f_m \end{cases} \quad (7.2.29)$$

其中 a_{ji} 为 x_i 在 f_j 上的载荷.

令 $S^* = a_1 a_1^T$, 若 $S - S^*$ 很接近对角阵时, 则取 $A^T = a_1$, 表明只有一个公共因子 f_1. 如若不然, 再取 $A^T = (a_1, a_2)$, 计算 $S^* = A^T A$, 若 $S - S^*$ 很接近对角阵时, 则表明 f_1 与 f_2 为公共因子. 如若不然, 以次类推, 直到取 $A^T = (a_1, a_2, \cdots, a_l)(l \leqslant m)$ 使 $S - S^* = S - A^T A$ 很接近对角阵为止. 确定了公共因子 $f_1, f_2, \cdots, f_t$ 及其载荷阵 $A_{m \times l}$, 这样就建立了因子模型 $X = A^T f + \varepsilon$.

2. 特征根确定法

由主成分分析知, 当

$$\eta_{(l)} = \sum_{i=1}^{l} \lambda_i \Big/ \sum_{i=1}^{m} \lambda_i \geqslant 85\%$$

时, 直接取 $A^T = (a_1, a_2, \cdots, a_l)$ 作为载荷阵即可.

上述两种方法好与不好目前还无法判别, 看起来第二种方法要简单得多.

7.2.5 因子旋转

当对实际问题建立了因子分析线性模型之后, 更重要的是通过模型对公因子 f_i 与原变量 $x_1, x_2, \cdots, x_m$ 中那些关系密切作出较明确的解释. 为此, 希望载荷阵 A 的结构能变得更简单, 即 A 中的元素的平方按列向 0 或 1 分化. 通常使用的方法是所谓的方差最大正交旋转法.

因子载荷阵不是唯一的,对于 L 阶正交矩阵 T,有

$$X = A^{\mathrm{T}}f + \varepsilon = (A^{\mathrm{T}}T)(T^{\mathrm{T}}f) + \varepsilon$$

因为

$$E(T^{\mathrm{T}}f) = T^{\mathrm{T}}E(f) = 0, \quad V(T^{\mathrm{T}}f) = T^{\mathrm{T}}V(f)T = I$$

$$Cov(T^{\mathrm{T}}f, \varepsilon) = T^{\mathrm{T}}Cov(f, \varepsilon) = 0$$

$$\Sigma_x = A^{\mathrm{T}}A + \psi = (A^{\mathrm{T}}T)(A^{\mathrm{T}}T)^{\mathrm{T}} + \psi \tag{7.2.30}$$

可见 $T^{\mathrm{T}}f$ 也可看成公共因子,$A^{\mathrm{T}}T$ 看成相应的载荷矩阵,这样的正交变换并不影响方差分解式 (7.2.25). 因正交变换是一种旋转变换,$A^{\mathrm{T}}T$ 是将 A^{T} 进行旋转后的因子载荷阵,只要找到适当的正交阵 T,使 $A^{\mathrm{T}}T$ 结构简单,就可以解释分析结果.

设已建立的因子分析模型的载荷阵为 $A = (a_{ij})_{m \times l}$,对任两个因子 f_k 与 f_e 张成的平面旋转一个角度 ψ_{ke},就相当于以 l 阶正交阵 (未写出元素均为 0) 去左乘 A^{T} 即 $A^{\mathrm{T}}T_{ke}$.

$$T_{ke} = \begin{bmatrix} 1 & & & & & & & & & & \\ & \ddots & & & & & & & & & \\ & & 1 & & & & & & & & \\ & & & \cos\psi_{ke} & \cdots & -\sin\psi_{ke} & & & & \\ & & & & 1 & & & & & & \\ & & & \vdots & & \ddots & & \vdots & & & \\ & & & & & & 1 & & & & \\ & & & \sin\psi_{ke} & \cdots & & \cos\psi_{ke} & & & \\ & & & & & & & & 1 & & \\ & & & & & & & & & \ddots & \\ & & & & & & & & & & 1 \end{bmatrix} \tag{7.2.31}$$

对 A^{T} 的每两列都要作一次旋转,共要作 $\dfrac{l(l-1)}{2}$ 次,全部旋转完成称为一个循环. 其结果得到一个新的载荷阵 $B_1 = (b_{ij})_{m \times l}$,第 t 列元素平方的方差称为 f_t 的载荷平方的方差 $V_t^{(1)}$,总方差 $V^{(1)} = \sum\limits_{t=1}^{l} V_t^{(1)}$. 因子旋转的目的是使各次循环的总方差最大,且经 r 次循环之后有如下性质:

$$V^{(1)} \leqslant V^{(2)} \leqslant \cdots \leqslant V^{(r)} \tag{7.2.32}$$

这种循环满足给定误差 ε 之时停止旋转, 即

$$\left|V^{(r)} - V^{(r-1)}\right| < \varepsilon \tag{7.2.33}$$

这里不再赘述和举例, 有兴趣者可参考其他著作.

7.3 对应分析

前面介绍了求变量主成分 (R 型) 的方法. 对于实际问题, 除得到变量的主成分外, 同时希望把样品看成变量而获得样品的主成分 (Q 型), 即希望同时求得变量和样品的主成分, 把变量和样品对应起来进行主成分分析的方法称为对应分析.

设数据阵 $X = (x_{ij})_{m \times N}, x_{ij} \geqslant 0$. 变量的协方差阵为 m 阶方阵, 将样品看作变量, 其协方差阵为 N 阶方阵, 这样的两个协方差阵非零特征值并不一样, 为使这一问题得到解决, 将 X 进行变换, 变成 Z, 使 ZZ^{T} 和 $Z^{\mathrm{T}}Z$ 分别起到变量和样品协方差阵的作用. 由于 ZZ^{T} 和 $Z^{\mathrm{T}}Z$ 有相同的非零特征值, 其特征向量间也有密切关系, 这样对问题的处理使分析、计算都方便. 如特征根相同的 R 型和 Q 型主成分可以用同一坐标轴表示, 这样在同一坐标系中可同时标出样品和性状的散点图, 再和样品聚类结合起来, 就可以直观看出各类样品的主要性状是什么, 由此可看出对应分析的实质和优点.

从上述的分析看出, 对应分析的关键是将原始数据阵 $X = (X_{ij})$ 变换成 $Z = (Z_{ij})$ 使 Z_{ij} 对指标和样品具有对等性. 下面讲述这种变换.

对 X 按行和列分别求和, 并求总和 $T = \sum_{i=1}^{m} \sum_{j=1}^{N} x_{ij}$, 并令

$$p' = \frac{1}{T} X$$

则

	1	2	$\cdots$	N	行和 $T_{i.}$
x_1	x_{11}	x_{12}	$\cdots$	x_{1N}	$T_{1.}$
x_2	x_{21}	x_{22}	$\cdots$	x_{2N}	$T_{2.}$
$\vdots$	$\vdots$	$\vdots$		$\vdots$	$\vdots$
x_m	x_{m1}	x_{m2}	$\cdots$	x_{mN}	$T_{m.}$
列和 $T_{.j}$	$T_{.1}$	$T_{.2}$	$\cdots$	$T_{.N}$	T

(7.3.1)

$$p' = \begin{bmatrix} p_{11} & p_{12} & \cdots & p_{1N} \\ p_{21} & p_{22} & \cdots & p_{2N} \\ \vdots & \vdots & & \vdots \\ p_{m1} & p_{m2} & \cdots & p_{mN} \\ p_{\cdot 1} & p_{\cdot 2} & \cdots & p_{\cdot N} \end{bmatrix} \begin{matrix} p_{1\cdot} \\ p_{2\cdot} \\ \vdots \\ p_{N\cdot} \end{matrix} \tag{7.3.2}$$

显然 p' 中的元素 p_{ij} 有频率的意义,表示第 j 个样品的第 i 个性状在整个数据中所具有的频率;第 j 列之和 $p_{\cdot j} = \sum_{i=1}^{m} p_{ij}$ 表示第 j 个样品在整个样品中的频率;第 i 行之和 $p_{i\cdot} = \sum_{j=1}^{N} p_{ij}$ 表示第 i 个性状在所有性状中的频率,且 $\sum_{i=1}^{m}\sum_{j=1}^{N} p_{ij} = 1$,在上述意义上, p' 阵构成了性状和样品的联合分布.

给 p' 的第 j 列除以 $p_{\cdot j}$, 得 p'' 阵

$$p'' = \begin{bmatrix} \dfrac{p_{11}}{p_{\cdot 1}} & \dfrac{p_{12}}{p_{\cdot 2}} & \cdots & \dfrac{p_{1N}}{p_{\cdot N}} \\ \vdots & \vdots & & \vdots \\ \dfrac{p_{m1}}{p_{\cdot 1}} & \dfrac{p_{m2}}{p_{\cdot 2}} & \cdots & \dfrac{p_{mN}}{p_{\cdot N}} \end{bmatrix} \tag{7.3.3}$$

p'' 的第 j 列的每一分量表示该变量在第 j 个样品中的频率;如 $\dfrac{p_{ij}}{p_{\cdot j}}$ 表示第 i 个性状在第 j 个样品中的频率,当然 $\sum_{i=1}^{m} \dfrac{p_{ij}}{p_{\cdot j}} = 1$. 这种变换把 N 个样品与其 m 个性状的对应研究变为第 j 个样品中第 i 个性状频率的相对关系研究. 为了减小变量尺度差异的影响,将 p'' 的第 i 行除以 $\sqrt{p_{i\cdot}}$ 得

$$p = \begin{bmatrix} \dfrac{p_{11}}{\sqrt{p_{1\cdot}p_{\cdot 1}}} & \dfrac{p_{12}}{\sqrt{p_{1\cdot}p_{\cdot 2}}} & \cdots & \dfrac{p_{1N}}{\sqrt{p_{1\cdot}p_{\cdot N}}} \\ \dfrac{p_{21}}{\sqrt{p_{2\cdot}p_{\cdot 1}}} & \dfrac{p_{22}}{\sqrt{p_{2\cdot}p_{\cdot 2}}} & \cdots & \dfrac{p_{2N}}{\sqrt{p_{2\cdot}p_{\cdot N}}} \\ \vdots & \vdots & & \vdots \\ \dfrac{p_{m1}}{\sqrt{p_{m\cdot}p_{\cdot 1}}} & \dfrac{p_{m2}}{\sqrt{p_{m\cdot}p_{\cdot 2}}} & \cdots & \dfrac{p_{mN}}{\sqrt{p_{m\cdot}p_{\cdot N}}} \end{bmatrix} \tag{7.3.4}$$

若把 p 中的无素 $\dfrac{p_{ij}}{\sqrt{p_{i\cdot}p_{\cdot j}}}$ 看成第 i 个变量的第 j 次观察,其频率为 $p_{\cdot j}$,则第 i 个变量的均值为

$$\sum_{j=1}^{N} \dfrac{p_{ij}}{\sqrt{p_{i\cdot}p_{\cdot j}}} \cdot p_{\cdot j} = \dfrac{1}{\sqrt{p_{i\cdot}}} \sum_{j=1}^{N} p_{ij} = \dfrac{1}{\sqrt{p_{i\cdot}}} p_{i\cdot} = \sqrt{p_{i\cdot}}.$$

7.3 对应分析

第 i 个变量与第 j 个变量的协方差为

$$\sum_{\alpha=1}^{N}\left(\frac{p_{i\alpha}}{\sqrt{p_{i\cdot}p_{\cdot\alpha}}}-\sqrt{p_{i\cdot}}\right)\left(\frac{p_{j\alpha}}{\sqrt{p_{j\cdot}p_{\cdot\alpha}}}-\sqrt{p_{j\cdot}}\right)p_{\cdot\alpha}$$

$$=\sum_{\alpha=1}^{N}\left(\frac{p_{i\alpha}}{\sqrt{p_{i\cdot}p_{\cdot\alpha}}}-\sqrt{p_{i\cdot}}\sqrt{p_{\cdot\alpha}}\right)\left(\frac{p_{j\alpha}}{\sqrt{p_{j\cdot}p_{\cdot\alpha}}}-\sqrt{p_{j\cdot}}\sqrt{p_{\cdot\alpha}}\right)$$

$$=\sum_{\alpha=1}^{N}\left(\frac{P_{i\alpha}-p_{i\cdot}p_{\cdot\alpha}}{\sqrt{p_{i\cdot}p_{\cdot\alpha}}}\right)\left(\frac{P_{j\alpha}-p_{j\cdot}p_{\cdot\alpha}}{\sqrt{p_{j\cdot}p_{\cdot\alpha}}}\right)$$

$$=\sum_{\alpha=1}^{N}\left(\frac{x_{i\alpha}-T_{i\cdot}T_{\cdot\alpha}/T}{\sqrt{T_{i\cdot}T_{\cdot\alpha}}}\right)\left(\frac{x_{j\alpha}-T_{j\cdot}T_{\cdot\alpha}/T}{\sqrt{T_{j\cdot}T_{\cdot\alpha}}}\right)$$

$$=\sum_{\alpha=1}^{N}z_{i\alpha}z_{j\alpha}=a_{ij} \qquad (7.3.5)$$

其中

$$z_{i\alpha}=\left(\frac{x_{i\alpha}-T_{i\cdot}T_{\cdot\alpha}/T}{\sqrt{T_{i\cdot}T_{\cdot\alpha}}}\right)$$

令 $Z=(z_{i\alpha})_{m\times N}$, 于是变量的协方差阵

$$A=(a_{ij})_{m\times m}=ZZ^{\mathrm{T}} \qquad (7.3.6)$$

类似地, 可求得样品的协方差

$$b_{kl}=\sum_{i=1}^{m}\left(\frac{p_{ik}}{\sqrt{p_{\cdot k}p_{i\cdot}}}-\sqrt{p_{\cdot k}}\right)\left(\frac{p_{il}}{\sqrt{p_{\cdot l}p_{i\cdot}}}-\sqrt{p_{\cdot l}}\right)p_{i\cdot}$$

$$=\sum_{i=1}^{m}\left(\frac{p_{ik}-p_{i\cdot}p_{\cdot k}}{\sqrt{p_{\cdot k}p_{i\cdot}}}\right)\left(\frac{p_{il}-p_{i\cdot}p_{\cdot l}}{\sqrt{p_{i\cdot}p_{\cdot l}}}\right)$$

样品的协方差阵为

$$B=(b_{kl})_{N\times N}=Z^{\mathrm{T}}Z \qquad (7.3.7)$$

设 A 的非零特征值为 $\lambda_1\geqslant\lambda_2\geqslant\cdots\geqslant\lambda_l(0<l\leqslant\min\{m,N\})$, 相应的特征向量为 $U_1,U_2,\cdots,U_l$, 则 U_j 满足

$$AU_j=ZZ^{\mathrm{T}}U_j=\lambda_j U_j$$

给上式左乘 Z^{T}, 则

$$Z^{\mathrm{T}}Z(Z^{\mathrm{T}}U_j)=\lambda_j(Z^{\mathrm{T}}U_j)$$

即

$$B(Z^{\mathrm{T}}U_j)=\lambda_j(Z^{\mathrm{T}}U_j)$$

可见 $V_j = Z^T U_j$ 是 B 的特征值 λ_j 对应的特征向量. 由于 A, B 的非零特征值相同, 而这些特征值是各自主成分的方差, 因此可用相同的坐标系去同时表示变量与样品.

在对应分析中, 当求得了变量与样品的主成分后, 可将 Z 看成原始数据阵 (第 i 行看成第 i 个变量, 第 j 列看成第 j 个样品), 再求变量与样品的主成分值, 然后将各变量与样品的主成分值点在同一张图上. 例如, 若变量主成分为 F_1, F_2; 样品的主成分为 G_1, G_2; 我们可以用 F_1(与 G_1 重合) 和 F_2(与 G_2 重合) 为轴作平面直角坐标系, 将第 j 个样品在各变量上的值分别代入 F_1 及 F_2 中, 求得两个主成分值 $(F_1(j), F_2(j))$, 在坐标系 F_1-F_2 中作出相应的点 (样品点). 同样, 将第 i 个变量的两个分值 $(G_1(i), G_2(i))$ 仍在这坐标系中作出相应的点 (变量点). 这样根据变量与样品在坐标系 F_1-$F_2(G_1$-$G_2)$ 中的位置关系, 就可以较直观地解释变量、样品以及二者之间的关系.

【例 7.3.1】 对 12 个 O_2 玉米杂交种和两个普通玉米杂交种共观察 10 项性状 (表 7.3.1), 试进行对应分析.

表 7.3.1 O_2 玉米杂交种和普通玉米杂交种的观测数据

玉米杂交名称	代号	x_1 平均亩产 /500g	x_2 穗长 /cm	x_3 穗行数	x_4 行粒数	x_5 穗粒重 /50g	x_6 出籽粒/%	x_7 千粒重	x_8 蛋白质	x_9 赖氨酸 全籽粒/%	x_{10} 赖氨酸 蛋白质 /100g
$O_2423\times O_2420$	1	947.0	23.4	14.8	45.3	0.46	85.2	373	9.54	0.37	3.88
$O_2420\times$ 75-308O_2/O_2	2	935.0	23.3	16.2	41.7	0.40	833.3	305	7.90	0.38	4.81
二南 24 $O_2/$ $O_2\times O_2423$	3	918.2	20.9	14.8	43.3	0.38	82.6	320	9.51	0.43	4.52
$O_2423\times O_2439$	4	910.7	23.4	16.1	44.0	0.46	85.2	338	8.60	0.33	3.84
二南 24$O_2/$ $O_2\times O_2425$	5	905.0	22.9	17.0	39.8	0.45	80.4	348	9.53	0.42	4.40
二南 24$O_2/$ $O_2\times O_2425$	6	890.6	22.3	15.7	44.0	0.41	85.4	286	8.67	0.39	4.50
二南 24$O_2/$ $O_2\times$75-308 O_2/O_2	7	853.4	20.9	15.9	41.6	0.35	85.4	273	9.79	0.42	4.29
$O_2417\times O_2$ 野品	8	837.8	20.2	14.4	37.3	0.33	82.5	326	7.62	0.36	4.73
$O_2417\times O_2412$	9	833.3	22.2	15.2	38.3	0.37	82.2	310	7.84	0.40	5.10
75-308 $O_2/$ $O_2\times$ 二南 24 O_2/O_2	10	760.9	20.4	15.5	40.7	0.32	84.2	268	7.75	0.35	4.52
二南 24 $O_2/$ $O_2\times$ FRB37O_2	11	760.3	20.8	15.1	44.8	0.35	79.5	273	8.91	0.45	5.05
O_2 野品 $\times O_2417$	12	742.5	23.4	14.7	43.1	0.35	79.5	310	9.18	0.40	4.36
京杂 6 号 (CK)	13	936.3	22.4	12.7	37.6	0.44	84.6	431	10.38	0.28	2.70
京单 403(CK)	14	81.0	20.9	13.8	39.5	0.38	79.2	378	8.50	0.26	3.06

7.3 对应分析

1. R 型主成分分析

计算的协方差阵 $A = ZZ^{\mathrm{T}}$ 及其特征根、特征向量,如表 7.3.2~ 表 7.3.4 所示.

表 7.3.2　协方差矩阵 A

0.0005									
−0.0000	0.0001								
0.0001	0.0001	0.0001							
0.0001	0.0001	0.0001	0.0003						
−0.0000	0.0000	−0.0000	−0.0000	0.0000					
0.0001	0.0001	0.0001	0.0002	−0.0000	0.0003				
0.0010	−0.0001	−0.0004	−0.0004	0.0000	−0.3004	0.0020			
−0.0000	0.0000	0.0000	0.0001	−0.0000	0.0000	−0.0000	0.0001		
0.0000	0.0000	0.0000	0.0000	−0.0000	0.0000	−0.0001	0.0000	0.0000	
0.0001	0.0001	0.0001	0.0001	−0.10000	0.0001	−0.0004	0.0000	0.0000	0.0001

表 7.3.3　特征向量

−0.3859	−0.4632	−0.0517	−0.0068	−0.0227	0.0177	−0.0125	−0.0038	−0.0007	0.7955
−0.0532	0.2693	−0.0304	−0.4712	0.0833	−0.4969	−0.6533	−0.0667	0.0134	
−0.1564	0.2486	0.2039	−0.3603	0.3247	−0.3536	0.7040	−0.0694	−0.0005	0.1069
−0.1888	0.5517	−0.6228	−0.0543	−0.4261	0.1673	0.1667	−0.0309	−0.0049	0.1754
0.0022	−0.0075	−0.0669	−0.0698	−0.0062	−0.1107	0.0312	0.9852	−0.0819	−0.0008
−0.1788	0.5066	0.5087	0.5942	−0.0770	−0.1118	−0.1123	0.0758	0.0504	0.2454
0.8540	0.1251	0.0444	−0.0670	−0.0180	0.0701	0.0681	0.0041	0.0093	0.4885
−0.0037	0.1522	−0.4169	0.3113	0.8029	0.1027	−0.1057	−0.0002	−0.1823	0.0812
−0.0410	0.0533	−0.0242	−0.0801	0.1901	0.2086	0.0373	0.0977	0.9474	0.0119
−0.1587	0.2191	0.3568	−0.4235	0.1361	0.7184	−0.1373	0.0619	−0.2444	0.0560

表 7.3.4　特征值

序号	特征值	百分比	累计值	序号	特征值	百分比	累计值
1	0.0028	0.7837	0.7837	6	0.0000	0.0069	0.9960
2	0.0006	0.1590	0.9427	7	0.0000	0.0038	0.9999
3	0.0001	0.0230	0.9657	8	0.0000	0.0001	1.0000
4	0.0000	0.0150	0.9807	9	0.0000	0.0000	1.0000
5	0.0000	0.0084	0.9891	10	0.0000	0.0000	1.0000

按累计方差贡献率选取两个主成分,并求其载荷,结果如表 7.3.5 所示.

表 7.3.5　R 型因子载荷矩阵

F_1	F_2	F_1	F_2
−0.0204	−0.0110	−0.0094	0.0120
−0.0028	0.0064	0.0451	0.0030
−0.0083	0.0059	−0.0002	0.0036
−0.0100	0.0131	−0.0022	0.0013
0.0001	−0.0002	−0.0084	0.0052

2. Q 型主成分分析

选取两个主成分 G_1, G_2, 其载荷量如表 7.3.6 所示.

表 7.3.6 Q 型因子载荷矩阵

	G_1	G_2		G_1	G_2
1	0.0071	−0.0037	8	0.0038	−0.0013
2	−0.0143	−0.0080	9	−0.0022	0.0005
3	−0.0073	−0.0059	10	−0.0107	0.0083
4	0.0011	−0.0020	11	−0.0093	0.0103
5	0.0037	−0.0043	12	0.0067	0.0136
6	−0.0174	−0.0024	13	0.0296	−0.0064
7	−0.0180	−0.0005	14	0.0264	0.0045

3. 对应分析

在 F_1-F_2 上作样品点图, 并在 G_1, G_2 平面即 F_1-F_2 平面上作变量点图. 结果如图 7.3.1 所示 (图中矩形点表示各样品点, 菱形点表示各变量点). 由图 7.3.1 看出, 对应分析在同一平面上给出了样品点群与变量点群, 从而可直观地研究样品点群与变量点群之间的关系, 这是对应分析的主要特点, 从图 7.3.1 可以看出, 样品 13 及 14(两个普通玉米杂交种) 与变量 x_7(千粒重) 关系密切, 说明千粒重高, 而 x_9, x_{10}(赖氨酸含量) 等关系较远, 说明普通玉米杂交种赖氨酸含量少; 而样品 1,2,3,4,5,6,7,8,9,10,11,12 等赖氨酸含量与变量 x_9, x_{10} 的关系密切.

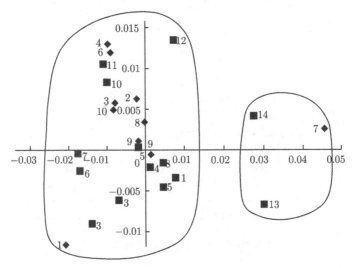

图 7.3.1 对应分析因子平面点聚图

根据对变量进行主成分分析的特点 (R 型), 当各变量的量纲不同时, 特别是数量悬殊时可先对数据阵进行数据 (对变量) 变换, 然后再进行对应分析. 这样, 数据变换与不变换及采用不同的变换等, 分析的结果一般会有差异, 具体实施时研究者应根据数据的特点, 研究的目的做具体的分析. 必须注意, 对分析结果的解释必须与具体的专业知识结合起来.

第 8 章 判别分析与聚类分析

判别与聚类是各领域科研中常遇到的问题. 判别分析是判别样品所属类型的一种统计方法. 如已知肝病有多种类型, 据患者的症候判断是哪一种肝病. 又如已知某地区的土壤类型, 据土壤样品的测定数据判断属于何种土壤类型. 一般来讲, 有 k 个总体 $G_1, G_2, \cdots, G_k$, 它们的分布密度函数分别是 $f_1(X), f_2(X), \cdots, f_k(X)$. 对于给定的一个样品 $X = (x_1, x_2, \cdots, x_m)^\mathrm{T}$, 判别分析是判断它属 k 个总体中的哪一个的统计方法. 聚类分析是应用多元统计分析原理研究分类问题的一种统计方法, 尽管它理论上还很不完善, 但发展很快, 已广泛应用到作物品种分类、土壤分类、经济分类、地质分类、地质勘测、天气预报等各个领域, 聚类与判别往往在一个问题中要连用, 如先对典型样品进行聚类, 再进行判别分析, 就可进行样品的识别和确定各类样品的主要属性. 本章叙述一些常用的判别分析与聚类分析方法.

本章将利用回归分析与判别分析的关系, 将判别分析进一步进行通径分析及其决策分析, 以解决 $X = (x_1, x_2, \cdots, x_m)^\mathrm{T}$ 中每一个分量对判别结果的重要性及其排序.

8.1 距离判别分析

距离判别是待判样品 $X = (x_1, x_2, \cdots, x_m)^\mathrm{T}$ 到各总体 $G_1, G_2, \cdots, G_k$ 的距离远近为判据的一种直观判别方法. 下面分不同情况予以讨论.

8.1.1 两总体距离判别及其判别函数 $Y(X)$

1. 正态同协方差阵情形

设总体 $G_1 \sim N_m(\mu_1, \Sigma), G_2 \sim N_m(\mu_2, \Sigma), \mu_1 \neq \mu_2, \Sigma > 0$. 分布密度函数分别为

$$f_i(X) = (2\pi)^{-m/2} |\Sigma|^{\frac{1}{2}} \exp\left\{-\frac{1}{2}(X - \mu_i)^\mathrm{T} \Sigma^{-1}(X - \mu_i)\right\} \quad (i = 1, 2) \qquad (8.1.1)$$

由前述所知, 样品 X 到 $G_i (i = 1, 2)$ 的 Mahalanobis 距离为

$$d_i^2 = d^2(X, G_i) = (X - \mu_i)^\mathrm{T} \Sigma^{-1} (X - \mu_i) \geqslant 0, \quad i = 1, 2 \qquad (8.1.2)$$

距离判别的直观判断规则为

$$\begin{cases} X \in G_1, & d_1^2 \leqslant d_2^2 \\ X \in G_2, & d_1^2 > d_2^2 \end{cases} \tag{8.1.3}$$

即 X 归属总体的 $d_i^2 = d^2(X, G_i)$ 小者原则.

在距离判别中, 虽然作了正态假设前提, 但以 Mahalanobis 距离 d_i^2 的大小作为待判样品 X 的归属判据, 故在距离判别中可以不限制总体分布类型, 只要由样品估计总体 (类) 的均值和协方差阵即可.

利用式 (8.1.1)~(8.1.2), 可将距离判别规则式 (8.1.3) 转化为以 Σ, μ_i 为参数的函数 $Y(X)$, 它称为两总体距离判别的判别函数, 具体推导如下面所述.

令 $\bar{\mu} = \dfrac{\mu_1 + \mu_2}{2}$, 注意到式 (8.1.2) 与 (8.1.1) 的关系有

$$\begin{aligned} d_1^2 - d_2^2 =& (X - \mu_1)^\mathrm{T} \Sigma^{-1} (X - \mu_1) - (X - \mu_2)^\mathrm{T} \Sigma^{-1} (X - \mu_2) \\ =& X^\mathrm{T} \Sigma^{-1} X - 2 X^\mathrm{T} \Sigma^{-1} \mu_1 + \mu_1^\mathrm{T} \Sigma^{-1} \mu_1 - (X^\mathrm{T} \Sigma^{-1} X - 2 X^\mathrm{T} \Sigma^{-1} \mu_2 + \mu_2^\mathrm{T} \Sigma^{-1} \mu_2) \\ =& 2 X^\mathrm{T} \Sigma^{-1} (\mu_2 - \mu_1) + \mu_1^\mathrm{T} \Sigma^{-1} \mu_1 - \mu_2^\mathrm{T} \Sigma^{-1} \mu_2 \\ =& 2 X^\mathrm{T} \Sigma^{-1} (\mu_2 - \mu_1) + (\mu_1 + \mu_2)^\mathrm{T} \Sigma^{-1} \mu_1 - (\mu_1 + \mu_2)^\mathrm{T} \Sigma^{-1} \mu_2 \\ =& 2 X^\mathrm{T} \Sigma^{-1} (\mu_2 - \mu_1) + (\mu_1 + \mu_2)^\mathrm{T} \Sigma^{-1} (\mu_1 - \mu_2) \\ =& -2 \left(X - \dfrac{\mu_1 + \mu_2}{2} \right)^\mathrm{T} \Sigma^{-1} (\mu_1 - \mu_2) \end{aligned} \tag{8.1.4}$$

则两总体距离判别的判别函数为如下的线性函数

$$Y(X) = \dfrac{1}{2}(d_2^2 - d_1^2) = (\mu_1 - \mu_2)^\mathrm{T} \Sigma^{-1} (X - \bar{\mu}) \tag{8.1.5}$$

判别规则 (8.1.3) 变为待判样本 X 的 $Y(X)$ 的取值规则

$$\begin{cases} X \in G_1, & Y(X) \geqslant 0 \\ X \in G_2, & Y(X) < 0 \end{cases} \tag{8.1.6}$$

式 (8.1.6) 的概率论内含是利用 $Y(X)$ 得到空间 R^m 的一个划分

$$\begin{cases} D_1 = \{X : Y(X) \geqslant 0\} \\ D_2 = \{X : Y(X) < 0\} \end{cases} \tag{8.1.7}$$

即样本 $X = (x_1, x_2, \cdots, x_m)^\mathrm{T}$ 落入 D_1 推断 $X \in G_1$, 否则 $X \in G_2$. 因为据划分的定义知, D_1 和 D_2 不相交, $D_1 \cup D_2 = R^m$.

在统计中, $Y(X)$ 是按照似然比检验的直观想法建立的, 统计量 $\lambda = \dfrac{f_1(X)}{f_2(X)}$ 表示 X 属于 G_1 与 G_2 可能性大小的比值. 对于常数 $c > 0$, 若 $\lambda < c$, 则 $X \in G_2$;

若 $\lambda \geqslant c$. 则 $X \in G_1$, c 是一个倾向性的两个总体的权重比值, 当 $c > 1$, 表明 G_1 比 G_2 权重大. 一般来讲, 若不存在重视某一总体的理由, 则取 $c = 1$. 事实上, 式 (8.1.4)~(8.1.7) 是由 $c = 1$ 时得到的, 即 $Y(X) = \ln f_1(X) - \ln f_2(X) = \frac{1}{2}(d_2^2 - d_1^2)$.

式 (8.1.7) 将判别分析视为划分是理想的, 然而实际问题中的 G_1 与 G_2 未必不相交, 故按式 (8.1.7) 推断样品的归属会出现误判. 在实际判别分析中应注意两点: 首先, 当 $\mu_1 = \mu_2$, G_1 与 G_2 重合时, 故应先检验 $H_0 : \mu_1 = \mu_2$, 若 H_0 被拒绝, 才可进行距离判别分析; 其次, 当 μ_1 与 μ_2 很接近时, G_1 与 G_2 相交部分大, 这时式 (8.1.7) 中 $Y(X) \geqslant 0$ 相当于 $X = \bar{\mu}$. 假设 μ_1 在 μ_2 之左, 而 G_1 的样品 X 可能出现在 $\bar{\mu}$ 之右, 误判是不可避免的. 因而 $Y(X) \geqslant 0$ 不应选择 $\bar{\mu}$, 应选择 $c > \bar{\mu}$ 的某个值才对, 使误判率在判别对象专业的基础上尽可能小才对.

在实际问题中, μ_1, μ_2 和 Σ 往往未知, 要用样本均值和协方差阵来估计: 设总体 G_1 的典型样品为 n_1 个, $X_i^{(1)} = (x_{i1}^{(1)}, x_{i2}^{(1)}, \cdots, x_{im}^{(1)})^\mathrm{T}, i = 1, 2, \cdots, n_1$, 计算得均值向量为 $\bar{X}^{(1)} = (\bar{x}_1^{(1)}, \bar{x}_2^{(1)}, \cdots, \bar{x}_m^{(1)})^\mathrm{T}$, 偏差阵为 $L_{xx}^{(1)}$; 总体 G_2 的典型样品为 n_2 个; $X_j^{(2)} = (x_{j1}^{(2)}, x_{j2}^{(2)}, \cdots, x_{jm}^{(2)})^\mathrm{T}, j = 1, 2, \cdots, n_2$, 计算得均值向量为 $\bar{X}^{(2)} = (\bar{x}_1^{(2)}, \bar{x}_2^{(2)}, \cdots, \bar{x}_m^{(2)})^\mathrm{T}$, 偏差阵为 $L_{xx}^{(2)}$. $\bar{\mu}, \Sigma$ 的无偏估计分别为

$$\bar{X} = \hat{\bar{\mu}} = \frac{n_1 \bar{X}^{(1)} + n_2 \bar{X}^{(2)}}{n_1 + n_2}, \quad S = \hat{\Sigma} = \frac{L_{xx}^{(1)} + L_{xx}^{(2)}}{n_1 + n_2 - 2} = \frac{L_{xx}}{n_1 + n_2 - 2} \tag{8.1.8}$$

则 $Y(X)$ 的估计为

$$\hat{Y}(X) = (\bar{X}^{(1)} - \bar{X}^{(2)}) S^{-1} (X - \bar{X}) \tag{8.1.9}$$

2. 正态协方差阵不等的情形

设 $G_1 \sim N_m(\mu_1, \Sigma_1)$, $G_2 \sim N_m(\mu_2, \Sigma_2)$, $\mu_1 \neq \mu_2$, $\Sigma_1 \neq \Sigma_2$, 此时样品 $X = (x_1, x_2, \cdots, x_m)^\mathrm{T}$ 到两总体的 Mahalanobis 距离分别为

$$d_1^2 = (X - \mu_1)^\mathrm{T} \Sigma_1^{-1} (X - \mu_1), \quad d_2^2 = (X - \mu_2)^\mathrm{T} \Sigma_2^{-1} (X - \mu_2) \tag{8.1.10}$$

判别函数为

$$Y(X) = d_2^2 - d_1^2 \tag{8.1.11}$$

判别规则为

$$\begin{cases} \text{当} d_1^2 \leqslant d_2^2 \text{时}, & X \in G_1 \\ \text{当} d_1^2 > d_2^2 \text{时}, & X \in G_2 \end{cases} \tag{8.1.12}$$

若由样本来估计, 则 $\hat{\mu}_1 = \bar{X}^{(1)}, \hat{\mu}_2 = \bar{X}^{(2)}, \hat{\Sigma}_1 = S_1 = \frac{1}{n_1 - 1} L_{xx}^{(1)}, \hat{\Sigma}_2 = S_2 = \frac{1}{n_2 - 1} L_{xx}^{(2)}$, d_1^2 与 d_2^2 的计算可用 $\bar{X}^{(1)}, \bar{X}^{(2)}, S_1, S_2$ 代替 (8.1.10) 中相应参数. 判别函数与规则仍用 (8.1.5) $Y(X) = \frac{1}{2}(d_2^2 - d_1^2)$ 与 (8.1.12).

8.1.2 多总体距离判别

1. 正态协方差阵相等情形

总体 $G_i \sim N_m(\mu_i, \Sigma), i=1,2,\cdots,k$. 计算样品 $X=(x_1,x_2,\cdots,x_m)^{\mathrm{T}}$ 到各总体的 Mahalanobis 距离:

$$d_i^2 = (X-\mu_i)^{\mathrm{T}}\Sigma^{-1}(X-\mu_i), \quad i=1,2,\cdots,k \tag{8.1.13}$$

则判别规则为

$$\text{若}\, d_i^2 = \min\{d_p^2, 1\leqslant p\leqslant k\}, \text{则}\, X\in G_i \tag{8.1.14}$$

即样品距哪个总体近就归属于谁.

如果 $\mu_1,\mu_2,\cdots,\mu_k$ 与 Σ 未知, 可用各总体的样本来估计. 设各样本容量、均值和离差阵分别为 $n_i, \overline{X}^{(i)}, L_{xx}^{(i)}$, 则

$$\begin{cases} \hat{\mu}_i = \overline{X}^{(i)} \\ \hat{\Sigma} = S = \dfrac{1}{n_1+n_2+\cdots+n_k-k}\sum\limits_{i=1}^{k}L_{xx}^{(i)} \end{cases} \tag{8.1.15}$$

用这些估计值代入 (8.1.13) 计算, 判别规则仍用 (8.1.14).

2. 正态协方差不等情形

如果多个总体的均值、协方差阵均互不相等, 此时样品 X 到各总体的马氏距离为

$$d_i^2 = (X-\mu_i)^{\mathrm{T}}\Sigma_i^{-1}(X-\mu_i), \quad i=1,2,\cdots,k \tag{8.1.16}$$

若由样本来估计 μ_i 和 Σ_i, 则 $\hat{\mu}_i = \overline{X}^{(i)}, \hat{\Sigma}_i = S_i = \dfrac{1}{n_i-1}L_{xx}^{(i)}$, 用这些估计值代入 (8.1.16) 计算 d_i^2, 判别准则仍用 (8.1.14).

在判别分析中, 如果在 n 个样品中, 用判别函数判断的归属与实际归属一样的有 n_0 个, 则判断符合率为 $\dfrac{n_0}{n}$, 一般符合率高于 80% 就可用于实际.

【例 8.1.1】 为了区分小麦品种的两种不同的分蘖类型, 用 x_1, x_2 和 x_3 三个指标求其判别函数. 经验样本中, 第一类 (主茎型) 取 11 个样品, 第二类 (分蘖型) 取 12 个样品, 数据如表 8.1.1 所示.

解 由表 8.1.1 计算得

$$\overline{X}^{(1)} - \overline{X}^{(2)} = (-0.2742, -0.8827, -4.7096)^{\mathrm{T}}$$

$$\overline{X} = (\overline{X}^{(1)} + \overline{X}^{(2)})/2 = (0.8462, 3.8287, 12.1294)^{\mathrm{T}}$$

表 8.1.1　小麦主茎型与分蘖型经验样本

		x_1	x_2	x_3	判别归类			x_1	x_2	x_3	判别归类
第一类（主茎型）	1	0.71	3.80	12.00	1	第二类（分蘖型）	1	1.00	4.25	15.16	2
	2	0.78	3.86	12.17	1		2	1.00	3.43	16.25	2
	3	1.00	2.10	5.70	1		3	1.00	3.70	11.40	2
	4	0.70	1.70	5.90	1		4	1.00	3.80	12.40	2
	5	0.30	1.80	6.10	1		5	1.00	4.00	13.60	2
	6	0.60	3.40	10.20	1		6	1.00	4.00	12.80	2
	7	1.00	3.60	10.20	1		7	1.00	4.20	13.40	2
	8	0.50	3.50	10.50	1		8	1.00	4.30	14.00	2
	9	0.50	5.00	11.50	1		9	1.00	5.70	15.80	2
	10	0.71	4.00	11.25	1		10	1.00	4.70	20.40	2
	11	1.00	4.50	12.00	2		11	0.80	4.60	14.00	2
							12	1.00	4.56	14.60	2
$\overline{x}_i^{(1)}$		0.7091	3.3873	9.7746		$\overline{x}_i^{(2)}$		0.9833	4.27	14.4842	

$$L_{xx} = L_{xx}^{(1)} + L_{xx}^{(2)} = \begin{bmatrix} 0.5624 & 0.2821 & 0.8355 \\ 0.2821 & 15.5160 & 32.3014 \\ 0.8355 & 32.3014 & 126.2374 \end{bmatrix}$$

$$S^{-1} = 21 L_{xx}^{-1} = 21 \begin{bmatrix} 1.7978 & -0.0169 & -0.0076 \\ -0.0169 & 0.1381 & -0.0352 \\ -0.0076 & -0.0352 & 0.0170 \end{bmatrix}$$

$$Y(X) = \frac{1}{2}(\overline{X}^{(1)} - \overline{X}^{(2)})^{\mathrm{T}} S^{-1}(X - \overline{X})$$

$$= 21(-0.44250, 0.0486, -0.0468) \begin{bmatrix} x_1 - 0.8462 \\ x_2 - 3.8286 \\ x_3 - 12.1294 \end{bmatrix}$$

用 $Y(X)$ 对经验样本的 23 个样品进行判别有如下结果: 第一类的 11 个样品中有 10 个判别为第一类, 一个判别为第二类; 第二类的 12 个样品全部判别为第二类, 符合率为 $\frac{22}{23} = 96\%$. 例如, 第一类第一个样品 $X_1^{(1)} = (0.71, 3.80, 12.00)^{\mathrm{T}}$, 则 $Y(X_1^{(1)}) = 0.6819 > 0$ 则 $X_1^{(1)} \in G_1$(第一类). 又如第一类的第 11 个样品 $X_{11}^{(1)} = (1.00, 4.50, 12.00)^{\mathrm{T}}, Y(X_{11}^{(1)}) = -0.6166 < 0$, 故 $X_{11}^{(1)} \in G_2$(第二类).

将 $Y(X)$ 投入使用, 可判别小麦品种的分蘖类型, 如测得某小麦品种 $x_1 = 1, x_2 = 3.43, x_3 = 16.25$, 则由 $Y(X) = -5.8256 < 0$ 判别该品种为分蘖型.

为了克服 $n_1 \neq n_2$ 对分析的影响, $\overline{X}$ 可用加权平均数 $\overline{X} = \dfrac{n_1\overline{X}^{(1)} + n_2\overline{X}^{(2)}}{n_1 + n_2}$ 替代 $\dfrac{\overline{X}^{(1)} + \overline{X}^{(2)}}{2}$.

8.2 Fisher 线性判别分析及其距离综合决定率

从长期实际经验或从专业角度,把某一现象分为 k 类,即形成 k 个总体 G_1, $G_2,\cdots,G_k$,它们的分布密度函数分别为 $f_1(X), f_2(X), \cdots, f_k(X)$. 对于待判样品 $X = (x_1, x_2, \cdots, x_m)^{\mathrm{T}}$,应归属 k 个总体的哪一个的统计分析方法,称为判别分析. 8.1 节讲述了距离判别分析,并在一定程度上建立了线性判别函数 $y(X)$. 事实上,判别函数不一定是线性的,也可以是非线性的,因为判别函数相当于不同类间的界线,可以是直的,也可以是曲的. 把非线性函数近似的变为线性函数,一般在数学上是可以实现的. 线性判别函数 $y(X) = a^{\mathrm{T}}X$ 在实际应用中是最方便的,故本节叙述费希尔 (Fisher) 线性判别函数 $y = a^{\mathrm{T}}X$ 及其判别准则. 本节介绍袁志发提出的 X 中分量 x_j 在判别中的重要性指标——距离综合决定率 ω_j,用它可以对 x_j 在判别中的重要性进行排序.

8.2.1 Fisher 判别准则下的线性判别函数

设 k 个总体 $G_1, G_2, \cdots, G_k$ 的均值和协方差阵分别为 $\mu^{(1)}, \mu^{(2)}, \cdots, \mu^{(k)}$; $\Sigma^{(1)}$, $\Sigma^{(2)}, \cdots, \Sigma^{(k)}$. 从 k 个总体分别取得 m 维观察向量. 样本数字特征及所求的线性判别函数 $y(X) = a^{\mathrm{T}}X$ 分别为

$$\begin{cases} G_i: \{X_1^{(i)}, X_2^{(i)}, \cdots, X_{n_i}^{(i)}\}, \quad i = 1, 2, \cdots, k \\ \overline{X}^{(i)} = (\overline{x}_1^{(i)}, \overline{x}_2^{(i)}, \cdots, \overline{x}_m^{(i)})^{\mathrm{T}} \\ \overline{X} = (\overline{x}_1, \overline{x}_2, \cdots, \overline{x}_m)^{\mathrm{T}} \quad (\text{总平均值向量}) \\ L_{xx}^i = \sum_{t=1}^{n_i}(X_1^{(i)} - \overline{x}_1^{(i)})(X_1^{(i)} - \overline{x}_1^{(i)})^{\mathrm{T}} \\ n = n_1 + n_2 + \cdots + n_k \\ y = (a_1, a_2, \cdots, a_m)X = a^{\mathrm{T}}X \end{cases} \quad (8.2.1)$$

在 $y = a^{\mathrm{T}}X$ 之下,G_i 的样本 $X_t^{(i)}$ 变为相应的 $y_t^{(i)}$,则有

$$\begin{cases} \{y_1^{(i)}, y_2^{(i)}, \cdots, y_{n_i}^{(i)}\}, \quad i = 1, 2, \cdots, k \\ \overline{y}^{(i)} = a^{\mathrm{T}}\overline{X}^{(i)} \\ \overline{y} = a^{\mathrm{T}}\overline{X} \end{cases} \quad (8.2.2)$$

而不同组 (类) 间的平方和 Q_1 及组 (类) 内平方和 Q_2 分别为

$$Q_1 = \sum_{i=1}^{k} n_i (\overline{y}^{(i)} - \overline{y})^2 = \sum_{i=1}^{k} n_i [a^{\mathrm{T}} \overline{X}^{(i)} - a^{\mathrm{T}} \overline{X}]^2$$

$$= \sum_{i=1}^{k} n_i [a^{\mathrm{T}} (\overline{X}^{(i)} - \overline{X})][a^{\mathrm{T}} (\overline{X}^{(i)} - \overline{X})]^{\mathrm{T}}$$

$$= a^{\mathrm{T}} \left[\sum_{i=1}^{k} n_i (\overline{X}^{(i)} - \overline{X}) \right] \left[(\overline{X}^{(i)} - \overline{X})^{\mathrm{T}} \right] a = a^{\mathrm{T}} B a \qquad (8.2.3)$$

其中 B 为不同 $\{X_1^{(i)}, X_2^{(i)}, \cdots, X_{n_i}^{(i)}\}$ 间的组间离差阵, 即 Q_1 反映了在 $y = a^{\mathrm{T}} X$ 之下的类间方差; 同理 Q_2 反映了在 $y = a^{\mathrm{T}} X$ 之下的类内方差

$$Q_2 = \sum_{i=1}^{k} \sum_{j=1}^{n_i} \left(y_j^{(i)} - \overline{y}^{(i)} \right)^2 = \sum_{i=1}^{k} \sum_{j=1}^{n_i} [a^{\mathrm{T}} \overline{X}_j^{(i)} - a^{\mathrm{T}} \overline{X}^{(i)}]^2$$

$$= \sum_{i=1}^{k} \sum_{j=1}^{n_i} a^{\mathrm{T}} [X_j^{(i)} - \overline{X}^{(i)}][X_j^{(i)} - \overline{X}^{(i)}]^{\mathrm{T}} a = a^{\mathrm{T}} L_{xx} a \qquad (8.2.4)$$

Fisher 在上述推导之下, 创造性地把随机向量的投影思想用于判别函数 $y = a^{\mathrm{T}} X$ 的估计, 形成了 Fisher 判别思想或准则, 即 a 应使组间方差 Q_1 最大, 而使组内方差 Q_2 最小, 即 a 应使

$$\lambda(a) = \frac{Q_1}{Q_2} = \frac{a^{\mathrm{T}} B a}{a^{\mathrm{T}} L_{xx} a} = \max \qquad (8.2.5)$$

其中 λ 称为 $y = a^{\mathrm{T}} X$ 的判别效率. 由于 Q_1, Q_2 为非负定阵, 易证 $\lambda(a)$ 的极大值应满足特征问题

$$(B - \lambda L_{xx}) a = 0 \qquad (8.2.6)$$

或 (L_{xx}^{-1} 存在)

$$(L_{xx}^{-1} B - \lambda I) a = 0 \qquad (8.2.7)$$

若 $L_{xx}^{-1} B$ 的非零特征根为 $\lambda_1 \geqslant \lambda_2 \geqslant \cdots \geqslant \lambda_r$, λ_1 对应的特征向量为 a_1 满足式 (8.2.5) 的判别函数及其判别效率为

$$y_1 = a_1^{\mathrm{T}} X = \sum_{j=1}^{m} a_j x_j, \quad \lambda(a_1) = \lambda_1 \qquad (8.2.8)$$

在有些问题中, 仅用第一判别函数 $y_1 = a_1^{\mathrm{T}} X$ 还不能很好地区分各总体, 可相继用 $y_2 = a_2^{\mathrm{T}} X, \cdots$.

当 $k = 2$ 时, 两个总体的共同协方差阵之和为 $\Sigma = \Sigma^{(1)} + \Sigma^{(2)}$, 其估计常用的两种方法.

(1)
$$\hat{\Sigma} = \hat{\Sigma}^{(1)} + \hat{\Sigma}^{(2)} = \frac{L_{xx}^{(1)}}{n_1 - 1} + \frac{L_{xx}^{(2)}}{n_2 - 1} \tag{8.2.9}$$

(2)
$$\hat{\Sigma} = \frac{L_{xx}^{(1)} + L_{xx}^{(2)}}{n_1 + n_2 - 2} = \frac{L_{xx}}{n_1 + n_2 - 2}. \tag{8.2.10}$$

一般常用方法 (2), 方法 (2) 是按 $\Sigma^{(1)} = \Sigma^{(2)}$ 处理的.

当 n_1 与 n_2 相差不大时, 判别函数为

$$y = a^T X = (n_1 + n_2 - 2)(\overline{X}^{(1)} - \overline{X}^{(2)}) L_{xx}^{-1} X \tag{8.2.11}$$

显然, 当 $n_1 = n_2$ 时, 方法 (1) 和方法 (2) 等价 (仅相差一个比例常数); 当 n_1 与 n_2 相差不大时, 两种方法是近似的; 当 $n_1 \gg n_2$(或相反) 时, 两种方法相差甚大.

式 (8.2.11) 与距离判别函数 $Y(X) = (\mu_1 - \mu_2)^T \Sigma^{-1}(X - \overline{\mu})$ 相比较, 仅差一个常数, 是等价的.

8.2.2 判别规则

对任一样品 X, 求判别函数为 $y_1 = a_1^T X$, 再求它与各总体的 Mahalanobis 距离

$$d_j^2 = d_j^2(X, G_j) = (a_1^T X - a_1^T \mu^{(j)})(a_1^T \Sigma_j a_1)^{-1}(a_1^T X - a_1^T \mu^{(j)}) \tag{8.2.12}$$

其中 $\mu^{(j)}$ 用 $X^{(j)}$ 估计, Σ_j 用 $\dfrac{L_{xx}^{(j)}}{n_j - 1}$ 估计, 即

$$\begin{aligned}d_j^2 &= (a_1^T X - a_1^T \overline{X}^{(j)})^T \left(a_1^T \frac{L_{xx}^{(j)}}{n_j - 1} a_1\right)^{-1} (a_1^T X - a_1^T \overline{X}^{(j)}) \\ &= (X - \overline{X}^{(j)})^T a_1 \left(a_1^T \frac{L_{xx}^j}{n_j - 1} a_1\right)^{-1} a_1^T (X - \overline{X}^{(j)}) \quad (j = 1, 2, \cdots, k)\end{aligned} \tag{8.2.13}$$

判别规则为

$$d_i^2 = \min_{1 \leqslant j \leqslant k}\{d_j^2\}, \text{则判断} X \in G_i \tag{8.2.14}$$

若用 $y_1 = a_1^T X$ 判别的效率很低, 可相继求 $y_2 = a_2^T X, y_3 = a_3^T X, \cdots, y_s = a_s^T X (s \leqslant r)$, 则判别函数为

$$Y(X) = (a_1, a_2, \cdots, a_s)^T X = A^T X \tag{8.2.15}$$

其中 $\underset{m \times s}{A} = (a_1, a_2, \cdots, a_s)$.

对于样品 X 求 $Y(X)$ 与各总体的 Mahalanobis 距离

$$d_j^2 = (X - \hat{\mu}_j)^{\mathrm{T}} A (A^{\mathrm{T}} \hat{\Sigma}_j A)^{-1} A^{\mathrm{T}} (X - \hat{\mu}_j) \tag{8.2.16}$$

判别准则为

$$d_i^2 = \min_{1 \leqslant j \leqslant k} \{d_j^2\}, \text{则判断} X \in G_i \tag{8.2.17}$$

也可计算每一类关于 y_1 的 $\overline{y}^{(i)}$ 值

$$\overline{y}^{(i)} = a^{\mathrm{T}} \overline{X}^{(i)} = \sum_{j=1}^{m} a_j \overline{x}_m^{(i)} \quad (i = 1, 2, \cdots, k) \tag{8.2.18}$$

将 $\overline{y}^{(1)}, \overline{y}^{(2)}, \cdots, \overline{y}^{(k)}$ 由小到大重新排序如下

$$\overline{y}_*^{(1)} \leqslant \overline{y}_*^{(2)} \leqslant \cdots \leqslant \overline{y}_*^{(k)} \tag{8.2.19}$$

此时将类的原编号按此重新编号. 将 k 个平均值每相邻两个取加权平均, 即

$$\overline{y}_c^i = \frac{1}{n_i + n_{i+1}} (n_i \overline{y}_*^{(i)} + n_{i+1} \overline{y}_*^{(i+1)}) \tag{8.2.20}$$

$i = 1, 2, \cdots, k - 1$. 用 $\overline{y}_c^{(1)}, \cdots, \overline{y}_c^{(k-1)}$ 作为判别的临界值, 若一个样品 X 的 $y = a^{\mathrm{T}} X$, 且

$$\overline{y}_*^{(i)} < y < \overline{y}_*^{(i+1)} \tag{8.2.21}$$

则当 $y \leqslant \overline{y}_c^{(i)}$ 时判 X 属于新 i 类; $y > \overline{y}_c^{(i)}$ 时判属于新 $i+1$ 类, 这种方法的优点是当第一判别函数 $y_1 = a_1^{\mathrm{T}} X$ 的效果 (指判别能力或效率, 它等于 $\dfrac{\lambda_1}{\sum \lambda_j}$ 或回判正确率) 好时, 该方法简便直观, 但当各类 n_i 或 $\hat{\sigma}_i$ 相差较大时, 方法显得粗糙, 易造成较大偏差. 因此有改进方法

$$\overline{y}_c^{(i)} = \frac{\hat{\sigma}_{i+1} \overline{y}_*^{(i)} + \hat{\sigma}_i \overline{y}_*^{(i+1)}}{\hat{\sigma}_i + \hat{\sigma}_{i+1}} \tag{8.2.22}$$

其中 $\hat{\sigma}_i$ 为新的第 i 类判别函数值的标准差, 但式 (8.2.22) 仍只适用于第一个判别函数效果较好的情况.

8.2.3 统计检验

若 $G_i \sim N_m(\mu^{(i)}, \Sigma), (i = 1, 2, \cdots, k)$, 理论上讲, 应首先检验假设 $H_{01} : \mu^{(1)} = \mu^{(2)} = \cdots = \mu^{(k)}$.

8.2 Fisher 线性判别分析及其距离综合决定率

可证 $\sum_{i=1}^{k} L_{xx}^{(i)} \sim W_m(n-k, \Sigma)$, $B \sim W_m(k-1, \Sigma)$ 且 $\sum_{i=1}^{k} L_{xx}^{(i)}$ 与 B 相互独立, 故有 Wilks 统计量

$$\Lambda(m, n-k, k-1) = \frac{|L_{xx}|}{|L_{xx}+B|} \tag{8.2.23}$$

其中 $n = \sum_{i=1}^{k} n_i$, 这样

$$V = -\left(n - 1 - \frac{m+k}{2}\right) \ln \Lambda(m, n-k, k-1) \tag{8.2.24}$$

近似服从 $\chi^2(m(k-1))$, 用它可检验 H_{01}.

当 $H_{01} : \mu_1 = \mu_2 = \cdots = \mu_k$ 被接受, 说明 k 个总体是一样的, 也就没有必要建立判别函数; 若 H_{01} 被拒绝, 就需检验每两个总体之间差异的显著性, 即要检验

$$H_{02} : \mu_i = \mu_j \quad (i, j = 1, 2, \cdots, k, i \neq j),$$

其统计量为

$$F_{ij} = \frac{(n-m-k+1)n_i n_j}{m(n-k)(n_i+n_j)} d_{ij}^2 \sim F(m, n-m-k+1) \tag{8.2.25}$$

其中 d_{ij}^2 为两总体之间的 Mahalanobis 距离

$$d_{ij}^2 = (\overline{X}^{(i)} - \overline{X}^{(j)})^{\mathrm{T}} a(a^{\mathrm{T}} \hat{\Sigma} a)^{-1} a^{\mathrm{T}} (\overline{X}^{(i)} - \overline{X}^{(j)}), \quad \hat{\Sigma} = \frac{L_{xx}}{n-k} \tag{8.2.26}$$

经检验, 若某两个总体差异不显著, 应将两总体合并成一个总体, 由剩下的互不相同的总体重新建立判别函数.

当 $a^{\mathrm{T}} \hat{\Sigma} a = 1$ 时, (8.2.26) 式变为

$$d_{ij}^2 = [a^{\mathrm{T}} (\overline{X}^{(i)} - \overline{X}^{(j)})]^2 \tag{8.2.27}$$

从前面建立的判别函数的讨论已看出, Fisher 判别对总体分布并无限制, 只要总体的均值与总体协方差阵存在且总体的协方差阵可逆即可. 这里的统计检验通常可以不进行. 一般对经验样品的回判率大于 80% 即可投入使用.

8.2.4 X 中分量 x_t 对判别作用大小的指标——距离综合决定率 ω_t

X 中分量 $x_t(t = 1, 2, \cdots, m)$ 对判别作用的大小, 对判别分析的实用价值很大. 作者袁志发等在这里提出 x_t 对判别作用大小的指标——距离综合决定率 ω_t, 按其大小排序, 可给出 x_t 在判别中作用大小的位次. 这是在式 (8.2.27) 之下距离判别的决策分析, ω_t 为决策系数. 下面给出论证和例题.

由式 (8.2.27) 有

$$1 = \frac{1}{d_{ij}^2}\left[\sum_{t=1}^m a_t(\overline{X}_t^{(i)} - \overline{X}_t^{(j)})\right]^2$$

$$= \sum_{t=1}^m a_t(\overline{x}_t^{(i)} - \overline{x}_t^{(j)})^2/d_{ij}^2 + \sum_{k>t} 2a_t a_k(\overline{x}_t^{(i)} - \overline{x}_t^{(j)})(\overline{x}_k^{(i)} - \overline{x}_k^{(j)})/d_{ij}^2$$

$$= \sum_{t=1}^m \eta_t + \sum_{k>t} \eta_{tk} \tag{8.2.28}$$

其中，η_t 为 x_t 对 d_{ij}^2 的直接贡献率，η_{tk} 为 $x_t \leftrightarrow x_k$(相关) 对 d_{ij}^2 的相关贡献率. 具体有

$$\begin{cases} \eta_t = \dfrac{1}{d_{ij}^2}[a_t(\overline{X}_t^{(i)} - \overline{X}_t^{(j)})]^2, & t = 1,2,\cdots,m \\ \eta_{tk} = \dfrac{1}{d_{ij}^2}[2a_t a_k(\overline{X}_t^{(i)} - \overline{X}_t^{(j)})(\overline{X}_k^{(i)} - \overline{X}_k^{(j)})], & k > t \end{cases} \tag{8.2.29}$$

由此，可给出 x_t 对 d_{ij}^2 的综合决定率 ω_t，它等于 η_t 及与 x_t 有关的相关决定率 η_{tk} 之和，即

$$\omega_t = \eta_t + \sum_{k>t} \eta_{tk} \tag{8.2.30}$$

其中 η_{tk} 与 x_t 和 x_k 的相关系数 r_{tk} 有关，可正可负. 故 ω_t 也可正可负. 表明 ω_t 不但表示了 x_t 对 d_{ij}^2 决定率的大小，而且能指出决定的方向.

下面说明 η_{tk} 与 r_{tk} 有关，由于判别函数为 $y = a_1 x_1 + a_2 x_2 + \cdots + a_m x_m$，故

$$\sigma_y^2 = Cov(y,y) = Cov\left(\sum_{t=1}^m a_t x_t, \sum_{t=1}^m a_t x_t\right)$$

$$= \sum_{t=1}^m a_t^2 Cov(x_t,x_t) + \sum_{t<k} 2a_t a_k Cov(x_t,x_k)$$

$$= \sum_{t=1}^m a_t^2 \sigma_t^2 + 2\sum_{t<k} a_t a_k \sigma_{tk}$$

$$= \sum_{t=1}^m a_t^2 \sigma_t^2 + 2\sum_{t<k} a_t a_k \sigma_t \sigma_k r_{tk} \tag{8.2.31}$$

它与式 (8.2.28) 联系起来，就可知式 (8.2.29) 中 η_{tk} 与 r_{tk} 的关系.

另外，在式 (8.2.29)~(8.2.30) 之下 ω_t 的由大到小的排序中，与 $a^T\hat{\Sigma}a = 1$ 是否成立无关. 当 $a^T\hat{\Sigma}a = l$ 时，只要令新的 a 等于 $\dfrac{1}{\sqrt{l}}a$(原来的 a) 就能满足式 (8.2.27) 条件，但是否满足式 (8.2.27) 条件，并不影响 ω_t 的排序位次和方向.

8.2 Fisher 线性判别分析及其距离综合决定率

【例 8.2.1】 对【例 8.1.1】进行两总体 Fisher 判别分析.

(1) 判别函数 $y = a^T X$ 的估计及判别符合率.

由于 L_{xx}^{-1} 及 $(\overline{X}_1^{(1)} - \overline{X}^{(2)})$ 在【例 8.1.1】中已给出, 故由 (8.2.11) 有

$$a^T = (n_1 + n_2 - 2)(\overline{X}^{(1)} - \overline{X}^{(2)})^T L_{xx}^{-1} = (-9.283, 1.02, -0.983)$$

由 (8.2.28) 式知, 若 $a^T \left(\dfrac{L_{xx}}{21}\right) a = 1$, 则

$$d_{12}^2 = [a^T(\overline{X}^{(1)} - \overline{X}^{(2)})]^2 = 39.401$$

由式 (8.2.25) 知,【例 8.2.1】中 $n = 23, n_1 = 1, n_2 = 12, k = 2, m = 3$, 则有

$$F_{12} = \frac{n_1 n_2 (n - 3 - 2 + 1)}{3 \times n \times (n - 2)} = \frac{11 \times 12 \times 19}{3 \times 23 \times 21} d_{12}^2 = \frac{11 \times 12 \times 19}{3 \times 23 \times 21} \times 39.401 = 68.197^{**}$$

$$F_{12} \sim F(3, 19), \quad F_{0.01}(3, 19) = 5.01$$

故 $H_{01} : \mu_1 = \mu_2$ 被拒绝, 判别函数为

$$y = a^T X = -9.283 x_1 + 1.020 x_2 - 0.983 x_3$$

求各经验样品的判别函数值 y 得第一类均值为 $\overline{y}^{(1)} = -12.7358$, 第二类均值 $\overline{y}^{(2)} = -19.0105$. 针对本例, 为了使 y 取正值, 判别函数可取

$$y = 9.283 x_1 - 1.020 x_2 + 0.983 x_3$$

这时 $\overline{y}^{(1)} = 12.7358, \overline{y}^{(2)} = 19.0105$, 故临界值为

$$\overline{y} = \frac{11 \overline{y}^{(1)} + 12 \overline{y}^{(2)}}{23} = 16.0096$$

若某样品 X 判别函数值 $y > 16.0096$, 则判 $X \in G_2$, 否则 $X \in G_1$, 对于 23 个经验样品中除第一类第 11 个样判归第二类外, 其余均符合, 即符合率为 $22/23 = 96\%$. 对于给定的某样品 $X = (1, 3.43, 16.25)^T$, 计算得 $Y = 21.7582$, 故 X 应归于第二类.

(2) $x_t (t = 1, 2, 3)$ 对 d_{12}^2 的直接决定率 η_t、相关决定率 η_{tk} 和综合决定率 ω_t.

$a^T = (a_1, a_2, a_3) = (9.283, -1.020, 0.983)$

$\overline{X}^{(1)T} = (\overline{X}_1^{(1)}, \overline{X}_2^{(1)}, \overline{X}_3^{(1)}) = (0.7091, 3.3872, 9.7746)$

$\overline{X}^{(2)T} = (\overline{X}_1^{(2)}, \overline{X}_2^{(2)}, \overline{X}_3^{(2)}) = (0.9833, 4.27, 14.4842)$

$$\eta_1 = \frac{[a_1(\overline{X}_1^{(1)} - \overline{X}_1^{(2)})]^2}{d_{12}^2} = \frac{[9.283(0.7091 - 0.9833)]^2}{39.401} = \frac{(-2.5481)^2}{39.401} = 16.48\%$$

$$\eta_2 = \frac{[-1.020(3.3873 - 4.27)]^2}{39.401} = \frac{0.9013^2}{39.401} = 2.06\%$$

$$\eta_3 = \frac{[0.983(9.7746 - 14.4842)]^2}{39.401} = \frac{(-4.630)^2}{39.401} = 54.41\%$$

$$\eta_{12} = \frac{2 \times (-2.5481)(0.9013)}{39.401} = -11.66\%$$

$$\eta_{13} = \frac{2 \times (-2.5481)(-4.630)}{39.401} = 59.89\%$$

$$\eta_{23} = \frac{2 \times (0.9013)(-4.630)}{39.401} = -21.18\%$$

$$\omega_1 = \eta_1 + \eta_{12} + \eta_{13} = 64.71\%$$

$$\omega_2 = \eta_2 + \eta_{12} + \eta_{23} = -30.78\% \quad \Rightarrow \omega_3 > \omega_1 > \omega_2$$

$$\omega_3 = \eta_3 + \eta_{13} + \eta_{23} = 93.12\%$$

结果表明: 在主茎型与分蘖型的判别分析中, 造成两类差异的主要因素依次为 $x_3 > x_1 > x_2$, 之所以得到这个结论, 从两方面可以说明.

由【例 8.1.1】所给的 L_{xx} 有: $r_{12} = 0.0955$, $r_{13} = 0.0992$, $r_{23} = 0.7299$. 另外, $a^{\mathrm{T}} = (9.283, -1.020, 0.983)$. 因而, 据式 (8.2.31), 判别函数 $y = a^{\mathrm{T}} X$ 必然导致 $\eta_{12} < 0$, $\eta_{23} < 0$, $\eta_{13} > 0$.

从 $y = a^{\mathrm{T}} X$ 中参数的意义上讲, 有

$$a_1 = \frac{\partial y}{\partial x_1} = 9.293, \quad a_2 = \frac{\partial y}{\partial x_2} = -1.021, \quad a_3 = \frac{\partial y}{\partial x_3} = 0.983$$

从物理意义上讲, 它们分别为 y 在点 $(x_1, x_2, x_3)^{\mathrm{T}}$ 处的最速上升方向, 或称为梯度方向. 从总平均 $\overline{X} = (0.8462, 3.8287, 12.1293)^{\mathrm{T}}$ 上讲, x_1, x_2, x_3 在梯度方向上的总平均增长量分别为

$$x_1 : a_1 \overline{x}_1 = 9.293 \times 0.8462 = 7.8637, \quad x_2 : a_2 \overline{x}_2 = -1.021 \times 3.8287 = -3.9091$$

$$x_3 : a_3 \overline{x}_3 = 0.983 \times 12.1293 = 11.9231$$

这个结果表明, 在分蘖型的 $x_1 \to x_2 \to x_3$ 的时序发育过程中, 沿 y 梯度方向的平均增长量为 $x_3 > x_1 > x_2$. 故按 x_t 对 Mahalanobis 距离 d_{12}^2 的综合决定率 ω_t 分析 x_t 对 $y = a^{\mathrm{T}} X$ 判别重要性的结论是正确的.

【例 8.2.2】 拟对陕西省进行喷灌区划, 其一级区划预分 3 类, 今仅为说明多类判别的方法, 选出三个比较重要的变量, 从陕南、关中、陕北地区选择的 27 种作物为样本, 数据如表 8.2.1 所示, 试建立判别函数.

(1) 计算 L_{xx}, B 及解式 (8.2.7) 所示特征问题 $((L_{xx}^{-1} B - \lambda I) a = 0)$.

$$L_{xx} = L_{xx}^{(1)} + L_{xx}^{(2)} + L_{xx}^{(3)} = \begin{bmatrix} 68263.564 & 11530.535 & -177910.539 \\ 11530.535 & 2949.565 & -20895.103 \\ -177910.539 & -20895.103 & 2906147.501 \end{bmatrix}$$

$$\overline{X}^{(1)} = (174.470, 17.542, 271.034)^{\mathrm{T}}, \quad \overline{X}^{(2)} = (36.060, 6.050, 9.617)^{\mathrm{T}}$$

8.2 Fisher 线性判别分析及其距离综合决定率

$$\overline{X}^{(3)} = (13.691, 5.844, -6.613)^{\mathrm{T}}, \quad \overline{X} = (105.498, 12.366, 149.586)^{\mathrm{T}}$$

$$n_1 = 15, \quad n_2 = 3, \quad n_3 = 9, \quad k = 3$$

$$Z = \begin{bmatrix} \sqrt{15}(174.470 - 105.498) & \sqrt{3}(36.060 - 105.498) & \sqrt{9}(13.671 - 105.498) \\ \sqrt{15}(17.542 - 12.366) & \sqrt{3}(6.050 - 12.366) & \sqrt{9}(5.844 - 12.366) \\ \sqrt{15}(271.034 - 149.586) & \sqrt{3}(9.617 - 149.586) & \sqrt{9}(-6.163 - 149.586) \end{bmatrix}$$

$$B = ZZ^{\mathrm{T}} = \begin{bmatrix} 161678.5029 & 12059.2108 & 283494.9992 \\ 12059.2108 & 904.3164 & 21000.9130 \\ 283494.9992 & 21222.9130 & 498339.1867 \end{bmatrix}$$

表 8.2.1 原始数据 (两种判别结果中 "?" 表示和预分类不一致)

样本编号	地区	x_1	x_2	x_3	预分类	$\overline{y}_1^{(i)}$ 加权判别	$\overline{y}_1^{(i)}$ 等权判别
1		45	0.2	1903	1	1	1
2		250	10.88	208.92	1	1	1
3		225	19.2	146.05	1	1	1
4		49.6	7.75	6.25	2	2	2
5	陕南	240	26.4	223.1	1	1	1
6		220	26.4	203.1	1	1	1
7		240	26.4	223.1	1	1	1
8		16.5	12.29	−17.29	3	3	3
9		20.5	6.91	−5.41	3	3	3
10		22.71	3.0	0.71	3	2?	2?
11		36.68	5.2	15.48	2	2	2
12		97.85	3.0	68.85	1	2?	1
13	关中	240	39.6	219.9	1	1	1
14		220	39.6	189.9	1	2?	1
15		240	39.6	209.9	1	1	1
16		110	4.95	67.05	1	2?	1
17		11.82	5.2	−2.91	3	3	3
18		12.38	5.2	−2.41	3	3	3
19		6.78	5.2	−8.00	3	3	3
20		21.9	5.2	7.12	2	2	3?
21	陕北	9.35	5.2	−2.80	3	3	3
22		14.7	4.4	−13.70	3	3	3
23		8.48	5.2	−3.66	3	3	3
24		132	5.2	92.72	1	1	1
25		107.2	5.2	65.42	1	2?	1
26		130.0	8.25	127.25	1	2?	1
27		120.0	8.25	117.75	1	2?	1

$$|L_{xx}| = 1.613 \times 10^{14}, \quad |L_{xx} + B| = 1.081 \times 10^{15}$$

解特征方程 $|L_{xx}^{-1}B - \lambda I_m| = 0$. 因为

$$L_{xx}^{-1}B = \begin{bmatrix} 6.425 & 0.478 & 11.253 \\ -18.492 & -1.375 & -32.349 \\ 0.358 & 0.027 & 0.628 \end{bmatrix}$$

$$|L_{xx}^{-1}B - \lambda I_m| = \begin{bmatrix} 6.425 - \lambda & 0.478 & 11.253 \\ -18.492 & -1.375 - \lambda & -32.349 \\ 0.358 & 0.027 & 0.628 - \lambda \end{bmatrix} = 0$$

可得

特征根 (判别效率)	特征向量	判别函数
$\lambda_1 = 5.6744$	$a_1^T = (-0.3281, 0.9445, -0.0182)$	$y_1 = a_1^T X$
$\lambda_2 = 0.0066$	$a_2^T = (-0.1789, 0.9820, 0.0603)$	$y_2 = a_2^T X$
$\lambda_3 = -0.0022$	$a_3^T = (-0.0842, -0.9923, 0.0903)$	$y_3 = a_3^T X$

其中 $X^T = (x_1, x_2, x_3)$.

(2) 预分类的统计检验.

无效假设为 $H_{01} : \mu^{(1)} = \mu^{(2)} = \mu^{(3)}$. 据式 (8.2.24), $n = 27, k = 3, m = 3$, 有

$$\Lambda = \frac{|L_{xx}|}{|L_{xx} + B|} = 0.1492$$

$$V = -\left(26 - \frac{3+3}{2}\right) \ln \Lambda = 43.7586 > \chi_{0.01}^2(6) = 16.812$$

故拒绝 H_{01}, 即预分三类在统计上有意义的.

(3) $y_1 = a_1^T X$ 判别.

用 $\overline{y}_1^{(i)}$ 的加权平均判别 据式 (8.2.18)~(8.2.21) 可进行 $\overline{y}_1^{(i)}$ 的加权平均判别. 为使 $\overline{y}_1^{(i)}$ 取正值, 选判别函数为

$$y_1 = -a_1^T X = 0.3281 x_1 - 0.9445 x_2 + 0.0182 x_3$$

这时, G_i 的平均值 $\overline{y}_1^{(i)}$ 分别为

$$\overline{y}_1^{(1)} = -a_1^T \overline{X}^{(1)} = 0.3281 \times 174.470 - 0.9445 \times 17.542 + 0.0182 \times 271.034 = 45.608$$

8.2 Fisher 线性判别分析及其距离综合决定率

$$\overline{y}_1^{(2)} = -a_1^{\mathrm{T}}\overline{X}^{(2)} = 6.292$$

$$\overline{y}_1^{(3)} = -a_1^{\mathrm{T}}\overline{X}^{(3)} = -1.148$$

有 $\overline{y}_1^{(1)} > \overline{y}_1^{(2)} > \overline{y}_1^{(3)}$,故 G_1 与 G_2,G_2 与 G_3 的临界式 (8.2.20) 分别为

$$\overline{y}_{1c}^{(1)} = \frac{1}{n_1+n_2}(n_1\overline{y}_1^{(1)} + n_2\overline{y}_1^{(2)}) = \frac{1}{15+3}(15 \times 45.608 + 3 \times 6.292) = 39.055,$$

$$\overline{y}_{1c}^{(2)} = \frac{1}{n_2+n_3}(n_2\overline{y}_1^{(2)} + n_3\overline{y}_1^{(3)}) = \frac{1}{3+9}(3 \times 6.292 + 9 \times (-1.148)) = 0.712.$$

判别规则为

$$\begin{cases} X \in G_3, & y_1 \leqslant 0.712 \\ X \in G_2, & 0.712 < y_1 \leqslant 39.055 \\ X \in G_1, & y_1 > 39.055 \end{cases}$$

结果列在表 8.2.1 中 "$\overline{y}_1^{(i)}$ 加权判别" 中,27 个样品中有 20 个符合,符合率为 $\frac{20}{27}$=74.1%. 在错判的 7 个样品中,在 6 个 (12,14,16,25,26,27) 预分中为第 1 类,而 y_1 判为第 2 类,10 号样品在预分中为第 3 类,而在 y_1 判为第 2 类.

用 $\overline{y}_1^{(i)}$ 的等权平均判别 按道理讲,$\dfrac{\lambda_1}{tr(L_{xx}B)} = \dfrac{5.6744}{5.678} = 99.9\%$ 为其回判正确率,而实际上仅为 74.1%. 主要原因是 $n_1 = 15, n_2 = 3$. 二者相差太大,或者说第二类的样品太少,不能代表第二类总体. 如果 $n_1 = n_2 = n_3$, 则

$$\overline{y}_{1c}^{(1)} = \frac{1}{2}(\overline{y}_1^{(1)} + \overline{y}_1^{(2)}) = \frac{1}{2}(45.608 + 6.292) = 25.95$$

$$\overline{y}_{1c}^{(2)} = \frac{1}{2}(\overline{y}_1^{(2)} + \overline{y}_1^{(3)}) = \frac{1}{2}(6.292 + -1.148) = 2.572$$

判别规则为

$$\begin{cases} X \in G_3, & y_1 \leqslant 2.572 \\ X \in G_2, & 2.572 < y_1 \leqslant 25.95 \\ X \in G_1, & y_1 > 25.95 \end{cases}$$

按此判别规则判别,其结果列在表 8.2.1 中 "$\overline{y}_1^{(i)}$ 等权判别" 中,符合率 $\frac{25}{27}$ = 92.6%. 将预分为第 3 类的 10 号样品判为第 2 类,将预分为第 2 类的 20 号样品判为第 3 类.

用绝对值距离 $d_i = \left|y_1 - \overline{y}_1^{(i)}\right|$ **判别 (距离最小规则)** 结果列入表 8.2.2 中.

表 8.2.2 绝对值距离判别 $(d_j = |y_1^{(j)} - \overline{y}_1^{(i)}|)$

样品	$y_1 = a_1^\mathrm{T} X$	d_j（取最小值）			预分类	计算分类
		$d_1 = |y_1 - 45.608|$	$d_2 = |y_1 - 6.292|$	$d_3 = |y_1 + 1.148|$		
1	49.210	3.602	42.918	50.358	1	1
2	75.551	29.943	69.259	76.699	1	1
3	58.346	12.738	52.054	59.494	1	1
4	9.068	36.540	2.776	10.216	2	2
5	58.052	12.444	51.760	59.200	1	1
6	50.944	5.336	44.652	52.092	1	1
7	57.870	12.262	51.578	59.018	1	1
8	−6.509	52.117	12.801	5.361	3	3
9	0.101	45.507	6.191	1.047	3	3
10	4.671	40.937	1.621	5.819	3	2?
11	7.405	38.203	1.113	8.553	2	2
12	30.524	15.084	24.232	31.672	1	1
13	45.344	0.264	39.052	46.492	1	1
14	38.236	7.372	31.944	39.384	1	1
15	45.162	0.446	38.870	46.310	1	1
16	32.636	12.972	26.344	33.784	1	1
17	−1.070	46.678	7.362	0.078	3	3
18	−0.893	46.501	7.185	0.255	3	3
19	−2.832	48.440	9.124	1.684	3	3
20	2.404	43.204	3.888	3.522	2	3?
21	−1.895	47.503	8.187	0.747	3	3
22	0.418	45.190	5.874	1.566	3	3
23	−2.196	47.804	8.488	1.048	3	3
24	40.085	5.523	33.793	41.233	1	1
25	31.452	14.156	25.160	32.600	1	1
26	37.177	8.431	30.885	38.325	1	1
27	33.723	11.885	27.431	34.871	1	1

表 8.2.2 结果和表 8.2.1 中 "$\overline{y}_1^{(i)}$ 等权判别" 结果完全一致.

(4) $y_1 = a_1^\mathrm{T} X$ 判别中分量 $x_t(t=1,2,3)$ 对判别的重要性.

式 (8.2.29) 表明, η_t 和 η_{tk} 表示 x_t 对 G_i 和 G_j Mahalanobis 距离 d_{ij} 的直接决定率和 $x_t \leftrightarrow x_k$(相关) 对 d_{ij} 的相关决定率, 而 x_t 对 d_{ij} 的综合决定率 $\omega_t = \eta_t + \sum_{t<k} \eta_{tk}$

8.2 Fisher 线性判别分析及其距离综合决定率

的大小顺序可表示 x_t 对 $y_1 = a_1^T X$ 判别的重要性序次.

在【例 8.2.2】中, $a_1^T = (0.3281, -9.445, 0.0182) = (a_{11}, a_{12}, a_{13})$. 据式 (8.2.29) 和 (8.2.30), 有 x_t 对 d_{ij} 的直接决定率 η_t、相关决定率 η_{tk} 和综合决定率 ω_t

$$d_{ij}^2 = [a_1^T(\overline{X}^{(i)} - \overline{X}^{(j)})]^2 = [a_{11}(\overline{X}_1^{(i)} - \overline{X}_1^{(j)}) + a_{12}(\overline{X}_2^{(i)} - \overline{X}_2^{(j)}) + a_{13}(\overline{X}_3^{(i)} - \overline{X}_3^{(j)})]^2$$

$$\eta_t = a_{1t}^2(\overline{X}_t^{(i)} - \overline{X}_t^{(j)})^2, \quad t = 1, 2, 3$$

$$\eta_{tk} = 2a_{1t}a_{1k}(\overline{X}_t^{(i)} - \overline{X}_t^{(j)})(\overline{X}_k^{(i)} - \overline{X}_k^{(j)}), \quad t < k$$

$$\omega_t = \eta_t + \sum_{t<k} \eta_{tk}$$

对于【例 8.2.2】有

$$(\overline{X}^{(1)} - \overline{X}^{(2)})^T = (138.410, 11.492, 261.417)$$

$$(\overline{X}^{(2)} - \overline{X}^{(3)})^T = (22.369, 0.206, 16.230)$$

$$(\overline{X}^{(1)} - \overline{X}^{(3)})^T = (160.779, 11.698, 277.647)$$

x_t 对 G_1, G_2 间的 Mahalanobis 距离决定率为

$$d_{12}^2 = [a_{11} \times 138.410 + a_{12} \times 11.492 + a_{13} \times 261.417]^2 = 1545.741$$

$$\eta_1 = \frac{(a_{11} \times 138.410)^2}{d_{12}^2} = \frac{45.412321^2}{d_{12}^2} = 133.417\%$$

$$\eta_2 = \frac{(a_{12} \times 11.492)^2}{d_{12}^2} = \frac{(-10.854194)^2}{d_{12}^2} = 7.622\%$$

$$\eta_3 = \frac{(a_{13} \times 261.417)^2}{d_{12}^2} = \frac{4.7577894^2}{d_{12}^2} = 1.464\%$$

$$\eta_{12} = 2 \times 45.412321 \times \frac{-10.854194}{d_{12}^2} = -63.777\%$$

$$\eta_{13} = 2 \times 45.412321 \times \frac{4.7577894}{d_{12}^2} = 27.956\%$$

$$\eta_{23} = 2 \times (-10.854194) \times \frac{4.7577894}{d_{12}^2} = -6.682\%$$

$$\omega_1 = \eta_1 + \eta_{12} + \eta_{13} = 97.596\%$$

$$\omega_2 = \eta_2 + \eta_{12} + \eta_{23} = -62.837\%$$

$$\omega_3 = \eta_3 + \eta_{13} + \eta_{23} = 22.738\%$$

x_t 对 G_2, G_3 间的 Mahalanobis 距离决定率为

$$d_{23}^2 = [a_{11} \times 22.369 + a_{12} \times 0.206 + a_{13} \times 16.230]^2 = 55.3549$$

$$\eta_1 = \frac{(a_{11} \times 22.369)^2}{d_{23}^2} = \frac{7.3392689^2}{d_{23}^2} = 97.308\%$$

$$\eta_2 = \frac{(a_{12} \times 0.206)^2}{d_{23}^2} = \frac{(-0.194567)^2}{d_{23}^2} = 0.068\%$$

$$\eta_3 = \frac{(a_{13} \times 16.230)^2}{d_{23}^2} = \frac{0.295386^2}{d_{23}^2} = 0.158\%$$

$$\eta_{12} = 2 \times 7.3392689 \times \frac{-0.194567}{d_{23}^2} = -5.159\%$$

$$\eta_{13} = 2 \times 7.3392689 \times \frac{0.295386}{d_{23}^2} = 7.833\%$$

$$\eta_{23} = 2 \times (-0.194567) \times \frac{0.295386}{d_{23}^2} = -0.208\%$$

$$\omega_1 = \eta_1 + \eta_{12} + \eta_{13} = 99.982\%$$

$$\omega_2 = \eta_2 + \eta_{12} + \eta_{23} = -5.299\%$$

$$\omega_3 = \eta_3 + \eta_{13} + \eta_{23} = 7.783\%$$

x_t 对 G_1、G_3 间的 Mahalanobis 距离决定率为

$$d_{13}^2 = [a_{11} \times 160.779 + a_{12} \times 11.698 + a_{13} \times 277.647]^2 = 2186.1239$$

$$\eta_1 = \frac{(a_{11} \times 160.779)^2}{d_{13}^2} = \frac{(52.7515899)^2}{d_{13}^2} = 127.291\%$$

$$\eta_2 = \frac{(a_{12} \times 11.698)^2}{d_{13}^2} = \frac{(-11.048761)^2}{d_{13}^2} = 5.584\%$$

$$\eta_3 = \frac{(a_{13} \times 277.647)^2}{d_{13}^2} = \frac{(5.0531754)^2}{d_{13}^2} = 1.168\%$$

$$\eta_{12} = 2 \times 52.7515899 \times \frac{-11.048761}{d_{13}^2} = -53.322\%$$

$$\eta_{13} = 2 \times 52.7515899 \times \frac{5.0531754}{d_{13}^2} = 24.387\%$$

$$\eta_{23} = 2 \times (-11.048761) \times \frac{5.0531754}{d_{13}^2} = -5.108\%$$

$$\omega_1 = \eta_1 + \eta_{12} + \eta_{13} = 98.356\%$$

$$\omega_2 = \eta_2 + \eta_{12} + \eta_{23} = -52.846\%$$

$$\omega_3 = \eta_3 + \eta_{13} + \eta_{23} = 20.477\%$$

(5) 用 $y_1 = a_1^T X$ 和 $y_2 = a_2^T X$ 综合判别.

将 27 个样品分别以 y_1 和 y_2 的横坐标、纵坐标得各样品散点图 8.2.1.

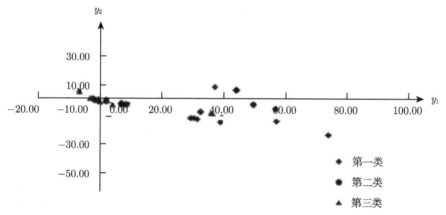

图 8.2.1 【例 8.2.2】27 个样品的 $y_1 = a_1^T X$, $y_2 = a_2^T X$ 散点图

图 8.2.1 表明, 第 1 类和第 2、第 3 类的界限量分明, 而第 2 类和第 3 类有所交叉, 从而产生误判、多个判别函数判别分析需用式 (8.2.15)~(8.2.17).

(6) 【例 8.2.2】判别特点和结论.

G_1, G_2 和 G_3 三类在 $y_1 = a_1^T X$ 分类平均值上的表现为

$$\overline{y}_1^{(1)} = 45.608, \quad \overline{y}_1^{(1)} = 6.292, \quad \overline{y}_1^{(3)} = -1.148$$

和图 8.2.1 相互印证, 表明 G_1, G_2 和 G_3 的分界很清晰, 而 G_2 和 G_3 的分界有交叉. 具体表现为: 由于 $n_1 = 15, n_2 = 3, n_3 = 9$, 故用加权平均判别时的符合率仅为 74.1%(判错 7 个, 即有 G_2 与 G_3, 又有 G_1 和 G_2); 用等权平均 (主要克服 n_1 与 n_2 的差距) 或绝对值距离判别, 二者结果一样, 符合率高达 92.6%(在 G_2、G_3 上判错两个). 因而, 判别分析要求各类样品容量相近才行.

在 G_1, G_2 和 G_3 的分类指标 $X = (x_1, x_2, x_3)^T$ 上, 距离判别和 Fisher 线性判别的核心仍为两类间的 Mahalanobis 距离 d_{ij}^2. 因而, 在 $X = (x_1, x_2, x_3)^T$ 中, x_t 对分类判别的重要性上, 可用 $\omega_t = \eta_t + \sum_{t<k} \eta_{tk}$ 决定. 对于【例 8.2.2】, 有如下的表现.

d_{12}^2:

$$\eta_1(133.417\%) > \eta_2(7.622\%) > \eta_3(1.464\%)$$

$$\eta_{12}(-63.777\%) < \eta_{23}(-6.682\%) < \eta_{13}(27.956\%)$$

$$\omega_1(97.596\%) > \omega_3(22.738\%) > \omega_2(-62.837\%)$$

d_{23}^2:

$$\eta_1(97.308\%) > \eta_3(0.158\%) > \eta_2(0.068\%)$$

$$\eta_{12}(-5.159\%) < \eta_{23}(-0.208\%) < \eta_{13}(7.833\%)$$

$$\omega_1(99.982\%) > \omega_3(7.783\%) > \omega_2(-5.299\%)$$

d_{13}^2:

$$\eta_1(127.291\%) > \eta_2(5.584\%) > \eta_3(1.168\%)$$

$$\eta_{12}(-53.322\%) < \eta_{23}(-5.108\%) < \eta_{13}(24.387\%)$$

$$\omega_1(98.356\%) > \omega_3(20.477\%) > \omega_2(-52.846\%)$$

综合起来有：$\omega_1 > \omega_3 > \omega_2$. 即判别中 x_t 的重要性的排序为 $x_1 > x_3 > x_2$，而且 $\omega_2 < 0$，因为 $\omega_2 = \eta_2 + \eta_{12} + \eta_{23}$，其中 $\eta_{12} < 0, \eta_{23} < 0$，即 $x_1 \leftrightarrow x_2$ 和 $x_2 \leftrightarrow x_3$ 的负相关在 $y_1 = a_1^{\mathrm{T}} X$ 判别中削弱了 x_2 对 d_{ij}^2 的贡献。η_{tk} 之所以正、负不同是由于 $y_1 = a_1^{\mathrm{T}} X$ 在 $(\overline{x}^{(i)} - \overline{x}^{(j)})$ 处最速上升方向 $\left(\dfrac{\partial y_1}{\partial x_1}, \dfrac{\partial y_1}{\partial x_2}, \dfrac{\partial y_1}{\partial x_3}\right) = (a_{11}, a_{12}, a_{13})$ 各分量不同所致，该梯度方向为 $(a_{11}, a_{12}, a_{13}) = (0.3281, -0.9445, 0.0182)$.

8.2.5 Fisher 线性判别函数与典范相关、线性回归的关系

1. 一对多的典范变量对与线性回归的关系

设 $Y \sim N(\mu_y, \sigma_y^2), X = (x_1, x_2, \cdots, x_m)^{\mathrm{T}} \sim N_m(\mu_x, \Sigma_x)$，其典范变量对为

$$\begin{cases} u = Y \\ v = b_1 x_1 + b_2 x_2 + \cdots + b_m x_m = b^{\mathrm{T}} X \end{cases}$$

u 与 v 的方差、协方差分别为

$$\sigma_u^2 = \sigma_y^2, \quad \sigma_v^2 = b^{\mathrm{T}} \Sigma_x b, \quad \mathrm{Cov}(b^{\mathrm{T}} X, Y) = b^{\mathrm{T}} \Sigma_{xy}$$

相关系数 $\rho_{uv} = \dfrac{b^{\mathrm{T}} \Sigma_{xy}}{\sqrt{\sigma_y^2 \cdot b^{\mathrm{T}} \Sigma_x b}}$，则典范变量 u、v 应满足

$$\begin{cases} b^{\mathrm{T}} \Sigma_x b = 1 \\ \dfrac{1}{\sigma_y} b^{\mathrm{T}} \Sigma_{xy} = \max \end{cases}$$

引入拉格朗日乘数 $\dfrac{\lambda}{2}$，则 b 应使 $f(b) = b^{\mathrm{T}} \Sigma_{xy} - \dfrac{\lambda}{2}(b^{\mathrm{T}} \Sigma_x b - 1)$，则 b 应满足 $\dfrac{df(b)}{db} = 0$,

即 $\Sigma_x b = \Sigma_{xy}$. 这正是线性回归方程 $\hat{y} = b_0 + b^{\mathrm{T}} X$ 中 b 应满足的最小二乘正则方程组. 因而, 有结论

(1) Y 与 X 之间仅有一对典范变量: $u = Y, v = b^{\mathrm{T}} X$.

(2) Y 关于 X 的线性回归方程为 $\hat{y} = b_0 + b^{\mathrm{T}} X$, $\hat{y}$ 与 v 只差一个常数 $b_0 = \bar{y} - b^{\mathrm{T}} \bar{x}$.

2. Fisher 线性判别函数与典范相关、线性回归的关系

可以证明, Fisher 判别函数 $y = a^{\mathrm{T}} X$ 是虚拟变量 y 与 X 之间的典型相关变量. 在一定意义下, 它们都可以化为一对多的标准化线性回归, 对它可用作者提出的 $\hat{y} = a^{*\mathrm{T}} X$ 的一对多和多对多的通径分析及其决策分析方法, 解决判别分析中 x_t 的重要性序次和方向. 然而, 鉴于判别分析中 Mahalanobis 距离 d_{ij}^2 的突出作用, 作者在本节提出了式 (8.2.28)~(8.2.30), 用以描述 x_t 对 d_{ij}^2 的直接决定率 (η_t)、相关决定率 (η_{tk}) 和综合决定率 (ω_t), 并用 ω_t 从大到小的排序法及 η_{tk} 的表现解决了 x_t 对判别重要性序次及方向, 具体作法可参考【例 8.2.1】和【例 8.2.2】.

8.3 Bayes 判别分析

距离判别与 Fisher 判别对总体分布并无限制, 并且思路直观、计算简单、结论明确, 比较实用, 但也有缺点, 即未涉及判别中各总体出现的概率大小 (先验概率) 及误判造成的损失无关. Bayes 判别正是考虑到这两点而提出的一种判别方法. 另外, 本节拟解决总体变量 $X = (x_1, x_2, \cdots, x_m)^{\mathrm{T}}$ 各分量 x_t 在判别中的重要性排序分析方法.

设有 k 个总体 $G_1, G_2, \cdots, G_k$, 其 m 维分布密度函数分别为 $f_1(X), f_2(X), \cdots, f_k(X)$, 各总体出现的先验概率分别为 $q_1, q_2, \cdots, q_k$, $\sum_{i=1}^{k} q_i = 1$. 对于样品 $X = (x_1, x_2, \cdots, x_m)^{\mathrm{T}}$, 需判定 X 归属哪一个总体. 把 X 看成是 m 维欧氏空间 R^m 的一个点, 那么 Bayes 判别准则期望对样本空间实现一个划分: $R_1, R_2, \cdots, R_k$, 这个划分既考虑各总体出现的概率又考虑使误判的可能性最小, 这个划分就形成了一个判别规则, 即若 X 落入 $R_i (i = 1, 2, \cdots, k)$, 则 $X \in G_i$.

据 Bayes 公式, 样品 X 来自 G_i 的概率 (验后概率) 为

$$P(G_i | X) = \frac{q_i f_i(X)}{\sum_{j=1}^{k} q_j f_j(X)} \tag{8.3.1}$$

若 X 属于 G_i, 而被误判为 $G_j (j \neq i)$ 的概率为 $1 - P(G_i / X)$. 当因误判而产生的

损失函数为 $L(j|i)$, 那么错判的平均损失为

$$E(i|X) = \sum_{j \neq i} \left[\frac{q_j f_j(X)}{\sum_{j=1}^{k} q_j f_j(X)} \cdot L(j|i) \right] \tag{8.3.2}$$

它表示了本属于第 i 个总体样品被错判为第 j 个总体的平均损失. 判别一个样品属于哪一类, 自然既然希望属于这一类的验后概率大, 又希望错判为这一类的平均损失小, 在实际应用中确定损失函数比较困难, 故常假设各种错判的损失一样, 即 $L(j|i)$ 恒为 $1(i \neq j)$. 此时, 要使 $P(G_i|X)$ 最大与 $E(i|X)$ 最小是等价的. 这样, 建立判别函数就只需使 $P(G_i|X)$ 最大, 它等价于应使 $q_i f_i(X)$ 最大, 故判别函数为

$$y_i(X) = q_i f_i(X), \quad i = 1, 2, \cdots, k \tag{8.3.3}$$

判别规则为: 当 X 落入 R_i, 则 $X \in G_i$, 其中

$$R_i = \left\{ X : y_i(X) = \max_{1 \leq j \leq k} y_i(X) \right\} \tag{8.3.4}$$

或者说, 对于 X, 若 $y_i(X) = \max_{1 \leq j \leq k} y_j(X)$, 则 $X \in G_i$.

当 $G_i \sim N_m(\mu_i, \Sigma_i)$ 时有

$$y_i(X) = q_i(2\pi)^{-m/2} |\Sigma_i|^{-1/2} \exp\left\{ -\frac{1}{2}(X-\mu_i)^T \Sigma_i^{-1}(X-\mu_i) \right\}$$

为方便计, 令 $z_i(X) = \ln[(2\pi)^{m/2} y_i(X)]$, 则判别函数为

$$z_i(x) = \ln q_i - \frac{1}{2}\ln|\Sigma_i| - \frac{1}{2}X^T\Sigma_i^{-1}X + X^T\Sigma_i^{-1}\mu_i - \frac{1}{2}\mu_i^T\Sigma_i^{-1}\mu_i \tag{8.3.5}$$

其中, $i = 1, 2, \cdots, k$, 判别规则为

若

$$Z_i(X) = \max_{1 \leq j \leq k} Z_j(X), 则 X \in G_i \tag{8.3.6}$$

这时的验后概率为

$$P(G_i|X) = \exp\{Z_i(X)\} / \sum_{j=1}^{k} \exp\{Z_j(X)\} \tag{8.3.7}$$

当 $\Sigma = \Sigma_1 = \Sigma_2 = \cdots = \Sigma_k$ 时, 由于 (8.3.5) 中第二、三项与 i 无关, 故判别函数可简化为

$$Z_i(X) = \ln q_i - \frac{1}{2}\mu_i^T\Sigma^{-1}\mu_i + X^T\Sigma^{-1}\mu_i \quad (i = 1, 2, \cdots, k) \tag{8.3.8}$$

8.3 Bayes 判别分析

判别规则仍为 (8.3.6).

可以证明, 当 $k=2$ 时, 若 $q_1 = q_2$ 且两总体的误判概率相等时, Bayes 判别与距离判别等价.

当总体参数未知时, 可通过总体的典型样本来估计. 设 G_i 的典型样本容量为 n_i, 均值为 $\overline{X}^{(i)}$, 离差阵为 $L_{xx}^{(i)}, i = 1, 2, \cdots, k, \sum_{i=1}^{k} n_i = n, \sum_{i=1}^{k} L_{xx}^{(i)} = L_{xx}$, 则
$$S = \hat{\Sigma} = \frac{1}{n-k} L_{xx}.$$

判别函数为
$$\begin{aligned} Z_i(X) &= \ln q_i - \frac{1}{2}(\overline{X}^{(i)})^{\mathrm{T}} S^{-1} \overline{X}^{(i)} + X^{\mathrm{T}} S^{-1} \overline{X}^{(i)} \\ &= \ln q_i + c_{0i} + c_{1i}x_1 + c_{2i}x_2 + \cdots + c_{mi}x_m = \ln q_i + c_{0i} + C_i^{\mathrm{T}} X \end{aligned} \quad (8.3.9)$$

其中
$$q_i = \frac{n_i}{n}, \quad C_i = (c_{1i}, c_{2i}, \cdots, c_{mi})^{\mathrm{T}} = S^{-1} \overline{X}^{(i)}, \quad c_{0i} = -\frac{1}{2}(\overline{X}^{(i)})^{\mathrm{T}} S^{-1} \overline{X}^{(i)} \quad (8.3.10)$$

判别规则仍用 (8.3.6).

统计检验同 8.2 节的式 (8.2.23)~(8.2.26), 其中 d_{ij}^2 的计算由 c_{ti}, c_{tj} 和 $(\overline{x}_t^{(i)} - \overline{x}_t^{(j)})$ 决定:

$$\begin{cases} d_{ij}^2 = \sum_{t=1}^{m}(c_{ti} - c_{tj})^{\mathrm{T}}(\overline{x}_t^{(i)} - \overline{x}_t^{(j)}), \quad i, j = 1, 2, \cdots, k \\ F_{ij} = \frac{(n-m-k+1)}{m(n-k)(n_i + n_j)} d_{ij}^2 \sim F(m, n-m-k+1) \end{cases} \quad (8.3.11)$$

判别函数建立后, 即可按 (8.3.6) 和 (8.3.7) 对任一样品判别归属及其验后概率.

$X = (x_1, x_2, \cdots, x_m)^{\mathrm{T}}$ 中分量 x_t 对判别的重要性及方向, 在 8.2 节式 (8.2.28)~(8.2.30) 中提出了 x_t 对 d_{ij}^2 的直接、相关、综合决定率 η_t, η_{tk} 和 ω_t 来评价 x_t 在判别中的重要性和方向. 式 (8.3.11) 中的 d_{ij}^2 计算由 $c_{ti} - c_{tj}$ 和 $\overline{x}_t^{(i)} - \overline{x}_t^{(j)}$ 决定, 而 $(c_{1i}, c_{2i}, \cdots, c_{mi})^{\mathrm{T}} = S^{-1} \overline{X}^{(i)}$, 即 $c_{ti} - c_{tj}$ 已综合了 η_t 和 η_{tk} 的信息, 故能直接给出 ω_t

$$\begin{cases} d_{ij}^2 = \sum_{t=1}^{m}(c_{ti} - c_{tj})^{\mathrm{T}}(\overline{x}_t^{(i)} - \overline{x}_t^{(j)}) \\ \omega_t = (c_{ti} - c_{tj})^{\mathrm{T}}(\overline{x}_t^{(i)} - \overline{x}_t^{(j)})/d_{ij}^2, \quad t = 1, 2, \cdots, m \\ \sum_{t=1}^{m} \omega_t = 1 \left(\text{注意}, 8.2 \text{ 节中} \sum_{t=1}^{m} \omega_t \neq 1\right) \end{cases} \quad (8.3.12)$$

将 ω_t 由大到小排序可得 x_t 在判别中的重要性序次, 由 ω_t 的正负可看出其方向.

【例 8.3.1】 从经验得知, 可以用患者心电图中的两个指标 x_1 与 x_2 来区分健康人 (G_1)、主动脉硬化症患者 (G_2) 及冠心病患者 (G_3) 三类人, 其经验数据如表 8.3.1 所示, 试找出判别函数. 一个患者的心电图中, $x_1 = 267.88$, $x_2 = 10.66$, 该人应归入哪一类.

表 8.3.1 数据表

经验分类	样本号	x_1	x_2	计算结果	
				归类	验后概率
G_1	1	261.01	7.36	1	0.68388
	2	185.39	5.99	1	0.93312
	3	249.58	6.11	1	0.69033
	4	137.13	4.35	1	0.97891
	5	213.34	8.79	1	0.72031
	6	231.38	8.53	1	0.74868
	7	260.25	10.02	1	0.50058
	8	259.51	9.79	1	0.53827
	9	273.84	8.79	1	0.60745
	10	303.59	8.53	2	0.43481
	11	231.03	6.15	1	0.80795
	均值	238.5509	7.6736		
G_2	1	308.90	8.49	2	0.49170
	2	258.69	7.16	1	0.69095
	3	355.54	9.43	2	0.74190
	4	476.69	11.32	2	0.97794
	5	316.12	8.17	2	0.61052
	6	274.57	9.67	1	0.52557
	7	409.42	10.49	2	0.89521
	均值	342.8471	9.2471		
G_3	1	330.34	9.61	2	0.48986
	2	331.47	13.72	3	0.93397
	3	352.50	11.00	3	0.43083
	4	347.31	11.19	3	0.51059
	5	189.56	6.94	1	0.90803
	均值	310.2360	10.4920		

1. **数据准备**

$$L_{xx} = \sum_{i=1}^{3} L_{xx}^{(i)} = \begin{bmatrix} 74980.23886 & 1680.49968 \\ 1680.49968 & 69.39288 \end{bmatrix}$$

$$|L_{xx}| = 2379015.554, \quad n = 23$$

8.3 Bayes 判别分析

$$S = \begin{bmatrix} 3749.01194 & 84.02498 \\ 84.02498 & 3.46964 \end{bmatrix}, \quad S^{-1} = \begin{bmatrix} 0.0005834 & -0.0141277 \\ -0.0141277 & 0.6303483 \end{bmatrix}$$

$$B = \begin{bmatrix} 50324.27884 & 970.77484 \\ 970.77484 & 29.64169 \end{bmatrix}, \quad |L_{xx} + B| = 5380222.449$$

2. 统计检验

(1) $H_{01} : \mu_1 = \mu_2 = \mu_3$.

$$\Lambda(2, 20, 2) = \frac{|L_{xx}|}{|L_{xx} + B|} = 0.44217$$

$$V = -\left(22 - \frac{2+3}{2}\right)\ln\Lambda = 15.9132^{**} > \chi^2_{0.01}(4) = 13.277$$

故否定 H_{01}.

(2) $H_{02} : \mu_i = \mu_j, j > i, j = 1, 2, 3$.

$$\begin{bmatrix} c_{11} & c_{12} & c_{13} \\ c_{21} & c_{22} & c_{23} \end{bmatrix} = \begin{bmatrix} 0.00058338 & -0.0141277 \\ -0.0141277 & 0.6303483 \end{bmatrix}$$

$$\times \begin{bmatrix} 238.5509 & 342.8471 & 310.236 \\ 7.6736 & 9.2471 & 10.492 \end{bmatrix}$$

$$= \begin{bmatrix} 0.03075 & 0.06937 & 0.03276 \\ 1.46689 & 0.98525 & 2.23069 \end{bmatrix}$$

$$d_{12}^2 = (c_{11} - c_{12}, c_{21} - c_{22}) \begin{bmatrix} \overline{x}_1^{(1)} & -\overline{x}_1^{(2)} \\ \overline{x}_2^{(1)} & -\overline{x}_2^{(2)} \end{bmatrix}$$

$$= (-0.03862 \quad 0.48164) \begin{bmatrix} - & 104.2962 \\ - & 1.5735 \end{bmatrix} = 3.26953$$

$$F_{12} = \frac{(23 - 2 - 3 + 1) \times 11 \times 7}{2(23 - 3)(11 + 7)} d_{12}^2 = 6.64349 > F_{0.05}(2, 19) = 3.52$$

同样可算得

$$d_{13}^2 = 2.29621, \quad F_{13} = 3.74928 > F_{0.05}(2, 19) = 3.52$$

$$d_{23}^2 = 2.74430, \quad F_{23} = 3.80200 > F_{0.05}(2, 19) = 3.52$$

故否定 $\mu_i = \mu_j, j > i, j = 1, 2, 3$.

3. 计算判别函数

$$c_{01} = -\frac{1}{2}(c_{11}\overline{x}_1^{(1)} + c_{21}\overline{x}_2^{(1)}) = -9.2959$$

$$c_{02} = -\frac{1}{2}(c_{12}\overline{x}_1^{(2)} + c_{22}\overline{x}_2^{(2)}) = -16.4467$$

$$c_{03} = -\frac{1}{2}(c_{13}\overline{x}_1^{(3)} + c_{23}\overline{x}_2^{(3)}) = -16.7832$$

故判别函数为

$$Z_1(X) = \ln\frac{11}{23} - 9.2959 + 0.03075x_1 + 1.46689x_2$$

$$Z_2(X) = \ln\frac{7}{23} - 16.4467 + 0.06937x_1 + 0.98525x_2$$

$$Z_3(X) = \ln\frac{5}{23} - 16.7832 + 0.03276x_1 + 2.23068x_2$$

对经验样本的回判结果见表 8.3.1 的最后一列. 符合率 $\frac{18}{23}$=78.3%.

4. 样品归类

由 $x_1 = 267.88, x_2 = 10.66$ 计算出 $Z_1 = 13.94104, Z_2 = 11.44956, Z_3 = 14.24548$, 故该患者应归入第三类, 即患有冠心病.

5. x_t 在判别中的重要性及方向

1) x_t 在 G_1, G_2 判别中的重要性

$$\omega_1 = \frac{(c_{11} - c_{12})^\mathrm{T}(\overline{x}_1^{(1)} - \overline{x}_1^{(2)})}{d_{12}^2} = \frac{(-0.03863) \times (-104.2962)}{3.2701} = 123.174\%$$

$$\omega_2 = \frac{(c_{21} - c_{22})^\mathrm{T}(\overline{x}_2^{(1)} - \overline{x}_2^{(2)})}{d_{12}^2} = \frac{0.48164 \times (-1.5736)}{3.2701} = -23.175\%$$

表明 G_1 与 G_2 的判别中, G_2 中的 x_1, x_2 偏大, 尤其是 x_1, 即 $\omega_1 > \omega_2$, 失衡大.

2) x_t 在 G_1, G_3 判别中的作用

$$d_{13}^2 = (c_{11} - c_{13}, c_{21} - c_{23}) \begin{bmatrix} \overline{x}_1^{(1)} & -\overline{x}_1^{(3)} \\ \overline{x}_2^{(1)} & -\overline{x}_2^{(3)} \end{bmatrix}$$

$$= (-0.00201, -0.76380) \begin{bmatrix} -71.6851 \\ -2.8184 \end{bmatrix} = 2.2968$$

$$\omega_1 = \frac{(c_{11} - c_{13})^\mathrm{T}(\overline{x}_1^{(1)} - \overline{x}_1^{(3)})}{d_{13}^2}$$

$$= \frac{(-0.00201)(-71.6851)}{2.2968} = 6.273\%$$

$$\omega_2 = \frac{(c_{21} - c_{23})^{\mathrm{T}}(\overline{x}_2^{(1)} - \overline{x}_2^{(3)})}{d_{13}^2}$$

$$= \frac{(-0.7628)(-2.8184)}{2.2968} = 93.726\%$$

表明 G_1, G_3 的判别中, $\omega_2(93.726\%) > \omega_1(6.273\%)$, G_3 中的 x_1, x_2 较 G_1 较偏大, x_2 更甚一些.

3) x_t 在 G_2, G_3 判别中的重要性

$$d_{23}^2 = (c_{11} - c_{13}, c_{22} - c_{23}) \begin{bmatrix} \overline{x}_1^{(2)} & -\overline{x}_1^{(3)} \\ \overline{x}_2^{(2)} & -\overline{x}_2^{(3)} \end{bmatrix}$$

$$= (0.03661, -1.24544) \begin{bmatrix} 32.6111 \\ -1.2449 \end{bmatrix} = 2.7443$$

$$\omega_1 = \frac{(c_{12} - c_{13})^{\mathrm{T}}(\overline{x}_1^{(2)} - \overline{x}_1^{(3)})}{d_{23}^2}$$

$$= \frac{0.03661 \times 32.6111}{2.7443} = 43.5044\%$$

$$\omega_2 = \frac{(c_{22} - c_{23})^{\mathrm{T}}(\overline{x}_2^{(2)} - \overline{x}_2^{(3)})}{d_{23}^2}$$

$$= \frac{(-1.24544)(-1.2449)}{2.7443} = 56.4970\%$$

表明 G_2, G_3 判别中, $\omega_2(56.4970\%) > \omega_1(43.5044\%)$, G_3 中的 x_1 较 G_2 中小而 x_2 则相反. G_3 是介于 G_2 和 G_1(健康人) 的中间类型.

上面介绍了三种判别分析的方法. 理论上可以说明 Bayes 线性判别函数在总体是非正态时也适用, 只不过不具备正态性时, Bayes 判别法具有的平均错判率最小的性质就不一定存在. 当不考虑先验概率 $q_1, q_2, \cdots, q_k$ 的影响, 在等协方差阵的条件下的 Bayes 判别法、距离判别法、Fisher 判别法三者是等价的. 本书中, 主要提出了类指标 $X = (x_1, x_2, \cdots, x_m)^{\mathrm{T}}$ 中各分量 x_t 对判别重要性序次及方向的分析方法, 即 x_t 对 d_{ij}^2 的直接、相关和综合决定率方法, 这是判别分析中的决策分析方法.

8.4 逐步判别分析

在判别分析中, 如果使用很多自变量, 则建立判别函数需要大量的计算时间, 而

且有关矩阵的阶数太高, 使解的精度下降, 甚至变量的不独立性而引起计算上的困难. 另一方面, 不太重要的变量的引入, 产生干扰而影响判别效果, 有时还会增加错判的次数. 因此, 在可供判别的自变量中选出显著性变量是很重要的. 下面介绍的逐步判别分析就是解决合理选择变量进行判别分析的一种方法.

逐步判别与逐步回归的基本思想相似, 都采用 "有进有出" 的算法, 即每一步都进行检验, 把一个 "最重要" 的变量选入判别式. 同时也考虑较早进入判别式的某些变量, 如果其 "重要性" 也随着其后一些变量的选入而变化, 已失去原有的重要性时 (被某些变量的作用所代替), 应把它及时地从判别式中剔除出去, 使最终的判别式仅仅保留 "重要" 的变量.

8.4.1 紧凑变换与逐步线性回归

在多个变量的线性回归和判别分析中, 如何选择变量进入回归方程或判别函数, 是离不开紧凑变换的.

6.1 节简单地提到了多对多线性回归的逐步回归法, 其本质是利用紧凑变换控制或挑选 "自变量有进有出" 的算法. 下面仅以

$$\hat{y} = b_0 + b_1 x_1 + b_2 x_2 + \cdots + b_m x_m = b_0 + b^\mathrm{T} X$$

的回归为例讲述紧凑变换的规则及性质. 由第 5 章知, 进行 $\hat{y} = b_0 + b^\mathrm{T} X$ 回归分析, 首先由样本估计有关离差阵 L_{xx}, L_{xy} 和 l_{yy}. 回归的关键是解 b 的 LS 正则方程组 $L_{xx} b = L_{xy}$, 并求出剩余平方阵和 Q_e.

令 L_{xx}, L_{xy}, l_{yy} 的元素上方均加 (0), 组成增广矩阵 $A^{(0)}$, 而且 $L_{xx}^{-1} = (c_{ij})_{m \times m}$, 则 $A^{(0)}$ 为

$$A^{(0)} = \begin{bmatrix} l_{11}^{(0)} & l_{12}^{(0)} & \cdots & l_{1m}^{(0)} & l_{1y}^{(0)} \\ l_{21}^{(0)} & l_{22}^{(0)} & \cdots & l_{2m}^{(0)} & l_{2y}^{(0)} \\ \vdots & \vdots & & \vdots & \vdots \\ l_{m1}^{(0)} & l_{m2}^{(0)} & \cdots & l_{mm}^{(0)} & l_{my}^{(0)} \\ l_{y1}^{(0)} & l_{y2}^{(0)} & \cdots & l_{ym}^{(0)} & l_{yy}^{(0)} \end{bmatrix} = \begin{bmatrix} L_{xx} & L_{xy} \\ L_{yx} & l_{yy} \end{bmatrix} \qquad (8.4.1)$$

显然, $A^{(0)}$ 为实对称矩阵.

在 $A^{(0)}$ 满秩情况下, 以 $l_{11}^{(0)}$ 为主元对 $A^{(0)}$ 各元素施行紧凑变换, 将 $A^{(0)}$ 变为 $A^{(1)}$, 记作 $L_1 A^{(0)} = A^{(1)} = (l_{ij}^{(1)})_{m \times m}$

8.4 逐步判别分析

$$A^{(1)} = \begin{bmatrix} l_{11}^{(1)} & l_{12}^{(1)} & \cdots & l_{1m}^{(1)} & l_{1y}^{(1)} \\ l_{21}^{(1)} & l_{22}^{(1)} & \cdots & l_{2m}^{(1)} & l_{2y}^{(1)} \\ \vdots & \vdots & & \vdots & \vdots \\ l_{m1}^{(1)} & l_{m2}^{(1)} & \cdots & l_{mm}^{(1)} & l_{my}^{(1)} \\ l_{y1}^{(1)} & l_{y2}^{(1)} & \cdots & l_{ym}^{(1)} & l_{yy}^{(1)} \end{bmatrix} \tag{8.4.2}$$

变换规则是以主元 $l_{11}^{(0)}$ 为准划分 4 个区规定的

$$\begin{cases} l_{11}^{(1)} = \dfrac{1}{l_{ll}^{(0)}} & \text{(主元}l_{ll}^{(0)}\text{变倒数)} \\ l_{1j}^{(1)} = \dfrac{l_{1j}^{(0)}}{l_{11}^{(0)}} & \text{(与主元同行元素被主元}l_{ll}^{(0)}\text{除)} \\ l_{i1}^{(1)} = \dfrac{-l_{i1}^{(0)}}{l_{11}^{(0)}} & \text{(与主元同列元素被主元}l_{ll}^{(0)}\text{除，变号)} \\ l_{ij}^{(1)} = l_{ij}^{(0)} - \dfrac{l_{i1}^{(0)} l_{1j}^{(0)}}{l_{11}^{(0)}} & \text{(剩余元素)} \end{cases} \tag{8.4.3}$$

$A^{(1)}$ 有如下回归结果与特点:

(1) $l_{11}^{(1)} = (l_{ll}^{(0)})^{-1}, l_{1y}^{(1)} = (l_{11}^{(0)})^{-1} l_{1y}^{(0)} = b_1^{(1)} \Rightarrow \hat{y} = \overline{y} + b_1^{(1)}(x_1 - \overline{x}_1)$;

(2) $l_{yy}^{(1)} = l_{yy}^{(0)} - \dfrac{l_{1y}^{(0)} l_{y1}^{(0)}}{l_{11}^{(0)}} = l_{yy}^{(0)} - b^{(1)} l_{1y}^{(0)} = Q_e^{(1)}$(回归剩余平方和);

(3) 如果 $\hat{y} = b_0^{(1)} + b_1^{(1)} x_1$ 不显著，则以 $A^{(1)}$ 中 $l_{11}^{(1)}$ 为主元进行紧凑变换 (即规则 (8.4.3))，则有 $L_1 A^{(1)} = A^{(0)}$，可使 x_1 退出回归方程; 如果 $\hat{y} = \overline{y} + b_1^{(1)}(x_1 - \overline{x}_1)$ 显著，则 x_1 进入方程，接着以 $A^{(1)}$ 中 $l_{22}^{(1)}$ 为主元，按规则 (8.4.3) 进行紧凑变换，即 $L_2 A^{(1)} = A^{(2)}$，由 $A^{(2)}$ 可得如下结果:

(i)

$$\begin{bmatrix} l_{11}^{(2)} & l_{12}^{(2)} \\ l_{21}^{(2)} & l_{22}^{(2)} \end{bmatrix} = \begin{bmatrix} l_{11}^{(0)} & l_{12}^{(0)} \\ l_{21}^{(0)} & l_{22}^{(0)} \end{bmatrix}^{-1}, \quad b^{(1)T} = (l_{1y}^{(2)}, l_{2y}^{(2)}) = (b_1^{(2)}, b_2^{(2)})$$

$$\hat{y} = \overline{y} + b_1^{(2)}(x_1 - \overline{x}_1) + b_2^{(2)}(x_2 - \overline{x})$$

即 x_1 和 x_2 进入回归方程，而且 $l_{yy}^{(2)} = Q_e^{(2)}$(回归剩余平方和).

(ii) 若 $\hat{y} = b_0^{(2)} + b_1^{(2)} x_1 + b_2^{(2)} x_2$ 中 x_2 不显著, 则 $L_2 A^{(2)} = A^{(1)}$, 保留已显著的 $\hat{y} = b_0^{(1)} + b_1^{(1)} x_1$; 若 x_2 显著, 对其中的 x_1 再进行检验, 若 x_2 显著而 x_1 不显著, 则 $L_1 A^{(2)} = A^{(1)}$, 则 x_1 退出方程, 仅留 $\hat{y} = \overline{y} + b_2^{(2)}(x_2 - \overline{x})$.

按照上述方法, 对 $A^{(0)}$ 做 m 次紧凑变换:

$$L_1 A^{(0)} = A^{(1)}, L_2 A^{(1)} = A^{(2)}, \cdots, L_m A^{(m-1)} = A^{(m)}$$

则有

(a) 若 $x_1, x_2, \cdots, x_m$ 均在 $\hat{y} = \overline{y} + \sum_{j=1}^{m}(x_j - \overline{x}_j)$ 中显著, 则

$$A^{(m)} = \begin{bmatrix} l_{11}^{(m)} & l_{12}^{(m)} & \cdots & l_{1m}^{(m)} & l_{1y}^{(m)} \\ l_{21}^{(m)} & l_{22}^{(m)} & \cdots & l_{2m}^{(m)} & l_{2y}^{(m)} \\ \vdots & \vdots & & \vdots & \vdots \\ l_{m1}^{(m)} & l_{m2}^{(m)} & \cdots & l_{mm}^{(m)} & l_{my}^{(m)} \\ l_{y1}^{(m)} & l_{y2}^{(m)} & \cdots & l_{ym}^{(m)} & l_{yy}^{(m)} \end{bmatrix}$$

$$= \begin{bmatrix} c_{11} & c_{12} & \cdots & c_{1m} & b_1 \\ c_{21} & c_{22} & \cdots & c_{2m} & b_2 \\ \vdots & \vdots & & \vdots & \vdots \\ c_{m1} & c_{m2} & \cdots & c_{mm} & b_m \\ -b_1 & -b_2 & \cdots & -b_m & Q_e^{(m)} \end{bmatrix} = \begin{bmatrix} L_{xx}^{-1} & b \\ -b^{\mathrm{T}} & Q_e^{(m)} \end{bmatrix} \quad (8.4.4)$$

即紧凑变换有求解、求逆 (L_{xx}^{-1}) 和求剩余 ($Q_e^{(m)}$) 的功能, 从而得到回归方程 $\hat{y} = \overline{y} + \sum_{j=1}^{m}(x_j - \overline{x}_j)$ 即 $Q_e^{(m)} = l_{yy} - b^{\mathrm{T}} L_{xy} = l_{yy} - U$ (U 为回归平方和).

(b) 如果 $\hat{y} = \overline{y} + \sum_{j=1}^{m}(x_j - \overline{x}_j)$ 中有 x_k, x_l 等不显著, 只要对 $A^{(m)}$ 中进行紧凑变换 $L_k A^{(m)}, L_l (L_k A^{(m)})$ 等可获得除 x_k, x_l 之外的有关逆阵、回归方程及其剩余.

8.4.2 逐步判别分析简介

1. 数据准备

设观测的数据为 $x_{jt}^{(i)}, i = 1, 2, \cdots, k, k$ 为分类数 (k 个总体), $t = 1, 2, \cdots, m, m$ 为指标 (变量) 个数, $j = 1, 2, \cdots, n_i, n_i$ 为第 i 类观测样本数.

计算各类均值 $\overline{X}^{(i)} = (\overline{x}_1^{(i)}, \overline{x}_2^{(i)}, \cdots, \overline{x}_m^{(i)})^{\mathrm{T}}$ 和总平均值 $\overline{X} = (\overline{x}_1, \overline{x}_2, \cdots, \overline{x}_m)$

$$\overline{x}_t^{(i)} = \frac{1}{n_i} \sum_{j=1}^{n_i} x_{jt}^{(i)} \quad (i = 1, 2, \cdots, k) \tag{8.4.5}$$

$$\overline{x}_t = \frac{1}{n} \sum_{i=1}^{k} \sum_{j=1}^{n_i} x_{jt}^{(i)} \quad (t = 1, \cdots, m) \tag{8.4.6}$$

计算变量的组内离差矩阵 L_{xx} 和总的离差矩阵 W

$$L_{xx} = \sum_{i=1}^{k} L_{xx}^{(i)} = (l_{st})_{m \times m} \tag{8.4.7}$$

$$W = (\omega_{st})_{m \times m} \tag{8.4.8}$$

其中

$$l_{st} = \sum_{i=1}^{k} \sum_{j=1}^{n_i} (x_{sj}^{(i)} - \overline{x}_s^{(i)})(x_{tj}^{(i)} - \overline{x}_t^{(i)}), \quad \omega_{st} = \sum_{i=1}^{k} \sum_{j=1}^{n_i} (x_{sj}^{(i)} - \overline{x}_s)(x_{tj}^{(i)} - \overline{x}_t)$$

2. 逐步计算 (选入和剔除变量)

为了下面叙述方便, 将原始数据计算的 L_{xx} 和 W 均记为 L_{xx0} 和 W_0, 其元素均记为 $l_{ij}^{(0)}$ 和 $\omega_{ij}^{(0)}$.

(1) 算出全部变量的判别能力, 用

$$U_{l(+)} = \frac{l_{ii}^{(0)}}{\omega_{ii}^{(0)}} \quad (i = 1, \cdots, m) \tag{8.4.9}$$

表示 x_i 对 k 类区分的重要性, 谁最小谁的判别能力最强, 不失一般性可设 $U_{l(+)}$ 最小, 即先选 x_l 进入判别函数, 并计算

$$F_{l(+)} = \frac{1 - U_{l(+)}}{U_{l(+)}} \cdot \frac{n - k}{k - 1} \sim F(k-1, n-k) \tag{8.4.10}$$

若 $F_{l(+)} > F_{(+)\alpha}$, 则说明 x_l 应入选, 否则说明原分类无意义. 若 x_l 入选, 接着对 L_{xx0} 和 W_0 分别作紧凑变换, 记作 $L_l L_{xx0} = L_{xx1} = (l_{ij}^{(1)})$, $L_l W_0 = W_1 = (\omega_{ij}^{(1)})$, 其规则如下:

$$l_{ij}^{(1)} = \begin{cases} \dfrac{1}{l_{ll}^{(0)}} & (i=l, j=l) \\[2mm] \dfrac{l_{ij}^{(0)}}{l_{ll}^{(0)}} & (i=l, j\neq l) \\[2mm] -\dfrac{l_{ij}^{(0)}}{l_{ll}^{(0)}} & (i\neq l, j=l) \\[2mm] l_{ij}^{(0)} - \dfrac{l_{il}^{(0)} l_{lj}^{(0)}}{l_{ll}^{(0)}} & (i\neq l, j\neq l) \end{cases} \tag{8.4.11}$$

称 $l_{ll}^{(0)}$ 为主元, $\omega_{ll}^{(0)}$ 变为 $\omega_{ll}^{(1)}$ 用同样规则.

第一个变量 x_l 引入后不考虑剔除而考虑下一个变量的引入, 此时计算

$$U_{i(+)} = \frac{l_{ii}^{(1)}}{\omega_{ii}^{(1)}} \quad (i\neq l) \tag{8.4.12}$$

若 $U_{\theta(+)}$ 最小并计算

$$F_{\theta(+)} = \frac{1-U_{\theta(+)}}{U_{\theta(+)}} \cdot \frac{n-k-1}{k-1} \sim F(k-1, n-k-1) \tag{8.4.13}$$

若 $F_{\theta(+)} \leqslant F_{(+)\alpha}$ 说明判别函数应只有一个变量; 否则引入 x_θ. 这时分别以 $l_{\theta\theta}^{(1)}$ 和 $\omega_{\theta\theta}^{(1)}$ 为主元对 L_{xx1} 和 W_1 作紧凑变换, $L_\theta L_{xx1} = L_{xx2} = (l_{ij}^{(2)})$, $L_\theta W_1 = W_2 = (\omega_{ij}^{(2)})$.

由于先后引入 x_l 和 x_θ 故应考虑在 x_l 与 x_θ 中有无变量剔除, 此时计算

$$U_{l(-)} = \frac{\omega_{ll}^{(2)}}{l_{ll}^{(2)}}, \quad U_{\theta(-)} = \frac{\omega_{\theta\theta}^{(2)}}{l_{\theta\theta}^{(2)}} \tag{8.4.14}$$

二者谁大, 谁有可能被剔除, 若 $U_{l(-)}$ 大, 则计算

$$F_{l(-)} = \frac{1-U_{l(-)}}{U_{l(-)}} \cdot \frac{n-k-1}{k-1} \sim F(k-1, n-k-1) \tag{8.4.15}$$

若 $F_{l(-)} > F_{(-)\alpha}$, 则 x_l 和 x_θ 都保留, 若 $F_{l(-)} \leqslant F_{(-)\alpha}$, 则应把 x_l 剔除, 此时分别以 $l_{ll}^{(2)}$ 和 $\omega_{ll}^{(2)}$ 为主元, 对 L_{xx2} 和 W_2 进行紧凑变换得 L_{xx3} 和 W_3.

(2) 不失普遍性: 假若经过 p 次运算, 在判别函数中已引入了 p 个变量 $x_{r_1}, x_{r_2}, \cdots, x_{r_p}$, 且得到 L_{xxp} 和 W_p. 这时计算这 p 个变量的判别能力 $U_{r_i(-)}$

$$U_{r_i(-)} = \frac{\omega_{r_i r_i}^{(p)}}{l_{r_i r_i}^{(p)}}, \quad r_i = r_1, r_2, \cdots, r_p \tag{8.4.16}$$

若
$$U_{r_k(-)} = \max_{r_1 \leqslant r_i \leqslant r_p}\{U_{r_i(-)}\} \tag{8.4.17}$$

利用
$$F_{r_k(-)} = \frac{1-U_{r_k(-)}}{U_{r_k(-)}} \cdot \frac{n-k-(p-1)}{k-1} \sim F(k-1, n-k-p) \tag{8.4.18}$$

来检验 x_{r_k} 是否应被剔除，若
$$F_{r_k(-)} > F_{(-)\alpha} \tag{8.4.19}$$

说明判别能力最小的变量 x_{r_k} 不应剔除即无变量可剔除，然后转入 (3)；若
$$F_{r_k(-)} \leqslant F_{(-)\alpha} \tag{8.4.20}$$

应该将 x_{r_k} 从判别函数中剔除出去．这时分别以 $l^{(p)}_{r_k r_k}, \omega^{(p)}_{r_k r_k}$ 为主元，对 $L_{(xxp)}$ 和 W_p 作紧凑变换，得到 $L_{xx(p+1)}, W_{p+1}$．然后重复 (2) 中的运算，直到判别函数无变量被剔除为止，然后转向 (3).

(3) 计算未引入判别函数据的 $m-p$ 变量 $x_{r_{p+1}}, x_{r_{p+2}}, \cdots, x_{r_m}$ 的判别能力 $U_{r_i(+)}$
$$U_{r_i(+)} = \frac{l^{(p)}_{r_i r_i}}{\omega^{(p)}_{r_i r_i}} \quad (r_i = r_{p+1}, \cdots, r_{p+m}) \tag{8.4.21}$$

若
$$U_{r_i(+)} = \min_{r_{p+1} \leqslant r_i \leqslant r_{p+m}}\{U_{r_i(+)}\} \tag{8.4.22}$$

利用
$$F_{r_g(+)} = \frac{1-U_{r_g(+)}}{U_{r_g(+)}} \cdot \frac{n-k-1-(p-1)}{k-1} \sim F(k-1, n-k+p) \tag{8.4.23}$$

来检验变量 x_{r_g} 是否应引入判别函数．若
$$F_{r_g(+)} < F_{(+)\alpha} \tag{8.4.24}$$

说明 x_{r_g} 不能引入判别函数，故再无变量可引入．挑选变量的工作到此终结，然后转向第二大步，若
$$F_{r_g(+)} \geqslant F_{(+)\alpha} \tag{8.4.25}$$

则将变量 x_{r_g} 引入判别函数，这时分别以 $l^{(p)}_{r_g r_g}, \omega^{(p)}_{r_g r_g}$ 为主元，对 L_{xxp} 和 W_p 作紧凑变换，得到 $L_{xx(p+1)}$ 和 W_{p+1} 然后转向 (2) 直到凡已引入判别函数的变量均无可剔除的，而未引入判别函数的变量都不能再引入为止．

8.4.3 逐步判别举例

为利用已入选的变量建立判别函数. 不失普遍性, 若引入判别函数的变量为 $x_{r_1}, x_{r_2}, \cdots, x_{r_p}(1 \leqslant r_p < m)$, 且得到 L_{xxp} 和 W_p, 现将 L_{xxp}, W_p 中未入选变量所对应的主元所在的行和列的元素全部删去, 剩下的元素依原来顺序排成的矩阵记为 $\tilde{L}_{xxp}, \tilde{W}_p$. 如果 $\tilde{L}_{xxp}, \tilde{W}_p$ 分别是 $\tilde{L}, \tilde{W}$ 的逆矩阵, 其中 $\tilde{L}_{xxp}, \tilde{W}_p$ 分别是变量 $x_{r_1}, x_{r_2}, \cdots, x_{r_p}$ 构成的组内离差阵和总离差阵. 这时 $\tilde{S}^{-1} = (n-k)\tilde{L}_{xxp}$, 其中 $\tilde{S}$ 是入选变量的协方差矩阵. 然后应用 Bayes 方法建立线性判别函数, 以后的计算过程与 8.3 节相同, 不再重复.

【例 8.4.1】 在【例 8.3.1】中, 把指标扩增为 5 个: x_1, x_2, x_3, x_4, x_5, 其数据如表 8.4.1 所示.

表 8.4.1

经验分类	样本	x_1	x_2	x_3	x_4	x_5
G_1	1	8.11	261.01	13.23	5.46	7.36
	2	9.36	185.39	9.02	5.66	5.99
	3	9.85	249.58	15.61	6.06	6.11
	4	2.55	137.13	9.21	6.11	4.35
	5	6.01	231.34	14.27	5.21	8.79
	6	9.64	231.38	13.03	4.88	8.53
	7	4.11	260.25	14.72	5.36	10.02
	8	8.90	259.51	14.16	4.91	9.79
	9	7.71	273.84	16.01	5.15	8.79
	10	7.51	303.59	19.14	5.70	8.53
	11	8.06	231.03	14.41	5.72	6.15
G_2	1	6.80	308.90	15.11	5.52	8.49
	2	8.68	258.69	14.02	4.79	7.16
	3	5.67	355.54	15.13	4.97	9.43
	4	8.10	476.69	7.38	5.32	11.32
	5	3.71	316.12	17.12	6.04	8.17
	6	5.37	274.57	16.75	4.98	9.67
	7	9.89	409.42	19.47	5.19	10.49
G_3	1	5.22	330.34	18.19	4.96	9.61
	2	4.71	331.47	21.16	4.30	13.72
	3	4.71	352.50	20.79	5.07	11.00
	4	3.26	347.31	17.90	4.65	11.19
	5	8.27	189.56	12.74	5.46	6.94

试着进行逐步判别分析.

为方便计, 设最后可能进入两个变量, 则可设 $F_{(+)} \sim F(2, 18), F_{(-)} \sim F(2, 19)$ 取 $\alpha = 0.10$, 可近似取 $F_{(+)0.10} = 2.62, F_{(-)0.10} = 2.61$, 每步可不再查表计算 $F_{(+)\alpha}$

8.4 逐步判别分析

和 $F_{(-)\alpha}$.

(1) 先计算出内离差阵 L_{xx0} 和总离差阵 W_0.

$$L_{xx0} = \begin{bmatrix} 95.28702 & 315.76995 & -12.41189 & -2.95104 & -4.88656 \\ 315.76995 & 74980.23886 & 1181.09276 & -127.46817 & 1680.49968 \\ -12.41189 & 1181.09276 & 215.54843 & -5.60936 & -50.13791 \\ -2.95104 & -127.46817 & -5.60936 & 3.58864 & -10.40349 \\ -4.88656 & 1688.49968 & 50.13791 & -10.40349 & 69.39288 \end{bmatrix}$$

$$W_0 = \begin{bmatrix} 111.76937 & -168.96595 & -44.71654 & 1.42973 & -25.58778 \\ -168.96595 & 125304.51172 & 2143.69217 & -285.03710 & 2651.27452 \\ -44.71654 & 2143.69217 & 278.90650 & -14.21090 & 90.85595 \\ 1.42973 & -285.03710 & -14.2109 & 4.77646 & -16.19626 \\ -25.58778 & 2651.27452 & 90.85595 & -16.19626 & 99.03457 \end{bmatrix}$$

(2) 计算各变量的判别能力.

$$U_{1(+)} = \frac{95.28702}{111.76937}, \quad U_{2(+)} = \frac{74980.23886}{125304.51772} = 0.5983841 (最小)$$

$$U_{3(+)} = \frac{215.54843}{278.90650}, \quad U_{4(+)} = \frac{3.58864}{4.77646}, \quad U_{5(+)} = \frac{69.39288}{99.03457}$$

$$F_{2(+)} = \frac{1 - 0.5983841}{0.5983841} \cdot \frac{23 - 3}{3 - 1} = 6.71167 > 2.6$$

引入 x_2, 进行紧凑变换得

$$L_2 L_{xx0} = L_{xx1} = \begin{bmatrix} 93.95720 & -0.00421 & -17.38592 & -2.41422 & -11.96337 \\ -0.00421 & 0.00001 & 0.01575 & -0.00170 & 0.02241 \\ -17.38592 & -0.01575 & 196.94379 & -3.60147 & 23.66659 \\ -2.41422 & -0.00170 & -3.60147 & 3.37194 & -7.54660 \\ -11.96337 & -0.02241 & 23.66659 & -7.54660 & 31.72856 \end{bmatrix}$$

$$W_1 = L_2 W_0 = \begin{bmatrix} 111.53152 & 0.00135 & -41.82590 & 1.04537 & -22.01269 \\ -0.00135 & 0.00001 & 0.01711 & -0.00227 & 0.02116 \\ -41.82590 & -0.01711 & 242.23251 & -9.33381 & 45.49832 \\ 1.04537 & 0.00227 & -9.33381 & 4.12807 & -10.16526 \\ -22.01269 & -0.02116 & 45.49832 & -10.16526 & 42.93708 \end{bmatrix}$$

(3) 判别函数经检验只引入了一个 x_2, 故不必考虑剔除, 现考虑引入第二个变量, 由 L_{xx1} 和 W_1 计算

$$U_{1(+)} = \frac{93.95720}{111.53152}, \quad U_{3(+)} = \frac{196.94379}{242.23251}$$

$$U_{4(+)} = \frac{3.37194}{4.12807}, \quad U_{5(+)} = \frac{31.72856}{42.93718} = 0.738953(\text{最小})$$

$$F_{5(+)} = \frac{1 - 0.738953}{0.738953} \cdot \frac{23 - 3 - 1}{3 - 1} = 3.3622932 > 2.62$$

x_5 应引入

$$L_5 L_{xx1} = L_{xx2} = \begin{bmatrix} 89.44606 & -0.01266 & -8.46204 & -5.25979 & 0.37707 \\ 0.01266 & 0.00003 & -0.00097 & 0.00363 & -0.00071 \\ -8.46204 & 0.00097 & 179.29069 & 2.02760 & -0.74591 \\ -5.25979 & -0.00363 & 2.02760 & 1.57699 & 0.23785 \\ -0.37707 & -0.00071 & 0.74591 & -0.23785 & 0.03152 \end{bmatrix}$$

$$L_5 W_1 = W_2 = \begin{bmatrix} 100.24624 & -0.00950 & -18.50019 & -4.16607 & 0.51267 \\ 0.00950 & 0.00002 & -0.00531 & 0.00273 & -0.00079 \\ -18.50019 & 0.00531 & 194.02029 & 1.43779 & -1.05965 \\ -4.16607 & -0.00273 & 1.43779 & 1.72148 & 0.23675 \\ -0.51267 & -0.00049 & 1.05965 & -0.23675 & 0.02329 \end{bmatrix}$$

由于 x_5 进入, 考虑是否剔除 x_2 与 x_5. 由 L_{xx2} 和 W_2 计算

$$U_{2(-)} = \frac{0.00002}{0.00003} = 0.666667, \quad U_{5(-)} = \frac{0.02329}{0.03152} = 0.7388959(\text{大})$$

$$F_{5(-)} = \frac{1 - 0.7388959}{0.7388959} \cdot \frac{23 - 3 - 1}{3 - 1} = 3.3622932 = F_{5(+)} > 2.61$$

故 x_5 与 x_2 均不应剔除.

(4) 由 L_{xx} 和 W_2 计算 $U_{(+)}$, 考虑选第三个变量

$$U_{1(+)} = \frac{89.44606}{100.24624} = 0.8922634(\text{最小})$$

$$U_{3(+)} = \frac{179.29069}{194.02029}, \quad U_{4(+)} = \frac{1.57699}{1.72148}$$

$$F_{1(+)} = \frac{1 - 0.8922634}{0.2922634} \cdot \frac{23 - 3 - 1}{3 - 1} = 1.0867 < 2.62$$

说明再无变量进入.

结论: 只有 x_2 与 x_5 进入判别函数.

(5) 由 x_2 与 x_5 所计算的

$$L_{xx}^{-1} = \begin{bmatrix} 0.00003 & -0.00071 \\ -0.00071 & 0.03152 \end{bmatrix}$$

$$S^{-1} = (23-3)L_{xx}^{-1} = \begin{bmatrix} 0.0006 & -0.0142 \\ -0.0142 & 0.6304 \end{bmatrix}$$

这就是【例 8.4.1】的逐步判别基本情况. 将 x_2 与 x_5 引入判别的判别函数就是【例 8.3.1】.

8.5 聚类分析

聚类分析就是根据 "物以类聚" 的道理, 对样品或指标进行分类的一种多元统计分析法. 它们讨论的对象是一大堆样品, 要求能合理地按它们各自的特性来进行合理的分类, 这里没有任何模式可供参考或依循, 也就是说是在没有先验知识的情况下进行的. 聚类分析的基本程序是, 首先根据一批样品的多个观测指标, 具体地找出一些能够度量样品或指标之间相似程度的统计量, 然后利用统计量将样品或指标进行归类, 具体进行聚类时, 目的、要求不同会产生各种不同的聚类方法. 我们这里着重介绍系统聚类法.

20 世纪 70 年代以来, 聚类分析法受到国内外农林科学工作者越来越多的重视. 许多学者用这一方法解决了土壤、地质、植物、动物、气象、作物等的分类问题, 改进了传统农林科学中所建立的一套定性分类体系, 提高了分类的速度和精度.

8.5.1 分类统计量

假设有 n 个样品, 每个样品测得 m 个指标 (或变量), 得如表 8.5.1 所示的数据矩阵 (表), 其中 $x_{ij}(i=1,\cdots,n; j=1,\cdots,m)$ 为第 i 个样品的第 j 个指标的观测数据.

表 8.5.1　样品数据矩阵

样品	指标					
	x_1	x_2	$\cdots$	x_j	$\cdots$	x_m
1	x_{11}	x_{12}	$\cdots$	x_{1j}	$\cdots$	x_{1m}
2	x_{21}	x_{22}	$\cdots$	x_{2j}	$\cdots$	x_{2m}
$\vdots$	$\vdots$	$\vdots$		$\vdots$		$\vdots$
n	x_{n1}	x_{n2}	$\cdots$	x_{nj}	$\cdots$	x_{nm}
平均	$\bar{x}_1$	$\bar{x}_2$	$\cdots$	$\bar{x}_j$	$\cdots$	$\bar{x}_m$
标准差	s_1	s_2	$\cdots$	s_j	$\cdots$	s_m

为了将样品 (或指标) 进行分类, 就需要研究样品 (或指标) 之间的关系, 给出刻画它们相似程度的统计量. 常用的统计量有距离和相似系数两种, 距离多用于样品的分类, 相似系数多用于指标的分类.

1. 距离

设 d_{ij} 表示第 i 与第 j 个样品之间的距离, 则 d_{ij} 一般应满足下面 4 条公理.

(1) $\forall i, j, d_{ij} \geqslant 0$;
(2) $\forall i, d_{ii} = 0$;
(3) $\forall i, j, d_{ij} = d_{ji}$;
(4) $\forall i, j, k, d_{ij} \leqslant d_{ik} + d_{kj}$.

如果 (1)~(3) 满足, 而 (4) 不满足, 则称之为广义距离. 常用的距离 (按样品) 有

(i) 绝对值距离
$$d_{ij} = \sum_{k=1}^{m} |x_{ik} - x_{jk}|$$

(ii) 闵可夫斯基 (Minkowski) 距离
$$d_{ij} = \left(\sum_{k=1}^{m} |x_{ik} - x_{jk}|^q \right)^{1/q}$$

当 $q = 2$ 时, 为欧氏距离.

(iii) Mahalanobis 距离
$$d_{ij}^2 = (X_i - X_j)^{\mathrm{T}} \sum\nolimits^{-1} (X_i - X_j)$$

其中 X_i 表示第 i 个样品的指标值, X_j 表示第 j 个样品的指标值, Σ 为数据的协方差阵. 这样的规定也适合于指标间.

这种方法就是将每个样品看成 m 维空间的一个点, 并在空间中定义距离, 距离较近的归为一类, 距离较远的属于不同的类.

2. 相似系数

设 C_{ij} 表示第 i 个与第 j 个指标之间的相似系数, 则 C_{ij} 一般应满足

(1) $|C_{ij}| \leqslant 1, \forall i, j$;
(2) $|C_{ii}| = 1, \forall i$;
(3) $C_{ij} = C_{ji}, \forall i, j$.

$|C_{ij}|$ 越接近于 1, 说明第 i 个与第 j 个指标关系越密切. 换句话说, 性质越接近的指标, 它们的相似系数越接近于 1; 彼此无关的指标它们的相似系数越接近于

8.5 聚类分析

0; 完全相反的指标相似系数为 -1. 把比较相似的指标归为一类, 相似程度小的指标应属于不同的类, 常用的相似系数 (按指标) 有以下几种.

(1) 夹角余弦

$$C_{ij} = \cos\theta_{ij} = \frac{\sum_{t=1}^{m} x_{ti}x_{tj}}{\sqrt{\left(\sum_{t=1}^{n} x_{ti}^2\right)\left(\sum_{t=1}^{n} x_{tj}^2\right)}}$$

(2) 相关系数

$$C_{ij} = r_{ij} = \frac{\sum_{t=1}^{n}(x_{ti}-\overline{x}_i)(x_{tj}-\overline{x}_j)}{\left[\sum_{t=1}^{n}(x_{ti}-\overline{x}_i)^2\right]^{1/2}\left[\sum_{t=1}^{n}(x_{tj}-\overline{x}_j)^2\right]^{1/2}}$$

变量之间常借助于相似系数定义距离, 如

$$d_{ij} = 1 - C_{ij}^2$$

样品之间也可用相似系数. 除了上面介绍的两种外, 常用的还有

(3) 指数相似系数 (样品间)

$$C_{ij} = \frac{1}{m}\sum_{k=1}^{m} e^{-\frac{3}{4}\frac{(x_{ik}-x_{jk})^2}{S_k^2}}$$

其中 $S_k^2 = \frac{1}{n}\sum_{t=1}^{n}(x_{tk}-\overline{x}_k)^2, \overline{x}_k = \frac{1}{n}\sum_{t=1}^{n} x_{tk}, k=1,\cdots,m$, 它不受量纲的影响.

(4) 如果各性状的值只取 0 和 1 时, 样品各值可列成列联表, 如表 8.5.2 所示.

表 8.5.2

变量 i	变量 j		
	0	1	Σ
0	a	b	$a+b$
1	c	d	$c+d$
Σ	$a+c$	$b+d$	$a+b+c+d$

则有

(1) 夹角余弦 $C_{ij} = \cos\theta_{ij} = \dfrac{ad}{\sqrt{(a+b)(c+d)(a+c)(b+d)}}$;

(2) 相关系数 $C_{ij} = r_{ij} = \dfrac{ad-bc}{\sqrt{(a+b)(c+d)(a+c)(b+d)}}$.

3. 数据转换

各样品或指标的观测值因量纲不同, 或量纲相同但数量级不同, 直接用原始数据计算就会突出绝对值大的变量的作用, 而削弱了绝对值小的变量的作用. 因此在计算前, 应对原始数据进行标准化, 下面介绍两种常用的标准化方法和特点. 按列进行数据标准化 (可用同样的方法按行进行), 设标准化后的数据为 y_{ij}.

(1) 标准差标准化

$$y_{ij} = \frac{x_{ij} - \overline{x}_j}{s_j} \quad (i=1,\cdots,n; j=1,\cdots,m)$$

其中,

$$\overline{x}_j = \frac{1}{n}\sum_{k=1}^n x_{kj}, \quad s_j = \sqrt{\frac{1}{n-1}\sum_{k=1}^n (x_{kj} - \overline{x}_j)^2}$$

特点: 数据 (y_{ij}) 中每一列变量的平均值为零, 标准差都化为 1, 且与变量的量纲无关.

(2) 极差标准化

$$y_{ij} = \frac{x_{ij} - \min\limits_{1\leqslant i\leqslant n}\{x_{ij}\}}{R_j}$$

其中,

$$R_j = \max_{1\leqslant i\leqslant n}\{x_{ij}\} - \min_{1\leqslant i\leqslant n}\{x_{ij}\}$$

特点: 数据 $\{y_{ij}\}$ 中每一列变量的极差为 1, 消除了量纲的干扰, 且

$$0 \leqslant y_{ij} \leqslant 1, \quad i=1,\cdots,n; \quad j=1,\cdots,m$$

8.5.2 系统聚类法

系统聚类法的基本思想: 设有 n 个样品, 认为它们各自为一类, 并对样品之间的距离和类与类之间的距离做出规定. 首先计算样品之间的距离, 开始因每个样品自成一类, 类与类之间的距离就是样品之间的距离, 将距离最小的类并为一类; 再计算并类后的新类与其他类的距离, 接着将距离最小的两类合并为一新类. 这样每次减少一类, 直到将 n 个样品合为一类为止. 最后将上述并类过程画成一张聚类图, 按一定原则决定分为几类. 对指标分类用类似的方法进行. 由于类与类之间的距离定义方法不同, 因而产生不同的系统聚类方法, 下面介绍常用的几种方法.

1. 最短距离法

设有 n 个样品, 用 $d_{ij}, i,j=1,\cdots,n$ 表示样品 i 和样品 j 的距离, 用 $G_1,\cdots,G_n$ 表示初始类. 规定类与类之间的距离为两类最近样品的距离, 用 D_{pq} 表示 G_p

与 G_q 的距离, 则

$$D_{pq} = \min_{\substack{i \in G_p \\ j \in G_q}} \{d_{ij}\} \quad (p \neq q) \tag{8.5.1}$$

当 $p = q$ 时, $D_{pq} = 0$.

用最短距离法聚类的步骤如下.

(1) 规定样品之间的距离, 计算样品两两之间的距离 $d_{ij}, i, j = 1, \cdots, n$ 得对称阵 $D_{(0)}$. 开始每个样品自成一类, 所以 $D_{pq} = d_{pq}$.

(2) 选择 $D_{(0)}$ 中最小非零元素, 设为 D_{pq}, 并将 G_p 与 G_q 并类, 记为 $G_r = \{G_p, G_q\}$.

(3) 计算新类 G_r 与其他类 $G_k, k \neq p, q$ 的距离

$$D_{rk} = \min_{\substack{i \in G_r \\ j \in G_k}} \{d_{ij}\} = \min\{\min_{\substack{i \in G_p \\ j \in G_k}} d_{ij}, \min_{\substack{i \in G_q \\ j \in G_k}} d_{ij}\} = \min\{D_{pk}, D_{qk}\} \tag{8.5.2}$$

并将 $D_{(0)}$ 中的第 p, q 行及第 p, q 列上的元素按 (2) 合并成一个新类, 记为 G_r. 对应新行, 新列得到的矩阵记为 $D_{(1)}$.

(4) 对 $D_{(1)}$ 重复上述 (2), (3) 的作法, 得到 $D_{(2)}$.

(5) 如此下去直到所有元素并为一类为止.

如果某一步 $D_{(k)}$ 里的最小非零元素不止一个时, 则对应于这些最小元素的类可以同时合并.

2. 最长距离法

最长距离法规定类与类之间的距离用两类之间的最长距离来表示, 即

$$D_{pq} = \max_{\substack{i \in G_p \\ j \in G_q}} \{d_{ij}\} \tag{8.5.3}$$

最长距离法与最短距离法的并类步骤一样, 只是类与类之间的距离定义方法不同. 设某一步将 G_p 与 G_q 合为一类, 记为 G_r. G_r 与 G_k 的距离为

$$D_{rk} = \max_{\substack{i \in G_r \\ j \in G_k}} \{d_{ij}\} = \max\{\max_{\substack{i \in G_p \\ j \in G_k}} d_{ij}, \max_{\substack{i \in G_q \\ j \in G_k}} d_{ij}\} = \max\{D_{pk}, D_{qk}\} \tag{8.5.4}$$

再找距离最小的两类并类, 直到所有样品归为一类.

以下介绍的几种方法, 我们仅写出定义类与类之间距离的方法和计算新类与其他类的距离所用的递推公式.

3. 中间距离法

递推公式 (G_p 和 G_q 归为 G_r, D_{kr}^2 为 G_k 到边 $G_p - G_q$ 中线的平方)

$$D_{kr}^2 = \frac{1}{2}D_{kp}^2 + \frac{1}{2}D_{kq}^2 - \frac{1}{4}D_{pq}^2 \tag{8.5.5}$$

中间距离还可以推广为更一般的情形

$$D_{kr}^2 = \frac{1}{2}D_{kp}^2 + \frac{1}{2}D_{kq}^2 + \beta D_{pq}^2, \quad -\frac{1}{4} \leqslant \beta \leqslant 0 \tag{8.5.6}$$

或

$$D_{kr}^2 = \frac{1-\beta}{2}(D_{kp}^2 + D_{kq}^2) + \beta D_{pq}^2, \quad \beta < 1 (\text{可变法}) \tag{8.5.7}$$

由于公式中出现的全是距离的平方,所以 $D_{(0)}$ 的元素一律改为 d_{ij}^2, 以后的每步并类中, 相应的矩阵一律改为 $D_{(1)}^2, \cdots$, 其中的元素改为 D_{pq}^2, 下面的几种方法情况一样. 在下面介绍的第 4、第 6 种方法中, 递推公式都是在样品之间的距离采用欧氏距离的条件下推导的.

4. 重心法

距离定义 (每一类用重心代表, 类与类间的距离就是重心间的距离)

$$D_{pq}^2 = d_{\bar{x}_p \bar{x}_q}^2 \tag{8.5.8}$$

其中 $\bar{x}_p, \bar{x}_q$ 分别表示 G_p 与 G_q 的重心.

递推公式

$$D_{kr}^2 = \frac{n_p}{n_r}D_{kp}^2 + \frac{n_q}{n_r}D_{kq}^2 - \frac{n_p n_q}{n_r^2}D_{pq}^2 \tag{8.5.9}$$

其中 n_p, n_q 和 n_r 分别表示 G_p, G_q 和 G_r 的样品数, $n_r = n_p + n_q$, 后同.

5. 类平均法

距离定义 (两类之间的平均距离)

$$D_{pq}^2 = \frac{1}{n_p n_q}\sum_{i \in G_p}\sum_{j \in G_q}d_{ij}^2 \tag{8.5.10}$$

递推公式

$$D_{kr}^2 = \frac{n_p}{n_r}D_{kp}^2 + \frac{n_q}{n_r}D_{kq}^2 \tag{8.5.11}$$

递推公式可改写为

$$D_{kr}^2 = \frac{n_p}{n_r}(1-\beta)D_{kp}^2 + \frac{n_q}{n_r}(1-\beta)D_{kq}^2 + \beta D_{pq}^2, \quad \beta < 1 \tag{8.5.12}$$

这时叫做可变类平均法.

6. 离差平方和法 (Ward 法)

该法的基本思想是源于方差分析. 如果类分得好, 应当同类样品的离差平方和较小, 类与类之间的偏差平方和较大.

设将 n 个样品分成 k 类 $G_1, \cdots, G_k$, 用 $X_t^{(i)}$ (是 m 维向量) 表示 G_t 中的第 i 个样品, n_t 表示 G_t 中的样品个数, $\overline{X}_t$ 是 G_t 的重心, 则在 G_t 中的样品的离差平方和是

$$S_t = \sum_{i=1}^{n_i} (X_t^{(i)} - \overline{X}_t)^{\mathrm{T}} (X_t^{(i)} - \overline{X}_t) \tag{8.5.13}$$

整个类内平方和是

$$S = \sum_{t=1}^{k} \sum_{i=1}^{n_t} (X_t^{(i)} - \overline{X}_t)^{\mathrm{T}} (X_t^{(i)} - \overline{X}_t) = \sum_{t=1}^{k} S_t \tag{8.5.14}$$

当 k 固定时, 要选择使 S 达到极小的分类, 但这通常是十分困难的. Ward 法就是找局部最优解的一个方法, 其基本思想是先将 n 个样品各自成一类, 然后每次缩小一类, 每缩小一类离差平方和就要增大, 选择使 S 增加最小的两类合并, 直至所有的样品归为一类为止. 当把两类合并所增加的离差平方和看成平方和距离, 就有:

距离公式

$$D_{pq}^2 = \frac{n_p n_q}{n_r} (X_p - \overline{X}_q)^{\mathrm{T}} (X_p - \overline{X}_q) \tag{8.5.15}$$

递推公式

$$D_{kr}^2 = \frac{n_p + n_k}{n_r + n_k} D_{kp}^2 + \frac{n_q + n_k}{n_r + n_k} D_{kq}^2 - \frac{n_k}{n_r + n_k} D_{pq}^2 \tag{8.5.16}$$

开始时, $n_p = n_q = 1, n_r = 2$ 有

$$D_{pq}^2 = \frac{1}{2}(X_p - X_q)^{\mathrm{T}}(X_p - X_q) = \frac{1}{2} d_{pq}^2 \tag{8.5.17}$$

这几种系统聚类方法并类的原则和步骤大体一样, 不同的只是类与类之间的距离定义不同, 从而得到不同的递推公式. 维希特 (Wishart) 在 1969 年发现这几种聚类公式可表达成一个统一形式

$$D_{kr}^2 = \alpha_p D_{kp}^2 + \alpha_q D_{kq}^2 + \beta D_{pq}^2 + r \left| D_{kp}^2 - D_{kq}^2 \right| \tag{8.5.18}$$

其中的系数 $\alpha_p, \alpha_q, \beta, r$ 对不同的方法取值不同, 详见表 8.5.3.

表 8.5.3 系统聚类法参数取值表

方法	α_p	α_q	β	γ
最短距离法	1/2	1/2	0	$-1/2$
最长距离法	1/2	1/2	0	1/2
中间距离法	1/2	1/2	$-\dfrac{1}{4} \leqslant \beta \leqslant 0$	0
重心距离法	n_p/n_r	n_q/n_r	$-\alpha_p\alpha_q$	0
类平均法	n_p/n_r	n_q/n_r	0	0
可变类平均法	$(1-\beta)n_p/n_r$	$(1-\beta)n_q/n_r$	<1	0
可变法	$(1-\beta)/2$	$(1-\beta)/2$	<1	0
离差平方和法	$\dfrac{n_k+n_p}{n_k+n_r}$	$\dfrac{n_k+n_q}{n_k+n_r}$	$\dfrac{-n_k}{n_k+n_r}$	0

【例 8.5.1】 设抽了 6 个样品, 每个样品只测了一个指标, 它们分别等于 1,2,5,7,9,10. 试分别用最短距离法、重心法和 Ward 法将它们分类.

解 (1) 最短距离法. 样品间采用绝对值距离, 根据前面介绍的最短距离法聚类步骤, 可依次得如表所示的 $D(0), D(1), D(2)$, 具体过程从略.

$D(0)$	G_1	G_2	G_3	G_4	G_5	G_6
G_1	0					
G_2	1	0				
G_3	4	3	0			
G_4	6	5	2	0		
G_5	8	7	4	2	0	
G_6	9	8	5	3	1	0

$D(1)$	G_7	G_3	G_4	G_8
G_7	0			
G_3	3	0		
G_4	5	2	0	
G_8	7	4	2	0

$D(2)$	G_7	G_9
G_7	0	
G_9	3	0

(2) 重心法.

(i) 计算各样品的类间的平方距离, 只要把 (1) 中 $D(0)$ 中的各数平方, 即下表 $D^2(0)$.

(ii) 在 $D^2(0)$ 中找最小的数, 它们是 $D_{12}^2 = D_{56}^2 = 1$, 为了直接利用公式 (8.5.8), 先将 G_1 和 G_2 并为 G_7; G_5 和 G_6 先不并.

(iii) 计算新类 G_7 和各类的距离. 这时 $n_1 = n_2 = 1, n_7 = 2$. 如当 $k = 4$ 时, $D_{47}^2 = \dfrac{1}{2}D_{41}^2 + \dfrac{1}{2}D_{42}^2 - \dfrac{1}{4}D_{12}^2 = \dfrac{1}{2} \times 36 + \dfrac{1}{2} \times 25 - \dfrac{1}{4} \times 1 = 30.25$. 计算出 $D^2(1)$ 结果列于下表中.

(iv) 对于 $D^2(1)$ 重复上述步骤, 将 G_5 和 G_6 并成 G_8, 距离阵为 $D^2(2), \cdots$ (下表), 最后将 G_7 和 G_{10} 并为 G_{11}, 这时所有的样品归为一类, 过程结束. 如当计算

8.5 聚类分析

$D^2(4)$ 时要计算 D^2_{710}, 这时 $n_7 = 2, n_{10} = 4, n_9 = 2, n_8 = 2$, 所以

$$D^2_{710} = \frac{2}{4}D^2_{78} + \frac{2}{4}D^2_{79} - \frac{2 \times 2}{4 \times 4}D^2_{89} = \frac{1}{2} \times 64 + \frac{1}{2} \times 20.25 - \frac{1}{4} \times 12.25 = 39.0625$$

$D^2(0)$	G_1	G_2	G_3	G_4	G_5	G_6
G_1	0					
G_2	1	0				
G_3	16	9	0			
G_4	36	25	4	0		
G_5	64	49	16	4	0	
G_6	81	64	25	9	1	0

$D^2(1)$	G_7	G_3	G_4	G_5	G_6
G_7	0				
G_3	12.25	0			
G_4	30.25	4	0		
G_5	56.25	16	4	0	
G_6	72.25	25	9	1	0

$D^2(2)$	G_7	G_3	G_4	G_8
G_7	0			
G_3	12.25	0		
G_4	30.25	4	0	
G_8	64.00	20.25	6.25	0

$D^2(3)$	G_7	G_8	G_9
G_7	0		
G_8	20.25	0	
G_9	64	12.25	0

$D^2(4)$	G_7	G_{10}
G_7	0	
G_{10}	39.0625	0

(3) Ward 法.

(i) 用公式 (8.5.17) 计算得 $D^2(0)$ 列于下列表中. 如

$$D^2_{12} = \frac{1}{2}(1-2)^2 = 0.5$$

$$D^2_{13} = \frac{1}{2}(1-5)^2 = 8$$

$$D^2_{14} = \frac{1}{2}(1-7)^2 = 18$$

$$D^2_{15} = \frac{1}{2}(1-9)^2 = 32$$

$$D^2_{16} = \frac{1}{2}(1-10)^2 = 40.5$$

(ii) $D^2(0)$ 中最小元素是 0.5, 对应的元素是 $D^2_{12} = D^2_{56} = 0.5$, 先将 G_1 和 G_2 并为 G_7.

(iii) 计算 G_7 与其他各类的距离, 利用式 (8.5.16) 算得 $D^2(1)$, 列于下面表中, 如计算

$$D^2_{37} = \frac{n_1 + n_3}{n_7 + n_3}D^2_{31} + \frac{n_2 + n_3}{n_7 + n_3}D^2_{32} - \frac{n_3}{n_7 + n_3}D^2_{12}$$

$$=\frac{1+1}{2+1}\times 8+\frac{1+1}{2+1}\times 4.5-\frac{1}{2+1}\times 0.5=\frac{24.5}{3}$$

同样可得

$$D_{47}^2=\frac{1}{3}(2\times 18+2\times 12.5-0.5)=\frac{60.5}{3}$$

$$D_{57}^2=\frac{1}{3}(2\times 32+2\times 24.5-0.5)=\frac{112.5}{3}$$

$$D_{67}^2=\frac{1}{3}(2\times 40.5+2\times 32-0.5)=\frac{144.5}{3}$$

$D^2(0)$	G_1	G_2	G_3	G_4	G_5	G_6
G_1	0					
G_2	0.5	0				
G_3	8.0	4.5	0			
G_4	18.0	12.5	2.0	0		
G_5	32.0	24.5	8.0	2.0	0	
G_6	40.5	32.0	12.5	4.5	0.5	0

$D^2(1)$	G_7	G_3	G_4	G_5	G_6
G_7	0				
G_3	24.5/3	0			
G_4	60.5/3	2	0		
G_5	112.5/3	8	2	0	
G_6	144.5/3	12.5	4.5	0.5	0

(iv) 对 $D^2(1)$ 重复上述步骤, 将 G_5 和 G_6 并成 G_8, 距离阵为 $D^2(2)$, $\cdots$, 最后将 G_7 和 G_{10} 并成 G_{11}, 这时所有的样品归类, 过程结束. 例如, 当计算 $D^2(4)$ 时, 要计算 D_{78}^2, 这时 $n_7=2, n_8=2$, 所以

$$D_{78}^2=\frac{n_5+n_7}{n_8+n_7}D_{75}^2+\frac{n_6+n_7}{n_8+n_7}D_{76}^2-\frac{n_7}{n_8+n_7}D_{56}^2$$

$$=\frac{1+2}{2+2}\times\frac{112.5}{3}+\frac{1+2}{2+2}\times\frac{144.5}{3}-\frac{2}{2+2}\times 0.5=64$$

同理可得

$$D_{38}^2=\frac{n_5+n_3}{n_8+n_3}D_{35}^2+\frac{n_6+n_3}{n_8+n_3}D_{36}^2-\frac{n_3}{n_8+n_3}D_{56}^2$$

$$=\frac{1+1}{2+1}\times 8+\frac{1+1}{2+1}\times 12.5-\frac{1}{2+1}\times 0.5=\frac{40.5}{3}$$

计算 $D^2(3)$ 时, 要计算 D_{79}^2, 这时 $n_7=2, n_9=2$, 所以

$$D_{79}^2=\frac{n_3+n_7}{n_9+n_7}D_{73}^2+\frac{n_4+n_7}{n_9+n_7}D_{74}^2-\frac{n_7}{n_9+n_7}D_{34}^2$$

$$=\frac{3}{4}\times\frac{24.5}{3}+\frac{3}{4}\times\frac{60.5}{3}-\frac{2}{4}\times 2=20.25$$

计算 $D^2(4)$ 时, 要计算 D_{710}^2, 这时 $n_7 = 2, n_{10} = 4$, 所以

$$D_{710}^2 = \frac{n_8 + n_7}{n_{10} + n_7} D_{78}^2 + \frac{n_9 + n_7}{n_{10} + n_7} D_{79}^2 - \frac{n_7}{n_{10} + n_7} D_{89}^2$$

$$= \frac{2+2}{4+2} \times 64 + \frac{2+2}{4+2} \times 20.25 - \frac{2}{4+2} \times 12.5 = \frac{156.25}{3}$$

$D^2(2)$	G_7	G_3	G_4	G_8
G_7	0			
G_3	24.5/3	0		
G_4	60.5/3	2	0	
G_8	64	40.5/3	12.5/3	0

$D^2(3)$	G_7	G_9	G_8
G_7	0		
G_9	20.25	0	
G_8	64	12.25	0

$D^2(4)$	G_7	G_{10}
G_7	0	
G_{10}	156.25/3	0

下面给出 3 种方法的系统聚类图 8.5.1(从左到右依次为最短距离法、重心法和 Ward 法).

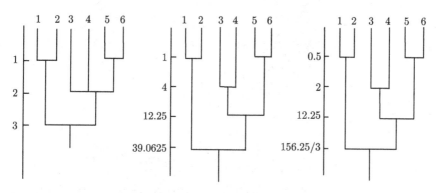

图 8.5.1 【例 8.5.2】的系统聚类图

图 8.5.1 中横坐标的刻度是并类的距离, 由图上看到分成两类比较合适. 在实际问题中, 有时给出一个阈值 T, 要求类与类之间的距离要小于 T, 因此可能有些样品归不了类.

【例 8.5.2】 利用最短距离法对我国几个良种黄牛品种进行聚类.

选定的 7 个良种黄牛品种为: 秦川牛、晋南牛、南阳牛、延边牛、复洲牛、鲁西牛、郏县红牛. 指标选为血红蛋白 (H_b) 多态型 (有 4 个等位基因, 用淀粉凝胶电泳法测定), 后白蛋白 (P_a), 运铁蛋白 (T_f) 及碱性磷酸酶 (AIP) 的多态型 (后面三个指标分别有 4,5,2 个等位基因, 皆用聚丙烯酰胺凝胶垂直平板电泳法测定) 如表 8.5.4 所示.

(1) 测定指标数据.

表 8.5.4 中国 7 个黄牛品种血液蛋白质位点基因频率

	秦川牛	晋南牛	南阳牛	延边牛	复洲牛	鲁西牛	郏县牛
H_b^A	0.8357	0.7931	0.6625	0.9114	0.7015	0.8125	0.8500
H_b^B	0.1000	0.1379	0.0500	0.0886	0.2463	0.0833	0.0500
H_b^C	0.0625	0.069	0.2878	0	0.0522	0.0938	0.1000
H_b^Y	0	0	0	0	0	0.0104	0
P_2^A	0.5500	0.5667	0.5250	0.5942	0.7891	0.7128	0.6667
P_2^B	0.4500	0.4333	0.4750	0.3841	0.2110	0.2447	0.3205
P_2^C	0	0	0	0.0217	0	0	0
P_2^X	0	0	0	0	0	0.0426	0.0123
T_f^A	0.1396	0.1380	0.0732	0.3223	0.1797	0.1023	0.07692
$T_f^{D_1}$	0.5466	0.7241	0.7195	0.4079	0.6172	0.3750	0.3589
$T_f^{D_2}$	0	0	0	0.00660	0.0078	0.3525	0.2821
T_f^T	0.0233	0.0345	0.0122	0	0	0	0
T_f^E	0.2907	0.1035	0.1951	0.1842	0.1953	0.1705	0.2821
F^A	0.1938	0.1982	0.1736	0.6784	0.0157	0.0774	0.05132
F^b	0.8062	0.8062	0.8264	0.9216	0.9843	0.9226	0.9487

注: AIP 的 A 带是由显性基因 F^A 控制的; 对不表现 A 带的统定为 F^0 基因

(2) 计算标准遗传距离得 $D(0)$,

$$d_{xy} = -\ln\left[\frac{\sum_{i=1}^{n}\sum_{i=1}^{k_i}(x_{ij} \cdot y_{ij})}{\sqrt{\left(\sum_{i=1}^{n}\sum_{j=1}^{k_i}x_{ij}^2\right)\left(\sum_{i=1}^{n}\sum_{j=1}^{k_i}y_{ij}^2\right)}}\right]$$

其中, x_{ij} 和 y_{ij} 分别表示品种 X 和品种 Y 中第 i 个位点上的第 j 个等位基因的频率, n 为所研究的位点数. 这里 $n=4$, k_i 为第 i 个位点的等位基因数.

依次记秦川牛、晋南牛、南阳牛、延边牛、复洲牛、鲁西牛、郏县红牛 7 个品种为 $G_1, G_2, G_3, G_4, G_5, G_6, G_7$. $D(0)$ 为各品种的标准遗传距离.

				$D(0)$			
	G_1	G_2	G_3	G_4	G_5	G_6	G_7
G_2	0.0150	0					
G_3	0.0285	0.0192	0				
G_4	0.0218	0.0405	0.0720	0			
G_5	0.0461	0.0411	0.0617	0.0418	0		
G_6	0.0586	0.0745	0.0919	0.0465	0.0478	0	
G_7	0.0409	0.0694	0.0780	0.0357	0.0500	0.0063	0

8.5 聚类分析

(3) 选取 $D(0)$ 中的最短距离为 $D_{6,7}=0.0063$, 所以将 G_6 与 G_7 合并为新类 G_8. 计算新类 G_8 与各类之间的最短距离.

$$D_{1,8} = \min\{D_{1,6}, D_{1,7}\} = \min\{0.0586, 0.0409\} = 0.0409$$

同样可算得

$$D_{2,8} = 0.0694, \quad D_{3,8} = 0.0780, \quad D_{5,8} = 0.0478$$

从而得 $D(1)$, 如下表所示.

	G_1	G_2	G_3	G_4	G_5
G_2	0.0150				
G_3	0.0285	0.0192			
G_4	0.0218	0.0405	0.0720		
G_5	0.0461	0.0411	0.0617	0.0418	
G_8	0.0409	0.0694	0.0780	0.0357	0.0478

$D(1)$

(4) 选取 $D(1)$ 中的最短距离为 $D_{1,2} = 0.0150$, 所以将 G_1 与 G_2 合并为新类 G_9.

计算新类 G_9 与各类之间的距离

$$D_{3,9} = \min\{D_{1,3}, D_{2,3}\} = \min\{0.0285, 0.0192\} = 0.0192$$

同样可算得

$$D_{4,9} = 0.0218, \quad D_{5,9} = 0.0411, \quad D_{8,9} = 0.0409$$

从而得 $D(2)$. 如下表所示.

	G_9	G_3	G_4	G_5
G_3	0.0192			
G_4	0.0218	0.0720		
G_5	0.0411	0.0617	0.0418	
G_8	0.0409	0.0780	0.0357	0.0478

$D(2)$

(5) 选取 $D(2)$ 中的最短距离为 $D_{3,9} = 0.0192$, 所以将 G_3 与 G_9 合并为新类 G_{10}. 计算新类 G_{10} 与各类之间的距离

$$D_{4,10} = \min\{D_{3,4}, D_{4,9}\} = \min\{0.0720, 0.02178\} = 0.0218$$

同样可算得

$$D_{5,10} = 0.0411, \quad D_{8,10} = 0.0409$$

从而得 $D(3)$.

	$D(3)$		
	G_{10}	G_4	G_5
G_4	0.0218		
G_5	0.0411	0.0418	
G_8	0.0409	0.0357	0.0478

(6) 选取 $D(3)$ 中的最短距离为 $D_{4,10} = 0.0218$, 所以将 G_4 与 G_{10} 合并为新类 G_{11}.

计算新类 G_{11} 与各类之间的距离

$$D_{5,11} = \min\{D_{4,5}, D_{5,10}\} = \min\{0.0418, 0.0411\} = 0.0411$$

同样可算得 $D_{8,11} = 0.0357$, 从而得 $D(4)$.

	$D(4)$	
	G_{11}	G_5
G_5	0.0411	
G_8	0.0357	0.0478

(7) 选取 $D(4)$ 中的最短距离为 $D_{8,11} = 0.0357$, 所以将 G_4 与 G_{10} 合并为新类 G_{12}. 计算新类 G_{12} 与 G_5 之间的距离为

$$D_{5,12} = \min\{D_{5,8}, D_{5,11}\} = \min\{0.0478, 0.0411\} = 0.0411$$

从而得 $D(5)$.

	$D(5)$
	G_{12}
G_5	0.0411

这时所有的品种为一类. 聚类完成, 下面给出聚类过程和分类的动态聚类图 8.5.2.

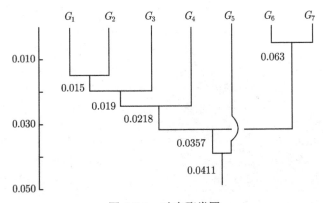

图 8.5.2 动态聚类图

8.5 聚类分析

为了确定分类,还需根据实际情况,专业知识,确定一个距离 T 作为分类的标准,这个 T 值称为阈值. 当类间距离大于阈值 T 时,则分为不同的类,类间距离小于 T 的则视为同类. 对本例如果确定阈值 $T=0.02000$, 则把我国 7 个黄牛品种分为四类,即秦川牛、晋南牛、南阳牛为一类;鲁西牛、郏县红牛为一类;延边牛、复洲牛各为一类. 黄牛类型分析的意义请参阅邱怀等 (1987) 所作的工作.

上述的系统聚类是先画出被分类元素的集合,也可按最小树法对元素进行分类,它们是等价的. 具体做法是先画出被分类元素的集合,从元素的距离阵中按 d_{ij} 从小到大的顺序依次用直线连接起来,标上权重 (距离值), 并且要求不产生回路 (即圈), 直到所有元素连通为止,这样就得到一棵最小树 (可以不唯一).【例 8.5.2】的最小树如图 8.5.3 所示.

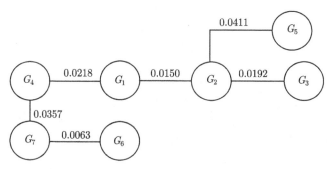

图 8.5.3 【例 8.5.2】据 $D(0)$ 的最小树图

由图 8.5.3 决定的分类过程为

(1) $0 \leqslant$ 权重 $\leqslant 0.0063$ 的枝保留,否则断开. 分类为 $\{G_6, G_7\}$, $\{G_1\}$, $\{G_2\}$, $\{G_3\}$, $\{G_4\}$, $\{G_5\}$;

(2) $0 \leqslant$ 权重 $\leqslant 0.015$ 的枝保留,否则断开. 分类为 $\{G_6, G_7\}$, $\{G_1, G_2\}$, $\{G_3\}$, $\{G_4\}$, $\{G_5\}$;

(3) $0 \leqslant$ 权重 $\leqslant 0.0192$ 的枝保留,否则断开. 分类为 $\{G_6, G_7\}$, $\{G_1, G_2, G_3\}$, $\{G_4\}$, $\{G_5\}$;

(4) $0 \leqslant$ 权重 $\leqslant 0.0218$ 的枝保留,否则断开. 分类为 $\{G_6, G_7\}$, $\{G_1, G_2, G_3, G_4\}$, $\{G_5\}$;

(5) $0 \leqslant$ 权重 $\leqslant 0.0357$ 的枝保留,否则断开. 分类为 $\{G_1, G_2, G_3, G_4, G_6, G_7\}$, $\{G_5\}$;

(6) $0 \leqslant$ 权重 $\leqslant 0.0411$ 的枝保留,否则断开. 分类为 $\{G_1, G_2, G_3, G_4, G_5, G_6, G_7\}$.

上述 (1)~(6) 为最小树动态聚类过程,与图 8.5.2 所示结果是一致的,二者等价. 所谓树图,是 k 类总体用 $k-1$ 个权重 (距离值) 的枝连起来而且无回路的图. 在一定权重范围内连在一起的总体为一类,比范围上限大的枝断开,这是最小树的分类特点. 例如 $0 \leqslant$ 权重 $\leqslant 0.0218$ 之下, 其树图枝保留和断开的情况为

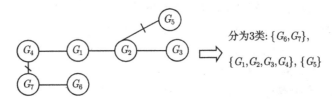

值得注意的是, 系统聚类最终合并为一类, 中间应分为几类, 除了专业背景外, 还应进行统计检验 (类间).

第 9 章 非线性回归与 Logistic 回归分析

本章介绍在科学领域常用的非线性回归分析与 Logistic 回归分析.

9.1 非线性回归分析

在自然科学中, y 关于 x 的数量关系多数都不是简单的线性关系, 而是各种各样的非线性关系. 在非线性回归模型中, 一种类型可以通过变量变换化为线性模型, 然后按线性模型加以解决; 另一种类型用任何变量变换办法都不能或不方便直接化为线性模型求得参数的估计值. 作者在研究中进行了大量的生长曲线和药物代谢动力学模型拟合. 下面分别介绍这两种情况.

9.1.1 可以化为线性模型的情况

常用的一些简单非线性关系都可通过变量代换变成直线回归分析, 如

(1) $y = \dfrac{b + b_0 x}{x} = b_0 + \dfrac{b}{x}$, 令 $u = \dfrac{1}{x}$, 则 $y = b_0 + bu$;

(2) $z = \dfrac{1}{b_0 + bx}$, 令 $y = \dfrac{1}{z}$, 则 $y = b_0 + bx$;

(3) $z = \dfrac{x}{b_0 x + b}$, 令 $y = \dfrac{1}{z}, u = \dfrac{1}{x}$, 则 $y = b_0 + bu$;

(4) $z = ae^{bx}$, 令 $y = \ln z, b_0 = \ln a$, 则 $y = b_0 + bx$;

(5) $z = ax^b$, 令 $y = \ln z, b_0 = \ln a, u = \ln x$, 则 $y = b_0 + bu$;

(6) $z = ae^{bx^2}$, 令 $y = \ln z, b_0 = \ln a, u = x^2$, 则 $y = b_0 + bu$;

(7) $z = \dfrac{B}{1 + ae^{-Rx}}$ (B 已知), 令 $y = \ln \dfrac{B-z}{z}, \ln a = b_0$, 则 $y = b_0 - Rx$.

用这种方法进行回归也称为拟线性回归方法, 如第 5 章的多项式回归.

9.1.2 不可以化为线性模型的情况

一些非线性模型用变量代换法不能直接化为线性模型来估计参数. 例如, 在 (7) 中, 当 B 未知的情况. 又如, 在药物动力学中, 以口服 (或肌内注射) 的形式给药时, 血药浓度函数为

$$c(t) = \sum_{i=1}^{N} A_{2i-1}(e^{-K_{2i}t} - e^{-K_m t}) \tag{9.1.1}$$

其中, $c(t)$ 表示血药浓度, t 表示时间, N 表示室数. 再如, 植物病毒侵染的非线性回归数学模型 $y = B_1 \ln(1 - B_2 V)$, 其中, B_1, B_2 为待估计参数, V 为病毒浓度, y 为病毒侵染的半叶平均枯斑数等. 下面介绍常用的非线性参数估计的级数法 (Gauss-Newton 法和 Marquardt 法).

1. 级数法

设 $y = f(x, r) + \varepsilon$, 其中, f 为待定参数 $r = (r_1, r_2, \cdots, r_m)$ 的非线性函数, $x = (x_1, x_2, \cdots, x_p)$ 为自变量. 如果给定了 n 组观测数据 $(x_k, y_k), k = 1, 2, \cdots, n$, 因无法直接求最小二乘意义下的参数 $r_1, r_2, \cdots, r_m$, 故采用逐步逼近的方法, 即先给一组 r_i 的初值 $g_i^{(0)}(i = 1, 2, \cdots, m)$, 并记真值 r_i (未知) 与初值 $g_i^{(0)}$ 之差为 h_i, 因此有

$$r_i = g_i^{(0)} + h_i, \quad i = 1, 2, \cdots, m \tag{9.1.2}$$

首先将函数 $f(x, r)$ 在 $g_i^{(0)}$ 处附近作 Taylor 级数展开, 并忽略 h_i 的二次项和比二次项高的项, 则有

$$f(x_k, f) \approx f(x_k, g_1^{(0)}, \cdots, g_m^{(0)}) + \frac{\partial f(x_k, g_1^{(0)}, \cdots, g_m^{(0)})}{\partial r_1} h_1 + \cdots + \frac{\partial f(x_k, g_1^{(0)}, \cdots, g_m^{(0)})}{\partial r_m} h_m$$

则原式 $y_k = f(x_k, r) + \varepsilon_k$ 可近似简记为

$$f(x_k, r) = f_{k0} + \frac{\partial f_{k0}}{\partial r_1} h_1 + \cdots + \frac{\partial f_{k0}}{\partial r_m} h_m \tag{9.1.3}$$

显然当 $g_i^{(0)}$ 给定时, f_{k0} 和 $\dfrac{\partial f_{k0}}{\partial r_i}$ 都是 x_k 的函数, 因此对给定的 n 组观测值 $(x_k, y_k), k = 1, 2, \cdots, n$ 来说, 它们都是确定的, 于是式 (9.1.3) 右端就是 h_i 的线性表达式, 这样就可应用最小二乘原理确定 h_i, 即使残差平方和 Q 最小.

$$Q = \sum_{k=1}^{n} [y_k - f(x_k, r_1, \cdots, r_n)]^2 = \sum_{k=1}^{n} \left[y_k - \left(f_{k0} + \frac{\partial f_{k0}}{\partial r_1} h_1 + \cdots + \frac{\partial f_{k0}}{\partial r_m} h_m \right) \right]^2$$

$$\frac{\partial Q}{\partial r_i} = \frac{\partial Q}{\partial h_i} = 2 \sum_{k=1}^{n} \left[y_k - \left(f_{k0} + \frac{\partial f_{k0}}{\partial r_1} h_1 + \cdots + \frac{\partial f_{k0}}{\partial r_m} h_m \right) \right] \left[-\frac{\partial f_{k0}}{\partial h_i} \right] \tag{9.1.4}$$

要使 Q 达到最小, 根据极值原理, 应使

$$\frac{\partial Q}{\partial h_i} = 0, \quad i = 1, 2, \cdots, m \tag{9.1.5}$$

这样就得到一个有 m 个方程的关于 h_i 的线性方程组. 若记

$$a_{ij} = \sum_{k=1}^{m} \frac{\partial f_{k0}}{\partial r_i} \frac{\partial f_{k0}}{\partial h_i}, \quad a_{iy} = \sum_{k=1}^{m} \frac{\partial f_{k0}}{\partial h_i} (y_k - f_{k0}), \quad i, j = 1, 2, \cdots, m$$

则方程组为

$$\begin{cases} a_{11}h_1 + a_{12}h_2 + \cdots + a_{1m}h_m = a_{1y} \\ a_{21}h_1 + a_{22}h_2 + \cdots + a_{2m}h_m = a_{2y} \\ \cdots\cdots \\ a_{m1}h_1 + a_{m2}h_2 + \cdots + a_{mm}h_m = a_{my} \end{cases} \quad (9.1.6)$$

由此方程组可以解出 h_i, 从而得到 g_i. 由于式 (9.1.3) 是近似的, 这样 g_i 也是近似的. 因此, 如果 $|h_i|$ 较大, 则可取 g_i 的当前值代替原来的初值 $g_i^{(0)}$, 重复计算, 以得到新的 h_i 值, 也就是得到新的 g_i. 如此反复迭代计算, 直到各 $|h_i|$ 的值小于预先给定的允许误差 ε, 认为 $|h_i|$ 可以忽略不计为止, 即达到

$$\max_{1 \leqslant i \leqslant m} |h_i| < \varepsilon \quad (9.1.7)$$

这样最后得到的 g_i, 即为所要估计的满足误差要求的参数 r_i 的估计值. 也可以每求出一次 r_i 的估计值, 计算一次 $Q^{(t)} = \sum_{k=1}^{n} [y_k - f(x_k, r)]^2$ (这里 t 表示第 t 次迭代计算), 如果 Gauss-Newton 法是有效的, 自然 $Q^{(t)} \leqslant Q^{(t-1)}$. 特别注意: 这里计算 $Q^{(t)}$ 时, 使用的是非线性回归函数 $f(x, r)$, 而不是 Taylor 级数展开的线性近似.

2. Marquardt 法

Marquardt 法是级数法的推广. 它也是通过迭代法来确定非线性模型的参数, 与级数法不同之处是求解 h_i 的方程组形式及机理不同:

$$\begin{cases} (a_{11} + \lambda)h_1 + a_{12}h_2 + \cdots + a_{1m}h_m = a_{1y} \\ a_{21}h_1 + (a_{22} + \lambda)h_2 + \cdots + a_{2m}h_m = a_{2y} \\ \cdots\cdots \\ a_{m1}h_1 + a_{m2}h_2 + \cdots + (a_{mm} + \lambda)h_m = a_{my} \end{cases} \quad (9.1.8)$$

方程组中 $\lambda \geqslant 0$. 当 $\lambda = 0$ 时, 式 (9.1.8) 就是式 (9.1.6), 称 λ 为约束探索参数, 也叫阻尼因子. 可以证明沿着 λ 增大方向, 只要步长不太长, 残差平方和可以逐渐减少. 因此只要 λ 充分大, 则一定能保证迭代过程中得到的残差平方和 Q 比前一次的 Q 小, 直至 Q 达到最小. 为了达到此目的, 在具体计算过程中, λ 随迭代过程而改变的, 具体步骤如下:

(1) 给出待估参数初始值 $r_i^{(0)}(i = 1, 2, \cdots, m)$, 计算出 $Q^{(0)}$, 给出约束探索参数 λ 和缩放常数 $v(v > 1)$. 用缩放常数来调整 λ 的大小, 如可给定 $\lambda = 0.01, v = 10$.

(2) 进行下一次迭代时, 可取 $\lambda = \lambda^{(0)} v^s, s = -1, 0, 1, 2, \cdots$, 其中, s 的值应尽可能小一些, 小到用式 (9.1.8) 解出的 h_i 所对应的残差平方和 Q 满足 $Q < Q^{(0)}$. 也就是说, 先取 $\lambda = \lambda^{(0)} \cdot v^{-1}$, 如果 $Q < Q^{(0)}$, 迭代完成, 否则令 $\lambda = \lambda^{(0)}$ $(\lambda = \lambda^{(0)} v^0)$; 如

果 $Q < Q^{(0)}$, 迭代完成, 否则令 $\lambda = \lambda^{(0)} v^{-1}$; 依此类推. 根据上述, 只要 $\lambda = \lambda^{(0)} v^s$ 充分大, 总能保证 $Q < Q^{(0)}$ 成立, 从而结束本次迭代.

(3) 以 λ, h_i 和 Q 的当前值代替 $\lambda^{(0)}$, $h_i^{(0)}$, $Q^{(0)}$, 再重复进行下一次迭代, 如此继续迭代计算, 直至

$$\max_{1 \leqslant i \leqslant m} |h_i| < \varepsilon$$

为止. 这样就得到满足误差要求的参数 $h_i (i = 1, 2, \cdots, m)$.

这种方法的特点是: 通过 λ 的调整使每次迭代的结果 $Q^{(t)}$ 比 $Q^{(t-1)}$ 小, 即收敛效果较好. 这种方法在一些教科书和大型统计软件中称为 Levenberg-Marquardt 方法, 它是介于 Gauss-Newton 法和最速下降法 (一种常用的直接搜索法) 之间的一种方法. 这种方法也在不断改进, 这里就不一一介绍了.

在用上述两种方法进行非线性回归参数估计时, 都希望给一个较好的初值, 它对收敛的快慢、好坏都有较大的作用. 给定的初值不同时, 一般来说收敛时迭代的次数是不同的. 初值选择得不好, 就可能出现异常情况并导致迭代失败. 有时, 如果给的初值不理想, 即便准确地确定了自变量和因变量之间的函数关系, 也可能得不到一个较好的关系式. 即使得到一个不错的关系式, 它所解决对象的范围也有可能是局部的, 而不是全局的, 即只是局部收敛. 初始值选得得当, 一般收敛很快, 且能收敛到全局极小点, 而不是局部极小点.

一般初值可以从以前或相关的研究中得到, 也可以是理论上的推测值, 或是初步搜索值, 多个参数也可以用不同方法得到. 另外, 还可以先选择 m 个代表性的观察值, 对每个观察值, 令 $f(x_k, r)$ 等于 y_k (即略去随机误差), 解 m 个参数的 m 个方程, 只要这些解把观察数据拟合得不错, 就可用这些解作为初始值.

在非线性回归中常见的一些统计量如下:

总平方和 $SS_总 = \sum_{k=1}^{n} Y_k^2$, 自由度 $f_总 = n$,

残差平方和 $Q_残 = \sum_{k=1}^{n} (Y_k - \hat{Y}_k)^2$, 自由度 $f_残 = n - m$,

回归平方和 $SS_回 = SS_总 - Q_残$, 自由度 $f_回 = m$,

修正平方和 $SS_修 = \sum_{k=1}^{n} Y_k^2 - \frac{1}{n} \left(\sum_{k=1}^{n} Y_k \right)^2$, 自由度 $f_修 = n - 1$.

回归系数的估计方差——协方差阵

$$S^2(g) = (D^T D)^{-1} \cdot \frac{Q}{n-m} \tag{9.1.9}$$

其中, D 是根据最后最小二乘法估计值 g 计算得到的偏导数矩阵.

在非线性回归中, 最常用的评价拟合效果的统计量是拟合优度 R^2,

$$R^2 = 1 - \frac{Q_{残}}{SS_{修}} = 1 - \frac{Q}{\sum_{k=1}^{n} Y_k^2 - \frac{1}{n}\left(\sum_{k=1}^{n} Y_k\right)^2} \tag{9.1.10}$$

当非线性回归模型的误差项是独立正态分布时, 如果样本量充分大, 则成立下述近似结果

$$\frac{g_i - r_i}{s(g_i)} \sim t(n-m), \quad i = 1, 2, \cdots, m \tag{9.1.11}$$

其中, $s(g_i)$ 为 $s^2(g)$ 相应的对角元素的开方值. 因此, 对任意单个的 r, 近似的 $1-\alpha$ 置信限为

$$g_i \pm t_\alpha(n-m) \cdot s(g_i) \tag{9.1.12}$$

对 r_i 的检验

$$H_0 : r_i = r_{i0}, H_A : r_i \neq r_{i0}$$

其中, r_{i0} 是 r_i 的给定数值, 当 n 充分大时, 可以使用通常的 t^* 检验统计量 (自由度为 $n-m$)

$$t^* = \frac{g_i - r_{i0}}{s(g_i)} \tag{9.1.13}$$

对 m 个 r_i 的检验 (即整个非线性回归方程), 在大样本的情况, 同线性回归一样, 可用统计量

$$F = \frac{\frac{SS_{总} - Q_{残}}{f_{总} - f_{残}}}{\frac{Q}{f_{残}}} = \frac{\frac{SS_{回}}{f_{回}}}{\frac{Q_{残}}{f_{残}}} \tag{9.1.14}$$

当 H_0 成立时, 它近似服从 $F(f_{回}, f_{残})$, 但在目前通用的大型统计软件, 如 SPSS, Matlab 都不主张或不进行单个回归系数的检验. 这是有充分理由的, 因为这时有关的许多假设都不再成立.

对拟合的评估, 还应当检查参数的近似相关阵, 看是否有些参数有过分高的相关值, 因为过高的相关值可能表明参数太多 (对数据集而言, 模型太复杂). 一般地, 大约 0.99 的绝对相关值应当引起注意, 应以科学合理的方式尝试简化模型或者变换变量和参数以降低共线性的程度.

【例 9.1.1】 给小白鼠腹腔注射总量为 5.55×10^6Bq 的示踪剂 3H-cAMP 得 $C-t$ 数据如表 9.1.1 所示 (原始数据来源于文献 (周静芋等, 1996)).

表 9.1.1

t_i	0.33	0.5	1.0	1.5	2.0	3.0	4.0	5.0	6.0	8.0	10.0	12.0	16.0	20.0	24.0
C_i	766	988	1118	1046	978	888	816	659	567	439	329	251	164	108	48

试用口服一室 $C(t) = A(e^{-K_2 t} - e^{-K_m t})(K_m > K_2)$ 模型拟合试验数据.

首先可用剩余法 (也叫退层法) 来得到待估计的参数的初值. 剩余法是把一条曲线分解为各个指数成分的一种方法. 对此例, 由药物动力学知识知 $K_m > K_2$. 当 t 充分大时, $e^{-K_m t}$ 趋于零, 而 $e^{-K_2 t}$ 仍不可忽略. 因此可先把模型记为 $C^* = Ae^{-K_2 t}$. 用 t 充分大后的数据, 常可画出 t 与 $\ln C$ 图, 取后面几个呈直线分布的点, 采用拟线性回归法可算出 A 和 K_2. 然后, 算出 $Ae^{-K_m t} = Ae^{-K_2 t} - C = C^* - C = C_r$ (称 C_r 为 "剩余" 浓度), 利用 t "充分大" 之前的 C-t 数据来拟合 C_r, 用拟线性回归法可得到 K_m. 由于二次拟线性回归取的 C-t 数据不同, 得到的初值就不同. 现在用几组初值中的一组: $A = 1171, K_2 = 0.1, K_m = 4.5$ 来进行迭代计算. 各步迭代结果如表 9.1.2 所示.

表 9.1.2

残差平方和 Q	参数估计值		
	A	K_2	K_m
67151.31331	1171.00000	0.100000000	4.50000000
28675.20108	1293.25506	0.130674250	2.65970266
28675.20108	1293.25506	0.130674250	2.65970266
7098.487843	1315.83408	0.135353841	3.12877053
7098.487843	1315.83408	0.135353841	3.12877053
6954.216273	1322.96325	0.136206061	3.13804110
6954.216273	1322.96325	0.136206061	3.13804110
6954.205962	1323.05881	0.136220907	3.13742488
6954.205962	1323.05881	0.136220907	3.13742488
6954.205963	1323.05721	0.136220770	3.13744376

经过 9 步迭代找到最优结果: $A = 1323.057, K_2 = 0.1362, K_m = 3.1374$.

回归平方和为 7468841.79405, 比残差平方和 6954.20595 大得多说明回归效果比较好, $R^2 = 0.9963$ 说明残差平方和在总平方和中占比例是比较小的, 同样说明回归效果是比较好的. 表 9.1.3 给出回归参数和 95% 渐近区间.

表 9.1.3

参数	估计值	渐近标准误	置信区间 (下限)	置信区间 (上限)
A	1323.05721	24.25551	1270.2898	1375.90542
K_2	0.13622	0.00427	0.12690	0.14553
K_m	3.13744	0.16131	2.78597	3.48891

参数估计的渐近相关阵如表 9.1.4 所示.

9.1 非线性回归分析

表 9.1.4

	A	K_2	K_m
A	1.0000	0.8071	−0.7179
K_2	0.8071	1.0000	−0.5288
K_m	−0.7179	−0.5288	1.0000

最后得到的回归方程为

$$\hat{C}(t) = 1323.0572(e^{-0.1362t} - e^{-3.1374t})$$

对用剩余法的得到的几组初值, 用二室模型 (如在式 (9.1.1) 中, $N = 2$) 进行拟合, 得到的比较好的结果为

$$\hat{C}(t) = 1312.82584e^{-0.14118t} + 19.73221e^{-0.01138t} - 1323.55804e^{-3.1019t}$$

$$Q = 6761.91138, \quad R^2 = 0.9964$$

在计算过程中明显看出: 一室模型拟合, 对初值的要求低, 如用 $A = 900, K_2 = 0.1, K_m = 7$ 等也收敛于同样的结果. 但当用二室模型拟合时, 对初值要求就高. 有时虽然收敛, 但结果不符合示踪动力学的要求, 即 $K_2 > K_4, K_m > K_2$. 为了得到符合示踪动力学的要求, 可采用放宽对控制迭代参数 ε 的要求. 由上面计算结果看, 用二室模型 Q 减少得不多, R^2 提高得也不多. 特别是, 此时参数估计的渐近相关阵中有好几个元素的绝对值都超过了 0.99, 如 A_1 与 A_3 为 -0.9963, A_1 与 K_4 为 -0.9959, A_3 与 K_4 为 0.9956. 这就表明模型参数太多, 即对数据集来说, 模型太复杂. 更何况, 一般来讲, 模型总是越简单越好. 故对此例, 拟用口服一室模型拟合. 拟合情况如图 9.1.1 所示.

$$\hat{C}(t) = 1323.0572(e^{-0.1362t} - e^{-3.1374t})$$

有了比较好的拟合效果, 就可以进行一室分析:

吸收相的半衰期

$$t_{\frac{1}{2}K_m} = \frac{\ln 2}{K_m} = 0.2209 \text{h}$$

清除相的半衰期

$$t_{\frac{1}{2}K_2} = 5.0891 \text{h}$$

峰值达到的时间

$$t_m = \frac{1}{K_m - K_2} \ln \frac{K_m}{K_2} = 1.04355 \text{h}$$

峰值
$$C_{\max} = A\left(\frac{K_m - K_2}{K_m}\right)e^{-k_2 t_m} = 1097.6885 \text{dpm}/(10\text{mg})$$

血液放射性浓度——时间曲线 C 与轴间的面积
$$\begin{aligned}AUC &= A\int_0^\infty \left(e^{-K_2 t} - e^{-K_m t}\right)dt \\ &= A\left(\frac{1}{K_2} - \frac{1}{K_m}\right) = 9292.3713 \text{h}\cdot\text{dpm}/(10\text{mg})\end{aligned}$$

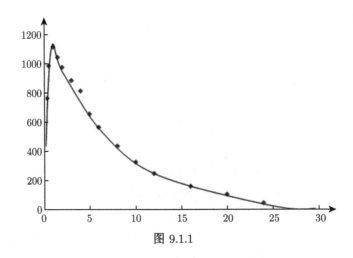

图 9.1.1

【例 9.1.2】 雷雪芹博士在研究河南斗鸡与肉鸡杂交改良效果的试验研究论文中,对杂交鸡的生长发育结果用数学模型进行拟合,寻求最佳生长模型,以便求出速生区间及最速点 (生长拐点),用以指导今后的育种研究和商品肉鸡生产,现取其中一组数据进行拟合 (表 9.1.5).

表 9.1.5

周龄	初生	1	2	3	4	5	6	7	8	9	10	11	12
雄体重/g	43.65	109.86	187.21	312.67	496.58	707.65	960.25	1238.75	1560	1824.29	2199	2438.89	2737.71

根据以往的研究经验,常选用 Logistic 曲线 $y = \dfrac{B}{1 + ae^{-kt}}$ 和 Gompertz 曲线 $y = Be^{-be^{-kt}}$ 来拟合. 两个模型中 B 的生物学意义都是生长上限.

(1) 用 $y = \dfrac{B}{1 + ae^{-kt}}$ 来拟合.

先取给定的值,根据已给试验数据取初值 $B = 3000$,这样就可用拟线性回归方程得到 a 和 k 的估计值,先取 $Z_k = \ln\dfrac{3000 - Y_k}{Y_k}, k = 0, 1, \cdots, 12$. 根据 (Z_k) 13 组

数据, 可得 Z 与 t 之间的拟线性回归方程

$$\hat{Z} = -0.3016t + 2.0767$$

故可取 $B = 3000, a = e^{2.0767} = 7.9781, k = 0.3016$ 作为拟合初值, 经过 13 次迭代运算得

$$\hat{Y} = \frac{3260.42}{1 + 30.5350 e^{-0.4148t}}$$

这时剩余平方和为 $Q = 17651.3888, R^2 = 0.99832$.

计算部分结果如表 9.1.6 所示.

表 9.1.6

参数	估计值	渐近标准误	置信区间上限	置信区间下限
$A_1(B)$	3260.4187418	118.34090361	2996.7387766	3524.0987069
$A_2(a)$	30.535090570	2.566964620	24.815536967	36.254644172
$A_3(k)$	0.414797808	0.018177063	0.374296788	0.455298828

参数估计的渐近相关阵如表 9.1.7 所示.

表 9.1.7

	A_1	A_2	A_3
$A_1(B)$	1.0000	-0.4914	-0.8732
$A_2(a)$	-0.4914	1.0000	0.8358
$A_3(k)$	-0.8732	0.8358	1.0000

上面, B 的初始值取 3000, 也可按下式

$$\frac{2y_1 y_2 y_3 - y_2^2(y_1 + y_3)}{y_1 y_3 - y_2^2}$$

来估计 B 的初始值, 其中, y_1, y_2, y_3 为三个等距离横坐标下的纵坐标值. 如果取周龄为 5, 6, 7 三个值, 得 B 的估计值为

$$\frac{2 \times 707.65 \times 960.25 \times 1238.75 - 960.25^2(707.65 + 1238.75)}{707.65 \times 1238.75 - 960.25^2} = 2445.6230$$

显然不太合适, 用此作拟线性回归得

$$\hat{Z} = -0.5307t + 3.6033, \quad a = e^{3.6033} = 36.7192, \quad k = 0.5307$$

如果取周龄为 3, 5, 7 三个值, 得 B 的估计值

$$\frac{2 \times 312.67 \times 1238.75 \times 2438.87 - 1238.75^2(312.67 + 2438.87)}{312.67 \times 2438.87 - 1238.75^2} = 3022.25$$

用此作拟线性回归得

$$\hat{Z} = -0.4902t + 3.799, \quad a = e^{3.799} = 44.6565, \quad k = 0.4902$$

分别用它们作非线性回归, 得到的结果均为

$$B = 3260.42, \quad a = 30.5353, \quad k = 0.41479, \quad Q = 17651.2888, \quad R^2 = 0.99832$$

当然随意取 $B = 3000, a = 1500, b = 1$ 也得以上结果, 说明简单的非线性回归, 对初值的要求不高.

(2) 用 Gompertz 曲线 $y = Be^{-be^{-kt}}$ 来拟合.

取初值为 $B = 3000, b = 30, k = 0.4$. 经过 20 次迭代得

$$\hat{y} = 4810.0760 e^{-4.5920 e^{-0.1747t}}$$

剩余平方和为 $Q = 3082.94736$, 拟合优度为 $R^2 = 0.99971$.

由上面的结果可以看出, 用 Gompertz 模型拟合肉鸡的生长规律比用 Logistic 模型好些.

表 9.1.8 是用两个模型拟合的其他一些参数比较.

表 9.1.8

生长模型	参数估计			拟合优度	速生区间/周			最速点
	B	$a(b)$	K	R^2	始速点	最速点	终速点	体重/g
Logistic	3260.4187	30.5350	0.4148	0.99832	5.07	8.24	11.42	1629.45
Gompertz	4810.0760	4.5920	0.1747	0.99971	3.22	8.72	14.23	1767.88

表 9.1.8 中一些数据的计算公式为

(1) 最速点:

Logistic 生长拐点 t 坐标 $\ln\dfrac{a}{k}$;

Gompertz 生长拐点 t 坐标 $\ln\dfrac{b}{k}$.

(2) 速生区间的两个端点是使 $\dfrac{d^3y}{dt^3} = 0$ 的两个点:

Logistic: $\left[\dfrac{1}{k}\ln\dfrac{a}{2+\sqrt{3}}, \dfrac{1}{k}\ln\dfrac{a}{2-\sqrt{3}}\right]$;

Gompertz: $\left[\dfrac{1}{k}\ln\dfrac{2b}{3+\sqrt{5}}, \dfrac{1}{k}\ln\dfrac{2b}{3-\sqrt{5}}\right]$.

由表 9.1.8 中数据以及雷雪芹博士、硕士论文中其他 8 组数据的比较结果 (略) 均可看出, 极限体重 (生长上限) 用 Gompertz 估计的结果大于用 Logistic 的估计结果, 并认为用 Gompertz 估计的结果更接近于实测值. 速生区间的比较显示

Gompertz 模型拟合结果比 Logistic 模型拟合结果的始速来得早, 结束得也晚. 最速点也是前者比后者晚, 其他的一些比较这里不再一一介绍了. 从雷雪芹博士的河南斗鸡与肉鸡杂交改良效果的试验研究, 孙世铎博士对艾维茵肉鸡和星杂 882 肉鸡内生长、发育规律研究等多篇论文的研究结果都表明, 用 Gompertz 模型拟合这几种鸡的生长规律比用 Logistic 模型好. 具体问题还要具体分析和比较.

这里要特别说明的一点, 在上面介绍的两个模型拟合计算中, 都是把三个参数看成是独立的, 作为用一种曲线来拟合实验数据是完全可以的 (无可厚非), 但是如果把这两个模型看成是从微分方程中得到的积分结果, 情况就不一样了. 以 Logistic 曲线为例, Logistic 曲线在种群生态学研究中被广泛使用. 它的微分方程为

$$\frac{dN}{dt} = rN\left(\frac{B-N}{B}\right)$$

用分离变量可得其解为

$$N = \frac{B}{1+Ce^{-rt}}$$

由 $N(0) = N_0$ 得 $C = \frac{B-N_0}{N_0}$. 为了使上式表示简单, 一般记作

$$N = \frac{B}{1+ae^{-rt}}$$

由此看出三个参数 B, a, r 不都是独立的, 其中, $a = \frac{B-N_0}{N_0}$.

因此, 当把三个参数看成相互独立时, 得到的函数关系就会产生与 $a = \frac{B-N_0}{N_0}$ 相矛盾的结果. 由此估计出的参数 B 和 a 使实验初值 $N_0(t=0)$ 值发生偏差, 而一般来说, N_0 是一个不带随机误差的常数. 当把三个参数完全看成独立时, 就不可代回原微分方程, 用数值积分方法进行模拟计算, 当按 $a = \frac{B-N_0}{N_0}$ 只进行 B 和 r 的估计, 常会发生拟合结果的剩余平方和较大, 拟合精度较小的结果, 所以研究应根据自己研究的目的来选择如何模拟. 对上例用 $a = \frac{B-N_0}{N_0}$ 来进行拟合.

取 $Z_k = \ln\frac{(B-Y_K)N_0}{Y_K(B-N_0)}$ 根据 (Z_k) 13 组数据可得 $\hat{Z} = -0.5436t$, 故可取 $B = 3000, k = 0.5436$ 作为拟合初值. 经过迭代计算得

$$\hat{y} = \frac{2811.9896}{1+\left(\frac{2811.9896-43.65}{43.65}\right)e^{-0.5548t}}$$

这时剩余平方和为 $Q = 108939.77793, R^2 = 0.98963$.

参数估计结果如表 9.1.9 所示.

表 9.1.9 参数估计结果

参数	估计值	渐近标准误	置信区间上限	置信区间下限
$A_1(B)$	2811.9896585	106.88808783	2576.7305634	3047.2487536
$A_2(r)$	0.554777512	0.013175163	0.525779174	0.583775851

参数估计的渐近相关阵如表 9.1.10 所示.

表 9.1.10 参数估计的渐近相关阵

	A_1	A_2
$A_1(B)$	1.0000	−0.7674
$A_2(r)$	−0.7674	1.0000

这个计算结果 Q 比前者大, R^2 比前者小, B 的值也明显小得多.

以上两例都是用 SPSS 统计软件做的, 迭代方法是 Levenberg-Marquardt 法. 控制迭代过程结束的 $\varepsilon = 10^{-8}$, 即当前后两次迭代结果的残差平方和的相对误差小于 ε, 前后两次迭代结果的各待估计参数的相对误差都小于 ε, 迭代运算结束.

上述两个例题中, 均可以用 R 表示自变量与因变量非线性相关的程度, 即相关指数. 如【例 9.1.1】的相关指数为 $R = \sqrt{0.9963} = 0.9981$.

9.2 Logistic 加权回归 (因变量为 0-1 分布)

线性回归仅适用于因变量为连续变量的情况. 本节介绍因变量为 0-1 的分类变量的 Logistic 回归. 它广泛应用于社会学、心理学、人口学、政治学以及公共卫生学等领域. 本节以农药毒力测定试验为例, 说明 Logistic 回归中参数的毒理学意义及分析结果.

9.2.1 线性概率模型 $y_i = \beta_0 + \beta x_i + \varepsilon_i$

【例 9.2.1】 辛硫磷对玉米螟 5 龄幼虫毒力测定的结果如表 9.2.1 所示. 其中, λ_i 为农药剂量, x_i 为以 10 为底的对数剂量 $\lg \lambda_i$, p_i 为死亡率, n_i 为供试幼虫数.

表 9.2.1

λ_i	x_i	n_i	$P_i/\%$	z_i	ω_i
6.522	0.8144	120	7.6	−2.4980	8.42688
8.696	0.9393	120	27.1	−0.9896	23.70708
13.043	1.1154	120	51.7	0.0680	29.96532
17.391	1.2403	120	81.4	1.4762	18.16848
26.078	1.4164	120	93.2	2.6178	7.60512
$\sum$					$\omega = 87.87288$

9.2 Logistic 加权回归 (因变量为 0-1 分布)

若用线性模型 (ε_i 间相互独立, $E(\varepsilon_i) = 0$)

$$y_i = \beta_0 + \beta x_i + \varepsilon_i, \quad i = 1, 2, \cdots, k \tag{9.2.1}$$

分析解决供试昆虫与 x_i 的关系, 则 y 只能取值 1(死) 或 0(生). 这种模型称为线性概率模型, 不能进行回归分析.

1. 线性概率模型的概率含义

对 (9.2.1) 取期望得

$$E(y_i|x_i) = \beta_0 + \beta x_i \tag{9.2.2}$$

由于 y_i 非 0 即 1, 故 $E(y|x_i)$ 的实际意义为 $P(y_{i=1}|x_i)$ 或者 $P(y_{i=0}|x_i)$, 即在 x_i 条件下供试昆虫死亡或者存活的概率, 故式 (9.2.1) 称为 y 取值为 1 或 0 的线性概率模型.

2. 线性概率模型因观察点不同而方差不同

由于 $y_i = \beta_0 + \beta x_i + \varepsilon_i$ 中, 从概率意义上, 只有 x_i 决定了 y_i 的发生, 故由式 (9.2.1) 有

$$P(y_{i=1}|x_i) = \beta_0 + \beta x_i, \quad P(y_{i=0}|x_i) = 1 - \beta_0 - \beta x_i \tag{9.2.3}$$

设式 (9.2.1) 中 ε_i 的概率密度函数为 $f(\varepsilon_i)$, 可定义: 当 $y_i = 0$ 时, $\varepsilon_i = -\beta_0 - \beta x_i$ 的 $f(\varepsilon_i) = f_i$; 当 $y_i = 1$ 时, $\varepsilon_i = 1 - \beta_0 - \beta x_i$ 的 $f(\varepsilon_i) = 1 - f_i$. 则可据 $E(\varepsilon_i) = 0$ (回归要求) 确定 f_i, 即

$$E(\varepsilon_i) = f_i(-\beta_0 - \beta x_i) + (1 - f_i)(1 - \beta_0 - \beta x_i) = 0$$
$$f_i = 1 - \beta_0 - \beta x_i \tag{9.2.4}$$

则 ε_i 的方差为

$$\begin{aligned} V(\varepsilon_i) &= f_i(-\beta_0 - \beta x_i)^2 + (1 - f_i)(1 - \beta_0 - \beta x_i)^2 \\ &= (\beta_0 + \beta x_i)(1 - \beta_0 - \beta x_i) = P(y_i = 1|x_i) P(y_i = 0|x_i) \end{aligned} \tag{9.2.5}$$

式 (9.2.5) 表明, $V(\varepsilon_i)$ 依赖于 y_i 取值而变化, 这和回归要求在任一 x_i 处 y_i 与 ε_i 同方差是不符的. 因而, 模型 (9.2.1) 不能用于回归, 必须建立新的模型.

9.2.2 Logistic 分布及转化为线性回归的讨论

1938 年, Verhulst 提出了 Logistic 生长曲线. 在饱和容纳量 $B = 1$ 时的生长曲线为

$$P_t = \frac{1}{1 + e^{-(-\ln a + rt)}} \tag{9.2.6}$$

Berkson(1944, 1953) 研究了 Logistic 函数或 Logistic 分布. 若

$$F(\beta_0 + \beta x_i) = P(\varepsilon_i \leqslant \beta_0 + \beta x_i) = \frac{1}{1 + e^{-\varepsilon_i}} \tag{9.2.7}$$

则称 ε_i 服从 Logistic 分布. 它是一条对称的 "S" 型曲线: 当 $\varepsilon_i \to -\infty$ 时, $F \to 0$; 当 $\varepsilon_i \to +\infty$ 时, $F \to 1$; 对称中心为 $\left(-\dfrac{\beta_0}{\beta}, \dfrac{1}{2}\right)$. Berkson 将 Logistic 函数转化为 $p_i = P(y_i = 1 | x_i)$ 含参数 β_0 和 β 的线性函数, 研究了它是否满足线性回归要求

$$p_i = P(y_i = 1 | x_i) = \frac{1}{1 + e^{-(\beta_0 + \beta x_i)}} \tag{9.2.8}$$

这是式 (9.2.7) 中 ε_i 取值为 $(\beta_0 + \beta_i)$ 时的累积分布函数, 它和一般线性回归模型 $y_i = \beta_0 + \beta x_i + \varepsilon_i$ 有三点不同: ① $y_i \sim N(\mu_y, \sigma_y^2)$, p_i 为二项分布. ② y_i 与 x_i 为线性关系, p_i 与 x_i 为非线性关系. ③ 线性回归有误差项 ε_i, 而 Logistic 回归模型无 ε_i 项. 因而, 必须把式 (9.2.8) 转化为满足线性回归模型要求 (y 为 x_i 与 β 的线性函数; 有误差项 ε_i; 在 x_i 处, y_i 与 ε_i 同方差), 才可能实现回归分析.

首先, 将式 (9.2.8) 转化为 x_i 的线性函数:

$$z_i = \ln \frac{p_i}{1 - p_i} = \beta_0 + \beta x_i \tag{9.2.9}$$

其中因变量理论值 z_i 为死亡率 p_i 与存活率 $(1 - p_i)$ 之比的自然对数. 设 p_i 的观测值为 $P_i = p_i + \varepsilon_i$, $E(\varepsilon_i) = 0$, ε_i 间相互独立, $V(\varepsilon_i) > 0$ (常数); z_i 的观测值为 Z_i, $Z_i = \ln \dfrac{P_i}{1 - P_i}$. 在这种情况下, 在任一 P_i 处, Z_i 间均有相同的方差. 如果出现 Z_i 间方差异质, 则无法进行回归分析. 为此, 将 Z_i 在 $\varepsilon_i = 0$ 处 Taylor 展开

$$Z_i = \ln \frac{P_i}{1 - P_i} = \ln \left(\frac{p_i + \varepsilon_i}{1 - p_i - \varepsilon_i} \right)$$

$$\approx \ln \frac{p_i}{1 - p_i} + \frac{\varepsilon_i}{p_i} + \frac{\varepsilon_i}{1 - p_i} = z_i + \frac{\varepsilon_i}{p_i(1 - p_i)} \tag{9.2.10}$$

显然, 在 x_i 处, $E(Z_i) = z_i$, $E(P_i) = p_i$, $V(\varepsilon_i) = V(P_i) = \dfrac{p_i(1 - p_i)}{n_i}$, 而

$$V(Z_i) = V\left(\frac{\varepsilon_i}{p_i(1 - p_1)}\right) = \frac{V(P_i)}{[p_i(1 - p_1)]^2} = \frac{1}{n_i p_i(1 - p_1)} \tag{9.2.11}$$

即 Z_i 的方差依赖于 p_i, 故 Z_i 因 $P_i = p_i + \varepsilon_i$ 出现了异方差性问题, 不能进行线性回归分析.

9.2.3 Logistic 加权回归模型及分析

为了克服式 (9.2.9) 的方差异质性, 可据式 (9.2.11) 对 Z_i 赋以权重 $\omega_i = n_i p_i(1-p_1)$, 总权为 $\omega = \sum\limits_{i=1}^{k} \omega_i$. 这样就建立了符合线性回归要求的 Logistic 加权回归模型:

$$\sqrt{\omega_i} Z_i = \beta_0 + \beta(\sqrt{\omega_i} x_i) + \varepsilon_i, \quad i = 1, 2, \cdots, k \tag{9.2.12}$$

其中, ε_i 相互独立, 均服从 $N(0,1)$. 由此, 可实现表 9.2.1 的回归分析. 由 (9.2.11) 知, 在 x_i 处 $\sqrt{\omega_i} Z_i$ 与 ε_i 方差同质, 即

$$\sqrt{\omega_i} V(Z_i) = 1 \tag{9.2.13}$$

下面讲述 Logistic 加权回归分析.

1. Z_i, x_i 的加权平方和、加权交叉积和加权平均值的计算

$$\begin{cases} SS_Z = \sum\limits_{i=1}^{k} \omega_i (z_i - \bar{z})^2 = \sum\limits_{i=1}^{k} \omega_i z_i^2 - \dfrac{\left(\sum\limits_{i=1}^{k} \omega_i z_i\right)^2}{\omega} \\ SS_Z = \sum\limits_{i=1}^{k} \omega_i (x_i - \bar{x})^2 = \sum\limits_{i=1}^{k} \omega_i x_i^2 - \dfrac{\left(\sum\limits_{i=1}^{k} \omega_i x_i\right)^2}{\omega} \\ SP = \sum\limits_{i=1}^{k} \omega_i (z_i - \bar{z})(x_i - \bar{x}) = \sum\limits_{i=1}^{k} \omega_i x_i z_i - \dfrac{\left(\sum\limits_{i=1}^{k} \omega_i z_i\right)\left(\sum\limits_{i=1}^{k} \omega_i x_i\right)}{\omega} \\ \bar{x} = \sum\limits_{i=1}^{k} \omega_i x_i / \omega, \bar{z} = \dfrac{\sum\limits_{i=1}^{k} \omega_i z_i}{\omega} \\ r = \dfrac{SP}{\sqrt{SS_X SS_Z}} (\text{相关系数}) \end{cases} \tag{9.2.14}$$

2. β_0 和 β 的 LS 估计

$$\begin{cases} \hat{\beta}_0 = b_0 = \bar{z} - b\bar{x} \text{ 近似服从 } N\left[\beta_0, \left(\dfrac{1}{\omega} + \dfrac{\bar{x}^2}{SS_X}\right)\right] \\ \hat{\beta} = b = \dfrac{SP}{SS_X} \text{ 近似服从 } N\left[\beta, \dfrac{1}{SS_X}\right] \\ \hat{z} = b_0 + bx \text{ 近似服从 } N\left[\beta_0 + \beta x, \left(\dfrac{1}{\omega} + \dfrac{(x-\bar{x})^2}{SS_X}\right)\right] \end{cases} \tag{9.2.15}$$

3. 回归方程的显著性可用相关系数 r 检验代替 ($H_0 : \rho_{xz} = 0$)

由变量个数为 2、自由度为 $(W-2)$，查附表 4 得 r_α，并且 $|r| > r_\alpha$，则方程在 α 水平上显著.

下面进行【例 9.2.1】的回归分析及毒理分析.

1) 回归分析与死亡率的符合性检验

(1) 例中，$k = 5$，各 x_i 处的权重列在表 9.2.1 中.

(2) 计算结果

$$\bar{x} = 1.09090, \quad \bar{z} = 0.04843, \quad SS_X = 2.41839$$
$$SS_Z = 167.44184, \quad SP = 19.63268, \quad r = 0.9756^{**} > r_{0.01} = 0.267$$
$$w = 87.87288 \approx 88$$

(3) $b = 8.11808, b_0 = -8.80758 \leftrightarrow \hat{z} = -8.80758 + 8.11808x$.

(4) 死亡率的符合性检验.

x_i 处实际死亡数 O_i 与理论死亡数 $E_i = n_i \hat{p}_i$ 的符合性检验. 理论死亡率的估计 $\hat{p}_i$ 可按式 (9.2.8) 的估计式计算

$$\hat{p}_i = \frac{1}{1 + e^{-(b_0 + bx_i)}}$$

$\hat{z}_1 = -2.19622, \quad \hat{p}_1 = 0.100, \quad E_1 = 120 \times \hat{p}_1 = 12.00, \quad O_1 = 0.076 \times 120 = 9$

$\hat{z}_2 = -1.18226, \quad \hat{p}_2 = 0.235, \quad E_2 = 120 \times \hat{p}_2 = 28.20, \quad O_2 = 0.271 \times 120 = 33$

$\hat{z}_3 = 0.24733, \quad \hat{p}_3 = 0.562, \quad E_3 = 120 \times \hat{p}_3 = 67.38, \quad O_3 = 0.517 \times 120 = 62$

$\hat{z}_4 = 1.2613, \quad \hat{p}_4 = 0.7792, \quad E_4 = 120 \times \hat{p}_4 = 93.51, \quad O_4 = 0.814 \times 120 = 98$

$\hat{z}_5 = 2.6908, \quad \hat{p}_5 = 0.9365, \quad E_5 = 120 \times \hat{p}_5 = 112.378, \quad O_5 = 0.932 \times 120 = 112$

$$\chi^2 = \sum_{i=1}^{5} \frac{(O_i - E_i)^2}{E_i} = 2.214 < \chi^2_{0.05}(k-2) = \chi^2_{0.05}(3) = 7.815$$

表明拟合符合实际死亡数 O_i 与理论死亡数 E_i，可进行毒理分析.

2) 毒理分析

毒力测定的试验设计是单因素试验，考察因素是杀虫剂的不同剂量或浓度 $\lambda_1, \lambda_2, \cdots, \lambda_k$ (一般 $k = 5$ 或 6)，供试验的昆虫数量为 $n_1, n_2, \cdots, n_k$，观察的指标为死亡率 $p_i = \dfrac{f_i}{n_i}$ (f_i 为死亡的昆虫个数). 然而，死亡率 p_i 不与剂量的增加成比例，而是与剂量增加的比例成比例，故 $p_i = \int_0^{\lambda_i} f(\lambda)d\lambda$ 中的密度函数 $f(\lambda)$ 为偏态，累积死亡率和 λ 的关系是一条不对称的 S 型曲线. 为了将分布变为对称分布，把 $x_i = \lg \lambda_i$ 称为剂量 λ_i 的剂量值，并假定 $X \sim N(m \cdot \sigma^2)$，其中, m 为杀死昆虫群体半数的剂

9.2 Logistic 加权回归 (因变量为 0-1 分布)

量, 即 $m = \lg LD_{50}$, LD_{50} 称为致死中量; σ^2 为 X 的方差, σ^2 越小, 反应越激烈. 毒理分析的目的是估计 m 和 σ^2, 从而估计 LD_{50} 及其方差. Gaddum 和 Bliss 提出了至今广泛使用的毒力测定机率值分析法. 然而, 机率值法计算复杂, 为此袁志发等 (2003) 提出用 Logistic 回归法进行毒力分析, 这种方法计算简单且精度与机率值法相差在千分位上.

在 Logistic 加权回归的基础上, 可进行表 9.2.1 所示毒力试验中的毒理分析. 分析的内容主要有: 据式 (9.2.8) 所示的 Logistic 回归模型

$$p_i = \frac{1}{1 + e^{-(\beta_0 + \beta x_i)}} \tag{9.2.16}$$

阐述 β_0、β 的毒理学意义及 $p_i \sim x_i$ 曲线的特点 $\left(\dfrac{dp_i}{dx_i}, \text{拐点等}\right)$; 进一步在 $X \sim N(m, \sigma^2)$ 之下讲述 m 与 β_0、β 的关系; 然后利用 Logistic 加权回归结果对 m 及其方差 σ^2、LD_{50} 及其方差作出估计.

(1) β_0 的毒理学意义.

当 $x_i = 0$ 或 $\lambda_i = 1$ 时的理论死亡率为 p_0, 则

$$\beta_0 = \ln \frac{p_0}{1 - p_0} \tag{9.2.17}$$

β_0 在 $0 < p_0 < 1$ 条件下, 二者的关系为

$$\beta_0 \begin{cases} < 0, & 0 < p_0 < \dfrac{1}{2} \\ = 0, & p_0 = \dfrac{1}{2} \\ > 0, & \dfrac{1}{2} < p_0 < 1 \end{cases} \tag{9.2.18}$$

显然, λ 的单位决定了 β_0 和 p_0.

(2) $p_i \sim x_i$ 曲线为一条有对称中心的 "S" 型曲线.

(i) $p_i \sim x_i$ 曲线的水平渐近线.

当 $(\beta_0 + \beta x_i) \to -\infty$ 时, $p_i \to 0$, 即有水平渐近线 $p = 0$; 当 $(\beta_0 + \beta x_i) \to +\infty$ 时, $p_i \to 1$, 即具有水平渐近线 $p = 1$.

(ii) p_i 在 x_i 处的速率为

$$\frac{dp_i}{dx_i} = \beta p_i (1 - p_i) \tag{9.2.19}$$

即 x_i 每增加一个单位所引起 p_i 的变化为 $\beta p_i(1 - p_i)$. 在几何上它为 x_i 处 p_i 的斜率. 显然 $\beta p_i(1 - p_i)$ 关于 p_i 和 $(1 - p_i)$ 是相等的. 这个性质表明 p_i 关于 x_i 的曲线

是一个有对称中心的 "S" 型曲线. 对称中心为

$$(x_i, p_i) = \left(-\frac{\beta_0}{\beta}, \frac{1}{2}\right) \tag{9.2.20}$$

即供试昆虫死亡 50%的对数剂量 $x_i = m = -\dfrac{\beta_0}{\beta} = \log LD_{50}$. 一般称 m 为中位有效水平 (median effective level). 毒理学中称 $m = \log LD_{50}$ 中的 LD_{50} 为致死中量. 据式 (9.2.19), 在对称中心的 $\dfrac{dp_i}{dx_i} = \dfrac{\beta}{4}$ 为最大速率.

对称中心 $\left(-\dfrac{\beta_0}{\beta}, \dfrac{1}{2}\right) = \left(m, \dfrac{1}{2}\right)$ 为 p_i-x_i 曲线的拐点, 即 $\dfrac{d^2 p_i}{dx_i^2} = 0$ 的点.

p_i-x_i 曲线如图 9.2.1 所示.

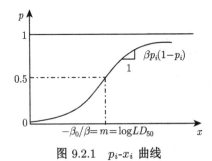

图 9.2.1 p_i-x_i 曲线

(3) β_0 和 m 的正负号相反.

由式 (9.2.18) 有:

当 $0 < p_0 < \dfrac{1}{2}$ 时, $\beta_0 < 0$, $m > 0$;

当 $\beta_0 = \dfrac{1}{2}$ 时, $\beta_0 = 0$, $m = 0$;

当 $\dfrac{1}{2} < p_0 < 1$ 时, $\beta_0 > 0$, $m < 0$.

这个结果表明, 要想取得 $m > 0$ 的结果, 剂量 $\lambda = 1$ 个单位时, 必须满足 $0 < p_0 < \dfrac{1}{2}$, 使 $\beta_0 < 0$. 显然, 剂量的单位设置使 $p_0 \geqslant \dfrac{1}{2}$ 是不合适的, 因为处理使 p_i 未经历过从小于 $\dfrac{1}{2}$ 到大于 $\dfrac{1}{2}$ 的过程.

(4) β_0, β 和 m 间的相关性.

$m = -\dfrac{\beta_0}{\beta}$ 表明, β_0 与 β, β_0 和 m 间存在强的负相关, 而 β 和 m 间成反比例, 相关很弱或不相关.

(5) 在回归显著情况下, 通过回归结果对 $X \sim N(m, \sigma^2)$ 进行分析和估计.

(i) 利用 $\hat{\beta}_0 = b_0 = \bar{z} - b\bar{x}$ 和 $\hat{\beta} = b$ 估计 m

$$\hat{m} = -\frac{b_0}{b} = \bar{x} - \frac{\bar{z}}{b} \tag{9.2.21}$$

9.2 Logistic 加权回归 (因变量为 0-1 分布)

(ii) $\hat{m}$ 方差的估计.

设已加权的回归方程为 $z = \beta_0 + \beta x$, 将 z 和 x 设为随机变量, 则有 $V(z) = \beta^2 V(x)$, 在 x 的观测点 m 处也有

$$V(z)|_{x=m} = \beta^2 V(m) \tag{9.2.22}$$

由式 (9.2.22), (9.2.15) 及 $\hat{\beta} = b$ 有

$$V(\hat{m}) = S_{\hat{m}}^2 = \frac{1}{b^2} S_z^2|_{x=\hat{m}} = \frac{1}{b^2}\left[\frac{1}{\omega} + \frac{(\hat{m}-\bar{x})^2}{SS_X}\right] \tag{9.2.23}$$

(iii) LD_{50} 及其方差估计. 由 $m = \log LD_{50}$ 得 LD_{50} 的估计为

$$LD_{50} = 10^{\hat{m}} \tag{9.2.24}$$

将 $10^{\hat{m}}$ 在 m 处 Taylor 展开

$$LD_{50} = 10^{\hat{m}} \approx 10^m + (10^{\hat{m}} \ln 10)(\hat{m} - m)$$

则

$$S_{LD_{50}}^2 = (10^{\hat{m}} \ln 10)^2 S_{\hat{m}}^2 \tag{9.2.25}$$

即 LD_{50} 估计的结果为: $10^{\hat{m}} \pm S_{LD_{50}}$.

9.2.4 以 x 为因变量 z 为自变量的加权 Logistic 回归估计分析

把式 (9.2.12) 改写为

$$\begin{aligned}\sqrt{\omega_i}x_i &= -\frac{\beta_0}{\beta} + \frac{1}{\beta}\sqrt{\omega_i}z_i + \varepsilon_i \\ &= m + \frac{1}{\beta}\sqrt{\omega_i}z_i + \varepsilon_i \\ &= d_0 + d\sqrt{\omega_i}z_i + \varepsilon_i, \quad i = 1, 2, \cdots, k\end{aligned} \tag{9.2.26}$$

其中 ε_i 相互独立, 且均服从 $N(0, \sigma_e^2)$. 按式 (9.2.14) 计算结果有

$$\begin{cases}\hat{d}_0 = \hat{m} = \bar{x} - \hat{d}\bar{z} \text{ 近似服从 } N\left[m, \left(\frac{1}{\omega} + \frac{\bar{z}^2}{SS_z}\right)\sigma_e^2\right] \\ \hat{d} = \frac{SP}{SS_z} \text{ 近似服从 } N\left[\frac{1}{\beta}, \frac{\sigma_e^2}{SS_z}\right] \\ \hat{x} = d_0 + dz \text{ 近似服从 } N\left[-\frac{\beta_0}{\beta} + \frac{1}{\beta}z, \left(\frac{1}{\omega} + \frac{(z-\bar{z})^2}{SS_z}\right)\sigma_e^2\right] \\ \hat{\sigma}_e^2 = \frac{1}{\omega - 2}\left(SS_X - \frac{SP^2}{SS_z}\right)\end{cases} \tag{9.2.27}$$

显然, 式 (9.2.27) 直接给出

$$\begin{cases} \hat{m} = \hat{d}_0 = \bar{x} - \hat{d}\bar{z} \\ S_{\hat{m}}^2 = \dfrac{1}{\omega - 2}\left(SS_X - \dfrac{SP^2}{SS_Z}\right)\left(\dfrac{1}{\omega} + \dfrac{\bar{z}^2}{SS_Z}\right) \end{cases} \quad (9.2.28)$$

同样有

$$\begin{cases} LD_{50} = 10^{\hat{m}} \\ S_{LD_{50}}^2 = (10^{\hat{m}}\ln 10)^2 S_{\hat{m}}^2 \end{cases} \quad (9.2.29)$$

【例 9.2.2】 按式 (9.2.26) 的回归及毒理分析有如下的结果.
(1) $r_{XZ} = 0.9756^{**} > r_{0.01}(\omega - 2) = 0.267$.
(2) m 及其方差估计

$$\begin{cases} \hat{m} = \hat{d}_0 = 1.0852 \\ \hat{\sigma}_e^2 = 0.001355 \\ S_{\hat{m}}^2 = \left(\dfrac{1}{\omega} + \dfrac{\bar{z}^2}{SS_Z}\right)\hat{\sigma}_e^2 = 0.00001544, \; S_m = 0.00393 \end{cases}$$

(3) LD_{50} 及其方差估计

$$\begin{cases} LD_{50} = 10^{\hat{m}} = 10^{1.0852} = 12.168 \\ S_{LD_{50}}^2 = (10^{\hat{m}}\ln 10)^2 S_{\hat{m}}^2 = 0.01212, \; S_{LD_{50}} = 0.1101 \end{cases}$$

LD_{50} 估计结果为 $LD_{50} \pm S_{LD_{50}} = 12.168 \pm 0.1101$.

(4) 用 x 为因变量 z 为自变量的 Logistic 加权回归估计 m 及其方差, 有两个原因:

(i) $m = \log LD_{50}$ 是对数剂量 x, 它是造成供试昆虫死亡的原因. 由于是线性相依, 因果互换在理论上并不影响回归参数的估计.

(ii) 在 $\hat{x} = d_0 + \mathrm{d}z$ 中, $d_0 = -\dfrac{\beta_0}{\beta} = m, \hat{d}_0 \sim N\left[m, \left(\dfrac{1}{\omega} + \dfrac{\bar{z}}{SS_Z}\right)\sigma_e^2\right]$, 可直接由式 (9.2.27) 求出 $\hat{m}$ 及其方差.

(5) 用 x 为自变量、z 为因变量的 Logistic 加权回归估计 m 及其方差.
采用式 (9.2.12) 的回归分析估计 m, LD_{50} 等, 先用式 (9.2.21) 及 (9.2.23) 估计 m 及其方差

$$\hat{m} = -\dfrac{b_0}{b} = \dfrac{8.80758}{8.11808} = 1.08493$$

9.2 Logistic 加权回归 (因变量为 0-1 分布)

$$S_{\hat{m}}^2 = \frac{1}{b^2}\left[\frac{1}{\omega} + \frac{(\hat{m}-\bar{x})^2}{SS_X}\right] = \frac{1}{b^2}\left[\frac{1}{87.87288} + \frac{(1.08493-1.09090)^2}{2.41839}\right] = 0.00001729$$

由式 (9.2.24) 和 (9.2.25) 有

$$\begin{cases} LD_{50} = 10^{\hat{m}} = 12.1599 \\ S_{LD_{50}}^2 = (10^{\hat{m}}\ln 10)^2 S_{\hat{m}}^2 = 1.0135, S_{LD_{50}} = 0.1162 \end{cases}$$

显然, 这个结果与以 x 为因变量的分析在百分位上有差异, 并无本质上的区别.

参 考 文 献

董晓萌, 罗凤娟, 曹彬婕, 等. 2008. 一种度量生物性状非线性相关性的广义相关系数. 西北农林科技大学学报 (自然科学版), 36(5): 191–195.

郭满才, 王继军, 彭珂珊. 2005. 纸坊沟流域生态经济系统演变阶段及驱动力初探. 水土保持, 12(4): 245–246.

雷雪芹. 1995. 河南斗鸡与肉鸡杂交改良效果的试验研究. 咸阳: 西北农业大学硕士学位论文.

刘璐, 赵会仁, 郭满才, 袁志发, 等. 2009. 典型性状对的决策分析. 西北农林科技大学学报 (自然科学版), 37(9): 182–186.

刘璐, 王军, 王丽波, 袁志发, 等. 2006. 典范性状的决策分析. 西北农林科技大学学报 (自然科学版), 34(5): 157–160.

刘璐, 王丽波, 郭满才, 袁志发, 等. 2005. 表型方差最大主成分的决策分析. 西北农林科技大学学报 (自然科学版), 33(10): 97–99.

裴鑫德. 1991. 多元统计分析及其应用. 北京: 北京农业大学出版社.

秦豪荣, 袁志发, 吉俊玲, 等. 2007. 长白猪典范选择指数的构建与通径分析化研究. 生物数学学报, 22(4): 16.

邱怀, 武彬, 易建明, 等. 1987. 中国黄牛血液蛋白多态性与其遗传关系. 青海畜牧兽医杂志, 4: 1–5.

孙世铎. 1999. 艾维茵肉鸡与星杂 882 肉鸡脂肉生长发育规律研究. 咸阳: 西北农林科技大学博士论文.

王丽波, 刘璐, 郭满才. 2006. 约束选择指数的通径分析及决策分析. 西北农林科技大学学报 (自然科学版), 34(3): 33–36.

王丽波, 刘璐, 郭满才, 等. 2005. 综合选择指数的决策分析. 西北农林科技大学学报 (自然科学版), 33(10): 94–96.

吴仲贤. 1979. 统计遗传学. 北京: 科学出版社.

袁志发. 1981. 判别分析与小麦的两种不同分蘖类型的判别函数. 西北农学院学报, 1: 15–22.

袁志发. 1991. 通径分析方法简介. 国外农学——麦类作物, 3: 42–46, 48.

袁志发, 常智杰, 郭满才, 等. 2015. 数量性状遗传分析. 北京: 科学出版社.

袁志发, 孟德顺. 1993. 多元统计分析. 西安: 天则出版社.

袁志发, 宋世德. 2009. 多元统计分析. 2 版. 北京: 科学出版社.

袁志发, 宋哲民, 宁玉华, 等. 1983. 通径分析一例. 国外农学——麦类作物, 1983(3): 18–25.

袁志发, 解小莉, 杜俊莉, 等. 2017. 广义复相关系数及其在小麦育种上的应用. 麦类作物学报, 37(1): 87–93.

参考文献

袁志发, 解小莉. 2013. 决策系数的检验及在育种分析中的应用. 西北农林科技大学学报 (自然科学版), 41(3): 111–114.

袁志发, 周静芋, 郭满才, 等. 2001. 决策系数——通径分析中的决策指标. 西北农林科技大学学报 (自然科学版), 29(5): 131–133.

袁志发, 周静芋. 2000. 试验设计与分析. 北京: 高等教育出版社.

袁志发, 周静芋. 2002. 多元统计分析. 北京: 科学出版社.

张尧庭, 方开泰. 1982. 多元分析统计引论. 北京: 科学出版社.

张尧庭. 1978. 广义相关系数及其应用. 应用数学学报, 1(4): 312–320.

张正斌, 王德轩. 1992. 小麦抗旱生态育种. 西安: 陕西人民教育出版社.

周静芋, 宋世德 1995. 金翅夜蛾亚科 (鳞翅目: 夜蛾科) 数值分类研究. 西北农业大学学版, (1): 95–98.

周静芋, 宋世德, 袁志发. 1996. 用麦夸法进行室分析曲线拟合. 西北农业大学学报, 1: 75–78.

周静芋, 宋世德, 袁志发, 等. 1996. 用主成分分析法分析金翅夜蛾亚科各性状对分类的重要性和性状变异方向. 生物数学学报, 4: 77–82.

周静芋, 宋世德. 1995. 金翅夜蛾亚科 (鳞翅目: 夜蛾科) 数值分类研究. 西北农业大学学报, 6: 28–32.

Anderson T W. 1958. An Introduction to Multivariate Statistical Analysis. Hoboken, New Jersey: Wiley.

Berkson J. 1944. Application of the logistic function to bio-assay. Journal of the American Statistial Association, 39: 357–365.

Berkson J. 1953. A statistically precise and relatively simple method of estimating the bio-assay with quanta response based upon the logistic function. Journal of the American Statistical Association, 48: 565–599.

Bionaz M, Periasamy K, Rodriguez-Zas S L, et al. 2012. Old and new Stories: Revelations from functional analysis of the Botrine mammary transcriptome during the lactation cycle. Plos One, 7(3), e33268 [Pubmed: 22428004].

Du J L, Li M L, Yuan Z F, et al. 2016. A decision analysis model for KEGG pathway analysis. BMC Bioinformatics, 17: 407.

Du J L, Yuan Z F, Ma Z W, et al. 2014. Kegg-path: kyoto encyclopedia of genes and genomes-based pathway analysis using a path analysis model. Molecular Biosystems, 10(9): 2441–2447.

Mei Y, Guo W, Fan S, et al. 2014. Analysis of decision-making coefficients of the lint yield of upland cotton(Gossypium hirsutum L.). Euphytica, 196: 95–104.

Mei Y, Hu W, Fan S, et al. 2013. Analysis of decision-making coefficients of three main fiber guality traits for upland cotton (Gossypium hirsutum L.). Euphytica, 194: 25–40.

Wright S. 1921. System of mating. Genetics, 6: 111–123, 144–161.

Wishart W. 1969. An algorithm for hierarehical classification. Biometrics, 25: 165–170.

附 表

附表 1 χ^2 分布表 $P\{\chi^2(n) > \chi^2_\alpha(n)\} = \alpha$

n	0.995	0.99	0.975	0.95	0.90	0.75	0.25	0.10	0.05	0.025	0.01	0.005
1	—	—	0.001	0.004	0.016	0.102	1.323	2.706	3.841	5.024	6.635	7.879
2	0.010	0.020	0.051	0.103	0.211	0.575	2.773	4.605	5.991	7.378	9.210	10.597
3	0.072	0.115	0.216	0.352	0.548	1.213	4.108	6.251	7.815	9.348	11.345	12.838
4	0.207	0.297	0.484	0.711	1.064	1.923	5.385	7.779	9.488	11.143	13.277	14.860
5	0.412	0.554	0.831	1.145	1.610	2.675	6.626	9.236	11.071	12.833	15.086	16.750
6	0.676	0.872	1.237	1.635	2.204	3.455	7.841	10.645	12.592	14.449	16.812	18.548
7	0.989	1.239	1.690	2.167	2.833	4.255	9.037	12.017	14.067	16.013	18.475	20.278
8	1.344	1.646	2.180	2.733	3.490	5.071	10.219	13.362	15.507	17.535	20.090	21.955
9	1.735	2.088	2.700	3.325	4.168	5.899	11.389	14.684	16.919	19.023	21.666	23.589
10	2.156	2.558	3.247	3.940	4.865	6.737	12.549	15.987	18.307	20.483	23.209	25.188
11	2.603	3.053	3.816	4.575	5.578	7.584	13.701	17.275	19.675	21.920	24.725	26.757
12	3.074	3.571	4.404	5.226	6.304	8.438	14.845	18.549	21.026	23.337	26.217	28.299
13	3.565	4.107	5.009	5.892	7.042	9.299	15.984	19.812	22.362	24.736	27.688	29.819
14	4.075	4.660	5.629	6.571	7.790	10.165	17.117	21.064	23.685	26.119	29.141	31.319
15	4.601	5.229	6.262	7.261	8.547	11.037	18.245	22.307	24.996	27.488	30.578	32.801
16	5.142	5.812	6.908	7.962	9.312	11.912	19.369	23.542	26.296	28.845	32.000	34.267
17	5.697	0.408	7.564	8.672	10.085	12.792	20.489	24.769	27.587	30.191	33.409	35.718
18	6.265	7.015	8.231	9.390	10.865	13.675	21.605	25.989	28.869	31.526	34.805	37.156
19	6.844	7.633	8.907	10.117	11.651	14.562	22.718	27.204	30.144	32.852	36.191	38.582
20	7.434	8.260	9.591	10.851	12.443	15.452	23.828	28.412	31.410	34.170	37.566	39.997
21	8.034	8.897	10.283	11.591	13.240	16.344	24.935	29.615	32.671	35.479	38.932	41.401
22	8.643	9.542	10.982	12.338	14.042	17.240	26.039	30.813	33.924	36.781	40.289	42.796

续表

n	α											
	0.995	0.99	0.975	0.95	0.90	0.75	0.25	0.10	0.05	0.025	0.01	0.005
23	9.260	10.196	11.689	13.091	14.848	18.137	27.141	32.007	35.172	38.076	41.638	44.181
24	9.886	10.856	12.401	13.848	15.659	19.037	28.241	33.196	36.415	39.364	42.980	45.559
25	10.520	11.524	13.120	14.611	16.473	19.939	29.339	34.382	37.652	40.646	44.314	46.928
26	11.160	12.198	13.844	15.379	17.292	20.843	30.435	35.563	38.885	41.923	45.642	48.290
27	11.808	12.879	14.573	16.151	18.114	21.749	31.528	36.741	40.113	43.194	46.963	49.645
28	12.461	13.565	15.308	16.928	18.939	22.657	32.620	37.916	41.337	44.461	48.278	50.993
29	13.121	14.257	16.047	17.708	19.768	23.567	33.711	39.087	42.557	45.722	49.588	52.336
30	13.787	14.954	16.791	18.493	20.599	24.478	34.800	40.256	43.773	46.979	50.892	53.672
31	14.458	15.655	17.539	19.281	21.434	25.390	35.887	41.422	44.985	48.232	52.191	55.003
32	15.134	16.362	18.291	20.072	22.271	26.304	36.973	42.585	46.194	49.480	53.486	56.328
33	15.815	17.074	19.047	20.867	23.110	27.219	38.058	43.745	47.400	50.725	54.776	57.648
34	16.501	17.789	19.806	21.664	23.952	28.136	39.141	44.903	48.602	51.966	56.061	58.964
35	17.192	18.509	20.569	22.465	24.797	29.054	40.223	46.059	49.802	53.203	57.342	60.275
36	17.887	19.233	21.336	23.269	25.643	29.973	41.304	47.212	50.998	54.437	58.619	61.581
37	18.586	19.960	22.106	24.075	26.492	30.893	42.383	48.363	52.192	55.668	59.892	62.883
38	19.289	20.691	22.878	24.884	27.343	31.815	43.462	49.513	53.384	56.896	61.162	64.181
39	19.996	21.426	23.654	25.695	28.196	32.737	44.539	50.660	54.572	58.120	62.428	65.476
40	20.707	22.164	24.433	26.509	29.051	33.660	45.616	51.805	55.758	59.342	63.691	66.766
41	21.421	22.906	25.215	27.326	29.907	34.585	46.692	52.494	56.942	60.561	64.950	68.053
42	22.138	23.650	25.999	28.144	30.765	35.510	47.766	54.090	58.124	61.777	66.206	69.336
43	22.859	24.398	26.785	28.965	31.625	36.436	48.840	55.230	59.304	62.990	67.459	70.616
44	23.584	25.148	27.575	29.787	32.487	37.363	49.913	56.369	60.481	64.201	68.710	71.893
45	24.311	25.901	28.366	30.612	33.350	38.291	50.985	57.505	61.656	65.410	69.957	73.166

附表 2　t 分布的双侧分位数 (t_α) 表 $(|t| > t_\alpha) = \alpha$

f	0.9	0.8	0.7	0.6	0.5	0.4	0.3	0.2	0.1	0.05	0.02	0.01	0.001	f
1	0.158	0.325	0.510	0.727	1.000	1.376	1.963	3.078	6.314	12.706	31.821	63.657	636.619	1
2	0.142	0.289	0.445	0.617	0.816	1.061	1.386	1.886	2.920	4.303	6.965	9.925	31.598	2
3	0.137	0.277	0.424	0.584	0.765	0.978	1.250	1.638	2.353	3.182	4.541	5.841	12.924	3
4	0.134	0.271	0.414	0.569	0.741	0.941	1.190	1.533	2.132	2.776	3.747	4.604	8.610	4
5	0.132	0.267	0.408	0.559	0.727	0.920	1.156	1.476	2.015	2.571	3.365	4.032	6.859	5
6	0.131	0.265	0.404	0.553	0.718	0.906	1.134	1.440	1.943	2.447	3.143	3.707	5.959	6
7	0.130	0.263	0.402	0.549	0.711	0.896	1.119	1.415	1.895	2.365	2.998	3.499	5.405	7
8	0.130	0.262	0.399	0.546	0.706	0.889	1.108	1.397	1.860	2.306	2.896	3.355	5.041	8
9	0.129	0.261	0.398	0.543	0.703	0.883	1.100	1.383	1.833	2.262	2.821	3.250	4.781	9
10	0.129	0.260	0.397	0.542	0.700	0.879	1.093	1.372	1.812	2.228	2.764	3.169	4.587	10
11	0.129	0.260	0.396	0.540	0.697	0.876	1.088	1.363	1.796	2.201	2.718	3.106	4.437	11
12	0.128	0.259	0.395	0.539	0.695	0.873	1.083	1.356	1.782	2.179	2.681	3.055	4.318	12
13	0.128	0.259	0.394	0.538	0.694	0.870	1.079	1.350	1.771	2.160	2.650	3.012	4.221	13
14	0.128	0.258	0.393	0.537	0.692	0.868	1.076	1.345	1.761	2.145	2.624	2.977	4.140	14
15	0.128	0.258	0.393	0.536	0.691	0.866	1.074	1.341	1.753	2.131	2.602	2.947	4.073	15
16	0.128	0.258	0.392	0.535	0.690	0.865	1.071	1.337	1.746	2.120	2.583	2.921	4.015	16
17	0.128	0.257	0.392	0.534	0.689	0.863	1.069	1.333	1.740	2.110	2.567	2.898	3.965	17

续表

f	α											f
	0.9	0.8	0.7	0.6	0.5	0.4	0.3	0.2	0.1	0.05	0.02	0.01	0.001	
18	0.127	0.257	0.392	0.534	0.688	0.862	1.067	1.330	1.734	2.101	2.552	2.878	3.922	18
19	0.127	0.257	0.391	0.533	0.688	0.861	1.066	1.328	1.729	2.093	2.539	2.861	3.883	19
20	0.127	0.257	0.391	0.533	0.687	0.860	1.064	1.325	1.725	2.086	2.528	2.845	3.850	20
21	0.127	0.257	0.391	0.532	0.686	0.859	1.063	1.323	1.721	2.080	2.518	2.831	3.819	21
22	0.127	0.256	0.390	0.532	0.686	0.858	1.061	1.321	1.717	2.074	2.508	2.819	3.792	22
23	0.127	0.256	0.390	0.532	0.685	0.858	1.060	1.319	1.714	2.069	2.500	2.807	3.767	23
24	0.127	0.256	0.390	0.531	0.685	0.857	1.059	1.318	1.711	2.064	2.492	2.797	3.745	24
25	0.127	0.256	0.390	0.531	0.684	0.856	1.058	1.316	1.708	2.060	2.485	2.787	3.725	25
26	0.127	0.256	0.390	0.531	0.684	0.856	1.058	1.315	1.706	2.056	2.479	2.779	3.707	26
27	0.127	0.256	0.389	0.531	0.684	0.855	1.057	1.314	1.703	2.052	2.473	2.771	3.690	27
28	0.127	0.256	0.389	0.530	0.683	0.855	1.056	1.313	1.701	2.048	2.467	2.763	3.674	28
29	0.127	0.256	0.389	0.530	0.683	0.854	1.055	1.311	1.699	2.045	2.462	2.756	3.659	29
30	0.127	0.256	0.389	0.530	0.683	0.854	1.055	1.310	1.697	2.042	2.457	2.750	3.646	30
40	0.126	0.255	0.388	0.529	0.681	0.851	1.050	1.303	1.684	2.021	2.423	2.704	3.551	40
60	0.126	0.254	0.387	0.527	0.679	0.848	1.046	1.296	1.671	2.000	2.390	2.660	3.640	60
120	0.126	0.254	0.386	0.520	0.677	0.845	1.041	1.289	1.658	1.980	2.358	2.617	3.373	120
∞	0.126	0.253	0.385	0.524	0.674	0.842	1.036	1.282	1.645	1.960	2.326	2.576	3.291	∞

附表 3　F 分布表 $P\{F(n_1, n_2) > F_\alpha(n_1, n_2)\} = \alpha$

$\alpha = 0.10$

n_2 \ n_1	1	2	3	4	5	6	7	8	9	10	12	15	20	24	30	40	60	120	∞
1	39.86	49.50	53.59	55.83	57.24	58.20	58.91	59.44	59.86	60.19	60.71	61.22	61.74	62.00	62.26	62.53	62.79	63.06	63.33
2	8.53	9.00	9.16	9.24	9.29	9.33	9.35	9.37	9.38	9.39	9.41	9.42	9.44	9.45	9.46	9.47	9.47	9.48	9.49
3	5.54	5.46	5.39	5.34	5.31	5.28	5.27	5.25	5.24	5.23	5.22	5.20	5.18	5.18	5.17	5.16	5.15	5.14	5.13
4	4.54	4.32	4.11	4.11	4.05	4.01	3.98	3.95	3.94	3.92	3.90	3.87	3.84	3.83	3.82	3.80	3.79	3.78	3.76
5	4.06	3.78	3.52	3.52	3.45	3.40	3.37	3.34	3.32	3.30	3.27	3.24	3.21	3.19	3.17	3.16	3.14	3.12	3.10
6	3.78	3.46	3.18	3.18	3.11	3.05	3.01	2.98	2.96	2.94	2.90	2.87	2.84	2.82	2.80	2.78	2.76	2.74	2.72
7	3.59	3.26	2.96	2.96	3.88	2.83	2.78	2.75	2.72	2.70	2.67	2.63	2.59	2.58	2.56	2.54	2.51	2.49	2.47
8	3.46	3.11	2.81	2.81	2.73	2.67	2.62	2.59	2.56	2.54	2.50	2.46	2.42	2.40	2.38	2.36	2.34	2.32	2.29
9	3.36	3.01	2.69	2.69	2.61	2.55	2.51	2.47	2.44	2.42	2.38	2.34	2.30	2.28	2.25	2.23	2.21	2.18	2.16
10	3.29	2.92	2.61	2.61	2.52	2.46	2.41	2.38	2.35	2.32	2.28	2.24	2.20	2.18	2.16	2.13	2.11	2.08	2.06
11	3.23	2.86	2.54	2.54	2.45	2.39	2.34	2.30	2.27	2.25	2.21	2.17	2.12	2.10	2.08	2.05	2.03	2.00	1.97
12	3.18	2.81	2.48	2.48	2.39	2.33	2.28	2.24	2.21	2.19	2.15	2.10	2.06	2.04	2.01	1.99	1.96	1.93	1.90
13	3.14	2.76	2.43	2.43	2.35	2.28	2.23	2.20	2.16	2.14	2.10	2.05	2.01	1.98	1.96	1.93	1.90	1.88	1.85
14	3.10	2.73	2.39	2.39	2.31	2.24	2.19	2.15	2.12	2.10	2.05	2.01	1.96	1.94	1.91	1.89	1.86	1.83	1.80
15	3.07	2.70	2.36	2.36	2.27	2.21	2.16	2.12	2.09	2.06	2.02	1.97	1.92	1.90	1.87	1.85	1.82	1.79	1.76
16	3.05	2.67	2.33	2.33	2.24	2.18	2.13	2.09	2.06	2.03	1.99	1.94	1.89	1.87	1.84	1.81	1.78	1.75	1.72
17	3.03	2.64	2.31	2.31	2.22	2.15	2.10	2.06	2.03	2.00	1.96	1.91	1.86	1.84	1.81	1.78	1.75	1.72	1.69
18	3.01	2.62	2.29	2.29	2.20	2.13	2.08	2.04	2.00	1.98	1.93	1.89	1.84	1.81	1.78	1.75	1.72	1.69	1.66

续表

n_2	n_1																	
	1	2	3	4	5	6	7	8	9	10	12	15	20	24	30	40	60	120	∞
19	2.99	2.61	2.27	2.27	2.18	2.11	2.06	2.02	1.98	1.96	1.91	1.86	1.81	1.79	1.76	1.73	1.70	1.67	1.63
20	2.97	2.59	2.38	2.25	2.16	2.09	2.04	2.00	1.96	1.94	1.89	1.84	1.79	1.77	1.74	1.71	1.68	1.64	1.61
21	2.96	2.57	2.36	2.23	2.14	2.08	2.02	1.98	1.95	1.92	1.87	1.83	1.78	1.75	1.72	1.69	1.66	1.62	1.59
22	2.95	2.56	2.35	2.22	2.13	2.06	2.01	1.97	1.93	1.90	1.86	1.81	1.76	1.73	1.70	1.67	1.64	1.60	1.57
23	2.94	2.55	2.34	2.21	2.11	2.05	1.99	1.95	1.92	1.89	1.84	1.80	1.74	1.72	1.69	1.66	1.62	1.59	1.55
24	2.93	2.54	2.33	2.19	2.10	2.04	1.98	1.94	1.91	1.88	1.83	1.78	1.73	1.70	1.67	1.64	1.61	1.57	1.53
25	2.92	2.53	2.32	2.18	2.09	2.02	1.97	1.93	1.89	1.87	1.82	1.77	1.72	1.69	1.66	1.63	1.59	1.56	1.52
26	2.91	2.52	2.31	2.17	2.08	2.01	1.96	1.92	1.88	1.86	1.81	1.76	1.71	1.68	1.65	1.61	1.58	1.54	1.50
27	2.90	2.51	2.30	2.17	2.07	2.00	1.95	1.91	1.87	1.85	1.80	1.75	1.70	1.67	1.64	1.60	1.57	1.53	1.49
28	2.89	2.50	2.29	2.16	2.06	2.00	1.94	1.90	1.87	1.84	1.79	1.74	1.69	1.66	1.63	1.59	1.56	1.52	1.48
29	2.89	2.50	2.28	2.15	2.06	1.99	1.93	1.89	1.86	1.83	1.78	1.73	1.68	1.65	1.62	1.58	1.55	1.51	1.47
30	2.88	2.49	2.28	2.14	2.05	1.98	1.93	1.88	1.85	1.82	1.77	1.72	1.67	1.64	1.61	1.57	1.54	1.50	1.46
40	2.84	2.44	2.23	2.09	2.00	1.93	1.87	1.83	1.79	1.76	1.71	1.66	1.61	1.57	1.54	1.51	1.47	1.42	1.38
60	2.79	2.39	2.18	2.04	1.95	1.87	1.82	1.77	1.74	1.71	1.66	1.60	1.54	1.51	1.48	1.44	1.40	1.35	1.29
120	2.75	2.35	2.13	1.99	1.90	1.82	1.77	1.72	1.68	1.65	1.60	1.55	1.48	1.45	1.41	1.37	1.32	1.26	1.19
∞	2.71	2.30	2.08	1.94	1.85	1.77	1.72	1.67	1.63	1.60	1.55	1.49	1.42	1.38	1.34	1.30	1.24	1.17	1.00

续表

$\alpha = 0.05$

n_2 \ n_1	1	2	3	4	5	6	7	8	9	10	12	15	20	24	30	40	60	120	∞
1	161.4	199.5	215.7	224.6	230.2	234.0	236.8	238.9	240.5	241.9	243.9	245.9	248.0	249.1	250.1	251.1	252.2	253.3	254.3
2	18.51	19.00	19.16	19.25	19.30	19.33	19.35	19.37	19.38	19.40	19.41	19.43	19.45	19.45	19.46	19.47	19.48	19.49	19.50
3	10.13	9.55	9.28	9.12	9.01	8.94	8.89	8.85	8.81	8.79	8.74	8.70	8.66	8.64	8.62	8.59	8.57	8.55	8.53
4	7.71	6.94	6.59	6.39	6.26	6.16	6.09	6.04	6.00	5.96	5.91	5.86	5.80	5.77	5.75	5.72	5.69	5.66	5.63
5	6.61	5.79	5.41	5.19	5.05	4.95	4.88	4.82	4.77	4.74	4.68	4.62	4.56	4.53	4.50	4.46	4.43	4.40	4.36
6	5.99	5.14	4.76	4.53	4.39	4.28	4.21	4.15	4.10	4.06	4.00	3.94	3.87	3.84	3.81	3.77	3.74	3.70	3.67
7	5.59	4.74	4.35	4.12	3.97	3.87	3.79	3.73	7.68	3.64	3.57	3.51	3.44	3.41	3.38	3.34	3.30	3.27	3.23
8	5.32	4.46	4.07	3.84	3.69	3.58	3.50	3.44	3.39	3.35	3.28	3.22	3.15	3.12	3.08	3.04	3.01	2.97	2.93
9	5.12	4.26	3.86	3.63	3.48	3.37	3.29	3.23	3.18	3.14	3.07	3.01	2.94	2.90	2.86	2.83	2.79	2.75	2.71
10	4.96	4.10	3.71	3.48	3.33	3.22	3.14	3.07	3.02	2.98	2.91	2.85	2.77	2.74	2.70	2.66	2.62	2.58	2.54
11	4.84	3.98	3.59	3.36	3.20	3.09	3.01	2.95	2.90	2.85	2.79	2.72	2.65	2.61	2.57	2.53	2.49	2.45	2.40
12	4.75	3.89	3.49	3.26	3.11	3.00	2.91	2.85	2.80	2.75	2.69	2.62	2.54	2.51	2.47	2.43	2.38	2.34	2.30
13	4.67	3.81	3.41	3.18	3.03	2.92	2.83	2.77	2.71	2.67	2.60	2.53	2.46	2.42	2.38	2.34	2.30	2.25	2.21
14	4.60	3.74	3.34	3.11	2.96	2.85	2.76	2.70	2.65	2.60	2.53	2.46	2.39	2.35	2.31	2.27	2.22	2.18	2.13
15	4.54	3.68	3.29	3.06	2.90	2.79	2.71	2.64	2.59	2.54	2.48	2.40	2.33	2.29	2.25	2.20	2.16	2.11	2.07
16	4.49	3.63	3.24	3.01	2.85	2.74	2.66	2.59	2.54	2.49	2.42	2.35	2.28	2.24	2.19	2.15	2.11	2.06	2.01
17	4.45	3.59	3.20	2.96	2.81	2.70	2.61	2.55	2.49	2.45	2.38	2.31	2.23	2.19	2.15	2.10	2.06	2.01	1.96
18	4.41	3.55	3.16	2.93	2.77	2.66	2.58	2.51	2.46	2.41	2.34	2.27	2.19	2.15	2.11	2.06	2.02	1.97	1.92
19	4.38	3.52	3.13	2.90	2.74	2.63	2.54	2.48	2.42	2.38	2.31	2.23	2.16	2.11	2.07	2.03	1.98	1.93	1.88

续表

n_2	n_1																	
	1	2	3	4	5	6	7	8	9	10	12	15	20	24	30	40	60	120	∞
20	4.35	3.49	3.10	2.87	2.71	2.60	2.51	2.45	2.39	2.35	2.28	2.20	2.12	2.08	2.04	1.99	1.95	1.90	1.84
21	4.32	3.47	3.07	2.84	2.68	2.57	2.49	2.42	2.37	2.32	2.25	2.18	2.10	2.05	2.01	1.96	1.92	1.87	1.81
22	4.30	3.44	3.05	2.82	2.66	2.55	2.46	2.40	2.34	2.30	2.23	2.15	2.07	2.03	1.98	1.94	1.89	1.84	1.78
23	4.28	3.42	3.03	2.80	2.64	2.53	2.44	2.37	2.32	2.27	2.20	2.13	2.05	2.01	1.96	1.91	1.86	1.81	1.76
24	4.26	3.40	3.01	2.78	2.62	2.51	2.42	2.36	2.30	2.25	2.18	2.11	2.03	1.98	1.94	1.89	1.84	1.79	1.73
25	4.24	3.39	2.99	2.76	2.60	2.49	2.40	2.34	2.28	2.24	2.16	2.09	2.01	1.96	1.92	1.87	1.82	1.77	1.71
26	4.23	3.37	2.98	2.74	2.59	2.47	2.39	2.32	2.27	2.22	2.15	2.07	1.99	1.95	1.90	1.85	1.80	1.75	1.69
27	4.21	3.35	2.96	2.73	2.57	2.46	2.37	2.31	2.25	2.20	2.13	2.06	1.97	1.93	1.88	1.84	1.79	1.73	1.67
28	4.20	3.34	2.95	2.71	2.56	2.45	2.36	2.29	2.24	2.19	2.12	2.04	1.96	1.91	1.87	1.82	1.77	1.71	1.65
29	4.18	3.33	2.93	2.70	2.55	2.43	2.35	2.28	2.22	2.18	2.10	2.03	1.94	1.90	1.85	1.81	1.75	1.70	1.64
30	4.17	3.32	2.92	2.69	2.53	2.42	2.33	2.27	2.21	2.16	1.09	2.01	1.93	1.89	1.84	1.79	1.74	1.68	1.62
40	4.08	3.23	2.84	2.61	2.45	2.34	2.25	2.18	2.12	2.08	2.00	1.92	1.84	1.79	1.74	1.69	1.64	1.58	1.51
60	4.00	3.15	2.76	2.53	2.37	2.25	2.17	2.10	2.04	1.99	1.92	1.84	1.75	1.70	1.65	1.59	1.53	1.47	1.39
120	3.92	3.07	2.68	2.45	2.29	2.17	2.09	2.02	1.96	1.91	1.83	1.75	1.66	1.61	1.55	1.50	1.43	1.35	1.25
∞	3.84	3.00	2.60	2.37	2.21	2.10	2.01	1.94	1.88	1.83	1.75	1.67	1.57	1.52	1.46	1.39	1.32	1.22	1.00

续表

$\alpha = 0.025$

n_2	n_1																		
	1	2	3	4	5	6	7	8	9	10	12	15	20	24	30	40	60	120	∞
1	647.8	799.5	864.2	899.6	921.8	937.1	948.2	956.7	963.3	968.6	976.7	984.9	993.1	997.2	1001	1006	1010	1014	1018
2	38.51	39.00	39.17	39.25	30.30	39.33	39.36	39.37	39.39	39.40	39.41	39.43	39.45	39.46	39.46	39.47	39.48	39.49	39.50
3	17.44	16.04	15.44	15.10	14.88	14.73	14.62	14.54	14.47	12.42	14.34	14.25	14.17	14.12	14.08	14.04	13.99	13.95	13.90
4	12.22	10.65	9.98	9.60	9.36	9.20	9.07	8.98	8.90	8.84	8.75	8.66	8.56	8.51	8.46	8.41	8.36	8.31	8.26
5	10.01	8.43	7.76	7.39	7.15	6.98	6.85	6.76	6.68	6.62	6.52	6.43	6.33	6.28	6.23	6.18	6.12	6.07	6.02
6	8.81	7.26	6.60	6.23	5.99	5.82	5.70	5.60	5.52	5.46	5.37	5.27	5.17	5.12	5.07	5.01	4.96	4.90	4.85
7	8.07	6.54	5.89	5.52	5.29	5.12	4.99	4.90	4.82	4.76	4.67	4.57	4.47	4.42	4.36	4.31	4.25	4.20	4.14
8	7.57	6.06	5.42	5.05	4.82	4.65	4.53	4.43	4.36	4.30	4.20	4.10	4.00	3.95	3.89	3.84	3.78	3.73	3.67
9	7.21	5.71	5.08	4.72	4.48	4.32	4.20	4.10	4.03	3.96	3.87	3.77	3.67	3.61	3.56	3.51	3.45	3.39	3.33
10	6.94	5.46	4.83	4.47	4.24	4.07	3.95	3.85	3.78	3.72	3.62	3.52	3.42	3.37	3.31	3.26	3.20	3.14	3.08
11	6.72	5.26	4.63	4.28	4.04	3.88	3.76	3.66	3.59	3.53	3.43	3.33	3.23	3.17	3.12	3.06	3.00	2.94	2.88
12	6.55	5.10	4.47	4.12	3.89	3.73	3.61	3.51	3.44	3.37	3.28	3.18	3.07	3.02	2.96	2.91	2.85	2.79	2.72
13	6.41	4.97	4.35	4.00	3.77	3.60	3.48	3.39	3.31	3.25	3.15	3.05	2.95	2.89	2.84	2.78	2.72	2.61	2.60
14	6.30	4.86	4.24	3.89	3.66	3.50	3.38	3.29	3.21	3.15	3.05	2.95	2.84	2.79	2.73	2.67	2.61	2.55	2.49
15	6.20	4.77	4.15	3.80	3.58	3.41	3.29	3.20	3.12	3.06	2.96	2.86	2.76	2.70	2.64	2.59	2.52	2.46	2.40
16	6.12	4.69	4.08	3.73	3.50	3.34	3.22	3.12	3.05	2.99	2.89	2.79	2.68	2.63	2.57	2.51	2.45	2.38	2.32
17	6.04	4.62	4.01	3.66	3.44	3.28	3.16	3.06	2.98	2.92	2.82	2.72	2.62	2.56	2.50	2.44	2.38	2.32	2.25
18	5.98	4.56	3.95	3.61	3.38	3.22	3.10	3.01	2.93	2.87	2.77	2.67	2.56	2.50	2.44	2.38	2.32	2.26	2.19
19	5.92	4.51	3.90	3.56	3.33	3.17	3.05	2.96	2.88	2.82	2.72	2.62	2.51	2.45	2.39	2.33	2.27	2.20	2.13

续表

n_2	n_1																	
	1	2	3	4	5	6	7	8	9	10	12	15	20	24	30	40	60	120	∞
20	5.87	4.46	3.86	3.51	3.29	3.13	3.01	2.91	2.84	2.77	2.68	2.57	2.46	2.41	2.35	2.29	2.22	2.16	2.09
21	5.83	4.42	3.82	3.48	3.25	3.09	2.97	2.87	2.80	2.73	2.64	2.53	2.42	2.37	2.31	2.25	2.18	2.11	2.04
22	5.79	4.38	3.78	3.44	3.22	3.05	2.93	2.84	2.76	2.70	2.60	2.50	2.39	2.33	2.27	2.21	2.14	2.08	2.00
23	5.75	4.35	3.75	3.41	3.18	3.02	2.90	2.81	2.73	2.67	2.57	2.47	2.36	2.30	2.24	2.18	2.11	2.04	1.97
24	5.72	4.32	3.72	3.38	3.15	2.99	2.87	2.78	2.70	2.64	2.54	2.44	2.33	2.27	2.21	2.15	2.08	2.08	1.94
25	5.69	4.29	3.69	3.35	3.13	2.97	2.85	2.75	2.68	2.61	2.51	2.41	2.30	2.24	2.18	2.12	2.05	1.98	1.91
26	5.66	4.27	3.67	3.33	3.10	2.94	2.82	2.73	2.65	2.59	2.49	2.39	2.28	2.22	2.16	2.09	2.03	1.95	1.88
27	5.63	4.24	3.65	3.31	3.08	2.92	2.80	2.71	2.63	2.57	2.47	2.36	2.25	2.19	2.13	2.07	2.00	1.93	1.85
28	5.61	4.22	3.63	3.29	3.06	2.90	2.78	2.69	2.61	2.55	2.45	2.34	2.23	2.17	2.11	2.05	1.98	1.91	1.83
29	5.59	4.20	3.61	3.27	3.04	2.88	2.76	2.67	2.59	2.53	2.43	2.32	2.21	2.15	2.09	2.03	1.96	1.89	1.81
30	5.57	4.18	3.59	3.25	3.03	2.87	2.75	2.65	2.57	2.51	2.41	2.31	2.20	2.14	2.07	2.01	1.94	1.87	1.79
40	5.42	4.05	3.46	3.13	2.90	2.74	2.62	2.53	2.45	2.39	2.29	2.18	2.07	2.01	1.94	1.88	1.80	1.72	1.64
60	5.29	3.93	3.34	3.01	2.79	2.63	2.51	2.41	2.33	2.27	2.17	2.06	1.94	1.88	1.82	1.74	1.67	1.58	1.48
120	5.15	3.80	3.23	2.89	2.67	2.52	2.39	2.30	2.22	2.16	2.05	1.94	1.82	1.76	1.69	1.61	1.53	1.43	1.31
∞	5.02	3.69	3.12	2.79	2.57	2.41	2.29	2.19	2.11	2.05	1.94	1.83	1.71	1.64	1.57	1.48	1.39	1.27	1.00

续表

$\alpha = 0.01$

n_2 \ n_1	1	2	3	4	5	6	7	8	9	10	12	15	20	24	30	40	60	120	∞
1	4052	4999.5	5403	5625	5764	5859	5928	5982	6022	6056	6106	6157	6209	6235	6261	6287	6313	6339	6366
2	98.50	99.00	99.17	99.25	99.30	99.33	99.36	99.37	99.39	99.40	99.42	99.43	99.45	99.46	99.47	99.47	99.48	99.49	99.50
3	34.12	30.82	29.46	28.71	28.24	27.91	27.67	27.49	27.35	27.23	27.05	26.87	26.69	26.60	26.50	26.41	26.32	26.22	26.13
4	21.20	18.00	16.69	15.98	15.52	15.21	14.98	14.80	14.66	14.55	14.37	14.20	14.02	13.93	13.84	13.75	13.65	13.56	13.46
5	16.26	13.27	12.06	11.39	10.97	10.67	10.46	10.29	10.16	10.05	9.89	9.72	9.55	9.47	9.38	9.29	9.20	9.11	9.02
6	13.75	10.92	9.78	9.15	8.75	8.47	8.26	8.10	7.98	7.87	7.72	7.56	7.40	7.31	7.23	7.14	7.06	6.97	6.88
7	12.25	9.55	8.45	7.85	7.46	7.19	6.99	6.84	6.72	6.62	6.47	6.31	6.16	6.07	5.99	5.91	5.82	5.74	5.65
8	11.26	8.65	7.59	7.01	6.63	6.37	6.18	6.03	5.91	5.81	5.67	5.52	5.36	5.28	5.20	5.12	5.03	4.95	4.86
9	10.56	8.02	6.99	6.42	6.06	5.80	5.61	5.47	5.35	5.26	5.11	4.96	4.81	4.73	4.65	4.57	4.48	4.40	4.31
10	10.04	7.56	6.55	5.99	5.64	5.39	5.20	5.06	4.94	4.85	4.71	4.56	4.41	4.33	4.25	4.17	4.08	4.00	3.91
11	9.65	7.21	6.22	5.67	5.32	5.07	4.89	4.74	4.63	4.54	4.40	4.25	4.10	4.02	3.94	3.86	3.78	3.69	3.60
12	9.33	6.93	5.95	5.41	5.06	4.82	4.64	4.50	4.39	4.30	4.16	4.01	3.86	3.78	3.70	3.62	3.54	3.45	3.36
13	9.07	6.70	5.74	5.21	4.86	4.62	4.44	4.30	4.19	4.10	3.96	3.82	3.66	3.59	3.51	3.43	3.34	3.25	3.17
14	8.86	6.51	5.56	5.04	4.69	4.46	4.28	4.14	4.03	3.94	3.80	3.66	3.51	3.43	3.35	3.27	3.18	3.09	3.00
15	8.68	6.36	5.42	4.89	4.56	4.32	4.14	4.00	3.89	3.80	3.67	3.52	3.37	3.29	3.21	3.13	3.05	2.96	2.87
16	8.53	6.23	5.29	4.77	4.44	4.20	4.03	3.89	3.78	3.69	3.55	3.41	3.26	3.18	3.10	3.02	2.93	2.84	2.75
17	8.40	6.11	5.18	4.67	4.34	4.10	3.93	3.79	3.68	3.59	3.46	3.31	3.16	3.08	3.00	2.92	2.83	2.75	2.65
18	8.29	6.01	5.09	4.58	4.25	4.01	3.84	3.71	3.60	3.51	3.37	3.23	3.08	3.00	2.92	2.84	2.75	2.66	2.57
19	8.18	5.93	5.01	4.50	4.17	3.94	3.77	3.63	3.52	3.43	3.30	3.15	3.00	2.92	2.84	2.76	2.67	2.58	2.49

续表

n_2	n_1																	
	1	2	3	4	5	6	7	8	9	10	12	15	20	24	30	40	60	120	∞
20	8.10	5.85	4.94	4.43	4.10	3.87	3.70	3.56	3.46	3.37	3.23	3.09	2.94	2.86	2.78	2.69	2.61	2.52	2.42
21	8.02	5.78	4.87	4.37	4.04	3.81	3.64	3.51	3.40	3.31	3.17	3.03	2.88	2.80	2.72	2.64	2.55	2.46	2.36
22	7.95	5.72	4.82	4.31	3.99	3.76	3.59	3.45	3.35	3.26	3.12	2.98	2.83	2.75	2.67	2.58	2.50	2.40	2.31
23	7.88	5.66	4.76	4.26	3.94	3.71	3.54	3.41	3.30	3.21	3.07	2.93	2.78	2.70	2.62	2.54	2.45	2.35	2.26
24	7.82	5.61	4.72	4.22	3.90	3.67	3.50	3.36	3.26	3.17	3.03	2.89	2.74	2.66	2.58	2.49	2.40	2.31	2.21
25	7.77	5.57	4.68	4.18	3.85	3.63	3.46	3.32	3.22	3.13	2.99	2.85	2.70	2.62	2.54	2.45	2.36	2.27	2.17
26	7.72	5.53	4.64	4.14	3.82	3.59	3.42	3.29	3.18	3.09	2.96	2.81	2.66	2.58	2.50	2.42	2.33	2.23	2.13
27	7.68	5.49	4.60	4.11	3.78	3.56	3.39	3.26	3.15	3.06	2.93	2.78	2.63	2.55	2.47	2.38	2.29	2.20	2.10
28	7.64	5.45	4.57	4.07	3.75	3.53	3.36	3.23	3.12	3.03	2.90	2.75	2.60	2.52	2.44	2.35	2.26	2.17	2.06
29	7.60	5.42	4.54	4.04	3.73	3.50	3.33	3.20	3.09	3.00	2.87	2.73	2.57	2.49	2.41	2.33	2.23	2.14	2.03
30	7.56	5.39	4.51	4.02	3.70	3.47	3.30	3.17	3.07	2.98	2.84	2.70	2.55	2.47	2.39	2.30	2.21	2.11	2.01
40	7.31	5.18	4.31	3.83	3.51	3.29	3.12	2.99	2.89	2.80	2.66	2.52	2.37	2.29	2.20	2.11	2.02	1.92	1.80
60	7.08	4.93	4.13	3.65	3.34	3.12	2.95	2.88	2.70	2.63	2.50	2.35	2.20	2.12	2.03	1.94	1.84	1.73	1.60
120	6.85	4.79	3.95	3.48	3.17	2.96	2.79	2.66	2.56	2.47	2.44	2.19	2.03	1.95	1.86	1.76	1.66	1.53	1.38
∞	6.63	4.61	3.78	3.32	3.02	2.80	2.64	2.51	2.41	2.32	2.18	2.04	1.88	1.79	1.70	1.59	1.47	1.32	1.00

附表 4　r 与 R 的 5% 和 1% 显著性

自由度 (ν)	概率 (P)	变数的个数 (M)				自由度 (ν)	概率 (P)	变数的个数 (M)			
		2	3	4	5			2	3	4	5
1	0.05	0.997	0.999	0.999	0.999	12	0.05	0.532	0.627	0.683	0.722
	0.01	1.000	1.000	1.000	1.000		0.01	0.661	0.732	0.773	0.802
2	0.05	0.950	0.975	0.983	0.987	13	0.05	0.514	0.608	0.664	0.703
	0.01	0.990	0.995	0.997	0.998		0.01	0.641	0.712	0.755	0.785
3	0.05	0.878	0.930	0.950	0.961	14	0.05	0.497	0.590	0.646	0.686
	0.01	0.959	0.976	0.983	0.987		0.01	0.623	0.694	0.737	0.768
4	0.05	0.811	0.881	0.912	0.930	15	0.05	0.482	0.574	0.630	0.670
	0.01	0.917	0.949	0.962	0.970		0.01	0.606	0.677	0.721	0.752
5	0.05	0.754	0.863	0.874	0.898	16	0.05	0.468	0.559	0.615	0.655
	0.01	0.874	0.917	0.937	0.949		0.01	0.590	0.662	0.706	0.738
6	0.05	0.707	0.795	0.839	0.867	17	0.05	0.456	0.545	0.601	0.641
	0.01	0.834	0.886	0.911	0.927		0.01	0.575	0.647	0.691	0.724
7	0.05	0.666	0.758	0.807	0.838	18	0.05	0.444	0.532	0.587	0.628
	0.01	0.798	0.855	0.885	0.904		0.01	0.561	0.633	0.678	0.710
8	0.05	0.632	0.726	0.777	0.811	19	0.05	0.433	0.520	0.575	0.615
	0.01	0.765	0.827	0.860	0.882		0.01	0.549	0.620	0.665	0.698
9	0.05	0.602	0.697	0.750	0.786	20	0.05	0.423	0.509	0.563	0.604
	0.01	0.735	0.800	0.836	0.861		0.01	0.537	0.608	0.652	0.685
10	0.05	0.576	0.671	0.726	0.763	21	0.05	0.413	0.498	0.522	0.592
	0.01	0.708	0.776	0.814	0.840		0.01	0.526	0.596	0.641	0.674
11	0.05	0.553	0.648	0.703	0.741	22	0.05	0.404	0.488	0.542	0.582
	0.01	0.684	0.753	0.793	0.821		0.01	0.515	0.585	0.630	0.663

续表

自由度 (ν)	概率 (P)	变数的个数 (M)				自由度 (ν)	概率 (P)	变数的个数 (M)			
		2	3	4	5			2	3	4	5
23	0.05	0.396	0.479	0.532	0.572	60	0.05	0.250	0.308	0.348	0.380
	0.01	0.505	0.574	0.619	0.652		0.01	0.325	0.377	0.414	0.442
24	0.05	0.388	0.470	0.523	0.562	70	0.05	0.232	0.286	0.324	0.354
	0.01	0.496	0.565	0.609	0.642		0.01	0.302	0.351	0.386	0.413
25	0.05	0.381	0.462	0.514	0.553	80	0.05	0.217	0.269	0.304	0.332
	0.01	0.487	0.555	0.600	0.633		0.01	0.283	0.330	0.362	0.389
26	0.05	0.374	0.454	0.506	0.545	90	0.05	0.205	0.254	0.288	0.315
	0.01	0.478	0.546	0.590	0.624		0.01	0.267	0.312	0.343	0.368
27	0.05	0.367	0.446	0.498	0.536	100	0.05	0.195	0.241	0.274	0.300
	0.01	0.470	0.538	0.582	0.615		0.01	0.254	0.297	0.327	0.351
28	0.05	0.361	0.439	0.490	0.529	125	0.05	0.174	0.216	0.246	0.269
	0.01	0.463	0.530	0.573	0.606		0.01	0.228	0.266	0.294	0.316
29	0.05	0.355	0.432	0.482	0.521	150	0.05	0.159	0.198	0.225	0.247
	0.01	0.456	0.522	0.565	0.598		0.01	0.208	0.244	0.270	0.290
30	0.05	0.349	0.426	0.476	0.514	200	0.05	0.138	0.172	0.196	0.215
	0.01	0.449	0.514	0.558	0.591		0.01	0.181	0.212	0.234	0.253
35	0.05	0.325	0.397	0.445	0.482	300	0.05	0.113	0.141	0.160	0.176
	0.01	0.418	0.481	0.523	0.556		0.01	0.148	0.174	0.192	0.208
40	0.05	0.304	0.373	0.419	0.455	400	0.05	0.098	0.122	0.139	0.153
	0.01	0.393	0.454	0.494	0.526		0.01	0.128	0.151	0.167	0.180
45	0.05	0.288	0.353	0.397	0.432	500	0.05	0.088	0.109	0.124	0.137
	0.01	0.372	0.430	0.470	0.501		0.01	0.115	0.135	0.150	0.162
50	0.05	0.273	0.336	0.379	0.412	1000	0.05	0.062	0.077	0.088	0.097
	0.01	0.354	0.410	0.449	0.479		0.01	0.081	0.096	0.106	0.115